Mit der Erde leben

Springer

*Berlin
Heidelberg
New York
Barcelona
Hong Kong
London
Mailand
Paris
Singapur
Tokio*

Friedrich-Wilhelm Wellmer und Jens Dieter Becker-Platen (Hrsg.)

Mit der Erde leben

Beiträge Geologischer Dienste zur
Daseinsvorsorge und nachhaltigen Entwicklung

von
Fritz Barthel, Jens Dieter Becker-Platen, Helmut Beiersdorf,
Ulrich Berner, Gerd Böttcher, Volkmar Bräuer,
Karl-Heinz Büchner, Manfred Dalheimer, Gunter Dörhöfer,
Wolf Eckelmann, Eckhard Faber, Peter Gerling, Jörg Hanisch,
Hans J. Heineke, Manfred Henger, Volker Hennings, Karl Hiller,
Karl Hinz, Angelika Kleinmann, Jörg Kues, Michael Langer,
Günter Leydecker, Walter Lorenz, Joseph Mederer, Josef Merkt,
Udo Müller, Karl-Heinz Oelkers, Ulrich Ranke, Helmut Raschka,
Christian Reichert, Klaus Peter Röttgen, Jörg Schlittenhardt,
Michael Schmidt-Thomé, Rüdiger Schulz, Otto Schulze,
Robert Sedlacek, Dieter Seidl, Wolfgang Stahl, Hansjörg Streif,
Bernhard Stribrny, Wilhelm Struckmeier, Hellmut Vierhuff,
Horst Vogel, Manfred Wallner und Friedrich-Wilhelm Wellmer

unter wissenschaftlicher redaktioneller Mitarbeit von
Monika Huch, Erwin Lausch und Wilhelm Struckmeier

Mit 143 Abbildungen, davon 130 farbig

Prof. Dr.-Ing. Friedrich-Wilhelm Wellmer
Bundesanstalt für Geowissenschaften und Rohstoffe
Stilleweg 2
30655 Hannover

Dr. Jens Dieter Becker-Platen
Niedersächsisches Landesamt für Bodenforschung
Stilleweg 2
30655 Hannover

ISBN 3-540-64947-6 Springer-Verlag Berlin Heidelberg New York

Die Deutsche Bibliothek - CIP-Einheitsaufnahme

Mit der Erde leben : Beiträge Geologischer Dienste zur Daseinsvorsorge und nachhaltigen Entwicklung / Hrsg.: Friedrich-Wilhelm Wellmer ; Jens D. Becker-Platen. - Berlin ; Heidelberg ; New York ; Barcelona ; Budapest ; Hongkong ; London ; Mailand ; Paris ; Singapur ; Tokio : Springer, 1999
   ISBN 3-540-64947-6

Dieses Werk ist urheberrechtlich geschützt. Die dadurch begründeten Rechte, insbesondere die der Übersetzung, des Nachdrucks, des Vortrags, der Entnahme von Abbildungen und Tabellen, der Funksendung, der Mikroverfilmung oder Vervielfältigung auf anderen Wegen und der Speicherung in Datenverarbeitungsanlagen, bleiben, auch bei nur auszugsweiser Verwertung, vorbehalten. Eine Vervielfältigung dieses Werkes oder von Teilen dieses Werkes ist auch im Einzelfall nur in den Grenzen der gesetzlichen Bestimmungen des Urheberrechtsgesetzes der Bundesrepublik Deutschland vom 9. September 1965 in der jeweils geltenden Fassung zulässig. Sie ist grundsätzlich vergütungspflichtig. Zuwiderhandlungen unterliegen den Strafbestimmungen des Urheberrechtsgesetzes.

© Springer-Verlag Berlin Heidelberg 1999
Printed in Germany

Die Wiedergabe von Gebrauchsnamen, Handelsnamen, Warenbezeichnungen usw. in diesem Buch berechtigt auch ohne besondere Kennzeichnung nicht zu der Annahme, daß solche Namen im Sinne der Warenzeichen- und Markenschutz-Gesetzgebung als frei zu betrachten wären und daher von jedermann benutzt werden dürften.
Sollte in diesem Werk direkt oder indirekt auf Gesetze, Vorschriften oder Richtlinien (z. B. DIN, VDI, VDE) Bezug genommen oder aus ihnen zitiert worden sein, so kann der Verlag keine Gewähr für die Richtigkeit, Vollständigkeit oder Aktualität übernehmen. Es empfiehlt sich, gegebenenfalls für die eigenen Arbeiten die vollständigen Vorschriften oder Richtlinien in der jeweils gültigen Fassung hinzuzuziehen.

Satz: Büro Stasch, Bayreuth
Umschlaggestaltung: Erich Kirchner, Heidelberg

SPIN: 10690726   32/3020 - 5 4 3 2 1 0 - Gedruckt auf säurefreiem Papier

Vorwort

Jubiläen sind ein gern wahrgenommener Anlaß zu Rückbesinnung und Standortbestimmung. Für die deutschen Geologischen Dienste in Hannover fallen 1998 und 1999 in dichter Folge gleich vier Jubiläen an:

- 40 Jahre Bundesanstalt für Geowissenschaften und Rohstoffe (BGR) und Niedersächsisches Landesamt für Bodenforschung (NLfB);
- 50 Jahre Geowissenschaftliche Gemeinschaftsaufgaben;
- 125 Jahre Preußische Geologische Landesanstalt als Vorläuferorganisation der BGR und des NLfB.

Anläßlich des 25jährigen Bestehens von BGR und NLfB blickte unser damaliger Amtsvorgänger Friedrich Bender auf die Gründungsjahre zurück. „In Öffentlichkeit, Wirtschaft und Politik", stellte er fest, „war weder von einem ‚Rohstoffbewußtsein' noch von einem ‚Umweltbewußtsein' die Rede. Das Barrel Öl kostete 6 US-Dollar, die Müllberge wurden zugebaggert, ganz gleich, was darin enthalten war. Raum- und Regionalplanungen gab es schon, aber daß sie etwas mit geo-relevanten Fragen zu tun haben, war noch nicht in den allgemeinen Erkenntnisschatz aufgenommen worden." Das alles, fuhr er fort, habe sich in vieler Hinsicht geändert. Das Bewußtsein für geo-relevante Probleme, die nur mit Hilfe der Geowissenschaften gelöst werden könnten, sei gewachsen.

In der Tat hatten die Geologischen Dienste genug zu tun. Eineinhalb Jahrzehnte nach Benders Rückblick können wir feststellen, daß sich auf lokaler Ebene in der Umwelt manches zum Besseren gewendet hat. Doch global betrachtet, haben die Probleme gewaltig zugenommen. Es ist nun unübersehbar: Die Menschheit beutet die Erde aus.

Wieder hat ein Erkenntnissprung stattgefunden, sind neue Begriffe bedeutsam geworden, an vorderster Stelle jener alle Einzelfragen umfassende und überwölbende der „Nachhaltigkeit" oder „nachhaltigen Entwicklung". Es geht, auf den Kern gebracht, um einen leicht begreiflichen Sachverhalt: Nachhaltig handelt, wer mit einem anvertrauten Gut so umgeht, daß es auch Nachkommenden noch zur Verfügung steht.

Das ist leicht gesagt und doch, wenn es sich um die Erde handelt, so schwer zu bewerkstelligen. Die Bewohner der reichen wie auch der armen Länder gefährden die Lebensgrundlagen künftiger Generationen: die einen durch ihren Lebensstil, die anderen durch den rapiden Anstieg der Bevölkerung. Nichts bleibt verschont: nicht das Land und nicht die Meere, nicht die Mitbewohner auf der Erde, die Wälder, die Böden, die Wasservorräte und die Luft. Inwieweit wir das weltweite Klimageschehen beeinflussen, ist heute heiß umstritten.

Spätestens seit 1992, seit der großen UN-Konferenz für Umwelt und Entwicklung in Rio de Janeiro, hat die Welt Kenntnis davon genommen, daß Korrekturen auf eine nachhaltige Entwicklung hin unabdingbar sind. Wenngleich die zu bewältigenden Probleme weit über das hinausgehen, was Wissenschaft und Technik zur Lösung beitragen können, steht doch außer Frage, daß Geowissenschaftler dabei wichtige Aufgaben zu erfüllen haben. Sie sind mit der Erde am besten vertraut, haben Einblick in Millionen und Milliarden Jahre ihrer Entwicklung genommen, die Wirkungszusammenhänge naturwissenschaftlicher Regelkreise untersucht.

In diesem Buch stellen die Autoren, Angehörige der Bundesanstalt für Geowissenschaften und Rohstoffe sowie des Niedersächsischen Landesamtes für Bodenforschung, für ihre Fachgebiete dar, wie die staatlichen Geologischen Dienste dabei mitwirken können, dem Ziel einer nachhaltigen Entwicklung näherzukommen. Es gilt, mit der Erde zu leben und nicht gegen sie.

Prof. Dr.-Ing. F.-W. Wellmer Dr. J. D. Becker-Platen
Präsident Vizepräsident und Professor

Bundesanstalt für Geowissenschaften und Rohstoffe
Niedersächsisches Landesamt für Bodenforschung

Inhalt

1 Nachhaltigkeit 1
    Eine Überlebensstrategie für die Menschheit 3
    Weichenstellung in Rio de Janeiro (1992) 6
    Fast 10 Milliarden Menschen im Jahr 2050 7
    Mangelware Wasser 8
    Fataler Trend bei den Nahrungsmitteln 9
        Droht der Menschheit eine Ernährungskrise? 10
        Wenn Ackerland zur Wüste wird 11
    Klimawandel heute: Natürlicher Prozeß oder menschlicher Einfluß? . 11
    Sparsamer Umgang mit Energie 12
    Strategien gegen Müll 13
    Mehr Verantwortung für den
        Schutz der Umwelt 14
    Zukunftsaufgaben für die Geowissenschaften 14

2 Geologische Dienste 17
    Die Wurzeln der geologischen Karten
        reichen über 3 000 Jahre zurück 18
        Sachsen voran mit „Illuminierten petrographischen Charten" 18
    Geowissenschaftliche Beratung für die Regierung 19
    Arbeitsfeld „nachhaltige Entwicklung" 20
    Wieviel darf die Zukunft kosten? 22

3 Das Klimasystem der Erde 25
    Klima als Lebensgrundlage der Menschheit 26
    Der Treibhauseffekt 26
    Rekonstruktion des Klimas 30
        Klima-Archive im Meer 31
        Klima-Archive der Küsten 31
        Klima-Archive auf dem Land 31
        Klimaperiodizitäten 34
        Zeitscheiben 35
        Datenbanken 35
        Modellrechnungen 36
    Zukünftiger Forschungbedarf 36
        Hochauflösende Daten zur Klimarekonstruktion 37
        Verbesserung klimarelevanter Datenbanken
            für aussagekräftigere Modellrechnungen 37

Forschung für ein Klimasystemmodell 38
Klima-Perspektiven: Treibhaus oder Eiskeller? 38
Aufgaben Geologischer Dienste 39

4 Wasser 41
Wasser im globalen Maßstab 42
Wassermenge und Wasserqualität 42
    Wassermengen 42
    Die natürliche Beschaffenheit des Wassers 43
    Besonderheiten des Grundwasserdargebotes in Trockengebieten .. 47
    Der Untergrund als Wasserspeicher 48
Wasserbedarf, Wasserknappheit und Konflikte um Wasser 50
    Wasser als Lebensmittel 50
    Wassergebrauch und Wasserknappheit 52
    Konflikte um Wasser 58
Die Bewirtschaftung der Wassermengen 59
    Der Flächenbedarf für die Wassernutzung 59
    Die Nutzungsarten 60
    Prinzipien der Wassermengenwirtschaft 62
    Die Bewirtschaftung von Grundwasser 65
Wasserverschmutzung und Wasserschutz 69
    Weltweite Beeinträchtigungen der Wasserqualität 69
    Ursachen und Arten von Gewässerverunreinigungen 70
    Hydrogeologische Grundlagen zum Gewässerschutz 75
Aufgaben Geologischer Dienste 77

5 Boden 79
Böden sind (fast) überall 80
    Entstehung und Funktionen 80
    Erfassung der Informationsgrundlagen 80
Bodennutzung und Bodendegradation 83
    Entwicklung der Bodennutzung 83
    Probleme der Bodennutzung 84
    Aktuelle Belastungen 85
    Zukunftsperspektiven und Zielkonflikte 92
Böden als Senken und Quellen 94
    Wechselwirkungen bestimmen die Funktion
    als Senke oder Quelle 94
    Moore als Senken und Quellen für Kohlenstoff 95
Nachhaltigkeit als Leitprinzip für eine
zukunftsorientierte Bodennutzung 97
    Der Nachhaltigkeitsbegriff 97
    Bodenschutz durch Bodeninformation 99
Realisierung nachhaltiger Bodennutzung 100
    Gesetzgebung 100
    EU- und Bundesebene 101
    Landesebene – Fallbeispiel Niedersachsen 104
Aufgaben Geologischer Dienste 105

6 Rohstoffe 107
Rohstoffe und ihre Bedeutung für die Gesellschaft 108
Charakterisierung der Rohstoffe 108
Rohstoffe und nachhaltige Entwicklung 109
Künftige Verfügbarkeit mineralischer Rohstoffe 115
Die Reichweite der Vorräte 115
Regelkreise sichern die Rohstoffversorgung 115
Schlußfolgerungen zu den Regelkreisen
der Versorgung mit Rohstoffen 121
Gibt es in Zukunft Rohstoffprobleme? 123
Die Energiefrage 123
Die Massenrohstoffe 126
Die Ernährungsrohstoffe Kali und Phosphat 129
Lösungsmöglichkeiten für eine zukünftige
Rohstoffbedarfsdeckung 130
Neue Höffigkeitsgebiete und Potentiale 130
Neue Quellen 135
Rationeller Umgang mit Rohstoffen 135
Alternative Ressourcen 145
Rohstoffberatung 148
Die zukünftige Erdölversorgung 148
Konzentrationen im Weltbergbau 149
Vorlaufzeiten bis zum Gewinnungsbeginn 153
Rohstoffsicherung 154
Staatliche Vorsorgemaßnahmen zur Rohstoffversorgung 155
Vorratshaltung in Kavernen und Porenspeichern 155
Aufgaben Geologischer Dienste 159

7 Lagerung von Abfällen 161
Von der Abfallbeseitigung zur Abfallwirtschaft 162
Abfall und technische Entwicklung 162
Von Müllkippen zu Deponien 162
Moderne Abfallentsorgung 166
Das Problem der radioaktiven Abfälle 168
Gibt es eine sichere und dauerhafte Entsorgung
radioaktiver Abfälle? 169
Die Rolle der Deponien bei der Entsorgung 172
Allgemeine Rahmenbedingungen 172
Übertägige Deponien 173
Untertägige Deponien 174
Tiefenversenkung 175
Gibt es einen geologisch optimalen Standort? 178
Die Rolle der Geowissenschaften 178
„Altlasten" und „Neulasten" 178
Das Konzept der Geologischen Barriere 180
Auf der Suche nach geeigneten Gesteinen 184
Zeitgemäße Deponiestandortsuche 186
Umweltverträglichkeitsprüfungen für neue Deponien 186

Darstellung der Erkundungsergebnisse mit GIS 187
Unterstützung durch die Geologischen Dienste 189
Standortfindung untertägiger Deponien (Endlagerbergwerke) ... 190
Entwicklung sicherheitstechnischer Nachweismethoden
   am Beispiel eines Salzstocks 190
Überwachung von Deponien und Altablagerungen 194
Aufgaben Geologischer Dienste 197

8 Georisiken 199
Das Gefährdungspotential natürlicher Vorgänge 200
    Gefahrenquellen 200
    Vorhersagemöglichkeiten und Schutzmaßnahmen 202
    Fernwirkungen von Georisiken 203
Erdbeben – das schwer abwägbare Risiko 204
    Historische Erdbebenkataloge 205
    Abschätzung der seismischen Gefährdung 206
    Weitere Vorbeugemaßnahmen 209
Mit Vulkanen leben 210
    Vulkane sind Individualisten 210
    Aktivitätsüberwachung von Eruptionen 212
    Grenzen der Vorhersagbarkeit 216
Hangrutschungen und Untergrundstabilität 217
    Hangrutschungen 217
    Auslaugung im Untergrund (Verkarstungen) 220
    Wie sicher ist der Baugrund? 221
Zukünftige Aufgaben 228
Aufgaben Geologischer Dienste 228

9 Seismische Überwachung 231
Der lange Weg zur Erdbebenvorhersage und zur Sicherung
   des Kernwaffenteststoppvertrags 232
Seismische Registriereinrichtungen 235
Überwachung weltweiter Erdbeben 238
Erdbebenvorhersage – das ultimative Ziel 241
Seismische Überwachung des Kernwaffenteststoppabkommens 243
Neue Impulse für die seismologische Forschung 244
Aufgaben Geologischer Dienste 247

10 Eine Erde für alle 249
Grundlagen der Entwicklungspolitik 250
    „Was gehen uns die Entwicklungsländer an?" 250
    Schwerpunkte und Instrumente 250
Geowissenschaften und Technische Zusammenarbeit 252
    Umweltschutz und Entwicklung 253
    Handlungsfelder für die Geowissenschaften in der
    Technischen Zusammenarbeit 255
    Stärkung der Geowissenschaften in der
    Technischen Zusammenarbeit 256
Aufgaben Geologischer Dienste 257

Autoren und Literatur 259

Glossar 265

Abkürzungsverzeichnis 271

1 Nachhaltigkeit

Verpflichtung für zukünftige Generationen

Der Mensch überfordert die Erde. Während in den Industriestaaten die Ansprüche immer noch weiter wachsen, versuchen andere Länder mit aller Kraft, es ihnen gleichzutun. Verschärft werden die Probleme durch das schnelle Wachstum der Bevölkerung in weiten Teilen der Erde, dessen Minderung erst zu erwarten ist, wenn es gelingt, die weitverbreitete akute Armut wirksam zu bekämpfen. In dieser Situation ist menschliches Leben und Wirtschaften an einem Punkt angelangt, an dem es Gefahr läuft, sich seiner natürlichen Grundlagen zu berauben.

Der Umweltschutz alter Prägung, meist auf örtlicher Ebene und punktuell praktiziert, reicht nicht aus, die anstehenden globalen Probleme zu meistern. Wegweisende Zielsetzung ist heute das Konzept einer „nachhaltigen Entwicklung", die es erlaubt, einerseits die Armut in den Entwicklungsländern zu überwinden, andererseits den Wohlstand der Industrieländer mit der Erhaltung der Natur als Lebensgrundlage in Einklang zu bringen. Das verlangt große Anstrengungen und ein bislang noch nie dagewesenes Ausmaß internationaler Zusammenarbeit. Eine Schlüsselrolle fällt dabei den Geowissenschaften zu.

◄ **Abb. 1.1.**
Eine nachhaltige Nutzung der Ressourcen unserer Erde zahlt sich heute und für zukünftige Generationen aus. Kinder im argentinischen Hochland vor den Gipfeln der Anden (*Foto:* K. Hoffmann)

Abb. 1.2.
Experiment Erde. Die Erde ist begrenzt; wir leben von ihr

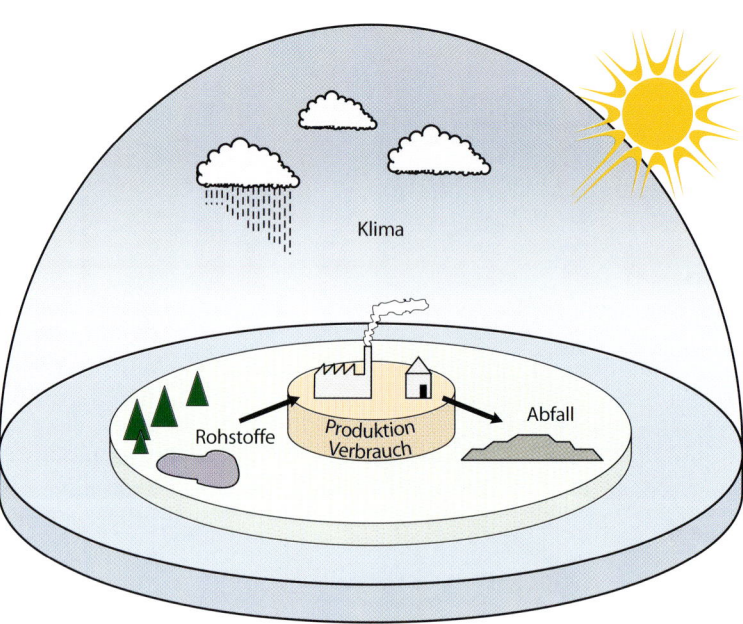

„Der Mensch", so befand der amerikanische Anthropologe Warren Hern über sein Studienobjekt, „ist eine habgierige, räuberische, omniökophage Art, die auf dem ganzen Globus alle pflanzliche, tierische, organische und anorganische Materie in menschliche Biomasse oder in für sie nutzbare Güter verwandelt." Ginge es nach ihm, sollte diese Spezies, die sich durch unkontrollierte Vermehrung wie ein „bösartiger Ökotumor" über die Erde ausbreite, *Homo oecophagus* heißen – der „ökosystemfressende Mensch".

Eine zugespitzte Formulierung. Doch im Grunde sagt der von zwei Dutzend Wissenschaftlern getragene zweite Bericht des renommierten Club of Rome „Mit der Natur rechnen" kaum anderes: „Die menschliche Spezies bewirkt inzwischen Veränderungen auf der Erde, die geologische Ausmaße angenommen haben (Abb. 1.2). Wir bewegen buchstäblich Berge, um uns die Mineralien der Erde anzueignen; wir leiten Flüsse um, um Städte in der Wüste zu bauen; wir brennen Wälder ab, um Platz für Ackerbau und Vieh zu schaffen; und wir verändern die Zusammensetzung der Atmosphäre, indem wir sie als Auffangbecken für unsere Abfälle und Abgase mißbrauchen. Durch die Hand des Menschen erfährt die Erde einen tiefgreifenden Wandlungsprozeß …" Es ist leider wahr: Vielfältig begabt und als Einzelwesen zu subtilsten Regungen befähigt, läuft der Mensch Gefahr, seine eigene Lebensgrundlage zu zerstören, wenn er nicht alle Anstrengungen unternimmt, zu einem vernünftigen Miteinander von Ökonomie und Ökologie zu kommen und dabei auch die sozialen Belange zu berücksichtigen.

Schon eine flüchtige Aufzählung zeigt eine beklemmende Vielzahl von Anzeichen für die Überbeanspruchung der Umwelt, die es zu mindern gilt. Durch die Ausdehnung der Landwirtschaft und excessive Rodung der Tropenwälder verringert sich die biologische Artenvielfalt weltweit dramatisch. Gleichzeitig verliert ein bedeutender Anteil des Agrarlandes seine Fruchtbarkeit durch flächenhafte Erosion. Städte wuchern in fruchtbares Land. Grasland ist vielerorts überweidet. Die Meere sind verschmutzt und überfischt. Sorglos in die Luft entlassene Chemikalien zerstören die lebenschützende Ozonschicht in der Stratosphäre. Der Ausstoß an Treibhausgasen wird nicht ausreichend reduziert.

Das alles ist vor dem Hintergrund einer weiterhin rapide wachsenden Weltbevölkerung von inzwischen 6 Mrd. Menschen zu sehen. Der größte Teil der Probleme wurde durch den Lebensstil einer Minderheit der Menschen in den entwickelten Ländern mit Massenwohlstand, hohen sozialen Standards und freizügiger Mobilität heraufbeschworen. Dort soll die Wirtschaft noch immer wachsen, steigen die Ansprüche. Zahlreiche andere Länder haben sich das Ziel gesetzt, den wirtschaftlich so Erfolgreichen nachzueifern – mit absehbaren Folgen, wenn wir nicht Möglichkeiten schaffen, den Wohlstand zu steigern und gleichzeitig die Umweltbelastungen zu reduzieren, anstatt sie zu erhöhen.

Den Wohlhabenden steht mehr als eine Milliarde Menschen gegenüber, die in akuter Armut leben, unter einem völlig unzureichenden Angebot an Bildung, Gesundheit, Infrastruktur, Land, Wasser und Wohnraum leiden. Achtzig Prozent aller Krankheiten in den Entwicklungsländern gelten als „wasserbezogen". Ein wesentlicher Teil ist auf unzureichende Trinkwasserversorgung und Sanitärmaßnahmen sowie auf fehlende Hygieneerziehung zurückzuführen. Abgesehen davon, daß Überschuldung viele Entwicklungsländer zwingt, ihre Rohstoffbasis übermäßig auszubeuten und bei oft unzureichenden Standards und Kontrollen ihre Umwelt dauerhaft zu schädigen, ist Armut an sich eine Gefahr. So lange Armut herrscht, ist Kinderreichtum eine fast zwangsläufige Folge. Kinder sind für die Armen die Versicherung gegen Wechselfälle der Zukunft. Erst bei bescheidenem Wohlstand und einem Gefühl sozialer Sicherheit, wenigstens im Ansatz, beginnt die Geburtenrate zu sinken.

Es gilt also, die Armut in den Entwicklungsländern zu bekämpfen. Aber wie soll das geschehen, ohne daß die schon sichtbaren globalen Umweltprobleme noch vergrößert werden? Befürchtungen wurden laut, daß entweder der Entwicklungsprozeß zu Lasten der Umwelt gehen oder die Umweltproblematik dem Entwicklungsprozeß allzu enge Grenzen setzen könnte. Bereitschaft zum Verzicht ist in den hochentwickelten Ländern bislang allenfalls in Ansätzen zu erkennen. Zusätzlich stellen Schwellenländer und Länder, die in Kürze Schwellenländer sein wollen, den Anspruch, möglichst weitgehend am Konsum teilzuhaben. Diese Entwicklung droht, verheerende Schäden in der Umwelt und damit gefährliche Instabilitäten der menschlichen Gesellschaft heraufzubeschwören.

Die Schwierigkeiten werden dadurch verstärkt, daß die Auswirkungen auf die Umwelt normalerweise nicht auf die Verursacher beschränkt bleiben, sie nicht einmal immer bevorzugt treffen. Belastungen der Umwelt kennen keine Grenzen, neigen in fataler Weise zur Globalisierung, zu weltweiten Veränderungen.

Eine Überlebensstrategie für die Menschheit

Erforderlich ist eine Strategie, die das Leben auf unserem Planeten auf Dauer lebenswert hält. Ein fairer Ausgleich von Ökologie und Ökonomie, heißt es, sei unter Berücksichtigung der sozialen Aspekte anzustreben. Erreicht werden müsse eine „nachhaltige Entwicklung" oder – wie die Enquete-Kommission „Schutz des Menschen und der Umwelt" des Deutschen Bundestages erläuternd formulierte – „nachhaltig zukunftsfähige Entwicklung".

Kein anderer Begriff hat in den letzten Jahren die Diskussion über die Gefährdung der Lebensgrundlagen derart geprägt wie jener der nachhaltigen Entwicklung. Zahlreiche Wissenschaftler und besorgte Laien haben ihn hin- und hergewendet, Kongresse wurden ihm gewidmet. Politiker haben Papiere unterschrieben, in denen es um ihn geht. Die nachhaltige Entwicklung ist zu einem Schlagwort geworden. Mag es mancher auch als Leerformel benutzen, so steckt doch mehr dahinter. An ihm läßt sich ein Umdenkungsprozeß festmachen: Vom Umweltschutz alter Prägung, in dem es vorwiegend darum ging, die Natur zu achten und die Umgebung zu schonen, zu einem umfassenden Konzept, aus dem eine Überlebensstrategie für die Menschheit erwachsen soll.

Als 1972 die erste Umweltkonferenz der Vereinten Nationen in Stockholm tagte, befürchtete die Mehrheit der weniger entwickelten Länder noch, daß der von den Industrieländern geforderte Umweltschutz nur dazu dienen sollte, die Länder des Südens an ihrer Entwicklung zu hindern. Ganz anders 1992 bei der Konferenz der Vereinten Nationen für Umwelt und Entwicklung in Rio de Janeiro, in der es schon um Nachhaltigkeit ging. Den dort vertretenen Ländern, so ein Bericht des Umweltbundesamtes, „war durchweg klar, daß die Erhaltung der natürlichen Lebensgrundlagen des Menschen tatsächlich große Anstrengungen und ein bislang noch nie dagewesenes Ausmaß internationaler Zusammenarbeit erforderlich macht".

Der Begriff der „Nachhaltigkeit" stammt ursprünglich aus dem Wortschatz deutscher Forstwirte. Nachdem in vielen Waldgebieten lange Zeit Raubbau getrieben worden war, setzte sich im 19. Jahrhundert eine eigentlich triviale Erkenntnis durch: Auf Dauer ist der größte Ertrag zu erzielen, wenn jeweils nur soviel Holz geschlagen wird wie im gleichen Zeitraum nachwächst. Wer so handelt, wirtschaftet nachhaltig, lebt von den Zinsen, nicht vom Kapital.

In englischer Form – als „sustainable development" – tauchte der Begriff Nachhaltigkeit 1980 in den Protokollen der Konferenz „Weltstrategie für die Erhaltung der Natur", die von der International Union for the Conservation of Nature in Kooperation mit anderen Organisationen veranstaltet wurde, erstmals in umfassenderem Sinne auf. Weltweit bekannt wurde das Leitbild der nachhaltigen Entwicklung, als 1987 die Brundtland-Kommission für Umwelt und Entwicklung (so benannt nach der ehemaligen norwegischen Ministerpräsidentin Gro

Dokumente zum Thema „nachhaltige Entwicklung" (Kasten 1.1)

Brundtland-Bericht
„Unsere gemeinsame Zukunft" (1987)

Der Bericht wird als Quelle für global- und zukunftsorientiertes Denken und Handeln herangezogen: „Dauerhafte Entwicklung will die Bedürfnisse und Ziele der Gegenwart verwirklichen, ohne die Fähigkeit zu verlieren, diese auch in Zukunft zu verfolgen. Es geht nicht um ein Ende des wirtschaftlichen Wachstums, sondern darum anzuerkennen, daß die Probleme von Armut und Unterentwicklung nur gelöst werden können in einer Ära des Wachstums, in der die Entwicklungsländer die entscheidende Rolle spielen und Erfolge erzielen."

Dokumente der Konferenz der Vereinten Nationen über Umwelt und Entwicklung in Rio de Janeiro (UNCED) (1992), die den Ausgangspunkt für eine neue weltweite Zusammenarbeit in der Umwelt- und Entwicklungspolitik markieren:

Die *Rio-Deklaration* für „eine neue und gerechte globale Partnerschaft ... zum Schutz der Einheit des globalen Umwelt- und Entwicklungssystems, ... in Anerkennung der Einheit und wechselseitigen Abhängigkeit der Natur der Erde" erklärt in 27 Grundsätzen,

- das Recht der Menschen auf ein gesundes und produktives Leben im Einklang mit der Natur,
- die Bedürfnisse gegenwärtiger und zukünftiger Generationen zu berücksichtigen,
- den Umweltschutz als einen unerläßlichen Teil des Entwicklungsprozesses zu betrachten,
- den Willen zur Ausrottung der Armut, vor allem in den Entwicklungsländern, und partnerschaftliche Hilfestellung bei deren Entwicklung,
- die Notwendigkeit, Umweltgesetze zu erlassen, und die Absicht, die Information und Zusammenarbeit zwischen den Staaten und den Bürgern zu verbessern,
- den Ansatz, daß der Verschmutzer im Prinzip die Kosten der Verschmutzung tragen soll,
- den Zusammenhang und die Untrennbarkeit von Frieden, Entwicklung und Umweltschutz.

Die *Agenda 21* enthält als wichtigstes Dokument der UNCED-Konferenz einen Aktionsplan für eine nachhaltige Entwicklung mit 40 Kapiteln zu den Schwerpunkten:

- Internationale Zusammenarbeit zur Beschleunigung nachhaltiger Entwicklung in Entwicklungsländern.
- Bedeutung der Armutsbekämpfung im Zusammenhang mit einer auf nachhaltige Ressourcenbewirtschaftung und Entwicklung gerichteten Politik.
- Veränderung der Konsumgewohnheiten, speziell in den Industrieländern, zur geringeren Umweltbelastung.
- Bevölkerungsdynamik und nachhaltige Entwicklung.
- Schutz und Förderung der menschlichen Gesundheit einschließlich des Zusammenhangs mit den Umweltbedingungen.
- Siedlungsentwicklung und Integration von Umweltschutz- und Entwicklungszielen in Entscheidungsprozesse.
- Schutz der Erdatmosphäre, der Land- und Wasserressourcen, der Meere sowie Erhaltung der biologischen Vielfalt.
- Bekämpfung der Entwaldung und Wüstenbildung einschließlich der Förderung nachhaltiger Bewirtschaftungen sensibler Ökosysteme.
- Umweltverträglicher Umgang mit Chemikalien und Abfällen.
- Stärkung der Rolle wichtiger gesellschaftlicher Gruppen, z. B. Jugend, Frauen, Arbeiter, Privatwirtschaft, Bauern, sowie Hervorhebung der Rolle Schule, Forschung, Wissenschaft und Technik.

Im Zusammenhang mit der Rio-Konferenz wurden einige wichtige, z. T. völkerrechtlich verbindliche *Konventionen* und *Absichtserklärungen* gezeichnet oder verabschiedet:

- die *Klimakonvention* als Grundlage für die internationale Zusammenarbeit zur Verhinderung gefährlicher Klimaänderungen und deren möglicher Auswirkungen;
- die *Konvention über biologische Vielfalt* enthält Bestimmungen zum Schutz der natürlichen Lebensräume und zur nachhaltigen Nutzung biologischer Ressourcen;
- die *Wüstenkonvention* mit Grundsätzen zur Bekämpfung der Desertifikation, besonders zur Schaffung von Aktionsprogrammen und Abstimmungsstrukturen sowie zur Beteiligung der Bevölkerung bei den Maßnahmen;
- Die *Walderklärung* legt Grundsätze zu Bewirtschaftung, Schutz und nachhaltiger Entwicklung der Wälder aller Klimazonen fest;
- Die *Dubliner Erklärung über Wasser und nachhaltige Entwicklung* enthält vier Prinzipien über das Vorkommen, die Bewirtschaftung, die Rolle der Frauen und den wirtschaftlichen Wert des Wassers sowie Empfehlungen an die Länder zur Bekämpfung der Wasserprobleme.

Politische Umsetzung des Ziels „nachhaltige Entwicklung"

In Deutschland wird die politische Umsetzung des Ziels „nachhaltige Entwicklung" durch die Arbeit und entsprechenden Veröffentlichungen folgender Gremien unterstützt:

- *Enquete-Kommissionen* zur Beratung des Deutschen Bundestages für den
  - Schutz der Erdatmosphäre,
  - Schutz der Erde,
  - Schutz der tropischen Wälder;
- *Wissenschaftlicher Beirat der Bundesregierung Globale Umweltveränderungen (WBGU):*
  - Jahresgutachten 1993, 1994, 1995, 1996, 1997;
- *Rat von Sachverständigen für Umweltfragen (SRU)* zur Beratung des Bundesministeriums für Umwelt, Naturschutz und Reaktorsicherheit, z. B. Umweltgutachten 1998.

> **Vier Regeln für nachhaltige Entwicklung**
>
> Für die nachhaltige Entwicklung, speziell die Nutzung der Ressoucen, gelten folgende grundlegenden Regeln:
>
> *1. Regel:*
> *Nutzung erneuerbarer Ressourcen*
> Die Abbaurate erneuerbarer Ressourcen soll ihre Regenerationsrate nicht überschreiten. Dies entspricht der Forderung nach Aufrechterhaltung der ökologischen Leistungsfähigkeit, d. h. (mindestens) nach Erhaltung des von den Funktionen her definierten ökologischen Realkapitals.
>
> *2. Regel:*
> *Nutzung nicht erneuerbarer Ressourcen*
> Nicht erneuerbare Ressourcen sollen nur in dem Umfang genutzt werden, in dem ein physisch und funktionell gleichwertiger Ersatz in Form erneuerbarer Ressourcen oder höherer Produktivität der erneuerbaren sowie der nicht erneuerbaren Ressourcen geschaffen wird.
>
> *3. Regel:*
> *Inanspruchnahme der Aufnahmekapazität der Umwelt*
> Stoffeinträge in die Umwelt sollen sich an der Belastbarkeit der Umweltmedien orientieren, wobei alle Funktionen zu berücksichtigen sind, nicht zuletzt auch die „stille" empfindlichere Regelungsfunktion.
>
> *4. Regel:*
> *Beachtung der Zeitmaße*
> Das Zeitmaß anthropogener Einträge bzw. Eingriffe in die Umwelt muß im ausgewogenen Verhältnis zum Zeitmaß der für das Reaktionsvermögen der Umwelt relevanten natürlichen Prozesse stehen.

Harlem Brundtland) ihren Bericht „Unsere gemeinsame Zukunft" vorlegte. Als nachhaltig wird dort eine Entwicklung definiert, „die den Bedürfnissen der heutigen Generation entspricht, ohne die Möglichkeiten künftiger Generationen zu gefährden, ihre eigenen Bedürfnisse zu befriedigen und ihren Lebensstil zu wählen".

Auf die gesamten Lebensgrundlagen bezogen, bedeutet Nachhaltigkeit, daß weltweit auf Dauer

- erneuerbare Naturgüter, seien es Wälder oder Fische, Grundwasser oder Ackerkrume, nur in dem Ausmaß in Anspruch genommen werden dürfen, wie sie sich gleichzeitig regenerieren;
- nichterneuerbare Rohstoffe, wie Kohle, Erdöl, Erze, Sand und Kies, nur in dem Ausmaß verwendet werden dürfen, wie ein Substitutionspotential für ihre Funktionen geschaffen wird und wie entstehender Abfall, einschließlich freigesetzter Stoffe und Energie, die Aufnahmefähigkeit der natürlichen Umwelt nicht überlastet, die „Senken" nicht überfordert.

Eine nachhaltige Entwicklung, so forderte die Brundtland-Kommission, muß einerseits die Armut in den Entwicklungsländern überwinden, andererseits den materiellen Wohlstand der Industrieländer mit der Erhaltung der Natur als Lebensgrundlage in Einklang bringen. Das Ausmaß der dabei anstehenden Probleme mögen die folgenden Fakten illustrieren:

- Etwa ein Viertel der Menschheit, die Menschen in den Industrieländern und in wenigen Schwellenländern, verbraucht etwa drei Viertel aller Rohstoffe.
- Seit dem Zweiten Weltkrieg hat die Menschheit mehr Rohstoffe verbraucht als in der gesamten Geschichte zuvor.
- Nicht nur zur Gewinnung von Rohstoffen, sondern auch z. B. zur Schaffung der Verkehrsinfrastruktur, werden von der Menschheit heute ebenso große Massen bewegt wie durch die natürlichen Prozesse auf der Erde, wie etwa Erosion, Krustenneubildung, Krustenverschluckung.

Das soll nicht heißen, daß die Probleme nicht lösbar sind. Es heißt aber, daß große Anstrengungen unternommen werden müssen, um die Ressourcen-Effizienz im umfassenden Sinne zu verbessern und damit die Dreiviertel-/Einviertel-Teilung der Menschheit zu überwinden.

Daß sich die internationale Staatengemeinschaft der gemeinsamen Verantwortung für die Erde bewußt wurde, zeigen seit Ende der 80er Jahre verabschiedete Konventionen, Erklärungen und Protokolle, so das „Montrealer Protokoll" zur Reduzierung von Emissionen, die zur Zerstörung der Ozonschicht führen (1987), das „Baseler Übereinkommen" zum Exportverbot gefährlicher Industrieabfälle (1989), die Dubliner Erklärung zur Wasserproblematik (1992) und die „Wiener Konvention" zu den Menschenrechten (1993) (vgl. Kasten 1.1).

Weichenstellung in Rio de Janeiro (1992)

Zum Symbol eines neuen Bewußtseins aber wurde die VN-Konferenz für Umwelt und Entwicklung in Rio de Janeiro, die bislang größte Veranstaltung der Vereinten Nationen, an der die Vertreter von 178 Ländern und über 100 Staatschefs, insgesamt 20 000 Besucher, teilnahmen. Dieser Erdgipfel von Rio stellte menschliches Handeln, Wirtschaft wie Wohlfahrt, grundsätzlich unter den Vorbehalt der ökologischen Nachhaltigkeit.

Ergebnis der Konferenz ist eine Anzahl inzwischen vielzitierter Schlußdokumente:

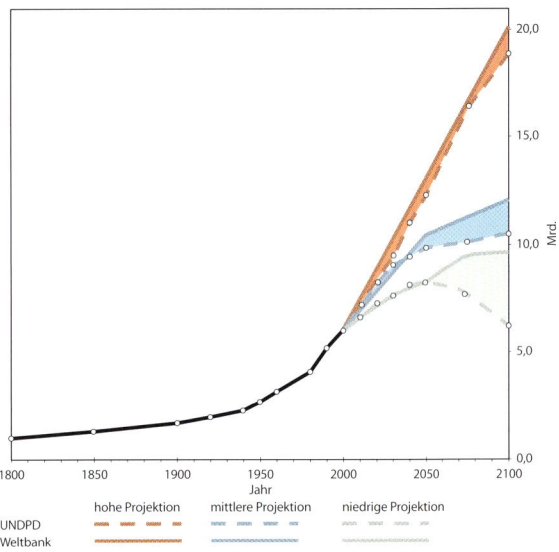

Abb. 1.3. Bevölkerungswachstum seit 1800 und Prognosen bis zum Jahre 2100

- Die „Rio-Deklaration" legt die wesentlichen Grundsätze fest, die im Bereich Umwelt und Entwicklung künftig das Verhalten der Staaten untereinander und von Staaten zu ihren Bürgern bestimmen sollen. Sie enthält das Recht auf Entwicklung, betont die Notwendigkeit von Armutsbekämpfung und angemessener Bevölkerungspolitik und erkennt die besondere Verantwortung der Industrieländer als wesentliche Verursacher der bisher entstandenen globalen Umweltschäden an. Sie vertritt das Vorsorge- und das Verursacherprinzip und fordert die Integration des Umweltschutzes in alle Politikbereiche.
- Die „Klimarahmenkonvention" soll dazu führen, daß die Emissionen von „Treibhausgasen" auf einem Niveau stabilisiert werden, das eine gefährliche, von Menschen verursachte Störung des Klimasystems ausschließt. Um dieses Ziel zu erreichen, sind für alle Staaten allgemeine Pflichten festgelegt worden, zum Beispiel nationale Inventare der emittierten Treibhausgase zu erstellen sowie nationale Maßnahmenprogramme zu entwickeln.
- Die „Konvention zum Erhalt der biologischen Vielfalt" beschreibt Maßnahmen, um weltweit gefährdete Tier- und Pflanzenarten zu schützen, ihre bedrohten Lebensräume sowie das dort vorhandene genetische Potential zu sichern.
- Die „Walderklärung" enthält erstmals weltweit festgelegte Grundsätze zur Bewirtschaftung, zum Schutz und zur nachhaltigen Entwicklung der Wälder aller Klimazonen.
- Das Aktionsprogramm „Agenda 21", als Leitlinie für das 21. Jahrhundert gedacht, gibt für alle wesentlichen Bereiche der Umwelt- und Entwicklungspolitik detaillierte Handlungsaufträge an alle Staaten, um einer weiteren Verschlechterung der Situation entgegenzuwirken, schrittweise Verbesserungen zu erreichen und eine nachhaltige Nutzung der Ressourcen sicherzustellen. Es gilt für Industrie- wie für Entwicklungsländer.

„Wenn die Politik Nachhaltigkeit gezielt gestalten will", umriß das Umweltbundesamt in einer Veröffentlichung unter dem Titel „Nachhaltiges Deutschland" die Konsequenzen aus der Rio-Konferenz, „dann muß sie die Tragekapazität der Umwelt als letzte, unüberwindliche Schranke für alle menschlichen Aktivitäten zur Kenntnis nehmen. Es kann nur noch darum gehen, wie die heutige Menschheit den ihr gegebenen Spielraum am besten nutzen kann."

Das Leitbild der nachhaltigen Entwicklung auf den drei Säulen Ökologie, Ökonomie und soziale Sicherheit bedeutet auch für uns in Deutschland eine große Herausforderung. Ihr gerecht zu werden, verlangt vielerlei: vom Staat die Schaffung angemessener, ordnungspoliti-

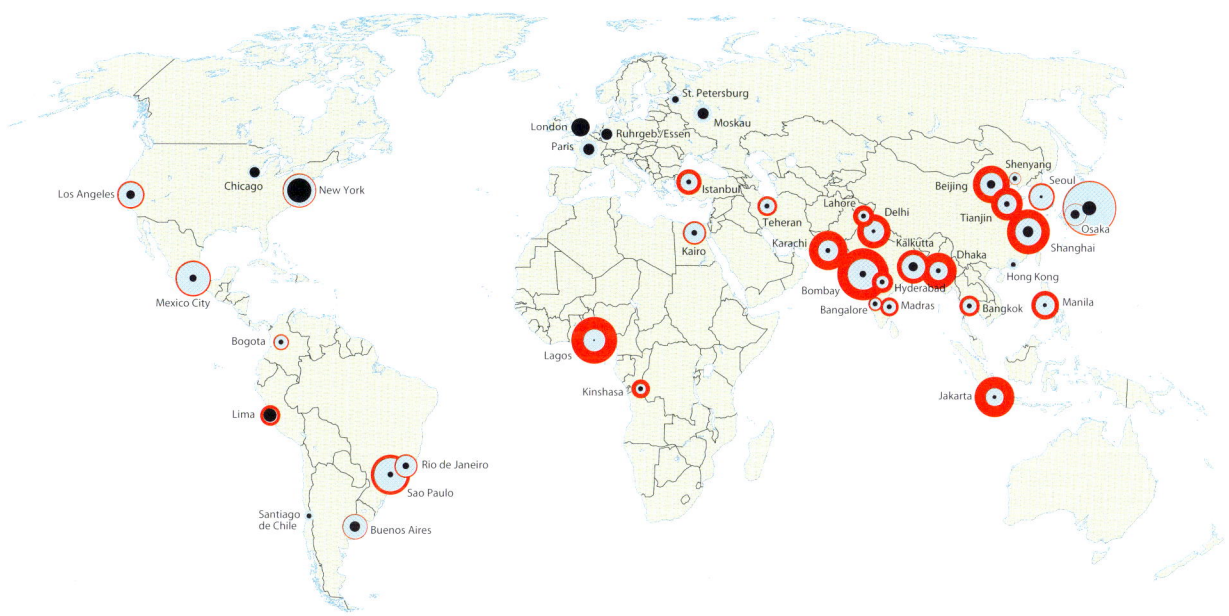

Abb. 1.4. Das Wachstum der Megastädte; dargestellt in Kreisen, proportional zur Einwohnerzahl (*schwarz/innen:* Einwohnerzahl i. J. 1950; *blau:* i. J. 1996; *rot/außen:* Prognose für das Jahr 2015); Beispiel: Sao Paulo; 1950 = 2,4 Mio; 1996 = 16,8 Mio; 2015 = 20,8 Mio. Einwohner

scher Rahmenbedingungen; von Wirtschaft und Industrie Innovationen im Geiste eines erweiterten Verantwortungsbewußtseins; von den Verbrauchern einschneidende Änderungen ihres Konsumverhaltens; von Wissenschaft und Technik die Entwicklung neuer Lösungsansätze. Dabei fällt den Geowissenschaftlern eine besondere Verantwortung zu. Ein Beispiel für das erforderliche radikale Umdenken, auch für die Schwierigkeiten, die Ergebnisse umzusetzen, ist die Berücksichtigung des Umweltschutzes in den wirtschaftlichen Gesamtkostenrechnungen. Obwohl mittlerweile Konsens darüber besteht, daß ein vorsorgender Umweltschutz ökonomischer ist als eine ausbessernde Nachsorge, beklagen Experten, daß viele nationale Umweltpolitiken immer noch zuwenig Vorsorge betreiben. Das zentrale Ziel aller Wirtschaftspolitiken, ein möglichst hohes Bruttosozialprodukt zu erzielen, berücksichtigt bislang die ökologischen Folgen und damit die Kostenbelastungen für künftige Wachstumsprozesse noch nicht in ausreichendem Maße.

Fast 10 Milliarden Menschen im Jahr 2050

Zu den wichtigsten Faktoren, die das menschliche Leben in der Zukunft bestimmen werden, zählt die Bevölkerungsentwicklung (Abb. 1.3). Nach einer Prognose der Vereinten Nationen soll die Weltbevölkerung von 6 Mrd. im Jahr 1997 auf fast 10 Mrd. im Jahr 2050 anwachsen und sich dann stabilisieren. Damit würde immerhin rund eine Milliarde weniger erreicht, als noch einige Jahre zuvor angenommen. Die jährliche Wachstumsrate ist danach von 1,72 % in den 80er Jahren auf 1,48 % in der ersten Hälfte der 90er Jahre gefallen – eine erfreuliche Entwicklung. Als Ursache rückläufiger Geburtenzahlen werden Erfolge bei der Familienplanung und Gesundheitsvorsorge genannt. Weitere Fortschritte werden erwartet, wenn vielfältige Benachteiligungen für Frauen beseitigt und sie in Bildung und Einkommen den Männern gleichgestellt werden.

Gelöst ist das Problem der Überbevölkerung aber noch keineswegs. Vier von fünf Kindern werden in den Entwicklungsländern geboren. Von den 15 bevölkerungsreichsten Ländern der Erde werden bald zwölf auf die Entwicklungsländer entfallen. Mit zunehmenden Bevölkerungszahlen geht ein Trend zur Landflucht, zur Ausdehnung der Städte einher, denn weltweit sind Einkommensmöglichkeiten und der Zugang zu Sozialdiensten auf dem Land nur halb so gut wie in den Städten. Experten schätzen, daß im Jahr 2000 bereits 24 Städte jeweils mehr als 10 Mio. Einwohner haben werden. Von diesen Megastädten werden 18 in Entwicklungsländern liegen (Abb. 1.4).

Überbevölkerung, Umweltzerstörungen, Hygienemangel und fehlende Grundbildung treiben Millionen Menschen in den Entwicklungsländern in einen Teufelskreis aus Unterentwicklung und Armut. Einem Drittel der Weltbevölkerung fehlen immer noch angemessene sanitäre Einrichtungen, etwa eine Milliarde Menschen haben keinen Zugang zu hygienisch einwandfreiem Trinkwasser.

Um die prognostizierten fast 10 Mrd. Menschen in Zukunft ausreichend ernähren zu können, müßte die Nahrungsproduktion nach Auffassung der Weltbank verdoppelt werden. Ebenso werden der Wasserbedarf und der Verbrauch mineralischer Rohstoffe enorm steigen. Gleichzeitig, so wird vorausgesagt, dürften sich die Industrieproduktion und der Energieverbrauch weltweit verdreifachen, in den Entwicklungsländern sogar verfünffachen. Kein Wunder, daß die Weltbank in der „Verwirklichung einer nachhaltigen und sozial ausgewogenen Entwicklung die größte Herausforderung der Menschheit sieht" (Weltbank 1992).

Mangelware Wasser

Wasser hat die Erde, so scheint es, im Überfluß: 71 % ihrer Oberfläche sind von Ozeanen bedeckt. Die ungeheure Menge an verfügbarem Naß schrumpft jedoch schnell, läßt man das Meerwasser beiseite. Ganze 2,5 % des irdischen Wassers sind Süßwasser, von dem wiederum 70 % als Eis gebunden und der überwiegende Rest als Grundwasser gespeichert ist. Die Menge an nutzbarem Süßwasser beläuft sich auf nur 0,006 % der gesamten Wassermenge – weltweit sind das etwa 2100 Kubikkilometer.

Hauptproblem ist die regional und zeitlich ungleichmäßige Verteilung des Wassers. Wo heute schon Mangel herrscht, werden in der Zukunft mehr Menschen mit noch weniger Wasser auskommen müssen. Lebten um Christi Geburt etwa 300 Mio. Menschen von den nutzbaren Wasserreserven der Erde, so müssen sich heute schon 6 Mrd. die gleiche Menge teilen. Seit 1950 ist die weltweite Wasserentnahme doppelt so schnell gewachsen wie die Anzahl der Menschen: Sie hat sich vervierfacht, während sich die Weltbevölkerung „nur" verdoppelt hat.

Weltweit gehen über zwei Drittel des genutzten Wassers in die Landwirtschaft, in den Entwicklungsländern sogar drei Viertel. Knapp ein Viertel braucht die Industrie. Nur etwa 8 % fließen in Haushalte und Hotels, Büros und öffentliche Gebäude. Nur ein Bruchteil davon dient als Trinkwasser. In einschlägigen Studien wird davon ausgegangen, daß sich der landwirtschaftliche Wasserbedarf bis zum Jahr 2025 versechsfachen wird.

230 Mio. Menschen in 26 Ländern gelten heute schon als nicht ausreichend mit Wasser versorgt. Bis zum Jahr 2000 könnten es allein in Afrika 300 Mio. sein. Vielfach werden „fossile" Grundwässer angezapft, wie sie in größeren Mengen unter der Sahara und auf der Arabischen Halbinsel zu finden sind. Diese Reserven haben sich vor Jahrtausenden gebildet, können sich unter den heutigen klimatischen Verhältnissen aber nicht mehr regenerieren. Es besteht die Gefahr, daß diese Wasservorräte in nicht einmal einem Menschenalter komplett ausgebeutet werden – eine höchst bedenkliche Praxis.

Doch ein steigender Wasserverbrauch allein beschreibt nur einen Teil des Problems. Die Übernutzung führt vielerorts zu einer bedrohlichen Verschmutzung. Konnte Wasser früher, im Regelkreislauf der Natur sich selbst reinigend, mehrfach genutzt werden, so werden die Vorräte heute durch industrielle und häusliche Abwässer, Pestizid- und Düngemitteleinträge häufig derart beeinträchtigt, daß die natürlichen Selbstreinigungskräfte nicht mehr greifen.

In vielen Küstenregionen, in denen zur Versorgung von Millionenstädten wie Jakarta, Kalkutta oder Shanghai große Grundwassermengen gefördert werden, dringt Salzwasser in den Grundwasserleiter ein. Dadurch verringert sich das Potential nutzbarer Grundwasservorkommen beträchtlich.

Längst ist Wasser auch zum Politikum geworden. Beinahe 40 % der Weltbevölkerung siedeln im Einzugsgebiet großer Flüsse, die von der Quelle bis zur Mündung mehrere Länder durchlaufen. So liegt Ägypten mit seiner Lebensader Nil „in der Hand" von mehreren anderen afrikanischen Ländern. Israel und Jordanien sind gemeinsam vom Wasser des Jordans ebenso abhängig wie die Türkei, Syrien und der Irak von Euphrat und Tigris. Konflikte werden sich in Zukunft nur dann vermeiden lassen, wenn es gelingt, die Ansprüche der einzelnen Länder durch ein umfassendes Flußgebietsmanagement einvernehmlich zu regeln.

Die Agenda 21 fordert denn auch ebenso wie die „Dubliner Erklärung" der Europäischen Gemeinschaft ein weltweites verantwortungsbewußtes Management der Ressource Wasser. Soweit es die geographischen Verhältnisse erlauben, sei es das oberste Ziel, für alle Menschen ausreichend Trink- und Brauchwasser in hygienisch einwandfreier Qualität bereitzustellen. Um dieses

Ziel zu erreichen, sind auch Geologen und Hydrologen in die Pflicht genommen. Grundwasservorkommen werden in Zukunft als natürlich geschützte Trinkwasserressourcen noch wichtiger werden. Sie müssen daher genau erkundet, sinnvoll und nachhaltig bewirtschaftet und wirksam geschützt werden.

Einen Königsweg, die Trinkwasserversorgung künftiger Generationen zu sichern, gibt es freilich nicht. Nur eine Vielzahl von Einzelmaßnahmen kann weiterhelfen. So gilt es,

- die nutzbaren Grundwasserpotentiale umfassend zu erforschen;
- Pläne für ein an die Regionen angepaßtes Grundwassermanagement auszuarbeiten;
- Verfahren zum Berechnen der Grundwassererneuerung weiterzuentwickeln;
- Grundwasser flächendeckend auf Anzeichen für Verschmutzung zu untersuchen;
- in Trockengebieten die qualitativ besseren Wasservorkommen vorrangig als Trinkwasser zu verwenden;
- wenn nötig und technisch sinnvoll, getrennte Brauch- und Trinkwassersysteme anzustreben;
- Leitungsverluste zu vermindern.

Frisch, klar und sauber kommt das Wasser bei uns aus der Leitung – in unseren regenreichen Breiten gibt es bei der Versorgung noch kaum ein Problem. Doch schon bei der Urlaubsreise in den Süden kann das ganz anders sein. Durch einen ausgiebigen Aufenthalt unter der Brause, womöglich mehrmals am Tag, verschwenden wir dort vielleicht eine unersetzliche Kostbarkeit. Da wird die Forderung, verantwortungsbewußt mit Wasser umzugehen, verständlich.

Fataler Trend bei den Nahrungsmitteln

Auch Nahrungsmangel kennen wir in Deutschland nicht. Im Gegenteil: Fruchtbare Bodenflächen müssen wegen der EU-weiten Überproduktion stillgelegt werden. Es ist eine groteske Situation in den Staaten der Europäischen Union, die leicht über den Ernst der Lage in weiten Teilen der übrigen Welt hinwegtäuscht. Boden ist eine endliche Ressource, er kann nicht vermehrt werden. Die immer massivere Inanspruchnahme durch eine schnell wachsende Weltbevölkerung setzt diese Ressource unter erheblichen Druck. Um die Nachfrage zu befriedigen, sind immer mehr Bauern gezwungen, den Boden noch intensiver zu nutzen und auch die letzten, oft wenig geeigneten Flächen zu beackern.

So werden Steilhänge in Gebirgen intensiv mit der Folge genutzt, daß Erosion diese neugewonnenen Agrarflächen innerhalb kurzer Zeit vernichtet. Von Nepal wird

Abb. 1.5.
Landressourcen und Bevölkerung der Erde in den Jahren 1990 und 2010

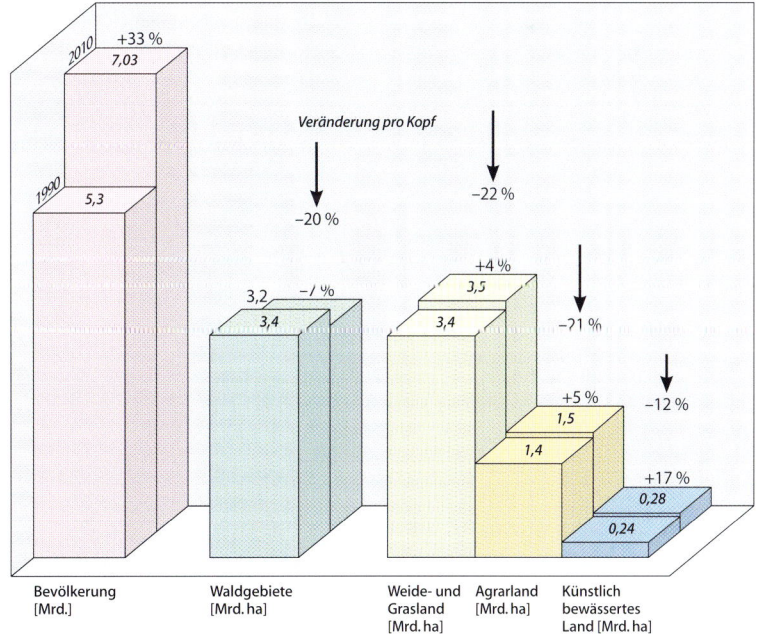

gesagt, daß der größte Exportfaktor des Landes seine Böden sind, die sich in Indien und Bangladesch in der Ganges-Ebene ansammeln. Auf die Agrarflächenausweitung gehen schätzungsweise 60 % der Abholzungen in den Entwicklungsländern zurück. Die dadurch erreichten Produktionszuwächse sind aber nur von kurzer Dauer. Langfristig wird die Bodensubstanz geschädigt, und die Böden werden für immer unfruchtbar. Die Ernährungs- und Landwirtschaftsorganisation der Vereinten Nationen (FAO) schätzt, daß rund 15 % der Landflächen der Erde erhebliche Schädigungen des Bodens aufweisen und jährlich 5 bis 7 Mio. Hektar dazukommen, was 0,5 % der Landwirtschaftsfläche entspricht.

Während des letzten Vierteljahrhunderts, so hat die Weltbank festgestellt, wurden mehr als 90 % der Steigerung in der Nahrungsmittelproduktion durch intensiveren Einsatz von Düngemitteln und durch Bewässerung ermöglicht. Lokal sind die Grundwässer erheblich nitratbelastet. Bewässerung hat bei trockenem Klima dazu geführt, daß zum Beispiel in Pakistan und Ägypten die jährlichen Ernteerträge durch Bodenversalzung um bis zu 30 % gesunken sind. In Mexiko sind nach Schätzungen Ernteverluste von jährlich etwa einer Million Tonnen Weizen – genug, um 5 Mio. Menschen zu ernähren – auf Versalzungen zurückzuführen.

Viele Agrarflächen sind andererseits auf Bewässerung angewiesen. Derzeit werden weltweit 235 Mio. ha Land bewässert. Etwa 36 % der Ernten kommen von 16 % bewässertem Land. Sollte das Wasser zur Bewässerung ausbleiben, würden beispielsweise China, Indien und die USA in ihren Hauptanbaugebieten Ernteverluste bis zu 50 % hinnehmen müssen.

Nach dem zweiten Bericht des Club of Rome „Mit der Natur rechnen" werden bis ins Jahr 2010 die landwirtschaftlichen Weide- und Produktionsflächen weiter gesteigert. Auf die Bevölkerung bezogen, sinken sie jedoch dramatisch (Abb. 1.5).

Droht der Menschheit eine Ernährungskrise?

Jahrzehntelang konnte die Nahrungsmittelproduktion enorm gesteigert werden. Von 1950 bis 1984 erhöhte sie sich um das 2,5fache und überflügelte damit das Bevölkerungswachstum bei weitem. Seitdem hat sich der Trend jedoch umgekehrt. Von 1984 bis 1993 wurden pro Kopf 12 % weniger Nahrungsmittel erzeugt. Ein Bündel von Ursachen hat dazu geführt:

- Landwirtschaftliche Flächen werden, wie auch Fischgründe, jenseits ihrer „Tragekapazität" genutzt, also über das Maß hinaus, was sie bei einer nachhaltigen, auf Dauer angelegten Bewirtschaftung zu leisten vermögen.
- Es bestehen kaum noch Möglichkeiten, neue Flächen zu erschließen, die landwirtschaftlich sinnvoll genutzt werden können, ohne daß gleichzeitig anderen Umweltgütern Schaden zugefügt wird.
- Mit revolutionären Verbesserungen in der Landwirtschaftstechnik ist nicht mehr zu rechnen.
- Größere Wassermengen zur Bewässerung sind nur mit hohen Investitionen und fragwürdigen Auswirkungen auf die Umwelt zu gewinnen.
- Verstärkter Einsatz von Düngemitteln führt vielerorts zu keinen Ertragssteigerungen mehr.
- Immer mehr Ackerland wird in Siedlungsland umgewandelt (in Japan, Südkorea und Taiwan schon die Hälfte, mit der Folge, daß bis zu 70 % der Nahrungsmittel importiert werden müssen).

Für die Zukunft empfehlen Weltbank und Agenda 21 gleichermaßen, zwischen Nutzung und Schutz der Ressource Boden einen Ausgleich zu finden. In der Agenda 21 haben sich die einzelnen Staaten darauf verständigt, weltweit den Umstieg auf eine nachhaltige und integrierte Bewirtschaftung des Bodens zu fördern, um auf Dauer größtmöglichen Nutzen daraus zu ziehen. Die Agenda 21 verpflichtet die Staaten, ihre nationalen Bodenpolitiken daraufhin zu überprüfen und gegebenenfalls neu zu fassen.

Die Geowissenschaftler sind weltweit aufgerufen, hierbei ihr Wissen und ihre Erfahrung einzubringen. Deutschland hat im März 1998 ein neues Bodenschutzgesetz verabschiedet und dabei unter anderem auf die Notwendigkeit bodenkundlich orientierter Forschungen und Entwicklungsarbeiten hingewiesen mit den Zielen,

- eine nachhaltige und integrierte Bewirtschaftung der Landressourcen zu fördern;
- die Bewirtschaftung des Bodens und Landschaftsplanungen im Hinblick auf eine stärkere Berücksichtigung von Umweltbelangen zu verbessern;
- Möglichkeiten der Aus- und Fortbildung sowie fachspezifische Informationsangebote zu erweitern;
- den „integrativen Ressourcenschutz-Ansatz" in allen betroffenen Behörden stärker zu berücksichtigen;
- landesweite Bodeninformationssysteme als Grundlage hoheitlicher Nutzungsentscheidungen einzurichten.

Wenn Ackerland zur Wüste wird

Besonderes Augenmerk im Hinblick auf Böden und Nahrungsmittelerzeugung richtet die Agenda 21 (noch verstärkt durch die 1994 verabschiedete Konvention gegen die Ausbreitung von Wüsten) auf die dramatischen Verluste von Kulturland in vielen Teilen der Welt. Die Wüsten dehnen sich aus. Land versteppt und verödet, die biologische Vielfalt und die wirtschaftliche Produktivität ganzer Regionen gehen durch „Desertifikation" verloren. Weltweit sind heute 3,6 Mrd. Hektar, mehr als ein Viertel der gesamten Landfläche der Erde, stark desertifikationsgefährdet, von den Trockengebieten sogar schon mehr als 50 %.

Diese Entwicklung ist in erster Linie auf nicht sachgemäßen Ackerbau und die Übernutzung von Weideland zurückzuführen. In der „Wüstenkonvention" wurden erstmals im internationalen Maßstab Schwerpunkte gesetzt, um der Ausbreitung der Wüsten durch koordinierten Einsatz von Fachleuten entgegenzutreten.

Schon in der Agenda 21 haben sich die Regierungen verpflichtet, internationale Programme gegen die Ausdehnung der Wüsten zu unterstützen. Forscher, insbesondere aus dem Bereich der Geowissenschaften, sind aufgefordert, ihr Fachwissen in nationale und internationale Programme einzubringen, um

- die Grunddaten über Böden und deren Nutzungsarten zu erfassen;
- meteorologische und hydrologische Netzwerke und Überwachungssysteme aufzubauen;
- Eckwerte und Indikatoren zur Desertifikation festzulegen;
- die landwirtschaftlichen Produktions- und Anbausysteme zu verbessern;
- integrierte Managementsysteme zur Bewirtschaftung der Boden- und Wasserressourcen einzuführen;
- die Bodenertragsfähigkeiten auf Dauer nachhaltig zu sichern.

Klimawandel heute: Natürlicher Prozeß oder menschlicher Einfluß?

Es gab in den letzten 1 000 Jahren wesentlich kältere, aber auch wärmere Zeiten als heute. Als der Wikinger Erich der Rote 982 auf der größten Insel der Erde landete, nannte er sie das grüne Land, Grönland. Es folgten Siedlungen der Europäer, 1126 wurde sogar ein Bischofssitz errichtet. Ab 1410 fehlen plötzlich schriftliche Zeugnisse. Die Lebensbedingungen verschlechterten sich infolge eines Temperaturrückgangs; die Siedlungen gingen zugrunde. Die berühmte Eiswette in Bremen geht auf wettlustige junge Bremer Kaufleute im Jahre 1828 zurück, ob am 1. Januar 1829 die Weser eisfrei sei. Aufgrund des Friedensschlusses nach dem türkisch-griechischen Krieg, der die Handelsbeziehungen Bremens empfindlich gestört hatte, konnten sie es kaum erwarten, mit ihren Schiffen in den Vorderen Orient aufbrechen zu können. Heute wird keiner mehr wegen einer eisfreien Weser wetten!

Für unser Klima ist also charakteristisch, daß es über die Jahre nicht konstant ist, sondern sich fortlaufend ändert. Viele Menschen stellen sich daher heute die Frage: Sind die Änderungen, die wir im kurzfristigen Trend beobachten, natürlich bedingt, oder deuten sie auf einen menschlichen Einfluß durch den verstärkten Ausstoß von CO_2 seit der Industrialisierung hin? Zuerst einige Fakten:

- Seit eh und je herrscht in der Atmosphäre ein natürlicher Treibhauseffekt, der die Erde für uns erst bewohnbar macht. Daran sind maximal 4 % Wasserdampf, wenige Hundertstelprozent Kohlendioxid (CO_2) und noch einige hundertmal weniger Methan und andere Spurengase am Mischungsverhältnis der Atmosphäre beteiligt. Man kann den Treibhauseffekt berechnen. Er wird zu 60 % durch Wasserdampf und zu etwa 30 % durch das nicht durch den Menschen produzierte CO_2 verursacht.
- Seit 1850, also mit dem Beginn verstärkter Industrialisierung, hat der CO_2-Gehalt der Luft um etwa 29 % zugenommen. CO_2 entsteht als normales Abfallprodukt bei jeder Verbrennung, ist also aufs engste mit dem Energieverbrauch der Menschheit verbunden. Dieses anthropogene CO_2 trägt zum Treibhauseffekt bei.
- Auch dieser zusätzliche, durch den Menschen verursachte Treibhauseffekt läßt sich berechnen. Er hat sich um insgesamt 2,1 % erhöht. Die Zunahme erfolgt nichtlinear. Für das anthropogene CO_2 beträgt sie heute 1,2 % mehr als noch Mitte des 18. Jahrhunderts.

Diese Zunahme des Treibhauseffektes erscheint gering und könnte leicht von anderen Effekten, wie Veränderungen der Sonneneinstrahlung, so überlagert werden, daß die zusätzlichen 2,1 % vernachlässigbar sein könnten. Andererseits könnte dies der sprichwörtliche

Tropfen sein, der „das Faß zum Überlaufen bringt". Er könnte eine Beschleunigung der Temperaturveränderung bewirken, so daß sich die Ökosysteme nicht mehr schnell genug anpassen können. Zumindest bei der konventionellen Temperaturmessung belegen die Aufzeichnungen des letzten Jahrhunderts, daß neun der zehn wärmsten Jahre im Zeitraum von 1987 bis 1997 liegen.

Politiker stehen vor einem Dilemma. Das Klimageschehen ist höchst komplex. Es gibt viele Einflüsse, und wir müssen mit Sicherheit viele Ursachen für Klimaveränderungen berücksichtigen. Dieses komplexe System ist längst noch nicht hinreichend erforscht und verstanden. Kann man aber wirklich warten, bis alles richtig verstanden wird? Oder muß aus Gründen der Vorsorge heute gehandelt werden, zumal die Reaktionszeiten sehr lang sind? Das gilt nicht nur für Veränderungen beim Klima, sondern auch in der Wirtschaftspolitik, wenn man es denn für notwendig hält, die Energiestruktur eines Landes zu ändern. Die politische Verantwortung ist hoch.

Bei Klimaveränderungen gibt es Gewinner und Verlierer. Kommt man zu der Überzeugung, daß anthropogene Effekte nicht von natürlichen total überlagert werden und somit auch menschliche Korrekturen möglich sind, können diese sicherlich nur im internationalen Konsens der Verlierer und Gewinner vorgenommen werden.

Als unübersehbar wurde, daß die schnell wachsenden Schwellenländer in Südamerika und vor allem in Asien mit ihren Bevölkerungsmassen auf hohes Wachstum mit Hilfe fossiler Brennstoffe setzten, kam auf politischer Ebene die Diskussion über den Klimaaspekt der nachhaltigen Entwicklung in Gang. Mit der Klimarahmenkonvention wurde 1992 in Rio ein Anfang gemacht, auch wenn daraus keinerlei feste Verpflichtungen zu CO_2-Reduktionen resultierten. Ohne verbindliche Absprachen blieb 1996 auch die Folgekonferenz in Berlin. Im Jahre 1997 wurden dann in Kyoto Reduktionsziele festgelegt, denen auch die USA – mit Abstand der größte CO_2-Emittent der Welt – und Japan zustimmten. Danach verpflichten sich die Industriestaaten, den Ausstoß an Treibhausgasen zwischen 2008 und 2012 um durchschnittlich 5,2 % zu verringern. Erlaubt werden soll der Handel mit Zertifikaten, durch den reiche Länder mit hohem Energieverbrauch ärmeren Staaten Emissionsrechte abkaufen dürfen. In der Europäischen Union haben sich die Umweltminister inzwischen darauf geeinigt, die bei der Klimakonferenz in Kyoto (1997) zugesagte Reduzierung der Treibhausgase um 8 % bis zum Jahre 2012 auf die Mitgliedsländer aufzuteilen: Deutschland soll z. B. 21 %, Großbritannien 12,5 %, Italien 6,5 % und Österreich 13 % abbauen.

Von besonderer Bedeutung sind die wissenschaftlichen Gremien zur Politikberatung. Das internationale Experten-Gremium „Intergovernmental Panel on Climate Change (IPCC)", das sich im Auftrag der Vereinten Nationen mit Klimafragen beschäftigt, ist sicherlich das eminenteste. Es kam 1996 in seinem jüngsten Bericht zu der Vorhersage, daß die globale Durchschnittstemperatur bis zum Jahre 2100 um 1 bis 3,5 Grad Celsius ansteigen wird, mit 2 Grad als bester Schätzung. Durch schmelzende Gletscher und eine Ausdehnung des wärmer werdenden Wassers in den Ozeanen wird nach Aussage des IPCC der Meeresspiegel um 15 bis 90 cm ansteigen, mit 48 cm als bester Schätzung. Dieser Anstieg würde den Lebensraum von 9 Mio. Menschen dem Risiko aussetzen, überflutet zu werden. Die Erwärmung wird nicht gleichmäßig überall auf der Erde stattfinden. Von größerer Bedeutung wird ohnehin eine geänderte Verteilung der Niederschläge sowie eine Zunahme von Extremwetterlagen sein, wenn sich die Klimakontraste verstärken sollten.

Zu dieser Meinung des IPCC gibt es Gegenpositionen. In einer sich dynamisch entwickelnden Wissenschaft kann dies gar nicht anders sein. An den Ursachen der Klimaveränderungen wird weltweit intensiv geforscht. Viele Fragen sind noch zu klären, die für politische Entscheidungen relevant sind. Hier haben auch die Geowissenschaften eine wichtige Aufgabe, ihre Erkenntnisse über Klimaveränderungen in der Vergangenheit, aus denen Schlußfolgerungen für die Jetztzeit gezogen werden können, in die internationale Klimadiskussion einzubringen. In der Geologie gibt es das Prinzip der Aktuogeologie: Die Gegenwart ist der Schlüssel zur Vergangenheit. In der Klimadiskussion könnte man die Argumentationskette umkehren: Die Vergangenheit ist der Schlüssel zur Gegenwart – und möglicherweise zur Zukunft.

Sparsamer Umgang mit Energie

Für die wirtschaftliche Entwicklung in Industrie- wie in Entwicklungsländern ist Energie unverzichtbar. In der Vergangenheit wurde der Energieverbrauch geradezu als Indikator für die wirtschaftliche Entwicklung einer Volkswirtschaft angesehen. Für die meisten Entwicklungsländer trifft das auch heute noch zu. In den Industrieländern hat sich demgegenüber der Energieverbrauch von der wirtschaftlichen Entwicklung abgekoppelt, was freilich noch längst keinen Rückgang des Verbrauchs bedeutet. Nach einer Prognose der Weltbank von 1992 wird sich der Bedarf in den Industrieländern bis zum Jahr 2030 auf dem derzeitigen Stand von rund 14 Mio. Tonnen Öläquivalenten (OE) pro Tag einpendeln. Mit überproportionalen Zuwächsen wird bei den Entwicklungsländern gerechnet: von heute 3 auf dann 35 Mio. Tonnen OE pro Tag.

Zum Zeitpunkt der Prognose verbrauchten 23 % der Weltbevölkerung 74 % der Energie. Bis zum Jahr 2010, so kalkuliert die Weltbank, wird der Anteil der Entwicklungsländer von 26 % auf fast 40 % steigen. Heute haben noch mehr als 2 Mrd. Menschen keinen Zugang zu anderen Energiequellen als dem Selbstbeschaffen an Holz und anderer Biomasse.

Auch in Zukunft werden die fossilen Brennstoffe Kohle, Erdöl und Erdgas die wichtigsten Energieträger bleiben. Die Vorräte sind zwar endlich, doch Befürchtungen, daß sie in absehbarer Zeit zur Neige gehen könnten, sind unbegründet. Zu Verknappungen könnte es wohl nur beim konventionellen Erdöl kommen, wobei – wie bei den zurückliegenden Ölkrisen – die Möglichkeiten der politischen Einflußnahme entscheidend sind.

Unter dem Aspekt der nachhaltigen Entwicklung sind die Mengen an fossilen Brennstoffen, die heute zu niedrigen Preisen zur Verfügung stehen, höchst problematisch. Das Überangebot verleitet zum sorglosen Umgang mit der wertvollen und nur in geologischen Zeiträumen nachwachsenden Ressource. Wir verbrauchen jährlich so viel Energierohstoffe, wie in einer halben Million Jahren gebildet wurden. In fernerer Zukunft könnte die Menschheit dringend auf Bestände angewiesen sein, die wir heute verschwenderisch verbrauchen.

Forderungen nach einer künstlichen Verknappung, zum Beispiel durch zusätzliche Energiesteuern, werden im politischen Raum diskutiert. Da es sich um ein globales Problem handelt, ist jedoch eine internationale Abstimmung unerläßlich. Ob es dazu kommt, wird sich letztlich auf Klimakonferenzen entscheiden.

Strategien gegen Müll

Bei allem, was der Mensch tut, hinterläßt er Abfälle. Im einfachen Leben früherer Zeiten waren sie vor allem ein hygienisches Problem. Die Natur kam gut damit zurecht. Die überwiegend organischen Rückstände wurden zersetzt und in den Kreislauf zurückgeschleust. Der widerstandsfähige Rest spielte bei der geringen Anzahl der Menschen keine große Rolle.

Der moderne Mensch produziert Berge von Abfällen, viel mehr, als durch natürliche Prozesse abgebaut werden kann. Schon beim Abbau der Rohstoffe fällt vieles an. Bei der Herstellung unzähliger Produkte entsteht eine Unmenge fester, flüssiger und gasförmiger Reststoffen. Nach dem Gebrauch der Produkte bleiben Berge von Zivilisationsmüll zurück, ein buntes Gemisch, durchsetzt mit Chemikalien aller Art. Die Möglichkeiten, dies alles problemlos zu beseitigen, sind in den Industrie- wie in den Entwicklungsländern noch unzureichend entwickelt.

Auf der Basis der Beschlüsse von Rio zur nachhaltigen Entwicklung fordert das 5. EG-Umweltaktionsprogramm „Towards Sustainability" (etwa „Wege zur Nachhaltigkeit") wirksame Strategien zur Verbesserung der allgemeinen Umweltsituation, zu denen optimal gesteuerte Stoffkreisläufe zählen. Von der Produktion über die Verarbeitung bis zum Verbraucher seien die Materialien so zu handhaben, daß ein möglichst hoher Anteil wiederverwendet werden kann und eine sichere Entsorgung nicht mehr verwendbarer Stoffe gewährleistet ist. In dem Programm wird auf die Notwendigkeit hingewiesen, daß Rohstofflieferanten und Entsorger eng zusammenarbeiten. Nur dann sei eine nachhaltige und zukunftsträchtige Entwicklung zu erreichen.

In der wirksamen Steuerung der Stoffströme sieht auch die Agenda 21 einen wesentlichen Beitrag für einen effizienten Umwelt- und Ressourcenschutz. Kritisch ist die Situation in den meisten Entwicklungsländern, in denen der Müll mit steigendem Wohlstand überproportional zunimmt, es jedoch an der notwendigen Infrastruktur zur Beseitigung mangelt. In der pakistanischen Millionenstadt Karachi etwa werden mehr als zwei Drittel des anfallenden Mülls nicht mehr regelmäßig abgefahren, bleiben irgendwo liegen. Aber auch da, wo die Müllabfuhr geregelt ist, landen die Abfälle häufig auf offenen und unkontrollierten Schuttabladeplätzen. Stinkende und rauchende Müllkippen, aus denen kontaminierte Wässer sickern, prägen das Bild vieler Städte und gefährden die Gesundheit der Anwohner. Bis zu geordneten Stoffströmen ist es dort noch ein besonders weiter Weg.

In Deutschland sind vornehmlich die Industrieregionen der neuen Bundesländer mit Umwelthypotheken belastet. Die zum Teil dramatischen Kontaminationen von Boden, Wasser und Luft sind das Ergebnis jahrzehntelangen rücksichtslosen Umgangs mit den natürlichen Ressourcen bei fehlender Umweltplanung. Im Einigungsvertrag wurde daher die Bedeutung des Umweltschutzes für die Gesamtentwicklung besonders hervorgehoben. Mit dem 1994 in Kraft getretenen Gesetz zur Vermeidung, Verwertung und Entsorgung von Abfällen (Kreislaufwirtschaftsgesetz) ist für Deutschland festgelegt, daß Abfälle grundsätzlich im Inland zu entsorgen sind. Mit dem Beitritt zum Baseler Übereinkommen hat die Bundesregierung quasi ein „Exportverbot" von Abfällen in Staaten, in denen eine geordnete Entsorgung nicht gewährleistet ist, rechtsverbindlich festgeschrieben.

Mehr Verantwortung für den Schutz der Umwelt

Die Erkenntnis, daß menschliches Handeln in erheblichem Ausmaß die Ökosysteme der Erde bedroht, setzt sich allmählich weltweit immer mehr durch. Der Zwiespalt ist beträchtlich: Forderungen zur Erhaltung der Umwelt erzeugen vielerorts Befürchtungen, daß die wirtschaftlichen und sozialen Entwicklungen beeinträchtigt werden könnten. Der Weltentwicklungsbericht 1992 kommt zwar zu dem Schluß: „Es gibt überzeugende Möglichkeiten, beiden Zielen gerecht zu werden; sie werden nur bislang unzureichend genutzt." Doch das bedeutet nicht, daß alles so bleiben wird wie gewohnt.

Von den Forderungen von Rio ausgehend, erwartet die Enquete-Kommission „Schutz der Menschen und der Umwelt" des Deutschen Bundestages weitreichende Änderungen unseres Wirtschaftens, die möglicherweise nicht ohne Anpassungskrisen abgehen werden. Manche Forderungen nach einem verbesserten Umweltschutz werden sich nur mit Wohlstandseinbußen erreichen lassen. Das Postulat der nachhaltigen Entwicklung verlangt von allen gesellschaftlichen Gruppen eine erhöhte Anpassungsbereitschaft. Erwartet wird von Staat und Gesellschaft, von Industrie und Forschung, daß jeder an seiner Stelle bereit ist, mehr Verantwortung für den Schutz der Umwelt zu übernehmen. Den Geowissenschaftlern als Kundigen der Erde fällt dabei eine besondere Rolle zu.

Für eine nachhaltige Entwicklung und ökologische Bewirtschaftung der Erde müssen physikalische, chemische und biologische Prozesse in Einklang gebracht werden mit den ökonomischen und sozialen Bedürfnissen. Beim erreichten Stand der von der Menschheit geschaffenen Probleme, bei der rasanten Zunahme der Weltbevölkerung und den berechtigten Forderungen der Menschen nach einer lebenswerten Umwelt stellt sich längst nicht mehr die Frage: Sollen wir die Erde für die zukünftigen Generationen unberührt lassen? Sie lautet vielmehr: Wie kann es uns gelingen, die Kräfte so zu bündeln, daß der Ausgleich zwischen ökonomischen und sozialen Anforderungen und den ökologischen Notwendigkeiten auf Dauer nachhaltig und möglichst fair gestaltet werden kann?

Nachhaltigkeit ist dabei auch eine Frage des Zeitrahmens. Bezogen auf die moderne Menschheitsgeschichte sind viele Rohstoffe endlich. Über einen größeren Zeitraum betrachtet, regenerieren sie sich auf natürliche Weise. In Vulkanzonen am Boden der Tiefsee wachsen Erze, am Grund flacher Schelfmeere werden ständig Massen von organischer Substanz begraben, die das Ausgangsmaterial für das Erdöl der fernen Zukunft bildet.

Eine bedeutende Rolle spielt auch der Preis. Die Verfügbarkeit zum Beispiel von Wasser oder mineralischen Rohstoffen hängt nicht zuletzt davon ab, wieviel der Einzelne dafür zu zahlen bereit ist. Über den Marktpreis werden neue, weniger reichhaltige Rohstoffvorkommen erschlossen, wird nach alternativen Quellen geforscht, werden Wege für ein Recycling eröffnet oder Ersatzstoffe gesucht.

Was uns Wissenschaftler betrifft, so ist uns bewußt: Nur wenn wir die wissenschaftlichen und technischen Potentiale bündeln, werden sich die Synergieeffekte erzielen lassen, die notwendig sind, bedrohliche Entwicklungen abzuwenden oder umzukehren, so daß sich auch künftige Generationen auf der Erde noch wohlfühlen können.

Zukunftsaufgaben für die Geowissenschaften

Die Agenda 21 stellt deutlich heraus, welche Bedeutung die Weltgemeinschaft den Wissenschaften und der Technik bei der Lösung der globalen Umweltprobleme und für eine nachhaltige Entwicklung zuweist. Wissenschaftler, Ingenieure und Techniker werden darin aufgerufen, den politischen Entscheidungsträgern verbindliche Grundlagen für eine nachhaltige Nutzung der Ressource Erde vorzulegen.

Die Agenda 21 fordert,

- nationale Beratungsgremien zu errichten beziehungsweise zu stärken,
- die nationale und internationale Zusammenarbeit zu intensivieren,
- ein gemeinsames Verständnis zwischen Wissenschaft und Gesellschaft zu schaffen und für einen kontinuierlichen Dialog zu sorgen,
- Bildung und Ausbildung im Umwelt- und Ressourcenschutz auszubauen,
- die einschlägigen nationalen und internationalen Rechtsinstrumente, Leitlinien und Regelwerke zu überprüfen bzw. zu ergänzen.

Auch die Bundesregierung fordert eine fachgerechte Umweltvorsorge durch Technologiekooperationen und Technologietransfer im gesamten Spektrum von Low- bis High-Tech. Entscheidende Beiträge werden ausdrücklich von den Geowissenschaftlern erwartet. Gefordert wird,

- die wissenschaftlichen Grundlagen für ein zukunftsfähiges Umweltmanagement zu stärken,
- das wissenschaftliche Verständnis der Naturkreisläufe und der Ökosysteme zu vertiefen,
- die Kenntnisse über die Auswirkungen von wirtschaftlichem und sozialem Verhalten auf die Umwelt zu erweitern,
- Forschungskapazitäten und wissenschaftliche Kompetenz auszubauen,
- die wissenschaftlichen Szenarien für langfristige Entwicklungen sowie Bewertungsverfahren zu verbessern.

Betont wird, daß die Vertiefung wissenschaftlicher Erkenntnisse allein nicht genügt, das angestrebte Ziel zu erreichen. Die Ergebnisse mussen auch umfassend bekanntgemacht werden. Eine neue kooperative Beziehung zwischen Wissenschaft und Technik auf der einen und der Öffentlichkeit auf der anderen Seite gilt als unverzichtbar. Nur wenn die Akzeptanz wissenschaftlicher Erkenntnisse national und international gefördert und entwickelt wird, kann es gelingen, die Lebensbedürfnisse der Menschen mit einer nachhaltigen Entwicklung in Einklang zu bringen.

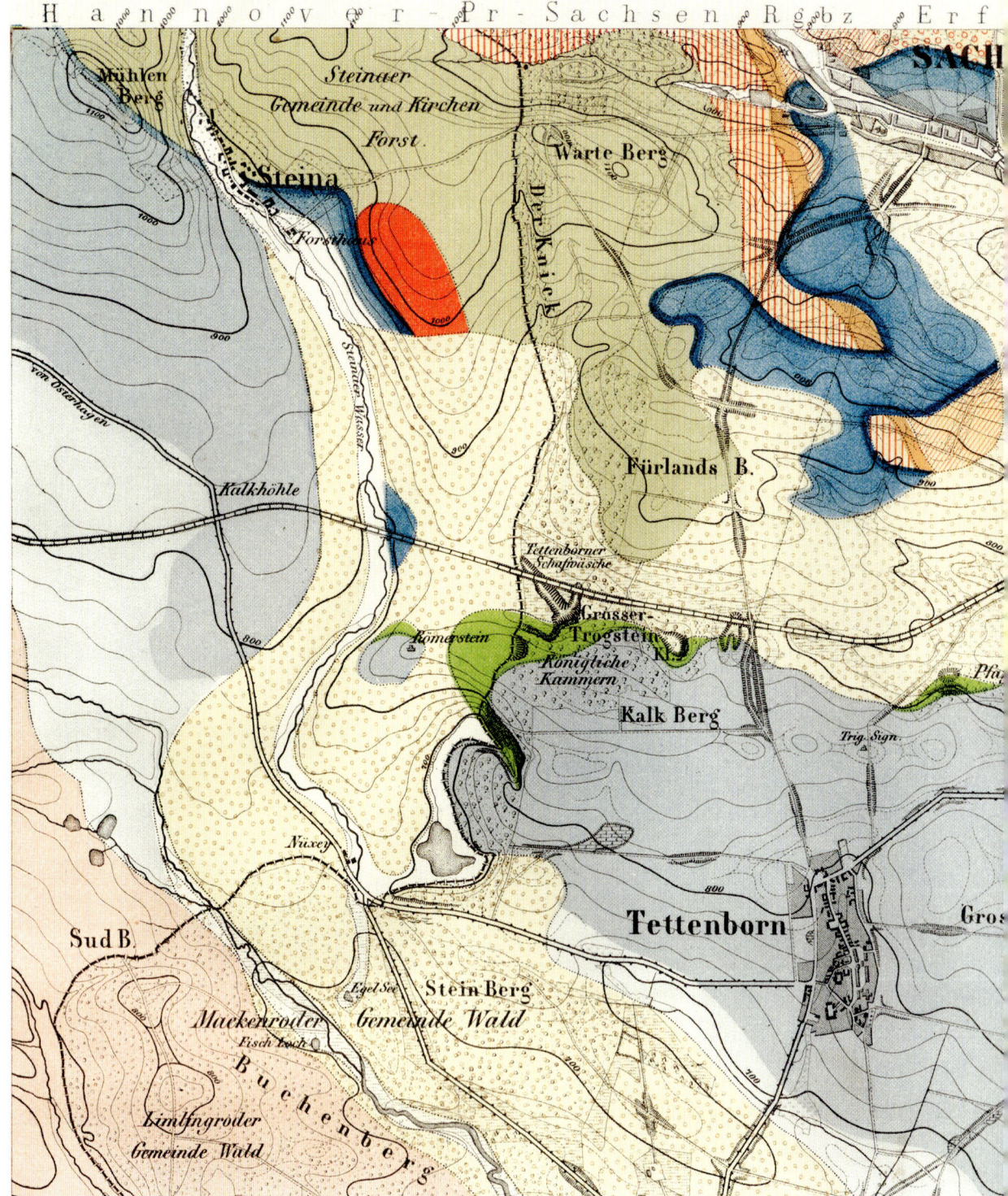

2 Geologische Dienste

Von der Rohstoffsuche zur nachhaltigen Entwicklung

Die Rolle der staatlichen Geologischen Dienste hat sich seit ihrer Gründung im vergangenen Jahrhundert stark geändert. Die klassische Aufgabe, das Landesgebiet gemäß den neuesten geowissenschaftlichen Erkenntnissen zu kartieren und so die Basis für anwendungsorientierte Karten und Arbeiten zu schaffen, ist zwar geblieben; aber schon bei den unterschiedlichen Anwendungen haben sich die Akzente beträchtlich verschoben. Die Rohstoffsuche im Staatsgebiet, die ursprünglich im Vordergrund stand, ist längst von Gebieten wie Hydro- und Ingenieurgeologie, Bodenkunde und Umweltschutz überflügelt worden.

Vor allem aber hat die Beratung von politischen Entscheidungsträgern und Behörden als Arbeitsfeld der Geologischen Dienste immer mehr an Gewicht gewonnen. Mit der in jüngster Zeit auf internationaler Ebene entwickelten Zielsetzung, die Zukunftschancen der Menschheit durch eine nachhaltige Entwicklung zu sichern, dürfte der Bedarf an geowissenschaftlich fundiertem Wissen über die Erde weiterhin zunehmen.

◀ **Abb. 2.1.**
Geologische Karten enthalten seit Jahrhunderten wertvolle Informationen für die wirtschaftliche und kommunale Entwicklung: Ausschnitt der geologischen Landesaufnahme im Maßstab 1 : 25000, Blatt Ellrich, gedruckt im Jahr 1870

Die Wurzeln der geologischen Karten reichen über 3 000 Jahre zurück

Als im 19. Jahrhundert die ersten speziellen Fachbehörden für die Erde gegründet wurden, war Europa und erst recht die übrige Welt noch voller weißer Flecken – geologisch gesehen. Diese weißen Flecken zu füllen, war die wichtigste Aufgabe der damals entstehenden Geologischen Dienste. Die Landesterritorien sollten planmäßig auf ihre geologischen Verhältnisse untersucht werden. Ging es den staatlichen Auftraggebern oft mehr um praktische Belange, vor allem um die Entdeckung von Bodenschätzen als um wissenschaftliche Erkenntnisse, so erwiesen sich die geologischen Kartierungen doch als überaus fruchtbarer Ansatz, die Erde kennenzulernen.

Die Wurzeln der geologischen Kartierung reichen jedoch weit zurück – bis ins alte Ägypten. Die älteste bekannte „geologische Karte", der „Turiner Papyrus" aus der Zeit des Pharaos Ramses IV. (1151–1145 v. Chr.), zeigt das Wadi Hammamat in Oberägypten. Dieser Papyrus stellt unter anderem die geologisch-lagerstättenkundlichen Verhältnisse eines Steinbruchs dar, in dem ein spezifischer Werkstein (Grauwacke) abgebaut und zudem nach Gold gesucht wurde.

Georgius Agricola (1494–1555), der sächsische Pionier der Bergbaukunde und damit verbundener Fachgebiete, zeichnete Grubenrisse und Lagerstättenkarten, die den verantwortlichen Bergleuten bei der Planung des Abbaus halfen. Solche frühen Karten betrafen ausschließlich Vorkommen, die schon bekannt waren, etwa weil Erz an der Erdoberfläche gelegen hatte. Die frühen Lagerstätten wurden in der Regel durch Zufall entdeckt, wie z. B. eine Sage vom Rammelsberg bei Goslar berichtet, wo seit dem 10. Jahrhundert Kupfer, Blei, Zink, Silber und Gold gewonnen wurden: Bei einer Jagd im Wald scharrte das Pferd des Ritters Ramm mit den Hufen und legte dabei glänzende Silbererze frei.

Geologische Karten, auf denen sich die geologischen Verhältnisse eines Staates widerspiegeln, entstanden zuerst im 18. Jahrhundert, so 1743 von der englischen Grafschaft Kent, 1751 von Frankreich und Südengland, Vorderasien und Nordafrika, 1761 von Deutschland. Mit wachsendem geologischen Wissen reifte die Erkenntnis, daß solche Karten wesentliche Hilfestellungen beim Aufspüren neuer Lagerstätten geben könnten. An die Stelle der bis dahin einfarbigen Skizzen traten – auch ausgehend von Sachsen – Karten, die unterschiedliche Gesteinseinheiten in verschiedenen Farbtönen zeigten. So legte der sächsische Bergmeister sowie Inspektor und Lehrer an der Bergakademie Freiberg, Christian-Hieronymus Lommer, 1768 nach einer eingehenden Erkundungsreise zwischen Freiberg und dem Riesengebirge eine farbige geologische Karte des Gebietes vor, die für bergbauliche Zwecke bestimmt war.

Sachsen voran mit „Illuminierten petrographischen Charten"

Ein Jahrzehnt darauf wurde Sachsen zum Mutterland der Landesgeologie, als Kurfürst Friedrich August den Befehl gab, nach Steinkohle zu suchen. Unter Leitung von Abraham Gottlob Werner, ebenfalls an der Bergakademie Freiberg tätig, machten sich 1778 erstmals auf direkte staatliche Weisung Studenten und Mitglieder des Oberbergamtes an die Arbeit. Im Jahre 1798 wurde Werner beauftragt, eine geologische Landesaufnahme durchzuführen. Er teilte das Land in einzelne Abschnitte ein, die jeweils ein Student untersuchte, um am Ende unter anderem eine „Illuminierte petrographische Charte" abzuliefern. So entstanden 63 Karten, die natürlich seit langem nur noch historischen Wert haben.

Nach Beginn des 19. Jahrhunderts fühlten sich von der aufblühenden Geologie zahlreiche Privatgelehrte angezogen. Von solchen Forschern stammen großräumige geologische Übersichtskarten von England und Deutschland. Doch allmählich wuchs – wie schon in Sachsen – das Bedürfnis, die Staatsgebiete systematisch geologisch zu erfassen. Anders jedoch als zuvor in Sachsen, wurden nun besondere Institutionen gegründet, die sich gemäß den wissenschaftlichen Fortschritten dauerhaft der geologischen Landesaufnahme und spezifischen Fragen der Landesgeologie widmen sollten. Die Geburtsstunde der Geologischen Dienste schlug 1835 in Großbritannien. Im Jahre 1849 wurde in Wien die K. K. Geologische Reichsanstalt gegründet. Es folgten 1850 und 1853 die ersten deutschen Geologischen Dienste in Bayern und Kurhessen.

Im Vordergrund stand neben der wissenschaftlichen Arbeit stets die praktische Anwendung. In einem Gutachten vor der Gründung des britischen Geologischen Dienstes wurde auf die „großen Vorteile" verwiesen, „die sich aus solch einem Projekt ergeben müssen, nicht nur, um die geologische Wissenschaft voranzubringen, was allein schon ein hinreichendes Ziel wäre, sondern auch als Unternehmen von großem praktischen Nutzen, der sich auf die Landwirtschaft, den Bergbau, den Straßenbau, den Bau von Kanälen und Eisenbahnen und auf andere Zweige der nationalen Industrie auswirkt". Ganz ähnlich heißt es in der Anleitung zur „geognostischen Untersuchung des Königreiches Bayern". Aufgabe sei „die Erforschung des Baues und Inhaltes der Erdrinde im ganzen Umfange des Königreiches, und zwar a) der Gebirgsmassen und der sie konstituierenden Gebirgsarten; b) des Vorkommens nutzbarer Mineralien für den Bergbau und Hüttenbetrieb, für die Feuerung, für die Gewerbe und namentlich für das Bauwesen. Die Aufgabe ist hiernach eine wissenschaftlich praktische …"

In Preußen wurde 1841 die Oberberghauptmannschaft Berlin damit beauftragt, das Staatsgebiet systematisch geologisch zu kartieren. Im Jahre 1866 wurde der noch heute gültige Maßstab 1 : 25 000 verbindlich eingeführt. Die Arbeiten wurden jedoch bald so umfangreich, daß 1873 ein Geologischer Dienst eingerichtet wurde mit der Aufgabe, eine „vollständige Darstellung der geologischen Verhältnisse, der Bodenbeschaffenheit und des Vorkommens nutzbarer Gesteine und Mineralien" zu liefern. Vor nunmehr 125 Jahren entstand, mit der bereits ein Jahrhundert zuvor gegründeten Bergakademie zusammengeschlossen, die „Vereinigte Königliche Geologische Landesanstalt und Bergakademie zu Berlin". Ein Jahr nach der Gründung wurde auch mit einer bodenkundlichen Landesaufnahme, insbesondere in den weitflächigen Agrargebieten Brandenburgs, begonnen.

Durch die Kartierungen sowie den Aufbau von Dokumentationen und die Herausgabe von Monographien wurden der Rohstoffindustrie, der Landwirtschaft und den staatlichen Stellen, die für Infrastruktureinrichtungen wie Straßen und Eisenbahnen zuständig sind, wichtige Grundlagen für die Daseinsvorsorge zur Verfügung gestellt. Geologische Informationen durch Karten und andere Veröffentlichungen verfügbar zu machen, ist die Kernaufgabe Geologischer Dienste weltweit bis heute geblieben. Nur die Bundesanstalt für Geowissenschaften und Rohstoffe bildet eine Ausnahme: Ihre Mitarbeiter kartieren nicht im Inland. Das hat mit der deutschen föderalen Struktur zu tun. Die Kartieraufgaben in Deutschland werden von den Geologischen Diensten der einzelnen Bundesländer wahrgenommen.

Geowissenschaftliche Beratung für die Regierung

Im Jahre 1939 wurden die Geologischen Landesanstalten Preußens und acht weiterer deutscher Länder zu einer gemeinsamen Institution vereinigt, mit der Zentrale in Berlin sowie Zweig- und Arbeitsstellen außerhalb der Hauptstadt. Das aus der Vereinigung hervorgegangene „Reichsamt für Bodenforschung" zerfiel nach dem Ende des Zweiten Weltkriegs. Die Zentrale im sowjetisch besetzten Sektor Berlins konnte ihre Aufgaben nicht länger wahrnehmen. Eine ganze Reihe von Versuchen, ein in Hannover neugegründetes Reichsamt für Bodenforschung wenigstens für die britische und die amerikanische Besatzungszone zu etablieren, scheiterte vor allem am Wunsch der Länder, über eigene Landesämter verfügen zu können. Einzig für bestimmte Aufgabenbereiche, die überregional vom Reichsamt in Hannover wahrgenommen werden sollten – später „Geowissenschaftliche Gemeinschaftsaufgaben" genannt –, wurde 1948 ein Abkommen zwischen den Bundesländern erzielt.

Nach der Gründung der Bundesrepublik Deutschland zeigte sich bald, daß wichtige Aufgaben weder von den Landesämtern noch im Rahmen der Geowissenschaftlichen Gemeinschaftsaufgaben zu erfüllen waren. Es fehlte eine Institution, welche die Bundesministerien in Fragen der Geowissenschaften beraten und geowissenschaftliche Arbeiten im Ausland aufgrund zwischenstaatlicher Abkommen ausführen konnte.

Um diesem Mangel abzuhelfen, auch um Forschungsarbeiten in den immer bedeutsamer werdenden Geowissenschaften zu fördern, wurde 1958 in Hannover die „Bundesanstalt für Bodenforschung", die spätere „Bundesanstalt für Geowissenschaften und Rohstoffe" (BGR), als Dienststelle des Bundesministeriums für Wirtschaft gegründet. Im Jahr darauf wurde das Reichsamt in Hannover, inzwischen nur noch „Amt für Bodenforschung", zum „Niedersächsischen Landesamt für Bodenforschung" umbenannt, dem die Geowissenschaftlichen Gemeinschaftsaufgaben bis heute angegliedert sind.

Wie in den überregionalen Geologischen Diensten anderer Länder ist die Beratung der Regierung für die BGR eine Aufgabe, deren Bedeutung ständig gewachsen ist. Die BGR berät nicht nur das Ministerium für Wirtschaft, sondern alle Bundesministerien und deren nachgeordnete Behörden sowie auch die deutsche Wirtschaft. Der Rat von Geowissenschaftlern wurde mitunter zwar auch schon in den Anfangsphasen der Geologischen Dienste gesucht. So gibt es Hinweise, daß sich Otto von Bismarck als preußischer Ministerpräsident von Wilhelm Hauchecorne, dem Direktor der Bergakademie Berlin und späteren ersten Direktor der Königlich Geologischen Landesanstalt, über die Eisenerzlagerstätten Lothringens informieren ließ. Diese Lagerstätten spielten bei der Grenzziehung nach dem deutsch-französischen Krieg 1870/71 eine wichtige Rolle. Heute werden jedoch ganz andere Fragen gestellt.

Stellungnahmen und Gutachten, Fachberichte und Forschungsarbeiten betreffen ein immer breiteres Feld von Themen. Da geht es etwa um Energieprognosen und eine umfassende Gesetzgebung zum Bodenschutz, den umweltverträglichen Abbau mineralischer Rohstoffe und das Klima früherer Erdzeitalter, die Sanierung von Truppenübungsplätzen und des Untergrundes von Deponien, die Verifikation des Kernwaffenteststoppabkommens durch ein internationales seismisches Überwachungssystem und Ausbildungsprogramme für Geologische Dienste in Entwicklungsländern.

Der Hauptgrund für den immer stärker gesuchten Rat der Geologischen Dienste liegt darin, daß der Lebensraum Erde heute viel umfassender in die staatlichen Planungsaufgaben und internationalen Absprachen einbezogen werden muß als früher. Aus den alten Aufgabenbeschreibungen geht hervor, daß die Erde damals im wesentlichen als Quelle der zu nutzenden Ressourcen angesehen wurde, etwa in Form von Rohstoffen für die Industrie. Boden war nur als Produktionsstandort für die Landwirtschaft interessant.

Fragen der konkurrierenden Nutzungen tauchten noch kaum auf. Niemand mußte sich damit auseinandersetzen, ob zum Beispiel Rohstoffe oder das Grundwasser genutzt oder eine Fläche für die Ansiedlung von Industrie freigegeben werden sollte. Die sichere Deponierung von Abfallstoffen, die Boden- und Grundwasserbelastung durch Schadstoffe, die Entwicklung des Klimas und deren Folgen für die Umwelt, Vorsorgemaßnahmen gegen Gefährdung durch Naturkatastrophen wie Erdbeben und Vulkanausbrüche, Hangrutschungen und Überflutungen, die geowissenschaftliche Erforschung der Küstenmeere und der Tiefsee, auch der Polargebiete – alles das sind Themen, mit denen sich Regierungen erst lange nach Gründung der Geologischen Dienste beschäftigten, die aber inzwischen zu bedeutenden Aufgabenfeldern geworden sind. Vergleichsweise spät ist auch die internationale Zusammenarbeit zwischen Geologischen Diensten der Industrie- und der Entwicklungsländer hinzugekommen. Eine Ausnahme sind internationale geologische Kartenwerke, die schon vor über 100 Jahren in Zusammenarbeit mit Industrieländern ausgearbeitet wurden.

Die Arbeit aller Geologischen Dienste – in Deutschland (Abb.2.2) ebenso wie im Ausland – steht, damit diese ihre Aufgaben erfüllen können, auf drei Säulen:

- Aktive Forschung und Entwicklung, um an vorderster Front kompetent beraten und operative Aufgaben durchführen zu können; dieser Anteil macht in der BGR rund 40 % des gesamten Einsatzes an Personal- und Sachmitteln aus.
- Systematische Sammlung, Auswertung und Interpretation von geowissenschaftlichen Daten; dazu zählt auch die primäre Kernaufgabe der Geologischen Dienste, die Kartierung, die in Deutschland jedoch nur von den Geologischen Diensten der Länder wahrgenommen wird.
- Internationale Kooperation, um auch Erfahrungen anderer Länder zu nutzen.

Arbeitsfeld „nachhaltige Entwicklung"

Die Endlichkeit der Erde wurde einer breiten Öffentlichkeit zum erstenmal bewußt, als der amerikanische Wirtschaftswissenschaftler Dennis Meadows und seine Mitarbeiter 1972 im Auftrag des Club of Rome ihr vieldiskutiertes Buch „Die Grenzen des Wachstums" veröffentlichten. Danach sollten der Menschheit schwierige Zeiten bevorstehen: Wichtige Rohstoffe würden knapp werden, die Nahrungsmittel- und Industrieproduktion zusammenbrechen. Das Buch erregte ungeheures Aufsehen, doch die Befürchtungen erwiesen sich als weit übertrieben – nicht zuletzt dank der Tüchtigkeit der Geologen in Industrie und staatlichen Diensten, deren Arbeit zur Entdeckung zahlreicher neuer Lagerstätten führte. Meadows hatte mit dem Hinweis auf Grenzen, denen die Menschheit unterworfen sei, im Prinzip Richtiges gemeint, aber einen allzu simplen, untauglichen Ansatz gewählt.

Erst unter dem umfassenden Begriff der nachhaltigen Entwicklung wurden die großen Probleme, vor denen die Menschheit heute steht, realistisch beschrieben. Zahlreiche geowissenschaftliche Fragen sind untrennbar damit verbunden. Ihre heutige gesellschaftliche und politische Relevanz haben sie erst mit dem 1987 veröffentlichten „Brundtland-Report" und der „Agenda 21" der UN-Konferenz über Umwelt und Entwicklung 1992 in Rio de Janeiro erhalten. Innerhalb der letzten zehn Jahre erst setzte sich auch die Erkenntnis durch, daß man die Erde unter dem Aspekt der nachhaltigen Entwicklung als ein Gesamtsystem mit „Quellen" und „Senken", die über Stoffkreisläufe miteinander verbunden sind, und der auf und in der Erde wirkenden Prozesse betrachten muß.

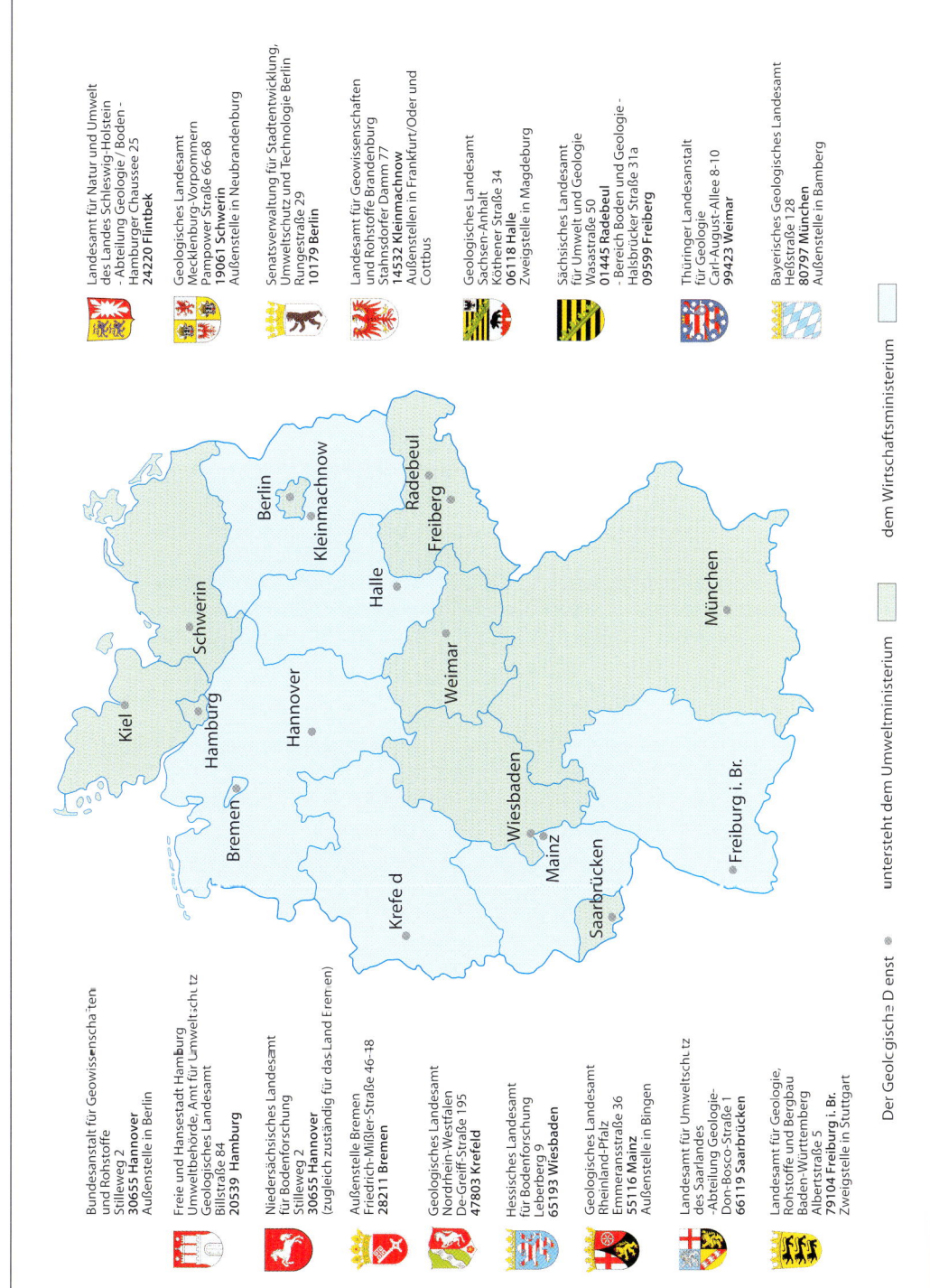

Abb. 2.2. Die Staatlichen Geologischen Dienste in der Bundesrepublik Deutschland

Die zunehmende Inanspruchnahme unserer Erde verlangt einen immer verantwortungsvolleren Umgang mit allen Ressourcen der Natur, nicht allein der nichterneuerbaren Rohstoffe. Und sie gebietet Rücksichtnahme auf die Kapazitäten der Senken, der vorübergehenden oder – nach menschlichen Zeitmaßstäben – dauerhaften Unterbringungsorte für feste, flüssige und gasförmige Abfallprodukte. Wenn wir die Erde nachhaltig nutzen wollen, müssen wir sie immer genauer kennenlernen und erkunden. Die geologische Landeserforschung ist deshalb eine ständige, niemals abgeschlossene Aufgabe. Moderne geowissenschaftliche Karten, Archive und Auswertungsmethoden sind ebenso wie die interdisziplinäre Zusammenarbeit eine unabdingbare Grundlage für eine objektive, unabhängige, verantwortungsvolle und zukunftsorientierte Beratung von Politik, Wirtschaft und Wissenschaft.

Neben geologischen Karten und Profilen bieten die modernen Methoden der elektronischen Datenverarbeitung heute die Möglichkeit, über die klassischen zweidimensionalen Wiedergaben hinaus zu räumlichen, dreidimensionalen Modellen zu gelangen, in denen die Struktur der genutzten Erdkruste dargestellt ist. Solche Modelle werden virtuell im Computer entwickelt. Alle Karten, Profilschnitte oder räumlichen Modelle können freilich nur die jeweils bestmögliche Interpretation der zur Zeit verfügbaren Befunde sein. Neben den Beobachtungen des kartierenden Geologen an der Oberfläche überall dort, wo Gruben und Geländeeinschnitte oder Gesteinsvorkommen einen Blick in den geologischen Untergrund gestatten, gehört dazu vor allem die Auswertung von Bohrungen. Aber auch geophysikalische und geochemische Untersuchungen ergänzen unser Bild vom Aufbau jenes vom Menschen genutzten oder beeinflußten Teils der Erdkruste, der Untersuchungsobjekt der Geologischen Dienste ist.

Indem die Staatlichen Geologischen Dienste die Territorien ihrer Länder systematisch geowissenschaftlich kartieren und dokumentieren, schaffen sie auch die Basis für anwendungsorientierte Karten und Arbeiten, zum Beispiel auf den Gebieten der Hydro-, Ingenieur- und Rohstoffgeologie sowie der Bodenkunde und des Umweltschutzes, der Daseinsvorsorge schlechthin. Geowissenschaftler leisten damit einen wesentlichen Beitrag zu einem erträglichen Miteinander von Ökologie und Ökonomie.

Für diese flächendeckende Bearbeitung eines Landes, eine über Jahrzehnte währende Daueraufgabe, wären die wissenschaftlichen Hochschulen nicht geeignet, da sie ihre aktuellen Forschungsfelder entsprechend den jeweils gesetzten Interessenschwerpunkten wählen, somit keine Kontinuität gewährleisten. Gleichwohl besteht zwischen ihnen und den Geologischen Diensten eine gute Zusammenarbeit, z. B. auf dem Gebiet der Forschung und bei Diplomkartierungen. Die Kartierung kann ja nicht von privaten Dienstleistungsunternehmen ausgeführt werden. Denn bevor sich ein meßbarer Nutzen benennen ließe, müßte zunächst viel Geld investiert werden. Für zahlreiche Aufgaben der Geologischen Dienste läßt sich ein finanzieller Nutzen überhaupt nicht quantifizieren, und dennoch sind ihre Arbeiten eine unabdingbare Grundlage unseres ökologischen Wohlergehens, also ein wesentliches Infrastrukturelement.

Wieviel darf die Zukunft kosten?

Am einfachsten ist eine Kosten-Nutzen-Analyse vorzunehmen, wenn Vorarbeiten eines Geologischen Dienstes zur Entdeckung einer Lagerstätte oder gar eines bis dahin unbekannten Lagerstättendistriktes geführt haben. Mitarbeiter der BGR haben bei Auslandsarbeiten zahlreiche Lagerstätten entdeckt oder deren Nutzung vorangebracht. Ende der 50er Jahre begann die damalige Bundesanstalt für Bodenforschung, die heutige BGR, mit seismischen Untersuchungen in der Nordsee, die wichtige Daten für die spätere Off-shore-Exploration der Industrie auf Erdöl und Erdgas in der gesamten Nordsee lieferten.

Schwieriger ist schon der Nutzen durch bessere Planungsunterlagen abzuschätzen, etwa für den Bau von Siedlungen, Industrieanlagen oder Infrastruktureinrichtungen. Meist wird das erst möglich, wenn ein Schaden eingetreten ist, der bei genauerer Kenntnis der geologischen Verhältnisse abwendbar gewesen wäre. Ein Beispiel aus der Technischen Zusammenarbeit der BGR mit dem indonesischen Directorate of Environmental Geology in Bandung auf Java: An einer vor Beginn der Kooperation errichteten Brücke der Stadtautobahn Bandungs traten kostspielige Setzungsschäden auf, die mit der später im Rahmen des Projekts erarbeiteten Baugrundplanungskarte mit Sicherheit hätten vermieden werden können.

Was aber ist Politikberatung mit ihren vielfältigen Facetten wert? Und wie sollen Beiträge zur nachhaltigen Entwicklung verrechnet werden, deren Nutzen im Erhalt der Lebensgrundlagen zukünftiger Generationen liegt? Ob und in welchem Umfang der erwünschte Nutzen tatsächlich eintritt, liegt auch nicht im Ermessen der Geologischen Dienste. Sie können nur möglichst präzise und umfassend Basisinformationen liefern. Die Entscheidungen treffen Politiker in zunehmend komplizierten Prozessen internationaler Interessenabstimmung zwischen zahlreichen Nationen oder auch zwischen den einzelnen Ländern unserer Republik.

Gerade solche Aufgaben bestimmen mehr und mehr die Arbeit der Geologischen Dienste. Leitlinie dafür ist die heute allgemein anerkannte Forderung, unsere Umwelt als Grundlage des menschlichen Lebens dauerhaft funktionsfähig zu erhalten. Zugleich leisten wir unseren Beitrag zu einem ökologisch verantwortbaren Wirtschaften, nicht zuletzt, um den Industriestandort Deutschland langfristig zu sichern.

In den folgenden Kapiteln soll nun im einzelnen erläutert werden, wie die Geowissenschaften, und stellvertretend für sie die Geologischen Dienste, zu den Bemühungen um eine nachhaltige Entwicklung beitragen.

Station: OP Sat: NOAA-14 Date: 14.07.98 14:46 UT

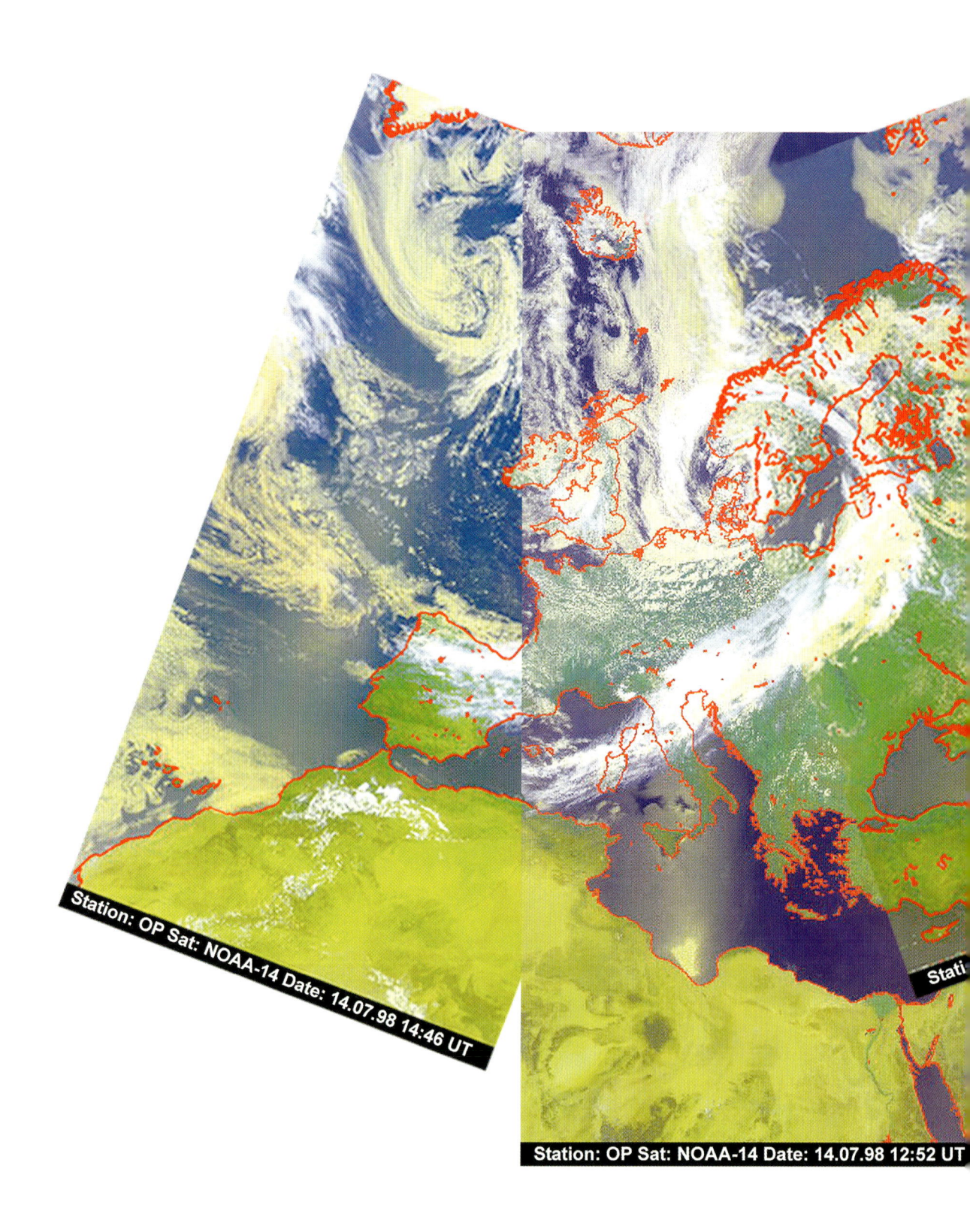

Station: OP Sat: NOAA-14 Date: 14.07.98 12:52 UT

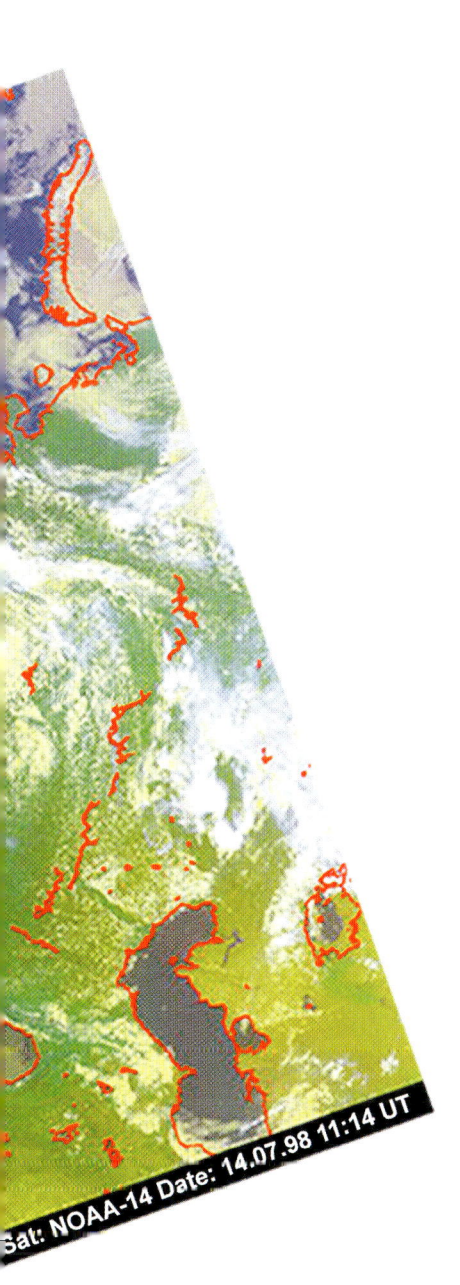

3 Das Klimasystem der Erde

Natürliche Variabilität und menschliche Einflüsse

Das irdische Klimasystem ist in unserem Sonnensystem einzigartig. Es hat dazu geführt, daß sich vor mehr als 3 Mrd. Jahren in den Ozeanen der Erde Leben entwickeln konnte. Diese Lebewesen waren zunächst sehr primitiv. Im Laufe der Erdgeschichte fand allmählich eine Höherentwicklung statt. Das entstehende Leben auf der Erde hat die Bedingungen, unter denen es sich später entwickelte, selbst entscheidend geprägt: Erst durch die Entwicklung der Photosynthese und damit der Produktion von freiem Sauerstoff konnte sich höheres Leben entfalten, bis vor ca. 230 Mio. Jahren die ersten Säugetiere auftraten.

Obwohl unser Wissen um das komplexe Klimasystem der Erde heute wesentlich umfangreicher ist als noch vor 10 oder 20 Jahren, ähneln die Einblicke in die Klimageschichte der Erde nach wie vor einem Blick durch das Schlüsselloch.

◀ **Abb. 3.1.**
Klima und Wetter werden ständig durch Satelliten beobachtet.
Quelle: DLR, NOAA-Aufnahmen vom 13. und 14.07.1998

Klima als Lebensgrundlage der Menschheit

Das Leben auf der Erde hat sich im Schutz von Hydrosphäre und Atmosphäre entwickelt. Es ist unmittelbar von der Dynamik des Gesamtsystems abhängig, das wir Klima nennen. Die Menschheit lebt heute in einem kurzen warmen Klimaabschnitt der jüngeren Erdgeschichte. Innerhalb der letzten 2,5 Mio. Jahre ereigneten sich mehr als 20 Eisvorstöße, die von kurzen, 10 000 bis 15 000 Jahre dauernden wärmeren Perioden unterbrochen wurden. In dieser wechselvollen Klimageschichte spielte sich die wesentliche Entwicklung der menschlichen Vorfahren ab, die somit gravierenden natürlichen Klimaschwankungen ausgesetzt waren.

Archäologische Funde belegen, daß die Menschheits- und Kulturentwicklung stark durch natürliche klimatische Veränderungen geprägt war. So läßt sich beispielsweise nachvollziehen, wie in der Jungsteinzeit in der heutigen Lavante zwischen Jericho und Damaskus ab etwa 10300 v. Chr. aus nomadisierenden Jägern und Sammlern trockener Steppengebiete unter dem Einfluß regenreicherer Klimabedingungen seßhafte Ackerbauern und Viehzüchter wurden. Um 2200 v. Chr. zwang eine verheerende Dürre im Gebiet des heutigen Nordsyrien die damalige Hochkultur der Akkadier dazu, ihre Stadt Tell Leilan aufzugeben, weil der Ackerbau unmöglich wurde.

Auch im Mittelalter, ca. zwischen 900 und 1350 n. Chr., gab es eine Phase mit wärmeren Temperaturen als heute, das sogenannte mittelalterliche Klimaoptimum. In Mittel- und Nordeuropa führte diese warme Phase beispielsweise zu Siedlungsaktivitäten der Wikinger auf Grönland (schon der Name Grönland weist auf einen deutlichen Klima/Vegetationsbezug hin) und ermöglichte Weinanbau in Südengland, der vor 900 Jahren ein starker Konkurrent für die Winzer auf dem europäischen Festland war.

An dieses warme Optimum schloß sich bis in den Alpenraum die „Kleine Eiszeit" an, in deren Verlauf die Temperaturen erneut für Jahrhunderte sanken. Erst seit Mitte des 19. Jahrhunderts ist ein erneuter Anstieg der Temperaturen und eine Rückkehr aus den kühleren Klimakonditionen zu einer wärmeren Phase zu verzeichnen.

Den natürlichen Klimabedingungen der Erde werden durch die zunehmende Industrialisierung seit Mitte des letzten Jahrhunderts verstärkt anthropogene Einflüsse hinzugefügt. Es besteht deshalb die Sorge, daß sich das gesamte globale Klimasystem aufgrund der massenhaften Freisetzung von klimarelevanten Gasen durch die Menschen verändert. Eine signifikante Verschiebung des Klimas in Zeitspannen von weniger als einer Generation könnte dazu führen, daß weder Ökosysteme noch Gesellschaften sich rechtzeitig anpassen können.

Um möglichen negativen Folgen für die Menschheit entgegenzuwirken, wurden und werden umwelt- und klimapolitische Entscheidungen getroffen, die wirtschafts- und energiepolitische Belange in hohem Maße beeinflussen. Umwelt- und daher auch wirtschaftspolitische Analysen und Steuerungen müssen aber auf einem Verständnis der maßgeblichen Prozesse basieren, die erstens das natürliche Klima und zweitens die Auswirkungen menschlicher Einwirkungen berücksichtigen. Dies ist insbesondere vor dem Hintergrund einer schnell wachsenden Weltbevölkerung notwendig. Bei einer gleichzeitig einhergehenden rapiden Entwicklung der asiatischen Wirtschaftszone würde es zu einer erheblichen Zunahme von Treibhausgasemissionen kommen.

Politische Analysen und Diskussionen, die politische Entscheidungsfindung und die daraus resultierende wirtschaftspolitisch steuernde Gesetzgebung basieren zum großen Teil auf computergestützten Klimahochrechnungen. Sie beruhen weitestgehend auf der Bewertung der jüngeren Klimaentwicklung und der Nutzung von Energierohstoffen seit dem letzten Jahrhundert. Diese Zeitspanne reicht aber bei weitem nicht aus, um die hochkomplexe Dynamik des Klimasystems zu erfassen. Vielmehr geht es um Zeitdimensionen, die weit über die bisherigen meteorologischen Meßzeiträume von ca. 150 Jahren hinausreichen. Das heutige Klimageschehen ist z. B. in die Abläufe des letzten glazialen Großzyklus von ca. 130 000 Jahren Dauer eingebettet. Darüber hinaus müssen vielfältige Schwankungen und Variabilitäten nach Magnitude und Amplitude erkannt werden, um das System verstehen und beurteilen zu können. Eisbohrkerne erbrachten in jüngster Zeit revolutionäre Einblicke. Erst solche Informationen erlauben es, die mögliche Gefahr des durch den Menschen induzierten Wechsels abzuschätzen und im Sinne einer nachhaltigen Entwicklung planerisch tätig zu werden.

Der Treibhauseffekt

Das irdische Klimageschehen wird maßgeblich durch den sogenannte Treibhauseffekt beeinflußt (vgl. Kasten 3.1). Er setzt sich heute aus dem natürlichen und dem anthropogenen Wärmeeffekt zusammen. Menschliche Aktivitäten führen – seit Beginn der Industrialisierung zunehmend – dazu, daß vermehrt Treibhausgase in die Atmosphäre gelangen. Dadurch ist, wie Abb. 3.2 zeigt, der Gehalt an Kohlendioxid seit 1900 um etwa 20 % angestiegen – eine Entwicklung, die Entscheidungsträger mit Sorge verfolgen (Enquete-Kommission des Bundestages 1995).

Deshalb wird hier zunächst darauf eingegangen, wie groß der Einfluß des von Menschen *zusätzlich* in die Atmosphäre eingebrachten Kohlendioxids auf unser Klima ist. Prognosen des Intergovernmental Panel on Climate Change (IPCC) gehen bis zum Jahr 2100 von einem deutlichen Anstieg der CO_2-Konzentration aus (Abb. 3.2). In Abb. 3.4 wird der Beitrag des anthropogenen Kohlendioxids zu dem vom Menschen bewirkten Treibhauseffekt dargestellt. Dieser Anteil beträgt etwa 59 %. Damit ist das Kohlendioxid das bedeutendste „anthropogene Klimagas".

Methan hat mit 17 % nennenswerte Auswirkungen auf den von Menschen verursachten Treibhauseffekt. Dieses Gas entsteht u. a. bei der Tierhaltung und beim Reisanbau. Beide Bereiche sind für die Ernährung der noch immer zunehmenden Weltbevölkerung wichtig und können kaum eingeschränkt werden.

Eine Gruppe von Gasen, die in der Natur sonst nicht auftreten, sind die chlorierten Fluorkohlenwasserstoffe, die mit 10 % zum anthropogenen Treibhauseffekt beitragen. Dieser Anteil wird im Laufe der nächsten Jahrzehnte abnehmen, da inzwischen gesetzgeberische Maßnahmen gegriffen haben, die die industrielle Verwendung der fluorierten Kohlenwasserstoffe verbieten.

Der Anteil der anderen anthropogenen Treibhausgase – die Stickoxide (5 %), das Ozon und der durch den Luftverkehr in die Stratosphäre eingebrachte Wasserdampf – spielt nur eine untergeordnete Rolle (insgesamt 9 %).

Betrachtet man den Gesamt-Treibhauseffekt, d. h. den für unser Klima maßgeblichen Effekt, so wird deutlich, daß das Kohlendioxid insgesamt zwar eine erhebliche Rolle spielt, daß aber der Wasserdampf mehr als doppelt so viel zum Gesamt-Treibhauseffekt beiträgt (vgl. Abb. 3.4 links). Dieses Bild wird noch extremer, wenn nur der anthropogene Anteil des Kohlendioxids am Gesamt-Treibhauseffekt betrachtet wird. Dieser Anteil schrumpft dann auf 1,2 % und spielt damit nur eine sehr untergeordnete Rolle. Alle anthropogen in die Atmosphäre eingebrachten Treibhausgase zusammengerechnet tragen nur etwa 2,1 % zum Gesamt-Treibhauseffekt bei (vgl. Abb. 3.4 rechts).

Die Rekonstruktion des anthropogenen CO_2-Anteils aus der Verbrennung der fossilen Energierohstoffe Erdöl, Erdgas und Kohle sowie der Zementherstellung läßt sich anhand weltweiter Produktions- und Verbrauchsstatistiken seit ca. 1840 erstellen. Eine Untersuchung der Bundesanstalt für Geowissenschaften und Rohstoffe zeigt im Zeitraum von 1840 bis 1945 einen langsamen Anstieg der Kohlendioxidemissionen von 0,02 Gigatonnen Kohlenstoff pro Jahr [Gt C/a], die sich überwiegend aus der Kohleverbrennung ergeben (Abb. 3.5). Der Wirtschaftsboom der Nachkriegszeit brachte neben einem rasanten Zuwachs der Emissionen von 1 Gt C/a (1945) auf 5,7 Gt C/a (1996) auch einen Wechsel in der Präferenz der Energieträger. Der Kohleanteil sank bis 1996 auf ca. 37 %, während Erdöl mit 44 % und Erdgas mit 19 % zu den Kohlendioxidemissionen beitrugen. Der CO_2-Ausstoß der Zementindustrie ist dagegen vergleichsweise gering und belief sich im Zeitraum 1990 bis 1996 auf 0,1 bis 0,2 Gt C/a (im Jahr 1996 ca. 3,5 %).

Nach einem steilen Emissionsanstieg von Mitte bis Ende der 80er Jahre ist seit 1989 – basierend auf Produktionsstatistiken – nur eine sehr gemäßigte Zunahme der Emissionen festzustellen. Diese Entwicklung steht ohne Zweifel mit der veränderten Wirtschaftslage nach dem politischen Umbruch in den Staaten des ehemaligen Ostblocks in Zusammenhang. Aus den Produktionsstatistiken ergibt sich ganz klar, daß die Förderung von Kohle, Erdöl und Erdgas in den ehemaligen Ostblockstaaten (ohne China) einen drastischen Einbruch erlitten hat. Die berechneten CO_2-Emissionen liegen für die 80er Jahre um ca. 1 Gt C/a unter den Daten des Intergovernmental Panel on Climate Change (IPCC). Dies

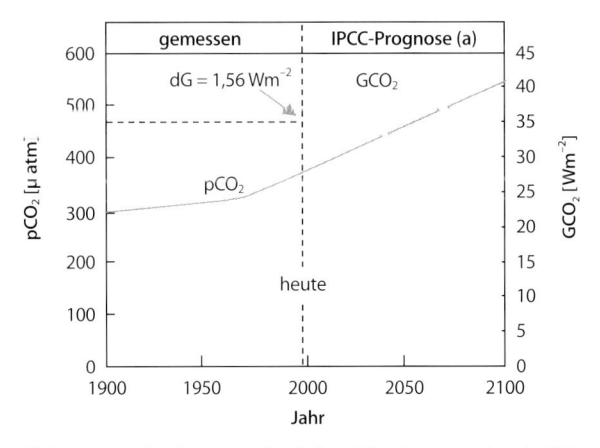

Abb. 3.2. Anstieg der atmosphärischen CO_2-Konzentration (pCO_2) und des CO_2-Treibhauseffektes (GCO_2) seit 1900 (nach Enquete-Kommission 1995) mit Prognosen bis zum Jahr 2100 (IPCC 1995)

Klima: Wie funktioniert das? (Kasten 3.1)

Der Begriff „Klima" kann als die Zusammenfassung aller physikalischen Zustände und Bedingungen in der Atmosphäre definiert werden. Das Klima, wie auch Klimaänderungen, wird durch eine Vielzahl von Faktoren bestimmt und gesteuert. Generell lassen sie sich in externe und interne Kräfte gliedern (Abb. 3.3).

Externe Klimafaktoren

Externe Klimafaktoren sind definiert als Prozesse, die eine Änderung des klimatischen Status bewirken, ohne selbst durch das Klima beeinflußt zu werden. Zu dieser Kategorie von Faktoren zählt allen voran, als der treibende Motor unseres Klimasystems, die Variation in der Intensität der Sonneneinstrahlung.

Über geologische Zeiten gesehen haben aber auch plattentektonische Prozesse – die Entstehung und das Wandern der Kontinente – einen großen Einfluß auf das Klima, da sich hierdurch die Verhältnisse der Land-Ozeanverteilung und damit das Rückstrahlvermögen der Erde für das energiereiche Sonnenlicht ändern. Zudem führt in diesem Zusammenhang vermehrte vulkanische Aktivität zum Eintrag von Spurengasen und Aerosolen in die Atmosphäre.

Interne Klimafaktoren

Interne Klimafaktoren sind Rückkopplungsvorgänge, die zu klimatischen Veränderungen führen.

Die heutige moderne *Atmosphäre* besteht aus einem komplexen Gemisch unterschiedlicher Gase, in dem Wasserdampf, Stickstoff, Sauerstoff, Argon und Kohlendioxid die wesentlichen Komponenten bilden. An der Untergrenze der Atmosphäre treten Wechselwirkungen mit den Ozeanen und den Landmassen der Erde auf, wobei es auch zum Austausch von Gasen kommt.

Als klimarelevante Gase, die – in Abhängigkeit von der Konzentration – zu einer Erwärmung oder einer Abkühlung der Erde beitragen, sind Wasserdampf, Kohlendioxid, Ozon und Methan besonders hervorzuheben. Sie sind aufgrund ihrer spektralen Eigenschaften in der Lage, Strahlungsenergie zu absorbieren und diese als Wärmeenergie wieder an die Erde zurückzugeben.

Auf diese Weise verkleinern die sogenannten Treibhausgase den sonst durch die Energierückstrahlung in den Weltraum auftretenden Wärmeverlust der Erde. Erst dieser natürliche Wärmespeicher-

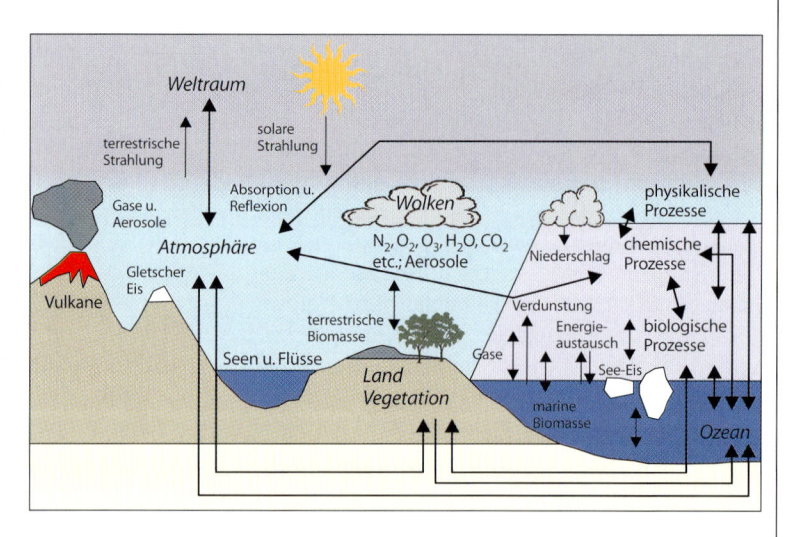

Abb. 3.3. Das Klimasystem der Erde (Schema)

effekt macht die Erde für uns Menschen bewohnbar. Ohne diese Wärmespeicherung würde die mittlere Jahrestemperatur unseres Planeten statt der gewohnten +16° nur –18° Celsius betragen, ein nicht nur für die Menschheit relativ unwirtliches Szenarium. Der natürliche Wärmeeffekt der Atmosphäre ist also prinzipiell ein positives Phänomen.

Neben der Fähigkeit zur Energiespeicherung ist die Atmosphäre aber auch in der Lage, Strahlung zu reflektieren. An diesem Vorgang sind in großem Maße Wolken beteiligt. Auch durch Aerosole und Stäube (Produkte der Ozeane, Landmassen und Vulkane), die bis in große Höhen der Atmosphäre aufsteigen können, wird eine Rückstrahlung des Sonnenlichtes hervorgerufen (sogenannte Albedo). Große Luftströmungen sind in der Lage, sowohl Energie als auch unterschiedliche Mengen von Wasserdampf oder Aerosole zu transportieren. Hervorgerufen werden solche Bewegungen durch Unterschiede der vertikalen und horizontalen Druckgradienten, durch die von der Erdrotation abhängige Coriolis-Kraft und durch Friktionskräfte.

Die *Ozeane* (71 % der Erdoberfläche) dienen als thermischer Puffer, denn sie können große Energiemengen speichern. Die Wärmeaufnahme der Ozeane wird besonders in niederen Breiten (also äquatornah) durch die verminderte Rückstrahlung der Meeresoberfläche gefördert, während in hohen Breiten der überwiegende Teil der Strahlungsenergie aufgrund des flachen Einfallswinkels des Sonnenlichtes reflektiert wird. Bedingt durch die hohe Wärmekapazität benötigen die Meere vergleichsweise lange Zeitspannen, um sich zu erwärmen oder abzukühlen. Dies bedeutet einen nicht zu unterschätzenden Dämpfungseffekt für starke klimatische Schwankungen.

Die Zirkulationen der Atmosphäre treiben die Oberflächenströmungen der Ozeane an. Temperierte Meeresströmungen des Oberflächenwassers sind in der Lage, Wärmeenergie aus tropischen in hohe Breiten zu transportieren (z. B. heutiger Golfstrom), wohingegen kalte Strömungen bis in tropische Regionen gelangen (z. B. Benguelastrom) und dort eine kühlende Wirkung haben. Durch beide Effekte werden die Klimate von Küstenregionen beeinflußt.

Weiter sind die Ozeane aber auch als Regulatoren für die Konzentrationen der wichtigsten Klimagase Wasserdampf und Kohlendioxid anzusehen. Sie bilden Reservoire, die durch Evaporation warmen Wasserdampf, das effektivste der Treibhausgase, an die Atmosphäre abgeben. Wechselwirkungen zwischen Ozean und Atmosphäre sind auch beim Kohlendioxid festzustellen.

Die *Landmassen* spielen im Klimageschehen der Erde eine deutliche Rolle. Die thermische Kapazität der Kontinente, und damit auch ihre Wärmespeicherfähigkeit, ist geringer als die der Ozeane. Dies führt zu extremen jährlichen Temperaturschwankungen im Innern der Kontinente, und hier insbesondere in den hohen Breitengraden, während die Küsten durch den dämpfenden Einfluß der Ozeane nur mäßige Temperaturvariationen im Jahresgang aufweisen. Aufgrund dieser Eigenschaften wirken die Kontinente wenig stabilisierend auf das globale Klimageschehen.

Da die Feuchtigkeitskonzentration in Böden vielfach nur gering ist, ist auch der latente Wärmetransport in die Atmosphäre durch Evaporation wenig ausgeprägt, wohingegen ein wichtiger Wirkungsfaktor des Landes im Klimasystem sicherlich die Rückstrahleigenschaft der Kontinentoberflächen ist.

Die kontinentale Biosphäre ist sowohl Quelle als auch Konsument von Treibhausgasen. Kohlendioxid und Wasserdampf werden einerseits der Atmosphäre durch Photosynthese der Pflanzen entzogen, andererseits geben Pflanzen durch Respiration die Klimagase teilweise an die Atmosphäre zurück.

Ein wichtiger natürlicher Faktor für den Kohlendioxidverbrauch ist der Verwitterungsprozeß der Landoberfläche, denn bei der Verwitterung wird der Atmosphäre Kohlendioxid entzogen und über Grundwasser und Flüsse dem Meer erneut zugeführt. Die kontinentale Biosphäre verstärkt diesen Verwitterungsprozeß wesentlich.

Einen weiteren wichtigen klimarelevanten Faktor stellt die *Kryosphäre* dar. Zu ihr gehören die großen Eisschilde der Arktis und Antarktis, See-Eis, Gebirgsgletscher, Permafrostgebiete und auch der saisonale Schneefall.

Bedingt durch die helle Oberfläche von Eis- und Schneelagen basiert ein Haupteffekt der Kryosphäre auf einer hohen Reflexion energiereicher Sonnenstrahlung. Darüber hinaus ist in der Kryosphäre eine nicht unerhebliche Menge von Wasser auf dem Land oder als See-Eis gebunden. Hierdurch kommt es im geologischen Zeitrahmen – speziell durch die Ausbildung von Eisschilden an den Polkappen – zu globalen eustatischen Meeresspiegeländerungen. Aufgrund isostatischer Ausgleichsbewegungen zwischen Landmassen und aufliegendem Eis sinkt aber auch durch das Gewicht des Eises die Erdkruste in den darunter befindlichen hochviskosen, jedoch deformierbaren Erdmantel.

Die durch die Eisschildbildung hervorgerufenen Meeresspiegelvariationen wirken sich naturgemäß auch auf die Ozeanzirkulation aus, wenn etwa Schwellen zwischen einzelnen Ozeanbecken oder auch Nebenmeeren trockenfallen und die zu Warmzeiten mögliche Zirkulation unterbrochen wird. Auch die Ausbildung von See-Eis oder Schmelzwasserdecken verändert die Zirkulation der Ozeanströme.

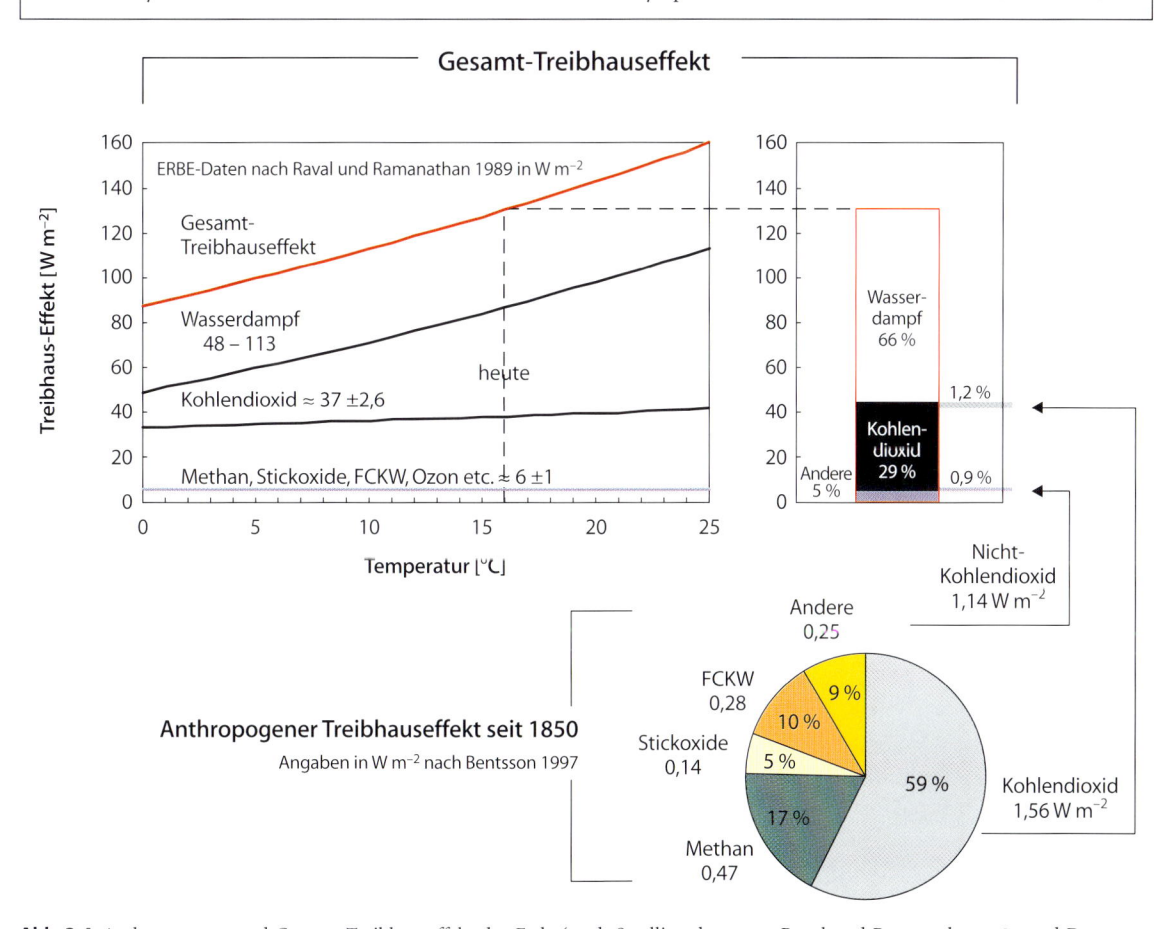

Abb. 3.4. Anthropogener und Gesamt-Treibhauseffekt der Erde (nach Satellitendaten aus Raval und Ramanathan 1989 und Daten aus Bengtsson 1997)

Abb. 3.5.
CO_2-Emissionen aus der Verbrennung fossiler Energieträger (aus BGR-Rohstoffdatenbanken, Zeitraum von 1970 bis 1995). Die Emissions-Szenarien des IPCC weichen von den Neubewertungen der BGR deutlich ab. Der nach 1950 gegenüber den Emissionen geringere Anstieg der CO_2-Konzentrationen in der Atmosphäre beruht im wesentlichen auf der Aufnahme des anthropogenen CO_2 durch den Ozean. Andere Senken, wie z. B. die nachwachsenden Wälder der Nordhemisphäre, zeichnen sich durch eine geringe Aufnahme aus. Deutlich wird aber auch, daß die Aufnahmekapazität der Senken seit 1950 gestiegen ist

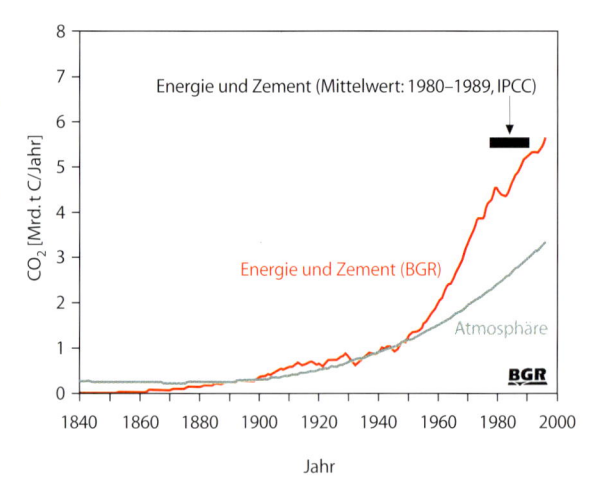

entspricht ungefähr der Größe des „missing carbon sink" (IPCC 1995). Die Abweichungen könnten u. a. auf unterschiedlichen Annahmen über die Qualität der eingesetzten Brennstoffe beruhen. So müssen beispielsweise bei Kohle die Emissionen aus der Verbrennung von Weichbraunkohle, Hartbraunkohle und Steinkohle unterschiedlich bewertet werden.

Die Prognosen des IPCC über die Zunahme der Kohlendioxid-Emissionen seit 1989 (vgl. Abb. 3.5) wurden von der Realität bereits überholt. Die wesentlichen Abweichungen wurden durch den politischen und wirtschaftlichen Umschwung in den Staaten des ehemaligen Ostblocks bewirkt. Derartige Abschätzungen sind abhängig von der Güte der Eingangsparameter, z. B. Energiebedarfsabschätzungen, Einsatz der Energieträger, Wirtschaftswachstum und die fortschreitende Entkopplung des Energieverbrauchs vom Bruttosozialprodukt.

Natürliche Variationen der atmosphärischen Treibhausgase lassen sich für die jüngere geologische Vergangenheit (ca. 400 000 Jahre) anhand von Eisbohrkernen rekonstruieren. Es zeigt sich hierbei eine große Ähnlichkeit zwischen Kohlendioxid- und Methangehalt mit dem Temperaturverlauf sowie mit globalen Meeresspiegelschwankungen. Die Meeresspiegelschwankungen kommen durch den Aufbau und das Abschmelzen der polseitigen kontinentalen Eisschilde zustande, die durch die sich ändernde Sonnenstrahlung bewirkt werden. Das Temperaturgeschehen auf der Erde wird also vor allem durch die Sonnenstrahlung gesteuert.

Aus neuesten detaillierten Untersuchungen an Eisbohrkernen wird aber deutlich, daß z. B. der atmosphärische Kohlendioxid- und Methangehalt erst nach dem Eintreten der Erwärmung ansteigt. Da die Spurengase der Atmosphäre im Austausch mit den Ozeanen stehen und die Löslichkeitsgleichgewichte temperaturabhängig sind, gehen dafür bei einer Ozeanerwärmung Kohlendioxid und Methan aus dem Meerwasser in die Atmosphäre. Deshalb gilt für das natürliche System bei unveränderten geologischen und plattentektonischen Gegebenheiten: Es gab mehr Treibhausgas, weil es warm war! Jedoch, wenn zusätzlich zu den natürlich in der Atmosphäre vorhandenen Treibhausgasen ein weiterer „unnatürlicher" – eben der anthropogene – Anteil hinzukommt, kann es durch die zusätzliche Absorption zu einem weiteren Temperaturanstieg kommen.

Für den Anstieg der Kohlendioxidkonzentration seit Mitte des letzten Jahrhunderts ist nach wie vor aber nicht klar, ob dies nur als rein anthropogene Ursache oder (was sehr wahrscheinlich ist) auch zusätzlich als Rückschwung des Klimas aus der „Kleinen Eiszeit" in ein natürliches Optimum zu interpretieren ist.

Rekonstruktion des Klimas

Neo- und Paläoklimatologie stellen einander ergänzende Informationen über die Klimaentwicklung der Erde zur Verfügung (s. Kasten 3.2). Die Arbeiten dieser Disziplinen lassen sich im Rahmen von Themenbereichen wie z. B. Klima-Archive, Treibhauseffekt, Periodizitäten, Zeitscheiben, Datenbanken und Modellierung beschreiben.

Klima-Archive im Meer

Für die Paläo-Ozeanographie wurden zahlreiche Methoden entwickelt, um die klimarelevanten Parameter für die Rekonstruktion früherer Zirkulationsmuster quantitativ als „Proxydaten" zu bestimmen:

- *Physikalische Größen des Oberflächen- und Tiefenwassers:* Oberflächentemperatur, Oberflächensalinität, Dichte des Oberflächen- und Tiefenwassers, globaler eustatischer Meeresspiegelstand und polares Eisschildvolumen.
- *Chemisch-biologische Eigenschaften des Oberflächen- und Tiefenwassers:* Nährstoff- und CO_2-Gehalte im Oberflächen- und Tiefenwasser, Produktivität des Oberflächenwassers.

Die aus einem Kohlenstoffisotopen-Modell der BGR gewonnenen Wassertemperaturen der vergangenen 250 000 Jahre wurden z. B. mit den aus der Bestimmung von Alkenonen ermittelten Temperaturen verglichen (Abb. 3.6). Alkenone sind organische Substanzen, die von bestimmten Algenarten in Abhängigkeit von der Wassertemperatur gebildet werden. Sie lassen sich in Sedimenten nachweisen und dienen so zur Rekonstruktion der Paläotemperaturen. Die beiden Kurven sind im Rahmen ihrer Fehlergrenzen kompatibel und spiegeln z. B. Eiszeiten durch Temperaturminima wider.

Klima-Archive der Küsten

Ein weiteres wertvolles Archiv klimatischer Variationen liegt in den Küstensedimenten vor. In wärmeren Klimaphasen im älteren Quartär (unteres Pleistozän bis unteres Mittel-Pleistozän) stieg der Meeresspiegel wiederholt an. Im südlichen Nordseebecken wirkten sich diese Transgressionen so aus, daß tiefer gelegene Areale überflutet wurden. Im jüngeren Quartär (in der Holstein- und Eem-Warmzeit) erreichten die Meeresvorstöße das innere Gebiet der Deutschen Bucht. Die heutige Küstenlandschaft mit den Inseln, Watten und Marschen ist erst mit dem jüngsten Vorstoß der Nordsee in den letzten 7 500 Jahren entstanden.

Nach detaillierten Untersuchungen stieg der Nordseespiegel im Verlauf der letzten 8 600 Jahre von ca. 45 m Tiefe auf das heutige Niveau an. Dieser Anstieg verlief aber nicht kontinuierlich. Für den Zeitabschnitt zwischen 8 600 und 7 100 J. v. h., in dem der Nordseespiegel von −45 m auf −15 m angestiegen war, läßt sich eine durchschnittliche Anstiegsrate von 2,1 m pro 100 Jahre ableiten. Nach 7 100 J. v. h. setzte sich der Anstieg mit verringerter Rate fort, so daß um ca. 6 500 J. v. h. der Tiefenbereich von ca. −6 m erreicht war.

Die Ablagerungen im Holozän (jüngstes Quartär, ca. 11 500 Jahre bis heute) bilden im Gebiet der Nordsee meist nur eine geringmächtige Schicht. Dagegen wurde in der südlichen Küstenregion im Verlauf der letzten 8 000 bis 7 500 Jahre ein keilförmiger Sedimentkörper abgelagert, der unter dem Einfluß des Meeresspiegelanstiegs von −25 m auf das heutige Niveau entstand. In den Sedimenten konnten wiederholte Wechsel von transgressiven und regressiven Tendenzen der Küstenentwicklung nachgewiesen werden. Die frühesten regressiven Tendenzen sind zeitlich um 6 500 J. v. h. einzustufen. Weitflächige und überregional annähernd gleichzeitige Vertorfungen gab es im niedersächsischen Küstenraum zwischen 4 800 und 4 200 J. v. h. bzw. 3 300 und 2 300 J. v. h. Kleinflächige Vermoorungen existierten auch um 1 800 bzw. 1 600 J. v. h. Stellenweise entwickelten sich im Küstenraum ab ca. 2 000 J. v. h. Hochmoore, die z. T. ohne Unterbrechung bis zur mittelalterlichen Besiedlung und Bedeichung bzw. bis heute weitergewachsen sind.

Klima-Archive auf dem Land

Klimabezogene terrestrische Studien befassen sich vorzugsweise mit den warmzeitlichen Abschnitten des Pleistozän, das den größten Abschnitt des Quartär umfaßt,

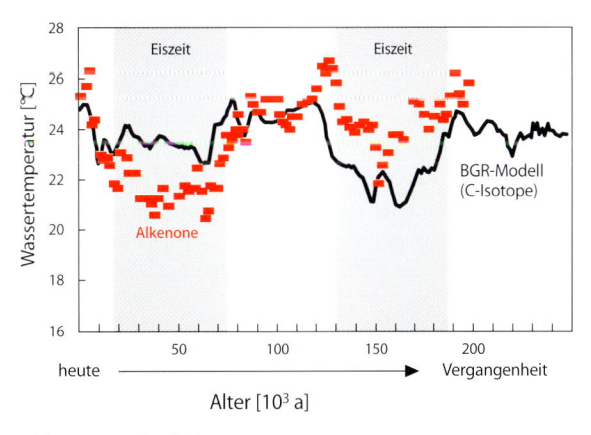

Abb. 3.6. Vergleich der aus Isotopenmessungen gewonnenen Wassertemperaturen der vergangenen 250 000 Jahre mit „Alkenon-Temperaturen" (Alkenone und C-Isotope aus Müller *et al.* 1994)

Neoklimatologie und Paläoklimatologie: Was ist das? (Kasten 3.2)

Neoklimatologie und Meteorologie beschäftigen sich mit rezenten Beobachtungen. Ihre Modellrechnungen basieren auf diesen modernen Daten. Ihre Meßinstrumente erfassen dabei direkt physikalische Parameter wie beispielsweise die Temperatur.

Neoklimatologen beschreiben den Klimaverlauf der letzten 150 Jahre auf der Basis historischer Daten. Die Klimate der Erde wurden früher mit Hilfe gemittelter meteorologischer Größen über eine Periode von 30 Jahren charakterisiert. Klimavariationen waren dann Schwankungen, die länger als diese Referenzperiode waren. Heute ist man eher geneigt, das Klima dort beginnen zu lassen, wo die Wettervorhersage aufhört, also jenseits der kürzesten Mittelungsperiode von einem Monat.

Paläoklimatologen (meist Geowissenschaftler) gehen von einer zwar ungenaueren, aber erheblich länger in die Vergangenheit zurückreichenden Datenbasis aus. Sie wissen, daß es in der geologischen Vergangenheit Klimaänderungen und Klimakatastrophen gegeben hat, deren Auswirkungen auf die belebte und unbelebte Natur drastisch gewesen sein müssen.

Diese Klimaänderungen haben Rückwirkungen auf die physikalischen und chemischen Grundlagen der Lebewesen gehabt; sie haben aber auch die Sedimentgesteine geprägt. Fossilien und Gesteine stellen deshalb sehr wichtige Archive dar, in denen die Klimadaten geologischer Zeiten gespeichert sind.

Daher sammeln Paläoklimatologen Gesteinsproben aus allen geologischen Zeiten, auf allen Kontinenten und in allen Meeren. In modernen Laboratorien werden die gespeicherten Klimainformationen dieser Proben dann entschlüsselt. Damit wird versucht, das Klima, den CO_2-Haushalt und die Oberflächentemperaturen der Erde über die letzten 900 Mio. Jahre zu modellieren. So werden zeitlich weit zurückreichende Informationen über Zusammenhänge zwischen dem Auftreten von Eiszeiten, der Größe des Kohlendioxidgehalts in der Atmosphäre, den Änderungen des Gehalts an Kohlendioxid in der Atmosphäre und der Oberflächentemperatur der Erde gewonnen.

Für längere, weit in die Vergangenheit zurückreichende Zeiträume kommen daher nur geologische und biologische Archive in Frage, die uns quantitative Näherungswerte, sogenannte Proxies, liefern. Den einzelnen indirekten Meßwerten werden über komplexe Transfergleichungen physikalische und chemische Kenngrößen des Klimas zugeordnet. Diese Verfahren erfordern einen enormen Arbeitsaufwand von spezialisiertem Wissenschaftspersonal. Tatsächlich bedeutet das einen Einsatz von 5 bis 10 Spezialisten je Einzelprobe. Erst danach sind die multikausalen Klimaprozesse in den Proben weitestgehend entschlüsselt.

---

da diese eine auf Klimaschwankungen sensibel reagierende Vegetationsentwicklung aufweisen. Außerdem ähneln die Warmzeiten den heute herrschenden Klima- und Vegetationsbedingungen. Für viele Parameter bestehen daher direkte Entsprechungen, die sich zu Vergleichen und prognostischen Aussagen anbieten.

Untersuchungsgegenstand auf dem Festland sind vor allem Moor- und Seeablagerungen, die aus verschiedenen Abschnitten des Quartär erhalten sind. Sedimentfüllungen in den Becken unserer heutigen Seen gestatten es, die Entwicklungsgeschichte dieser Gewässer über die Zeitspanne der letzten 13 000 Jahre lückenlos zurückzuverfolgen. Außerdem existiert eine unmittelbare Beziehung zwischen den im See produzierten Sedimenten und den gegenwärtig wirksamen Klimaverhältnissen bzw. den heute herrschenden Umweltbedingungen.

Die aussagekräftigsten Methoden zur Untersuchung der Klimaschwankungen sind die Pollenanalyse in Verbindung mit Jahresschichtenzählungen an Seeablagerungen, die häufig mehrere Meter mächtige, rhythmisch geschichtete Sedimentabfolgen enthalten. Mit Hilfe der Pollenanalyse läßt sich die Vegetationsentwicklung in eine Abfolge von Vegetationsabschnitten gliedern und so eine relative zeitliche Abfolge der Klimaentwicklung rekonstruieren. Durch Jahresschichtenzählungen können diese Prozesse mit hoher zeitlicher Auflösung nachgezeichnet werden, wobei in günstigen Fällen auf das Jahr genaue, z. T. sogar saisongenaue Aussagen möglich sind. Diese Datierungsmethode übertrifft für bestimmte Zeitabschnitte die Genauigkeit geophysikalischer Altersbestimmungen (mit Hilfe von Isotopen) z. T. erheblich und ist in ihrer zeitlichen Auflösung nur mit der Baumringanalyse, der Dendrochronologie, vergleichbar. Eine Korrelation der terrestrischen Abfolgen mit dem System der Tiefseechronologie von Shackelton und Opdyke (1973) kann trotz dieser genauen zeitlichen Untergliederung bislang nur für die Eem-Warmzeit und die Weichsel-Interstadiale des jüngeren Quartär zuverlässig erfolgen.

Ähnlich wie in der marinen Paläoklimaforschung gibt es auch für Klimarekonstruktionen im terrestrischen Umfeld einige quantitative Methoden. So können beispielsweise zur Rekonstruktion der Paläotemperatur mehrere Informationsarchive verwendet werden:

- Pollenanalysen als Temperaturindikatoren;
- die Nutzung der Gehalte an ^{13}C und Deuterium (schwerer Wasserstoff) in der Zellulose des Spätholzes einzelner Baumjahresringe für die Bestimmung der Sommertemperaturen;
- die Sauerstoff-Isotopenverhältnisse in Kalkschalen limnischer Muschelkrebse für die Ermittlung von Wassertemperaturen;
- die Bestimmung des Edelgasgehaltes im Grundwasser als Hinweis auf die mittleren Temperaturen zur Zeit der Niederschläge in Trockengebieten.

Jedoch ist der Einsatz dieser Methoden oft sehr schwierig, da die Qualitäten der verwendeten Materialien eine Quantifizierung nur unter großen Mühen zulassen.

Zu den herausragendsten Befunden aus terrestrischen Klima-Archiven gehören Erkenntnisse über den extrem raschen Wechsel, mit dem sich natürliche Klimaentwicklungen (ohne Einwirkungen des Menschen) vollziehen können. So ist z. B. der Wechsel vom Bölling-Interstadial zur Älteren Dryas-Kaltzeit (kurz vor dem Beginn des Holozän) im Buchsee, Oberschwaben, innerhalb eines Kernabschnitts von weniger als 10 mm Länge erfolgt, was einer Zeitspanne von weniger als 10 Jahren entspricht. Dagegen vollzog sich der Übergang von der Älteren Dryas-Kaltzeit zum Alleröd-Interstadial in allen untersuchten Profilen fließend.

Beim Ausbruch des Laacher-See-Vulkans in der Eifel, der im Verlauf des Alleröd vor ca. 12 900 Jahren stattgefunden hat, wurden innerhalb weniger Tage oder Wochen ca. 10 km^3 vulkanischer Bimsstuff gefördert. Die Position der Tufflage in der Abfolge jahreszeitlich geschichteter Sedimente bzw. innerhalb einer einzelnen Jahresschicht erlaubte es in mehreren untersuchten Profilen, den Vulkanausbruch saisonal in die Zeitspanne spätes Frühjahr bis Frühsommer einzuordnen. Hinweise auf klimawirksame Folgeerscheinungen der gasreichen Vulkaneruption und der ausgestoßenen Aerosole konnten in zahlreichen Seen nachgewiesen werden, aber nur in den Sedimenten des Hämelsees bei Eystrup, Niedersachsen, war ein sicherer Nachweis über Charakter, Ausmaß und Dauer dieser Auswirkungen möglich. Dort ergaben Untersuchungen des Niedersächsischen Landesamtes für Bodenforschung, daß unmittelbar nach dem Ausbruch des Laacher-See-Vulkans – und durch diesen ausgelöst – über eine Zeitspanne von ca. 10 Jah-

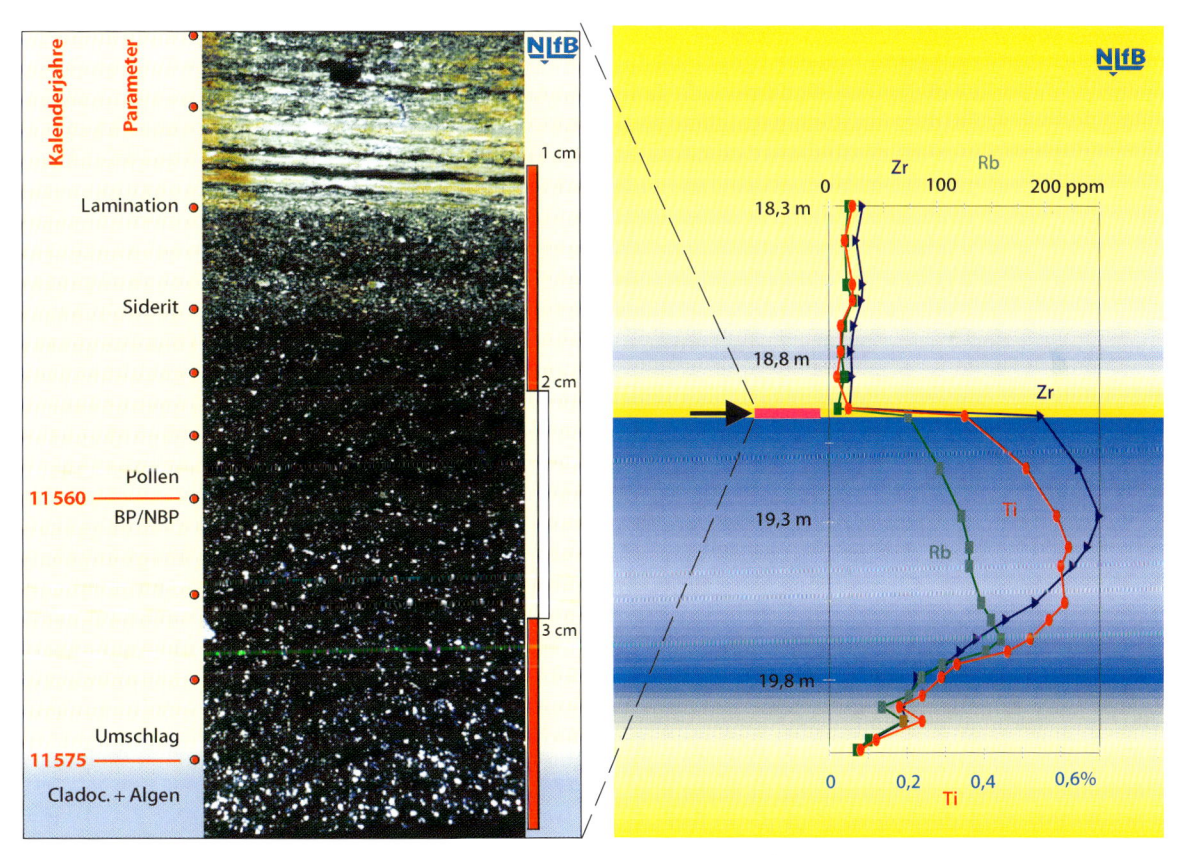

Abb. 3.7. Grenze Jüngere Dryas/Holozän in den Sedimenten des Hämelsees im Dünnschliff. Die biologischen, geochemischen und sedimentologischen Parameter reagieren unterschiedlich schnell auf den Klima-Umschlag

Abb. 3.8. Abrupte Änderung der Sedimentation an der Grenze Jüngere Dryas/Holozän, die durch eine Zunahme von Titan, Zirkonium und Rubidium markiert wird. Die Höhe des Rechtecks (Pfeil) entspricht dem Dünnschliff-Abschnitt in Abb. 3.7

ren negative Klimaoszillationen aufgetreten sind. Die dabei erzeugten See-Signale sind jenen vergleichbar, die ca. 150 Jahre später zu Beginn des starken Klimarückschlags vom Alleröd zur Jüngeren Dryas-Kaltzeit über eine Zeitspanne von ca. 50 Jahren aufgetreten sind.

Auch die Jüngere Tundrenzeit, der letzte kräftige Klimarückschlag am Ende der Weichsel-Kaltzeit, ist in den Ablagerungen in allen Seen erkennbar, grundsätzlich aber im süddeutschen Raum schwächer entwickelt als im norddeutschen. Diese Befunde sprechen dafür, daß sich das Klima und/oder der zeitliche Ablauf der Klimaverschlechterung in Süd- und Norddeutschland unterschiedlich entwickelt haben.

Der Klimawechsel um 11 560 J. v. h. (Grenze Jüngere Dryas/Präboreal bzw. Beginn des Holozän) ist in den Sedimentfolgen der Binnenseen durchweg als abrupter Übergang zu erkennen (Abb. 3.7 und 3.8). Paläolimnologische Untersuchungen zeigen, daß sich der Umschlag innerhalb einer Zeitspanne von weniger als 20 Jahren, oft nur innerhalb von 6 bis 10 Jahren, vollzogen hat. Bezieht man außerdem biologische Parameter mit in die paläoklimatischen Betrachtungen ein, so hat der Wechsel nicht länger als 25 bis 30 Jahre gedauert, was sehr gut mit den Untersuchungsergebnissen aus dem grönländischen Inlandeis übereinstimmt.

Klimaperiodizitäten

Will man Klima und Klimavariabilitäten verstehen, so muß man die Klimaänderungen nach Dauer und Intensität auf einer Zeitachse auftragen und gliedern. Dann wird deutlich, daß klimawirksame Ereignisse auf unterschiedlichsten Zeitskalen ablaufen, die sich Perioden zuordnen lassen. Bisher wurden innerhalb der Zeitskalen folgende Periodizitätenklassen bekannt, die externe wie auch interne Klimamechanismen umfassen:

- Die Milankowitsch-Zyklen der Sonneneinstrahlung weisen Perioden von 22, 40 und 130 Tsd. Jahren auf.
- Hochfrequente Änderungen der solaren Aktivitäten, wie z. B. die Sonnenfleckenaktivität, kehren in Perioden von 11, 22, 88, 208 und 490 Jahren wieder.
- ENSO(El Niño/Southern Ocean Oscillation)-Ereignisse haben mit 3 bis 5 Jahren die kürzesten Perioden.

Seit der Entstehung unseres Sonnensystems ist die von der Sonne abgestrahlte Energie angestiegen; zwischen 2,5 Mrd. Jahren bis heute wird eine Zunahme der auf die Erde auftreffenden Energie von ca. 1150 Watt/m^2 auf 1340 Watt/m^2 angenommen. Diesem langsamen Anstieg der Strahlungsenergie sind kürzere Zyklen überlagert, die sich im Rahmen von mehreren 10 000 Jahren ändern, die Milankowitsch-Zyklen. Sie sind bedingt durch wechselnde Abstände zwischen Erde und Sonne und die sich ändernde Neigung der Erdrotationsachse. Die Größenordung solcher Änderungen liegt zwischen 20 und 80 Watt/m^2. Besonders klimaentscheidend ist die Sommer-Insolation in hohen Breitengraden von mehr als 65°, da eine starke Absenkung der Einstrahlung und eine Verminderung der Insolationsamplitude eine Klimaverschlechterung und den Aufbau von Eisschilden hervorrufen können. Beispiele hierfür sind die drei letzten Vereisungsphasen der vergangenen 300 000 Jahre.

Für Klimaänderungen im Rahmen von Jahrzehnten und Jahrhunderten sind aber offensichtlich auch die Sonnenflecken-Zyklen von großer Wichtigkeit. Obwohl die Änderung der Strahlungsintensität zwischen Phasen geringer und hoher Sonnenfleckenzahlen sehr gering ist (wenige Watt), zeigen die Temperaturänderungen seit 1850 einen sehr deutlichen Bezug zu diesem Phänomen. Sie übersteigen sogar den in diesem Zeitraum beobachteten Kohlendioxidanstieg (Abb. 3.9).

Eine gesicherte physikalische Erklärung für diese Kopplung zwischen Erdtemperatur und Sonnenflecken-Zyklen existiert derzeit noch nicht. Allerdings lassen erste Auswertungen von Satellitendaten darauf schließen, daß möglicherweise Wechselwirkungen zwischen Sonnenwind, Erdmagnetfeld und Wolkenbildung bestehen, die über wechselnde Wolkenmengen zu größerer oder kleinerer Rückstrahlung der Sonnenenergie führen.

Variationen der Sonnenaktivität lassen sich aus geologischen und geochemischen Untersuchungen gewinnen. Dazu werden beispielsweise die radioaktiven Isotope des Kohlenstoffs (^{14}C) und des Beryliums (^{10}Be) an geeigneten Proben gemessen. Beide Isotope sind Zerfallsprodukte des Stickstoffs, der durch kosmische Höhenstrahlung zerfällt. Es gilt: Starke Sonnenaktivität ändert das Erdmagnetfeld und hält kosmische Höhenstrahlung fern, was zu geringeren ^{14}C- und ^{10}Be-Konzentrationen in den Sedimenten führt; geringe Sonnenaktivität hat den gegenteiligen Effekt. Der verminderte Partikelfluß durch die geringere Höhenstrahlung während der Sonnenfleckenmaxima ist nach Ansicht von dänischen Forschern auch der Grund für die geringere Wolkenbildung zu diesen Zeiten in der Erdatmosphäre, weil die notwendigen partikulären Kondensationskeime fehlen. Dies führt letztlich zu einer geringeren Rück-

Abb. 3.9.
Die Temperaturentwicklung seit Mitte des 19. Jahrhunderts zeigt eine starke Korrelation zur Länge der Sonnenfleckenzyklen (nach Friis-Christensen und Lassen 1991). Die Kohlendioxidkonzentration der Atmosphäre korreliert wesentlich schwächer mit den Temperaturänderungen

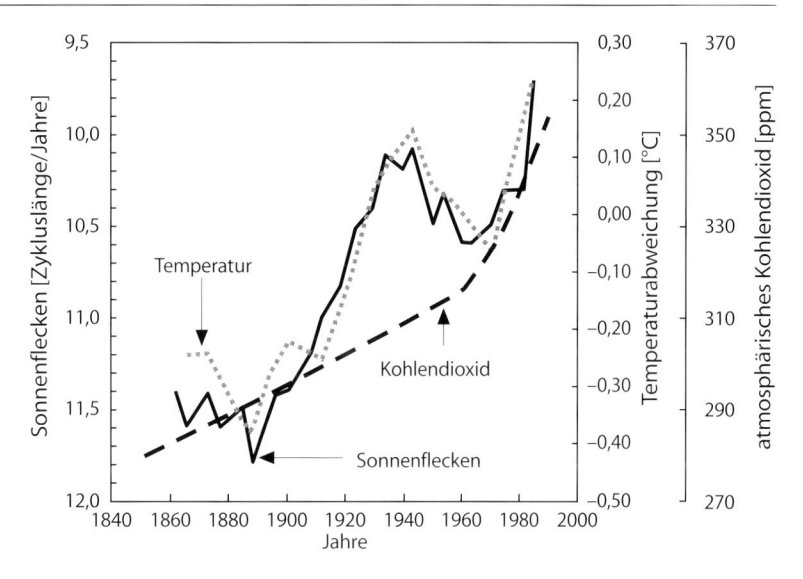

strahlung kurzwelliger Sonnenenergie und somit zu einer Erhöhung der Temperatur der Erdoberfläche.

ENSO-Ereignisse sind natürliche Wärme- (El Niño) und Kälteereignisse (La Niña) des Pazifiks, die über die Ozean/Atmosphären-Kopplung aber durchaus globalen Einfluß haben. Das wichtigste Charakteristikum dieser Ereignisse ist die Meeresspiegelhöhendifferenz zwischen dem Südost-Pazifik und dem australischen/indonesischen Gebiet. Die Auswirkungen dieser Ereignisse sind auch über lange Beobachtungszeiträume immer unterschiedlich gewesen und nicht vorhersehbar. Der Mechanismus der Entstehung von ENSO-Anomalien im Rahmen von 3 bis 5 Jahren ist bisher nicht geklärt. Es handelt sich aber um einen natürlichen Rückkopplungsprozeß im Ozean/Atmosphären-System, der sich auch in der historischen und geologischen Vergangenheit mit variierender Intensität nachweisen läßt.

Zeitscheiben

Ein wichtiges Werkzeug zur Rekonstruktion von Klima ist die Erstellung sogenannter Zeitscheiben. Hierbei handelt es sich um eine Rekonstruktion des regionalen oder globalen Klimas mit Hilfe von Proxydaten zu einem bestimmten Zeitpunkt. Ist die Zeitreihendarstellung von Proxydaten schon mit einem immensen Personalaufwand verbunden, steigt dieser Faktor noch einmal deutlich für die Zeitscheiben, da sich nur aus einer Vielzahl von Zeitreihen mit regionaler oder globaler Verteilung die für den speziellen Zeithorizont wichtigen Informationen extrahieren lassen. Dieses Vorgehen ist aber unabdingbar wichtig, um Ergebnisse von Klimamodellen besser interpretieren zu können. Zeitscheiben erlauben es, einen *Zeit*horizont der Vergangenheit mit den geowissenschaftlichen Paläoklimadaten des entsprechenden *Klima*horizontes zu verbinden.

Diese Aufgabe kann nur über die nationale und internationale Archivierung und Auswertung der Klimadaten im Datenbankverbund erfolgen.

Datenbanken

Eine Vielzahl von Untersuchungen mit einer immensen Datenflut wird derzeit in Deutschland auf unterschiedlichen räumlichen Ebenen und mit sehr stark variierenden Fragestellungen und methodischen Ansätzen durchgeführt. Sie alle haben das Ziel, einen Beitrag zur Erforschung globaler Umwelt- und Klimaveränderungen zu leisten. Weitreichende neue Erkenntnisse sind jedoch nur zu erwarten, wenn es möglich ist, die große Menge vielfältiger Daten zusammenzuführen und in globale Modellierungen einfließen zu lassen bzw. zur Validierung von Modellen heranzuziehen.

Ein wichtiger Schritt, die Forschungsergebnisse für übergreifende Untersuchungen bereitzustellen und einen schnellen Zugriff auf die Daten zu gewährleisten, ist ihre Speicherung in allgemein zugänglichen Informationssystemen. Dabei werden entweder den speziellen Bedürfnissen angepaßte lokale Datenbanken aufgebaut oder bereits existierende genutzt.

So ist z. B. PANGAEA ein in Deutschland entwickeltes Informationssystem für Klima- und Umweltdaten. Es erlaubt bei der Bearbeitung moderner wissenschaftlicher Fragestellungen einen umfassenden Zugriff auf überregionale, konsistente Datensätze. Das im Rahmen des PANGAEA-Netzwerks installierte System SEPAN (Sediment and Paleoclimate Data Network) speichert Daten aus dem marinen Bereich und macht diese über spezifische Schnittstellen mit hoher Funktionalität oder über das World Wide Web allgemein verfügbar.

Das flexibel gehaltene Datenmodell folgt in seiner Hierarchie dem Weg, der zur Analyse eines bestimmten Wertes notwendig ist, und erlaubt eine Erweiterung des Systems auch für terrestrische Daten. Die Parameterzahl kann jederzeit durch Neudefinitionen erweitert werden. Die Definition erlaubt Text, Zahlen und Bilddaten. Die analytischen Daten sind eng mit den Metadaten, die für Verständnis und Darstellung notwendig sind, verknüpft.

Bei der Entwicklung der grafischen Benutzeroberfläche wurde, trotz der Komplexität des Systems, besonderer Wert auf eine einfache Handhabung gelegt. PANGAEA ist ein Netzwerk, das unter Verwendung der Client/Server-Technologie über das Internet mehrere Arbeitsgruppen miteinander verknüpfen kann. So sind in SEPAN bisher fünf Institute in Norddeutschland miteinander verbunden. Für die grafische Darstellung von Daten in Karten oder gegen die Tiefe/Höhe/Zeit wurden Programme entwickelt, die direkt in Verbindung mit dem System nutzbar sind.

Diese Datenbanken bilden die Grundlagen für den Vergleich zwischen geowissenschaftlich ermittelten Klimadaten und den für das Verständnis der Klimaprozesse sehr wichtigen Modellrechnungen.

Modellrechnungen

Die Computermodelle zur Simulation der Entwicklung vergangener und zukünftiger Klimate nehmen eine entscheidende Rolle bei der Erstellung von Klimaszenarien ein, die als Entscheidungsgrundlage der Politiker dienen. Die Erwartungen an diese Modelle sind sehr hoch. Zur korrekten Abbildung des Klimasystems sollten in einem Modell u. a. folgende Parameter enthalten sein:

- die Sonneneinstrahlung und ihre natürlichen Schwankungen,
- die Prozesse, die das Strahlungsgleichgewicht bestimmen,
- die Konzentration und Verteilung aller Gase und Partikel in der Atmosphäre,
- die Stoffflüsse z. B. in der Biosphäre oder zwischen den Ozeanen und der Atmosphäre,
- der laterale Wärmeaustausch in der Atmosphäre,
- der anthropogene Ausstoß von Treibhausgasen, basierend auf dem Verbrauch der Energierohstoffe Erdöl, Erdgas, Kohle und der Zementproduktion,
- Rückkopplungsprozesse, z. B. Wolkenbildung, die Temperaturveränderungen bewirken,
- Albedovariationen aufgrund der sich ändernden Natur.

Die Qualität eines heute realisierbaren Computermodells hängt derzeit davon ab, inwieweit es in der Lage ist, in realitätsnaher Form beobachtete Klimaprozesse nachzuvollziehen. Das Ergebnis muß eine hohe Verläßlichkeit aufweisen. In der Unsicherheit der Klimamodelle, die innerhalb der letzten zehn Jahre weiterentwickelt wurden, liegt jedoch der entscheidende Punkt. Diese Unsicherheiten sind allen Modellierern bewußt, und deshalb wird intensiv nach Lösungen gesucht. Probleme treten schon bei der unzureichenden globalen Auflösung auf. Ein Raster von etwa 500 × 500 km, wie es häufig verwendet wird, verhindert aber beispielsweise ein Einbeziehen von Gebirgsketten, die durchaus klimaentscheidend sein können. Die Wolkenbildung und Albedoänderungen der Atmosphäre, aber auch der Wärmetransport im Ozean sind Problemfälle unter vielen anderen, die sich leider nur sehr ungenau in gekoppelten Ozean/Atmosphäre-Modellen fassen lassen.

Bemerkenswert ist jedoch die Entwicklung der Aussagen anhand von Klimamodellen: Wurde im Jahr 1990 noch eine Erwärmung in Asien und Afrika um 2 bis 5 °C und für Europa um 2 bis 3 °C postuliert, so ergeben die verbesserten Modelle (u. a. nach Einbeziehung der Aerosole) für Afrika eine Erwärmung bis maximal 3 °C, in Europa von 1 bis 2 °C. Die riesigen Flächen von China bleiben nach den neueren Rechnungen von Temperaturänderungen verschont, während sich der Atlantik leicht abkühlt. Die früheren dramatischen Postulate sind durch moderatere ersetzt worden.

Zukünftiger Forschungbedarf

Bei der Untersuchung des komplexen Systems Klima hat sich herausgestellt, daß der vom Menschen durch meteorologische Messungen belegte Zeitraum zu kurz ist, um Klimaschwankungen verschiedener Länge und Dauer richtig beurteilen zu können. Deshalb kommt der auf geowissenschaftlichen Erkenntnissen beruhenden Paläoklimatologie eine besondere Bedeutung zu, die ihre Daten in globalen Archiven sowohl im Meer als auch auf dem Land gewinnt. Es gibt jedoch gravierende Unsicherheiten hinsichtlich

- unzureichender Daten der jüngeren und der geologischen Vergangenheit für sichere Klimahochrechnungen,
- des Nachweises anthropogener Klimaeinflüsse vor dem Hintergrund natürlicher, plötzlicher Klimaschwankungen,
- der Reaktion von Fauna und Flora auf Klimawechsel sowie
- der Zuverlässigkeit der Resultate komplexer Klimamodelle.

Hochauflösende Daten zur Klimarekonstruktion

Die Erarbeitung hochauflösender Zeitreihen, d. h. mit einer jahreszeitlichen bis hundertjährigen Auflösung, stellt das zentrale Ziel für künftige Forschungsarbeiten dar. Weitere Hauptziele paläoklimatischer Arbeiten sind das Erkennen von globalen Telekonnektionen zwischen Meer, Festland und Atmosphäre sowie die klimatische Verbindung zwischen hohen und niederen Breiten im Zusammenhang mit raschen Umschwüngen und Oszillationen auf unterschiedlichen Zeitskalen.

Besonderes Interesse gilt hier den globalen Auswirkungen von Ereignissen, die innerhalb von nur wenigen Jahren und/oder Dekaden abgelaufen sind. Laminierte (gewarvte) Sedimentprofile können dazu besonders wichtige (teilweise saisonal aufgeschlüsselte) Befunde liefern. Diese Zeitreihen sind zugleich das Basisgerüst für die Definition von Zeitscheiben, die die Einordnung und den Vergleich der Befunde weiterer Arbeitsgruppen ermöglichen.

Als wichtiges Leitthema in der Paläoklimatologie muß die Rekonstruktion von Klimaproxies angesehen werden, um die globalen Klima-Telekonnektionen durch extrem hochauflösende Zeitreihen im Zusammenhang mit Kurzzeit-Ereignissen zu folgenden Punkten zu ermöglichen:

- genauere Bestimmung der Meerestemperaturen, speziell in den Subtropen,
- genauere Kenntnisse zum Monsunklima,
- zum subtropischen Wasserhaushalt (Atmosphäre),
- zum globalen ozeanischen Tiefenwasser- und CO_2-Kreislauf,
- zum ozeanischen Auftrieb sowie
- zum Landklima in Europa, Asien und Nordafrika.

In den Paläoklimaprojekten der an marinen Sedimenten arbeitenden Gruppen wurden bereits in der Vergangenheit gezielt quantifizierende Klimaproxies an Zeitreihen bestimmt. Dagegen ist in den terrestrisch orientierten Projekten ein solcher Ansatz für lange Zeitreihen bisher nicht konsequent verfolgt worden (von einzelnen Temperaturabschätzungen anhand von Pollen oder kurzskaligen Rekonstruktionen über die Sauerstoffisotopie an Gehäusen von Muschelkrebsen einmal abgesehen). Eine Umorientierung von der rein deskriptiven geowissenschaftlichen Bearbeitung (die natürlich als Vorarbeit zwingend notwendig ist) hin zu einer quantifizierenden Arbeitsweise – bzw. einer Kombination von beiden – ist für die Qualität der Forschungsrichtung der Geologischen Dienste jedoch sehr wichtig. Zudem müssen die Forschungsansätze stärker gebündelt werden, so daß das Potential hinsichtlich der Paläoklimaforschung besser ausgenutzt wird. Nur durch die Erschließung weiterer Verwendungsmöglichkeiten lassen sich die personal- und kostenintensiven Untersuchungsergebnisse – beispielsweise im Rahmen von Vergleichen zwischen Zeitscheibenrekonstruktionen und Klimamodellrechnungen – rechtfertigen.

Verbesserung klimarelevanter Datenbanken für aussagekräftigere Modellrechnungen

Ein auf PANGAEA aufbauendes allgemeines Informationssystem als wichtige Lösung der bislang noch unbefriedigenden Integration von Paläodaten aus terrestrischen Archiven muß weiterentwickelt werden. Diese geplanten grundlegenden Arbeiten mögen auch Anreize für andere Gruppen bieten, dieses Informationssystem zu nutzen sowie den entstehenden Datenpool zu vergrößern. Daraus ergibt sich gleichzeitig eine allgemeine Erweiterung bzw. Verbesserung sowie Verdichtung der Datenbasis, woraus sich neue Interpretationsmöglichkeiten eröffnen.

Gleichzeitig muß aber auch – speziell in den Geologischen Diensten – dringend darüber nachgedacht werden, klimarelevante Daten einer größeren Bearbeiterzahl zur Verfügung zu stellen, möglichst über eine Anbindung an das PANGAEA-Datenbankmodell.

Zwar existieren international fünf Atmosphären- und fünf Ozeanmodelle sowie mehrere regionale Ozeanmodelle. Auch sind Modelle zur Eisdynamik und einfache Eis-Atmosphären-Modelle verfügbar. Diese Modelle müssen jedoch verbessert und den Bedürfnissen neuer Klimadaten angepaßt werden. Die Modellierung muß in engerer Abstimmung und Kooperation als bisher zwischen den paläo- und neoklimatisch arbeitenden Wissenschaftlern und dem nationalen Klimarechenzentrum geschehen. Ein weiterer wesentlicher Aspekt besteht in der Nutzung von Parallelrechnerstrukturen, um die gewaltigen Datenmengen zeitlich sinnvoll bearbeiten zu können. Erst dadurch können komplexere Zusammenhänge abgebildet und eine größere regionale Auflösung erreicht werden.

Forschung für ein Klimasystemmodell

Zukünftige Forschungsarbeiten sollten ein verläßliches Modell des Klimasystems zum Ziel haben, das Voraussetzung für viele wissenschaftliche und angewandte Schlußfolgerungen – bis hin zu politischen Entscheidungen – ist. Dazu müssen sie sich auf folgende Bereiche konzentrieren:

- Verbesserung des Verständnisses vergangener natürlicher Klimaabläufe, um auf heutige Situationen und zukünftige Ereignisse rückschließen zu können. Kenntnisse zu Dauer und Verlauf (schnell, langsam) von Klimazuständen und Klimawechseln durch die Gewinnung quantitativer Daten aus Multi-Proxy-Parametern und Eingabe in Modellsimulationen. Gewinnung der Muster von niedrig- und hochfrequenten Klimawechseln und ihrer Interferenz (Periodizitäten von 400 000 bis 19 000 Jahren, von 10 000 bis wenigen Jahren, z. B. elfjähriger Sonnenfleckenzyklus);
- Nachweis und quantitative Erfassung kurzfristiger und markanter Ereignisse – z. B. ozeanischer Ereignisse im Nordatlantik (Eisberg-Schmelzwasser-Bildungen) und ihre globale klimatische Fernwirkung auf höhere und niedere Breiten;
- Zeitlich und regional hochaufgelöste Rekonstruktion von Stärke und Auswirkungen früherer Klimaschwankungen auf terrestrische und marine Ökosysteme in quantifizierbarer Form zur Überprüfung bzw. Erstellung von Modellanalysen;
- Überprüfung von Klimahochrechnungen anhand der neuen, genaueren hochauflösenden Daten (z. B. 1 °C Genauigkeit) und Validierung der Modelle (Paläo-Atmosphäre und Paläo-Ozean);
- Intensivierung der Untersuchung laminierter jahresauflösender Ablagerungen;
- Auflösung aller Sequenzen auf saisonale Muster (Unterscheidung der Amplituden der Klimavariabilität);
- Verbesserung und Verfeinerung der Datierungsmethoden und Förderung innovativer neuer Methoden (OSL-Staub, Ar/Ar-Tephra, U/Th-Aragonit, Paläomagnetik) für die letzten 200 000 Jahre;
- Kalibrierung der Multi-Proxy-Parameter auf physikalische Größen, insbesondere im Meer, Eis und auf dem Land mit Hilfe der organischen Biomarker, der Edelgasanalytik sowie der stabilen Isotope.

Aufgrund der in Deutschland als Schwerpunkte bereits etablierten marinen, terrestrischen und kryosphärischen Paläoklimaforschung besteht die reelle Chance, bei Zusammenführung der Ergebnisse der einzelnen Arbeitsgruppen die starke Position im internationalen Feld auszubauen.

Klima-Perspektiven: Treibhaus oder Eiskeller?

Ganz deutlich muß gesagt werden, daß die internationale Forschung heute noch nicht in der Lage ist, verläßliche Prognosen für die Klimazukunft der nächsten Jahrhunderte zu erstellen. Widersprüchliche Aussagen mit Szenarien einer Wärmekatastrophe oder alternativ einer neuen Eiszeit sind deshalb mit Vorsicht und kritisch zu betrachten. Klar ist jedoch, daß die Menschheit das letzte natürliche Klimaoptimum bereits hinter sich gelassen hat. Wird durch die überwiegend industriell bedingten Kohlendioxidemissionen ein neues Optimum geschaffen? Auch das ist noch offen!

Die neueren Modellrechnungen der Klimatologen im Jahr 1997 bilden jedoch die bekannten historischen und geologischen Klimakonstellationen besser (obwohl noch immer nicht optimal) nach und postulieren zudem eine deutlich moderatere Klimazukunft als noch Anfang der 90er Jahre.

Dies zeigt: Je mehr wir aus unseren Forschungen und Modellierungen über das Klima lernen, desto besser werden unsere Prognosen und drastische Fehleinschätzungen können vermieden werden.

Aufgaben Geologischer Dienste bei der Erforschung des Klimas für einen nachhaltigen Klimaschutz

- Schwerpunktmäßig können in den Geologischen Diensten einzelne Teilaspekte der Erforschung des Klimasystems erledigt werden. Hierzu wurde in der Vergangenheit wichtiges Know-how erarbeitet und etabliert, das international anerkannt ist. Diese Forschungsbeiträge sind fast ausschließlich im geowissenschaftlichen Umfeld angesiedelt. Sie erfolgen in Zusammenarbeit und Abstimmung mit den Universitäten und Forschungseinrichtungen, die ebenfalls in dieser Richtung aktiv sind.
- Die aktuellen und historischen Klimaänderungen seit etwa Mitte des 18. Jahrhunderts beinhalten neben den natürlichen Klimasignalen auch den steigenden anthropogenen Einfluß. Diese beiden Signale müssen, speziell hinsichtlich des CO_2-Kreislaufs, differenziert werden. Deshalb ist es vorrangig erforderlich, sowohl die Emissionen des anthropogenen Kohlendioxids seit dem Beginn der Industrialisierung im 19. Jahrhundert zu rekonstruieren als auch die natürlichen geogenen Kohlenstoffflüsse zu erkunden. Diese Aufgabe kann nur von Geologischen Diensten erledigt werden, da sie standardmäßig Informationen zur Produktion und zum Verbrauch der fossilen Energieträger und der Zementproduktion sammeln.
- Durch intensivierte Forschungen zum Paläo- und zum Neoklima können die Prognosemöglichkeiten verbessert werden, um die politischen Ressorts bei einer sinnvollen Planung – im Sinne einer nachhaltigen Entwicklung – zu unterstützen.

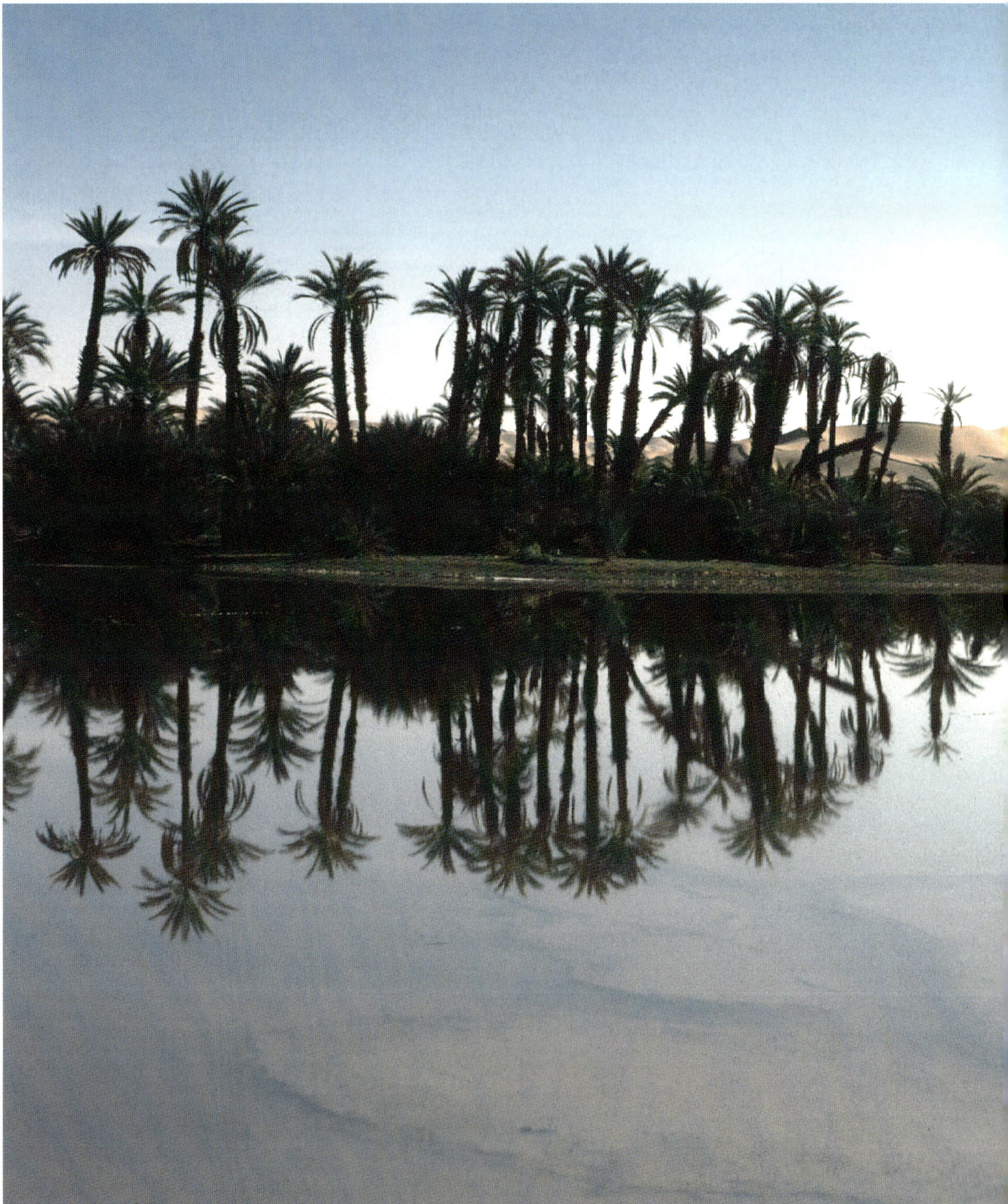

4 Wasser

Der besondere Stoff

In seiner flüssigen Form ist Wasser für den Menschen das wichtigste Lebensmittel und gleichzeitig die Grundlage von Hygiene und Gesundheitsvorsorge, es ist Energieträger und Produktionsfaktor in Landwirtschaft, Industrie und Bergbau. Sein Wert als wichtigstes Schutzgut in der Umwelt wird vor allem dort deutlich, wo es nicht in genügender Menge oder Qualität zur Verfügung steht.

Die vielfältige Nutzung der Umwelt durch den Menschen führt zwangsläufig zur Verschmutzung wertvoller Wasserressourcen, die nur durch technische Maßnahmen vermindert, verhindert oder behoben werden kann. Das Bevölkerungswachstum in Gebieten der Erde, in denen die Wasserressourcen ohnehin gering sind, wird darüber hinaus zu Verteilungskonflikten führen. Durch Konzepte, die auf eine nachhaltige Nutzung des verfügbaren Wassers abzielen, können Probleme und Konflikte erkannt und gemildert werden.

◀ **Abb. 4.1.**
Der Mandara-See in der Awbari(Ubari)-Sandsee im Fezzan/Südlibyen wird von fossilem Grundwasser gespeist. Das austretende Süßwasser überschichtet hochkonzentriertes Salzwasser, das durch eine sehr hohe Verdunstungsrate entsteht und aufgrund höherer Dichte nach unten sinkt (*Foto:* F. Thiedig)

Wasser im globalen Maßstab

Die Erde ist ein wasserreicher Planet. Wasser überdeckt vier Fünftel der Oberfläche der Erdkruste. Der in den Wolken kondensierte Wasserdampf der Atmosphäre bestimmt die Einstrahlung der Sonne und damit den äußeren Energiehaushalt der Erde. Seit Jahrmilliarden gestaltet das Wasser die Oberfläche des Festlandes durch Erosion und Akkumulation: Es modelliert die Landschaft nach der Härte der Gesteine des Untergrundes und transportiert zerbrochenes und aufgelöstes Gestein von den Bergen in die Senken und in die Ozeane. Die meisten Gesteine, aus denen die oberste Erdkruste aufgebaut ist, sind durch diese Tätigkeit des Wassers entstanden.

Dennoch wird das nächste Jahrhundert das Jahrhundert des Wassermangels genannt. Die Hoffnungen des Aktionsplanes von Mar del Plata (UN 1977), allen Menschen eine gesunde Wasserversorgung zu verschaffen, haben sich als unerfüllbar erwiesen. Die Schere zwischen Bevölkerungswachstum und Trinkwasserversorgung wird sich nicht überall schließen lassen. Zusätzlich wird aber auch klar, daß sich das nutzbare Wasserdargebot – obwohl erneuerbar – verringern wird. Global betrachtet wird die Wassermenge etwa gleich bleiben, doch wird sich die Menge an Wasser guter Qualität verringern. Die Verunreinigung von Wasser erfolgt an vielen Stellen. Sie läßt sich ganz grob auf zwei Pfade reduzieren: Einerseits werden durch den Gebrauch von Wasser unerwünschte Stoffe aufgenommen, andererseits gelangen durch eine nicht nachhaltige Bodennutzung über den Weg des Sickerwassers Belastungen des Bodens in das Grundwasser.

Das Wasserproblem hat eine globale Dimension erreicht. In der UN-Konferenz für Umwelt und Entwicklung („Rio-Konferenz", BMU o. J.) wurde dem Wasser das Kap. 18 gewidmet, in dem die international abgestimmten Grundlagen für den künftigen Umgang mit dieser lebensnotwendigen und knappen Ressource dokumentiert sind. Seitdem haben sich immer wieder nationale und internationale Organisationen und Gremien des Problems der künftigen Wasserknappheit angenommen und es der Öffentlichkeit bewußt gemacht (z. B. WBGU 1997). Es erschienen umfangreiche Stoffsammlungen und Auswertungen (z. B. Gleick 1993) und Aktionsprogramme wie Gobal Water Partnership (Stockholm 1996), Global Water Politics (Petersberg/Bonn 1998) und International Conference on Water and Sustainable Development (Paris 1998).

Wassermenge und Wasserqualität

Wassermengen

Bei der Betrachtung der global zur Verfügung stehenden Wassermengen muß das in den Weltmeeren vorhandene Salzwasser mitberücksichtigt werden (Kasten 4.1). Für die Verwendung als Trinkwasser kommt vor allem das Grundwasser in Frage.

Ursprung aller Wasserressourcen auf dem Festland ist der Regen. Die von der Sonne ausgehende Wärme läßt das Wasser in den Ozeanen verdunsten und mit dem Wind verbreiten, so daß es auf dem Lande abregnen kann. In einem steten Kreislauf wird der Verlust des in den Flüssen vom Land zum Meer abfließenden Wassers durch die wiederkehrenden Niederschläge ausgeglichen. Durch diesen Kreislauf ist Wasser eine sich erneuernde Ressource (Abb. 4.2 und Kasten 4.2). Der Umsatz des Wasserkreislaufs ist in den Tropen am größten, während in den Polarregionen das Süßwasser in fester Form am dauerhaftesten gespeichert ist (Kasten 4.3).

Wasser des Festlandes, sowohl das Oberflächen- als auch das Grundwasser, bleibt immer in Bewegung; es fließt in Richtung Meer oder es sammelt sich an tiefergelegenen Stellen, wo es verdunstet. Ein großer Teil der Niederschläge verdunstet, je nach den örtlichen klimatischen und geographischen Verhältnissen, bereits im selben Gebiet.

Man nennt den Wasseranteil, der, nachdem er in den Boden versickert ist, den Bewuchs eines Gebietes nährt und dabei über die Verdunstung wieder in die Atmosphäre gelangt, „grünes Wasser" (Falkenmark 1994). Dieses Wasser ist ausschlaggebend für die Art und Dichte der Vegetation eines Gebietes. Es bildet beim Regenfeldbau die allein genutzte Wasserressource der Landwirtschaft und besitzt die größte Bedeutung für die natürliche Lebensgemeinschaft einer Region. Es ist aber nicht direkt als Wasserressource nutzbar. Das in den Flüssen und im Grundwasser aus einem Bilanzgebiet abfließende, potentiell für den Menschen nutzbare Wasser wird „blaues Wasser" genannt. Nur dieser Anteil des Wasserumsatzes in einem Abflußgebiet bildet die „erneuerbaren Wasserressourcen" oder das erneuerbare Dargebot (Abb. 4.3).

Das Wasser, das nicht direkt abfließt, sondern in die Hohlräume des Untergrundes versickert, fließt dort um ein Vielfaches langsamer als an der Oberfläche. Dieses Grundwasser verbreitet sich nach allen Seiten und nach unten und füllt die Poren und Hohlräume im Gestein

Globale Wassermengen (Kasten 4.1)

Von den 1,4 Mrd. km³ Wasser auf der Erde sind 97,5 % in den Ozeanen als Salzwasser enthalten. Von den restlichen 2,5 % Süßwasser liegt mit etwa 36 Mio. km³ der größte Teil als Gletschereis in den Polargebieten und Gebirgsregionen fest.

Nur etwa 8 Mio. km³ (nach anderen Schätzungen zwischen 4 und 60 Mio. km³) sind als flüssiges Wasser auf dem Festland vorhanden, wovon jedoch nur ein sehr kleiner Teil in Seen gespeichert oder in Bächen und Flüssen unterwegs zum Meer ist. Der größte Teil dieses Wassers füllt die Hohlräume im Untergrund aus, die unter dem Niveau der Flüsse liegen. Dieses Grundwasser befindet sich in den feinen Poren der körnigen Gesteine und in den Klüften oder Höhlungen der Festgesteine; darin bewegt es sich in der gleichen Richtung wie in den Flüssen, aber um viele Größenordnungen langsamer, zum Meer.

Da sich die Klüfte des festen Gesteins mit zunehmender Tiefe schließen und die Poren kleiner werden, befindet sich das bewegliche Grundwasser vor allem in den oberen Gesteinsschichten.

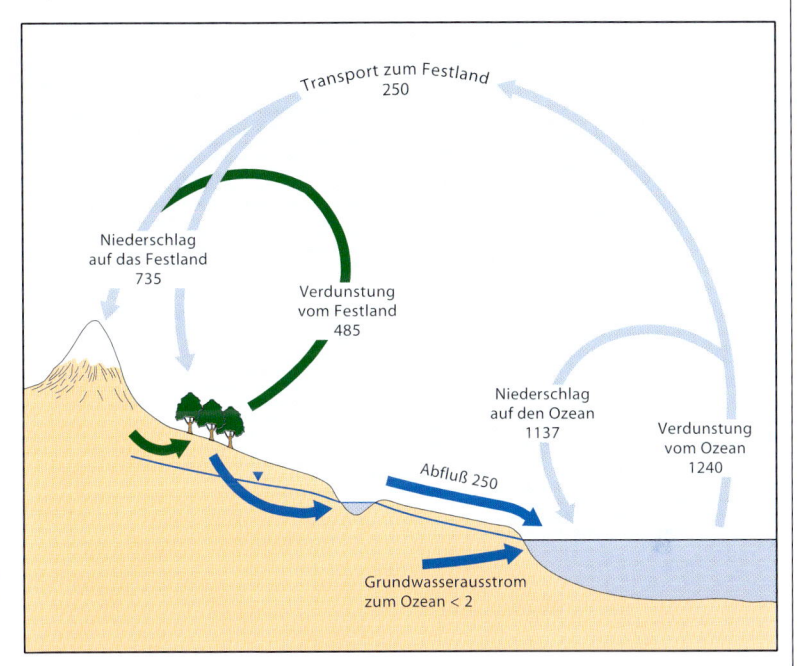

Abb. 4.2. Wassermengenverteilung und Mengenflüsse im globalen Wasserkreislauf [mm/a] (nach Ward 1975); „blaues" und „grünes" Wasser nach Falkenmark (1994)

zusammenhängend aus. Der Untergrund wirkt so als natürlicher Speicher für Wasser, aber auch als natürlicher Wasserleiter. Er nimmt die zeitweiligen Überschüsse auf und speist während der Zeiten ohne Niederschläge die Quellen und Flüsse („Trockenwetterabfluß"). Dieses Wasser läßt sich, solange es sich im Untergrund befindet, durch Brunnen oder andere unterirdische Wasserfassungen gewinnen. Grundwasser ist also keine selbständige Wasserressource, sondern nur ein natürlich verzögerter Teil des Abflusses. In einer auf ein Abflußgebiet bezogenen wasserwirtschaftlichen Bilanz wird Grundwasser deshalb immer gemeinsam mit dem Oberflächenwasser betrachtet.

Die natürliche Beschaffenheit des Wassers

Von Natur aus gibt es kein chemisch reines Wasser auf der Erde. Es bildet mit den in ihm gelösten Komponenten immer auch seine Umgebung ab: Aus der Luft nimmt es hauptsächlich Sauerstoff und Kohlensäure auf, aber auch die großenteils anthropogenen Stickstoffgase. Das Wasser löst, zum Teil mit Hilfe der in ihm gelösten Gase Kohlensäure und Sauerstoff, die Gesteine langsam auf, und aus dem Gestein, durch das das Grundwasser geflossen ist, stammen die Mineralstoffe, auf die Pflanze, Tier und Mensch angewiesen sind: Natrium, Kalium, Calcium, Magnesium und die verschiedensten Spurenelemente.

Damit enthalten die Flüsse zusätzlich zu den von der Erdoberfläche abgeschwemmten und den nach der Wassernutzung durch den Menschen abgeleiteten Stoffen auch alle diese Inhaltsstoffe des Grundwassers, das ihnen aus ihrem Einzugsgebiet zufließt.

Im Meer sammeln sich diese in den Flüssen gelösten Bestandteile seit Jahrmillionen an, so daß das Meerwasser einen hohen Gesamtsalzgehalt aufweist, der es für viele Zwecke unbrauchbar macht. Hiervon sind auch alle Regionen an der Meeresküste betroffen, in denen das Binnengrundwasser im Untergrund mit dem Meerwasser in Kontakt steht. Beide Wässer mischen sich und gleichen ihren Salzgehalt einander an. Auch an der niedersächsischen Nordseeküste reicht diese Mischungszone weit in das Land hinein (sogenannte Meerwasser-

Der globale Wasserkreislauf und das Prinzip der erneuerbaren Ressource Wasser (Kasten 4.2)

Der große Anteil der Wasserflächen der Ozeane an der Erdoberfläche bewirkt, daß 90 % der dort verdunstenden Wassermengen auch über dem Meer wieder abregnen (Abb. 4.2). Die über dem Land niedergehende Wassermenge würde – gleichmäßig auf das Land verteilt – eine mittlere Niederschlagshöhe von 250 mm pro Jahr ergeben. Das ist der mittlere Netto-Umsatz des Wasserhaushalts der Kontinente, der auch in Form des Oberflächenabflusses wieder den Weltmeeren zuströmt.

Durch die Verdunstung auf dem Festland, hauptsächlich durch die Vegetation bewirkt, entsteht ein interner Wasserkreislauf auf dem Land von insgesamt etwa 500 mm. Diese mittlere Niederschlagshöhe auf dem Land von insgesamt etwa 750 mm pro Jahr entspricht etwa den Verhältnissen der gemäßigten Klimazonen, z. B. in Mitteleuropa.

Das erneuerbare Wasserdargebot wird auf zwei verschiedene Weisen abgeschätzt: Entweder kann das aus einem Einzugsgebiet abfließende Wasser als Oberflächenwasserdargebot eines Gebietes (z. B. in km^3/a) direkt bestimmt werden, oder man berechnet mit Hilfe verschiedener empirisch begründeter Formeln, wieviel des Niederschlags in einem Gebiet potentiell verdunstet. Der Rest ist dann die Menge der erneuerbaren Wasserressourcen dieses Gebietes. Wenn ein Bilanzgebiet nur einen Teil eines Abflußgebietes umfaßt, kann es Abflüsse von Oberliegern erhalten; dies sind dann externe erneuerbare Ressourcen als Ergänzung zu den im betrachteten Gebiet sich bildenden internen erneuerbaren Ressourcen.

Das erneuerbare Wasserdargebot wird entweder für einen Punkt als Wasserhöhe [mm/a], pro Flächeneinheit als Wasserspende [l/(s·km^2)] oder als Menge für ein bestimmtes Gebiet [km^3/a] angegeben.

Die Verteilung der erneuerbaren Wasserressourcen hängt von der klimatischen Großgliederung der Erde ab (Abb. 4.3 sowie Tabelle 4.1). Sie bildet die Kombination der Niederschlagsmenge mit der potentiellen Verdunstung ab, die hauptsächlich von der mittleren Temperatur eines Gebietes bestimmt wird.

Als feucht gelten Gebiete mit mehr als 600 mm/a erneuerbarer Ressourcen, während in trockenen Gebieten weniger als ein Zehntel dieser Menge verfügbar ist. In den heißen Tropen findet allgemein der größte Wasserumsatz statt. Abhängig von der Windrichtung, der Temperatur der Ozeane und der Lage zur Küste finden sich dort Gebiete mit extrem großen Niederschlägen, wie in Südostasien oder an der tropischen Westküste Afrikas, aber auch sehr trockene Gebiete mit sehr geringen internen Wasserressourcen wie Nordostbrasilien und Somalia.

In den großen Tropenwaldgebieten stammt ein hoher Anteil der Niederschläge aus dem internen Wasserkreislauf. Nach großflächigen Abholzungen kann sich daher das Regenregime – auch in benachbarten Gebieten – stark verändern.

Für die Niederschlagsmenge entscheidend ist die topographische Höhenlage eines Gebietes in Relation zur bevorzugten Windrichtung: Hohe Randgebirge an Küsten mit warmer Meeresströmung erhalten die höchsten Niederschläge, während dahinterliegende Hochebenen (z. B. Tibet, Altiplano) wesentlich trockener bleiben.

In den gemäßigten oder kühlen Gebieten führen wesentlich geringere Niederschläge als in den Tropen zu relativ großen erneuerbaren Wasserressourcen.

Angaben zu erneuerbaren Wasserressourcen sind keine fixen Werte. Die von der Natur gegebenen Faktoren der Wasserbilanz, wie Niederschlag und Sonneneinstrahlung, sind natürlichen Schwankungen unterschiedlichster Frequenzen und Amplituden unterworfen. Darüber hinaus kann der Mensch durch Nutzung und Umgestaltung des Bodens und der Vegetation den Anteil des „grünen" Wassers so verändern, daß sich auch die Menge des „blauen Wassers", d. h. der erneuerbaren Wasserressourcen, entsprechend verändern – sowohl verkleinern als auch vergrößern – kann.

Tabelle 4.1. Erneuerbares Wasserdargebot der Erdteile (aus BMZ 1996)

Region	Wassermenge [km^3/a]	Wasserhöhe [mm/a]
Asien	13 190	293
Südamerika	10 380	583
Nordamerika	5 960	287
Afrika	4 225	139
Europa	3 110	319
Australien, Ozeanien	1 965	225

intrusion") und erschwert die Wasserversorgung der Küstenstädte, wie beispielsweise Wilhelmshaven.

In ganz Norddeutschland enthält das Grundwasser in größerer Tiefe, auch entfernt von der Küste, hohe Konzentrationen gelösten Salzes (Abb. 4.4). Dies liegt an der weiten Verbreitung salzreicher Gesteine und Salzstöcke im norddeutschen Untergrund. Da auch dieses Grundwasser in langsamer Bewegung ist, findet es sich an einigen Stellen bereits in geringerer Tiefe und beeinträchtigt dort die Qualität des Grundwassers, das für die Trinkwasserversorgung genutzt wird.

Grundwässer aus größerer Tiefe mit z. T. hohen Gehalten an gelösten Stoffen, die häufig auch eine höhere Temperatur haben, werden seit alters her an vielen Stellen zu Bade- und Heilzwecken genutzt. Für solche Heilbäder hat die außergewöhnliche Zusammensetzung des Quellwassers, das dann meist nicht die Grenzwerte der Trinkwassernorm erfüllen muß, eine große wirtschaftliche Bedeutung.

In vielen Ländern der Trockenzonen ist versalztes Grundwasser aus einem anderen Grund flächenhaft verbreitet: Hier reichert sich das Grundwasser stark mit Salzen an, weil bei mittleren oder niedrigen Niederschlägen, aber starker Verdunstung viel Wasser im internen Kreislauf umgesetzt wird, insgesamt aber nur wenig Wasser abfließt. So werden die Salze nicht zum Meer

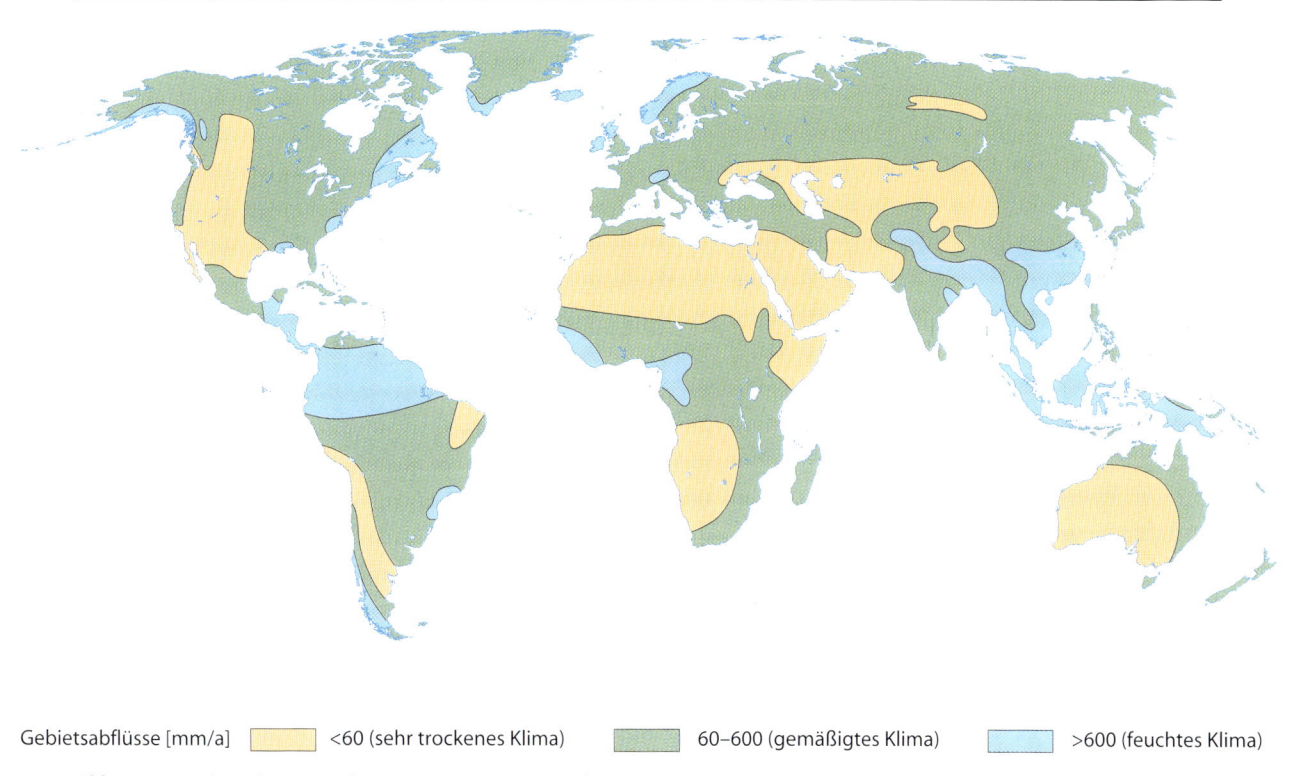

Gebietsabflüsse [mm/a] ▇ <60 (sehr trockenes Klima)   ▇ 60–600 (gemäßigtes Klima)   ▇ >600 (feuchtes Klima)

Abb. 4.3. Verteilung der erneuerbaren Wasserressourcen auf der Erde (*Quelle:* World Ressources Institute 1990)

Zeitskalen im Wasserkreislauf (Kasten 4.3)

Die Zeitmaßstäbe für die Ereignisse und Stationen im Wasserkreislauf sind sehr unterschiedlich, von Stunden bis zu geologischen Zeiträumen von vielen tausend Jahren (Tabelle 4.2). Manche Vorgänge haben gut definierte und begründete Rhythmen, wie z. B. die Jahreszeiten. Andere, sowohl die ganz kurzfristigen als auch die langfristigen, entziehen sich der sicheren Vorhersagbarkeit, so daß ihre Wiederkehr nur statistisch beschreibbar ist.

Die Zeiträume für wasserwirtschaftliche Planungen sind im Vergleich zu den jahreszeitlichen Schwankungen lang, so daß man den Planungen möglichst langjährige Mittelwerte der Niederschläge zugrunde legt. Im Vergleich mit den großklimatischen Änderungen, wie den langfristigen Kalt- und Warm- sowie Pluvialzeiten mit ihren langsamen, aber bedeutenden Änderungen der regionalen Wasserbilanzen, sind sie dagegen sehr kurz.

Tabelle 4.2. Zeitliche Einordnung von Vorgängen und Stationen im Wasserkreislauf

log. Zeitachse [Jahre]	0,01	0,1	1	10	100	1 000	10 000
Wetter und Klima	Regenereignis	Jahreszeiten		„El Niño"	mesoskaline Klimaschwankungen globale Erwärmung?		Pluvialzeiten
Oberflächengewässer	Pfütze Bodenfeuchte	Bäche	Flüsse		Seen ———————————————————→		
Grundwasser		flaches Grundwasser bis seichter Karst			tiefes Grundwasser ————————→		
wasserwirtschaftliche Planungsfristen		kurz		mittel	lang		

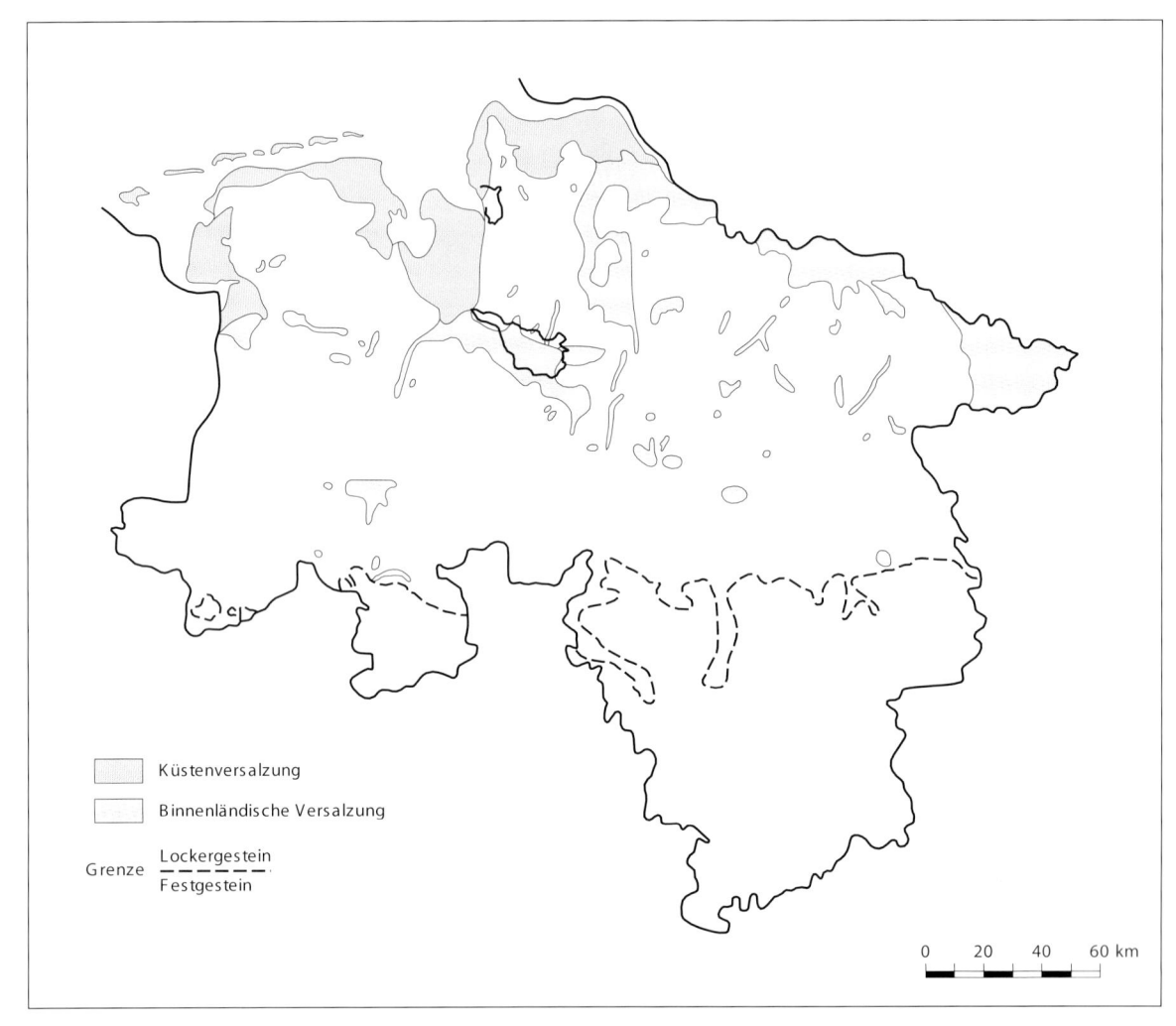

Abb. 4.4. Grundwasserversalzung in Lockergesteinsgebieten von Niedersachsen und Bremen (nach Hahn 1991)

gespült, sondern verbleiben im Grundwasser und im Boden der Region.

Als Süßwasser wird gemeinhin solches Wasser bezeichnet, das weniger als 1 g gelöste mineralische Stoffe pro Liter enthält. Es gibt viele Regionen in der Welt, wo solches Wasser, außer in Form von Regen, überhaupt nicht vorkommt.

Darüber hinaus benötigen die Lebewesen manche Stoffe, die sie nur über das Wasser erhalten können. So enthält das Wasser in vielen Gebieten der Erde, die weit von den Weltmeeren entfernt sind, z. B. nicht ausreichende Mengen des von den Menschen benötigten Jods, so daß dort häufig Jodmangelerscheinungen zu beobachten sind (Abb. 4.6). Eine größere Bedeutung hat jedoch die meist zu hohe Belastung des Wassers mit gelösten Stoffen.

Wenn in einem bestimmten Gestein gut wasserlösliche Bestandteile enthalten sind, wird das dort vorkommende Grundwasser diese Stoffe in höherer Konzentration als sonst üblich enthalten. Beispielsweise stammen in Niedersachsen Sulfat-Ionen, die zusammen mit Erdalkalien die „bleibende Härte" des Wassers bilden, aus Gipsgestein oder, nach chemischen Umsetzungen, aus eiszeitlichen Sanden. In Südniedersachsen können sich in natürlichen Grundwässern, die im Kontakt mit einer bestimmten Schicht des Buntsandsteins stehen, auch

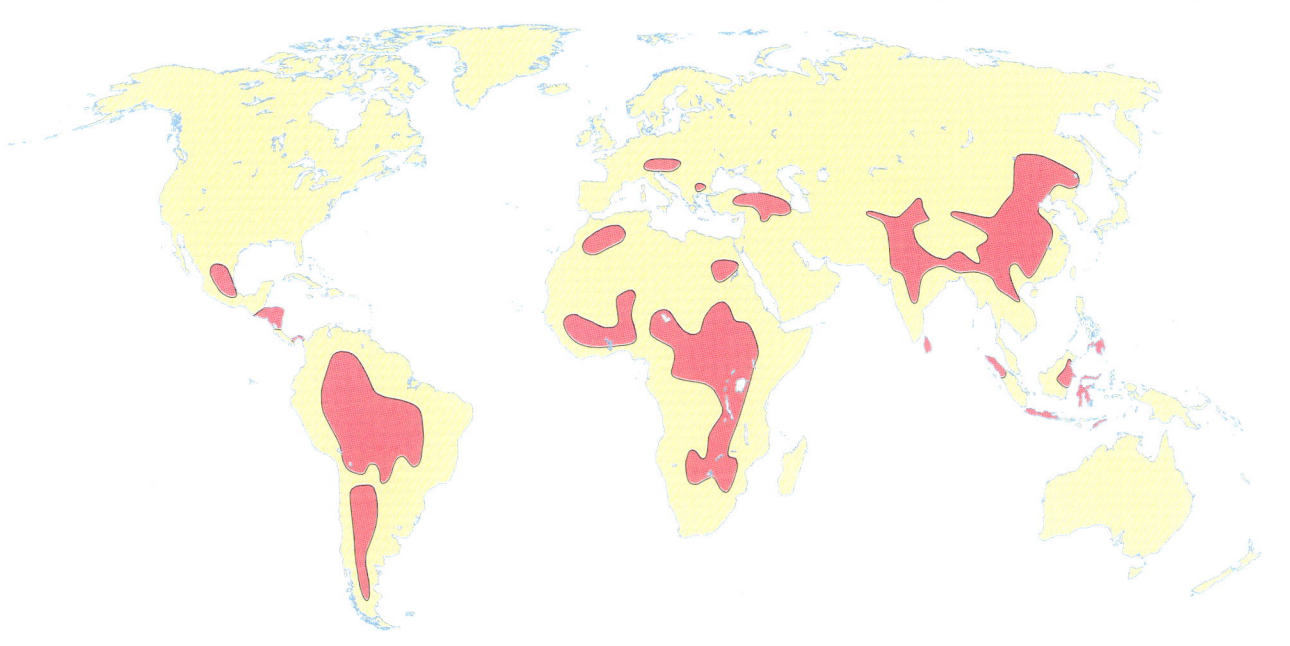

Abb 4.5. Gebiete (*rot*), in denen Mangel an Jod zu Gesundheitsschäden führt (nach BGS/ODA o. J.)

Arsengehalte finden, die die entsprechende Trinkwassernorm übersteigen.

Im Falle von Fluor liegt die für den Menschen im Trinkwasser enthaltene günstige Konzentration in engen Grenzen: Während in den meisten Ländern, wie auch in Deutschland, der Gehalt dieses für die Knochen- und Zahnbildung wichtigen Elements zu gering ist, gibt es andere Regionen, so z. B. in Indien, wo Probleme wegen eines zu hohen Fluorgehaltes im Trinkwasser auftreten.

In Regionen, in denen aufgrund hoher Grundwasserstände und schlechter Durchlüftung organische Abbauprodukte (Huminstoffe) im Wasser gelöst vorkommen, wie z. B. im norddeutschen Flachland und in tropischen Schwemmgebieten, enthält das Wasser meist auch hohe Konzentrationen an Eisen, das an diese kolloidalen Stoffe gebunden ist.

Die Gewässer stellen auch Lebensraum für verschiedenste Lebewesen dar. Es kommen in ihnen Mikroben vor, die Schadstoffe abbauen, und solche, die Krankheiten verbreiten. Besonders in den Tropen und den armen Ländern ist die Gefahr sehr groß, sich durch verseuchtes Wasser zu infizieren. Etwa 80 % der Krankheiten in den Entwicklungsländern sind in irgendeiner Weise wasserbezogen. Eine Reihe von Krankheiten werden direkt durch verunreinigtes Wasser verbreitet, wenn die Menschen die von ihnen genutzten Gewässer nicht sauber halten und kontaminiertes Wasser zum Trinken und Waschen benutzen müssen.

Besonderheiten des Grundwasserdargebotes in Trockengebieten

In Trockengebieten ist der Niederschlag insgesamt gering und zeitlich sowie örtlich unregelmäßig verteilt. Die Verdunstung zehrt den größten Teil des Niederschlags auf, bevor es zu einem Oberflächenabfluß oder zur Grundwasserneubildung kommen kann. Dadurch ist der für Mensch und Tier nutzbare Anteil des ohnehin knappen Niederschlages wesentlich kleiner als in feuchten Gebieten.

Weil in der Wasserbilanz des trockenen Klimas der Anteil der Verdunstung größer ist als jener der abfließenden Wassermenge, sammeln sich gelöste Stoffe sowohl im Boden als auch im Grundwasser an. Das Grundwasser weist daher häufig hohe Salzkonzentrationen auf, und der oberirdische Abfluß endet schließlich in Verdunstungspfannen oder Salzseen (= kontinentale Versalzung, wie sie z. B. im Großen Salzsee von Salt Lake City, Utah/USA vorliegt). In Trockengebieten gibt es deshalb nur ausnahmsweise, örtlich oder zeitlich begrenzt, nutzbares Wasser.

Tabelle 4.3.
Vorkommen und Entstehung süßer Grundwässer in Trockengebieten

Typ des Vorkommens	Alter	Art der Entstehung
Lokale Vorkommen	sehr jung	Versickerung aus dem Niederschlag (direkt) Versickerung von Oberflächenwasser (indirekt)
Ortsfremde Vorkommen	jung bis sehr alt	lokale Versickerung von Fremdflüssen weit entfernte Neubildung, direkt oder indirekt
„Fossile" Vorkommen	unterschiedlich, aber nicht sehr jung	direkt, in früherem feuchteren Klima indirekt, frühere andere Hydrographie

Süßes Grundwasser ist in Trockengebieten also auf jeden Fall Mangelware, aber im Vergleich zum Oberflächenwasser ist es in manchen geologischen Schichten flächenhaft verbreitet und sein Umsatz verteilt sich über eine größere Zeit. In Gebieten mit wenig Oberflächenwasser und in Zeiten der Dürre ist es deshalb besonders wertvoll. Die verschiedenen Arten von süßen Grundwasservorkommen in Trockengebieten entstehen aufgrund örtlich vorhandener, besonders günstiger Bedingungen, leiten sich von günstigeren Bedingungen an anderen Orten ab oder sie stammen aus anderen, günstigeren Zeiten (sogenannte „fossile" Vorkommen; Tabelle 4.3 und Kasten 4.4).

Für das Entstehen von lokal gebildetem Grundwasser in Trockengebieten müssen besondere topographische und geologische Bedingungen vorliegen, damit das seltene Regenwasser sich sammeln und schnell versickern kann, so daß das Grundwasser vor der Verdunstung und dem Ausfließen geschützt bleibt.

Ortsfremde Vorkommen sind die bedeutendsten erneuerbaren Grundwasservorkommen in Trockengebieten. Entweder werden sie von „exotischem" Oberflächenwasser gespeist, also einem Fluß, dessen Wasser aus einem fernen Gebiet mit feuchterem Klima stammt und sein Wasser an den trockenen Untergrund verliert (z. B. der Nil). Oder der Zufluß besteht ausschließlich aus ortsfremdem, von weit her stammendem Grundwasser. Echte ortsfremde Grundwässer sind artesische Grundwässer, wie z. B. im großen artesischen Becken von Australien.

Fossile Grundwässer sind Zeugen vergangener Umweltbedingungen, die nicht den heutigen in der Region entsprechen. Es gibt sowohl Vorkommen aus direkter Neubildung in früheren feuchteren Klimazeiten als auch solche aus indirekter Neubildung durch die Versickerung früherer Flußläufe. Das riesige Nubische System in der Nord-Sahara, dessen Wasser größtenteils vor mehr als zehntausend Jahren während feuchterer Klimabedingungen einsickerte, ist ein Beispiel für eine frühere, direkte Neubildung.

Der Untergrund als Wasserspeicher

Wasser ist auf natürliche Weise im Untergrund gespeichert. Im Unterschied zum Oberflächenwasser kommt Grundwasser flächenhaft vor, so daß es für den örtlichen Bedarf häufig direkt erschlossen werden kann. Durch die überlagernden Bodenschichten ist es aber auch vor direkter Verunreinigung geschützt, so daß Grundwasser im allgemeinen als hygienisch gesund angesehen werden kann.

Aus diesen Eigenschaften folgen jedoch auch mögliche Probleme: Grundwasser ist nur im Hohlraumanteil der verschiedenartigen Gesteine enthalten und deshalb nicht überall und in unterschiedlichen Tiefen anzutreffen. Es fließt sehr langsam, und man muß meist Energie aufwenden, um es an die Erdoberfläche zu heben.

Von der Erdoberfläche her erneuert sich das Grundwasser aus verschiedenen Quellen:

- aus dem Niederschlag durch Zusickerung überschüssigen Bodenwassers,
- aus Oberflächenwasser
  - durch flächenhafte Einsickerung von Hochflutwasser,
  - durch Versickerung entlang von Wasserläufen, wenn und wo diese einen höheren Wasserstand haben als der Grundwasserspiegel (influente Gewässer und Uferfiltrat),
- aus gefaßtem Wasser durch Versickerung aus Zu- und Ableitungen (Netzverluste) und durch Maßnahmen der künstlichen Grundwasserneubildung,
- aus Bewässerungswasser als Sickerverluste bei ineffizienter Bewässerung und als notwendige Durchsickerung.

Die Erneuerung aus Niederschlag wird als direkte Grundwasserneubildung bezeichnet, denn sie allein wird in ein Bilanzgebiet von außen eingebracht. Sie kann allerdings immer nur ein Bruchteil des Niederschlags sein. Wie groß dieser Teil ist, hängt von vielen örtlichen

Bestimmung des Alters von Grundwasser mit Hilfe der Isotopenhydrologie (Kasten 4.4)

Auf den Stationen des Wasserkreislaufs erhält das Wasser durch die jeweils herrschenden physikalischen und chemischen Bedingungen charakteristische Markierungen (sogenannte „tracer"). Nachdem das Regenwasser im Boden versickert ist, können Eigenschaften oder Bestandteile im Grundwasser erhalten bleiben und Auskunft darüber geben, welchen Umweltbedingungen das Wasser ausgesetzt war, als es verdunstete, in der Atmosphäre transportiert wurde und wieder abregnete.

Solche „tracer" sind zunächst die stabilen Isotope ^1H und ^2H (Deuterium) des Wasserstoffs sowie ^{16}O und ^{18}O des Sauerstoffs, aus denen sich das Wassermolekül aufbaut. Diese treten in verschiedenen Mengenverhältnissen – je nach den physikalischen Bedingungen (Temperatur, Luft- und Wasserdampfdruck) bei Verdunstung, Transport, Kondensation und Niederschlag – auf. Aus dem Verhältnis ihrer Anteile kann man für eine Probe von Grundwasser u. a. auf die topographische Höhe des Versickerungsortes schließen. Man kann auch auf die Temperatur zur Zeit des Niederschlages schließen. Wenn aus den Isotopenverhältnissen deutlich wird, daß das Grundwasser in einer deutlich kälteren Zeit als der heutigen gebildet worden ist, wie z. B. im norddeutschen Flachland, ist sicher, daß dieses Wasser noch in der letzten Kaltzeit im Boden versickert ist, also mehr als 10 000 Jahre alt ist.

Instabile Isotope zerfallen und verändern dadurch ihren Gehalt mit der Zeit, können also als geologische Uhren verwendet werden. Zu diesen Isotopen gehört beispielsweise das Tritium ^3H. Es hat eine Halbwertszeit von $T = 12,3$ Jahren, ist also relativ kurzlebig. Es bildet sich in geringer Menge durch die Höhenstrahlung in der Atmosphäre, hatte aber um 1963 ein kurzzeitiges starkes Konzentrationsmaximum, was auf die Atombombentests in der Atmosphäre zurückgeführt werden kann. Sein Gehalt ist ein Maß für den Anteil entsprechend junger Versickerung im Grundwasser.

Das Radiokarbon ^{14}C besitzt eine Halbwertszeit von 5 730 Jahren, zerfällt also wesentlich langsamer und wird deshalb für Aussagen über Bildungsalter von Wässern zwischen 3 000 und 30 000 Jahren verwendet. Kohlenstoff ist kein Bestandteil des Wassermoleküls, sondern löst sich als Hydrogenkarbonat im Wasser. Für die Altersbestimmung von Wässern bedeutet dies eine Erschwernis, denn das ^{14}C im Regenwasser tauscht sich mit Hydrogenkarbonat aus anderen Quellen wie der Bodenluft, der organischen Substanz und dem mineralischen Gestein aus, so daß für Altersaussagen empirische Korrekturen erforderlich sind. Dennoch hat sich die Methode sehr bewährt und besonders viel zur Kenntnis über die alten gespeicherten Grundwässer in heute ariden Gebieten beigetragen.

Faktoren ab, wie Klima, Bodenart, Gesteinsart, Geländeform, Bewuchs und deren Veränderung durch die Bodennutzung.

Insbesondere durch den Einfluß des Bewuchses ist die direkte Grundwasserneubildung durch den Menschen beeinflußbar: Unter Wald ist der Sickerwasserüberschuß und damit die Grundwasserneubildung deutlich kleiner als unter einer gerodeten Fläche oder einem Acker. An Stellen, wo die Erdoberfläche durch Bauten oder Verkehrswege versiegelt wurde, ist keine Grundwasserneubildung möglich.

Die anderen genannten Erneuerungsarten sind Formen der indirekten Neubildung. Hierbei ist das versickernde Wasser bereits im Gebiet vorhanden und wird in einem internen Kreislauf geführt. In örtlichen Wasserbilanzen, besonders in Trockengebieten, kann das Grundwasserdargebot auf diese Weise deutlich größer sein als es dem Niederschlag entspricht. In der wasserwirtschaftlichen Gesamtbilanz eines Gebietes darf der Anteil der indirekten Neubildung deshalb nicht als echte interne Ressource berücksichtigt werden, denn diese Wassermenge hat sich auf Kosten des Oberflächenwassers gebildet. Vielmehr gehört sie in die Kategorie der alternativen Ressourcen bzw. zur Mehrfachnutzung.

Der Wasserhaushalt eines Gebiets hängt stark vom jeweiligen Klima ab (Abb. 4.6). In einem gemäßigten Klima mit 700 mm Niederschlag pro Jahr, wie es beispielsweise in Norddeutschland herrscht, verdunstet etwa die Hälfte als „grünes Wasser". Die andere Hälfte bildet den Gesamtabfluß, der sich aus Oberflächen- und Grundwasserabfluß zusammensetzt. An sandigen Standorten kann mit einer Grundwasserneubildung von 70 mm/a, also etwa 10 % des Niederschlags, gerechnet werden. (Je nach den Standortbedingungen kann die Grundwasserneubildung allerdings auch zwischen 10 und 200 mm/a schwanken.)

Demgegenüber ist in trockenerem und wärmerem Klima der gebietsinterne Wasserumsatz und damit der Anteil an „grünem" Wasser wesentlich höher. Wasser verdunstet hier leichter und die angepaßte Vegetation ist darauf spezialisiert, so viel Wasser wie irgend möglich aus dem Boden für sich zu nutzen. Deshalb wird von den in diesen Regionen ohnehin geringeren Niederschlägen relativ noch weniger Abfluß gebildet. Außerdem ist in diesem geringeren Abfluß häufig nur sehr wenig Grundwasserabfluß enthalten. Im Beispiel der Abb. 4.6 führt nur 1 % des Niederschlags, d. h. 3,5 mm/a, zur direkten Grundwasserneubildung.

Im trockenen Klima sind die regionalen und örtlichen Schwankungen der Abflüsse und der Grundwasserneubildung im Vergleich zum gemäßigten Klima noch größer. Sie hängen u. a. wiederum stark von der jeweiligen Klimazone ab: Fallen die Niederschläge während der heißen Jahreszeit mit starkem Pflanzenwachstum

Abb. 4.6.
Schematische Darstellung des Wasserhaushalts in zwei unterschiedlichen Klimagebieten

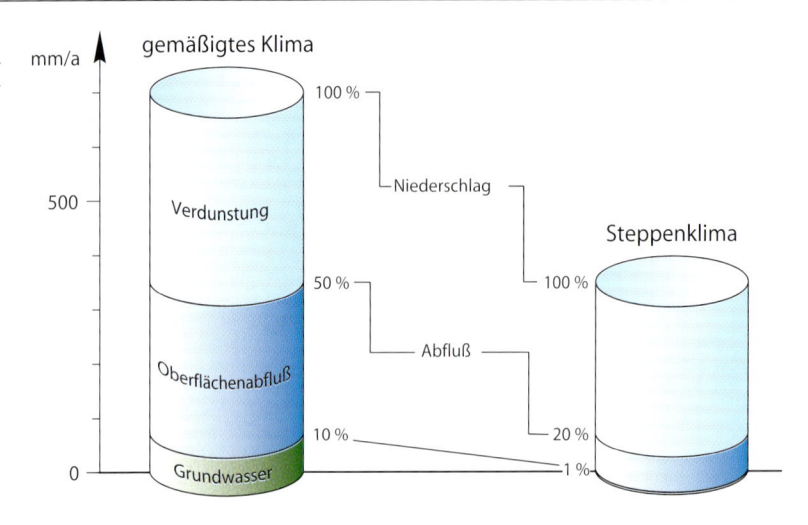

(z. B. in subtropischem Klima), nutzen die Pflanzen das Regenwasser sofort, was zu großem internen Wasserumsatz und wenig Abfluß führt; fallen sie während der kühlen Jahreszeit, wie im mediterranen Klima, so versickert relativ viel Wasser bzw. fließt oberflächlich ab.

Weltweit gibt es große Vorkommen von süßem, gespeichertem Grundwasser (Abb. 4.7). Sie können sich bilden, wenn

- poröse Gesteinsschichten bis in große Tiefe vorhanden sind,
- klimatische Bedingungen die Neubildung von süßem Grundwasser erlauben,
- das darin vorhandene Grundwasser daran gehindert wird, schneller wieder auszufließen als es neugebildet wird, und
- es davor geschützt ist, durch den Zufluß von salzhaltigem Wasser aus größerer Tiefe oder vom Meer her zu versalzen.

In Regionen mit feuchtem oder kühlem Klima, in denen die o. g. Bedingungen bestehen, ist das tiefe gespeicherte Grundwasser am aktuellen Wasserkreislauf beteiligt, wenn auch mit zunehmender Tiefe in stark verringertem Ausmaß. Grundwasser bewegt sich sehr langsam, besonders in größeren Tiefen. Daher ist Grundwasser, das sich tiefer als etwa 100 m unter dem Grundwasserspiegel befindet, meist sehr alt, auch wenn es mit dem oberen, jungen Grundwasser in Kontakt steht. Wenn solche tiefen Grundwässer entnommen werden, sickert in feuchten Klimaten mit einer merklichen Grundwasserneubildung das jüngere Wasser von oben nach, und die gespeicherte Menge verringert sich nur so weit, bis das Gleichgewicht zwischen Entnahme, natürlichem Ausfluß und Neubildung eingestellt ist. Entsprechend dem Verhältnis von Neubildung und Speichervolumen wird das alte Grundwasser durch junges Grundwasser ersetzt. Solche tiefen und alten Grundwässer werden gemeinhin nicht als „fossil" bezeichnet, weil sie hydraulisch mit dem aktuellen Wasserkreislauf in Verbindung stehen. Ihre Nutzung führt zu keinen besonderen Mengenproblemen, weil die Neubildungsrate groß genug ist, um die entnommenen Wassermengen zu ersetzen.

In Klimagebieten, in denen derzeit wenig oder keine Grundwasserneubildung stattfindet, wird eine langfristige Entnahme von gespeichertem Grundwasser zu einer Spiegelabsenkung führen, die sich immer weiter ausdehnt und vertieft. Der Speicherinhalt wird sich, wie z. B. heute in der Sahara und in den Golfstaaten, nicht verjüngen. Bei solchen Vorkommen handelt es sich um die sogenannten historischen oder „fossilen" Grundwässer.

Wasserbedarf, Wasserknappheit und Konflikte um Wasser

Wasser als Lebensmittel

Wasser ermöglicht Leben und ist selber notwendiger Bestandteil alles Lebendigen. Die Lebensformen haben sich auf das ihnen verfügbare Wasser eingestellt. Der größere Teil der Lebewelt ist im Salzwasser der Ozeane zu Hause. Die meisten Pflanzen und Tiere auf dem Land benötigen aber Wasser mit geringeren Gehalten an ge-

| | Grundwasserbecken mit großen gespeicherten Ressourcen | | Bedeutende Entnahmen aus wenig erneuerbaren Grundwasserspeichern |

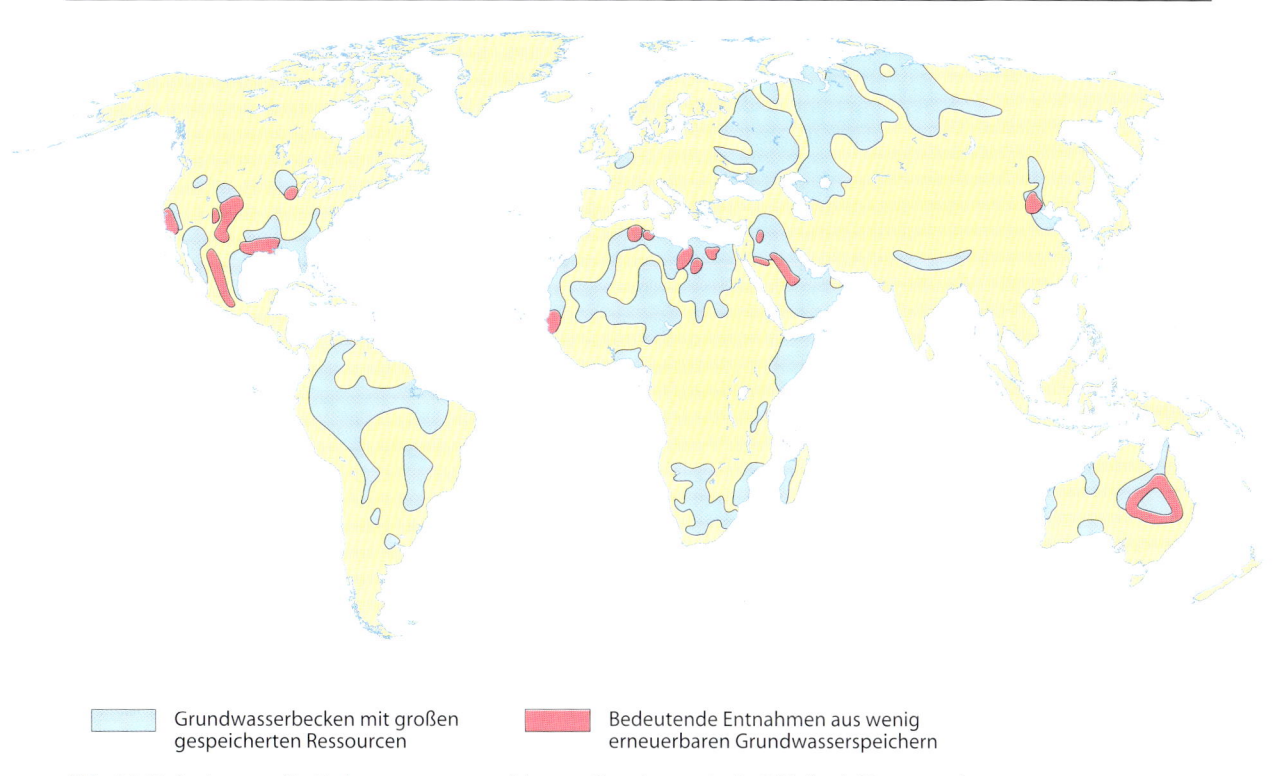

Abb. 4.7. Verbreitung großer Vorkommen von gespeichertem Grundwasser in der Welt (nach Margat 1990)

lösten Salzen. Die Ansprüche der Tier- und Pflanzenwelt richten sich nach den ihnen gemäßen Umweltbedingungen: Tiere, die in trockenen Klimabedingungen zu Hause sind, wie Schafe und Ziegen, benötigen zum Gedeihen in feuchten Gebieten, in denen das Wasser wenig Salz enthält, zusätzliche Salzgaben. Auch für den Menschen ist mineralfreies oder -armes Wasser nicht grundsätzlich besonders gesund, und Wasser mit gelösten Mineralgehalten zwischen etwa 0,5 und 1 g/l empfinden wir als besonders geschmackvoll.

Der Zugang zu sauberem und gesundem Trinkwasser ist eines der Grundbedürfnisse des Menschen (BMU o. J.). Eine sichere Trinkwasserversorgung ist deshalb eine notwendige, wenn auch nicht hinreichende Voraussetzung für die nachhaltige Entwicklung eines Landes (Kap. 18 der Agenda 21). Das Wasser dient dem Menschen, außer als Trinkwasser, durch künstliche Bewässerung hauptsächlich zur Nahrungsmittelproduktion sowie als Lösungs- und Transportmittel von Fäkalien, Schmutz und anderen unerwünschten Stoffen.

Die Nutzung durch den Menschen ist häufig auf bestimmte Zusammensetzungen des Wassers eingerichtet.

So benötigt die Industrie für bestimmte Zwecke sehr geringe Gehalte an gelösten Stoffen. Beim größten Mengenanteil der industriellen Nutzung, als Kühlmedium bei der Stromerzeugung, werden aber meist keine besonderen Qualitäten gefordert. Für die Nutzung als Trinkwasser und für die Bewässerung ist schon ein relativ geringer Gehalt an gelöstem Salz im Wasser unerwünscht oder schädlich.

Für Zwecke, bei denen salzarmes Wasser benötigt wird, sind große Teile des in der Erde gespeicherten Grundwassers nicht brauchbar. Das sind alle Bereiche an den Meeresküsten, an denen das Binnengrundwasser im Untergrund mit dem Meerwasser in Kontakt steht und sich so mit diesem mischen kann und dessen Salzgehalt in sich aufnimmt.

Der Wasserbedarf der Menschen ist, wie das Dargebot, auf der Erde sehr unterschiedlich verteilt. Seine Schwerpunkte liegen dort, wo die Bevölkerungdichte groß ist, decken sich jedoch nicht mit denen der Ressourcen. Im Gegenteil: Je trockener eine Region ist, desto größer ist der Wasserbedarf für ertragreiche Kulturpflanzen und die nicht an das Klima angepaßten Haustiere. Sobald sich Menschen in Gebieten mit wenig erneuerbarem Wasserdargebot seßhaft ansiedeln, wird dort der Wasserbedarf ansteigen. Extremfälle des unangepaßten Bedarfes bilden Großstädte in wasserarmen Gebieten und die Bewässerungslandwirtschaft in Regionen mit sehr großer potentieller Verdunstung. Dort ist eine nachhaltige Entwicklung nur unter großen Kosten zu erreichen.

Wassergebrauch und Wasserknappheit

Die Versorgung mit Trinkwasser

Die gewaltige Steigerung der Wassernutzung in der Welt in diesem Jahrhundert (Abb. 4.8) geht hauptsächlich auf das Konto der etwa seit 1940 in großem Maßstab durchgeführten Erschließung von Flußwasser für die Bewässerung. In den Industrieländern machen demgegenüber die Entnahmen für die Industrie einen wesentlichen Posten aus. Die bedeutende Wassernutzung für die Energiegewinnung (z. B. Kühlwasser) verursacht zwar meist nur geringe Mengen- und Qualitätsverluste, kann aber bei großen Wärmeeinträgen die Ökologie eines Gewässers empfindlich stören. Die Trinkwassernutzung, obwohl insgesamt steigend, spielt hier nur eine untergeordnete Rolle. Dennoch sind die Anstrengungen, Trinkwasser zu erschließen, relativ groß, weil der Trinkwasserbedarf oft an Stellen besteht, wo kein geeignetes Dargebot vorhanden ist. Im Falle der Bewässerung und der Entnahmen für die Energiegewinnung wird das Dargebot an Oberflächenwasser meist aus großen Flüssen dort erschlossen, wo es auch genutzt wird.

Die Versorgung mit sicherem Trinkwasser ist in den entwickelten Staaten der Erde praktisch für die gesamte Bevölkerung sichergestellt. In diesen Ländern liegt die Wasserentnahme für Trinkwasser meist zwischen 100 und 500 Liter pro Tag und Kopf (kurz: $[l/(d \cdot c)]$), wobei nur wenige Prozent davon direkt für die Nahrungszubereitung und das Trinken verwendet werden. Nur für die Hälfte dieses hochwertigen und bestens kontrollierten Wassers wird tatsächlich Trinkwasserqualität benötigt.

Die schwierige Lage der Wasserversorgung in ländlichen, weniger entwickelten Gebieten der Erde hat dazu geführt, daß die Planvorgaben den örtlichen Möglichkeiten angepaßt werden und für die unterschiedlichen Bevölkerungsgruppen (städtisch, suburban, ländlich) verschiedene Standards für die Wasserver- und -entsorgung vorgegeben werden (World Bank 1996). In der deutschen Entwicklungszusammenarbeit gelten folgende Richtwerte für förderungswürdige Verbrauchsmengen: 40 $l/(d \cdot c)$ für Zapfstellen, 60 $l/(d \cdot c)$ für Hofanschlüsse und 120 $l/(d \cdot c)$ für Hausanschlüsse.

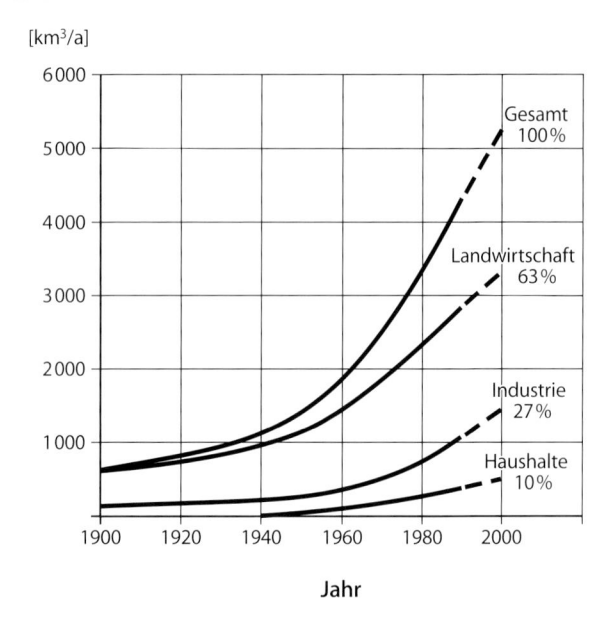

Abb. 4.8. Entwicklung der weltweiten Wassernutzung im 20. Jahrhundert (nach Veltrop 1996)

Auch unter diesen Vorgaben ist in manchen Ländern, besonders im zentralen Afrika, nur ein kleiner Bruchteil der Bevölkerung ausreichend mit gesundem Trinkwasser versorgt. Die Kosten für die öffentliche Wasserversorgung in Städten werden meist – besonders in Entwicklungsländern – subventioniert (z. B. nach Weltbank-Angaben in Ägypten auf 20 % und in Libyen auf 10 % der Produktionskosten). Dadurch ist der Preis für das in städtische Haushalte gelieferte Wasser guter Qualität meist deutlich niedriger als der für das Wasser, das Bewohner ärmerer Viertel ohne Hausanschluß von privaten Wasserlieferanten beziehen müssen.

In vielen Ländern hat die Nutzung von Wasser für die Landwirtschaft gegenüber der Versorgung mit Trinkwasser eine wesentlich größere Bedeutung, und der Bedarf ist nach Menge, Qualitäts- und Kostenansprüchen häufig wesentlich schwieriger zu decken.

Wasserbedarf in der Landwirtschaft

Ein Drittel der Nahrungsmittel in der Welt wird mit künstlicher Bewässerung erzeugt. Dazu werden, je nach

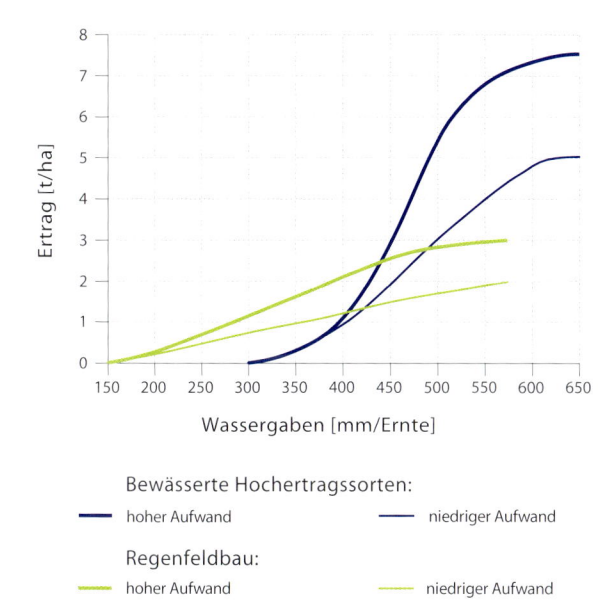

Abb. 4.9. Getreideernteertrag in Abhängigkeit von Wassergaben, Pflanzensorten und technischem Aufwand (nach World Bank 1996)

Schätzungen, 63–80 % des auf der Welt genutzten Wassers eingesetzt. Die Steigerung der Nahrungsmittelproduktion für die wachsende Bevölkerungszahl auf der Erde konnte in den vergangenen Jahren mit Hilfe intensiver Bewässerungslandwirtschaft und ertragsreicher Sorten zunächst immer weiter gesteigert werden (die sogenannte „grüne Revolution").

Spitzenerträge sind nur durch Hochertragssorten, kapitalintensive Technik und den Einsatz von Düngemitteln erreichbar, wobei auch der Wasserverbrauch und der Anspruch an die Wasserqualität hoch sind (Abb. 4.9). Im Vergleich zum Regenfeldbau können dadurch mehr als doppelt so hohe Erträge erzielt werden, wenn ausreichend Wasser zur richtigen Zeit zur Verfügung steht. Allerdings ist in Ländern mit Niederschlägen von etwa 500 mm/a die Regenfeldwirtschaft mit guter Technologie der einfachen Bewässerungslandwirtschaft nahezu ebenbürtig. Da für den Regenfeldbau weitaus mehr Land zur Verfügung steht als für die bewässerte Landwirtschaft, bestünde ein beträchtliches Einsparpotential für den Wasserverbrauch in der Landwirtschaft, wenn man den Regenfeldbau intensivieren würde.

In der Bewässerungslandwirtschaft wird die Wirtschaftlichkeit eines Betriebes stark durch den Preis für das Wasser bestimmt. Besonders bei der Bewässerung aus Tiefbrunnen mit großer Pumphöhe entstehen hohe Kosten, die nur bei Wertkulturen mit günstiger Marktlage tragbar sind. Da in fast allen Ländern der Erde der Staat die eigene Nahrungsmittelproduktion stützt, wird in Ländern, in denen künstlich bewässert wird, das benötigte Wasser häufig kostenlos oder günstig (z. B. in Marokko zu 10 % der tatsächlichen Kosten) bereitgestellt. In anderen Staaten werden die Kosten für die Bewässerung subventioniert (z. B. durch hohe Zuschüsse für die Investitionen, wie in Saudi-Arabien und Jordanien). Auf diese Weise bestehen kaum Anreize zum sparsameren Umgang mit Wasser, der bei der Bewässerung durchaus gegeben ist. Bisher werden 90 % des Wassers für das wenig effiziente Schwerkraftverfahren, dagegen nur 1 % für die effizienteste Methode, die Tropfbewässerung, eingesetzt. Auch wenn sich wichtige Kulturen wie z. B. Reis nicht für die Tropfbewässerung eignen, bestehen doch im Bereich der Landwirtschaft durch die Umstellung auf bessere Techniken große Möglichkeiten zum Wassersparen.

Die Qualitätsansprüche der meisten Kulturpflanzen an das Wasser sind etwa so hoch wie diejenigen für das Trinkwasser; ein hygienischer Standard muß aber nur bei bestimmten Kulturen eingehalten werden. Jedoch steigt mit zunehmendem Salzgehalt der Wasserbedarf an, so daß die Probleme der Wassermenge nicht unabhängig von der Wasserbeschaffenheit betrachtet werden können.

Nur in wenigen Ländern spielt der Bedarf an Tränkwasser für die Fleisch-, Milch- und Wolleproduktion eine wichtige Rolle. Da die Toleranzen an gelösten Salzen, abhängig von der Tierart, teilweise wesentlich höher sind als bei der Bewässerungslandwirtschaft oder für Trinkwasser, können hierfür Wässer genutzt werden, die weder zur Bewässerung noch als Trinkwasser geeignet sind.

Die Wassernutzung steigt – nach Kontinenten geordnet – aufgrund der Entwicklung und des Bevölkerungswachstums insgesamt an (Abb. 4.10). Sowohl in absoluten Zahlen als auch in der Steigerung ist sie in Asien mit Abstand am größten, während in Nordamerika und Europa eine Sättigung erreicht ist. Hierin spiegelt sich hauptsächlich der große Wasserbedarf für die Bewässerungslandwirtschaft wider. Besonders in Asien besteht in der Bewässerungslandwirtschaft (Reisanbau) ein gewaltiger Wasserbedarf. Gegenüber der Landwirtschaft fällt der Mengenbedarf für die Trinkwasserversorgung mit insgesamt weniger als 10 % in praktisch allen Erdteilen kaum ins Gewicht.

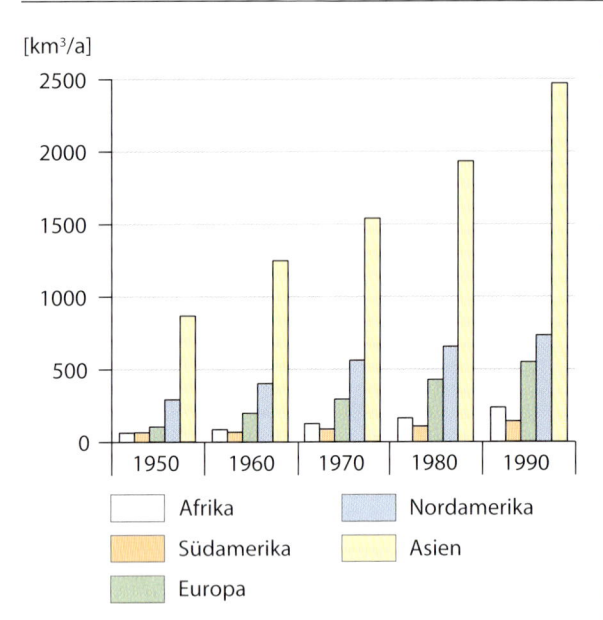

Abb. 4.10. Entwicklung der Wassernutzung in den Kontinenten von 1950 bis 1990

Wasserknappheit

Wasser ist zwar auf der Erde insgesamt in ausreichender Menge verfügbar, es ist aber unterschiedlich auf die Klimagebiete verteilt. Pflanzen und Tiere der natürlichen Lebensgemeinschaften sind an die jeweiligen Lebensumstände angepaßt, so daß hier nur außergewöhnliche Ereignisse von Nässe oder Dürre Probleme bereiten. Erst durch die Bedürfnisse des Menschen entsteht Wasserknappheit.

Weil Wasser bei der Nutzung nur teilweise tatsächlich *ver*braucht wird, und ein mehr oder weniger großer Teil in verschmutzter Form anfällt, muß zum Erhalt einer erträglichen Wasserqualität im Unterlauf der Flüsse eine Mindestmenge an nicht genutztem Wasser zur Verdünnung der Schadstoffe erhalten bleiben. Zudem ist in den Zahlen der erneuerbaren Ressourcen, dem „blauen Wasser", auch derjenige Oberflächenabfluß enthalten, der als Hochflut abfließt und, besonders in Trockengebieten, nur mit großen Anstrengungen nutzbar ist. Es gilt deshalb allgemein als äußerst schwierig oder sogar ausgeschlossen, die Wasserversorgung und eine allgemein gute Wasserbeschaffenheit des „blauen Wassers" sicherzustellen, wenn in einem Land mehr als die Hälfte der sich erneuernden Ressourcen genutzt wird.

Wasserknappheit ist nicht auf bestimmte Klimazonen beschränkt. Als Maß für die Knappheit an Wasser dient das spezifische Wasserdargebot, d. h. die Menge der internen erneuerbaren Wasserressourcen eines Landes, bezogen auf alle Einwohner pro Jahr (Abb. 4.11). Bei der Bewertung dieses spezifischen (Pro-Kopf-)Dargebotes werden in der Literatur unterschiedliche Grenzen gezogen. Ein spezifisches erneuerbares Wasserdargebot, unter dem sich ein Land als Ganzes in einer sehr schwierigen Lage zwischen Bedarf und Dargebot befindet, wird bei weniger als 500 Kubikmeter pro Jahr und Kopf [$m^3/(a \cdot c)$] (Falkenmark 1994) bzw. weniger als 1000 $m^3/(a \cdot c)$ (World Bank 1996) angesehen. Zwischen 500 und 1000 $m^3/(a \cdot c)$ bzw. 1000 und 1700 $m^3/(a \cdot c)$ Wasserdargebot gilt ein Land als in starkem und zwischen 1000 und 2000 $m^3/(a \cdot c)$ in leichtem Wasserstreß. Erst Dargebotsmengen über 2000 bzw. 2500 $m^3/(a \cdot c)$, wie sie in feuchten oder sehr dünn besiedelten Ländern vorkommen, gelten als problemlos.

Die Länder der trockenen Klimagürtel, und dort diejenigen mit großer Bevölkerungsdichte, haben die größte rechnerische Wasserknappheit (Tabelle 4.4).

Beim Vergleich der Verteilung des Pro-Kopf-Dargebots (Abb. 4.11) mit der Verteilung des Pro-Kopf-Verbrauchs (Abb. 4.12) fallen – besonders in den Regionen mit extremen Klimaten – große Differenzen auf. In den tropischen Ländern Afrikas mit großem Wasserdargebot ist der spezifische Verbrauch sehr gering, während in den Trockenzonen der Verbrauch pro Kopf durchaus höher sein kann als die intern erneuerbaren spezifischen Wasserressourcen.

Echte Knappheit besteht in solchen Ländern, die auf die innerhalb ihrer eigenen kleinen Grundfläche sich erneuernden Ressourcen angewiesen sind, wie z. B. Singapur oder Malta. In solchen Ländern mit kleinem spezifischem Dargebot und großem Bedarf ist der Nutzungsgrad entsprechend hoch. Das bedeutet einen hohen Aufwand an wasserwirtschaftlichen Maßnahmen für Speicherung, Reinigung und Wiederverwendung. Manche dieser Länder können alternative Ressourcen nutzen: grenzüberschreitendes Flußwasser wie in Ägypten (Nil) oder gespeichertes Grundwasser wie im Fall von Libyen (vgl. Tabelle 4.5). Die Länder am Arabischen Golf mit sehr kleinen Süßwasserressourcen, die aber über billige Energie verfügen, können große Wassermengen guter Qualität mit Hilfe der Meerwasserentsalzung erzeugen.

Diesen Betrachtungen, die sich allein auf das Dargebot an erneuerbaren Ressourcen und die Bevölkerungszahl beziehen, steht das Bild der tatsächlichen Verfügbarkeit von gefaßtem Trinkwasser für die Bevölke-

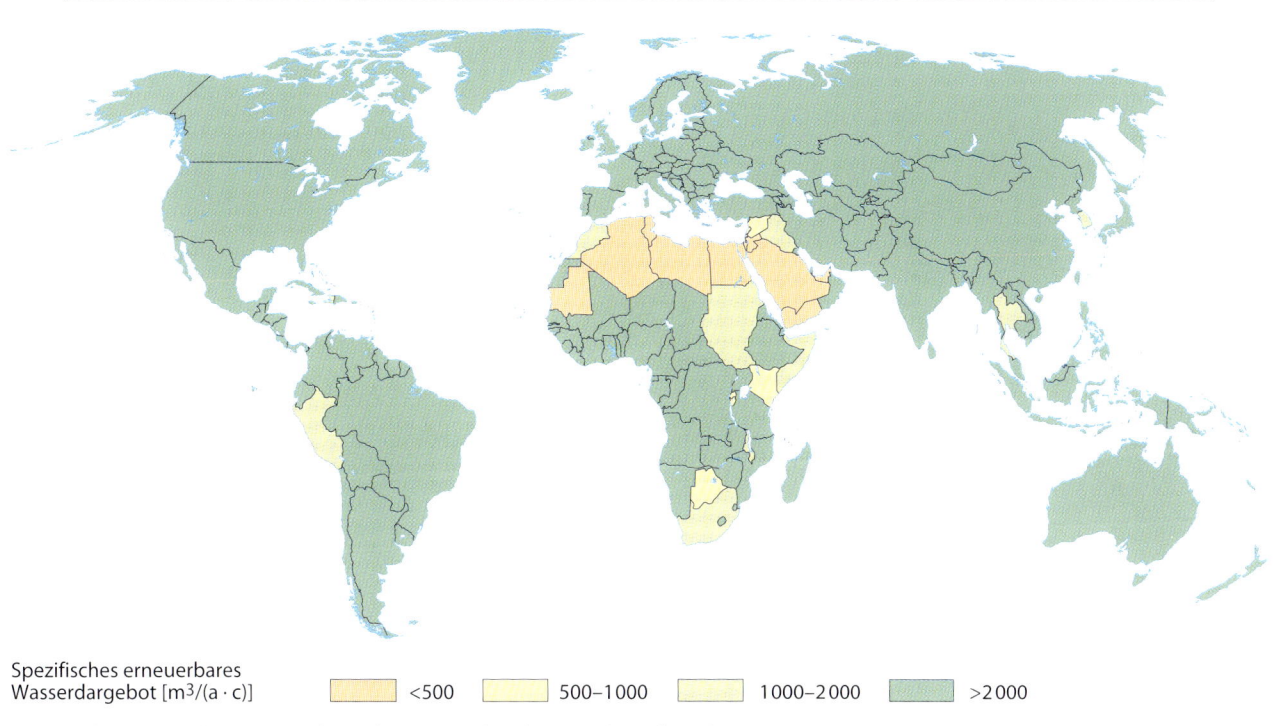

Wasserbedarf, Wasserknappheit und Konflikte um Wasser

Spezifisches erneuerbares
Wasserdargebot [m³/(a·c)]   <500   500–1000   1000–2000   >2000

Abb. 4.11. Länder mit Wasserknappheit: Wasserdargebot pro Jahr und Kopf (aus BMZ 1995 nach Daten von WRI 1990)

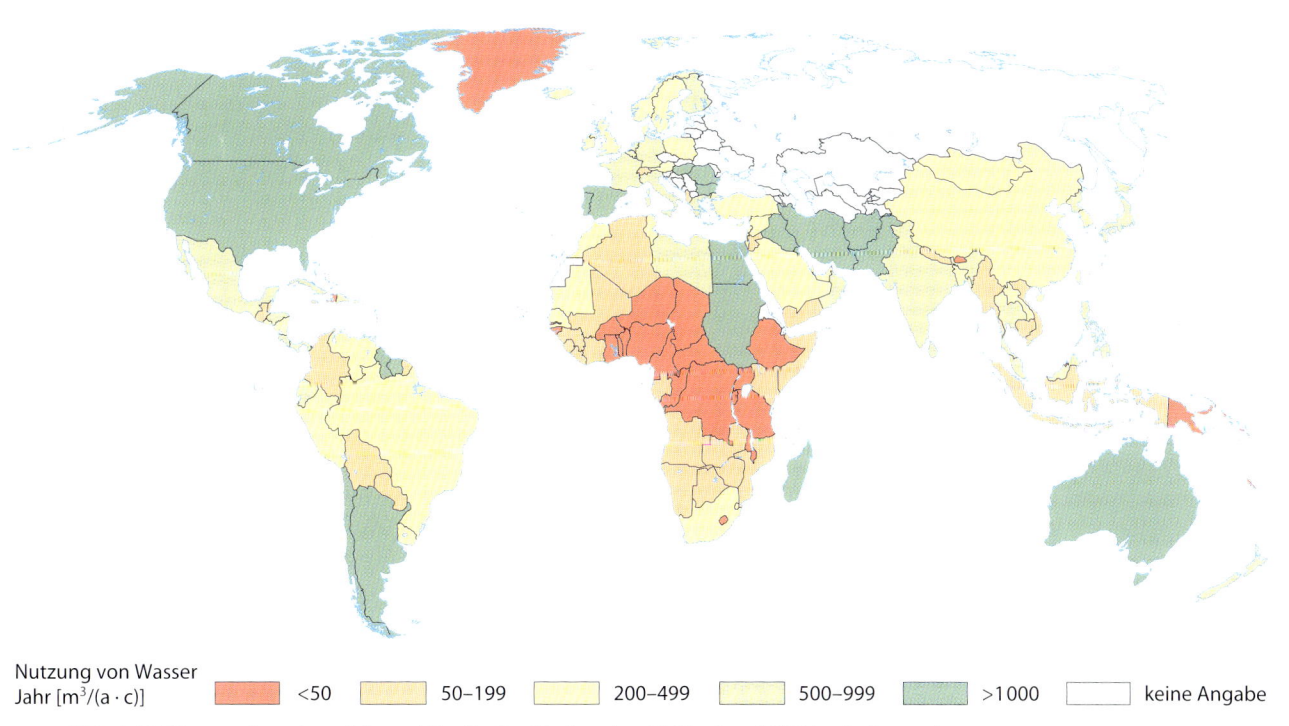

Nutzung von Wasser
Jahr [m³/(a·c)]   <50   50–199   200–499   500–999   >1000   keine Angabe

Abb. 4.12. Wasserverbrauch pro Jahr und Kopf in den Ländern (aus BMZ o. J. nach Weltbankatlas 1994)

Tabelle 4.4. Länder mit extremer Wasserknappheit (d. h. Länder mit einem sich erneuernden jährlichen Pro-Kopf-Dargebot unter 500 m³ (1990), Grad der Ressourcen-Nutzung und Art der zusätzlich genutzten Wasserressourcen (nach BMZ 1995, ergänzt)

Land	spez. Dargebot [m³/(a · c)]	Nutzungsgrad [%]	zusätzliche Ressourcen[a]
Ägypten	30	97	F
Bahrein	0	–	E,G
Barbados	200	51	
Israel	370	88	G,F
Jemen (nördl. Teil)	120	147	G
Jordanien	160	174	G
Kuweit	0	–	E,G
Libyen	150	374	G
Malta	70	92	G
Mauretanien	200	10	
Qatar	60	174	E,G
Saudi-Arabien	160	106	E,G
Singapur	220	32	
Tunesien	460	53	G
Ver. Arab. Emirate	190	140	E,G

[a] *E:* Entsalzung, *F:* Fremdfluß, *G:* gespeichertes Grundwasser.

rung gegenüber (Abb. 4.13). Länder mit kleinem erneuerbaren Wasserdargebot können trotzdem über eine gute Versorgungslage verfügen – große Wasserressourcen garantieren keineswegs eine sichere Versorgung. In reichen Ländern kann das Wasser für die städtische Wasserversorgung aus der entfernten wasserreicheren Umgebung herangeführt werden, während im ländlichen Bereich dezentrale Eigenversorgungen, für die örtliche Ressourcen häufig ausreichen, finanziell tragbar sind. In den ländlichen Gebieten armer Länder ist die Bevölkerung dagegen auch bei ausreichendem Dargebot häufig nicht in der Lage, aus eigener Kraft eine sichere Wasserversorgung aufzubauen und zu erhalten. Insbesondere die armen Länder Afrikas und die bevölkerungsreichen Schwellenländer China und Indien gelten deshalb zumindest in einzelnen Regionen als unterversorgt.

Probleme entstehen dort häufig nicht wegen mangelnder Wassermenge, sondern wegen der ungenügenden Wasserqualität. In Wasservorkommen von Trockengebieten werden häufig die Grenzwerte an gelösten Mineralstoffen überschritten, und in den feuchten Tropen ist es schwierig, das saisonal reichlich vorhandene Wasser in hygienisch einwandfreiem Zustand zu erhalten. In ländlichen Gebieten sind lokale Wasserressourcen wegen ihrer Nähe zu den Siedlungen häufig kontaminiert, und es fehlen die finanziellen Mittel für zentrale Versorgungen aus besser geschützten entfernteren Vorkommen.

Manche Länder nutzen Ressourcen, die sich nicht auf ihrem eigenen Gebiet erneuern. Ägypten und Syrien profitieren von Flüssen, die in einem feuchteren Klimagebiet entspringen (vgl. Tabelle 4.5), Saudi-Arabien und Libyen verfügen über Wasserreserven, die sich in früheren feuchteren Klimaepochen gebildet haben. In Ländern mit niedrigen Energiekosten wie in den Golfstaaten ist darüber hinaus die Entsalzung von Meer- oder Brackwasser in großem Stil möglich. Aber auch auf manchen Inseln ohne ausreichende Niederschläge ist bei entsprechend großem Bedarf die Entsalzung von Meerwasser wirtschaftlich möglich, wenn die relativ hohen Gestehungskosten von den Verbrauchern (z. B. durch den Fremdenverkehr) getragen werden können.

Insgesamt ist also der Versorgungsgrad an Trinkwasser kein Abbild des regionalen Wasserdargebotes, sondern des Entwicklungsstandes und der finanziellen Mittel der Länder. In der Diskussion über die zukünftige Wasserknappheit, insbesondere im Hinblick auf die Versorgung mit Trinkwasser, wird deshalb zu Unrecht eine starke Abhängigkeit von der Bevölkerungszahl eines Landes und seiner Wasserressourcen gesehen: Eine ungenügende Versorgung mit gesundem Trinkwasser ist häufig nicht ein Problem ungenügender Wasserressourcen, sondern ein Problem der Armut.

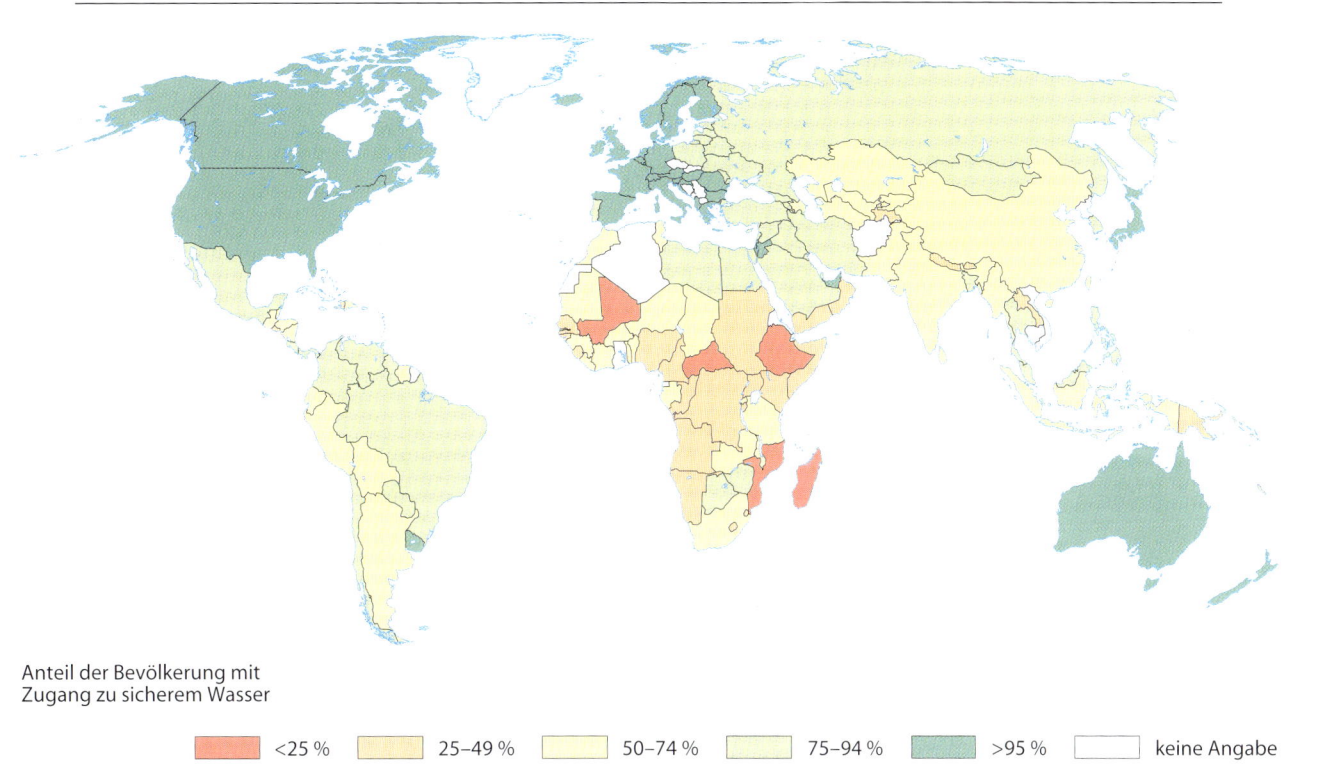

Anteil der Bevölkerung mit Zugang zu sicherem Wasser

<25 %   25–49 %   50–74 %   75–94 %   >95 %   keine Angabe

Abb. 4.13. Verfügbarkeit an gefaßtem Trinkwasser in den Ländern der Welt (nach BML 1997, Daten des Weltentwicklungsberichts 1994)

Entwicklung und Prognosen der Wasserknappheit

Das zukünftige weltweite Pro-Kopf-Wasserdargebot in den verschiedenen Erdteilen geht von einem gleichbleibenden Dargebot, aber einem Anstieg des Bedarfs aufgrund der steigenden Bevölkerungszahlen und der wachsenden Ansprüche aus (Abb. 4.14). Während die beiden Teile Amerikas insgesamt ein großes spezifisches Wasserdargebot aufweisen, das pauschal keine Probleme erwarten läßt, wird wegen des starken Bevölkerungswachstums in Asien und Afrika das dortige Pro-Kopf-Dargebot so stark fallen, daß es im Jahr 2020 die Grenze des Wasserstresses (2000 m^3/(a · c)) unterschritten haben wird. In Europa wird, weil der Bedarf stagniert, die Lage stabil bleiben, allerdings auf einem relativ niedrigen Niveau.

Diese Zahlen stellen Mittelwerte für ganze Erdteile dar, in denen z. T. sehr verschiedene Klimazonen vorkommen. Auch wenn ein Erdteil wie Südamerika insgesamt über einen Wasserüberschuß verfügt, weil große Gebiete zu den feuchten Tropen gehören, ist klar, daß in anderen Regionen desselben Erdteils mit trockenerem

Tabelle 4.5. Internationale Flußgebiete (Auswahl)

Erdteil hauptsächlich beteiligte Länder	Flußgebiet
Afrika	
Guinea, Mali, Burkina Faso, Niger, Nigeria	Niger
Äthiopien, Sudan, Ägypten	Nil
Angola, Namibia, Botswana	Okavango
Zambia, Zimbabwe, Mozambique	Zambesi
Asien	
Afghanistan, Tadschikistan, Turkmenistan, Usbekistan, Kasachstan	Aral-See/Amu-Darya, Syr-Daria
Türkei, Syrien, Irak	Euphrat, Tigris
Nepal, Indien, Bangladesh	Ganges
Israel, Libanon, Syrien, Jordanien, Palästina	Jordan
China, Thailand, Laos, Kampuchea, Vietnam	Mekong
Europa	
Deutschland, Österrreich, Ungarn, Rumänien	Donau
Schweiz, Deutschland, Frankreich, Niederlande	Rhein
Nordamerika	
USA, Kanada	Große Seen/ St. Lorenzstrom
Südamerika	
Brasilien, Paraguay, Argentinien	Paraná

Abb 4.14.
Entwicklung des Pro-Kopf-Wasserdargebotes und Prognose, 1970–2020 (nach Abernethy 1997, ergänzt)

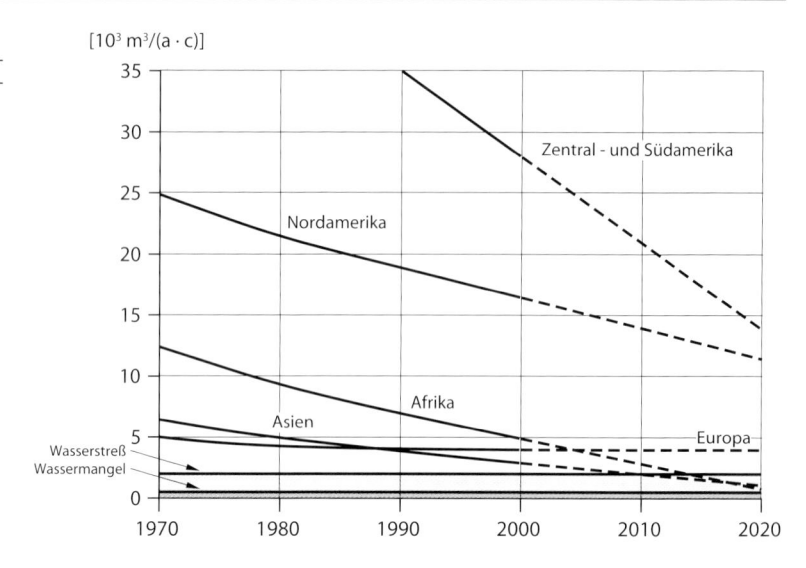

Klima die Wasserknappheit bereits heute existiert oder sehr bald eintreten wird.

Von den 11 Ländern Afrikas südlich der Sahara, die 1990 noch über ein Pro-Kopf-Dargebot von mehr als 2000 m³/(a·c) verfügten und damit keinem allgemeinen Wasserknappheitsstreß ausgesetzt waren, wird diese Menge im Jahr 2025 unter 2000 m³/(a·c) liegen, 7 davon werden sogar weniger als 500 m³/(a·c) erneuerbares Wasser verfügbar haben. Nach einer neuen Studie im Auftrag der Population Action International (PAI) werden im Jahr 2050 insgesamt 19 Länder der Welt diesen extremen Grad der rechnerischen Wasserknappheit erreichen (Wermelskirchen 1997). Hier wird es zu einer wirklichen Wassernot kommen, wenn keine alternativen Ressourcen erschlossen werden können. Das Bevölkerungswachstum wird zu einer Steigerung des Bedarfs an Trinkwasser sowie – vor allem – an Wasser für die Landwirtschaft führen. Außerdem bringt die wachsende Wassernutzung eine immer stärkere Kontamination von Wasser und Boden mit sich, wodurch immer neue Ressourcen, die gering kontaminiert sind, gesucht werden müssen oder kostspielige Aufbereitungen erforderlich werden.

Da in den Ländern Afrikas südlich der Sahara die Bevölkerungszahl schneller anwächst als die technischen Einrichtungen der Wasserver- und -entsorgung, wird sich in diesen Ländern die Spanne zwischen dem mit Wasser versorgten Teil der Bevölkerung und demjenigen, der sein Wasser weiterhin aus hygienisch bedenklichen offenen Brunnen, Wasserlöchern und Bächen schöpfen muß, immer weiter öffnen.

Die rechnerische Wasserknappheit eines Landes aufgrund seines spezifischen erneuerbaren Dargebots bedeutet also nicht, daß der Versorgungsgrad in solchen Ländern tatsächlich gering sein wird. Dieser wird vielmehr davon abhängen, welche technischen und finanziellen Möglichkeiten die Länder haben, alternative Ressourcen zu erschließen. Andererseits wird in den ständig wachsenden Megastädten, auch wenn sie über reichliche Wasserressourcen verfügen, die Trinkwasserver- und -entsorgung mit der schnellen Ausdehnung der Siedlungsfläche nicht Schritt halten können.

Bei der künftigen Wassernot besteht das Problem also in vielen Fällen nicht darin, daß Ressourcen fehlen. Vielmehr verhindern Interessenkonflikte und finanzielle Probleme, daß die notwendigen Maßnahmen durchgeführt werden.

Konflikte um Wasser

Generelle Konflikte

Da Wasser für die verschiedensten Zwecke benötigt wird, sind bei knappen Ressourcen Interessenkonflikte unvermeidlich. Sie werden sich zwischen solchen Bedarfsträgern in Gesellschaft und Wirtschaft entzünden, die Wasser verbrauchen und/oder verschmutzen und um die begrenzten Wasserressourcen konkurrieren. Hinzu kommen die Interessen von Nutzern anderer Ressourcen, die mit der Wassernutzung in Konflikt geraten.

Allgemein werden Entscheidungen der Raumordnung sehr stark von den diversen Ansprüchen an die Nutzung und den Schutz der Gewässer bestimmt. In Interessenkonflikten um knappe Ressourcen werden Prioritäten der Wassernutzung von Region zu Region durchaus verschieden ausfallen. Gemeinhin hat die Nutzung des Wassers als Trinkwasser die höchste Priorität, so daß in vielen Ländern, z. B. in Deutschland, die qualitativ besten und günstigsten Wasservorkommen für diesen Zweck reserviert werden. In Ländern, in denen die landwirtschaftliche Produktion einen hohen politischen Stellenwert besitzt, kann das Grundwasser auch vorzugsweise für die Nutzung durch die Landwirtschaft reserviert werden. Das Trinkwasser wird dort u. U. aus alternativen Quellen, z. B. durch Meerwasserentsalzung, gewonnen. Großem, aber für eine bestimmte Zeitspanne begrenztem Wasserbedarf der Industrie, z. B. im Bergbau für die Erzaufbereitung, können zeitweilig vorrangige Nutzungsrechte gegenüber der Landwirtschaft oder sogar gegenüber der Trinkwasserversorgung eingeräumt werden.

In Interessenkonflikten mit Nutzern anderer Ressourcen geht es im allgemeinen um die Nutzung des Bodens und des Untergrundes. So wird beim Abbau von Sand oder Kies das darin enthaltene Grundwasservorkommen ebenfalls abgebaut – es kann dann nicht mehr genutzt werden. Darüber hinaus kommt es beim Abbau im Tagebau von Braunkohle und Erzen sowie in der Landwirtschaft zu Nutzungskonflikten. Auch bei Anwendung der anerkannten Praxis gefährden solche Nutzungen die Menge oder die Qualität der Gewässer, sowohl des Oberflächenwassers als auch des Grundwassers. Die Ansprüche der Trinkwassernutzung, im Einzugsgebiet der Wasserfassungen besondere Auflagen zur Bodennutzung zu beachten und wassergefährdende Praktiken zu verbieten, stehen insbesondere den Interessen der Landwirte, gewinnbringend zu wirtschaften, entgegen.

Internationale Konflikte

Weltweit gibt es 215 Flußgebiete, zu denen mehrere Staaten Zugang haben und in denen internationale Übereinkommen zur Nutzung der Ressourcen erforderlich werden (vgl. Tabelle 4.5). In vielen dieser Regionen sind bereits Regelungen zur gemeinsamen Nutzung der Gewässer ausgehandelt und in Kraft. In anderen werden solche Vereinbarungen dringend benötigt, um Konflikte um das Wasser zu vermeiden. An manchen großen Flüssen, die nur von einem Staat oder Staatenbund genutzt werden, wie z. B. dem Jangtse in China, bestehen sicher auch häufig innerstaatliche Nutzungskonflikte zwischen verschiedenen Gesellschaftsgruppen oder Territorien. So wurden die katastrophalen Folgen der Wassernutzung an den Oberläufen der Flüsse, die in den Aral-See in Kasachstan und Usbekistan mündeten, erst weltweit bekannt, als die UdSSR zerfiel und über die Folgekosten verhandelt werden mußte.

Derzeit liegen die politisch brisantesten Problemgebiete, in denen es um die Nutzung gemeinsamer Wasserressourcen geht, im Nahen Osten. In einem Fall wird mit gewaltigen Investitionen auf dem Boden der Türkei das Wasser der Zuflüsse von Euphrat und Tigris gestaut („Güneydogu Anadolu Projesi, GAP-Projekt"), so daß die Unterlieger, Irak und Syrien, befürchten, ihre bisherigen Bewässerungsflächen reduzieren zu müssen. Im anderen Fall geht es darum, das Wasser des Jordans unter den drei an seinem Unterlauf liegenden Ländern möglichst konfliktfrei aufzuteilen, wobei sich Israel derzeit den größten Anteil gesichert hat. Die pragmatischen Ansätze zur Konfliktlösung lassen hoffen, daß der vieldiskutierte mögliche Krieg um Wasser hier nicht stattfinden wird (DIE 1995).

Auch viele bedeutende Grundwasservorkommen werden durch internationale Grenzen geteilt, so daß gemeinsame Nutzungsstrategien ausgehandelt werden müssen. Dies sind z. B. das Oberrheintal zwischen Frankreich und Deutschland sowie die großen Grundwasservorkommen in den Trockenzonen der Nordsahara (Algerien, Tunesien, Libyen), der Ostsahara (Libyen, Ägypten) sowie von Disi/Tabuk auf der Arabischen Halbinsel (Jordanien, Saudi-Arabien).

Die Bewirtschaftung der Wassermengen

Der Flächenbedarf für die Wassernutzung

Alles nutzbare Wasser stammt ursprünglich vom Niederschlag, der auf die Erdoberfläche fällt. Unter dem Gesichtspunkt einer ausgeglichenen Mengenbilanz, die als Maß der Dauerhaftigkeit gilt, kann die für die Deckung eines bestimmten Wasserbedarfs benötigte Fläche eines Niederschlagsgebietes bestimmt werden. Dabei richtet sich die Größenordnung des Flächenbedarfs nach dem jeweiligen Klima. Zusätzlich spielt die Art der Wasserressourcen, ob also Niederschlags-, Oberflächen- oder Grundwasser genutzt werden soll oder muß, eine Rolle.

Die zum Auffangen einer bestimmten Wassermenge benötigte Fläche kann relativ klein sein, wenn der Regen direkt, z. B. von einem Hausdach, aufgefangen wird (Abb. 4.15). Sie ist der mittleren Regenmenge direkt proportional und – anders als bei den anderen Wasserressourcen – unabhängig von den übrigen geographischen und klimatischen Verhältnissen. Im gemäßigten Klima, bzw. bei einer diesem vergleichbaren Regenmenge, genügt die Fläche eines Hausdaches, um den nötigen Wasserbedarf für einen kleinen Haushalt zu decken, wenn für ausreichend Speicherraum (eine Zisterne) gesorgt wird.

Der Oberflächenabfluß errechnet sich durch Abzug von Bodenfeuchte und Verdunstung und ist deshalb vom Klima und vielen anderen Faktoren, z. B. der Intensität der Regenereignisse, abhängig. Die zur Bildung der gleichen Wassermenge benötigte Fläche ist daher in einem heißen Klima deutlich größer als in gemäßigtem Klima mit weniger Verdunstung.

In einer Region mit gemäßigtem Klima könnte daher, rein rechnerisch, eine Bevölkerung mit einer Dichte von 1 Einwohner pro 100 m^2 (10 000 E/km^2) noch knapp mit dem Wasser versorgt werden, das aus ihrem Wohngebiet als Oberflächenwasser abfließt (vorausgesetzt, daß alle notwendigen Maßnahmen zum Schutz der Wasserbeschaffenheit getroffen werden). Im trockeneren Klima wären es im Beispielfall nur 2 000 E/km^2.

Im Fall von Grundwassernutzung dagegen verstärken sich die Unterschiede sehr, weil sich die Neubildungsrate stark unterscheidet: Während im gemäßigten Klima noch 500 m^2 für den Wasserbedarf eines Menschen benötigt werden, sind es im Beispielfall eines Steppenklimas 10 000 m^2. Es ist offensichtlich, daß dieser Flächenbedarf auch bei relativ offenen Siedlungsformen im heißen Klima, verbunden mit einem hohen Wasserbedarf für die Gartenbewässerung, nicht erfüllt werden kann. In solchen Gebieten muß das Grundwasser daher in umliegenden Gebieten mit weniger Wasserbedarf gefördert und zur Siedlung geleitet werden.

In einem ähnlichen Verhältnis stehen die Flächen bei einer landwirtschaftlichen Nutzung. Wenn mit einer Wasserhöhe von 700 mm bewässert werden soll und mit einem Regen von durchschnittlich 350 mm gerechnet werden kann, von denen 2 % (= 7 mm pro Jahr) als Neubildung in das Grundwasser gehen, dann wird für die direkte Neubildung des erforderlichen Grundwassers eine Fläche benötigt, die 50mal größer ist als der zu bewässernde Acker. Da es einen großen Aufwand bedeutet, das Grundwasser aus einer großen Fläche zu erschließen, ist es nur bei außergewöhnlich günstigen hydrogeologischen Bedingungen möglich, eine Bewässerungslandwirtschaft aus direkt neugebildetem Grundwasser nachhaltig zu betreiben. Die großen Bewässerungsprojekte aus Grundwasser in der Welt liegen deshalb in unmittelbarer Nähe zu Flüssen und nutzen deren indirekte Neubildung aus Uferfiltrat (z. B. im Niltal von Ägypten oder dem Sudan), oder sie werden früher oder später wegen Erschöpfung der wirtschaftlich gewinnbaren Reserven reduziert oder beendet werden (Ogallala-Aquifer in den USA, Tabuk in Saudi-Arabien).

Die Nutzungsarten

Wenn die Wasserressourcen nicht den örtlichen Bedarf decken, werden wasserwirtschaftliche Maßnahmen erforderlich, wobei drei Fälle unterschieden werden können:

- Der Bedarf richtet sich auf andere Qualitätsmerkmale als die örtliche Ressource aufweist:
  → Das Wasser muß aufbereitet werden.
- Der Bedarf konzentriert sich an einzelnen Stellen und ist größer als die diffus verbreitete Ressource:
  → Das Wasser muß an anderem Ort gesammelt, gefaßt und transportiert werden.
- Der Bedarf besteht zu anderen Zeiten als dann, wenn die Ressource verfügbar ist:
  → Das Wasser muß gespeichert werden.

Zum ersten Fall gehören alle Veränderungen der Wasserbeschaffenheit, die den Zweck verfolgen, Wasser für bestimmte Zwecke brauchbar zu machen. Während Grundwasser häufig unbehandelt als Trinkwasser genutzt werden kann, muß Oberflächenwasser für diesen Zweck mindestens entkeimt und von organischen Verunreinigungen befreit werden. Wenn kein Süßwasser verfügbar ist, wird Meer- oder Brackwasser entsalzt. Auch die Klärung und Reinigung von Abwässern, bevor sie in die Vorflut abgeleitet werden, ist eine Aufbereitung für die weitere Nutzung, denn auch weiter flußabwärts besteht der Bedarf nach sauberem Wasser. Dies gilt generell im Interesse des allgemeinen Umweltschutzes, des Tourismus und der Fischereiwirtschaft.

Zum zweiten Fall sind alle Maßnahmen zu zählen, mit denen Wasser gesammelt, gefördert und transportiert wird: Brunnen und Brunnenreihen, Sickergalerien, Überlandleitungen, Regenwassersammler von Dächern

Abb. 4.15.
Flächenbedarf zur Deckung des häuslichen Bedarfs eines Menschen (100 l/(d · c)) bei unterschiedlichem Klima (schematisch)

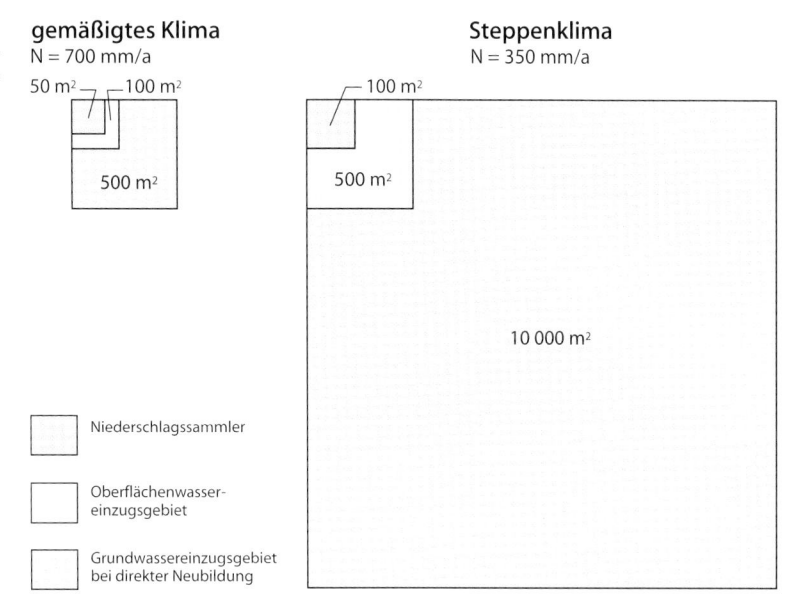

gemäßigtes Klima
N = 700 mm/a
50 m² — 100 m²
500 m²

Steppenklima
N = 350 mm/a
100 m²
500 m²
10 000 m²

☐ Niederschlagssammler
☐ Oberflächenwassereinzugsgebiet
☐ Grundwassereinzugsgebiet bei direkter Neubildung

und das Waserernten von undurchlässiger Bodenoberfläche („rain water harvesting").

Der dritte Fall, die Speicherung von Wasser, dient dazu, die Ausnutzung des wechselnden natürlichen Dargebotes bei wechselndem Bedarf zu optimieren. Da sich die Wasserressourcen im unregelmäßigen Rhythmus der Niederschläge erneuern und auch der Bedarf – in einem anderen Rhythmus – stark wechselt, wären Bedarf und Dargebot nur für eine kleine Wassermenge jederzeit in Deckung zu bringen.

Bei der Nutzung von gespeichertem Wasser handelt es sich um zwei gegensätzliche, aber sich ergänzende Prinzipien:

- Zum einen wird ein sporadisches, aber zu reichliches Wasserdargebot (als Oberflächenwasser oder Regen) gespeichert, um es später oder über einen längeren Zeitraum nutzen zu können. Dazu gehören die künstliche Stauung von Oberflächenwasser im Taltiefsten, um es entweder in einem künstlichen See zu sammeln oder im durchlässigen Untergrund zur Versickerung zu bringen (künstliche Grundwasserneubildung), aber auch das Sammeln von Regenwasser in Zisternen. (Die südamerikanischen Wassergruben, sogenannte „Tajamares", dienen, je nach dem vorhandenen Untergrund, der reinen Speicherung oder der künstlichen Grundwasserneubildung; Kasten 4.5.)
- Zum anderen wird Grundwasser oder daraus stammender gleichmäßiger Trockenwetterabfluß (Quel-

len und Bäche), das nur mit geringer Ergiebigkeit anfällt, gesammelt, um es in kürzeren Zeiten, aber mit größerer Menge nutzen zu können (z. B. Mühlenteich, Hochbehälter, „australischer Tank") (Kasten 4.6).

Das Sammeln von Regenwasser von einer geneigten undurchlässigen Fläche („rain water harvesting") ist die effektivste Form der Wassererschließung. Wenn ein Hausdach zum Auffangen genutzt wird, ist eine fast vollständige Nutzung möglich. Aber auch bei der Sammlung durch einen entsprechend präparierten Geländehang an undurchlässigem Fels (wie in Israel und Indien zunehmend für lokale Bewässerung verwendet) kann der Nutzungsgrad sehr hoch sein. Im Falle des paraguayischen Chacos sind die Verhältnisse schwieriger, weil das Gefälle gering ist und der Boden eine hohe Feldkapazität hat, so daß nur sehr intensive Regenfälle einen Abfluß bewirken.

Neben der Aufgabe der zeitlichen Optimierung – das Wasser soll zu *der* Zeit verfügbar gemacht werden, zu der es gebraucht wird – kann die Speicherung außerdem dazu dienen, zusätzliches Wasser nutzbar zu machen, das sonst nicht nutzbar wäre. Auf diese Weise können z. B. die Hochfluten von Oberflächengewässern genutzt werden. Durch die Entnahme aus einem Grundwasserspeicher kann bei oberflächennahem Grundwasser der Grundwasserspiegel aus dem Bereich der Pflanzenwurzeln absinken. Hierdurch wird die Verdunstung kleiner und die Grundwasserneubildung entsprechend grö-

Speicherung von Regenwasser in Tajamares (Kasten 4.5)

Tajamares werden im südamerikanischen Chaco zur Speicherung von Regenwasser verwendet. Es handelt sich um große Erdgruben, in denen das bei Regenfällen oberflächlich ablaufende Wasser gesammelt und zur Versickerung gebracht wird (Abb. 4.16). Die Erfahrung in dieser Gegend zeigt, daß folgende Voraussetzungen zur erfolgreichen Sammlung und Speicherung von Wasser vorhanden sein müssen:

- Möglichst großes Einzugsgebiet durch die Lage in einer natürlichen Senke oder durch künstliche Sammelgräben.
- Durchlässige (sandige) Schichten vom Boden der Grube bis zum Grundwasserspiegel, möglichst dicker als 4 m.
- Regional geringes Grundwassergefälle, Grundwasserfließgeschwindigkeit kleiner als 2 m pro Jahr.
- Ausreichend intensive Regenfälle, die einen oberirdischen Abfluß entstehen lassen (mehr als 35 mm pro Ereignis).

In einer Anlage mit drei Tajamares werden in der Stadt Filadelfia in Paraguay jährlich 50 000 m^3 Wasser für öffentliche Einrichtungen wie Schulen, Krankenhäuser usw. gewonnen.

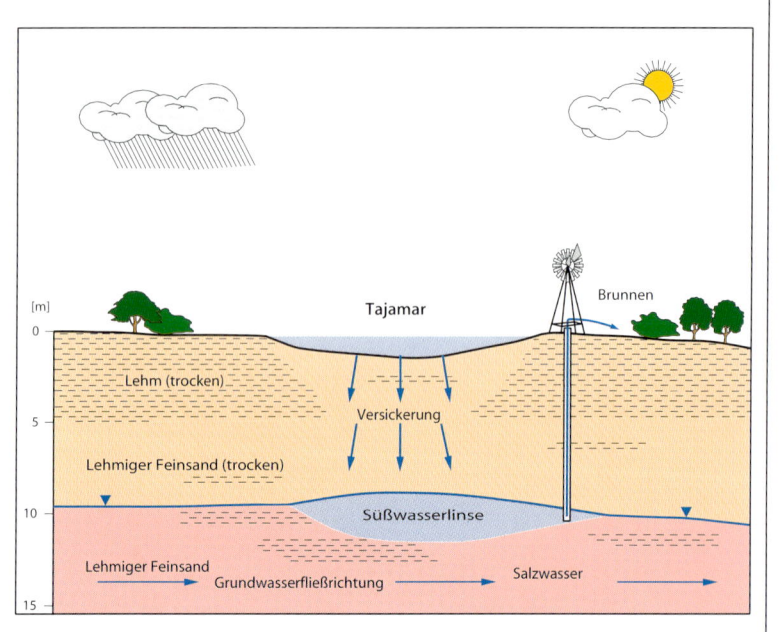

Abb. 4.16. System zur künstlichen Erneuerung einer süßen Grundwasserlinse durch Versickerung von Regenwasser in einem Tajamar (Erdspeicher) im Chaco von Paraguay

ßer, so daß auf Kosten der Verdunstung eine Umwandlung von „grünem" zu „blauem", d. h. nutzbarem, Wasser stattfindet. Der Gewinn an blauem Wasser entspricht dabei einem Verlust an Verdunstung, d. h. einer Verkleinerung oder dem Verlust eines Feuchtbiotops.

Zum Speichern von oberirdischem Abfluß werden häufig aufwendige Arbeiten durchgeführt. Die erforderlichen Dämme sind die größten jemals von Menschen errichteten Bauten. Gemeinsamkeiten und Besonderheiten der unterschiedlichen Bewirtschaftungsmethoden von Grund- und Oberflächenwasserspeichern sind in Tabelle 4.6 gegenübergestellt.

Prinzipien der Wassermengenwirtschaft

Auch wenn in den verschiedenen Ländern unterschiedliche Rahmenbedingungen für die planvolle Bewirtschaftung und den Schutz der Wasserressourcen vorhanden sind (Wasserverwaltung, Wasserrecht, Bedarfsprioritäten, Traditionen), gibt es doch einige technisch begründete Prinzipien, die in den Berichten der einschlägigen internationalen Konferenzen (z. B. BMU o. J.) festgehalten sind und nach denen die Wassernutzung bewertet und durchgeführt werden kann. Hierzu zählen:

- **Bewirtschaftung von Flußgebieten**
  („water basin management")

  Alle erneuerbaren Wasserressourcen stammen vom Niederschlag, der auf die Erdoberfläche fällt und von dort – teils ober-, teils unterirdisch – zum tiefsten Punkt dieses Gebietes strömt. Es ist daher eine Forderung des Kap. 18 der Agenda 21 (BMU o. J.) und internationaler Standard, daß wasserwirtschaftliche Bilanzen in Einzugs-(Niederschlags)gebieten, die von Wasserscheiden begrenzt sind, aufgestellt werden. Da sich diese Abflußgebiete von der Mündung eines Stromes aufwärts in fast beliebig viele verschieden große Teilgebiete der Nebenflüsse aufteilen lassen, hängt es von der Fragestellung und den lokalen Regelungen ab, wie groß ein Bilanzgebiet gewählt wird.

Sind in einem Gebiet bedeutende Grundwasserressourcen vorhanden, kann die Abgrenzung schwierig sein, denn das Grundwasser hat sein eigenes, von der geologischen Struktur abhängiges Fließregime. Es kann also auch in einem anderen Bilanzgebiet zutage treten.

Besonderheiten der Bewirtschaftung von Quellen (Kasten 4.6)

Der enge Zusammenhang zwischen Oberflächenwasser und Grundwasser wird deutlich, wenn man versucht, Quellen – also Austrittstellen von Grundwasser – zu nutzen und womöglich zu optimieren.

Wenn eine natürliche Quelle zur Nutzung gefaßt wird, muß man ihre Schüttungsschwankungen berücksichtigen und kann nur mit ihrer kleinsten Schüttung als sichere Entnahmemenge rechnen. Wenn es sich um eine Stau- oder Überlaufquelle handelt, die also im Untergrund über einen Grundwasserspeicher verfügt, und die Quelle starke Schüttungsschwankungen aufweist, kann die Nutzung der Quelle optimiert werden. Mit Hilfe von Brunnen in der Nähe der Quelle wird der Speicher erschlossen, und die Brunnenförderung verringert oder unterbindet zeitweise die Schüttung der Quelle ganz. Man gewinnt dadurch kein zusätzliches Wasser, denn insgesamt über die Zeit gemittelt bleibt der unterirdische Zufluß zur Quelle gleich. Aber man kann durch dieses „Totpumpen" wie mit einem Staudamm den Anteil des nutzbaren Wassers erhöhen und man gewinnt so bewirtschaftbare Wassermengen, die sonst die Quelle „ungenutzt" verlassen hätten.

Gegenüber den Ansprüchen von Landschafts- und Naturschutz läßt sich bei dieser Form der Quellenbewirtschaftung ein Kompromiß erreichen, denn man kann mit einem Teilstrom des geförderten Wassers den Abfluß im Quellbach oder ein im Abstrom der Quelle befindliches Feuchtgebiet künstlich aufrechterhalten.

Bei der traditionellen Erweiterung einer Quellfassung durch einen Qanat (arab. Foggara) gräbt man, von der natürlichen oder einer anderen gewünschten Austrittstelle ausgehend, leicht ansteigende Sickergalerien in den Berghang, bis der Grundwasserspiegel angeschnitten wird. Das Grundwasser wird vom Stollen gesammelt und nach außen geführt. Weil das im Stollen geführte Wasser ein geringeres Gefälle benötigt als das Grundwasser, kann das Wasser ohne zusätzliche Energie zu einem höheren Punkt geleitet werden, als es natürlicherweise anstreben würde. Man sammelt auf diese Weise Grundwasser und läßt es als Oberflächenwasser, in Form einer künstlichen Quelle, ausfließen.

Der große Nachteil dieser Erschließung ist, daß sich die Fördermenge zeitlich nicht dem Bedarf angleichen läßt, da das Wasser wie aus einer natürlichen Quelle ständig ausläuft. In Zeiten geringen Bedarfs fließt daher im Rhythmus der Tages- und Jahreszeiten viel Wasser ungenutzt in den Vorfluter.

Tabelle 4.6. Unterschiede zwischen einer Talsperre und einem Grundwasserspeicher

	Talsperre (Speicher von Oberflächenwasser)	Grundwasserspeicher
Nutzungsprinzip	Wasser wird bewirtschaftet, das erst mittels technischer Maßnahmen gespeichert wird	Wasser wird bewirtschaftet, das bereits von Natur aus gespeichert ist
Lebensdauer des Speicherraums	begrenzt, abhängig von der Sedimentfracht	praktisch unbegrenzt
Landverbrauch	verbraucht urbares Land im Tal	kein Flächenbedarf, evtl. lokale Beeinträchtigung durch Spiegelabsenkung
Gesteins- und Landschaftseigenschaften	benötigt natürliches Tal mit Gefälle, schlecht durchlässiges Felsgestein	benötigt durchlässige, speicherfähige Gesteine, Gefälle nicht erforderlich
Energie	künstliches positives Gefälle, kann Energie liefern	künstliches negatives Gefälle, benötigt Energie
Nutzung des Wasserhaushalts	sammelt Hochwässer, die sonst nicht nutzbar wären, erhöht die nutzbare Wassermenge eines Gebietes *aber:* Verluste durch Verdunstung von der Wasseroberfläche	nutzt einen langsamen natürlichen Abstrom; erhöht daher meist nicht die nutzbare Wassermenge eines Gebietes. *Ausnahmen:* – Erhöhung der Neubildung auf Kosten der Verdunstung – dauerhafte Verringerung des Speicherinhalts – künstliche Neubildung aus Hochfluten keine Verluste durch Verdunstung
Beeinflussung des Wasserhaushalts der Umgebung	Speicherung und Entnahmen beeinträchtigen nur die Unterlieger des Flusses	Grundwasserabsenkung dehnt sich nach allen Seiten aus, mit zunehmender Entfernung aber stark abnehmend; die Beeinträchtigung ist von vielen örtlichen Faktoren abhängig
Kosten	hohe Investitionskosten, niedrige laufende Kosten	niedrige Investitionskosten, hohe laufende Kosten
bewirtschaftbare Wassermenge	abhängig von Abflußmenge und Speichergröße; Speicher enthält meist nur wenige Jahresabflüsse	abhängig von Gesteinseigenschaften, geologischem Bau und der Fassungsanlage; Verhältnis von jährlicher Neubildung und Speicherinhalt ist sehr unterschiedlich

Beispielsweise mußten für den Wasserhaushaltsplan in Jordanien bis zu drei übereinanderliegende Grundwasserstockwerke mit jeweils unterschiedlichen Einzugs- und Ausstromgebieten berücksichtigt werden (Vierhuff 1991). Tritt alles Grundwasser eines Bilanzgebietes noch im selben Gebiet an der Oberfläche aus, dann bildet es einen Teil des Oberflächenwasserdargebotes und ist keine zusätzliche Ressource. Wenn Grundwasser entnommen wird und Teile davon nach Gebrauch wieder in den Vorfluter gelangen, hat man nur scheinbar ein zusätzliches Dargebot genutzt, denn tatsächlich handelt es sich um die Wiederverwendung des Brauchwassers als Trockenwetterabfluß.

- **Gemeinsame Nutzung**
  („conjunctive use")

Die Wassermengenwirtschaft knapper Ressourcen läßt sich optimieren, wenn Flußwasser und Grundwasser nach einem gemeinsamen Plan alternierend genutzt werden. Pumpt man z. B. in der Niedrigwasserzeit das Grundwasser ab, dann wird Speicherraum für zusätzlich infiltrierendes Flußwasser frei. So wird der Fluß in der Trockenzeit geschont und Teile des Hochwassers können genutzt werden.

In mit Flußwasser bewässerten Gebieten kann Grundwasser für weitere Nutzungen erschlossen werden. Durch eine solche „Vertikaldrainage" verhindert man gleichzeitig, daß der Wasserspiegel steigt und die Felder vernässen und in trockenen Klimagebieten versalzen.

- **Integrierte Wasserwirtschaft**
  („integrated water resources management")

In einem Wasserwirtschaftsraum ist bei konkurrierendem Bedarf zu entscheiden, welche Ressource wann für welchen Zweck genutzt werden kann, und wo und in welcher Qualität Abwässer eingeleitet werden dürfen. Für solche Entscheidungen muß ein Gremium gebildet werden, dem alle Interessengruppen – von den Wasserversorgern über die Landwirtschaft und die Industrie bis zu Umweltorganisationen – angehören. Dabei soll möglichst auf der niedrigsten gemeinsamen Ebene („lowest appropriate level") entschieden werden. Dieses Prinzip in der Wasserwirtschaft anzuwenden, ist eines der Ziele deutscher Entwicklungspolitik BMZ 1995).

- **Wasser als Wirtschaftsgut**
  („water as an economical good")

Obwohl Wasser für viele Wirtschaftszweige ein wesentlicher Faktor ist, wird dieses Prinzip erst in neuerer Zeit bei konkurrienden Interessen in seiner Konsequenz beachtet. Die Folge daraus, daß nämlich Rechte an der Wassernutzung frei handelbar sein müßten, wird derzeit diskutiert. Dem steht aber entgegen, daß Wasser auch ein allgemeines Gut ist (Abernethy 1997).

- **Wasser als allgemeines Gut**
  („water as a common good")

Wasser ist ein unentbehrliches Mittel für Nahrung und Hygiene und in seiner natürlichen Menge und Beschaffenheit auch notwendig für den Erhalt der Umwelt. Es ist daher als allgemeines Gut vom Staat zu schützen. Die Rechte des Grundbesitzers, das Wasser auf seinem Boden uneingeschränkt zu nutzen, werden dadurch begrenzt, daß alles Wasser in Bewegung ist oder in Bewegung gebracht werden kann, und so durch die Entnahme oder Verunreinigung des Wassers die Rechte des Nachbarn eingeschränkt werden können.

- **Wiederverwendung**
  („re-use of water")

Meist wird nur ein Teil des geförderten Wassers tatsächlich verbraucht, d. h. dem örtlichen Wasserkreislauf entzogen, während große Wassermengen nach dem Gebrauch wieder zum Abfluß gebracht werden. Dieses Wasser ist meist verschmutzt und kontaminiert den Vorfluter, wenn es nicht vor dem Einleiten gereinigt wird; es erhöht aber den Abfluß und kann bei entsprechenden Qualitätsansprüchen oder nach erfolgter Reinigung für eine neue Nutzung entnommen werden.

Die Wiederverwendung ist die wichtigste Maßnahme zur Behebung von Wassermangel. Sie ist besonders sinnvoll und wird auch häufig bei der Nutzung von häuslichen Abwässern in der Bewässerungslandwirtschaft praktiziert. Wichtig ist auch die Mehrfachnutzung von Dränwasser in der Landwirtschaft. Die Mehrfachnutzung führt dazu, daß in manchen Gebieten die Mengenumsätze der Wassernutzung insgesamt viel höher sind als die erneuerbaren Ressourcen. Die Grenze der Wiederverwendung ist dann gegeben, wenn das Wasser zu viele Stoffe aufgenommen hat, die nicht mit wirtschaftlichen Methoden entfernt werden können und die Verwendung verhindern (z. B. Salze).

- **Nachhaltige Nutzung**
  („sustainable use")

Auch die Wasserwirtschaft unterliegt dem Gebot der Nachhaltigkeit. Im Falle der Nutzung von erneuerbaren Ressourcen wird dies häufig so interpretiert, daß in einem Abflußgebiet nicht mehr Wasser entnommen werden darf, als von der Natur nachgeliefert wird. Im Falle von Oberflächenwasser ist dies trivial, denn der Fluß wäre unterhalb der Entnahmestelle trocken. Im Falle von Grundwasser wird hierfür häufig die Neubildungsrate im Einzugsgebiet als Maß angesetzt, und es wird gefordert, daß die Entnahme nicht größer sein darf als die Neubildung. Man übersieht dabei, daß sich die Nutzung von Grundwasser in jedem Fall auf den Wasserhaushalt eines Einzugsgebietes auswirkt. Die jeweiligen positiven oder negativen Folgen müssen in ihrer zeitlichen Entwicklung bewertet werden, wenn die Nachhaltigkeit der Nutzung beurteilt werden soll. Die Neubildungsrate ist häufig nicht genau zu bestimmen und kann überdies durch die Entnahme beeinflußt werden (z. B. durch Uferfiltrat). Außerdem wird die Nachhaltigkeit einer Wassernutzung meist stärker von qualitativen Veränderungen als durch Mengenprobleme begrenzt.

Die aus einem Gebiet oder an einem Punkt nachhaltig entnehmbare Wassermenge („sustainable yield") ist nach einem allgemeinen Ansatz diejenige Entnahmemenge, die in Anbetracht des entstehenden Nutzens keinen dauerhaften Nachteil verursacht. Diese Größe ist planerisch bestimmt und unterliegt Veränderungen, wenn sich die Randbedingungen (politische Vorgaben, Prioritäten, Kosten) verändern.

Bei der Nutzung von wenig oder sich gar nicht erneuernden Wasserressourcen, die teilweise einen bedeutenden Wirtschaftswert darstellen, kann dieses Prinzip ebenfalls angewendet werden. Mit Methoden der quantitativen Hydrogeologie kann nach der Beobachtung und Berechnung des Systems vorausgesagt werden, welche hydrologischen Folgen bei welchen Entnahmestrategien entstehen werden. Die wasserwirtschaftlichen Entscheidungen müssen auch soziologische, wirtschaftliche und ökologische Konsequenzen berücksichtigen. Darauf können die zuständigen Institutionen ihre Entscheidung ausrichten.

Die Bewirtschaftung von Grundwasser

Auswirkungen der Wasserentnahme durch Brunnen

In vielen Ländern bildet das Grundwasser die wichtigste Quelle für die Wasserversorgung. Die Staatlichen Geologischen Dienste haben hier die Aufgabe, die entsprechenden Ressourcen zu erkunden und über ihre Verfügbarkeit so viele Kenntnisse zu erlangen, daß die Nutzung der Grundwasservorkommen als ein allgemeines Gut nach der Maßgabe der nachhaltigen Entwicklung sichergestellt werden kann.

Grundwasser kann aus dem Untergrund, z. B. durch einen Brunnen, nur entnommen werden, wenn ein künstliches Gefälle geschaffen wird. Dadurch wird zweierlei bewirkt:

1. Es wird Wasser aus dem Speicher entfernt. Dabei sinkt der Wasserspiegel.
2. Es fließt Wasser aus der Umgebung zum Brunnen. Dabei breitet sich die Absenkung aus.

Die mit einer Grundwasserentnahme verbundene Spiegelabsenkung (der „Senkungstrichter") breitet sich im Untergrund aus und kann im Umkreis der Grundwasserfassung an der Erdoberfläche zu vielerlei Schäden führen. Die Vegetation kann verkümmern oder es kommt zu einer Landabsenkung und damit zu Schäden an Gebäuden. Die Grundwasserspiegelabsenkung ist unvermeidlich. Je nach einer bestimmten Entnahmemenge sind Ausmaß und Folgen weniger von dem Betrag der Grundwasserneubildung im Entnahmebereich als von den hydraulischen Eigenschaften des Untergrundes abhängig.

Grundwasser, das vorher zu seiner natürlichen Austrittstelle, z. B. einer Quelle, geflossen ist, erfährt durch einen Brunnen eine Änderung oder Umkehrung seiner Fließrichtung (vgl. auch Kasten 4.6). Hierdurch können Quellen in ihrer Schüttung beeinträchtigt werden oder Feuchtgebiete trockenfallen. Es können aber auch andere, bereits bestehende Brunnen an Leistung verlieren.

Wie schnell aus der lokalen Spiegelabsenkung nachteilige Folgen an anderer Stelle entstehen, hängt davon ab, wieviel Wasser aus dem Speicher entnommen werden kann, d. h. wie groß der Inhalt des Senkungstrichters ist, bevor er die bisherige Austrittstelle des Grundwasserstroms erreicht. Dies hängt vom Schichtenaufbau des Untergrundes und dessen unterschiedlicher Durchlässigkeiten ab. Wegen der großen möglichen Unterschiede des Speicher- und Leitungsvermögens ist die Spannweite der zeitlichen Ausdehnung und Reichweite sehr groß, wobei die Geschwindigkeit der Ausdehnung und der Grad der Beeinflussung im allgemeinen Fall mit zunehmender Entfernung stark (im logarithmischen Maßstab) abnimmt. Die zeitliche Spannweite reicht von wenigen Stunden bis zu mehreren tausend Jahren im Falle des riesigen Systems des nubischen Sandsteins in der östlichen Sahara.

Diese beiden Folgen der Grundwasserförderung – Senkungstrichter und Fließrichtungsänderung – treten grundsätzlich bei jeder Grundwassernutzung ein. Sie sind zunächst unabhängig davon, in welchem Maße sich neues Grundwasser bildet, das das entnommene ersetzt. Dadurch, daß Grundwasser neu gebildet wird, kann jedoch sowohl der räumliche Einflußbereich der Spiegelabsenkung als auch der zeitliche Ablauf begrenzt werden. Wenn sich ein neues Gleichgewicht zwischen Entnahme und Neubildung eingestellt hat, dehnt sich die Beeinflussung der Umgebung nicht weiter aus. In dieser Situation ist dann der Speicherraum voll ausgenutzt, der Senkungstrichter hat sich stabilisiert, und die Quellschüttung bzw. der Trockenwetterabfluß des Vorfluters hat sich um den Betrag der Brunnenförderung verkleinert. Aus diesen Gesetzmäßigkeiten folgt:

- Es gibt keine Förderung von Grundwasser ohne einen Abbau von gespeichertem Wasser und ohne eine – später einsetzende – Verringerung des oberirdischen Abflusses;
- je weiter die Wasserfassung vom natürlichen Ort des Grundwasseraustritts entfernt ist, desto größer ist der Anteil des gespeicherten Wassers, das entnommen wird, bevor sich die Ausstromrate verringert;
- neben dem Oberflächenabfluß als der sich erneuernden Wasserressource (dem „blauen Wasser") ist der einmalig nutzbare Inhalt des Grundwasserspeichers eine eigene Ressource, nicht jedoch das sich erneuernde Grundwasser.

Besonderheiten der nachhaltigen Grundwasserbewirtschaftung in Trockengebieten

Bei der Nutzung von lokal gebildeten Grundwasservorkommen in Trockengebieten kann man drei Typen unterscheiden (Abb. 4.17).

Bei kleinen Vorkommen mit einer dünnen Grundwasserschicht in der Verwitterungszone von Festgesteinen, wie sie u. a. im Sahel Westafrikas auftreten, wird häufig die Gesamtmenge der jährlichen Neubildung abgeschöpft (Abb. 4.17a). Obwohl die Ressource alljährlich fast geleert wird und man sozusagen von der Hand in den Mund lebt, ist diese Art Nutzung nachhaltig, weil der künftigen Generation hinsichtlich der Wasserverfügbarkeit kein Schaden entsteht. Folgen in solchen Gebieten mehrere Jahre mit kleinen Niederschlägen aufeinander, wird die geringe Neubildung und der kleine Spei-

cher allerdings zu großer zeitweiliger Knappheit führen, wie beispielsweise im Sahel während der 80er Jahre.

Wenn sich in einem Grundwasserleiter mehr Wasser ansammeln kann, als in einem mittleren Regenjahr neugebildet wird, besteht eine Reserve. Man kann hier den Speicher über mehrere Jahre überlasten (Abb. 4.17b). Eine solche Entnahme ist auf Dauer möglich, wenn die Defizite in außergewöhnlichen Naßjahren wieder aufgefüllt werden können. Wenn mit solchen Naßjahren in größeren Abständen gerechnet werden kann, z. B. beim El Niño-Phänomen in Südamerika oder ähnlichen Klimaschwankungen im südlichen Afrika, kann auch eine zeitweilige Übernutzung des Grundwasserspeichers wasserwirtschaftlich sinnvoll sein und zu einer insgesamt nachhaltigen Wassernutzung beitragen (vgl. Kasten 4.7).

Auch die sogenannten „fossilen" Wässer sind – stark verzögert – ein Teil des Wasserkreislaufs und verlieren ihren gespeicherten Vorrat mit der Zeit (Abb. 4.17c, vgl. auch Kasten 4.8). Die Möglichkeiten, dieses Wasser am gleichen Ort zu verbrauchen, sind meist sehr ungün-

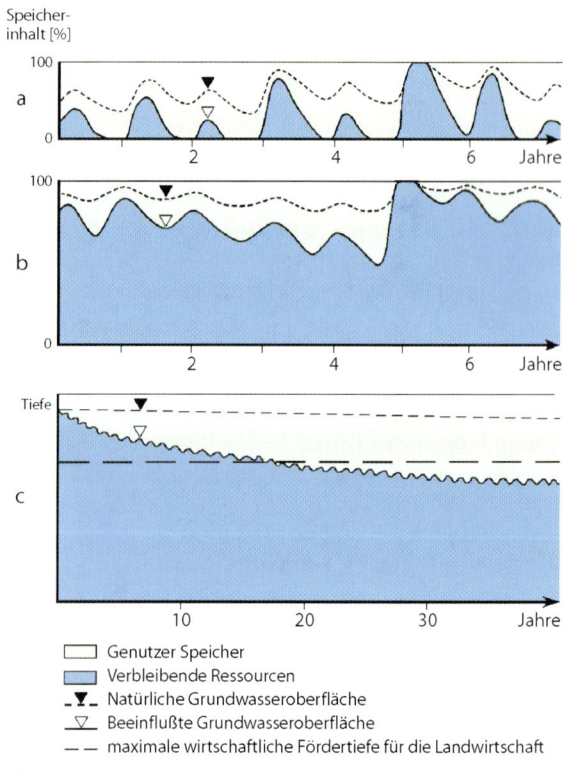

Abb. 4.17. Typen der nachhaltigen Grundwassernutzung in Trockengebieten (Vierhuff 1997; Erläuterungen siehe Text)

stig, und es sind hohe staatliche Aufwendungen nötig, um solche Vorkommen zu entwickeln.

Am Förderbrunnen besteht nämlich immer eine überproportionale Absenkung im Vergleich mit der weiteren Umgebung. Dadurch wachsen mit steigendem Grad des Abbaus die Förderkosten immer schneller an, ohne daß dadurch die weitere Umgebung stärker beeinflußt wird. Die Wasserförderung wird daher aus Kostengründen auf Dauer nicht konstant sein können und zurückgehen. Mit zunehmender Absenkung würden die Kosten des Wassers für bestimmte Nutzungen, z. B. für die Bewässerung,

nicht mehr tragbar sein. Deshalb wird ein tiefes Grundwasservorkommen praktisch nicht vollständig erschöpft werden können, so daß es späteren Generationen als Reserve für Trinkwasser erhalten bleibt (vgl. Kasten 4.8).

Allgemein sind für eine optimierende Speicherbewirtschaftung die Schwankungen des Dargebots (Wetter- und Klimaänderungen) mit dem Rhythmus der Speicherbeanspruchung möglichst in Übereinstimmung zu bringen.

Bei so ausgedehnten Vorkommen mit freiem Grundwasserspiegel wie z. B. dem Nubischen System (vgl. Ka-

---

Möglichkeiten für die zeitweilige Übernutzung eines Grundwasserspeichers (Kasten 4.7)

Otavi-Bergland (Namibia, Afrika)
Am Beispiel einer Station im Otavi-Bergland in Namibia kann mit Hilfe der Regenstatistik aus den Jahren 1913–1994 die wasserwirtschaftlich sinnvolle Übernutzung eines zeitweiligen Grundwasserspeichers deutlich gemacht werden. Die Regenmenge lag in einzelnen Jahren weit über dem langjährigen Mittel von 527 mm/a. Die Abweichungen nach unten sind fast doppelt so häufig wie die regenreichen, aber dementsprechend weniger ausgeprägt.

In einem geohydraulischen Modell dieses Gebietes, das die BGR im Rahmen eines Vorhabens der Technischen Zusammenarbeit mit der namibischen Wasserwirtschaftsverwaltung erstellte und berechnete (Abb. 4.18), wurde durch sorgfältige Kalibrierung festgestellt, daß die Grundwasserneubildung in diesem Gebiet deutlich kleiner sein muß als bisher angenommen. In Jahren mit mittleren Niederschlägen findet fast keine Grundwasserneubildung statt. Sie ist nur in den wenigen

außergewöhnlich feuchten Jahren merkbar, macht aber kaum mehr als 1 % des Niederschlags aus. Das Grundwasservorkommen enthält aufgrund der Art des Gesteins nur geringe gespeicherte Wassermengen und verliert durch diffuse unterirdische Abflüsse in die Umgebung ständig Wasser. Es kann zwar nicht als eine zusätzliche Quelle für die dauerhafte Gewinnung von Grundwasser dienen, aber als Speicher zur Überbrückung von Trockenzeiten genutzt werden.

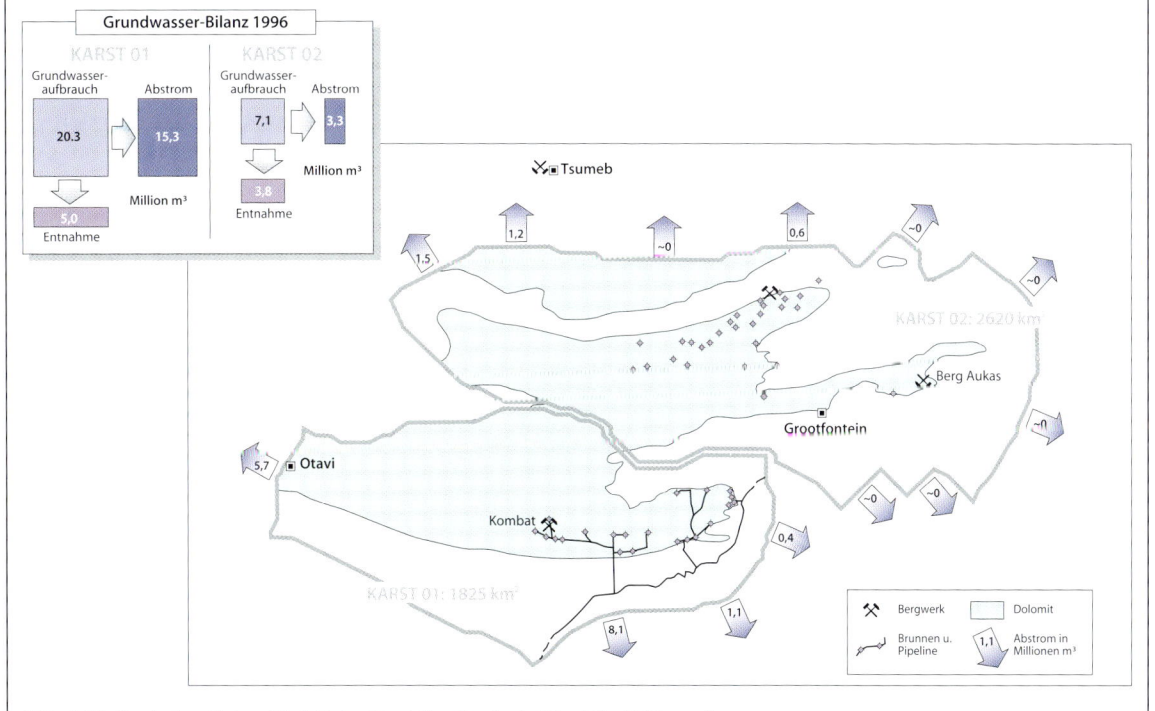

Abb. 4.18. Geohydraulisches Modell des Otavi-Berglandes in Namibia (BGR 1997)

Beispiele für die Nutzung fossiler Grundwässer (Kasten 4.8)

Jordanien

Aufgrund der hohen Entnahmen aus dem Grundwasser und einer kleinen Neubildungsrate sinkt in Jordanien der Grundwasserspiegel in den wichtigsten Grundwasserleitern im Mittel jährlich um etwa 1 m. Das führt dazu, daß manche flachen Grundwasservorkommen versiegen.

Anders verhält es sich im Süden des Landes an der Grenze zu Saudi-Arabien, wo das Grundwasser in dem sehr mächtigen Disi-Sandstein gespeichert ist (Abb. 4.19). Hier sinkt der Grundwasserspiegel zwar auch jährlich um etwa 1 m, weil große Wassermengen zur Versorgung der Stadt Aqaba und für die örtliche Bewässerungslandwirtschaft entnommen werden, jedoch kann in den 30 Jahren, für die das geohydraulische Modell berechnet wurde, nur ein sehr kleiner Teil des gesamten Speichers genutzt werden.

Der Grundwasserspeicher entleert sich sehr langsam, auch auf natürliche Weise, indem das Wasser nach einem unterirdischen Weg von knapp 200 km in das Tote Meer fließt. Da diese Quellaustritte so weit entfernt sind, kann sich die zusätzliche künstliche Absenkung erst nach sehr langer Zeit dort als Verringerung der Schüttung bemerkbar machen. Bis das passiert, gewinnt man das Grundwasser weder aus der aktiven Wasserbilanz auf Kosten von „blauem" Wasser noch auf Kosten von „grünem" Wasser, sondern durch Entnahme aus dem Vorrat, einer zusätzlichen Wasserressource. Diese ist zwar einmalig und nicht erneuerbar, aber sie ist – ohne Beeinträchtigung anderer Nutzer im Zeitrahmen menschlicher Planungen – langfristig gewinnbar.

Saudi-Arabien

In Saudi-Arabien wurde ein nationaler Wasserplan aufgestellt und bestimmt, für welche Planungszeiträume die in den verschiedenen Grundwasserspeichern vorkommenden und unter wirtschaftlichen Gesichtspunkten gewinnbaren Wassermengen aus fossilem Grundwasser reichen würden, wenn man unterschiedliche Entnahmeraten zugrundelegt.

Bei einer mittleren jährlichen Entnahmemenge von $5 \cdot 10^9$ m³ (das entspricht in der Größenordnung der gesamten jährlichen Wasserförderung in Deutschland) aus den wenig oder gar nicht erneuerbaren Ressourcen würden die gewinnbaren Reserven 100 Jahre reichen, etwa so lange wie auch die Erdölreserven. Für eine Gewinnung in dieser Menge wären allerdings dauernde Investitionen für immer tiefere und neue Brunnen und Überlandleitungen erforderlich.

In den vergangenen Jahren wurden die Subventionen für die staatlich geförderte Bewässerungslandwirtschaft stark eingeschränkt, so daß die Fördermengen wohl bald stark zurückgehen werden. Dadurch werden die gespeicherten Wassermengen weiterhin und für wesentlich längere künftige Zeiten für die eventuelle Nutzung zur Trinkwasserversorgung verfügbar bleiben.

Libyen und Ägypten

Ein noch wesentlich größeres Speichervolumen besitzt das System des Nubischen Sandsteins in der Sahara von Libyen und Ägypten. Nachdem es in einer etwas feuchteren Klimaperiode (sogenanntes Pluvial) aufgefüllt worden war, begann dieses Grundwasser vor etwa 9000 Jahren, mit einer kurzen Unterbrechung vor etwa 5000 Jahren, sich zu entleeren. Die großen Oasen in der Sahara sind die Stellen, an denen dieses alte Wasser zutage tritt. In den 9000 Jahren seit Beginn der trockeneren Klimaperiode sind dort insgesamt etwa 6000 km³ ausgeflossen.

Insgesamt wird das dort gespeicherte Wasser auf 150 000 km³ (= $150 \cdot 10^{12}$ m³) berechnet, von dem allein in Libyen etwa 4 000 km³ (UNESCO/OSS 1995) und insgesamt etwa 30 000 km³ (Thorweihe 1990) als gewinnbar gelten. Es ist leicht abzuschätzen, daß in Zeiträumen, die mit Wasserwirtschaftsplänen abgedeckt werden, diese Wassermengen nicht vollständig ausgebeutet werden.

Die im libyschen Großprojekt „Great Man Made River" zur Wasserversorgung der küstennahen Regionen geplanten Entnahmen liegen bei etwa 3 km³ pro Jahr (UNESCO/OSS 1995). Der Ausweitung solch gewaltiger Grundwasserentnahmen steht entgegen, daß sich an den Brunnenfeldern Entnahmetrichter bilden, die sich vertiefen und seitlich nicht ausreichend schnell ausbreiten. Dadurch wird die Förderung allmählich unwirtschaftlich.

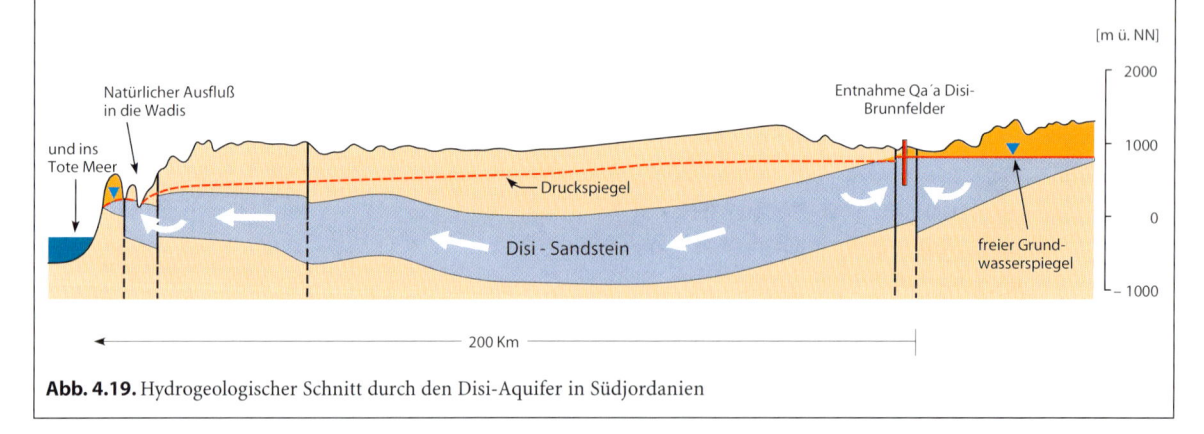

Abb. 4.19. Hydrogeologischer Schnitt durch den Disi-Aquifer in Südjordanien

sten 4.8) kann es Jahrhunderte dauern, bis eine Grundwasserabsenkung die Grenzen des Systems erreicht. Der Speicher kann also nicht schneller geleert werden, als es dem Rhythmus von Klimaschwankungen entspricht, so daß möglicherweise bereits vorher durch eine neuerliche Klimaänderung wieder eine Phase der Neubildung einsetzen wird. Große Grundwassersysteme können dementsprechend langfristig genutzt werden.

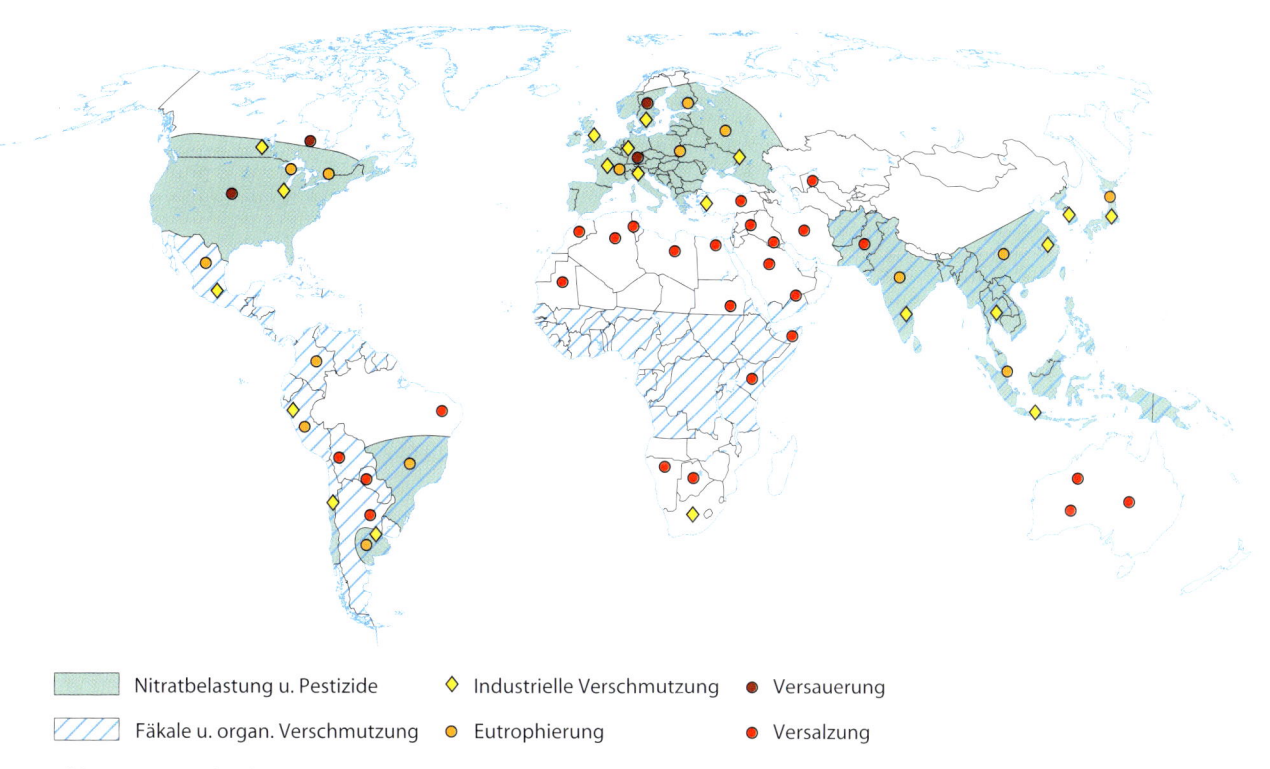

▨ Nitratbelastung u. Pestizide	◇ Industrielle Verschmutzung	● Versauerung
▨ Fäkale u. organ. Verschmutzung	○ Eutrophierung	● Versalzung

Abb. 4.20. Art und Verbreitung von Kontaminationen der Gewässer in der Welt (nach BMZ 1995)

Künstliche Grundwasserneubildung

Durch die künstliche Grundwasserneubildung wird überschüssiges Wasser gezielt an dafür geeigneten Stellen zur Versickerung gebracht. Es kann sich dabei um gebrauchtes Wasser handeln (Abwasserversickerung oder -verregnung), um Flußwasser oder um oberflächlich gesammeltes Regenwasser (vgl. auch Kasten 4.5).

Meist werden bei der künstlichen Grundwasserneubildung mehrere Ziele verfolgt. Bei der Abwasserversickerung wird z. B. sowohl die Nutzung des Wassers für das Pflanzenwachstum als auch die Reinigung des „grauen Wassers" im Untergrund bezweckt. Im Hessischen Ried bei Darmstadt wird Wasser des Rheins dafür genutzt, einen stark beanspruchten Grundwasserleiter aufzufüllen. Hier soll der Grundwasserspiegel aus ökologischen Gründen wieder angehoben werden, gleichzeitig wird eine dauerhafte Förderung von gutem Trinkwasser durch die Filterung von Rheinwasser ermöglicht.

Die künstliche Grundwasserneubildung kann auch dazu verwendet werden, das an einer Küste im Untergrund eindringende Meerwasser zurückzudrängen.

Wasserverschmutzung und Wasserschutz

Weltweite Beeinträchtigungen der Wasserqualität

Der Mensch beeinträchtigt durch seine Aktivitäten mittelbar oder unmittelbar, beabsichtigt oder fahrlässig die natürliche Wasserbeschaffenheit. Da Wasser meist dazu benutzt wird, unerwünschte Stoffe aufzulösen und wegzutransportieren, ist es nach dem Gebrauch stärker mit solchen Stoffen beladen als vorher. Wenn die gelösten Schadstoffe nicht abgebaut oder durch weitere Arbeitsgänge wieder entfernt werden, gelangen sie mit den Flüssen bis in die endgültigen Senken, also in das Meer oder die binnenländischen Endseen (vgl. Abb. 4.20).

Kontaminationen erreichen das Grundwasser oft mit Verzögerung, werden darin aber auch entsprechend lange konserviert, denn es fließt sehr viel langsamer als die Oberflächengewässer. Darüber hinaus ist das Grundwasser in begrenztem Maße durch seine Deckschichten vor versickernden Schadstoffen geschützt. Daher ist großer Aufwand notwendig, um Verschmutzungen wieder zu entfernen und einen Grundwasserkörper zu sanieren.

Abb. 4.21.
Verhältnis von Wasserentnahmen und Abwassermengen in den Kontinenten: Entnahmen, Verbrauch und Rückführung in der öffentlichen Wasserversorgung [km^3] und in der Landwirtschaft, geschätzt für das Jahr 2000 (nach Daten aus WRI 1990 in BMZ 1995)

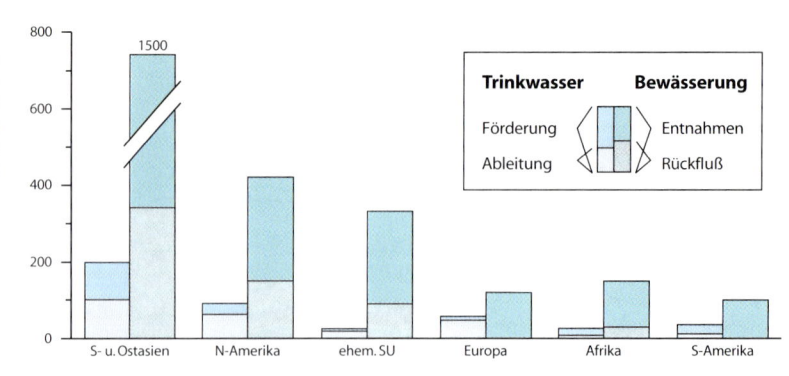

Neben den Abwässern aus Haushalten und der Industrie verursacht die Landwirtschaft eine erhebliche Belastung des Grundwassers. Weltweit steht dem riesigen Wassergebrauch in der Landwirtschaft – insbesondere in den Ländern mit traditioneller Bewässerung – ein entsprechend hoher Rückfluß gegenüber, der mehr als die Entnahmen für die anderen Zwecke ausmachen kann (Abb. 4.21). Die Rückflüsse aus der Landwirtschaft (Überlauf und Drainwasser) sind in vielen Fällen etwas höher mineralisiert als die Zuläufe, aber für die weitere Verwendung in der Landwirtschaft und für viele andere Zwecke wiederverwendbar. Die Rückflüsse aus der häuslichen Wasserversorgung sind insgesamt sehr viel kleiner, aber je nach dem Aufwand für ihre Klärung sehr unterschiedlich stark verunreinigt. Bleiben sie ungeklärt, führt dies zur Eutrophierung der Flüsse und Küstengewässer.

Beim Problem der Wasserverschmutzung spielen weniger die Wassermengen eine Rolle. Es geht vielmehr um die durch den Gebrauch aufgenommenen Stofffrachten unterschiedlich toxischer Inhaltsstoffe. Intensiv geklärte und aufbereitete Abwässer können den Qualitätsstandard von Oberflächengewässern erreichen. Hierbei handelt es sich vor allem um ein Kostenproblem, das bisher nur in den industrialisierten Ländern der Erde zu bewältigen ist.

Neben den unmittelbaren Belastungen durch den Gebrauch von Wasser nehmen die mittelbaren negativen Wirkungen auf die Gewässer – besonders auf das Grundwasser – immer weiter zu. Durch Niederschlag, Sickerwasser und natürlichen Abfluß werden lösliche Stoffe aus der Bodenzone, die u. a. aus den verschiedensten Arten der menschlichen Bodennutzung oder durch Unfälle dort eingebracht wurden, mobilisiert und gelangen in den Wasserkreislauf. Das betrifft allgemein wassergefährdende Stoffe, Sickerwasser aus Abwassergruben und -kanalnetzen, aber auch die durch die Landwirtschaft in den Boden oder auf dem Umweg über die Luft eingebrachten Stoffe (Düngemittel und Pflanzenbehandlungsmittel).

Als weitere Art der mittelbaren Gefährdung der Wasserqualität kann die Mobilisierung von Wässern mit unerwünschter Beschaffenheit angesehen werden, wenn diese mit genutzten Wasservorkommen in hydraulischem Kontakt stehen, z. B. bei der Meerwasserintrusion in Küstenregionen oder dem Zustrom von salzreichem Grundwasser zu Förderbrunnen (vgl. Kasten 4.9).

Ursachen und Arten von Gewässerverunreinigungen

Gefährdung durch natürliche Inhaltsstoffe

Natürlich im Boden vorkommende Substanzen, die die Wasserqualität beeinträchtigen, sind vor allem die verschiedenen Salze (Chloride und Sulfate). Sie reichern sich an, wenn die Lösung, in der sie normalerweise vorkommen, verdunstet (eindampft). Dies ist überall dort der Fall, wo der Niederschlag geringer ist als die Verdunstungsrate. Auf diese Weise haben sich in der Erdgeschichte mächtige Salzlagerstätten gebildet.

Darüber hinaus beobachtet man steigende Salzgehalte im Wasser praktisch überall dort, wo stark genutzte Grundwasservorkommen im Kontakt mit salzreicheren tieferen Grundwässern stehen. Dabei kann es sich um altes salzreiches Tiefengrundwasser handeln, wie in vielen Gebieten Norddeutschlands, das im tieferen Untergrund aus früheren Zeiten stagniert. Es kann aber auch flächenhaft verbreitetes versalztes Grundwasser – wie im südamerikanischen Chaco – oder Meerwasser sein, das durch die Entnahme von Süßwässern aus der Küstenzone landeinwärts gezogen wird (vgl. Abb. 4.4 und Kasten 4.9).

Versalzung von küstennahem Grundwasser (Kasten 4.9)

Die Brunnen für die Versorgung der Stadt Djibouti am Roten Meer fördern Grundwasser aus den sandig-kiesigen Ablagerungen eines Wadis, dessen gelegentliche Flutabflüsse nach seltenen, aber starken Regengüssen in sein Bett einsickern und so den Grundwasservorrat auf natürliche Weise auffüllen. Das grundwasserführende Kiesbett reicht von der Küstenebene, in der die Stadt liegt, bis in das Meer hinaus, so daß salziges Meerwasser landwärts in den Untergrund eindringen kann.

In früheren Zeiten hat das Süßwasser der Wadi-Füllung das Salzwasser weitgehend nach unten und seewärts verdrängen können. Die verstärkten Entnahmen aus den Brunnen seit Mitte der 60er Jahre haben dazu geführt, daß der Wasserspiegel allmählich absank, das Salzwasser in die tieferen Teile des Aquifers einwanderte und sich in den Brunnen immer mehr dem Süßwasser zumischte.

Die nach geohydraulischen Berechnungen unbedenkliche Dauerentnahme von ca. $9,5 \cdot 10^6$ m^3/a wird seit 1984 weit überschritten (Abb. 4.22). Deshalb steigt der Salzgehalt im geförderten Wasser, das von Beginn an mit über 400 mg/l Chlorid schon stark belastet war, seit Jahren an; seit 1990 übersteigt er die nach WHO-Richtlinien zulässige Höchstgrenze von 800 mg/l. Die küstennächsten Brunnen müssen deshalb aufgegeben und durch neue Brunnen landeinwärts ersetzt werden.

Der Wasserbedarf der Stadt macht es erforderlich, in diesem besonders wasserarmen Land verstärkt nach Grundwasser zu suchen. Mit Hilfe eines Bohrprogramms und Testbrunnen wird derzeit mit deutscher Hilfe ein potentielles Brunnenfeld im Landesinneren erkundet, das zur Entlastung der Wasserversorgungsprobleme der Stadt beitragen kann.

In Küstennähe bei Fujayrah in den Vereinigten Arabischen Emiraten (VAE) wurde für ein ähnliches Problem ein hydrogeologisches Modell einer künstlichen Grundwasserneubildung entwickelt. Im Rahmen eines Beratungsauftrags für die Economic and Social Commission of Western Asia (ESCWA) in Beirut wurde von der BGR ein numerisches Modell zur Optimierung der Bewirtschaftung eines solchen kleinen Süßwasservorkommens in der Nähe der Küste zum Arabischen Golf erstellt. Erst in neuerer Zeit ist es mit Hilfe numerischer Methoden auf leistungsfähigen Computern möglich, ein solches Problem zu berechnen.

Das Süßwasser unter dem Bett und dem Schwemmfächer eines Wadis wird durch die Versickerung des Wadi-Abflusses gespeist. Als technische Maßnahme wurde zunächst ein Damm errichtet, der den Abfluß aufstaut und daran hindert, bis zum Meer zu fließen. Eine kleine Süßwasserlinse, die kurz vor der Küste zur Versickerung gebracht wird, wirkt als hydraulische Barriere gegen das Meerwasser. Diese Maßnahmen führen zu einer erhöhten Grundwasserneubildung, um die die bewirtschaftbare Wassermenge vergrößert wird.

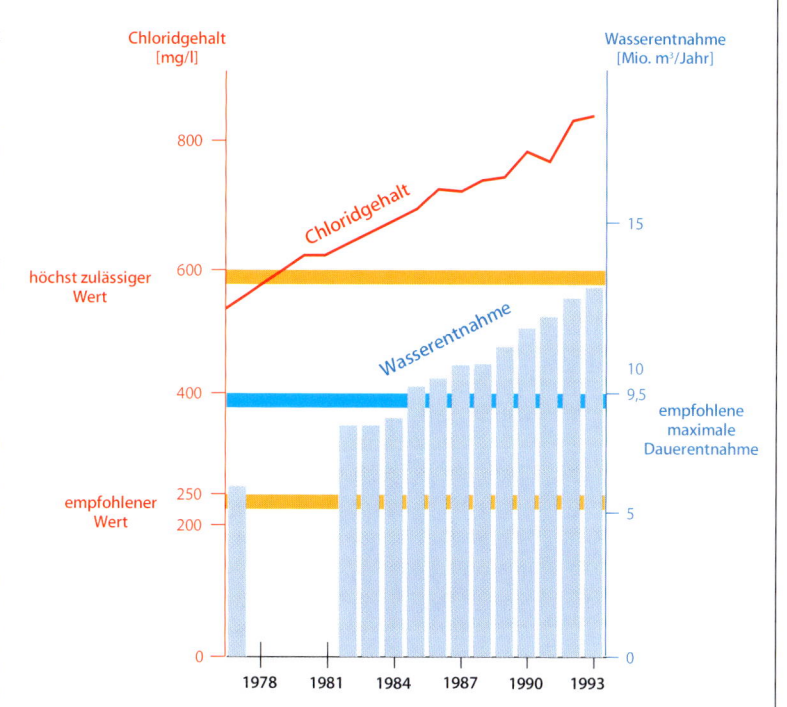

Abb. 4.22. Wasserentnahme und Salzgehalt im küstennahen Grundwasservorkommen bei Djibouti

In Trockengebieten ist in den Grundwässern häufig schon von Natur aus relativ viel Salz enthalten, wie z. B. auf der Arabischen Halbinsel in Kuwait, Saudi-Arabien, Bahrain und Qatar. Wird hier das süßere Wasser abgebaut, steigt der Salzgehalt soweit an, daß die tolerierbare Grenze der Gesamtmineralisation schnell überschritten ist.

Auch zahlreiche Megastädte in Küstennähe, wie z. B. Jakarta in Indonesien, haben das Problem, daß mit der Übernutzung des ursprünglich vorhandenen Süßwasserreservoirs im Untergrund ihres Stadtgebietes Salzwasser von der Meeresseite eindringt. Mit Hilfe von geohydraulischen Modellrechnungen können diese Vorgänge nachvollzogen werden. Darauf aufbauend können technische und wasserwirtschaftliche Maßnahmen zu ihrer Eingrenzung geplant werden.

Anthropogene Verunreinigungen

- **Siedlungsabwässer**

Die größte Rolle spielen bei der weltweiten Wasserverschmutzung die Siedlungsabwässer, d. h. die flüssigen Abfälle unseres täglichen Lebens. Die davon ausgehenden Kontaminationen finden sich dementsprechend besonders in Regionen mit hoher Bevölkerungsdichte. Die in den Abwässern enthaltenen löslichen Stoffe sind großenteils wichtige Pflanzennährstoffe, so daß in Flüssen und Seen, die mit ungeklärten häuslichen Abwässern belastet sind, Algen zu wachsen beginnen (Eutrophierung). Auch die Küstengewässer werden dadurch stark belastet, wie es von der Ostsee und den Küsten der Adria bekannt geworden ist.

Während in den industrialisierten Ländern die Beschaffenheit der Einleitungen von geklärtem Abwasser häufig schon so weit verbessert ist, daß sie die Qualität von Flußwasser kaum verschlechtern, verschmutzen die ungeklärten Siedlungsabwässer in vielen armen Ländern der Welt die Vorfluter noch sehr stark mit hohen Konzentrationen an Schadstoffen. Andererseits sind die Menschen in solchen Ländern auf diese Gewässer als Wasserressource angewiesen und haben unter der schlechten Qualität besonders zu leiden. So haben z. B. im Jemen weniger als 2/3 der Bevölkerung Zugang zu hygienisch unbedenklichem Wasser.

Durch die geregelte Wasserversorgung entstehen größere Mengen an Schmutzwasser, die aber auch wieder entsorgt werden müssen. Das genutzte Wasser muß zumindest geregelt abgeleitet werden oder – besser – nach einer Reinigung wiederverwendet werden.

Die schadlose Entsorgung von Wasser wird meist nicht für so dringend angesehen und ist nicht so populär wie die Versorgung mit gutem Wasser und außerdem im Durchschnitt etwa doppelt so teuer. Wenn die Kosten der Entsorgung in den Preis für das Wasser eingeschlossen werden, bedeutet das eine Verdreifachung der Wasserkosten. Deshalb sind früher häufig zunächst Maßnahmen der Versorgung durchgeführt worden. Heute soll nach internationalem Standard möglichst keine Wasserversorgung neu eingerichtet werden, wenn nicht auch ein realisierbares Konzept für die Entsorgung besteht (BMZ 1995).

- **Industrielle Abwässer**

Auch die Verschmutzung durch industrielle Abwässer findet sich hauptsächlich in Regionen mit hoher Bevölkerungsdichte. Sie wirkt sich insbesondere in solchen Ländern aus, in denen im Zuge junger Industrialisierung eine starke Entwicklung stattgefunden hat. Bei bestimmten Technologien werden stark wassergefährdende Stoffe verwendet, die auch zu spektakulären Wasserverschmutzungen geführt haben (z. B. Cyanid bei der Erzaufbereitung, organische Schadstoffe, Quecksilberverbindungen in der chemischen Industrie). Bei anderen Abwasserarten ist die Toxizität weniger stark. In den heute hochindustrialisierten Ländern, wie in Europa, hat die Erkenntnis der Notwendigkeit des Umweltschutzes bereits zu ersten Erfolgen geführt, so daß hier die Gewässerverschmutzung nicht mehr so gravierend ist.

- **Landwirtschaft**

Durch ihre flächenhafte Verbreitung bewirkt die Landwirtschaft die insgesamt wichtigste Beeinträchtigung der Wasserbeschaffenheit. *Phosphate* werden durch oberirdische Abschwemmungen in die Gewässer gespült, der Düngerwirkstoff *Nitrat* und Pflanzenbehandlungsmittel, wie *Herbizide* und *Pestizide,* wandern mit dem Sickerwasser durch den Boden und verschmutzen das Grundwasser unter den bewirtschafteten Flächen. Die Kontamination beschränkt sich derzeit noch hauptsächlich auf die oberen Teile des Grundwasserkörpers, aber es ist eine Frage der Zeit, wann sie sich auf größere Tiefen ausbreitet. Durch eine bundesweite Studie wurden von Wendland et al. (1993) die Düngeranwendungen mit der Dynamik des oberflächennahen Grundwassers modellhaft verknüpft und so eine Prognose der Nitratkonzentration im Grundwasser versucht.

Im Flachland von Niedersachsen reichen die erhöhten Konzentrationen von *Nitrat* derzeit im Durchschnitt bis etwa 30 m unter Gelände (Abb. 4.23). Dieser Schadstoff wird unter bestimmten geochemischen Bedingungen im Boden abgebaut, was seine weitere Ausbreitung gewöhnlich verhindert. Wenn aber in tieferen Grundwasserstockwerken älteres, unkontaminiertes Grundwasser für die Trinkwasserversorgung gefördert wird, besteht die Gefahr, daß das junge belastete Wasser dadurch verstärkt in die tieferen Schichten hinuntergezogen wird, so daß sich die anthropogenen Kontaminationen bis dorthin ausbreiten.

In Deutschland sind derzeit knapp 30 % der Wasserproben, die aus Grundwassermeßstellen entnommen werden, mit *Pflanzenbehandlungsmitteln* verunreinigt; bei 10 % von ihnen liegen die Gehalte erheblich über dem zulässigen Grenzwert. Wie auch beim Nitrat besteht das Problem darin, daß die Stoffe sich leicht im Wasser lösen und durch den Boden wenig zurückgehalten werden. Einmal im Grundwasser, bleiben sie entsprechend dessen Verweilzeit sehr lange im Untergrund und benötigen besondere chemische Bedingungen, um abgebaut oder zu weniger problematischen Stoffen umgewandelt zu werden. Manche dieser Stoffe bilden beim Abbau Metaboliten, die stärker toxisch sind als sie selber.

- **Versauerung**

Die Versauerung ist eine weitverbreitete Belastung der Gewässer. Sie entsteht durch die Belastung der Luft und der Niederschläge mit gasförmigen Abfallprodukten der Zivilisation. Dabei handelt es sich vor allem um Kohlendioxid und Stickstoffoxide aus der Energiegewinnung, die Stickstoffoxide und Ammoniak auch aus der landwirtschaftlichen Fleischproduktion. Fällt der mit diesen Gasen angereicherte Regen in Regionen, deren Gesteine die Säure nicht neutralisieren können, dann weisen auch das abfließende Wasser und das Grundwasser hohe Säuregrade auf. Als Folge davon kann das Wasser in Bächen und Seen pH-Werte erreichen, die von Fischen nicht mehr toleriert werden.

- **Andere wassergefährdende Schadstoffe**

Insbesondere bei unsachgemäßem Transport und Umgang gelangen wassergefährdende Stoffe in den Vorfluter oder versickern in den Boden und verschmutzen dadurch das Grundwasser. Hierbei handelt es sich vor allem um solche Stoffe, die aus Erdöl hergestellt werden. Aber auch aus Abfalldeponien, die nicht gegen die Mobilisierung der in ihnen enthaltenen Schadstoffe gesichert sind, und aus anderen Altlasten können Verunreinigungen des Bodens und Grundwassers ausgehen. Die von solchen Quellen verursachten Kontaminationen sind zwar meist punktförmig und örtlich begrenzt, verursachen aber, wenn das Grundwasser betroffen ist, u. U. einen großen Sanierungsaufwand.

Besondere Probleme beim Schutz der Wasserqualität in Trockengebieten

In Trockengebieten werden die dort besonders wertvollen Wasserressourcen in ihrer Beschaffenheit in vielerlei Weise gefährdet. Die Gefährdungen gehen ganz allgemein von drei Nutzungsformen des Wassers aus:

1. Durch die Entnahme von süßem Grundwasser kann angrenzendes mineralisiertes Wasser mobilisiert werden.

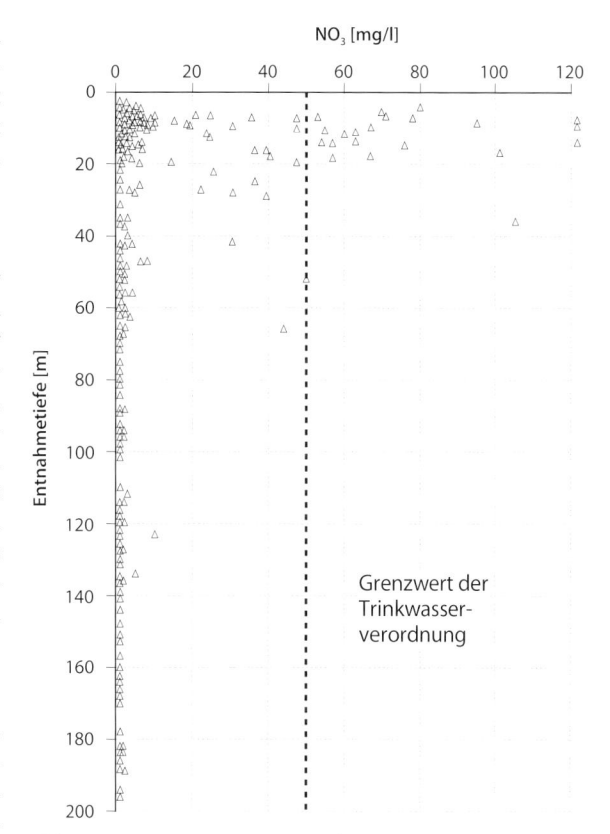

Abb. 4.23. Nitrat-Konzentration im flachen Grundwasser des nördlichen Niedersachsen (nach Hahn 1991)

2. Durch die allgemeine Bodennutzung durch den Menschen (Landwirtschaft, urbane Bebauung, Umgang mit wassergefährdenden Stoffen und Abfällen) können Stoffe vom Boden in das Grundwasser eingetragen werden.
3. Durch die Nutzung des Wassers und seine Entsorgung nimmt das Wasser hauptsächlich unerwünschte Stoffe auf und transportiert sie weiter.

In Trockengebieten ist süßes Grundwasser häufig von Salzwasser umgeben und steht mit diesem in hydraulischem Kontakt. Durch die beim Pumpen unvermeidliche lokale Druckabsenkung in einem Brunnen wird mit dem Süßwasser auch das Salzwasser mobilisiert und allmählich zum Brunnen gezogen. Da die Grenze Süß-/Salzwasser im Fall der Unterlagerung des Süßwassers durch das Salzwasser dabei aus Gründen des Gleichgewichts wesentlich stärker ansteigt als der Spiegel des Süßwassers absinkt, kann diese Entwicklung mit Hilfe von Wasserspiegelmessungen nicht sicher beobachtet werden. Es müssen zur Kontrolle Wächterbrunnen in die Übergangszone gesetzt werden, in denen die Veränderungen des Salzgehaltes mit der Tiefe direkt beobachtet werden können, wie z. B. in der Umgebung der künstlichen Grundwasserneubildung unter einem Tajamar (vgl. Abb. 4.16).

Alle Arten von Kontaminationen, die in Ländern mit feuchterem Klima das Grundwasser gefährden und in den entwickelten Ländern häufig beobachtet werden, sind auch in Ländern der Trockengebiete zu erwarten. Sie sind hier jedoch gefährlicher, weil das Grundwasser knapper und damit wertvoller ist. Außerdem ist oftmals die Schutzfunktion der Grundwasserüberdeckung schlechter. So hat der Boden in ariden Gebieten häufig keine biologische Abbauwirkung, da in ihm die entsprechenden Lebewesen fehlen. Liegt das unverwitterte geklüftete Gestein offen, können Schadstoffe leichter in die tieferen Schichten vordringen. Hinzu kommt, daß hier die Verdünnung von Schadstoffen durch unbelastetes Sickerwasser stark verringert ist. Vorbeugender Grundwasserschutz ist deshalb in Trockengebieten besonders wichtig.

Die größte Gefahr für die nachhaltige Entwicklung eines Gebietes in trockenem Klima geht von der Nutzung des Wassers selber aus, weil der Gebrauch von Wasser eine der natürlichen Umwelt fremde Handlung darstellt. Eine den natürlichen Verhältnissen nicht entsprechende, unangepaßte Wassernutzung führt zu Umweltproblemen, wie Bodenbelastung und Gewässerverschmutzung, die dann ihrerseits die natürlichen Lebensgemeinschaften und mit ihnen auch den Menschen bedrohen.

Anders als im humiden Klima kontaminieren Ableitungen von Schmutzwässern in Trockengebieten nicht nur die Oberflächengewässer, sondern sie sind hier auch eine Gefahr für das Grundwasser, da die Gewässer meist in den Untergrund einspeisen, „influent" sind. Die Kontaminationen breiten sich so vom verschmutzten Gewässer nach allen Seiten in wertvolle Grundwasservorkommen aus. Um das Grundwasser zu schützen, ist also auch die Abwasserbehandlung in Trockengebieten noch wichtiger als in unserem Klima.

- **Nutzung in ländlichen Gebieten**

Typisch für aride ländliche Gebiete ist die Gefährdung durch Bewässerung. Durch die Versalzung des Bodens aufgrund ungeeigneter Bewässerungspraktiken sind weltweit 100 Mio. ha bewirtschaftete Bodenfläche gefährdet (Hennessy 1993). Praktisch unvermeidlich und in Trockengebieten besonders gefährlich ist auch das Auswaschen von Agrochemikalien (Dünger oder Pflanzenschutzmittel) aus dem Boden und ihre Anreicherung im Sicker- und Grundwasser. Für die Dauerhaftigkeit einer Grundwassernutzung ist daher auch entscheidend, ob das Wasser im Fördergebiet selber angewendet wird und dadurch die örtlichen Ressourcen gefährdet werden oder ob es zum Nutzungsort hintransportiert wird (Lloyd 1992).

Auch eine Verbesserung der Versorgung mit gutem Wasser kann zu Problemen durch Grundwasserverschmutzung führen. Aufgrund der Erschließung von Tränkwasser und des damit verbundenen verstärkten Viehbesatzes kann beispielsweise, abgesehen von der Gefährdung des Bodens durch die Überweidung, das Grundwasser im Umkreis der neuen Viehtränken verunreinigt werden. In ländlichen Siedlungen fällt durch die geregelte Wasserversorgung statt der früheren trockenen Fäkalienentsorgung nun Abwasser zur Entsorgung an, das häufig in Gruben zur Versickerung gebracht wird und so die Grundwasserbeschaffenheit langfristig gefährdet.

- **Nutzung in städtischen Gebieten**

Auch in städtischen Gebieten trockener Länder ist die Grundwasserbeschaffenheit gefährdet, allein schon durch den notwendigen Import von zusätzlichem Wasser, das nach dem Gebrauch verschmutzt anfällt. Zum häuslichen Verbrauch kommt hier noch die industrielle Wassernutzung und -verschmutzung sowie der unsachgemäße Umgang mit wassergefährdenden Stoffen und Abfällen hinzu. Das verschmutzte Wasser wird häufig nicht oder nicht ausreichend gesammelt und gereinigt und versickert im Untergrund, wodurch es zu weiteren Verschmutzungen oder Versalzungen kommen kann.

- **Nutzung im Bergbau**

In manchen Trockengebieten spielt der Bergbau eine große Rolle in der Wasserwirtschaft. Er benötigt für die Erzaufbereitung große Wassermengen und tritt damit in Konkurrenz mit der Landwirtschaft und der öffentlichen Wasserversorgung. Andererseits können große, im Bergbau unerwünschte Grundwassermengen für andere Nutzer verfügbar gemacht werden, wenn deren Qualität ausreicht (z. B. in Namibia).

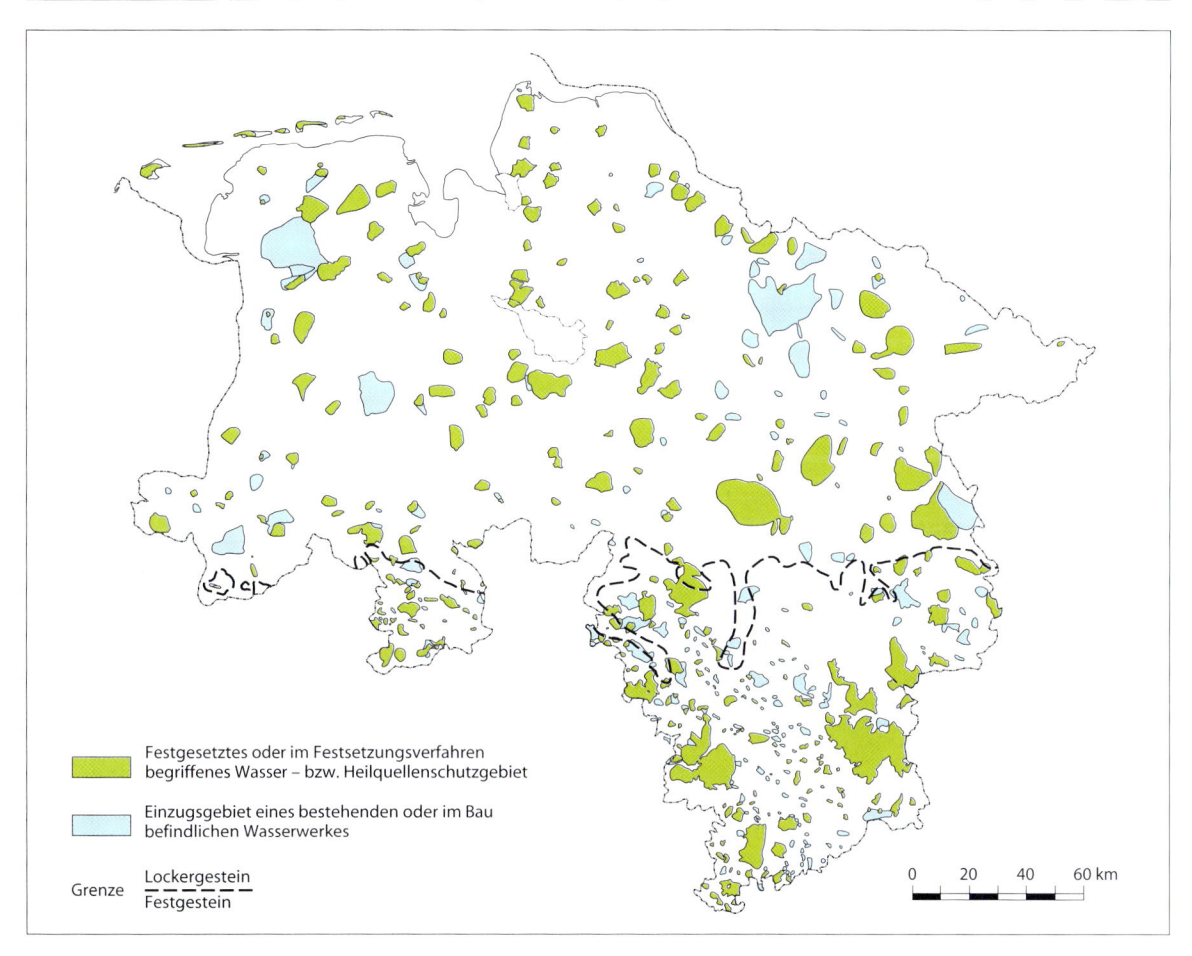

Abb. 4.24. Trinkwasser- und Heilquellenschutzgebiete in Niedersachsen, Stand 1988 (nach Hahn 1991)

Hydrogeologische Grundlagen zum Gewässerschutz

Der Gewässerschutz ist in Deutschland seit langer Zeit in vorbildlicher Weise gesetzlich geregelt. Neben dem Schutz der Oberflächengewässer mit Hilfe von Emissionsgrenzwerten und emissionsbezogenen Abgaben wird dem Schutz des Grundwassers eine besondere Bedeutung zugemessen. Das Grundwasser stellt die wichtigste Grundlage für die Trinkwasserversorgung dar. Gewisse Selbstreinigungsprozesse nach eventuellen Schadensfällen laufen im Untergrund nur sehr langsam ab (SRU 1998). Die Bestimmungen zum allgemeinen („flächendeckenden") Grundwasserschutz richten sich deshalb nach dem Vorsorgeprinzip und streben nicht die Einhaltung von Immissionsgrenzwerten, sondern die jeweils geringstmögliche Veränderung des natürlichen Zustands an.

Zur Beobachtung des Zustands der Gewässer werden durch die Länderbehörden Pegel und Grundwassermeßstellen betrieben, an denen Wasserstand und Wasserbeschaffenheit regelmäßig kontrolliert werden. Die Einrichtung der Grundwasserpegel, d. h. Standortwahl, Bauart und -tiefe, muß den hydrogeologischen Gegebenheiten und der örtlichen Fragestellung angepaßt sein. Sie wird deshalb i. a. nach Angaben der Staatlichen Geologischen Dienststelle vorgenommen. Wegen der meist komplizierten Fließwege im Untergrund ist die räumliche und zeitliche Variabilität der Daten sehr groß – die Stichproben dürfen nicht überinterpretiert werden.

Zusätzlich zum allgemeinen Grundwasserschutz werden im Einzugsbereich von Wasserfassungen für die öffentliche Trinkwasserversorgung Trinkwasserschutzgebiete festgesetzt, in denen Beschränkungen für die Bodennutzung, soweit sie das Grundwasser gefährden können, auferlegt werden. Die Auflagen sind der Strenge nach in drei Zonen gegliedert, richten sich aber auch nach dem hydrogeologischen Aufbau des Gebietes. Nur nach eingehender hydrogeologischer Untersuchung kann deshalb ein Trinkwasserschutzgebiet abgegrenzt und können die Nutzungsbeschränkungen im einzelnen festgelegt werden. 10,4 % der Landesfläche von Deutschland sind als Trinkwasserschutzgebiete ausgewiesen, in Niedersachsen überdecken sie (Stand 1988) eine Fläche von 4 400 km^2 (Abb. 4.24).

Andere Entscheidungen bei der Raumordnung, die Einschränkungen oder Festlegungen der Bodennutzung bedeuten, beziehen sich auf konkurrierende Nutzungsansprüche hinsichtlich oberflächennaher Massenrohstoffe wie Kies und Sand oder auch Kalkstein, die wichtige Grundwasservorkommen enthalten können. Wichtigste Grundlagen für solche Arbeiten sind – soweit vorhanden – amtliche hydrogeologische Karten, die durch die Geologischen Dienststellen der Länder erstellt werden. Dank der Entwicklung der elektronischen Datenverarbeitung werden Informationen über den Boden, den geologischen Aufbau des Untergrundes und über das Grundwasser auch immer stärker in Datenbanken erfaßt, so daß für die unterschiedlichen Fragestellungen passende Informationen abgefragt, kombiniert und ausgewertet werden können.

Eine in neuerer Zeit sehr gefragte Auswertung durch die Kombination verschiedener Datenarten und Informationen ist die Verschmutzungsempfindlichkeit des Grundwassers (Vulnerabilität) oder – positiv ausgedrückt – die Schutzfunktion der Grundwasserüberdeckung. Es wird dabei beurteilt, wie leicht das Grundwasser durch wassergefährdende Stoffe von der Erdoberfläche her kontaminiert werden kann bzw. wie stark solche Stoffe in der Grundwasserüberdeckung gehemmt, zurückgehalten oder abgebaut werden. Hierfür sind Kenntnisse über die maßgebenden Eigenschaften des Bodens und der Schichten über dem Grundwasser erforderlich. Je nach Fragestellung werden verschiedene Parameter aufgenommen, mit unterschiedlicher Gewichtung versehen und mit unterschiedlicher räumlicher Auflösung ausgewertet.

Die BGR hat eine Karte der Verschmutzungsempfindlichkeit des Grundwassers in Deutschland im Maßstab 1 : 1 Million fertiggestellt und ist derzeit in mehreren Projekten der Technischen Zusammenarbeit mit ihren Partnern an solchen Ausarbeitungen beteiligt, u. a. in Botswana, Paraguay, Nepal, Thailand und Jordanien. In Jordanien wurde eine Karte der Vulnerabilität des Grundwassers im Maßstab 1 : 100 000 der nördlichen Region erarbeitet, wobei die hemmende Wirksamkeit der Schichten über dem Grundwasserspiegel und ihre Mächtigkeit miteinander kombiniert und in fünf Klassen der Empfindlichkeit bzw. der Schutzfunktion bewertet wurden.

Aufgaben Geologischer Dienste bei der nachhaltigen Erschließung und dem Schutz des Wassers

Grundwasser ist weltweit die wichtigste Quelle für die Versorgung mit Trinkwasser. In vielen Ländern ist es darüber hinaus von ausschlaggebender Bedeutung für wichtige Wirtschaftszweige wie Industrie, Landwirtschaft und Bergbau.

Geologische Dienste stellen die geowissenschaftlichen Kenntnisse und die Infrastruktur zur Verfügung, um Basisdaten über Grundwasservorkommen zu sammeln und auszuwerten. Erst dadurch wird staatliches Planen und Handeln mit dem Ziel der nachhaltigen Nutzung und des Schutzes der Gewässer möglich.

Die Aufgaben der Geologischen Dienste erfolgen in Zusammenarbeit und Abstimmung mit den Universitäten und Forschungseinrichtungen, die in diesem Zusammenhang ebenfalls aktiv sind, und umfassen u. a.

- die Mitwirkung bei der Formulierung gesetzlicher Regelungen zum Gewässer- und Bodenschutz,
- die Fortentwicklung von Untersuchungsmethoden im Vorfeld der praktischen Nutzung,
- die Sammlung und Dokumentation von Basisdaten über Grundwasserressourcen,
- die Bewertung und Abstimmung bei grenzüberschreitenden Grundwasserressourcen,
- die Publikation übersichtsmäßiger Darstellungen über Grundwasser (hydrogeologische Karten) als staatliche Planungsgrundlage für die Daseinsvorsorge.

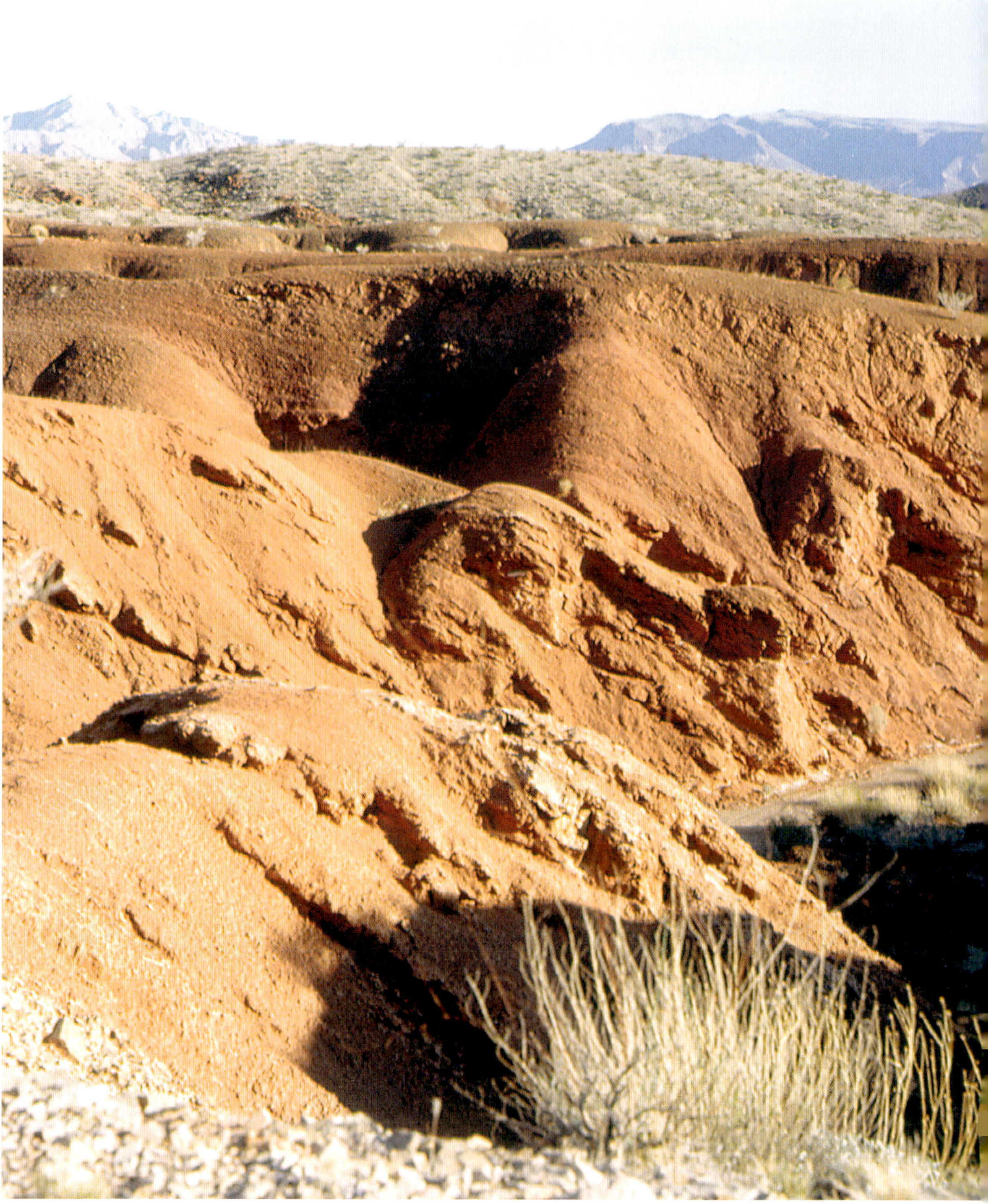

5 Boden

Ein schützenswertes Gut, das alle angeht

Der Boden im geoökologischen Sinn hat die unterschiedlichsten Funktionen. Er ist Lebensraum und Lebensgrundlage für den Menschen sowie für Flora und Fauna, aber auch Ausgleichskörper in den Stoff- und Wasserkreisläufen. So dient er aufgrund seiner Filter-, Puffer- und Stoffumwandlungsfähigkeiten unter anderem dem Schutz des Grundwassers.

Der Mensch ist in vieler Hinsicht auf den Boden angewiesen. Übernutzung und/oder unsachgemäße Nutzung führen dazu, daß der Boden seine Funktionen als Lebensraum und Ernährungsgrundlage verliert.

Die Forderung nach nachhaltiger Entwicklung (sustainable development) setzt daher speziell auch bei der Bodennutzung an. Unsere Verantwortung besteht darin, heute dafür Sorge zu tragen, daß auch in Zukunft gesunder Boden in ausreichendem Umfang zur Verfügung steht.

◀ **Abb. 5.1.**
Infolge Überweidung entstandene „Badlands" im trockenen Westen der USA (Nevada)

Böden sind (fast) überall

Entstehung und Funktionen

Boden ist die belebte Verwitterungsschicht der Erde. Er bildet den Übergangsbereich von der Erdoberfläche zum unverwitterten Gestein und überzieht die Erdoberfläche als eigenständiger Naturkörper fast lückenlos (vgl. Kasten 5.1 und Abb. 5.2).

Der gesamte Stoffkreislauf der belebten Natur ist in vielfältiger Form mit dem Boden verbunden. Das betrifft insbesondere die Produktion unserer Nahrungsmittel und die Zurückführung der verbrauchten Stoffe in den Naturkreislauf. Weiterhin ist der Boden Standort für Siedlung, Gewerbe, Industrie und Verkehr. Der Boden nimmt deshalb bei unseren Lebensgrundlagen eine zentrale Stellung ein. Das komplexe Wirkungsgefüge, in das der Boden eingebettet ist, wird in Abb. 5.3 skizziert.

Ausgangsprodukt der Böden sind die Gesteine, die normalerweise durch geologische Prozesse, untergeordnet aber auch durch den Menschen, an den Ort der Bodenbildung gelangt sind. Unmittelbar nach der Platznahme der Ausgangsgesteine, z. T. auch schon während eines sich über lange Zeit hinziehenden Ablagerungsprozesses, werden die Gesteine durch die vielfältigen, an der Erdoberfläche wirksamen Bedingungen überprägt. Bodenbildende Standortfaktoren sind neben den Gesteinen im wesentlichen Klima, Relief, Vegetation, Grundwasser und der menschliche Einfluß. Weil die Kombination der bodenbildenden Faktoren an den verschiedenen Standorten sehr stark wechselt und bereits geringe Unterschiede wesentliche Veränderungen der Prozeßabläufe zur Folge haben können, sind Böden überall auf der Erde einmalig.

Durch Bodenbildungsfaktoren werden physikalische, chemische und insbesondere biologische Prozesse der Bodenbildung ausgelöst. Dabei wird das Gestein zerkleinert, chemisch verändert, durchmischt und mit organischer Substanz angereichert. Die Intensität dieser Prozesse nimmt im allgemeinen mit zunehmender Tiefe ab. Der Profilaufbau der Böden ist daher im wesentlichen gekennzeichnet durch humosen Oberboden, einen durch Stoffumlagerungen und Gefügebildung deutlich ausgebildeten Unterboden sowie den kaum veränderten Untergrund, der den Oberboden durch kapillar aufsteigendes Grundwasser allerdings noch stark beeinflussen kann. In der Landschaft sind die Böden als Folge des ständigen Wechsels der bodenbildenden Faktoren in ein kompliziertes Bodengefüge (Bodenvergesellschaftung) eingebettet.

Der unterschiedliche Profilaufbau der Böden und seine Einbindung in das jeweilige Bodenmosaik haben letztlich verschiedene Eigenschaften und Potentiale zur Folge, wodurch wiederum die nachfolgend aufgeführten „Bodenfunktionen" im Landschaftshaushalt und in der Landnutzung in unterschiedlicher Weise „wahrgenommen" werden:

- Durch ihr Filter-, Puffer- und Umsetzungsvermögen erfüllen die Böden eine wesentliche Aufgabe im Stoffhaushalt einer Landschaft und für die Stabilität von Ökosystemen; sie sind gleichzeitig Wasserspeicher und Schutzschicht des Grundwassers.
- Ihre Leistungspotentiale sind Lebensgrundlage und Lebensraum für Pflanzen, Tiere und Menschen.
- Die Böden dienen als wichtiger Produktionsfaktor der Land- und Forstwirtschaft, und
- sie sind Standort insbesondere für Siedlung, Verkehr und Erholung.

Um die vielfältigen Funktionen auf Dauer zu erhalten, ist eine Berücksichtigung der Bodeneigenschaften, Potentiale und Empfindlichkeiten bei allen Bodennutzungen unumgänglich.

Erfassung der Informationsgrundlagen

Je nach Bodennutzung müssen die verschiedenen Eigenschaften, Potentiale und Empfindlichkeiten, aber auch bereits vorliegende Belastungen hinreichend berücksichtigt werden. Die dementsprechend zur Verfügung zu stellenden Informationen enthalten daher Daten über Verbreitung, Eigenschaften und Veränderungen von Böden. Darüber hinaus müssen Bewertungsmethoden bereitstehen, um die gewonnenen Daten für konkrete Fragen auswerten zu können.

Die Datenbereitstellung erfolgt im Rahmen der systematischen bodenkundlichen Landesaufnahmen durch die Staatlichen Geologischen Dienste bzw. im Rahmen von Projekten. Die Bodenverbreitung wird dabei anhand der Bodenkartierung ermittelt. Weil der Boden als Folge eines komplizierten Faktorengefüges auf engem Raum sehr stark wechseln kann, ist seine kartiertechnische Erfassung sehr aufwendig. Um die dazu erforderlichen Arbeiten so effektiv wie möglich zu gestalten, geht der Kartierung eine Analyse der Faktorengefüge voraus. Das Ergebnis dieses ersten Schrittes ist eine „Konzeptbodenkarte", die die Basis einer systematischen Erfor-

Die Böden – Ein Schlüssel zum Verständnis der Landwirtschaft (Kasten 5.1)

Während unsere klimatisch gemäßigten Breiten mit jungen (holozänen) Böden gesegnet sind, herrschen in den Tropen sehr alte (tertiäre) Böden vor. In Abb. 5.2 sind links eine unfruchtbare tropische Roterde [FAO-Nomenklatur: Acrisol (Lat. *acer* = sauer)] auf tertiärer Landoberfläche (Peneplain) mit mächtiger Bohnerzauflage in der Nähe des Cerro Bolivar in Venezuela, rechts eine fruchtbare mitteleuropäische Parabraunerde [FAO Nomenklatur: Luvisol (Lat. *luere* = Durchschlämmung)] auf einer pleistozänen Flußterrasse im Klettgau in Südbaden dargestellt.

Beide Bodentypen, die zu den jeweils verbreitetsten ihrer jeweiligen Klimagebiete gehören, sind durch vertikale Tonverlagerung geprägt. Im Unterschied zu den seit der letzten Eiszeit entstandenen mitteleuropäischen Luvisolen sind die tropischen Acrisole aber in Hunderttausenden bis Millionen Jahren entstanden und befinden sich im Endstadium der Tonverlagerung. Aufgrund ihrer extrem langen Bodenbildung unter dem Einfluß von feuchtwarmem Klima sind sie generell sauer bis stark sauer in der Bodenreaktion (pH-Wert) und weitestgehend ausgewaschen (entbast), während Eisen und Aluminium als Oxide (Bohnerze) zurückblieben (Residualanreicherung).

Infolge ihrer intensiven Verwitterung bilden Acrisole – im Unterschied zu den Luvisolen – allgemein nährstoffarme Standorte, die nur mittels Wanderfeldbau temporär ackerbaulich genutzt werden können oder ständig in geringen Dosen (Applikationsraten) gedüngt werden müssen. Aufgrund ihres geringen Nährstoffspeichervermögens (Kationenaustauschkapazität) erlauben die Acrisole keine „Nährstoff-Vorratshaltung".

Abb. 5.2. Beispiele aus zwei Bodenregionen der Erde: **a** Unfruchtbare tropische Roterde in Venezuela; **b** fruchtbare mitteleuropäische Parabraunerde. Taschenmessergriff (**a**) ca. 10 cm lang; Farbtafel (**b**): 10 × 30 cm

schung des bodenkundlichen Inventars im Gelände ist. Bei der Geländearbeit werden die Bodenoberfläche, der Bewuchs und andere durch Augenschein feststellbare Merkmale festgehalten und an ausgewählten Punkten Profilaufnahmen durch Bohrungen und Schürfe bis zwei Meter Tiefe vorgenommen.

Bei den Arbeiten im Gelände werden normalerweise nur manuell oder optisch feststellbare Schätzwerte ermittelt. Die genauen Bodeneigenschaften lassen sich nur durch Bodenanalytik im Labor ermitteln. Eine systematisch ausgewählte Teilmenge der Geländebefunde wird deshalb beprobt und im Labor auf die jeweiligen physikalischen, chemischen und biologischen Eigenschaften untersucht.

Um auch Veränderungen von Bodeneigenschaften ermitteln zu können, die erst über längere Zeiträume feststellbar sind, werden Bodendauerbeobachtungsflächen (BDF) eingerichtet. Diese werden durch gezielte Versuchsanordnungen ergänzt, anhand derer Szenarien zur Be- und Entlastung von Böden durch intensive bzw.

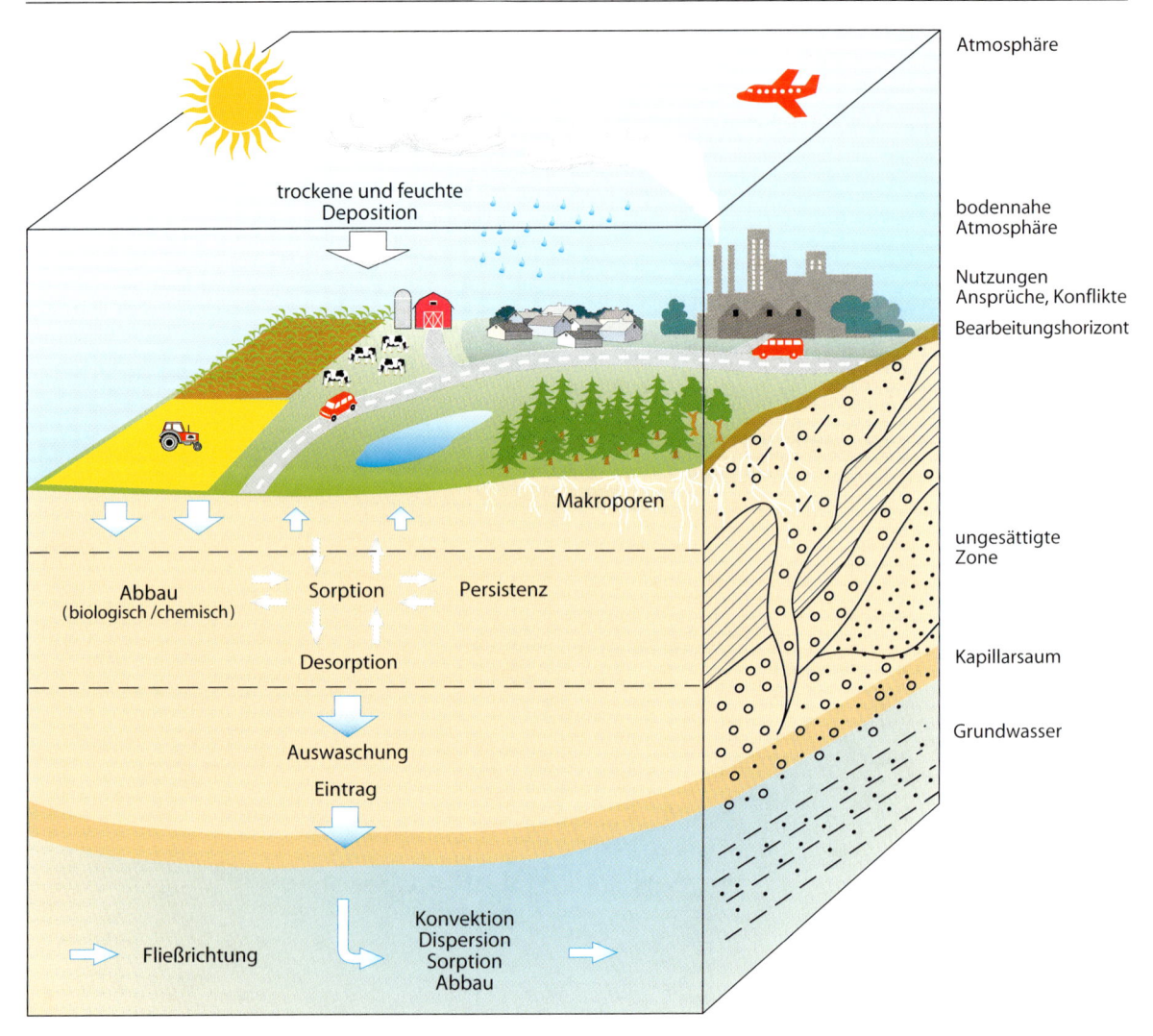

Abb. 5.3. Aufbau, Funktionen, Nutzungen und Belastungen des Bodens

extensive Bodennutzungsformen quasi im Zeitraffer simuliert werden können. Die Auswahl der BDF und der angegliederten Versuche orientiert sich an dem wesentlichen Bodeninventar des Untersuchungsraumes, wobei unterschiedliche Belastungsfaktoren berücksichtigt werden. Die Ergebnisse dieser am intensivsten untersuchten Böden ergeben in Verbindung mit den übrigen laboranalytisch punktuell untersuchten Böden und den Kartierergebnissen letztlich eine flächendeckende Darstellung.

Die Bewertungsmethoden werden im Rahmen aufwendiger Forschungsvorhaben prototypisch an Forschungseinrichtungen entwickelt. Von den Staatlichen Geologischen Diensten werden diese Ergebnisse übernommen, an die verfügbare Datenlage angepaßt bzw. ergänzt und schließlich so dokumentiert, daß ihre routinemäßige Anwendung möglich ist.

Die zeit- und bedarfsgerechte Bereitstellung der erhobenen Informationsgrundlagen sowie ihre Pflege ist wegen des Informationsumfangs manuell nicht möglich. Deshalb wurde schon sehr früh damit begonnen, alle wesentlichen Arbeiten (Erfassen, Speichern, Weiterverarbeiten, Ausgeben) durch moderne DV-Technik zu unterstützen. Das setzt zunächst eine Normung aller

Begriffe voraus. Für den Fachbereich Boden der Staatlichen Geologischen Dienste ist das weitgehend erreicht. Die Möglichkeit, die DV-Technik auch für die einzelnen Arbeitsabläufe (Kartierung, Analytik, BDF, Methodenentwicklung und Anwendung) nutzbar zu machen, erfordert die Entwicklung veränderter Arbeitsverfahren. Zwischenzeitlich sind die Entwicklungsarbeiten dazu so weit fortgeschritten, daß alle wesentlichen Arbeiten von der Erfassung bis zur Bereitstellung der Informationen mit einem durchgängig organisierten Bodeninformationssystem erledigt werden können.

Bodennutzung und Bodendegradation

Entwicklung der Bodennutzung

Ackerbauliche Bodennutzung begann vor rund 9 000 Jahren auf fruchtbaren Schwemmlandböden im Nahen Osten und Nordafrika. Von den Ufern des Nils in Ägypten bis zu den Ufern von Euphrat und Tigris in Mesopotamien entstanden in einem weiten Bogen, dem sogenannten fruchtbaren Halbmond, erste Hochkulturen auf der Basis entwickelter Bodenkultur und Bewässerungstechniken.

In Deutschland gibt es vergleichbaren Ackerbau seit etwa 6 500 Jahren. Bis zum Beginn der europäischen Zeitrechnung basierte dieser auf reinem Hackbau und der gespanngezogenen Bearbeitung mit Haken. Im ersten Jahrhundert vor Beginn unserer Zeitrechnung entstand der bodenwendende Pflugbau, der jedoch erst im Zuge der Intensivierung der Landwirtschaft seit Mitte des 19. Jahrhunderts weite Verbreitung fand. Rund 2 000 Jahre, in Deutschland teilweise bis zu Beginn dieses Jahrhunderts, blieben neben den Pflügen überwiegend nichtbodenwendende Haken in Gebrauch.

Vor rund 150 Jahren setzte dann eine in der bisherigen Menschheitsgeschichte einzigartige Intensivierung der Landwirtschaft ein. Im Zuge der raschen Industrialisierung und des sich seit dem 19. Jahrhundert verstärkt auswirkenden exponentiellen Bevölkerungswachstums erhöhte sich der Verbrauch von Nahrungsmitteln innerhalb kürzester Zeit um ein Vielfaches. Auf der Grundlage immer neuer agrartechnischer Verbesserungen fanden insbesondere in der Landwirtschaft der Industrieländer mehrere Wellen der Mechanisierung und des Einsatzes von Agrochemikalien, anfangs insbesondere von anorganischen Düngemitteln, statt.

Dank der raschen Innovationsschübe und der zunehmend agroindustriellen Produktionsverfahren konnten die Erträge auf immer neue Rekordhöhen gesteigert werden. Diese Entwicklung erfaßte während der sogenannten „Grünen Revolution" auch die Entwicklungsländer. Für kurze Zeit glaubte man, die Ernährungskrise der Menschheit gelöst zu haben. Alsbald stellten sich jedoch infolge der drastischen Eingriffe in die Böden auch neue, zunehmend verheerendere Bodendegradationsprozesse ein.

In der Regel war der Trend zu immer größeren Maschinen (Abb. 5.4) und immer mehr Agrochemikalien (zunehmend auch Pflanzenschutzmitteln) jedoch nicht von kompensatorischen Anstrengungen des Boden-

Abb. 5.4.
Hochmechanisierte Bodenbestellung in den „Weizensteppen" Zentralasiens, Djizak-Region, Usbekistan

schutzes begleitet. Statt dessen forcierte die zunehmend industrielle Landwirtschaft insbesondere die Prozesse der Bodenerosion. Bereits Mitte des 20. Jahrhunderts waren 25 % der in Kultur genommenen nordamerikanischen Prärieflächen zu „Badlands" degradiert (vgl. Abb. 5.1). Vergleichbare Probleme schufen die gigantischen landwirtschaftlichen Entwicklungsprogramme in der früheren UdSSR. In der Ukraine wehen die „schwarzen Stürme" die fruchtbaren Schwarzerden fort. Abfließendes Regenwasser formt weit verzweigte Erosionsgräben (*gullies*) in ehemals ebenem Gelände.

Darüber hinaus löste die industrielle Intensivierung der Landwirtschaft neue Prozesse der chemischen, physikalischen und biologischen Bodendegradation aus. Bei der Bodennutzung werden derzeit stoffliche Beeinträchtigungen nicht nur billigend in Kauf genommen, sondern teilweise bewußt herbeigeführt, z. B. durch Ausbringen von Klärschlamm auf Ackerflächen oder das Deponieren von entsprechenden Substanzen. Als Folge der in den 50er Jahren einsetzenden hochmechanisierten Bearbeitung sind die Böden heute vielerorts stark verdichtet. Darüber hinaus zerstört der hohe Einsatz von Dünge- und Pflanzenschutzmitteln die stofflichorganische Vielfalt in hohem Maße.

Politisch noch brisanter ist die Situation in vielen Entwicklungsländern des Südens. Der anhaltende Bevölkerungsdruck entlädt sich dort oft in der Ausweitung der Landwirtschaft auf immer erosionsanfälligere Flächen, insbesondere in stark reliefiertem Gelände (Abb. 5.5), entlang der Uferzonen von Flußläufen oder in den verbliebenen Regenwaldgebieten. Die stetige Verkürzung der für tropische Böden essentiellen Brachezeiten und massive Überweidung haben ebenfalls zu verheerender Bodendegradation beigetragen.

Probleme der Bodennutzung

Wenn die derzeitigen, auf Ertragsmaximierung und Rentabilität fixierten Praktiken der Bodennutzung (*soil mining*) weiter fortgesetzt werden, dann werden weltweit viele Agrarflächen, die jetzt noch gute Erträge liefern, in wenigen Jahren irreversible Degradationsschäden aufweisen. Nach Ansicht des Wissenschaftlichen Beirates „Globale Umweltveränderungen" (WBGU) der Bundesregierung wird die Bodendegradation in den nächsten zwei bis drei Dekaden sogar sehr viel deutlicher zu spüren sein als die Folgen des vieldiskutierten globalen Klimawandels.

Abb. 5.5. Kleinbäuerliche Brandrodung im steilen tropischen Hochland (1200 m ü.NN), Provinz Chiang Mai, Nähe Doi Sang, Thailand

Erstmals in der Geschichte unseres Planeten wirkt sich heutzutage menschliches Handeln auf die Erde als Ganzes aus. Das Verständnis der globalen Umweltveränderungen erfordert dringend integrierte Forschungsansätze und Analysemethoden. Die bisherigen Erfolge, vor allem auf dem Gebiet der Naturwissenschaften, beruhen im wesentlichen auf der Analyse meist kleiner, eng abgegrenzter Teilbereiche. Im vielfach gekoppelten Ursachen-Wirkungsgefüge zwischen natürlicher Umwelt und menschlicher Kultur haben wir es jedoch so gut wie nie mit abgekoppelten Einzelphänomenen zu tun. Folgerichtig führte der WBGU in seinem Jahresgutachten 1994 eine neue Methodik zur Diagnose anthropogener „Bodenkrankheiten" ein, die Syndromanalyse. Diese basiert auf einer natur- und sozialwissenschaftlichen Querschnittsanalyse der komplexen „Krankheitsbilder", die sich aus Symptomen wie Erosion, Schadverdichtung oder Kontamination zusammensetzen (Kasten 5.2 sowie Abb. 5.6 bis 5.8).

Aktuelle Belastungen

Die schleichende Zerstörung der Böden ist ein aktiv fortschreitendes Phänomen und ihre Auswirkungen sind längst keine Frage mehr von Spekulationen. In den letzten 50 Jahren ging rund ein Drittel der landwirtschaftlichen Nutzfläche oder ein Sechstel der Landfläche der Erde infolge von Bodendegradation verloren. Und die Zerstörung der Böden, von der Schädigung bis zum totalen Verlust reichend, geht weiter. Dabei unterstreicht schon der Niedergang der antiken Hochkulturen des fruchtbaren Halbmondes, daß der Bestand von menschlichen Kulturen nur gesichert ist, wenn auch die Basis der landwirtschaftlichen Nahrungsmittelproduktion, sprich die Böden, erhalten bleiben.

Vor diesem Hintergrund gewinnen folgende von Friedrich Albert Fallou, einem Begründer der modernen Bodenkunde, bereits 1862 verfaßten Sätze aktuellste Bedeutung:

„Es gibt in der ganzen Natur keinen wichtigeren, keinen der Betrachtung würdigeren Gegenstand als den Boden! Es ist ja der Boden, welcher die Erde zu einem freundlichen Wohnsitz der Menschen macht, er allein ist es, welcher das zahllose Heer der Wesen erzeugt und ernährt, auf welchem die ganze belebte Schöpfung und unsere eigene Existenz letztlich beruhen." (zitiert in Schroeder 1984)

Neben ständig zunehmender Flächenversiegelung infolge des scheinbar unaufhaltsamen Bevölkerungs- und Wirtschaftswachstums sind landwirtschaftliche Bodennutzungspraktiken die Hauptverursacher der Bodendegradation, sei es in den Industrie- oder in den Entwicklungsländern. Erhöhte Erträge pro Flächeneinheit in den Industrieländern und die Bearbeitung marginaler Böden in den Entwicklungsländern führen zwangsläufig zu erhöhter Bodendegradation.

Eine nachhaltige Bodennutzung setzt voraus, daß sowohl die Böden als auch die Bodenfruchtbarkeit substantiell erhalten oder gar verbessert werden. Außerdem darf die Nährstoffbilanz langfristig nicht negativ ausfallen – ein Problem, das insbesondere die Entwicklungsländer betrifft. Das heißt, über längere Zeiträume darf der Nährstoffexport nicht größer sein als die Nährstoffnachlieferung. Zwar kann die Agrarproduktion durch den verstärkten Einsatz von Dünge- und Pflanzenschutzmitteln sowie Hochertragssorten für eine Weile aufrechterhalten oder sogar gesteigert werden – dies gilt allerdings nur bei stetig steigenden Kosten.

Die Trends weisen jedoch seit längerem eindeutig in die entgegengesetzte Richtung. Selbst mit substantiell höheren Nahrungsmittelpreisen darf in Zukunft in den Entwicklungsländern des Südens nur noch mit relativ bescheidenen Flächen an zusätzlichem Ackerland gerechnet werden, die nachhaltig in die Nahrungsmittelproduktion einbezogen werden können. Diese Tatsache unterstreicht, wie wichtig Ertragssicherung und -steigerung sind. Die Erträge können durch externen Energieeinsatz in Form von Maschinen und Agrochemikalien aber auch nur so lange gesteigert werden, wie eine gute Bodenstruktur vorhanden ist. Die konventionelle Bodenbearbeitung führt jedoch zwangsläufig zur Zerstörung der Bodenstruktur, zu Schadverdichtung und Humusverlust. Die „Hammerwirkung" der hochmechanisierten Bodenbearbeitung mit ihren zahlreichen Arbeitsgängen zerstört die Aggregate der Bodenkrume sowohl mechanisch (Pulverisierung) als auch biologisch (Bodengare) und verdichtet die Bodenprofile (Pflugsohle). Die Ackerböden brechen zusammen und die Strukturschäden können nur durch erneute intensive mechanische Bodeneingriffe behoben werden – allerdings nur vorübergehend. Dieser Teufelskreis führt zu hohen Boden-, Wasser- und Nährstoffverlusten, erschwerter Keimung der Saat und geringerem Auflauf der Keimlinge, was zu abnehmenden Erträgen und/oder erhöhtem Energieeinsatz führt.

Die brisantesten aktuellen Belastungen der Böden umfassen weltweit:

- Bodenerosion und Desertifikation,
- Humusverlust und Bodenverdichtung,
- Bodenversalzung und Alkalisierung,
- Bodenkontamination und Überforderung der Senkenkapazität der Böden sowie
- Bodenversiegelung durch Siedlungs- und Straßenbau.

Bodenerosion und Desertifikation

Gegenwärtig gehen weltweit jedes Jahr 25 Mrd. t Boden durch Wassererosion verloren (Abb. 5.9). Allein in der Dritten Welt gehen jährlich rund 20 Mio. ha landwirtschaftlich nutzbarer Fläche – das entspricht vier Fünftel der Fläche der Bundesrepublik Deutschland – durch Bodenerosion verloren. Zurück bleiben weitgehend verwüstete Flächen, die nicht mehr genutzt werden können. So mußten in den zurückliegenden vier Jahrzehnten

Syndrome des Globalen Wandels am Beispiel Boden (Kasten 5.2)

Syndromgruppe Nutzung:

- Bodendegradation durch industrielle Landwirtschaft: „Dust Bowl-Syndrom"
- Landwirtschaftliche Übernutzung marginaler Standorte: „Sahel-Syndrom"
- Raubbau an natürlichen Ökosystemen: „Raubbau-Syndrom"
- Degradation durch Preisgabe traditioneller Bodennutzung: „Landflucht-Syndrom"
- Umweltdegradation durch Bergbau und Prospektion: „Katanga-Syndrom"
- Umweltschädigung durch Massentourismus: „Massentourismus-Syndrom"
- Umweltzerstörung durch militärische Nutzung: „Verbrannte Erde-Syndrom"

Syndromgruppe Entwicklung:

- Fehlplanung landwirtschaftlicher Großprojekte: „Aralsee-Syndrom"
- Bodendegradation durch standortfremde Landwirtschaft: „Grüne Revolution-Syndrom"
- Umweltdegradation im Zuge ungezügelten Wirtschaftswachstums: „Kleine Tiger-Syndrom"
- Umweltdegradation durch ungeregelte Urbanisierung: „Favela-Syndrom"
- Bodenversiegelung durch geplanten Siedlungsausbau: „Suburbia-Syndrom"
- Degradation durch singuläre anthropogene Umweltkatastrophen: „Havarie-Syndrom"

Syndromgruppe Senken:

- Umweltdegradation durch Ferntransport von Schadstoffen (saurer Regen): „Hoher Schornstein-Syndrom"
- Bodenverbrauch durch Deponierung zivilisatorischer Abfälle: „Müllkippen-Syndrom"
- Lokale Kontamination durch industrielle Produktion: „Altlasten-Syndrom"

Tabelle 5.1.
Syndrome des Globalen Wandels

Im Bericht von 1994 unterschied der Wissenschaftliche Beirat „Globale Umweltveränderungen" der Bundesregierung (WBGU) zwölf global wichtige anthropogene „Bodenkrankheiten", die zwei Jahre später um vier auf 16 wichtige „Krankheitsbilder der Erde" erweitert wurden (WBGU 1994, 1996). Die drei Syndromgruppen mit den 16 bisher identifizierten Syndromen sind jeweils durch Beispiele veranschaulicht (Abb. 5.6 bis 5.8).

Abb. 5.6.
Syndromgruppe Entwicklung: Fehlplanung landwirtschaftlicher Großprojekte. Mobile Beregnung in der Wüste mit dramatischen Folgen für das fossile Grundwasser (Absenkung um 800 m in wenigen Jahren) und hoher Bodenversalzungsgefährdung (ein Großteil des Beregnungswassers verdunstet, bevor es den Boden erreicht); Wadi Rum, Jordanien

Bodennutzung und Bodendegradation 87

Abb. 5.7.
Syndromgruppe Nutzung: Umweltdegradation durch Bergbau und Prospektion. Abbau (Abgrabung) von Bodenschätzen (ordovizische Zink-, Blei- und Kupferablagerungen) im Tagebau, Nähe Bungendore, New South Wales, Australien

Abb. 5.8.
Syndromgruppe Senken: Bodenverbrauch durch Deponierung zivilisatorischer Abfälle. Mülldeponie Gokarna, Kathmandu, Nepal

Abb. 5.9.
Rückschreitende Grabenerosion (gully erosion) infolge von Überweidung der Allmende; Arumeru District, Arusha, Tansania

rund 30 % der landwirtschaftlich genutzten Flächen aufgegeben werden, weil der Boden infolge mangelhafter Bewirtschaftung durch Regen und Wind erodierte. Mehr als 25 % der Landoberfläche der Erde und knapp 1 Mrd. Menschen sind heute mehr oder weniger stark von Desertifikation, einer extremen Form der Bodendegradation, betroffen.

Bodenerosion führt zur zeitlich schleichenden Verkürzung des durchwurzelbaren Bodenprofils, zur räumlichen Verlagerung von Nährstoffen einschließlich der Eutrophierung von aquatischen Systemen, zur raschen Verschlechterung der Bodenstruktur und zur stetigen Minderung des Wasserspeichervermögens der Böden. Die Folge sind verminderte Bodenfruchtbarkeit und Ertragseinbußen.

Das Ausmaß dieser Verluste hängt anfänglich von der lokalen Tiefe der Böden ab. Zumindest bis zum Zeitpunkt der völligen Profilausräumung können sie nämlich, wie zuvor erwähnt, durch zunehmend teurer werdende externe Energiezufuhr kaschiert werden („Maskierungseffekt"). Unter dem Gesichtspunkt der Nachhaltigkeit darf langfristig aber nicht mehr Boden verlorengehen, als natürlich neu gebildet werden kann.

Oftmals leisten gerade die Anbaukulturen, die in den Entwicklungsländern als „Brotgetreide" und in den Industrieländern als profitable *„Cash Crops"* weit verbreitet angebaut werden, wie z. B. der Mais und die Hirse, der Bodenerosion besonders Vorschub. Wo immer solche Leitkulturen, die oftmals in Monokultur angebaut werden, den Boden relativ schlecht bedecken und auch relativ schlecht im Boden wurzeln, sind in kürzester Zeit spürbare Bodenverluste und Ertragseinbußen zu verzeichnen.

Eine Reihe von Maßnahmen ist denkbar, mit deren Hilfe man das Problem angehen bzw. lösen könnte. Dazu gehören insbesondere die Abkehr vom Monokulturanbau und Methoden der konservierenden Bodenbearbeitung. Die diesbezüglich kosteneffizienteste und beide Ansätze vereinende Maßnahme dürfte die höhenlinienparalle Bodennutzung sein, sei es in Industrie- oder in Entwicklungsländern. Die Bearbeitung quer zum Gefälle und die Aussaat räumlich alternierender Anbaukulturen vermeidet erosiven Oberflächenabfluß effektiv (Abb. 5.10). Werden anstatt des Konturpflügens auch noch Methoden der reduzierten Bodenbearbeitung eingesetzt, so erhält man nicht nur eine höchst effiziente, sondern infolge des reduzierten Maschineneinsatzes auch kostengünstigere Erosionsschutzmaßnahme. Beispielsweise werden auch in Deutschland zunehmend neue Grubberkonstruktionen anstelle von Pflügen zur Primärbodenbearbeitung verwendet.

Humusverlust und Bodenverdichtung

Der Verlust der organischen Substanz folgt ähnlichen Trends, wie man sie bei der Erosion beobachtet hat. Die Lage ist besonders ernst bei Feldfrüchten wie Mais und Sojabohnen, die keine adäquate Bodenbedeckung oder dichte Verwurzelung erzeugen. Organische Substanzen gehen auch verloren, wenn Pflanzenrückstände verbrannt werden, um die Kultur gegen Krankheiten zu

Abb. 5.10.
Höhenlinienparallele Bodenbearbeitung zwischen grasbewachsenen Konturstreifen; Olchorovus Village, Arumeru District, Arusha, Tansanisa

schützen, wie man es oft in den Industrieländern tat, oder wenn Ernterückstände als Viehfutter benutzt oder als Brennstoff verheizt werden, was häufig in den Entwicklungsländern der Fall ist.

Die organische Bodensubstanz dient zum einen dazu, eine gute Bodenstruktur (Bodengare) zu erhalten, zum anderen fügt ihr Abbau der Atmosphäre Kohlendioxid (CO_2) hinzu, was möglicherweise zu einem Klimawandel beitragen kann. Aus beiden Gründen ist ihr Verlust besonders kritisch. Die im Boden in Frischsubstanz – stabilem Humus und organischer Bodensubstanz – gespeicherte Kohlenstoffmenge wird auf das Zwei- bis Dreifache der in der oberirdischen Vegetation enthaltenen Menge geschätzt (Abb. 5.11). Sobald Boden zum ersten Mal gepflügt wird, setzt die beschleunigte Oxidation seiner organischen Bestandteile ein. Im allgemeinen nimmt die organische Substanz bis zu einem Gleichgewichtszustand von 40–60 % der ursprünglichen Menge ab. Die Bodenqualität, insbesondere die Bodengare, die Struktur und das Wasserspeichervermögen nehmen genauso ab.

Bodenversalzung und Alkalisierung

Bodenversalzung stellt in den tropischen und subtropischen Trockenräumen eine der gravierendsten Formen der Bodendegradation dar (Abb. 5.12 und 5.13). Der aufsteigende Wasserstrom im Boden kann in diesen Räumen selbst unter natürlichen Verhältnissen zur Anreicherung von Salzen, d.h. Sulfaten, Chloriden und Kar-

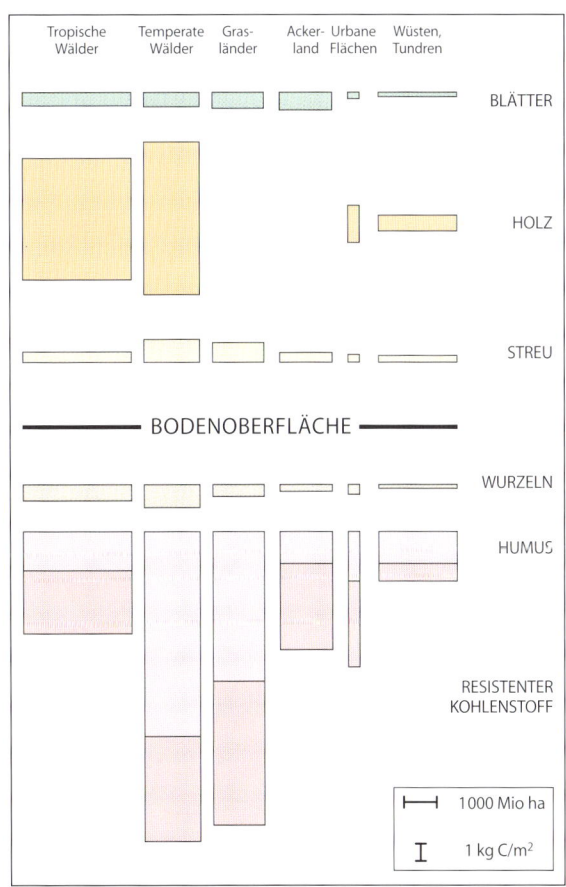

Abb. 5.11. Die Kohlenstoffreservoire im Boden im Vergleich zu den oberirdischen Speichern (Kümmerer et al. 1997)

bonaten von Natrium, Magnesium und Kalzium, führen. Aufgrund mangelhafter Bewirtschaftung treten aber insbesondere in vielen der zahllosen Bewässerungsmaßnahmen, die in diesen Regionen etwa seit der zweiten Hälfte des 19. Jahrhunderts durch Anwendung der Furchen- und Überstaubewässerung intensiviert wurden, enorme Versalzungsprobleme auf. Weite Gebiete, z. B. auf dem indischen Subkontinent, in Vorderasien oder in Nordafrika, sind infolge von Versalzung bereits völlig unproduktiv geworden. Weltweit gehen jährlich schätzungsweise 125 000 ha Bewässerungsfläche durch Versalzung und Alkalisierung (Anreicherung von besonders schädlichen Natriumsalzen) verloren.

Hauptursachen hierfür sind die Bewässerung mit salzhaltigem Wasser, unzureichende Dränung bei intensiver Bewässerung und dadurch bedingte Salzakkumulation bzw. Anstieg des Grundwasser- und Salzspiegels in den Wurzelraum. Zur Bewässerung wird Flußwasser oder tiefergelegenes, oft fossiles Grundwasser herangezogen, das zwar im Durchschnitt meist unter 0,1 % Salze enthält, jedoch je nach Jahreszeit und Einzugsgebiet auch viel höhere oder geringere Werte aufweisen kann. Im Laufe der Jahre können sich die Salze dann anreichern. Indus-Wasser mit nur 0,03 % an löslichen Salzen hinterläßt z. B. auf unkultivierten Flächen bei einer Bewässerung von 300 mm jährlich 900 kg Salze je ha! Außerdem wird sehr oft durch Bewässerung der Grundwasserspiegel so stark angehoben, daß sich der

Abb. 5.12.
Aus der Not eine Tugend machen: Salzgewinnung aus versalztem Ackerboden – Auswaschung (Hintergrund) und anschließende Eindampfung der Salzlösung (Vordergrund); Tanaf, Casamance, Senegal

Abb. 5.13.
Salzböden in kleinbäuerlichem Neusiedlungsland; Forêt classée du Baldmadou, Casamance, Senegal

Oberboden ständig im Bereich des Kapillarsaums des Grundwassers befindet. Besonders groß ist die Versalzungsgefahr in Ebenen und Senken und in tonreichen Böden. Die Ertragsfähigkeit salzbeeinflußter Böden verschlechtert sich mit Zunahme des Salzgehaltes oder der Natriumsättigung.

Die Versalzungsproblematik ist von größerer Tragweite, als Durchschnittszahlen ahnen lassen, denn Bewässerungsflächen sind oft das produktivste Land in den betroffenen Regionen. Häufig werden deshalb aufwendige Meliorationsmaßnahmen eingeleitet, wie die Absenkung des Grundwasserspiegels, Dränung in Verbindung mit Unterbodenlockerung oder Tiefumbruch bei schwer durchlässigen Böden sowie eine Zufuhr erhöhter Wassermengen. Das Wasser, welches im Zuge von Entwässerung und/oder Melioration durch Ausspülung in die lokalen Fließgewässer gelangt, ist oft so salzhaltig, daß die Bewässerung flußabwärts beeinträchtigt wird. Das Problem wird in der Regel also lediglich räumlich verlagert, anstatt wirklich gelöst. Dauerhaftere Abhilfe schafft in vielen Fällen nur die Tieferlegung der Salze im Bodenprofil, d. h. ihre Einspülung in den Profilabschnitt zwischen Wurzelzone und Grundwasserspiegel.

Bodenkontamination und Überforderung der Senkenkapazität der Böden

Im Gegensatz zu Wasser und Luft verfügen Böden über ein großes Potential zur Herausfilterung von anorganischen und organischen Schadstoffen sowie von pflanzentoxischen Konzentrationen an Nährstoffen (Senkenfunktion). Insbesondere ton- und humusreiche Böden können aufgrund ihrer hohen elektrolytischen Sorptionsfähigkeit große Schadstoffmengen über lange Zeiträume puffern. Dies geschieht durch Anlagerung der ionischen Verbindungen und/oder Komplexe an die organomineralischen Bodenkomplexe.

Kontaminationseffekte manifestieren sich folglich meist erst nach ein oder zwei Generationen oder gar erst nach Ablauf geologischer Zeiträume. Analog hierzu sind kontaminierte oder überlastete Böden aufgrund der langwierigen Abbauprozesse der meisten Schadstoffe nur nach Ablauf vergleichbar langer Zeitdimensionen regenerierbar. Auf der Basis von menschlich relevanten Zeiträumen sind jedoch Regenerationsphasen, die Jahrhunderte oder gar Jahrtausende umfassen, als irreversibel zu bewerten.

Bodenversiegelung durch Siedlungs- und Straßenbau

Wird Boden im Zuge von Baumaßnahmen ausgeräumt und überbaut, geht er für die zukünftige Nahrungsmittelproduktion unwiederbringlich verloren. So verschwindet in Deutschland jährlich Boden in einer Größenordnung, die die Flächenausdehnung der Stadt Frankfurt am Main übersteigt, unter einer Beton- und Asphaltdecke. Da der Mensch seit alters her vorrangig in den Gebieten mit den fruchtbarsten Böden (Lößbörden, Jungmoränen- und Flußlandschaften) siedelt, sind von dieser Entwicklung zwangsläufig auch die ackerbaulich besten Böden am stärksten betroffen. Wenn die Bodenversiegelung im bisherigen Umfang, das heißt mit steigender Tendenz, ungebremst weitergeht, dann wird die Bundesrepublik Deutschland – laut Berechnungen des Statistischen Bundesamtes – noch vor Ende des 21. Jahrhunderts flächendeckend versiegelt sein.

Angesichts dieser Entwicklung stellt der Bodenverbrauch das brennendste geoökologische und raumplanerische Problem unserer Zeit dar, und zwar sowohl in den städtisch-industriellen Verdichtungszentren (Abb. 5.14) als auch in den strukturschwachen Regionen (Abb. 5.15). Zwar werden zunehmend praxisorientierte Instrumente des Bodenschutzes entwickelt und auch eingesetzt; die auf stetiges Wirtschaftswachstum ausgerichteten politischen Rahmenbedingungen werden weiteren Flächenverbrauch jedoch geradezu erzwingen. Darüber hinaus bleibt die Vermeidung des Bodenverbrauchs im Wettstreit mit der auf kurzfristige Ziele ausgerichteten wirtschaftlichen Entwicklung in der Regel auch deshalb auf der Strecke, weil die Böden ökonomisch noch immer völlig unterbewertet sind, im Vergleich zu ihrer herausragenden Bedeutung für die Sicherung der Nahrungsmittelproduktion und ihrer weitreichenden Regelfunktionen im Naturhaushalt (z. B. Filterung und Speicherung des lebenswichtigen Trinkwassers).

Als Folge des immer massiveren Bodenverbrauchs entstehen auch immer stärkere Konkurrenzsituationen und politisch brisante Nutzungskonflikte, die die Möglichkeiten einer auf Interessenausgleich und nachhaltige Bodennutzung ausgerichteten Raumplanung und Regionalentwicklung zusehends erschweren. Die intensivsten Konflikte um die knappen Bodenressourcen gehen dabei, wie nicht anders zu erwarten, von den Bereichen Siedlungen (Wohnbevölkerung, Industrie- und Gewerbebetriebe) und Verkehr sowie der intensiven Landwirtschaft aus (Tabelle 5.2.).

Abb. 5.14.
Bodenversiegelung durch Industrieflächen; Rheinfelden/Baden (im Hintergrund der Schweizer Jura)

Abb. 5.15.
Bodenversiegelung durch Straßenbau. Blick vom Hohenkrähen (643 m ü.NN) im Hegau in Richtung Bodensee (Süden)

Soll dem Verbrauch der Böden in Zukunft tatsächlich ernsthaft Einhalt geboten werden, müssen bei der Ausweisung neuer Siedlungs- und Verkehrsflächen Bodenschutzbelange Vorrang bekommen. Auf Bundes-, Landes- und kommunaler Ebene muß der verschwenderische Bodenverbrauch – z. B. durch die vorrangige Wiederverwendung und/oder Bodenentsiegelungsmaßnahmen aufgelassener alter Industrie- und Gewerbeflächen, durch die Wiederherstellung naturnaher Ökosysteme (z. B. Flußauen, Moore, Heide) oder durch Baugebote für Baulücken – verringert werden. Da jedoch z. B. die kommunalen Einnahmen in erheblichem Umfang von der Einwohnerzahl und der Gewerbesteuer abhängen, haben die Gemeinden bisher in der Regel nur ein äußerst geringes Interesse an einer Begrenzung der Siedlungs- und Verkehrsflächen. Es steht deshalb außer Frage, daß zur dauerhaften Erhaltung der vielfältigen lebenswichtigen Bodenfunktionen die praktische Umsetzung von einschneidenden Bodenschutzmaßnahmen unerläßlich ist.

Zukunftsperspektiven und Zielkonflikte

Akzeptiert man, daß die Böden die „Haut" des Planeten Erde sind, dann ist auch klar, daß die absolute Bodendecke der Erde nicht vergrößert werden kann. Im Ge-

Tabelle 5.2. Flächenbilanz der Bodennutzung in Deutschland 1993 (*Quelle:* http://www.statistikbund.de/basis/d/bd01_t02.htm)

Bodennutzung	Fläche [km²]	Fläche [%]
Bodenfläche (gesamt)	356 970	100
Landwirtschaft	195 433	54,7
Wald	104 326	29,2
Siedlungen	23 085	6,5
Verkehr	16 327	4,6
Sonstige Flächen (z. B. Deiche, Friedhöfe)	10 001	2,8
Wasser	7 798	2,2

Abb. 5.16. ▶
Die Bodenressourcen der Erde (*Quelle:* http://ww.waite.fao.org/news/factfile/ff9713-e.htm)

- ☐ Böden zu trocken
- ☐ Böden zu geringmächtig
- ☐ Permafrost
- ☐ Chemische Probleme
- ☐ Böden zu naß
- ☐ Keine Beeinträchtigung

genteil: Insbesondere aufgrund der sich stetig verschärfenden Auswirkungen des exponentiellen Wachstums der Weltbevölkerung und des nach wie vor weltweit angestrebten Wirtschaftswachstums wird die landwirtschaftlich zur Verfügung stehende Bodenfläche (Abb. 5.16) weiter rasant schrumpfen.

Darüber hinaus favorisieren die vorherrschenden politischen Rahmenbedingungen sowohl in den Industrie- als auch den Entwicklungsländern bodenzerstörende Praktiken. So zwingen die in den Industrieländern angewandten Vergabesysteme von Subventionen und Darlehen zu hochmechanisierter, agro-industrieller Landbewirtschaftung. In vielen Entwicklungsländern sind die Preise für die Grundnahrungsmittel („Brotpreis") auch heute noch politische, sprich subventionierte, Niedrigpreise. Das Ergebnis ist in beiden Fällen beschleunigte Bodendegradation, die dazu führte, daß bereits in den 80er Jahren rund ein Drittel der weltweiten Ackerflächen sinkende Erträge aufwiesen.

Zwar können die potentiellen Ertragseinbußen in den Industrieländern noch immer durch vermehrten Einsatz von Agrochemikalien und immer größere Maschinen kaschiert oder gar überkompensiert werden. Trotzdem ist klar, welch brisanter Mischung von Trends wir gegenüberstehen. Wenn hohe Erträge auf degradierten Böden aufrechterhalten werden sollen, dann wird die kapitalintensive Landwirtschaft aus Rentabilitätsgründen zum Raubbau an der Ressource Boden gezwungen. Nicht ohne Grund spricht man in diesem Zusammenhang in der englischsprachigen Literatur von sogenanntem *soil mining*.

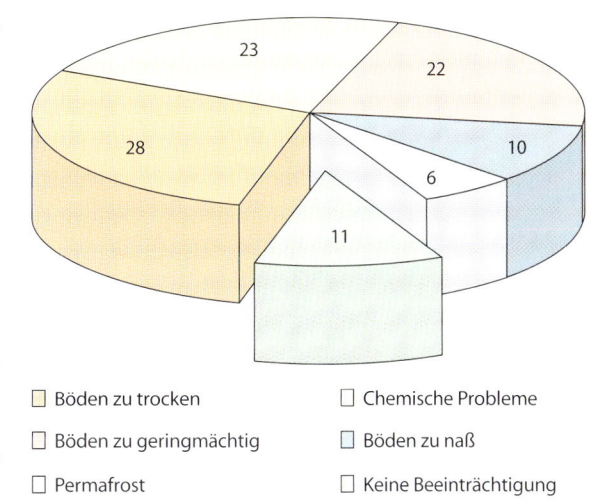

Ähnlich gravierend ist die Situation in den Entwicklungsländern, wo Ertragseinbußen vielerorts noch durch die Ausweitung der landwirtschaftlichen Nutzflächen kompensiert werden können. Allerdings handelt es sich dabei fast ausschließlich um pedologisch marginale Standorte in tropischen Gebirgs- oder Feuchtwaldarealen. Dies sind überwiegend geringmächtige Rohböden bzw. nährstoff- und austauscharme saure Böden, die dem Raubbau ebenfalls rasch anheimfallen.

Weltweit hängt der Erhalt der Böden und ihrer natürlichen Fruchtbarkeit vom politischen Willen, unpopuläre Einsichten in die Tat umzusetzen, sowie von der gesellschaftlichen Bereitschaft, die wirtschaftlichen Kosten des Bodenschutzes zu tragen, ab. Vorrangig ist eine Umorientierung weg von reinen Rentabilitätsgesichtspunkten in den Industrieländern und weg von der kommerziellen wie räumlichen Marginalisierung der Landwirtschaft in den Entwicklungsländern notwendig. Ohne substantielle politische Veränderungen besteht die akute Gefahr, daß die Erfordernisse des Bodenschutzes im Wettstreit mit den Zwängen der Produktionssteigerung auf der Strecke bleiben. Kosten fallen sofort an, die positiven Auswirkungen sind jedoch selten in einer Wahlperiode, u. U. erst nach mehreren Generationen, sichtbar.

Folglich ist die internationale Staatengemeinschaft hinsichtlich des globalen Bodenschutzes zu größeren politischen Anstrengungen und mehr praktischer Mithilfe aufgefordert. Die komplexen Ursache-Wirkungs-Kreisläufe können nur gemeinsam aufgebrochen werden. Im Rahmen der UN-Konferenz für Umwelt und Entwicklung (UNCED), die 1992 in Rio de Janeiro stattfand, wurde dieses Thema erstmals in das Zentrum der politischen Diskussion gerückt. In mehreren Kapiteln der Agenda 21, dem umwelt- und entwicklungspolitischen Aktionsprogramm des Erdgipfels, wird hierzu eine Reihe von möglichen Programmen beschrieben. Sie sehen sektorübergreifende Ansätze, Koordination und Kooperation der verschiedenen Geberinstitutionen vor. Der Partizipation der Bevölkerung wird erstmals eine wichtige Rolle zur Erreichung einer standortgerechten, umweltschonenden Bodennutzung zugewiesen.

Zusätzlich zur globalen Ebene erfordert bodenschonende Landnutzung jedoch auch Interventionen auf anderen Politikebenen. Da die nachhaltige Nutzung der Böden vor Ort erfolgen muß, ist praktischer Bodenschutz in seiner Implementierung eher ein lokales als ein globales Unterfangen. Letztlich lautet die zentrale Forderung: „Die Nutzung der Böden muß vor Ort so gestaltet werden, daß sie dauerhaft umweltschonend und standortgerecht ist."

Böden als Senken und Quellen

Wechselwirkungen bestimmen die Funktion als Senke oder Quelle

Böden haben in ökologischen Gesamtbetrachtungen als „dünne" Grenzschicht zwischen der Litho- (Gesteine), Hydro- (Grundwasser) und Atmosphäre besondere Bedeutung. Sie können als „Senken" und als „Quellen" fungieren.

Wenn Böden Schadstoffe unterschiedlichster Herkunft aufnehmen und sie kurzfristig oder dauerhaft fixieren, stellen sie eine *Senke* dar. Schadstoffe können die Böden als Staub, Bestandteil des Regenwassers (trockene und nasse Deposition), als Inhaltsstoffe von Dünge- oder Bodenverbesserungsmitteln sowie als Bestandteile von Stallmist, Gülle, Kompost oder Klärschlämmen erreichen. Grad und Mechanismus des Eintrags sind von der Nutzung abhängig. Wald beispielsweise „kämmt" luftgetragene Schadstoffe aus. Im Gegensatz dazu erfolgt der Eintrag bei Ackerland vorrangig durch Düngemittel und Gülle. In Industrieregionen ist die deutlich erhöhte Belastung der Böden durch die Elemente Cadmium, Blei und Quecksilber nachgewiesen.

Da Böden äußerst komplexe Systeme im Wechselspiel von anorganischen Umsetzungen und biotischen Aktivitäten sind, können zwischen ihrer Senken- bzw. Quellenfunktion die verschiedensten Wechselwirkungen auftreten. So kann der Eintrag eines Elementes (d. h. der Boden fungiert als Senke) infolge chemischer Umsetzungen dazu führen, daß der Boden für ein anderes Element zur Quelle wird. Ebenso kann ein Boden bis zum Erreichen eines bestimmten „Grenzgehaltes" als Senke wirken. Eine Abschätzung der Schwankungsbreiten der oben genannten Einflußgrößen ergibt in etwa ein Verhältnis von 1 : 25; d. h. die „Belastbarkeitsgrenze" eines Bodens kann nach 100 Jahren oder erst nach 2500 Jahren erreicht sein. Wird die „Belastbarkeitsgrenze" eines Bodens überschritten, wirkt er zunehmend als *Quelle*. Primäre „Quellpfade" sind die Pflanzenaufnahme, die Auswaschung (Pfad Grundwasser) und die Erosion (Wind- und Wasserverfrachtung).

Im Falle der Senkenfunktion der Böden ist nach den bisher in Mitteleuropa gewonnenen Erkenntnissen das Element Cadmium das kritischste Schwermetall (hohe Mobilität), gefolgt von Quecksilber (hohe Toxizität) und Blei (große Menge). Bei der Bewertung der aus Immissionen herrührenden Frachten dieser Elemente ist jedoch auch zu berücksichtigen, daß die Böden bereits im natürlichen, d. h. vom Menschen nicht beeinflußten Zustand Schwermetalle enthalten und daß diese sogenannten geogenen beziehungsweise pedogenen Hintergrundwerte der Elemente darüber hinaus regional starken Schwankungen unterliegen. So enthält z. B. ein Oberboden in Norddeutschland, der sich aus eiszeitlichem Sand entwickelte, durchschnittlich 23 mg/kg Blei, ein Oberboden über Tonstein aber 84 mg/kg. Prognosen zur Senkenfunktion der Böden werden derzeit nur für Einzelfälle aufgestellt, d. h. sie sind nur auf lokaler bzw. Standortebene möglich. Insgesamt ist aber in Deutschland seit 1985 ein Rückgang der Emissionen von Schwermetallen zu beobachten (Tabelle 5.3).

Am Beispiel des Schwermetalls Cadmium kann verdeutlicht werden, wie sich die Funktionen des Bodens als Senke und Quelle gegenseitig beeinflussen (Abb. 5.17). Grundsätzlich ist ein Stoffhaushalt erst dann ausgeglichen (nachhaltig), wenn sich Zu- (Input) und Abfuhr (Output) – im Sinne der Senken- bzw. Quellenfunktion – die Waage halten und angrenzende Schutzgüter durch die Quellenfunktion nicht mehr als zulässig belastet werden. Seit längerer Zeit wird jedoch den Böden in Deutschland z. B. das Element Cadmium mehr zu- als abgeführt. Eine verläßliche Quantifizierung innerhalb der Cadmiumbilanz ist vor dem Hintergrund deutlich zurückgehender Gesamtemissionen derzeit nicht erreichbar. Dies gehört mit zu den wichtigsten Zielen der zukünftigen Arbeiten zum Bodenschutz.

Tabelle 5.3.
Rückgang der Emissionen von Schwermetallen in Deutschland 1985 bis 1995 [t/a] (*Quelle:* Umweltbundesamt 1997, Datenbasis Stand 1/1996)

Metall	chemische Kurzform	1985 [t/a]	1990 [t/a]	1995 [t/a]
Arsen	As	220	120	33
Blei	Pb	5014	2315	624
davon Verkehr		*3620*	*1480*	*240*
Cadmium	Cd	45	30	11
Chrom	Cr	337	252	115
Kupfer	Cu	459	360	79
Nickel	Ni	433	277	159
Quecksilber	Hg	137	112	31
Zink	Zn	1881	1321	452

Moore als Senken und Quellen für Kohlenstoff

In Deutschland wird eine Fläche von ca. 1,5 Mio. ha von Mooren bedeckt. Intakte und wachsende Moore stellen eine hochwirksame Kohlenstoff*senke* dar. In Deutschland werden die Moore heute überwiegend landwirtschaftlich genutzt. Im Zuge der landwirtschaftlichen Nutzung zersetzt sich Torf jedoch rasch, so daß erhebliche Kohlenstoffmengen freigesetzt werden – d. h. das Moor wirkt nunmehr als *Quelle*.

Moore sind als Feuchtstandorte auch für den Natur- und Artenschutz von besonderer Bedeutung. Sie sind Archiv der Naturgeschichte und Quellen oder Senken für klimarelevante Gase (CO_2, CH_4, N_2O). Als geowissenschaftliche Nachhaltigkeitskriterien bieten sich somit Parameter des Wasser- und Stoffhaushaltes wie auch die Kenndaten des morphologischen Profilaufbaus an.

Je nach Art der wesentlichen landwirtschaftlichen Nutzungen niedersächsischer Moorstandorte resultieren Kohlenstoff-Verluste bis zu 10 000 kg C/ha jährlich (Tabelle 5.4). Aber nur intakte, wachsende Moore erhalten das Moor als solches und fungieren als Kohlenstoff-Senken, so daß sie einen positiven Beitrag zum Klimaschutz liefern können. Weiterhin ist erkennbar, daß die bisher praktizierten landwirtschaftlichen Nutzungsformen als Folge der notwendigen Wasserhaltung zu Torfverzehr und Sackungen führen, die Höhenverluste am Torfkörper von bis zu 2 cm pro Jahr verursachen.

Beachtenswert ist, daß vermeintlich intensive kulturtechnische Maßnahmen, die mit einer Zerstörung des Moorprofils einhergehen (Sandmischkultur, Sanddeckkultur), unter Klimaschutzaspekten deutlich günstiger zu bewerten sind als die Grünlandnutzung der deutschen Hochmoorkultur auf ungestörten Moorprofilen. Weiterhin bleibt festzuhalten, daß die für eine Einschätzung der umweltrelevanten Folgen der landwirtschaftlichen Nutzung notwendigen Parameter nicht für alle Nutzungsformen bekannt sind. Hier besteht Forschungsbedarf.

Aufgrund der bisher verfügbaren Zahlen schätzt man, daß die landwirtschaftliche Nutzung der Moore in Deutschland zur Zeit ungefähr 4 % des CO_2-Ausstoßes, der durch die Nutzung fossiler Energieträger verursacht wird, bewirkt. Mit anderen Worten: Bei einer vollständigen Wiedervernässung aller Moorstandorte ließe sich der gesamte CO_2-Ausstoß in Deutschland für die Dauer von zwei Wochen pro Jahr durch Festlegung in den wachsenden Mooren neutralisieren. Dies gilt allerdings nur unter der Voraussetzung, daß ein erneutes Moorwachstum möglich ist. Daneben könnten positive Effekte für den Arten- und Biotopschutz erreicht werden.

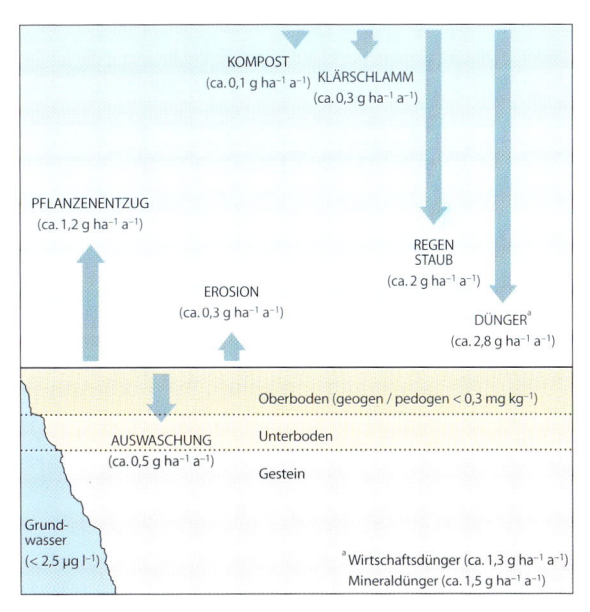

Abb. 5.17. Zu- und Abfuhr von Cadmium in Böden (geschätzte Durchschnittswerte)

Die Entscheidung der zukünftigen Nutzung der Moorstandorte in Deutschland muß im politischen Raum getroffen werden; sie kann nur das Ergebnis eines „gesamtgesellschaftlichen Diskurses" sein. Die Naturwissenschaften müssen die hierfür notwendigen Daten und Bewertungskriterien liefern. Aufgabe der Ökonomen ist es, neben der aus der landwirtschaftlichen Nutzung resultierenden Wertschöpfung die bisher nicht berücksichtigten externalisierten Kosten sowie mögliche, mit Nutzungsänderungen verbundene Nutzenstiftungen monetär zu bewerten und diesen mögliche Wertschöpfungsminderungen aus der landwirtschaftlichen Produktion gegenüberzustellen.

Als Beispiel für „Kopplungsprozesse" zur Thematik Böden als Senken und Quellen läßt sich das System SO_2–NO_x–Al heranziehen. Deutlich ist der Rückgang der Schwefeldioxid-Emissionen in Deutschland, die von einem Maximum 1980 mit 7,5 Mio. t auf derzeit unter 2,5 Mio. t gesenkt werden konnten. Hieran läßt sich gut demonstrieren, daß „Boden" zwar lange Zeit für Schwefel als Senke diente, daß sich die Verhältnisse inzwischen aber in Teilbereichen umgekehrt haben – der Boden wirkt als Quelle. Dabei überwiegt der Pflanzenentzug von Makro- und Mikronährstoffen gegenüber der Verlagerung von Stoffen in das Grundwasser.

Früher war die Schwefelversorgung landwirtschaftlicher Kulturen – bedingt durch die hohen Schwefelemissionen – mit 40 bis 50 kg Schwefel pro ha ausreichend. Inzwischen tritt in bestimmten Regionen akuter Schwefelmangel auf. Die fehlenden Mengen werden dem Boden nun als Schwefel-Stickstoffdünger zugeführt. Ähnliche Befunde lassen sich z. B. für Bor, Molybdän oder Selen ermitteln.

Das zentrale Problem liegt grundsätzlich darin, daß für viele Elemente eine mehr oder weniger enge Bandbreite zwischen essentieller Wirkung (Unterschreiten bewirkt Mangel) und toxischer Wirkung (Überschreiten bewirkt Schädigung bis Vergiftung) besteht. Eine nachhaltige Entwicklung von Böden (s. u.) muß also das Ziel verfolgen, ein ausgewogenes Verhältnis zwischen Eintrag (Senkenfunktion) und Austrag (Quellenfunktion) zu erreichen. Bei einer legislativen Umsetzung dieser Zielvorstellung sollte die Berücksichtigung der „normalen" Gehalte in Böden, der Hintergrundwerte, grundlegender Ausgangspunkt sein.

Die Hintergrundwerte sind die wesentlichen Kenngrößen, um die Gleichgewichte zwischen Senken- und Quellenfunktion überhaupt erst einschätzen zu können. Hintergrundwerte sind definiert als die natürlichen (pedogenen) Grundgehalte an anorganischen (i. w. Schwermetalle) und organischen Inhaltsstoffen in Böden, inklusive der anthropogen bedingten, ubiquitär diffusen Einträge. Wissenschaftlich unsinnig ist somit der Umstand, daß mitunter Richt- oder Grenzwerte für flächenhaft verbreitete Böden festgelegt werden, die niedriger als die jeweiligen Hintergrundwerte liegen. Wissenschaftlich nachgewiesen ist auch, daß die Gesamtgehalte, z. B. von Schwermetallen in Böden, keine Aussa-

Tabelle 5.4.
Abschätzung von Auswirkungen der Moornutzung auf den Kohlenstoff-(C)-Haushalt und die Profilentwicklung zur Verdeutlichung der Größenordnungen

Moorkultur	Nutzung[a]	C-Verluste [kg C/(ha a)]	Höhenverluste [cm/a]
Hochmoor			
Dt. Hochmoorkultur	GL	3 000	1,0
	A	6 000	?
Sandmischkultur	A	?	0,1–0,4/3–5 Jahrzehnte
Sanddeckkultur	GL	<3 000	?
Baggerkuhlung	A	<3 000	?
wachsendes Moor		–600 (C-Aufnahme)	–0,1 (Wachstum)
Niedermoor			
Niedermoorschwarzkultur	A	10 000	2,0
	GL intensiv	5 000	1,0
	GL extensiv	<5 000	<1,0
Tiefpflugsanddeckkultur	A	deutliche Reduzierung der Nitrat (N)-Gehalte	
wachsendes Moor		–1 000 (C-Aufnahme)	–0,1 bis 0,2 (Wachstum)

[a] *GL:* Grünland; *A:* Acker; *GL int./ext.:* Grünland mit intensiver/extensiver Nutzung.

ge über den davon mobilisierbaren Anteil zulassen, d. h. die Bestimmung von Richt- oder Grenzwerten auf der Basis von Feststoffgehalten läßt sich fachlich kaum begründen.

Ein Forschungsschwerpunkt im Bereich des präventiven Bodenschutzes und einer Gefahrenabwehr muß also darin liegen, die Freisetzbarkeit, die Mobilität oder die Bioverfügbarkeit von Schadstoffen mit geeigneten Verfahren nachweisen zu können. Die Entwicklung und Standardisierung solcher Nachweismethoden gestaltet sich wegen der Vielzahl der auftretenden Einflußgrößen (z. B. pH-Wert, Pufferkapazität, Bindungsform, Matrix, Wasserdurchlässigkeit, mikrobakterielle Aktivitäten) jedoch außergewöhnlich schwierig.

Nachhaltigkeit als Leitprinzip für eine zukunftsorientierte Bodennutzung

Die bereits diskutierten negativen Umweltauswirkungen der insbesondere in den letzten 150 Jahren entwickelten Bodennutzungsformen zeigen unmißverständlich an, daß diese Formen und Intensitäten der Bodennutzung nicht auf Dauer durchgehalten und somit nicht als nachhaltig bezeichnet werden können.

Der Nachhaltigkeitsbegriff

Die weltweite Debatte um Nachhaltigkeit nahm ihren Ausgang im Jahre 1972, als der Club of Rome seinen „Bericht zur Lage der Menschheit – Die Grenzen des Wachstums" veröffentlichte. Dieser Bericht führte zum ersten Mal einer breiten Weltöffentlichkeit die absoluten Grenzen der Erde vor Augen. Bis dahin herrschte allgemein die Ansicht vor, daß der technisch-wissenschaftliche Fortschritt für unbegrenztes Wirtschaftswachstum sorgen würde, und zwar sowohl was die Versorgung mit Bodenschätzen einschließlich Boden und Wasser als auch die Aufnahme von Abfällen anbelangt.

Endgültig auf die Tagesordnung von Regierungen, Nichtregierungsorganisationen (NRO) und überstaatlichen Organisationen, wie Weltbank oder Internationaler Währungsfond (IWF), wurde das Thema Nachhaltigkeit dann durch zwei Initiativen der Vereinten Nationen (UN) gerückt, nämlich durch den 1987 veröffentlichten Brundtland-Bericht der Weltkommission für Umwelt und Entwicklung (WCED) und duch die Konferenz für Umwelt und Entwicklung (UNCED), die im Juni 1992 unter Beteiligung von 178 Staaten und Hunderten von NRO in Rio de Janeiro stattfand.

Obwohl sich der Begriff Nachhaltigkeit (*sustainability*) wie ein roter Faden durch die Dokumente des „Erdgipfels" UNCED zieht – so auch durch die Agenda 21, das vielbeachtete Aktionsprogramm für das 21. Jahrhundert –, wird Nachhaltigkeit doch an keiner Stelle eindeutig und verbindlich definiert. So nimmt es auch nicht wunder, daß der Begriff „Nachhaltigkeit" zum Schlagwort in der umweltpolitischen Diskussion geworden und als solches in aller Munde ist, allerdings mit oft kraß unterschiedlichem Inhalt. So verstehen die Vertreter der Ökologiebewegung unter Nachhaltigkeit „in Einklang mit der Natur leben", während die Vertreter der Ökonomie ihren Glauben an unbegrenztes Wirtschaftswachstum, wenn auch nunmehr mit „ökologischem Etikett" (nachhaltiges Wachstum), bestätigt sehen.

Trotz der Tatsache, daß der Nachhaltigkeitsbegriff erst in jüngster Vergangenheit ins Bewußtsein einer breiten Weltöffentlichkeit rückte, sollte nicht vergessen werden, daß er zum Beispiel in der deutschen Forstwirtschaft schon seit dem 16. Jahrhundert verwendet wird, und zwar im Sinne der Erhaltung eines konstanten Holzvorrates im Wald, d. h. es darf nicht mehr Holz entnommen bzw. verbraucht werden als nachwächst. In den Bereich der Landwirtschaft und damit Bodenkunde fand der Begriff zwar erst später, aber doch auch schon im 19. Jahrhundert Eingang, als nämlich die landwirtschaftliche Nahrungsmittelproduktion mit Beginn der industriellen Revolution und der damit einhergehenden Bevölkerungsexplosion an die Grenzen ihrer Möglichkeiten stieß (ein Beispiel für einen seit Jahrhunderten praktizierten nachhaltigen Ackerbau gibt Abb. 5.18).

Mitte des 19. Jahrhunderts läutete Justus von Liebig – wohl mit als erster – mit seinen Forschungsarbeiten zur Pflanzenernährung eine neue Epoche ein. So formulierte er unter anderem das „Gesetz vom Minimum", welches besagt, daß derjenige mineralische Nährstoff, der sich im Minimum befindet, die Höhe des Pflanzenertrages bestimmt. Hieran knüpfte er auch das „Gesetz vom Wiederersatz", das die Notwendigkeit des Ersatzes der durch die Pflanze entzogenen Nährstoffe mittels Düngung unterstreicht. Die Mißachtung dieser „Gesetze" führt nach Liebig zum „Raubwirtschaften". An Brisanz gewann diese Problematik dann zu Beginn des 20. Jahrhunderts, als die zunehmend industrielle Bodenbewirtschaftung zum raschen Raubbau an der Ressource Boden führte, insbesondere in den zentralen Prärien Nordamerikas („Dust Bowl-Syndrom"; vgl. Kasten 5.2).

Abb. 5.18. Nachhaltiger Ackerbau trotz reliefbedingter Siedlungsungunst: Jahrhundertealte Kulturterrassen im Haraz-Gebirge, Manakhah, Jemen

Tabelle 5.5. Klassifikationsproblem des Umweltvermögens im Rahmen der Umweltökonomischen Gesamtrechnung (UGR) am Beispiel: Nutzung der Moore

	reversible Güter	⟷ irreversible Güter
Zeit		
Generationen		x
Erdgeschichte	x	
Raum		
Deutschland		x (spezifisch)
Welt	x (unspezifisch)	

Zur Differenzierung der beiden Ansätze hinsichtlich praktischen Handelns in Wirtschaft und Politik muß kurz auf die Unterscheidung zwischen essentiellen und nichtessentiellen Naturgütern eingegangen werden. Essentielle Naturgüter sind demnach für die Existenz der Menschheit unabdingbar, d. h. sie stehen nicht zur Disposition ökonomischer Abwägungen. Das nichtessentielle Naturvermögen kann grundsätzlich in wirtschaftliche Überlegungen einbezogen werden. Jedoch muß im Hinblick auf einen möglichen Verbrauch dieser Umweltgüter geprüft werden, ob der Verbrauch reversibel oder irreversibel ist.

Zur Operationalisierung des Nachhaltigkeitsbegriffes in Politik und Wirtschaft fehlt es nach wie vor an wissenschaftlich fundierten Informationsgrundlagen und am gesellschaftlichen Konsens über die Definition des „Naturvermögens" sowie zur Abgrenzung dessen, was unter essentiellen Naturgütern zu verstehen ist. Gehören z. B. Böden zu den essentiellen Naturgütern? Welche Eigenschaften und Funktionen von Böden sind essentiell, welche sind nichtessentiell? Ist der Verbrauch bzw. die Belastung dieser nichtessentiellen Funktionen reversibel oder irreversibel? Welches sind geeignete Indikatoren zur Beschreibung von Umweltzuständen und Umweltentwicklung, Belastung und Belastbarkeit?

Für die Beantwortung all dieser Fragen ist es zwingend erforderlich, sich über die Größenordnung von Zeit und Raum zu verständigen, innerhalb derer „Nachhaltigkeit" umgesetzt werden soll. Soll beispielsweise der Verbrauch von Mooren infolge Torfnutzung hinsichtlich seiner Reversibilität oder Irreversibilität beurteilt werden, so wird man zu unterschiedlichen Bewertungen kommen, je nachdem, ob als Bezugsraum Deutschland, Europa oder die Erde gewählt wird (Tabelle 5.5). Ähnliches gilt für den Zeithorizont. Torfabbau bedeutet im Bezugsraum Deutschland und unter dem zeitlichen Kriterium einer intergenerativen Verteilungsgerechtigkeit (d. h. der Berücksichtigung der Bedürfnisse zukünftiger

Seitens der Ökonomie wird Nachhaltigkeit als gegeben angenommen, wenn die Erhaltung des produktiven Kapitalstocks – die Summe aus „Naturvermögen" und „anthropogenem Ressourcenvermögen" – konstant gehalten wird bzw. in Umfang und Qualität gewährleistet ist (vgl. Abb. 5.19). Allerdings wird hierbei offengelassen, welchen Anteil die Summanden an der Summe einnehmen. So scheiden sich an dieser Stelle auch die Geister der sog. „starken" und „schwachen" Nachhaltigkeit. Während erstere ein ökologisches Existenzminimum über einen hohen Anteil essentieller natürlicher Ressourcen definieren, genügt für die Verfechter der schwachen Nachhaltigkeit die Eingangsdefinition; die Anteile von natürlichen und anthropogenen Ressourcen wären also mehr oder weniger beliebig verschiebbar.

Generationen) mit Sicherheit den irreversiblen Verbrauch von Naturvermögen. Ist der Bezugsraum jedoch die Erde mit ihren regional hohen Zuwächsen an Torf (z. B. in Rußland), so ist Torfnutzung ein reversibler Vorgang. Allerdings übersieht ein solchermaßen definierter „Zustand globalen Gleichgewichts", daß nachhaltiges Wirtschaften „vor Ort" erfolgen muß, da die Zerstörung von Wirtschaftsstandorten und -räumen unweigerlich Migrationsbewegungen auslöst, wie dies weltweit zunehmend zu beobachten ist. Der Mensch ist nämlich zugleich Verursacher und Betroffener zerstörerischer Umweltveränderungen. Die Realisierung nachhaltiger Entwicklung erfordert folglich die Erhaltung (ggf. Schaffung) von funktionalen Wirtschaftsräumen und eine intergenerative Ressourcenbewirtschaftung.

Bodenschutz durch Bodeninformation

Um zukünftig verstärkt zur Förderung nachhaltiger Bodennutzungsformen beizutragen, sind die Staatlichen Geologischen Dienste gefordert, bodenkundliches Fachwissen verstärkt sowohl für die Raum- und Regionalplanung als auch für die Beratung der Landnutzer bzw. Bodenbewirtschafter in verständlicher und rasch zugänglicher Form aufzubereiten und vorzuhalten. Dies setzt voraus, daß die Kenntnisse über die Eigenschaften und die Verbreitung der Böden flächendeckend vorliegen und die Auswirkungen von Bodennutzungsalternativen hinsichtlich Be- oder Entlastung der Umwelt prognostiziert werden können.

Die Anforderungen an die Bereitstellung von Informationen für eine nachhaltige Bodennutzung im Rahmen bodenkundlicher Beratungsaufgaben für Einzelberatungen und raumbezogene Planungen sind in den letzten Jahren stetig gestiegen. Vor allem für die Bereiche Boden- und Naturschutz, Raumordnung und Landesplanung, Agrarplanung und Grundwasserschutz werden qualifizierte Bodeninformationen für unterschiedliche Planungsebenen benötigt. Hierbei reicht es nicht aus, lediglich den derzeitigen Zustand der Böden beschreiben und bewerten zu können (Daten aus Erhebungsuntersuchungen). Vielmehr müssen auch Informationen zu Bodenveränderungen unter unterschiedlichen Standort- und Nutzungsbedingungen über Bodenmonitoringsysteme bereitgestellt werden. Letztere müssen mit Hilfe von Szenarien ergänzt werden, die – aufbauend auf gezielten Versuchen – die Grundlagen für politische

Tabelle 5.6.
Ebenen und Instrumente der Planung

Programme	Pläne	Verfahren
obere Planungsebene (landesweite Planungen)	mittlere Planungsebene (Landkreise)	untere Planungsebene (Gemeinden, Wasserschutzgebiete u. a.)
festlegen von: • Zielen und Schwerpunkten • landesweiter Maßnahmenplanung	aufzeigen von: • Konfliktbereichen • Entwicklungsmöglichkeiten • Entscheidungsbedarf	durchführen von: • detaillierten Verfahren • direkten Eingriffen

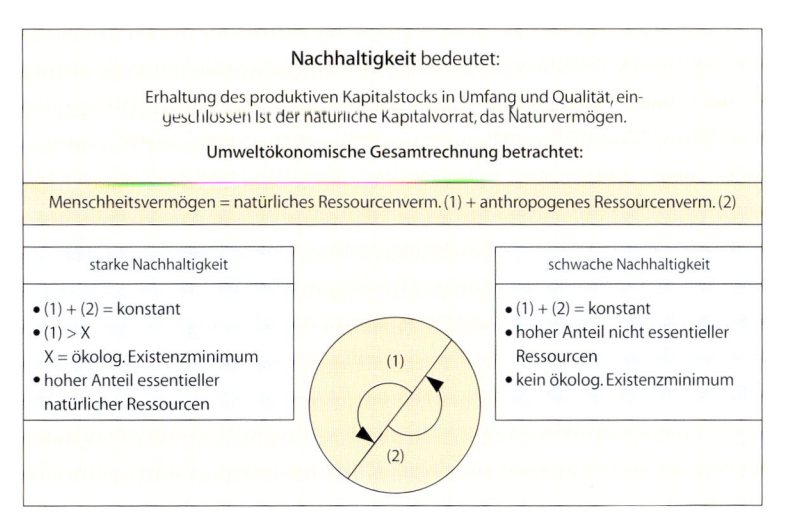

Abb. 5.19.
Die Abhängigkeit der Bewertung des Verbrauchs von Naturvermögen vom räumlichen und zeitlichen Bezugsrahmen

Nachhaltigkeit bedeutet:
Erhaltung des produktiven Kapitalstocks in Umfang und Qualität, eingeschlossen ist der natürliche Kapitalvorrat, das Naturvermögen.

Umweltökonomische Gesamtrechnung betrachtet:

Menschheitsvermögen = natürliches Ressourcenverm. (1) + anthropogenes Ressourcenverm. (2)

starke Nachhaltigkeit
- (1) + (2) = konstant
- (1) > X
  X = ökolog. Existenzminimum
- hoher Anteil essentieller natürlicher Ressourcen

schwache Nachhaltigkeit
- (1) + (2) = konstant
- hoher Anteil nicht essentieller Ressourcen
- kein ökolog. Existenzminimum

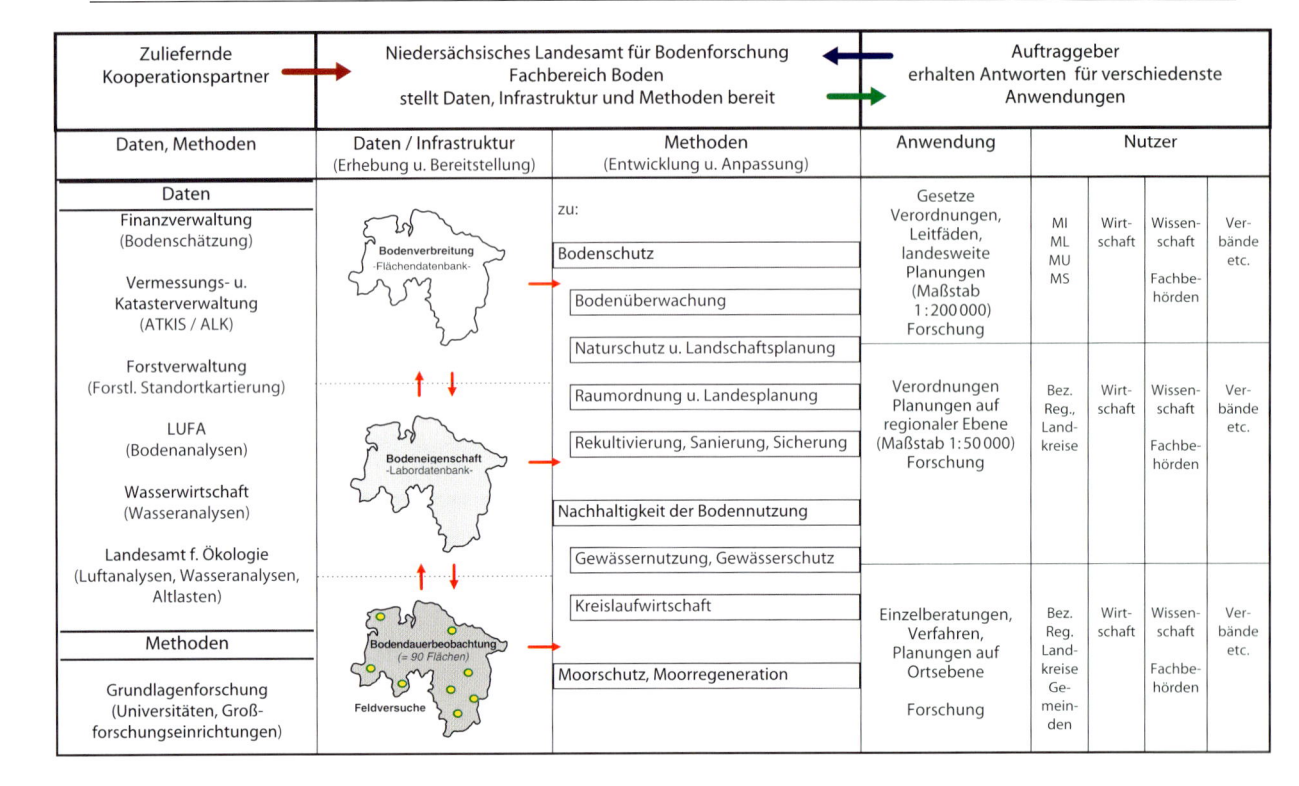

Zuliefernde Kooperationspartner →	Niedersächsisches Landesamt für Bodenforschung Fachbereich Boden stellt Daten, Infrastruktur und Methoden bereit	← →	Auftraggeber erhalten Antworten für verschiedenste Anwendungen		
Daten, Methoden	Daten / Infrastruktur (Erhebung u. Bereitstellung)	Methoden (Entwicklung u. Anpassung)	Anwendung	Nutzer	
Daten Finanzverwaltung (Bodenschätzung) Vermessungs- u. Katasterverwaltung (ATKIS / ALK) Forstverwaltung (Forstl. Standortkartierung) LUFA (Bodenanalysen) Wasserwirtschaft (Wasseranalysen) Landesamt f. Ökologie (Luftanalysen, Wasseranalysen, Altlasten) **Methoden** Grundlagenforschung (Universitäten, Großforschungseinrichtungen)	Bodenverbreitung -Flächendatenbank- ↑↓ Bodeneigenschaft -Labordatenbank- ↑↓ Bodendauerbeobachtung (= 90 Flächen) Feldversuche	zu: Bodenschutz Bodenüberwachung Naturschutz u. Landschaftsplanung Raumordnung u. Landesplanung Rekultivierung, Sanierung, Sicherung Nachhaltigkeit der Bodennutzung Gewässernutzung, Gewässerschutz Kreislaufwirtschaft Moorschutz, Moorregeneration	Gesetze Verordnungen, Leitfäden, landesweite Planungen (Maßstab 1:200 000) Forschung Verordnungen Planungen auf regionaler Ebene (Maßstab 1:50 000) Forschung Einzelberatungen, Verfahren, Planungen auf Ortsebene Forschung	MI ML MU MS Bez. Reg., Landkreise Bez. Reg. Landkreise Gemeinden	Wirtschaft Wissenschaft Fachbehörden Verbände etc. Wirtschaft Wissenschaft Fachbehörden Verbände etc. Wirtschaft Wissenschaft Fachbehörden Verbände etc.

Abb. 5.20. Aufbau und Einsatz des NIBIS FIS-BODEN

Entscheidungen zur Umsteuerung in der Bodennutzung untermauern (Daten aus Fallstudien; Abb. 5.20).

Bei der Bereitstellung der Informationen ist der zunehmende Detaillierungsgrad der Maßnahmen von der globalen über die nationale bis hin zur lokalen Handlungsebene zu berücksichtigen. Auf Bundesländerebene gliedert sich diese Informationsbereitstellung in Programme, Pläne und Verfahren, die drei Planungsebenen zugeordnet sind (Tabelle 5.6). Auf der überregionalen Ebene werden politische Ziele in landesweiten Planungen umgesetzt (Programme), die auf der regionalen Ebene konkretisiert werden. Auf dieser mittleren Ebene werden Konflikte aufgezeigt und anhand der Vorgaben Entscheidungsmöglichkeiten vorgegeben. Diese werden schließlich auf der kommunalen Entscheidungsebene umgesetzt, um die gesetzlichen Vorgaben zu erfüllen.

Da die systematische Nutzung der erhobenen bodenkundlichen Daten und Methoden manuell nicht mehr zu bewerkstelligen ist, werden von den Staatlichen Geologischen Diensten bei Bund und Ländern seit einigen Jahren digitale Bodeninformationssysteme (BIS; s. Abb. 5.20) entwickelt, in denen die für raum- und bodenbezogene Fachplanungen benötigten Daten und Auswertungsmethoden zugriffsbereit zusammengeführt, ausgewertet und vorgehalten sowie ständig aktualisiert werden. Auf der Grundlage von mit Planungsträgern abgestimmten Vorgehensweisen sowie der Mehrfachnutzung bereits in die Bodeninformationssysteme eingespeister Informationen läßt sich der zeitliche und finanzielle Planungsaufwand bei gleichzeitiger Steigerung der Planungsqualität deutlich vermindern.

Realisierung nachhaltiger Bodennutzung

Gesetzgebung

Bodenschutz als Staatsziel wurde in Deutschland erstmals durch die im Februar 1985 von der Bundesregierung beschlossene Bodenschutzkonzeption formuliert. In den Anfangsjahren wurde diese neue und fachübergreifende Aufgabe der Umweltpolitik noch im Rahmen der Novellierung bestehender Umwelt-, Bau- und Planungsgesetze realisiert. Zwischen 1985 und 1990 wurde der Bodenschutz in mehr als 50 Rechtsvorschriften des Bundes verankert. Diese beinhalteten zunächst schwerpunktmäßig die Begrenzung von (Schad-)Stoffeinträgen und des Flächenverbrauchs.

Nach dieser ersten Phase des Bodenschutzes verlieh insbesondere die Rio-Deklaration (1992) der Forderung nach nachhaltiger Bodennutzung weltweit Nachdruck. Bei deren praktischer Umsetzung ist jedoch zu beachten, daß das Konzept der Nachhaltigkeit ein globales Konzept ist, in dem lediglich das Leitbild einer zukünftigen nachhaltigen Entwicklung umrissen ist. Die konkrete Umsetzung wird aber den einzelnen Ländern gemäß ihren nationalen und regionalen Gegebenheiten überlassen (vgl. z. B. Kasten 5.3).

Mit dem im März 1998 vom Bundestag mit Zustimmung des Bundesrates rechtskräftig verabschiedeten Bundes-Bodenschutzgesetz (BBodSchG) wurden auch in Deutschland die Grundlagen für einen nachhaltigen Bodenschutz im Sinne der Rio-Konzeption geschaffen. Die einheitlichen Anforderungen, die das Gesetz bundesweit stellt, bilden die Plattform für ein konzertiertes Vorgehen der Behörden zum Schutz der natürlichen Bodenressourcen, einschließlich der Sanierung von Altlasten (Altlasten sind Ablagerungen und Altstandorte, von denen eine konkrete Gefährdung der menschlichen Gesundheit und/oder der Umwelt ausgeht). Inwieweit das Gesetz jedoch dem in Rio erfolgten Paradigmenwechsel von nachträglich kompensierendem hin zu vorsorgendem Bodenschutz (Vorsorge statt Nachsorge) gerecht wird, bleibt abzuwarten.

Vereinfacht ausgedrückt bedeutet vorsorgender Bodenschutz den dauerhaft schonenden Umgang mit den nicht erneuerbaren, d.h endlichen Bodenressourcen, wie das Beispiel aus Simbabwe zeigt (Abb. 5.21). Obwohl der Boden Lebensraum und Ernährungsgrundlage des Menschen ist, sorgen wir uns im alltäglichen Leben kaum um ihn, geschweige denn, daß wir eine Beziehung zu ihm haben. Vielmehr treten wir ihn im wahrsten Sinne des Wortes mit Füßen, sei es im Zuge der verschwenderischen Umwandlung von Wald und Äckern in Siedlungs- und Verkehrsflächen oder als Folge der kurzfristigen (kurzsichtigen) Übernutzung der natürlichen Bodenressourcen. Bodennutzung, die primär der Maximierung von Produktion und Gewinn dient, führt zwangsläufig zu Schadstoffbelastungen und zur Erschöpfung der Böden und damit zu Raubbau (*soil mining*). So verwundert es auch nicht, daß am Ende des 20. Jahrhunderts die Produktionszuwächse der „Grünen Revolution" aufgezehrt sind und die globalen Nahrungsmittelvorräte gerade für einen Monat reichen.

EU- und Bundesebene

Voraussetzung zur Realisierung nachhaltiger Bodennutzung auf europäischer Ebene sind EU-weit standardisierte Karten und Datenbanken, die in Kooperation der Bundesanstalt für Geowissenschaften und Rohstoffe (BGR) mit den nationalen geowissenschaftlichen Diensten der anderen europäischen Staaten, mit dem European Soil Bureau des EU Joint Research Centre (JRC) und mit der Europäischen Umweltagentur (EEA) eingerichtet werden.

Nachdem 1995 mit der neuen Bodenübersichtskarte der Bundesrepublik Deutschland im Maßstab 1 : 1 000 000 (sogenannte BÜK 1000) erstmals eine für alte und neue Bundesländer einheitliche Kartengrundlage erarbeitet

Abb. 5.21. Nachhaltige Bodennutzung mittels Kammerfurchen (tied ridges) zur Speicherung von Regenwasser, Boden und Nährstoffen an Ort und Stelle; Makoholi Experiment Station, Masvingo, Simbabwe

Projekte der Technischen Zusammenarbeit – Beispiel Thailand (Kasten 5.3)

Anhaltendes Bevölkerungswachstum und die damit verbundene Intensivierung der wirtschaftlichen Tätigkeiten – vor allem die Umwandlung von Ackerland in andere Nutzungsformen im Zuge von Siedlungsausbau und Industrialisierung sowie die zunehmende Degradation der landwirtschaftlich genutzten Böden – führen zu immer schärferen Nutzungskonflikten um die zunehmend knapper werdende Ressource Boden. Dies gilt insbesondere für die sog. Schwellenländer Südostasiens, die während der beiden letzten Dekaden ein „berauschendes" Wirtschaftswachstum erfahren haben, das zunehmend allerdings katastrophale Folgen für Mensch und Umwelt zeigt. In Anlehnung an dieses gerade in Südostasien anzutreffende Phänomen benannte der Wissenschaftliche Beirat „Globale Umweltveränderungen" (WBGU) der Bundesregierung die durch den Menschen im Zuge von ungezügeltem Wirtschaftswachstum ausgelöste Degradation der Böden in seinem Jahresgutachten 1994 als „Kleine Tiger-Syndrom" (vgl. Kasten 5.2).

In Thailand manifestiert sich das „Kleine Tiger-Syndrom" in einem enormen Ressourcenverbrauch der außer Kontrolle geratenen Megalopolis Bangkok und in wachsenden Abfallbergen privater Haushalte und der Industrie. Weder der Aufbau einer adäquaten Infrastruktur zur Müllentsorgung noch die Einführung moderner Planungsinstrumentarien zur Landnutzungs- und Regionalplanung konnten bisher mit dem rasanten Wachstum Schritt halten. Zwangsläufig führen die steigenden Umweltbelastungen zu irreversiblen Schädigungen der vorhandenen Boden- und Wasserressourcen.

In der Erkenntnis, daß solchen Entwicklungen dringend Einhalt geboten werden muß, engagiert sich die Bundesanstalt für Geowissenschaften und Rohstoffe (BGR) in der Entwicklung und Einführung umweltgeologischer Handlungskonzepte, die eine Kombination räumlicher und sektoraler Kriterien vorsehen. Da nachhaltiger Umwelt- und Ressourcenschutz, wie ihn die Agenda 21 im Rahmen der Entwicklungszusammenarbeit fordert, die Verfügbarkeit der für eine zielgerichtete und zeitnahe Entscheidungsfindung notwendigen Fachinformationen voraussetzt, liegt auch ein Schwerpunkt der gegenwärtigen umweltgeologischen Entwicklungszusammenarbeit in der Entwicklung DV-gestützter Informationssysteme zur Raumbewertung. Im Mittelpunkt der Arbeit steht die Erfassung, Analyse und Bewertung umweltwirksamer Geoökofaktoren und deren Darstellung in Form digitaler Ressourcenkarten, die die Grundlage für eine konsensfähige Raum- und Landnutzungsplanung bilden.

So fördert das Bundesministerium für wirtschaftliche Zusammenarbeit und Entwicklung (BMZ) in Thailand ein Projekt (Environmental Geology for Regional Planning), in dessen Rahmen das thailändische Department of Mineral Resources (DMR) bei der Einführung und Entwicklung eines geowissenschaftlichen Fachinformationssystems durch die BGR unterstützt wird. Das Projekt dient der Erfassung (z. B. Kartierung), Analyse und Bewertung der verschiedensten Umweltkomponenten und, daraus abgeleitet, der Entscheidungsfindung auf Planungsebene.

Dank des gezielt interdisziplinären Ansatzes integriert es sämtliche Geowissenschaften einschließlich der Bodenkunde. Da jedoch auch in Thailand die Disziplinen Bodenkunde und Geologie unter-

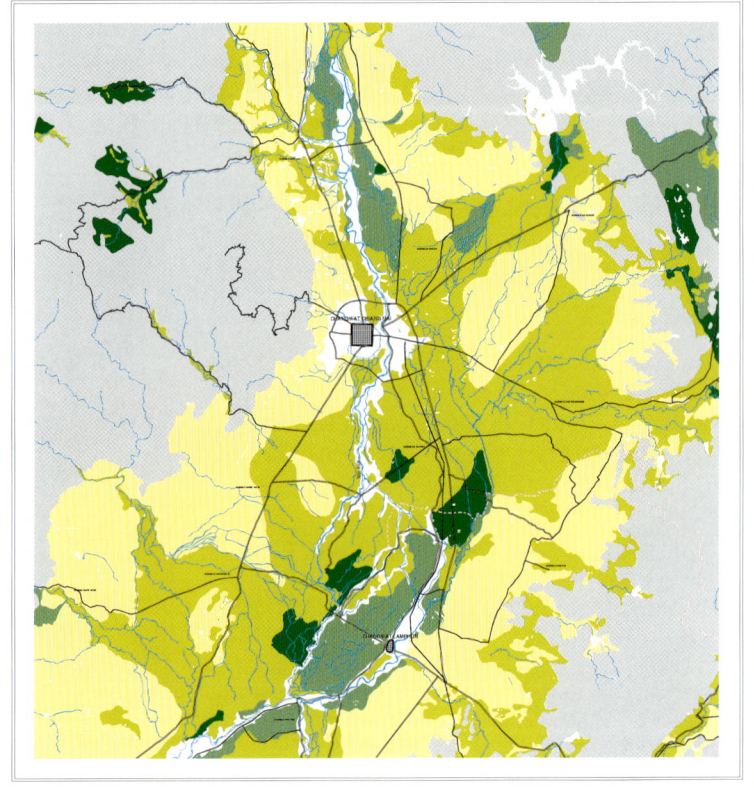

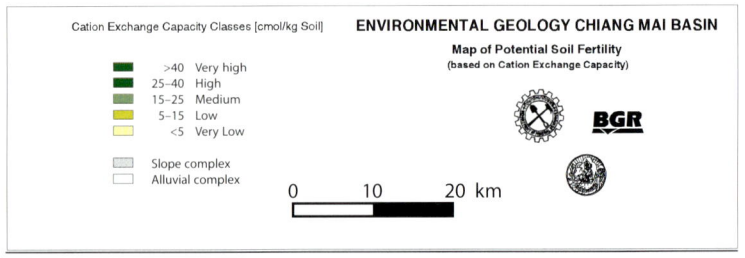

Abb. 5.22. Karte der potentiellen Bodenfruchtbarkeit am Beispiel des Indikators Kationen-Austauschkapazität (KAK) im Becken von Chiang Mai, Thailand

schiedlichen Ressorts angehören, wurde eine ressortübergreifende Zusammenarbeit zwischen dem formalen Projektträger (DMR) und dem für die Bodenkunde zuständigen Department of Land Development (DLD) initiiert und organisiert. Dank ihrer arbeitsteiligen Kooperation erhalten die Beteiligten erstmals Zugang zur Expertise des anderen, ohne selbst knappe eigene Ressourcen zuweisen zu müssen. Im Dialog mit den Planungsbehörden entstehen in der Folge anwenderorientierte Grundlagen für eine breitenwirksame Landnutzungs- und Regionalplanung.

Fachlich-konzeptionell erfolgt die Integration der Geokomponente „Boden" auf der Grundlage der zentralen Funktionen des Bodens, insbesondere seiner Produktions- und Pufferfunktion. So wurden in einem ersten Schritt u. a. thematische Karten des landwirtschaftlichen Ertragspotentials der Böden im Projektgebiet in Chiang Mai erstellt, die der Visualisierung von Vorranggebieten für die Landwirtschaft dienen. Solche Karten basieren auf besonders aussagekräftigen Bodenparametern (Indikatoren), wie z. B. dem mittels der Kationenaustauschkapazität ausgedrückten Nährstoffspeichervermögen der Böden (Abb. 5.22).

Datengrundlage hierfür sind die landesweiten Bodenkartierungen des DLD und die Analysedaten der den Flächen (Polygonen) zugrundeliegenden Leitprofile (*typified pedons*). Diese Flächen-, Labor- und Profildaten werden in einem digitalen Bodeninformationssystem (Komponente des alle beteiligten Disziplinen umfassenden Geoinformationssystems) vorgehalten und stehen allen Beteiligten zur Verfügung. Je nach Bedarf und Nachfrage können sie in andere Fachinformationssysteme und/oder Software überführt, neu aggregiert und in Form thematischer Karten visualisiert werden.

Die Realisierung nachhaltiger Bodennutzung im Rahmen der Technischen Zusammenarbeit (TZ) ist eine auf dem Dialog zwischen allen Beteiligten basierende Querschnittsaufgabe (vgl. auch Kap. 10). Anders als in den Anfangsjahren der geowissenschaftlichen TZ liegt das Schwergewicht der Förderung heute nicht mehr im bloßen Transfer wissenschaftlich ausgereifter Technologien, sondern im fächerübergreifenden und damit breitenwirksameren Management von Fachwissen. Die praktische Umsetzung eines derartigen Wissensmanagements erfordert auf beiden Seiten außer fachlicher Kompetenz und Innovationsbereitschaft begleitende Sensibilisierungsmaßnahmen zur Einstimmung und Vertiefung des komplexen Themenfeldes.

worden war, wurden die bestehenden digitalen Grenzen der Bodenkarte 1:1 000 000 der EU an die Grenzen der deutschen BÜK 1000 angepaßt und aktualisiert. Weiter wurden die bodentypologischen Bezeichnungen der BÜK 1000 in die FAO-Nomenklatur übersetzt. Dadurch sind beide Kartenwerke erstmals identisch, und die deutsche Bodenkarte ist Bestandteil der „Soil Geographical Database of Europe at Scale 1:1 000 000".

Gegenwärtig ist auf EU-Ebene weiterhin geplant, für Europa eine einheitliche Bodenkarte im Maßstab 1:250 000 zu erarbeiten. Fertiggestellt sind bereits die Arbeitsanleitung zur Erstellung dieses Kartenwerks sowie eine von der BGR entwickelte Bodenregionenkarte Europas im Maßstab 1:5 000 000, die Europa vorrangig nach Klimagebieten, Bodenausgangsgesteinen und Hauptreliefformentypen gliedert. Die Bodenregionenkarte bildet den allgemeinen Rahmen für den Aufbau der „Georeferenced Soil Database for Europe" i. M. 1:250 000 und bietet gleichzeitig eine Entscheidungshilfe für die Auswahl erster Testgebiete (pilot areas).

In Ergänzung zu den Flächeninformationen der genannten Bodenkarte im Maßstab 1:1 000 000 werden ihre Legendeneinheiten in einer „Soil Profile Analytical Database" durch ausgewählte Referenzprofile näher beschrieben. Für Auswertungszwecke werden sowohl je ein besonders gut untersuchtes Profil mit einer Vielzahl im Labor bestimmter bodenchemischer und -physikalischer Parameter (Proforma II) als auch ein typisches Profil mit geschätzten Angaben, die Mittelwerte zahlreicher Profile darstellen (Proforma I), vorgehalten.

Als vierte europaweite bodenkundliche Informationsgrundlage wurde in den Jahren 1995–1997 die HYPRES-Datenbank (*Hy*draulic *Pr*operties of *E*uropean *S*oils) eingerichtet, die eine möglichst vollständige Sammlung aller verfügbaren Meßdaten bodenhydrologischer Parameter anstrebt. Vorrangige Auswertungsziele sind die Entwicklung neuer Pedotransferfunktionen zur Schätzung dieser Parameter für die wichtigsten europäischen Substrat- und Horizontgruppen sowie der Vergleich und die Bewertung unterschiedlicher Meßmethoden im Labor.

Mit den vorliegenden Informationen zur Bodenverbreitung, repräsentativen Profilen der Kartiereinheiten und Schätzung der bodenhydrologischen Eigenschaften sind wichtige Voraussetzungen erfüllt, um zu europaweit einheitlichen Aussagen und Empfehlungen zur nachhaltigen Bodennutzung zu gelangen.

Landesebene – Fallbeispiel Niedersachsen

Informationen zu Fragen der Bodennutzung und des Bodenschutzes werden auf Landesebene auf drei Planungsebenen nachgefragt, wobei die inhaltlichen Ausgestaltungen bundeslandspezifisch geregelt sind.

Fachanwendung Raumordnungsverfahren

Ziel der Raumordnung ist es, die Raumbeanspruchung durch verschiedene Nutzer zu koordinieren, wobei alle raumrelevanten Nutzungen zu berücksichtigen und gegeneinander abzuwägen sind. Die Raumordnung legt die räumliche Struktur fest, die für die jeweiligen Planungsräume der unterschiedlichen Planungsebenen für die Zukunft angestrebt wird. Aufgabe der Landesplanung ist es, diese Strukturen zu verwirklichen. Hierbei soll sich der nachhaltige Schutz der Böden nicht nur auf „seltene" Böden und „belastete" Böden beschränken, sondern hat im Rahmen des Vorsorgeprinzips flächendeckend zu erfolgen. Hierzu gehört auch die nachhaltige Bodennutzung.

Neben den zusammenfassenden Gesamtplanungen bestehen besondere Fachplanungen, z. B. die landwirtschaftliche, die wasserwirtschaftliche und die Landschaftsplanung (Naturschutzplanung) nach dem Niedersächsischen Naturschutzgesetz (NNatG). Das NNatG gibt für die obere Planungsebene das Landschaftsprogramm, für die mittlere den Landschaftsrahmenplan und für die untere Landschafts- und Grünordnungspläne vor. Die Ergebnisse der Fachplanungen (z. B. Agrarplanung, Landschaftsplanung) fließen dann wieder in die zur Raumordnung gehörenden Programme und Pläne ein.

Ziele der Raumordnung hinsichtlich Bodenschutzzielen sind die Darstellung von Bodenfunktionen und -potentialen zur Ausweisung von Vorrang- und Vorsorgegebieten für unterschiedliche Nutzungen. Bei den Vorranggebieten besteht ein Vereinbarkeitsgebot (Sicherungsaspekt), bei den Vorsorgegebieten ein Abstimmungsgebot. Ziel dieser Ausweisungen ist es, Konflikte zwischen konkurrierenden Nutzungsansprüchen zu reduzieren. Für die Erstellung der Raumordnungsprogramme auf unterschiedlichen Planungsebenen sollten für die Berücksichtigung des Bodenschutzes Bodeninformationen zur Ableitung von Bodenfunktionen und -potentialen herangezogen werden. Hierzu gibt es in einigen Bundesländern Leitfäden für die Umsetzung in Fachplanungen. In Niedersachsen fließen zur Zeit Bodeninformationen für die Ausweisung von Vorsorgegebieten für die Landwirtschaft auf unterschiedlichen Planungsebenen in die Fachplanungen ein. In der Karte sind die Böden mit mittlerem bis hohem Ertragspotential als Vorsorgegebiete für die Landwirtschaft ausgewiesen.

Fachanwendung Trinkwasserschutz

Der Wasserbedarf für die öffentliche Wasserversorgung wird zu 86 % aus dem Grundwasser gewonnen (vgl. Kap. 4). Die Vorrang- und Vorsorgegebiete für die Trinkwassergewinnung werden im Landesraumordnungsprogramm ausgewiesen. Aufgrund der intensiven Bodennutzung und der Stoffeinträge über den Luftpfad ist mit zunehmender Schadstoffbelastung des Grundwassers zu rechnen.

Um die rechtlichen und ökonomischen Rahmenbedingungen für vorbeugenden standortbezogenen Grundwasserschutz zu schaffen, wurden in den Bundesländern die Wassergesetzgebung novelliert und die Schutzbestimmungen der Schutzgebietsverordnung erweitert.

Ein wesentliches Instrument ist z. B. das Wasserentnahmegeld, aus dem standortbezogene landwirtschaftliche Zusatzberatungen und Ausgleichszahlungen finanziert werden. Hierfür werden bodenkundliche Informationsgrundlagen im Rahmen eines Kooperationsmodells bereitgestellt. Das Niedersächsische Landesamt für Bodenforschung (NLfB) in Hannover stellt hierbei nach Auftragserteilung durch das zuständige Staatliche Amt für Wasser und Abfall (StAWA) im Rahmen einer bodenkundlichen Vorstudie Bodendaten bereit und erstellt beispielsweise Karten zur Nitratauswaschungsgefährdung. Diese Unterlagen werden von Planungsbüros durch Nachkartierungen ergänzt. Die ermittelten Ergebnisse sowie Teile der Basisinformationen werden auch digital an die Auftraggeber bzw. die Ingenieurbüros zur Weiterverarbeitung und Verknüpfung mit anderen relevanten Daten, z. B. Schlagkarteien u. ä. in GIS-Systemen, abgegeben. Auf Grundlage der so erarbeiteten Studie können im Einzugsgebiet Teilareale mit unterschiedlichem Handlungsbedarf in Parzellenschärfe ausgewiesen werden. Durch die zuständigen Wasserbehörden und landwirtschaftlichen Berater können somit standortspezifische und kostengünstige Handlungskonzepte entwickelt und im Rahmen der Zusatzberatung umgesetzt werden.

Aufgaben Geologischer Dienste für eine nachhaltige Bodennutzung und einen zukunftsweisenden Bodenschutz

Böden sind neben Wasser und Luft eine der wichtigsten Ressourcen für das Leben auf der Erde. Die Aufgaben der Staatlichen Geologischen Dienste und der Bundesanstalt für Geowissenschaften und Rohstoffe orientieren sich deshalb in hohem Maße an der Notwendigkeit, die Funktionen der Böden zu sichern und – wo notwendig – wieder herzustellen.

Um die Böden auf Dauer erhalten zu können, verfolgen die Staatlichen Geologischen Dienste der Länder sowie die Bundesanstalt für Geowissenschaften und Rohstoffe in enger Kooperation mit Universitäten, Forschungseinrichtungen und europäischen Partnern, die hierzu ebenfalls aktiv sind, die folgenden Teilziele:

- Untersuchung und Bewertung der Böden im Gelände;
- Erfassung und Bereitstellung aller für Bodennutzung und Bodenschutz wichtigen Informationen;
- Entwicklung von Methoden zur Untersuchung und Bewertung von Böden, vielfach in enger Kooperation mit Universitäten und Forschungsanstalten;
- Austausch notwendiger Daten mit den an Bodennutzung und Bodenschutz Interessierten;
- Mitwirkung an der Entwicklung von Gesetzen, Verordnungen, Regelwerken und Arbeitshilfen zum Schutz der Böden;
- Beratung der Länderparlamente, der Bundesregierung und der EU sowie der von ihnen eingerichteten Behörden und Gremien;
- Bereitstellung notwendiger Informationen für die Industrie, Forschung, Verbände und Privatpersonen;
- Beteiligungen an internationalen Kooperationen und im Rahmen der Technischen Zusammenarbeit mit dem Ziel der globalen Verbesserung der Situation und des Erhalts der Böden.

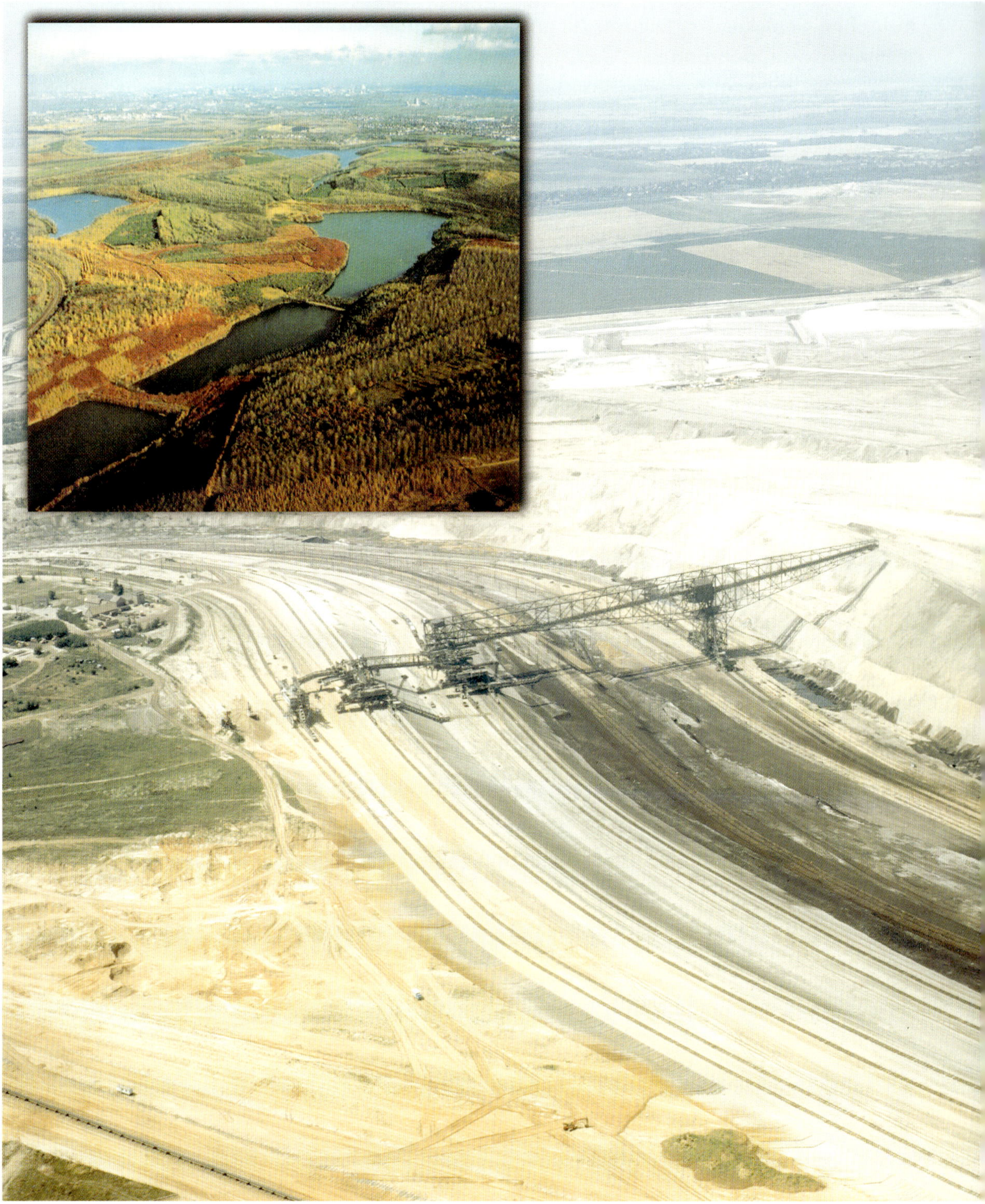

6 Rohstoffe

Die Schätze der Erde

Die Gesteine der Erde enthalten Metalle und andere Stoffe, deren Wert von den Menschen zum Teil schon früh erkannt wurde. Gold als gediegen vorkommendes Edelmetall nimmt dabei seit Jahrtausenden eine besondere Stellung ein.

Zunächst wurden die Metalle verwendet, wie sie vorgefunden wurden. Doch seit der „Erfindung" der Legierung konnten auch andere Stoffe, die oftmals nur in geringen Mengen nötig sind, zur Veredelung hinzugezogen werden – die Bronze ist hierfür ein altes, der Stahl ein modernes Beispiel. Der technische Fortschritt von der Steinzeit bis heute beruht weitgehend auf der Fähigkeit der Menschen, die natürlich vorkommenden Rohstoffe zu erschließen und zu veredeln. Der Besitz von und die Verfügungsgewalt über Rohstoffe bedeutet daher wirtschaftliche Macht.

Vor allem die nicht erneuerbaren Rohstoffe, die zur Energiegewinnung verwendet werden, spielen im geopolitischen Raum eine herausragende Rolle. Die derzeitigen und zukünftigen Aufgaben der Rohstoffwirtschaft und des Bergbaus bestehen darin, die Erde und ihre natürlichen Rohstoffe so weit zu schonen, daß sie auch nachfolgenden Generationen in ausreichender Quantität und Qualität zur Verfügung stehen.

◀ **Abb. 6.1.**
Gewinnung von Rohstoffen bedeutet meist Eingriffe in die Natur. Rekultivierungsmaßnahmen (kleines Foto) lassen die entstandenen Narben vergessen und schaffen neue Lebensqualität

Rohstoffe und ihre Bedeutung für die Gesellschaft

Gemeinwesen und Staaten konnten sich im Laufe der Menschheitsgeschichte vor allem dann entwickeln, wenn sie über Rohstoffe verfügten, mit denen sie Handel treiben und ihren Wohlstand mehren konnten. Das Paradebeispiel für solch ein Gemeinwesen dürften die Phönizier gewesen sein. Im Mittelalter waren es in Deutschland die Fugger, in Italien die Medici und in der modernen Zeit die multinationalen Konzerne, die diesem Prinzip folgen.

Im Gegensatz zu den ebenfalls natürlich vorkommenden „Rohstoffen" Boden, Wasser und Luft erhielten vor allem die metallischen Rohstoffe schon sehr früh einen Wert, der durch den Handel zu einem „Preis" wurde. In modernen Volkswirtschaften errechnet sich der erwirtschaftete Wert durch das Bruttoinlandsprodukt.

Deutschland hat keine bedeutenden metallischen Rohstoffe mehr, verfügt aber über nennenswerte Mengen von Nichtmetallen (zur Unterscheidung vgl. Kasten 6.1 und 6.2). Metall- und Energierohstoffe müssen größtenteils eingeführt werden. Die Stellung Deutschlands im Welthandel beruht daher weniger auf dem *Besitz* von Rohstoffen, sondern vor allem auf der *Technologie*, sie zu veredeln und wieder zu verkaufen. So erarbeiteten die mehr als 30 Mio. Erwerbstätigen in Deutschland im Jahre 1996 ein Bruttoinlandsprodukt (Güter und Dienstleistungen) im Werte von 3 064,4 Mrd. DM. Im gleichen Jahr wurden Waren im Wert von insgesamt 784,3 Mrd. DM ausgeführt.

Um im internationalen Wettbewerb konkurrenzfähig zu bleiben, werden immer leistungsfähigere und intelligentere Produkte erzeugt, die häufig auf neuartigen Werkstoffen beruhen. Hierbei handelt es sich z. B. um komplexe Verbundwerkstoffe oder Legierungen, an denen viele metallische und nichtmetallische Rohstoffe beteiligt sind. Für die Herstellung von Computern werden – neben den aus Erdölprodukten gefertigten Kunststoffteilen, z. B. für das Gehäuse – mehr als 30 solcher Rohstoffe benötigt.

Unabdingbar notwendig für diese entsprechenden Technologien ist die Verfügbarkeit von Energierohstoffen. Die Stein- und Braunkohlevorkommen an Ruhr, Rhein und Saar sowie die Erdöl- und Erdgasvorkommen in Norddeutschland haben es der Bundesrepublik Deutschland nach dem 2. Weltkrieg ermöglicht, ihre Stellung auf dem Weltmarkt auf- und auszubauen. Der ehem. DDR verhalfen die Braunkohle- und Kalisalzvorkommen in Ost- und Mitteldeutschland bis 1989 zu einer ähnlichen technologischen Entwicklung.

Die volkswirtschaftliche Bedeutung der über 80 mineralischen Rohstoffe kann in einer Mengen- bzw. Wertbilanz dargestellt werden (Abb. 6.2). Bei einer Gegenüberstellung fällt auf, daß beim Wert die Energierohstoffe (Erdöl, Steinkohle, Erdgas) dominieren, gefolgt von Sand und Kies, bevor mit Eisenerz und Gold die ersten Metalle erscheinen. In der Reihenfolge der Menge stehen Sand und Kies deutlich an erster Stelle, gefolgt von Steinkohle und von den Natursteinen. Die Positionen vier bis sechs gehören Erdöl, Erdgas und Braunkohle, bevor mit Eisenerz das erste Metall auftaucht. Andere mineralische Rohstoffe, die in den Pyramiden keinen „Platz" finden, sind für die Hochtechnologiebranche von fundamentaler Bedeutung. Dazu gehören – in höchstreiner Form – Arsen und Gallium zur Chip-Herstellung, Germanium, Indium, Selen, Tellur für Dioden, Laser, Glasfasertechnik, Fotozellen, Flüssigkristalle, die z. T. nur in weniger als 100 t jährlich produziert und verbraucht werden.

Während Deutschland bei den Metall-Rohstoffen und auch beim Erdöl zu den importabhängigen Ländern gehört (diese Rohstoffe müssen nahezu vollständig eingeführt werden), zählt es bei einigen Nichtmetallen zu den führenden Produzentenländern und exportiert sogar nicht unerhebliche Mengen (z. B. Kalidüngemittel), (vgl. Kasten 6.3).

Charakterisierung der Rohstoffe

Normalerweise unterscheidet man Energie- und mineralische Rohstoffe, wobei die mineralischen weiterhin in metallische und nichtmetallische (Industrieminerale, Massenrohstoffe) unterteilt werden (vgl. Kasten 6.1 und 6.2). Aus der Sicht der Verfügbarkeit und der nachhaltigen Entwicklung ist eine andere Unterteilung sinnvoller, und zwar in

- fossile Energierohstoffe und
- mineralische Rohstoffe.

Bei mineralischen Rohstoffen wird nach dem Typ der jeweiligen Anreicherungsprozesse unterschieden, z. B.

- die Metall-Lagerstätten oder die „Energie"-Metalle Uran und Thorium, aber auch gewisse Nichtmetall-Lagerstätten, wie z. B. Phosphat, Soda oder Schwefel,

Die Rohstoffgruppen – I (Kasten 6.1)

Metallische Rohstoffe

Die metallischen Rohstoffe treten meist in Verbindungen, z. B. als oxidische oder sulfidische Erze, seltener in gediegener Form auf. Nur wenn sie in ausreichender Menge „angereichert" sind, bilden sie bauwürdige Lagerstätten. Die entsprechenden Anreicherungsprozesse sind für die jeweiligen Metalle meist sehr komplex.

In jedem Gestein und in jedem Boden treten alle natürlich vorkommenden Elemente auf, einschließlich der Schwer- und Edelmetalle, allerdings normalerweise in ganz geringen Mengen. Die Durchschnittswerte für alle Gesteine in der Erdkruste nennt man Clark-Werte (Tabelle 6.1). Sie stehen für einen typischen Wert für jedes Element. Nur für wenige Elemente wie Aluminium, Eisen, Titan und auch Sauerstoff liegen die Clark-Werte im Prozentbereich, für die meisten Elemente um Größenordnungen darunter.

Die Konzentration (= Anreicherung) der einzelnen Elemente kann, abhängig von der chemischen und mineralogischen Zusammensetzung der einzelnen Gesteinstypen, in denen sie vorkommen, sehr unterschiedlich sein. Es gibt daher Gesteinstypen, in denen Metalle von vornherein über dem Durchschnittswert angereichert sind; in der Regel sind das die Ausgangsgesteine für weitere Anreicherungen zu Lagerstätten. Das Metall Chrom kommt beispielsweise im Mineral Chromit in sogenannten Ultramafiten vor, die aus dem Erdmantel stammen und besonders kieselsäurearm und magnesiumreich sind. Um bauwürdige Lagerstätten zu bilden, sind gewisse Mindestanreicherungen über den Clark-Werten notwendig (Tabelle 6.1).

Bei wenigen Metallen, z. B. bei Aluminium und Eisen, sind bereits Anreicherungsfaktoren von 3–10 ausreichend, um bauwürdige Lagerstätten zu bilden, da sie ohnehin einen hohen Clark-Wert haben. Bei den Buntmetallen Kupfer und Zink sind Faktoren von über 100 und bei den Edelmetallen von über 1000 notwendig.

Tabelle 6.1. Anreicherungsfaktoren einiger Elemente zu Lagerstätten

Element	Durchschnittsgehalte in der Erdkruste [%] (Clark-Werte)	Mindestgehalt in Lagerstätten [%]	minimaler Anreicherungsfaktor
Aluminium	8,13	25–30	3–4
Eisen	5,00	>50	10
Titan	0,44	10,0	23
Mangan	0,0950	25,0	265
Vanadium	0,0150	0,2	14
Chrom	0,0083	25,0	3 000
Zink	0,0070	4,0	570
Nickel	0,0058	0,9	155
Kupfer	0,0047	0,5	105
Lithium	0,0032	0,7	220
Niob	0,0020	0,25	125
Kobalt	0,0018	0,20	110
Blei	0,0016	4,0	2 500
Zinn	0,0003	0,35	1 170
Tantal	0,0003	0,14	465
Wolfram	0,00013	0,45	3 460
Molybdän	0,00011	0,15	1 365
Silber	0,000007	0,01	1 430
Pt-Metalle	0,0000005	0,0005	1 000
Gold	0,0000004	0,001	2 500

- und die Massenrohstoffe, wie z. B. Sande, Kiese und Werksteine, deren Verfügbarkeit aus geologischer Sicht praktisch unbegrenzt ist.

Als ein weiterer Rohstoff, der praktisch erneuerbar ist, kann die geothermische Energie angesehen werden.

Rohstoffe und nachhaltige Entwicklung

Die Enquete-Kommission des Deutschen Bundestages „Schutz des Menschen und der Umwelt" nimmt zu nicht erneuerbaren Ressourcen wie folgt Stellung: „Nicht erneuerbare Ressourcen sollen nur in dem Umfang genutzt werden, in dem ein physisch und funktionell gleichwertiger Ersatz in Form erneuerbarer Ressourcen oder höherer Produktivität der erneuerbaren sowie der nicht erneuerbaren Ressourcen geschaffen wird." (Enquete-Kommission 1993)

Diese operative Regel der Enquete-Kommission kann so verstanden werden, daß die heutige Form des Wirtschaftens langfristig nicht durchhaltbar sei. Es widerspreche der intergenerativen Verteilungsgerechtigkeit, die Rohstoffe im bisherigen Ausmaß weiter zu nutzen, d. h. die zukünftigen Generationen würden bei der bisherigen Nutzungsrate benachteiligt. Zwar kann im Bergbau nicht von einer Nachhaltigkeit gesprochen werden, wie sie in der Forstwirtschaft praktiziert werden kann. Dennoch unterliegen die Volkswirtschaft eines Landes und die jeweiligen Bergbauunternehmen seit jeher Be-

110 Rohstoffe

- ☐ Edelmetalle, -steine
- ☐ Metalle
- ☐ Energierohstoffe
- ☐ Industrieminerale

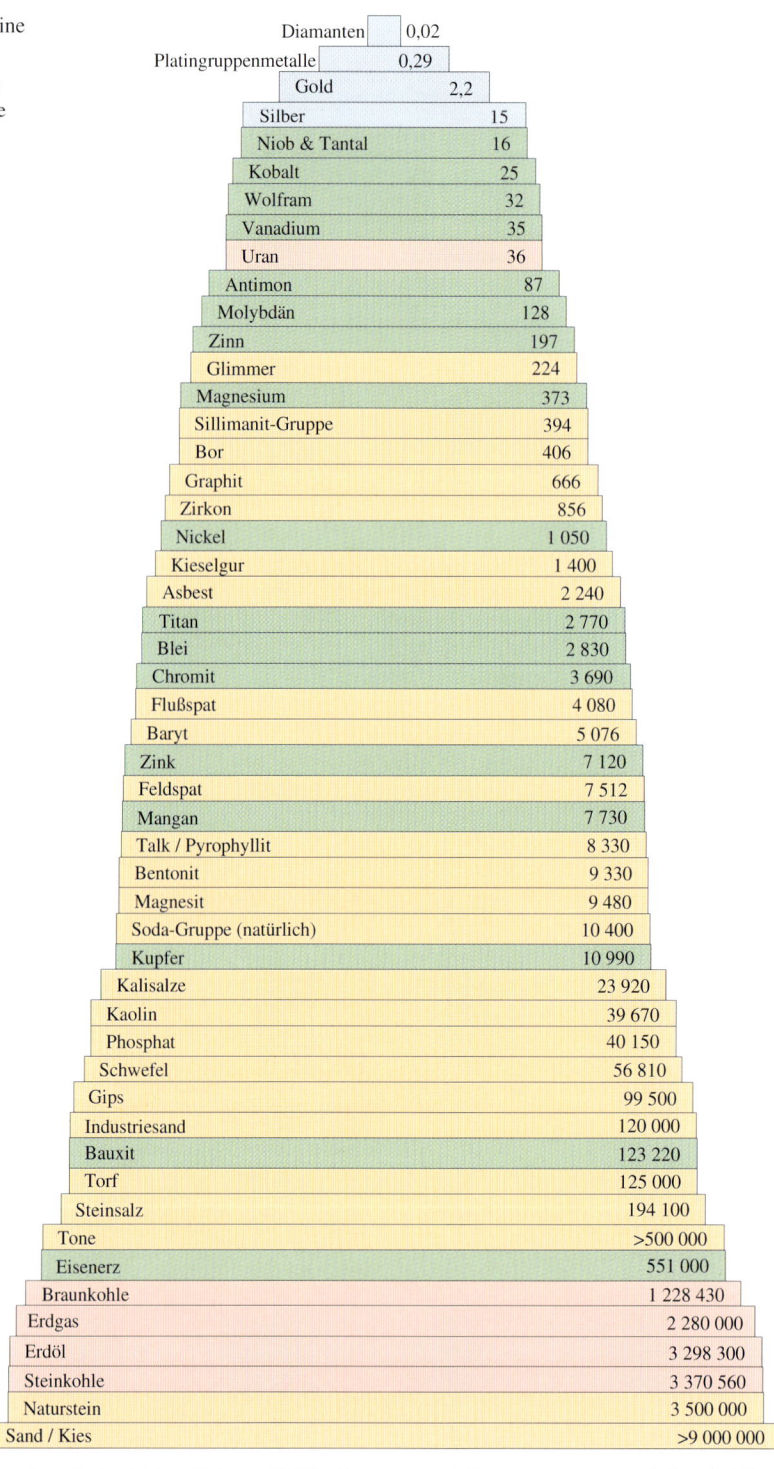

Rohstoff	Menge
Diamanten	0,02
Platingruppenmetalle	0,29
Gold	2,2
Silber	15
Niob & Tantal	16
Kobalt	25
Wolfram	32
Vanadium	35
Uran	36
Antimon	87
Molybdän	128
Zinn	197
Glimmer	224
Magnesium	373
Sillimanit-Gruppe	394
Bor	406
Graphit	666
Zirkon	856
Nickel	1 050
Kieselgur	1 400
Asbest	2 240
Titan	2 770
Blei	2 830
Chromit	3 690
Flußspat	4 080
Baryt	5 076
Zink	7 120
Feldspat	7 512
Mangan	7 730
Talk / Pyrophyllit	8 330
Bentonit	9 330
Magnesit	9 480
Soda-Gruppe (natürlich)	10 400
Kupfer	10 990
Kalisalze	23 920
Kaolin	39 670
Phosphat	40 150
Schwefel	56 810
Gips	99 500
Industriesand	120 000
Bauxit	123 220
Torf	125 000
Steinsalz	194 100
Tone	>500 000
Eisenerz	551 000
Braunkohle	1 228 430
Erdgas	2 280 000
Erdöl	3 298 300
Steinkohle	3 370 560
Naturstein	3 500 000
Sand / Kies	>9 000 000

Abb. 6.2.a. Produktion mineralischer Rohstoffe in der Welt im Jahr 1996 nach ihrer Menge [1 000 t, Erdgas in Mio. m³]

Rohstoffe und ihre Bedeutung für die Gesellschaft   111

- ☐ Edelmetalle, -steine
- ☐ Metalle
- ☐ Energierohstoffe
- ☐ Industrieminerale

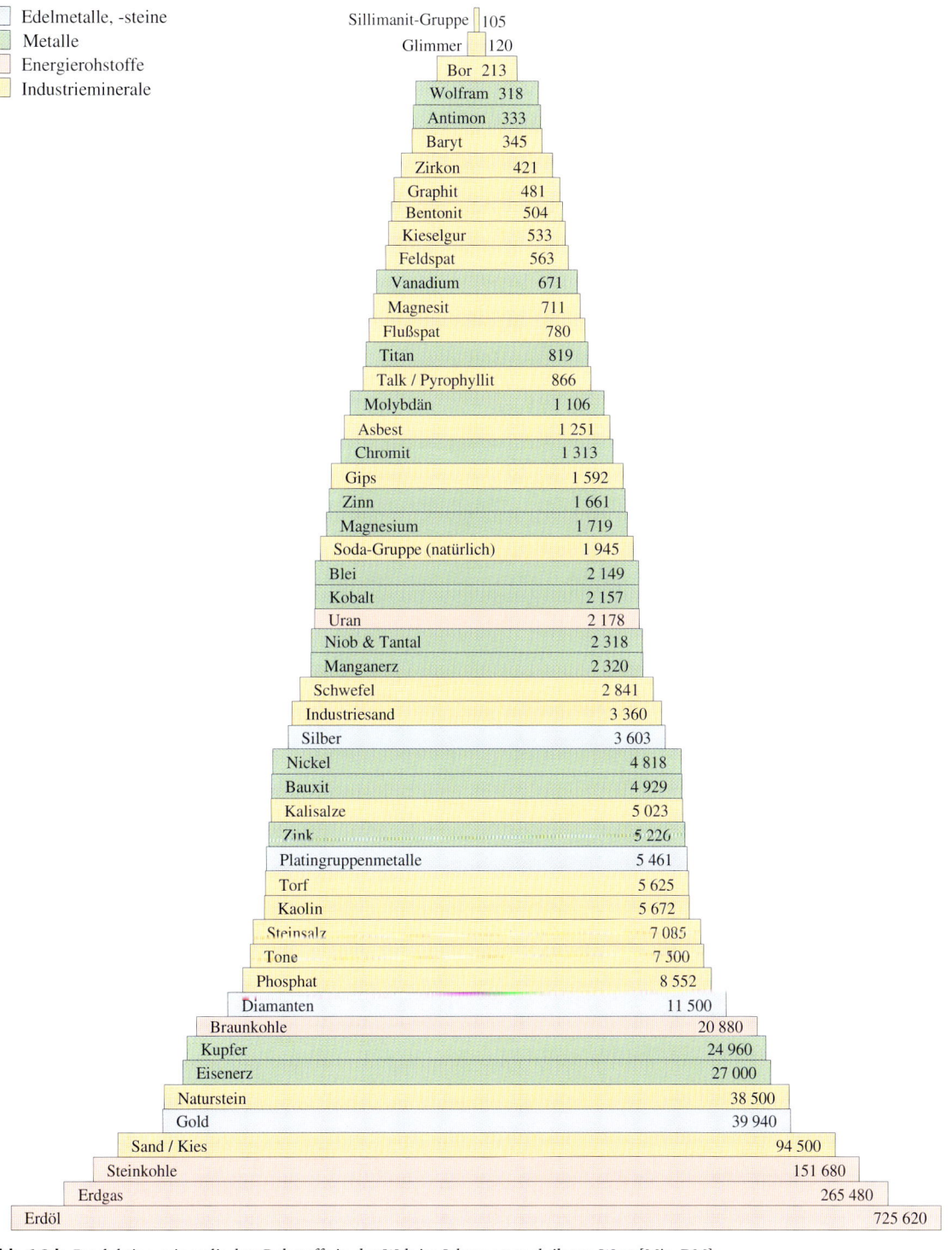

Rohstoff	Wert [Mio. DM]
Sillimanit-Gruppe	105
Glimmer	120
Bor	213
Wolfram	318
Antimon	333
Baryt	345
Zirkon	421
Graphit	481
Bentonit	504
Kieselgur	533
Feldspat	563
Vanadium	671
Magnesit	711
Flußspat	780
Titan	819
Talk / Pyrophyllit	866
Molybdän	1 106
Asbest	1 251
Chromit	1 313
Gips	1 592
Zinn	1 661
Magnesium	1 719
Soda-Gruppe (natürlich)	1 945
Blei	2 149
Kobalt	2 157
Uran	2 178
Niob & Tantal	2 318
Manganerz	2 320
Schwefel	2 841
Industriesand	3 360
Silber	3 603
Nickel	4 818
Bauxit	4 929
Kalisalze	5 023
Zink	5 226
Platingruppenmetalle	5 461
Torf	5 625
Kaolin	5 672
Steinsalz	7 085
Tone	7 500
Phosphat	8 552
Diamanten	11 500
Braunkohle	20 880
Kupfer	24 960
Eisenerz	27 000
Naturstein	38 500
Gold	39 940
Sand / Kies	94 500
Steinkohle	151 680
Erdgas	265 480
Erdöl	725 620

Abb. 6.2.b. Produktion mineralischer Rohstoffe in der Welt im Jahr 1996 nach ihrem Wert [Mio. DM]

> **Die Rohstoffgruppen – II (Kasten 6.2)**
>
> **Energierohstoffe**
>
> Sie zählen überwiegend zu den nicht erneuerbaren und nicht rezyklierbaren Rohstoffen. Die in ihnen gespeicherte Energie besteht entweder aus organischen Bestandteilen oder wird durch Kernspaltung gewonnen. Die geothermische Energie hat eine Sonderrolle.
>
> *Erdöl.* Erdöl bildet sich aus organischen Substanzen in Sedimenten unter besonderen chemischen und physikalischen Bedingungen (Temperatur, Druck, Zeit). Es kann in porösen und permeablen Speichergesteinen migrieren, akkumuliert sich dort in geeigneten Fangpositionen und bildet so Lagerstätten. Nur etwa 4 % des gesamten organischen Materials geht in Sedimentgesteine ein, davon werden nur ca. 2 % in Erdöl umgewandelt. Hiervon werden wiederum nur ca. 1 % in Lagerstätten erhalten. Trotz dieser großen Verluste haben sich etwa 350 Mrd. t Erdöl in Lagerstätten in weltweit etwa 600 Sedimentbecken erhalten, die eine Fläche von ca. 78 Mio. km^2 (15 % der Erdoberfläche) einnehmen.
>
> *Erdgas.* Erdgas oder Naturgas besteht überwiegend aus Methan (CH_4). Es bildet sich aus der Zersetzung organischer Substanzen unter Sauerstoffabschluß unterhalb von 100 °C oder ähnlich dem Erdöl, aber bei Temperaturen oberhalb von 160 °C. Gewisse Methanmengen, die derzeit wirtschaftlich uninteressant sind, können aus tieferen Teilen der Erde (Mantel-Gas) in Oberflächennähe gelangen.
>
> *Kohle.* Die verschiedenen Kohlearten sind aus Anreicherungen von Landpflanzen hervorgegangen, die zu verschiedenen erdgeschichtlichen Zeitaltern in moorartigen Ökosystemen abgelagert wurden. Durch Überdeckung der Moore mit Sedimenten und Absenkung setzt unter Luftabschluß der Inkohlungsprozeß ein, der vereinfacht über die Kette Torf und Braunkohle unter Kompaktierung zu den verschiedenen Steinkohlearten führt. Aus 20 m Torf wird auf diese Weise ein Steinkohleflöz von 1 m. Braunkohlenflöze erreichen Mächtigkeiten von bis zu mehr als 300 m, Steinkohle von bis zu über 100 m.
>
> *Uran.* Uran ist vorwiegend in oxidischer Form in verschiedenen Gesteinen vorhanden. Es kann in magmatischen Gesteinen, in Sedimenten – vorwiegend in Sandsteinen – oder in Gängen mit anderen Metallen Lagerstätten bilden. Komplexe Bildungsformen, häufig als Reicherze ausgebildet, kommen ebenfalls vor.
>
> *Geothermische Energie.* Darunter versteht man die Nutzung natürlicher Erdwärme zur Energieerzeugung. Im Gegensatz zu den fossilen Energierohstoffen (Erdöl, Erdgas und Kohle), die während der Energieerzeugung verbraucht werden, und zum Uran, das nur bedingt rezyklierbar ist, stellt die geothermische Energie eine quasi regenerierbare Quelle dar.
>
> Geothermische Energie kann dort genutzt werden, wo durch heute noch in erdgeschichtlicher Zeit aktiven Vulkanismus im Untergrund „heiße Zonen" vorkommen (z. B. Island, Neuseeland, Italien).
>
> **Massenrohstoffe und Industrieminerale**
>
> *Massenrohstoffe,* auch Steine und Erden genannt, sind Fest- und Lockergesteine, die in der Bauindustrie wegen ihrer physikalischen und mechanischen Eigenschaften verwendet werden. Aus geologischer Sicht ist ihre Verfügbarkeit praktisch unbegrenzt. Begrenzt wird diese durch gesetzliche Regelwerke und andere Nutzungsansprüche an den geographischen Raum, in dem sie auftreten, z. B. Grundwassergewinnung, Naturschutz, Überbauung.
>
> - *Lockergesteine* sind nicht verfestigte mineralische Materialien (Kies, Sand, Ton, Lehm). Nur ein Teil der in der Natur anzutreffenden Vorkommen erfüllt die wirtschaftlichen und technischen Voraussetzungen für eine Nutzung.
> - In *Festgesteinen* sind die mineralischen Komponenten durch ein Bindemittel fest miteinander verbunden. Sie werden durch Brechen, Sieben, Behauen, Sägen und Polieren zu vielfältigen Produkten veredelt.
>
> *Industrieminerale,* häufig auch Nichtmetall-Rohstoffe genannt, gehören wegen ihrer geringeren Menge nicht zu den eigentlichen Massenrohstoffen. Entsprechend ihrer Verwendung werden sie häufig zusammen mit den Steine-und-Erden-Rohstoffen behandelt. Hierbei geht es hauptsächlich um Graphit, Schwerspat, Flußspat und Magnesium. Eine besondere Gruppe bilden die Salze (Steinsalz, Kalisalz), Soda und Phosphat, die wiederum in größeren Mengen verbraucht werden.

schränkungen, die einen übermäßigen Abbau der Lagerstätten verhindern.

Der Bergbautreibende wird schon allein aus wirtschaftlichen Gründen mit den Rohstoffreserven so sparsam wie möglich umgehen. Andernfalls müßte er überdurchschnittlich explorieren, um weitere Reserven zu erschließen. Doch Exploration ist risikoreich und teuer, so daß sie möglichst wirtschaftlich eingesetzt wird. Hinzu kommt, daß grundsätzlich nichts gegen einen sparsamen Umgang mit Rohstoffen spricht, besonders wenn man bedenkt, daß die weltweite Bevölkerung nach dem 2. Weltkrieg insgesamt mehr Rohstoffe verbraucht hat als in der gesamten Menschheitsgeschichte vorher.

Zwischen dem Preisniveau eines Rohstoffs und den Bemühungen, Rohstoffe einzusparen, gibt es einen Zusammenhang (siehe weiter unten). Der Preis ist der wesentliche Motor der Regelkreise zur Sicherung der Rohstoffversorgung, in die die Ressource „menschliche Kreativität" mit einbezogen werden muß. So ist eine effektiv arbeitende Kreislaufwirtschaft, vor allem in den große Rohstoffmengen verbrauchenden Industriestaaten, sicherlich ein marktkonformes Mittel zur Reduzierung des Einsatzes von Primärrohstoffen. Auch der Ersatz von hochwertigen Rohstoffen durch niederwertige als Substitution oder im Einsatz zur Effektivitätssteigerung der höherwertigen Rohstoffe kann als ein Ansatz für marktgerechtes nachhaltiges Wirtschaften angesehen werden.

Bei einer Betrachtung der Rohstoffhierarchien müssen die fossilen Energierohstoffe am hochwertigsten eingestuft werden, da ohne sie die Wirtschaft zum Erlie-

Gewinnung und Verbrauch von Rohstoffen in Deutschland (Kasten 6.3)

Tabelle 6.2. Gewinnung mineralischer Rohstoffe in Deutschland für das Jahr 1996 (nach Angaben der Oberberg- und Bergämter und des Bundesverbandes Steine und Erden e. V.)

Rohstoff	Gewinnung [t]
Steinkohle	48 196 510
Braunkohle	176 852 365
Erdöl	2 848 340
(Erdgas [Mio. m^3])	23 059)
Uran	39
Torf (insgesamt)	2 980 000
Eisen[a]	14 600
Baryt	121 476
Bentonit	491 346
Feldspat	359 666
Flußspat	32 448
Graphit	2 603
Kaolin	1 794 352
Talk	10 005
Kali (als K$_2$O)	3 331 790
Kali-Beiprodukte[b]	1 169 335
Steinsalz	15 943 040
Natürliche Sande und Kies	425 000 000
Naturstein (Kalk, Gips und Bimsstein etc.)	330 000 000
Summe	1 009 149 915

[a] geschätzt;
[b] Rückstandsalz, Brom, MgCl$_2$-Lauge, Magnesiumchlorid, Kieserit und andere Magnesiumerzeugnisse (davon dürften mehr als zwei Drittel Kieserit sein).

Tabelle 6.3. Rohstoffverbrauch einer Person in Deutschland während eines 70jährigen Lebens (*Quelle:* Geologisches Landesamt Rheinland-Pfalz, Mainz)

Sand und Kies	460 t	Gipsstein	6,0 t
Erdöl	166 t	Dolomitstein	3,5 t
Hartsteine	146 t	Rohphosphate	3,4 t
Braunkohle	145 t	Schwefel	1,9 t
Kalkstein	99 t	Torf	1,8 t
Steinkohle	50 t	Naturwerkstein	1,8 t
Stahl	39 t	Kalisalz	1,6 t
Zement	36 t	Aluminium	1,4 t
Tone	29 t	Kaolin	1,2 t
Industriesande	23 t	Stahlveredler	1,0 t
Steinsalz	13 t	Kupfer	1,0 t

Deutschland verfügt durchaus über erhebliche Rohstoffvorkommen, insbesondere auf dem Sektor der Energie- und der Massenrohstoffe sowie Industrieminerale (Tabelle 6.2). Allerdings mußten in den vergangenen Jahrzehnten einige z. T. Jahrhunderte alte Lagerstätten schließen, weil ihre Vorkommen erschöpft oder nicht mehr wirtschaftlich bauwürdig waren. Hierzu gehören vor allem die großen Silber, Blei und Zink führenden Lagerstätten des Harzes und des östlichen Rheinischen Schiefergebirges, aber auch Baryt- und Fluorit- sowie Salzlagerstätten. Die Uranlagerstätten in Mitteldeutschland waren ebenfalls nicht mehr wirtschaftlich bauwürdig.

Bezieht man den Rohstoffverbrauch auf ein persönliches Leben, so verbraucht ein Bundesbürger während seines etwa 70jährigen Lebens die in Tabelle 6.3 aufgelisteten Rohstoffmengen. Über 80 % dieser Rohstoffmengen werden in Deutschland produziert.

gen kommen würde (vgl. Abb. 6.3). Ihnen folgen die metallischen Rohstoffe, deren Bauwürdigkeit erst durch Anreicherungsprozesse zustande kommt. Dagegen stehen die Massenrohstoffe, z. B. Sand, Kies, Kalkstein und Granit, in genügend großen Mengen zur Verfügung. Allerdings kann es hier zu Nutzungsbeschränkungen durch konkurrierende Ansprüche oder Kostengrenzen für deren Transport kommen. Am unteren Ende der Hierarchie stehen die Abfallstoffe, die aus der Gewinnung höherwertiger Produkte anfallen und sich u. U. dazu eignen, primäre Massenrohstoffe zu ersetzen. Bekannte Beispiele hierfür sind Gips aus der Rauchgasentschwefelung der Kraftwerke als Ersatz für Naturgips oder Schlacken aus der Metallerzverhüttung, die als Baustoffe eingesetzt werden können.

Die stetig wachsende Weltbevölkerung wird – trotz gesteigerter Substitutions- und Sparanstrengungen – auch in Zukunft auf primäre Rohstoffe zurückgreifen müssen. Beim Abbau primärer Rohstoffe erfolgen zwangsläufig Eingriffe in die Natur, auch wenn sie seit einigen Jahrzehnten so gering wie möglich gehalten werden und möglichst viel rekultiviert wird. In der Nachhaltigkeitsdiskussion über die Nutzung primärer Rohstoffe spielt seit einiger Zeit ein ganz anderer Aspekt eine Rolle, nämlich das NIMBY-Syndrom (not in my backyard). In Industrieländern werden die Vorteile des hohen Rohstoffverbrauchs genutzt, aber deren Abbau- und Verarbeitungsstellen will man nicht akzeptieren. Viele Entwicklungsländer sehen dagegen im Bergbau noch einen entscheidenden Anstoß zur wirtschaftlichen Entwicklung.

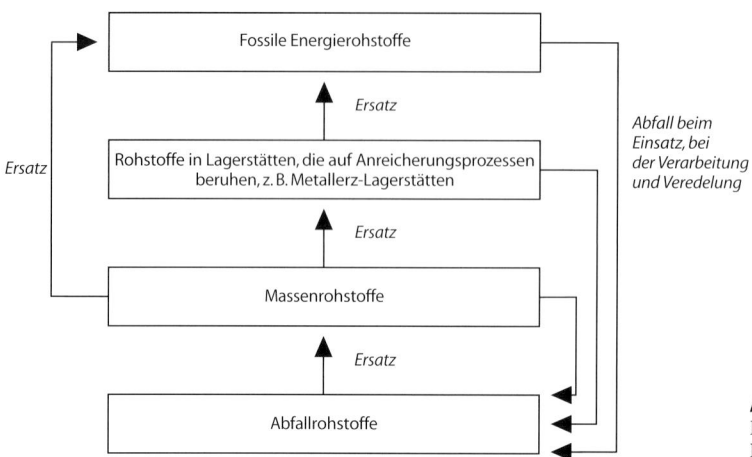

Abb. 6.3.
Rohstoffhierarchie im Sinne der nachhaltigen Entwicklung (nach Wellmer und Stein 1998)

Bei konsequenter Anwendung der oben beschriebenen Managementregel der Enquete-Kommission auf die nicht erneuerbaren Ressourcen und unter Einbeziehung der weiter unten beschriebenen Regelkreise zur Rohstoffversorgung kann eine praktische Leitlinie der Zukunft entwickelt werden, wonach die Nutzung auf Dauer nicht größer sein darf als die Substitution ihrer Funktionen. Denn streng genommen brauchen wir die Rohstoffe ja nicht selbst, sondern nur ihre Funktionen, für die in der Mehrzahl der Fälle auch andere Lösungen denkbar sind. Voraussetzung hierfür ist, daß die Rohstoffreserven nur in dem Umfang genutzt werden sollen, in dem ein funktionell gleichwertiger Ersatz in Form erneuerbarer Ressourcen oder höherer Produktivität der erneuerbaren sowie der nicht erneuerbaren Ressourcen geschaffen wird. Neben dem Preis wäre auch die menschliche Kreativität ein wichtiger Faktor für die Einhaltung des Nachhaltigkeitsprinzips.

Diese Überlegungen führen dahin, auch *Entwicklungslinien* zu betrachten, die zu nachhaltigen Nutzungen führen. Weder war in der Bronzezeit die Herstellung der Bronze, für die man Erze aus oberflächennahen oxidischen Kupfer- und Zinnerzlagerstätten benötigte, noch die mittelalterliche Herstellung von Eisen mit Holzkohle nachhaltig. Aber sie führten zu metallurgischen Entwicklungen, die nachhaltige Szenarien erkennen lassen. Ebenso war die Gewinnung von Siedesalz im Mittelalter, die zur Abholzung und zum Entstehen der heutigen Lüneburger Heide führte, nicht nachhaltig. Aber die technologischen Entwicklungen, die hiermit eingeleitet wurden, führten zu Methoden der Gewinnung von Steinsalz aus Salzstöcken oder dem praktisch unbegrenzten Meeresreservoir, die auf Dauer nachhaltig sind.

Betrachtet man nicht die Rohstoffe selbst, sondern ihre Funktionen, so sind solche Rohstoffe am kritischsten zu sehen, bei denen die Ausweichmöglichkeiten am geringsten sind. Dies sind die Düngemittelrohstoffe Kali und Phosphat. Beide Rohstoffe werden – fast vergleichbar mit den Energierohstoffen – verbraucht. Die Pflanzen brauchen sie zum Wachstum. Sie können nicht rezykliert und auch nicht – wie bei den Energierohstoffen – durch andere Stoffe substituiert werden. Sie sind damit genauso wichtig wie Wasser, der wichtigste Rohstoff überhaupt. Bei Kali ist eine auf Dauer nachhaltige Entwicklung durch Gewinnung aus dem Meeresreservoir leichter vorstellbar als beim Phosphat. Beide Rohstoffe haben aber eine statisch sehr lange Lebensdauer, so daß man fast von einem Rohstoffparadoxon sprechen könnte (siehe weiter unten).

Bei der Diskussion des Themas „Rohstoffe und nachhaltige Entwicklung" darf nicht nur die Rolle der Quellen (Rohstoffverfügbarkeit aus primären und sekundären Lagerstätten bzw. Substitution der Funktionen) gesehen werden, sondern auch die Problematik der Senken. Die Enquete-Kommission sagt dazu, daß die Freisetzung von Stoffen und Energie auf Dauer nicht größer sein darf als die Anpassungsfähigkeit der natürlichen Umwelt.

Die Nachhaltigkeitsdebatte hat darauf aufmerksam gemacht, daß die Aufnahmekapazitäten der Senken möglicherweise schneller erschöpft sein werden als die Quellen. Hinsichtlich der nicht erneuerbaren Rohstoffe ist daher insbesondere zu beachten, daß sich Knappheiten auch durch eine Überbeanspruchung der sogenannten Senken (Abfälle, Deponien, Einträge in die Natur) ergeben könnten. Auch hier muß versucht werden, durch Regelkreise, unter Einschluß der menschlichen Kreativität, Lösungen zu finden, durch verbesserte Technologien den Eintrag in die Natur zu minimieren, d. h. Wirkungsgrade und Ausbringungsfaktoren immer weiter zu steigern. Auch durch die Erhöhung der Effizienz lassen sich Sparpotentiale ausnutzen.

Künftige Verfügbarkeit mineralischer Rohstoffe

Die nicht erneuerbaren Rohstoffe sind nach der Enquete-Kommission nur in dem Umfang zu nutzen, wie ein gleichwertiger Ersatz an erneuerbaren bzw. ein Ausgleich durch eine höhere Produktivität der erneuerbaren und nicht erneuerbaren Ressourcen geschaffen wird. Daher muß zunächst klar sein, welche Vorstellungen über die Reichweite der Vorräte vorliegen, wie lange es dauert, bis ein Rohstoff zur Verfügung steht, wie die Versorgung gesichert werden kann und welche Rolle der menschliche Ideenreichtum spielt.

Die Reichweite der Vorräte

Um die „Lebensdauer" von Rohstoffen und ihre zukünftige Verfügbarkeit zu quantifizieren, wird üblicherweise die Reichweite der Vorräte berechnet. Sie ist der Quotient aus den zur Zeit bekannten Reserven und der aktuellen Produktion. Man unterscheidet zwei Arten von Lebensdauerkennziffern, die statische und die dynamische. Bei der statischen Reichweite wird die aktuelle Produktion als fixe Größe betrachtet, bei der dynamischen wird der Verbrauch mit einer angenommenen durchschnittlichen Wachstumsrate dynamisiert.

In beiden Fällen werden die Reserven als statisch betrachtet. Hierin liegt der Grund, warum es immer wieder zu Fehlinterpretationen kommt. Denn auch die Reservenzahl ist eine dynamische Größe, im Grunde viel dynamischer als dynamisierte Verbrauchszahlen.

Die verfügbaren Reservenzahlen geben konkret immer nur den Kenntnisstand zu einem bestimmten Zeitpunkt wieder, auf den sich die wirtschaftlich gewinnbaren Mengen beziehen. Sie berücksichtigen künftig zu entdeckende Reserven nicht. Damit ist die Kennziffer „Reservenlebensdauer" nur eine rechnerische Momentaufnahme eines sich dynamisch entwickelnden Systems. Für sich alleine genommen ist sie aussagelos (vgl. Tabelle 6.4 und Kasten 6.4).

Ein Hilfsmittel zur Beobachtung des Verlaufs von Reservenzahlen sind Zeitreihen. Für die meisten Rohstoffe weisen solche Zeitreihen stark schwankende Lebensdauerzahlen auf, die wesentlich durch Preisschwankungen und damit Änderungen der Bauwürdigkeitsgrenzen und durch wechselnde Explorationsintensität bedingt sind. Durch moderne Extraktionsmethoden können die Lagerstätteninhalte vieler Rohstoffe besser ausgenutzt werden. Die dadurch gestiegenen Produktionen sowie die in einem Langzeittrend aber gleich gebliebenen realen Preise haben in den vergangenen Jahrzehnten dazu geführt, daß sich der langfristige Trend der Lebensdauerkennziffern bei den einzelnen Rohstoffen kaum geändert hat. Die bisherige Exploration war also sehr erfolgreich und konnte ein dynamisches Gleichgewicht zwischen Produktion und Reserven halten.

Die Lebensdauer der Reserven von Seltenen Erden und den Rohstoffen, die für Hochtechnologie-Anwendungen wichtig sind – die sogenannten „electronic metals" wie Gallium und Germanium –, betragen beispielsweise mehrere hundert Jahre. Die Vorräte sind riesig; viele Lagerstätten sind bekannt und können wegen fehlender Märkte nicht in Produktion gebracht werden. Die „electronic metals" werden beibrechend mit anderen Rohstoffen wie Zink oder Aluminium (Bauxit) gewonnen.

Die Frage nach der Lebensdauer der mineralischen Rohstoffe – und damit nach der Geschwindigkeit, in der bestimmte Lagerstättenvorkommen nach dem Nachhaltigkeitsprinzip abgebaut werden dürfen – könnte nur durch Zeitreihen beantwortet werden, die so weit in die Zukunft extrapolieren, bis sie die Reichweite Null erreichen. Da man das Gesamtpotential, das jemals in Reserven umgewandelt werden kann, insbesondere bei den mineralischen Rohstoffen, heute bei weitem nicht kennt, ist dies nicht möglich.

Regelkreise sichern die Rohstoffversorgung

Die gebräuchlichen Kennziffern können bei den mineralischen Rohstoffen auf die Frage nach der zukünftigen Verfügbarkeit also keine befriedigende Antwort geben. Insbesondere der Zusammenhang zwischen Preishöhe und Reservenzahl erschwert konkrete Aussagen

Tabelle 6.4. Statische Lebensdauer ausgewählter Rohstoffe

Rohstoff	Dimension	Vorräte 1996 sicher und wahrscheinlich	Weltförderung 1996	Statische Lebensdauer Jahre
Antimon	1000 t Inh.	4 204	95	44
Bauxit	1000 t [a]	22 983 000	114 000	202
Blei	1000 t Inh.	63 400	2 912	22
Kupfer	1000 t Inh.	311 500	11 006	28
Nickel	1000 t Inh.	35 814	1 051	34
Zink	1000 t Inh.	143 200	7 283	20
Zinn	1000 t Inh.	7 190	196	37
Eisen	1000 t Inh.	68 880 000	549 000	125
Chromit	1000 t [a]	1 496 000	12 000	127
Manganerz	1000 t Inh.	875 600	8 000	113
Kobalt	1000 t Inh.	11 615	23	499
Molybdän	1000 t Inh.	5 645	128	44
Niob	1000 t Inh.	4 513	16	282
Tantal	1000 t Inh.	25	0,4	65
Vanadium	1000 t Inh.	7 480	35	213
Wolfram	1000 t Inh.	2 244	32	70
Ilmenit	1000 t TiO_2	203 600	4 204	48
Rutil	1000 t TiO_2	21 380	428	50
Gold	1000 t Inh.	37	2,3	17
Silber	1000 t Inh.	288	15	19
Platin-Metalle	1000 t Inh.	57	0,3	198
Phosphat	1000 t P_2O_5	3 720 000	41 145	90
Kali	1000 t K_2O	9 441 000	23 962	394
Baryt	1000 t	173 700	4 616	38
Flußspat	1000 t	210 000	4 085	51
Graphit	1000 t	21 000	670	31

[a] handelsübliches Erz.

(vgl. Kasten 6.4). Erst der Faktor „menschliche Kreativität" erlaubt es, Regelkreise mit Rückkopplungseffekten zu erkennen, die vielleicht eher eine Antwort auf die Frage der zukünftigen Verfügbarkeit geben (Abb. 6.4).

Rohstoffverknappung und menschliche Kreativität

Bei einer Rohstoffverknappung steigen die Preise und Lagerstätten mit niedrigeren Gehalten werden abbauwürdig. Gleichzeitig wird es attraktiver, höhere Explorationsrisiken einzugehen, z. B. in größeren Teufen zu suchen. Es kann auch lohnender werden, die Recyclingraten zu steigern, nach Substitutionsmöglichkeiten zu suchen, den spezifischen Materialeinsatz noch weiter zu reduzieren oder nach ganz anderen technischen Lösungen zu forschen. Die Nachrichtenübermittlung per Satellit kann beispielsweise Kupfer- oder Glasfaserkabel ersetzen.

Hohe Preissteigerungen können aber auch zu verstärkten Anstrengungen z. B. hinsichtlich der Substitution für diesen Rohstoff führen. Ein Beispiel hierfür ist die Shaba-Krise 1978, während der es tatsächlich zu einem physischen Verfügbarkeitsproblem bei Kobalt gekommen war (Zaire war damals das größte Förderland für Kobalt). Die Shaba-Krise hatte Steigerungen auf das Fünffache des früheren Preises zur Folge. Die Forschungen, Substitutionsmöglichkeiten für Kobalt zu finden, wurden intensiviert und führten schon bald zu Ergebnissen, z. B. zur Entwicklung von neuen Ferriten, um Kobalt in Magneten zu ersetzen. Obwohl Kobalt damals als strategischer Rohstoff mit einer relativ geringen Nachfrage-

Abhängigkeit der Reservenzahlen (Kasten 6.4)

Die Reservenzahlen von Lagerstätten sind abhängig von verschiedenen Einflußgrößen, die wiederum untereinander eng verzahnt sind (nach Wellmer 1998). Sie beeinflussen die Lebensdauer einer Lagerstätte und illustrieren die Dynamik dieser Kenngröße.

- Die Reservenzahlen ergeben sich aus der Summe aller *Explorationsbemühungen* für den jeweiligen Rohstoff, d. h. aus den weltweit von den Explorations- und Bergbauunternehmen entdeckten Reserven. Die Unternehmen betreiben Exploration vor allem, um zu überleben oder zu wachsen, um also die abgebauten Mengen der Reserven durch neu entdeckte zu ersetzen und weitere wirtschaftliche Lagerstätten hinzuzufinden.
- Eine entscheidende Rolle spielt bei der Bestimmung der Reservenzahlen der *Lagerstättentyp*. Rohstoffe, die in lang aushaltenden kontinuierlichen Schichten auftreten – wie Kohle in Flözen – oder oberflächennah – wie Eisen und Bauxit –, lassen sich leichter abschätzen und weiter extrapolieren als solche, die als linsige Erzvorkommen auftreten, wie z. B. Blei und Zink.
- Die *Größenverteilung* der Lagerstätten gibt Auskunft über die Verfügbarkeit eines Rohstoffs. Die statistische Regel, daß es wenige sehr große Lagerstätten und viele kleine gibt, gilt für alle Rohstoffe: Es sind vor allem die wenigen Großlagerstätten, die die Verfügbarkeit eines Rohstoffs wesentlich bestimmen. Bei Kupfer sind in 10 % der Lagerstätten 80 % der Weltvorräte konzentriert, bei Zink sind es dagegen nur 71 %. Die rein rechnerisch um ein Drittel größere Reichweite der Vorräte bei Kupfer im Vergleich zu Zink spiegelt genau diese statistische Verteilung wider. Sie sagt jedoch nichts über die zukünftig noch zu entdeckenden neuen Kupfer- oder Zinkreserven aus.
- Das *Preisniveau* hat ebenfalls einen wesentlichen Einfluß. Bei steigenden Preisen kann die Bauwürdigkeitsgrenze gesenkt werden, d. h. auch Vorräte mit niedrigeren Gehalten können wirtschaftlich gewonnen werden. Man kann für viele Rohstoffe ableiten, daß mit sinkender Bauwürdigkeitsgrenze die Vorräte nichtlinear zunehmen. (Bei einer gewissen statistischen Verteilung folgt diese Vorratszunahme einem exponentiellen Gesetz, das nach dem amerikanischen Geologen Lasky benannt wurde; Lasky 1950.) Bergwerksunternehmen folgen bei der Festlegung der Bauwürdigkeitsgrenzen dem generellen Preistrend. Viele Schwankungen in den Zeitreihen von Lebensdauerkurven erklären sich so aus den zyklischen Preisschwankungen der Rohstoffe.
- Die *technologischen Grenzen* haben ebenfalls einen Einfluß auf die Reservenzahlen. Sie sind eng mit dem Preis des Rohstoffs auf dem Weltmarkt verbunden. Durch Rationalisierungen (größere Abbaueinheiten, größere LKW) konnten in der Vergangenheit auch Vorkommen mit niedrigeren Gehalten in Betrieb genommen werden. Wurden beispielsweise um die Jahrhundertwende Lagerstätten mit 1 % Kupfer abgebaut, wie in Bingham bei Salt Lake City in den USA, so waren es in den 60er und 70er Jahren Lagerstätten in den USA und Kanada mit 0,4 %. Die untersten Bauwürdigkeitsgrenzen, bei denen gerade noch die Betriebskosten gedeckt werden, liegen bei einigen Großtagebauen bei 0,2 % Kupfer. Mittlerweile steigen bei Kupfer die durchschnittlich bauwürdigen Lagerstättengehalte wieder an. Sie folgen damit einem Trend, der für andere Rohstoffe schon länger gilt. Dieser Trend wird sich sicherlich irgendwann wieder umkehren, so daß erneut ärmere Lagerstätten abgebaut werden.

  Über Jahrzehnte sind die Rohstoffpreise in realen Preisen (d. h. die nominalen Preise sind um die Inflationseffekte korrigiert worden) praktisch gleich geblieben. Somit sind Ressourcen mit niedrigeren Gehalten, die durch echte Preissteigerung in realen Werten auf ein langfristig höheres Preisniveau bauwürdig würden, noch nicht in Angriff genommen worden.
- *Weitere Einflußfaktoren* auf die jeweils gültige Reservenzahl können viele andere Aspekte sein. Steigen beispielsweise die Steuern und/oder die Förderabgaben, muß die Bauwürdigkeitsgrenze erhöht werden, d. h. die Vorräte werden geringer. Lagerstätten in infrastrukturell ungünstig gelegenen Gebieten benötigen höhere Gehalte. Verbessert sich die Infrastruktur durch Investitionsmaßnahmen (beispielsweise durch die Regierung), können früher marginale oder submarginale Vorräte bauwürdig werden, d. h. aus Ressourcen werden Reserven etc.

elastizität galt, kam es zu einer Adjustierung der Nachfrage und zu einem Rückgang des Preises.

Bleibt der Preis über lange Zeit hoch, wird dies zu neuen Investitionen und damit zu zusätzlichen Angebotsmengen führen. Ist der Markt nach einer gewissen Zeit überversorgt, kommt es zu Preiseinbrüchen, die sich manchmal auf einem tieferen Preisniveau als zuvor einpendeln können.

Bergbauinvestitionen sind im allgemeinen sehr kapitalintensiv. Daher läßt die Anpassung an die Marktgegebenheiten normalerweise lange auf sich warten. Besonders Lagerstätten mit hohen Vorräten, wie die porphyrischen Kupfer- oder Molybdänlagerstätten, werden meist auch über Verlustjahre weiterbetrieben. Unternehmen hoffen so auf wieder steigende Preise und damit auf die Möglichkeit, das eingesetzte Kapital, das sonst überwiegend verloren wäre, doch noch amortisieren zu können.

Aber auch Preissteigerungen, die durch prognostizierte zukünftige Versorgungsengpässe verursacht werden, können die Explorationsaktivitäten erhöhen. Ein gutes Beispiel für dieses Verhalten ist die Reaktion auf die Studie über die „Grenzen des Wachstums", die 1972 auf Initiative des Club of Rome veröffentlicht wurde (Meadows *et al.* 1974). Sie führte zu einem bisher beispiellosen Explorationsboom mit vielen neuen Entdeckungen. Das Explorationsförderprogramm der deutschen Bundesregierung, das von 1971 bis 1990 mit einem Gesamtaufwand von 540 Mio. DM lief, war zwar bereits vorher konzipiert, praktisch aber eine Reaktion auf die

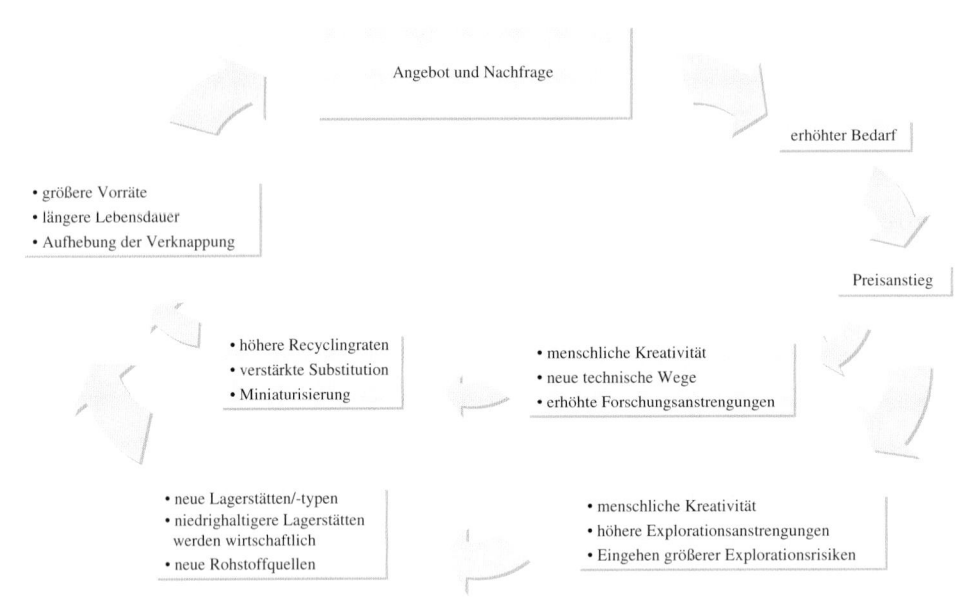

Abb. 6.4. Regelkreise zur Rohstoffversorgung erlauben Aussagen zur zukünftigen Verfügbarkeit mineralischer Rohstoffe

damals vorherrschende Meinung einer Rohstoffknappheit, die sich in der Studie für den Club of Rome manifestierte. In dem Explorationsförderprogramm konnten Rohstoffunternehmen mit Sitz in der Bundesrepublik Deutschland für Explorationsprojekte auf mineralische Rohstoffe weltweit im Erfolgsfall rückzahlbare Zuschüsse in Höhe von in der Regel 50 % der Gesamtexplorationskosten erhalten. Sie mußten allerdings zusichern, die entdeckten und dann geförderten Rohstoffe in die Europäische Union einzubringen.

Weitere Beispiele sind der Explorationsboom auf Uran, der 1973 begann, als man meinte, die bekannten Uranreserven würden nicht ausreichen, den zukünftigen Bedarf für die Versorgung der bestehenden und geplanten Kernkraftwerke zu decken, sowie der Boom der Nickelexploration zu Beginn der 70er Jahre, als man der Meinung war, zur zukünftigen Deckung des Nickelbedarfs seien nicht nur Investitionen in lateritische Nickellagerstätten in großem Umfange notwendig, sondern auch die Gewinnung von Nickel aus den Manganknollen der Tiefsee. In beiden Fällen wurden die Einschätzungen nach Meinungen vieler Experten durch längerfristige Preissteigerungen beim Uran und kurzfristige drastische Preissteigerungen auf Grund eines Streiks bei dem weltgrößten Nickelproduzenten in Kanada 1969 von 1 $/lb auf maximal 6,70 $/lb unterstrichen – obwohl Preise nur die Einschätzung der momentanen physischen Versorgungslage widerspiegeln und kaum die für die zukünftige Versorgungslage relevanten Reserven oder gar Ressourcen.

Rohstoffverknappung und Prognosesicherheit

Prognosen über die Verfügbarkeit von Rohstoffen können auf verschiedene Weise stimulierend wirken. So kann allein die Ankündigung einer Rohstoffverknappung dazu führen, daß der Preis anzieht und der Rohstoff übermäßig auf Lager genommen wird. Auf diese Weise wird eine Verknappung am Markt erzeugt, die aber real nicht vorliegt. Der Effekt ist eine sich selbst erfüllende Prophezeiung („selffulfilling prophecy").

Das Gegenteil wäre eine sich selbst verhindernde Prophezeiung („selfdestroying prophecy"). Hierzu gehören Einschätzungen längerfristiger Knappheiten mineralischer Rohstoffe, die zu verstärkten Explorationsbemühungen für den betreffenden Rohstoff führen. Die Hoffnung dabei ist, daß durch die Verknappung des Rohstoffs eine Preissteigerung in Gang gesetzt wird, die die Exploration letztlich rechtfertigen und finanzieren soll. Je mehr Bergbauunternehmen dies für den entsprechenden Rohstoff tun, um so weniger wird der Preis steigen.

Damit ist die Frage zur Lebensdauer und Verfügbarkeit von mineralischen Rohstoffen identisch mit der Frage, wie lange Einschätzungen von zukünftigen Knappheiten sich nicht bewahrheiten bzw. wann sie sich bewahrheiten. Bei keinem mineralischen Rohstoff ist heute auch auf lange Sicht erkennbar, daß es zu einer wirklichen Verknappung kommt.

Exploration und menschliche Kreativität

Es wurde bereits darauf hingewiesen, daß die Explorationsausgaben sehr durch das Preisniveau eines Rohstoffs bestimmt werden. Je größer die Zahl der Explorationsprojekte, desto größer natürlich auch die Chance, fündig zu werden. Für den Erfolg der Exploration ist das notwendige Budget allerdings nur eine der Voraussetzungen. Wie in jeder Forschung, ist auch bei der Exploration das Entscheidende der Ideenreichtum und die Phantasie, die richtigen Explorationsansätze zu finden.

Trägt man Zufundraten gegen Preise auf, so sieht man einerseits die zyklische Natur der Entdeckungsraten, andererseits zeigt sich, daß die hohen Fundraten nur teilweise mit hohen Preisen zusammenfallen (Abb. 6.5). Von der Entdeckung einer Lagerstätte bis zur Inbetriebnahme durch ein Bergwerk vergehen üblicherweise viele Jahre. Da sich über solche Zeiträume Preise nicht vorhersagen lassen, verfolgen große Bergbau- und Explorationsfirmen in der Regel gerne langfristige Explorationskonzepte, so daß neue Entdeckungen auch mit Preisbaissen zusammenfallen können.

Brilliante Ideen für neue Explorationsansätze tauchen unabhängig vom Rohstoffpreis auf. Das gilt auch für Paradigmawechsel. Die 1971 entdeckte porphyrische Kupferlagerstätte Afton in British Columbia in Kanada und die Uranlagerstätte Rössing in Namibia sind hierfür gute Beispiele (vgl. Kasten 6.5).

Unter dem Aspekt des Paradigmenwechsels müssen auch solche Lagerstätten gesehen werden, die in Explorationsprogrammen für ganz andere Rohstoffe als die tatsächlich gefundenen entdeckt wurden (Tabelle 6.5). Das jüngste Beispiel ist die Entdeckung des potentiell sehr großen Nickellagerstättendistrikts Voisey's Bay in Neufundland/Kanada im Jahr 1994 in einer ursprünglich auf Diamanten konzipierten Explorationskampagne.

Diese Beispiele zeigen, daß es sehr schwierig ist, Explorationseffizienz für einen Rohstoff über kurze Zeiträume zu messen. Wiederum müssen lange Zeitreihen betrachtet werden, ähnlich wie bei den Zeitreihen für die Lebensdauer der Reserven.

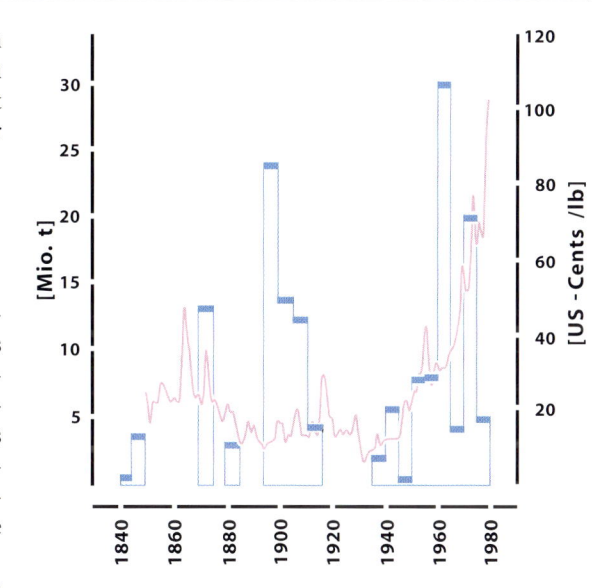

Abb. 6.5. Entdeckungsraten und Preisentwicklung für Kupfer in den USA. *Säulen:* Entdeckungsraten, *Kurven:* Preisentwicklung (*Quelle:* Rose 1982)

Ein anderes Beispiel ist die Exploration auf Erdöllagerstätten. Durch neue Ideen wurden bisher nicht untersuchte Felder interessant, die häufig in größeren Tiefen liegen. Vor knapp 30 Jahren erreichten Explorationsbohrungen eine Tiefe von 100 m. Durch die Entwicklung der entsprechenden Technologie ist es heute möglich, auch im Offshore-Bereich (d.h. im Meer) über 2000 m tief zu bohren (vgl. Abb. 6.6).

Statt neue primäre Lagerstätten zu suchen, zu entdecken und auszubeuten, kann natürlich auch die Nutzung der Sekundärlagerstätten verstärkt werden. Das Recycling ist dadurch in seiner Intensität auch wieder vom Preisniveau abhängig. Die gleiche Preisabhängigkeit gilt für die Substitution, den sparsamen Einsatz von Materialien oder die Suche nach alternativen technischen Lösungswegen. Beispielsweise fällt der Rückgang der Recyclingquote von Zinn in der westlichen Welt zusammen mit dem Fallen des nominalen und realen Zinnpreises seit 1980. Zeitverzögert findet der Trend zum immer sparsameren Einsatz von Zinn bei der Weißblechherstellung in den USA (nur hier liegen gute Statistiken vor) ein Ende.

Die Substitutionsmöglichkeiten für viele Rohstoffe werden oft nur kurzfristig eingeschätzt. Das ist für eine globale Betrachtung der Rohstoffverfügbarkeiten sicherlich zu eng gesehen. Besonders gering werden Substitutionspotentiale bei den Stahlveredlern gesehen. Oft

Menschliche Kreativität und Exploration – Zwei Beipiele (Kasten 6.5)

Kupferlagerstätte Afton, Britisch Columbia (Kanada)

Eine 1964 abgebohrte mineralisierte Zone, die bereits seit 1898 in Ansätzen bekannt war, wies lediglich unwirtschaftliche Kupfergehalte von 0,2 % auf. Die Paragenese von metallischem Kupfer und sekundären Sulfiden deutete auf oberflächennahe Anreicherung hin, und der Schluß vieler Bergbaugesellschaften, daß damit das primäre Erz noch ärmer sein müsse, erschien gerechtfertigt.

Die kanadische Juniorgesellschaft (das sind Explorationsgesellschaften, die keine eigenen Bergwerke besitzen, die Explorationsgelder über den Verkauf von Aktien mobilisieren und im allgemeinen risikobereiter sind als etablierte Firmen) Afton Mines löste sich von dieser Vorstellung und erbohrte 1971 mit eigenen Mitteln einen Erzkörper mit 20 Mio. t und einem Durchschnittsgehalt von 1 % Kupfer in der Teufe. Es stellte sich heraus, daß die mit 0,2 % Kupfer ausbeißende Zone nur den erzarmen Randbereich bildete, die überhaupt nichts mit der rezenten Landoberfläche zu tun hat (Carr und Reed 1976).

Übrigens ist diese Entdeckungsgeschichte auch ein Beispiel dafür, daß altbekannte Regionen, die schon viele Explorationsaktivitäten gesehen haben, durch eine zündende Idee wieder attraktiv werden. Die Entdeckung des hochgehaltigen Erzkörpers Afton löste natürlich weitere Aktivitäten in der Umgebung auch durch andere Explorationsgesellschaften aus.

Der Erzkörper Afton selbst lag unter der wichtigsten kanadischen Verkehrstransversalen, dem Transcanada Highway, der für den Tagebau Afton (Inbetriebnahme 1977) verlegt werden mußte.

Uranlagerstätte Rössing, Namibia

Ein anderes Beispiel ist die Uranlagerstätte Rössing in Namibia. Dort fand bereits 1928 ein Prospektor radioaktive Mineralien. Bis nach dem 2. Weltkrieg bestand jedoch kein Bergbauinteresse. In den 50er und 60er Jahren wurden Untersuchungen durchgeführt, das Vorkommen wegen zu geringer Gehalte (0,03–0,04 % U) jedoch als uninteressant angesehen.

Im Jahre 1966 begann die Bergbaugesellschaft RTZ, sich für das Vorkommen zu interessieren. Sie erkannte, daß es sich um eine Lagerstätte mit niedrigen Gehalten, aber sehr großen Vorräten handelt. Durch Übertragung von Erfahrungen beim Abbau niedriggehaltiger Großlagerstätten in Südafrika wurde eine Wirtschaftlichkeitsstudie mit positivem Ergebnis erstellt. 1976 wurde der Großtagebau in Betrieb genommen. Trotz der geringen Gehalte gelang es, die Lagerstätte auch über Zeiten niedriger Preise bis heute am Leben zu halten.

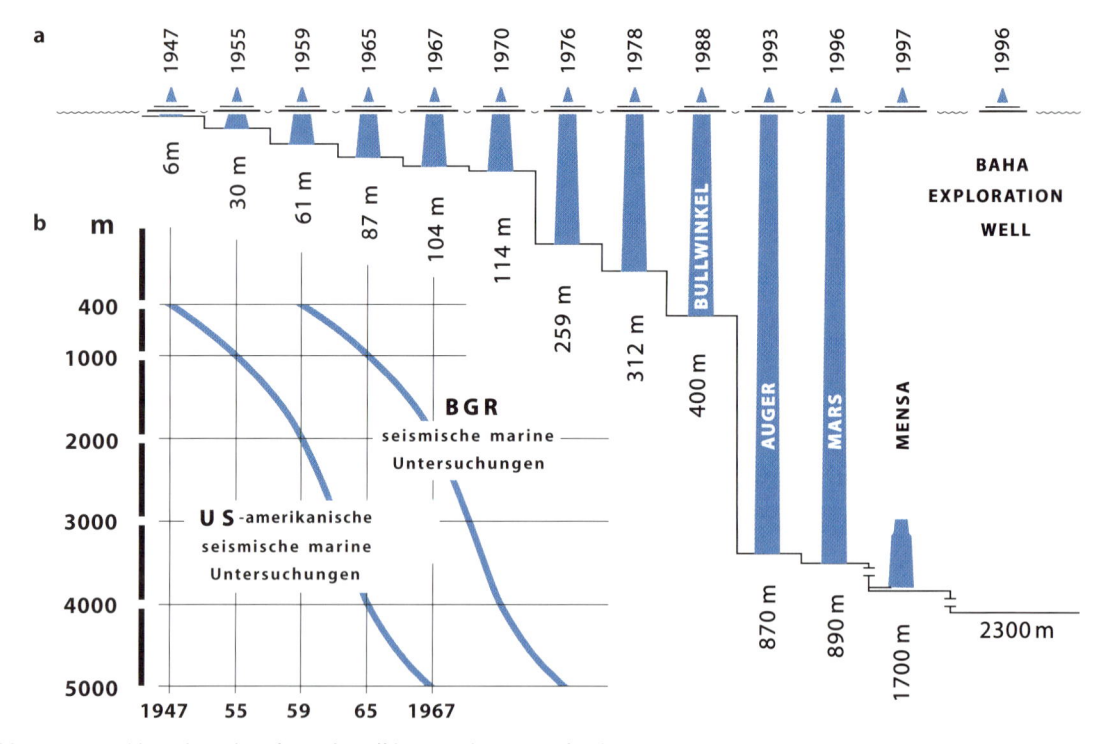

Abb. 6.6. Entwicklung der Bohrtiefen in der Offshore-Exploration auf Erdöl: **a** Ausgewählte Bohrungen; **b** Gegenüber den USA begannen die marinen seismischen Untersuchungen in Deutschland erst Ende der 50er Jahre

Tabelle 6.5. Lagerstätten, die in Explorationskampagnen auf andere Rohstoffe entdeckt wurden

Lagerstätte	Lokation	Rohstoff (Typ)	Vorräte/Produktion	ursprünglich gesucht
Schaft Creek	British Columbia, Kanada	Cu (Cu porphyry)	910 Mio. t; mit 0,3 % Cu, 0,03 % MoS_2, 0,1 g/t Au, 1 g/t Ag; nicht in Produktion	Asbest
Howards Pass	Yukon Territory/ Northwestern Territories	Pb/Zn (Sedex)	113,4 Mio. t; mit 5,4 % Zn, 2,1 % Pb. Potential mehr als 1 Mrd. t; nicht in Produktion	Vanadium
Mt. Emmons	Colorado, USA	Mo (Mo porphyry)	146 Mio. t; mit 0,43 % MoS_2; nicht in Produktion	ursprünglich Pb-Zn auf Gängen, als Mo-Lagerstätte erst später erkannt
Voisey's Bay	Newfoundland, Kanada	Ni	32 Mio. t; mit 2,8 % Ni, 1,7 % Cu, 0,12 % Co; in Erschließung (1995 entdeckt)	Diamanten
Crow Butte	Wyoming, USA	U (in Sandsteinen, ISL)	6160 t U-Inhalt; 0,21 % U; 1981–1996: 1226 t U; Plankapazität 384 t/a U	als radiometrische Anomalie in Ölbohrungen entdeckt
Venetia Kimberlit-Schlot	Northern Province, Südafrika	Diamanten	100 Mio. Karat; Gehalt 1,3 Karat/t; 4,3 Mio. Karat/t	Cu, Pb, Zn
Witwatersrand	Südafrika	Uran/Gold	141 000 t U-Inhalt; bis 80 $/kg U 1996: 1436 t U; Höchste Produktion 1980/81: 6100 t U	ursprünglich nur Goldlagerstätte, Uran erst in den fünfziger Jahren entdeckt

schreibt die Normung gewisse Rohstoffe vor, aber auch hier gibt es von Land zu Land Variationen. Für längerfristige Betrachtungen muß man auch die Möglichkeiten erwägen, Normungen und technisch eingefahrene Wege zu ändern, um zu anderen technischen Lösungen zu kommen.

Schlußfolgerungen zu den Regelkreisen der Versorgung mit Rohstoffen

Der Trend zu Lagerstätten mit immer höheren Gehalten und die hohe Verfügbarkeit bei niedrigen Preisen lassen sich sicher nicht ungebrochen fortsetzen. Das heißt aber auch, daß Rohstoffe u. U. sehr viel teurer werden können und auf ein Preisniveau steigen, das langfristig wesentlich über dem historischen oder dem heutigen liegt.

Ein Steigen der Preise ist ja gerade ein Mechanismus, durch den das Angebot an wirtschaftlich gewinnbaren Vorräten überproportional gesteigert wird. Das Preisniveau regelt auf der anderen Seite die Intensität der Exploration, die Nutzung sekundärer Lagerstätten durch das Recycling, die Anstrengungen zum sparsameren Einsatz von Rohstoffen oder die Suche nach völlig anderen Wegen zur Erreichung des technischen Ziels. Gerade hier spielt die Ressource der menschlichen Kreativität eine entscheidende Rolle.

Der frühere Direktor des US-amerikanischen Geologischen Dienstes, McKelvey, hat diesen Zusammenhang in einer Formel ausgedrückt (McKelvey 1972). Aus dem Blickwinkel der Industrieländer vor der ersten Ölkrise 1973, als der Primärenergieverbrauch noch mit dem Wachstum des Bruttosozialproduktes gekoppelt war, hat er versucht, den Regelkreis zwischen Rohstoffverbrauch und Einfallsreichtum des Menschen zu erfassen. Diese Formel lautet:

$$L = \frac{R \, E \, I}{P}$$

wobei L = Lebensstandard (Verbrauch an Gütern und Dienstleistungen), R = Rohstoffverbrauch einschl. Wasser, Boden, biologischer Rohstoffe, E = Energieverbrauch und I = Ideenreichtum ist.

Aus heutiger Sicht muß man an dieser Formel Kritik üben. Nach der Ölkrise 1973 hat sich in vielen Industrienationen der Energieverbrauch und auch der vieler anderer Rohstoffe von der Entwicklung des Bruttosozialprodukts entkoppelt. Bei den metallischen Rohstoffen gilt das für Eisen und Stahl, während die Buntmetalle oder gewisse Stahlveredler immer noch mit der Entwicklung des Bruttoinlandsproduktes korrelieren

(Abb. 6.7). Im Sinne eines immer sparsameren Materialeinsatzes mit dem Ziel einer Nachhaltigkeit muß diese Entwicklung auch weitergetrieben werden. Von Bedeutung ist in der Formel von McKelvey jedoch der Einfallsreichtum I.

Der Formel von McKelvey ist zu entnehmen, daß, wenn der Verbrauch an mineralischen Rohstoffen gesenkt, der Lebensstandard andererseits aber erhöht werden soll, mehr Ideen oder mehr Energie eingesetzt werden müssen. Der Einsatz von mehr Energie scheidet jedoch aus, da sie der knappste Rohstoff ist. Wenn also der Einsatz von mineralischen Rohstoffen und Energie vermindert werden soll, muß das Maß an Ideenreichtum (I) entwickelt werden.

Die obige Formel könnte also dahingehend weiterentwickeln werden, daß als Fernziel die Entkoppelung von Lebensstandard und Rohstoffverbrauch formuliert wird:

$$L = \frac{I}{R E P}$$

Ist derartiges überhaupt denkbar? In Anbetracht der oben diskutierten Rohstoffhierarchie (vgl. Abb. 6.3) im Sinne der nachhaltigen Entwicklung ist es für die fossilen Energierohstoffe und für die Rohstoffe, deren Lagerstätten auf Anreicherungsprozessen beruhen, durchaus denkbar, aber kaum für die Massenrohstoffe. Diese werden für die Effizienzsteigerung benötigt, um die Entkoppelung überhaupt zu erreichen, selbst wenn man gesteigerte Sparanstrengungen mitberücksichtigt.

In funktionsfähigen Märkten haben bisher die oben diskutierten Regelkreise unter Einsatz des menschlichen Einfallsreichtums die Rohstoffversorgung sichergestellt. Es gibt bislang keinen Grund zu der Annahme, daß dies in Zukunft nicht der Fall sein sollte. Eduard Pestel, ein Mitbegründer des Club of Rome, sagte, daß er im Hinblick auf die Ressourcen dieser Erde optimistisch sei. Wenn die Änderungen nicht zu schnell kämen, würde der Mensch immer neue Lösungen finden. Die Zeitdauer, also der Zeitpuffer, neue Lösungen zu finden, wird durch die eingangs diskutierte Lebensdauer der Reserven gegeben.

Wie steht es nun mit dem spezifischen Verbrauch oder dem ebenso oft benutzten Begriff *Pro-Kopf-Verbrauch*? Im Gegensatz zu den Düngemitteln und Energieträgern werden die meisten mineralischen Rohstoffe im eigentlichen Sinn gar nicht verbraucht. Sie bleiben physisch auf der Erde – sieht man einmal von Teilmengen bei der Müllverbrennung und den nicht wiederkehrenden Satelliten und Weltraumsonden ab. So liegen die größten Kupferkonzentrationen im Kabelgeflecht der Metropolen. Deutschland liegt z. B. im Pro-Kopf-Verbrauch bei allen Metallen in der Spitzenposition. Doch jeder weiß, daß diese in Form von Produkten des „Exportweltmeisters" das Land als Ware wieder verlassen, aber auch als Autos, Maschinen etc. im Land verbleiben und später hier oder anderswo als Sekundärrohstoff wieder zur Verfügung stehen.

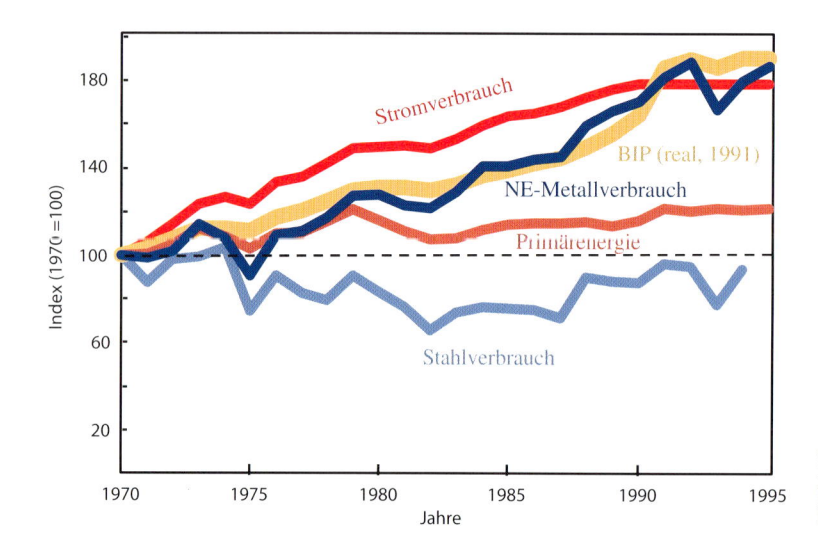

Abb. 6.7.
Entwicklung von Energie- und Metallverbrauch sowie Bruttoinlandsprodukt in Deutschland zwischen 1970 und 1995

Gibt es in Zukunft Rohstoffprobleme?

Aus der Sicht der Vorratsverfügbarkeit ist bei den meisten Rohstoffen prinzipiell nicht mit einer gravierenden Verknappung zu rechnen. Bisher auftretende Probleme konnten beherrscht werden. Kann dies aber für alle Rohstoffe gelten, insbesondere im Hinblick auf die immer wieder auftauchende Frage nach der Endlichkeit der Ressourcen? Diese Frage bezieht sich häufig auf die Verfügbarkeit von Energierohstoffen. Aber auch bei den Massenrohstoffen, die – geologisch gesehen – unbegrenzt verfügbar sind, stellt sich die Frage der Begrenztheit aus ganz anderen Gründen, nämlich hinsichtlich konkurrierender Nutzungsansprüche.

Die Energiefrage

Der Bedarf an Energierohstoffen

Die stete Verfügbarkeit von Energie ist ein selbstverständlicher Bestandteil unseres täglichen Lebens. Wir brauchen Energie zum Heizen, Beleuchten, Transport und Antrieb von Maschinen. Ohne die Verfügbarkeit solcher Energie wäre der heutige Entwicklungsstand nicht denkbar.

In Deutschland werden jährlich ca. 500 Mio. t Steinkohleeinheiten (SKE) verbraucht. Davon stammen nur ca. 30 % aus eigenem Aufkommen an Kohle, Erdgas und Erdöl. Etwa 30 % der Energie werden in der Industrie und ca. 25 % in den Haushalten verbraucht (Kasten 6.6).

Vor dem Hintergrund des weltweit wachsenden Energiebedarfs stellt sich für die Geowissenschaften die Frage, welche Zukunftsaussagen sie über die Verfügbarkeit der Energierohstoffe und welche Beiträge sie zur Ausweisung neuer Höffigkeitsgebiete für die Suche besonders nach Kohlenwasserstoffen und zur Erschließung neuer Vorräte leisten können. Hierzu werden nachfolgend die möglichen Zukunftsaussagen am Beispiel von Erdöl und Erdgas diskutiert.

Die Verfügbarkeit von Erdöl und Erdgas

In der Energiestudie der BGR von 1995 (Datenstand Ende 1993) wurde festgestellt, daß die weltweite Erdölvorratssituation mit 136 Mrd. t noch nie so günstig war. Seither haben sich die weltweiten konventionellen Erdölvorräte auf fast 150 Mrd. t erhöht. Mit einer kumulierten weltweiten Förderung bis Ende 1997 von fast 115 Mrd. t und einer geschätzten Endausbeute von 350 Mrd. t konventionellem Erdöl nähert man sich mit einer dynamischen Erdölförderung im Zeitraum 2010–2020 dem „depletion mid-point", der auch zeitlich ungefähr mit der maximalen Förderquote zusammenfallen dürfte (Kasten 6.7).

Prognosen zur Entwicklung der Erdölförderung orientieren sich – ganz allgemein gesehen – am Förderverlauf eines Erdölfeldes. Bei Förderung mit maximaler oder nahezu maximaler Effizienz zeigt er einen raschen und steilen Anstieg, bis er nach der maximalen Förderung exponentiell abfällt. Damit ist er vergleichbar mit der Hubbert-Kurve (Abb. 6.8). Nahe der maximalen Förderung und/oder dem depletion mid-point wird die „statische Reichweite", also der Quotient aus Vorräten (ggf. plus Zukunftspotential) zur Förderung als Maß für die Verfügbarkeit von Erdöl, zunehmend irreführend.

Für den weltweiten Förderverlauf, der sich im wesentlichen über ca. 250 Jahre (1860–2100) erstrecken dürfte, fällt der steile Förderanstieg vor allem in die Zeit nach dem 2. Weltkrieg. Um 2010–2020 wird die Förderung – bedingt durch Regelungsmaßnahmen im Zuge der Erdölpreiskrise 1973/74, die bis Ende der 80er Jahre andauerten – das Maximum überschritten haben und sich um 2100 dem Ende nähern.

Mit dem Überschreiten der maximalen Förderung geht ein Rückgang der neugefundenen Vorräte, insbesondere der riesigen Vorkommen, einher (Abb. 6.9). Dies liegt nicht an nachlassenden Explorationsbemühungen, sondern an dem immer geringer werdenden Angebot bisher nicht explorierter Gebiete.

Wie bei den mineralischen Rohstoffen besteht auch zwischen Erdölpreis und Erdölvorratsmengen ein funktioneller Zusammenhang: Je höher der Preis, desto größer sind prinzipiell die Vorräte. So hat z. B. die erste Erdöl(preis)krise 1973/74 die Offshore-Exploration in der Nordsee erst im großen Maße ermöglicht bzw. vorangetrieben und damit zu einer für Europa sehr bedeutenden Kohlenwasserstoff-Provinz geführt. Von großer Bedeutung wird ein steigender Erdölpreis aber dann sein, wenn die Kostenschwelle, die momentan bei ca. 30 US$/Faß liegt, für eine großangelegte wirtschaftliche Nutzung von nicht-konventionellen Erdölvorkommen (z. B. Ölsande in Alberta) erreicht ist. Dies würde zu einer erheblichen Erhöhung der Erdölvorräte und zwangsläufig zu einem zeitlichen Hinausschieben des depletion mid-point führen. Mit anderen Worten: Im Prinzip hat jeder Erdölpreis seinen eigenen depletion mid-point.

Primärenergie – Reserven und Verbrauch (Kasten 6.6)

Deutschlands Anteil am Weltenergieverbrauch beträgt ca. 4 % (1996: 12570 Mio. t Steinkohleeinheiten [SKE]) und rangiert damit nach den USA, China und Rußland an vierter Stelle. Auffällig ist die Dominanz der Kohlenwasserstoffe, die in Deutschland 61 % des Primärenergieverbrauches ausmachen (vgl. Tabelle 6.6).

Der Zuwachs der Weltbevölkerung und die regional unterschiedlich stark wachsende Industrialisierung haben eine Zunahme des weltweiten Energiebedarfs zur Folge, der auf ca. 16,5 bis 17,3 Mrd. t SKE im Jahre 2010 und 2020 auf ca. 19 bis 22 Mrd. t SKE geschätzt wird.

Die sicher gewinnbaren Vorräte (Reserven) der nichterneuerbaren Energierohstoffe betragen weltweit ca. 1156,6 Mrd. t SKE. Im Gegensatz zum Verbrauch, wo das Erdöl an erster Stelle liegt, dominiert bei den Vorräten die Steinkohle mit einem Anteil von 44,6 % (516 Mrd. t SKE). Das Erdöl folgt mit 19,1 % (220,7 Mrd. t SKE) an zweiter Stelle. Alle Kohlenwasserstoffe, einschließlich Erdgas und unkonventionelle Erdölvorräte (Ölschiefer, Ölsand, Schweröl), erreichen zusammen den Anteil der Kohlevorräte. Die Vorräte an Braunkohle haben einen Anteil von knapp 7 % (78,5 Mrd. t SKE) und die des Urans von ca. 4 % (45,6 Mrd. t SKE) an den Energiereserven.

Außer den Reserven sind andere Vorratsmengen vorhanden, deren Gewinnbarkeit derzeit technisch und/oder wirtschaftlich nicht möglich ist oder die in ihrem Umfang nicht genügend sicher erfaßt sind. Die Ressourcen der nicht erneuerbaren Energierohstoffe werden weltweit auf ca. 10 200 Mrd. t SKE geschätzt.

Die Reserven sind ungleichmäßig auf der Welt verteilt. Die Erdölreserven sind zu ca. 2/3 im Nahen Osten konzentriert (ca. 25 % in Saudi-Arabien, je ca. 10 % Irak, Vereinigte Arabische Emirate, Kuwait). Europa (ohne GUS) hat einen Anteil von knapp 3 % und die USA als größter Verbraucher von ca. 2 %. Bei den Erdgasreserven liegt Rußland mit ca. 1/3 an der Spitze, der Nahe Osten folgt mit ca. 30 % (Iran 14 %, andere unter 10 %). Europa (ohne GUS) verfügt über ca. 5 %.

Es wird erwartet, daß künftig keine grundsätzlichen Änderungen in der Struktur des Energiebedarfs eintreten. Weltweit wird die Rolle der Kohlenwasserstoffe bei der Deckung des Bedarfs dominierend bleiben. Sie werden (nach Schätzungen der EU) bis 2020 weltweit (auch in Deutschland) zu 60 % beitragen. Die geringe Eigenversorgung Deutschlands von derzeit knapp 3 % bei Erdöl und von ca. 21 % bei Erdgas wird nicht gehalten werden können.

	Deutschland	%	EU	%	Welt	%
Mineralöl	197,5	39,5	927,0	44,4	4 969,2	39,5
Naturgas	107,5	21,6	452,7	21,7	2 957,4	23,5
Steinkohle	69,5	13,9				
Braunkohle	57,5	11,5	332,4	16,2	3 385,5	26,9
Kernenergie	60,2	12,1	329,6	15,8	932,0	7,5
Sonstige	7,9	1,6	38,7	1,9	327,2	2,6
Gesamt	500,1	100	2 086,0	100	12 570,2	100

Tabelle 6.6. Primärenergieverbrauch 1996: Deutschland, Europäische Union, Welt [Mio. t SKE]

Im Vergleich zum Erdöl sind konventionelle Erdgasvorkommen etwas gleichmäßiger verteilt. Die größten Aufkommensgebiete liegen in der GUS, dem Nahen Osten und Nordamerika. Die wirtschaftliche Nutzung von Erdgas in größerem Stil setzte sehr viel später ein als beim Erdöl: in den USA Anfang 1900, in Osteuropa und in der UdSSR ab 1930, in West-Europa ab dem 2. Weltkrieg. Zur Zeit werden jährlich etwa 2,2 Billionen m³ Erdgas gefördert (entspricht ca. 1,7 Mrd. t Erdöl), die größten Produzenten und Verbraucher sind die GUS und die USA. Das weltweite EUR (vgl. Kasten 6.7) von konventionellem Erdgas liegt bei 420 Billionen m³, davon sind rund 13 % gefördert, 35 % Vorräte und 52 % Zukunftspotential.

Der sehr hohe Anteil von über 50 % Zukunftspotential ist kennzeichnend für den noch nicht allzuweit fortgeschrittenen Stand der Exploration. Gleichzeitig ist daraus abzuleiten, daß der depletion mid-point für Erdgas noch in weiter Ferne liegt und in der zweiten Hälfte des nächsten Jahrhunderts zu erwarten ist. Die zukünftige Verfügbarkeit von konventionellem Erdgas ist somit im Vergleich zu Erdöl ungleich günstiger.

Zukunftsprognosen für Erdöl, Erdgas und metallische Rohstoffe

Die glockenförmige Lebenszykluskurve, die beim Erdöl als Hubbert-Kurve bezeichnet wird, gilt theoretisch für jeden anderen Rohstoff. In marktwirtschaftlich orientierten Ländern richtet sich die Produktion am tatsächlichen Bedarf aus, so daß der Lebenszyklus einer Lagerstätte durchaus mehrere Gipfel aufweisen kann. Dagegen zeigen Beispiele aus Staatshandelsländern durch eine kontinuierliche staatliche Förderung einen flachen Lebenszyklus, der mit der Erschöpfung der Lagerstätte endet.

Dennoch ist es – mit heutigem Kenntnisstand – für die anderen Rohstoffe nicht möglich, aus der Lebenszykluskurve eine Zukunftsprognose abzuleiten. Dies

Energiereserven und „depletion mid-point" (Kasten 6.7)

Weltweite Gewinnung und Verfügbarkeit von Erdöl und Erdgas folgen nach einer von Hubbert (1956) entwickelten Konzeption einem ± glockenförmigen Verlauf (sogenannte „Hubbert-Kurve", Abb. 6.8) mit steilem Anstieg und flacherem, exponentiellen Abfall. Dieser Verlauf trifft im Prinzip für jeden endlichen, d. h. nicht erneuerbaren Rohstoff zu. Die maximale Förderung fällt mit einer 50%igen Ressourcenerschöpfung zusammen, dem sogenannten „depletion mid-point".

Die Gesamtreserven des konventionellen Erdöls können mit relativ großer Sicherheit abgeschätzt werden. Daher kann die Hubbert-Kurve als Werkzeug für eine Zukunftsprognose verwendet werden, was allerdings auch kontrovers diskutiert wird.

Deutschland zeigt einen exemplarischen Förderverlauf. Es verfügt über zuverlässige Förderdaten von mehr als 300 Ölfeldern, deren Vorräte jährlich neu festgelegt werden und im Bereich der maximalen Effizienz fördern bzw. gefördert haben. Es hat seit mehr als 20 Jahren den depletion mid-point überschritten und befindet sich auf dem absteigenden Ast der Hubbert-Kurve.

Gegenwärtig sind rund 42 000 Erdölfelder mit ca. 260–265 Mrd. t ursprünglichen Vorräten bekannt. Davon sind bis Ende 1997 rund 115 Mrd. t gefördert worden, davon die Hälfte allein in den letzten 20 Jahren. Rund 75 % dieser ursprünglichen Vorratsmenge treten in „giant", „super giant" und „mega giant" Erdölfeldern auf, die aber nur 1 % der gesamten Felderzahl repräsentieren. In den letzten zwei bis drei Jahrzehnten wurden in der Explorationstechnik (z. B. Seismik) und dem geologischen Verständnis (z. B. Plattentektonik, or-

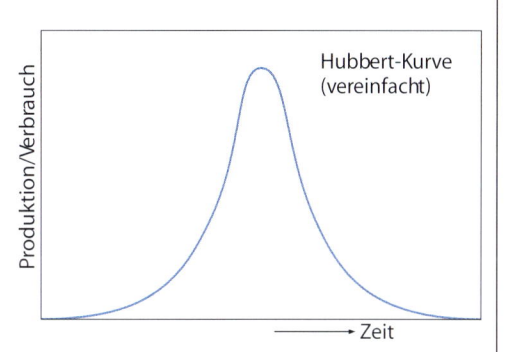

Abb. 6.8.
Hubbert-Kurve (vereinfacht)

ganische Geochemie) weltweit große Fortschritte gemacht. Dadurch hat sich die Einschätzung der Erdölhöffigkeit von Sedimentbecken bis zum kritischen Teufenbereich von ca. 4 km entscheidend verbessert. Zusätzlich haben neue Fördertechniken (wie z. B. enhanced oil recovery/EOR und Horizontalbohren) die Schätzungsbreite des EUR (estimated ultimate recovery = Summe aus bisheriger Förderung, Vorräten und Zukunftspotential) eingeengt. Beim jetzigen Ölpreis dürfte die EUR für konventionelles Erdöl zwischen 315 und 325 Mrd. t, bei einem Anstieg auf 25–30 US$ pro Faß bei 350 Mrd. t, liegen (115 Mrd. t gefördert, rund 150 Mrd. t Vorräte, zwischen 50–85 Mrd. t Zukunftspotential).

Es ist eine Erfahrungstatsache, daß die großen Erdölfelder in den jeweiligen Sedimentbecken i. a. im frühen Stadium der Exploration gefunden werden. Daher kann davon ausgegangen werden, daß sich die zukünftigen Neufunde auf Vorkommen in der Größenordnung „major" bis „very small/tiny/insignificant" mit Betonung auf letzterer Gruppe konzentrieren.

Weltweit gehen die Neufunde seit 1962 mengenmäßig zurück (vgl. Abb. 6.9). Derzeitig wird nur noch 1/4 des Verbrauchs neu gefunden. Zu den Vorratszuwächsen tragen vor allem Höherbewertungen bekannter Vorkommen und verbesserte Fördermethoden bei, z. T. sind sie wohl auch politisch beeinflußt.

Die OPEC verfügt über 72 % (davon 84 % im Mittleren Osten), die OECD über 10 % der Weltvorräte. Die OPEC-Vorräte werden z. Z. mit 1,3 %, die der OECD mit 7,1 % pro Jahr abgebaut. Der OPEC-Anteil an der Weltversorgung wird nach jüngsten Schätzungen weiterhin steigen.

Der weltweite depletion mid-point für konventionelles Erdöl wird zwischen 2010 und 2020 erwartet. Ab diesem Zeitraum setzt der Rückgang der Förderung ein.

Der depletion mid-point für konventionelles Erdgas wird erst in der 2. Hälfte des 21. Jahrhunderts erwartet. Erdgas wird als Energieträger anteilmäßig weiter zulegen, da die zukünftige Verfügbarkeit von konventionellem Erdgas im Vergleich zum Erdöl wesentlich günstiger ist.

---

liegt daran, daß heute für keinen Rohstoff, dessen Lagerstätten auf Anreicherungsprozessen beruhen, auch nur annähernd eine Aussage über das Gesamtpotential gemacht werden kann. Damit kann also bisher für keinen anderen Rohstoff eine Lebenszykluskurve abgeleitet werden.

Bei der Betrachtung der Regelkreise, die die Rohstoffversorgung sichern, ist die Steigerung der Explorationsanstrengungen ein wichtiges Element. Bisher gibt es nur beim Erdöl, bedingt beim Erdgas, Indikationen, daß die Exploration an Grenzen stößt. Hierfür gibt es zwei Gründe, die nur für das Erdöl, nicht aber für andere Rohstoffe zutreffen:

1. Die Bildungsbedingungen von Erdöl sind gut bekannt. Die Erdölentstehung aus organischen Substanzen im Sediment läßt sich aus deren Versenkungsgeschichte ablesen. Dabei sind die Zeit und der Temperaturverlauf die wesentlichen Faktoren. Der Beginn der Ölgenese liegt zwischen 70 und 90 °C (sogenanntes Ölfenster); ab ca. 150 °C wird Erdöl durch (natürliches) „cracken" in Erdgas überführt. Öl ist damit praktisch der einzige Rohstoff, bei dem es eine Tiefenbegrenzung der Bildung und – da das Öl entlang einem Druckgradienten, normalerweise entgegen der Schwerkraft migriert – auch eine Teufenbegrenzung der Speichergesteine gibt.

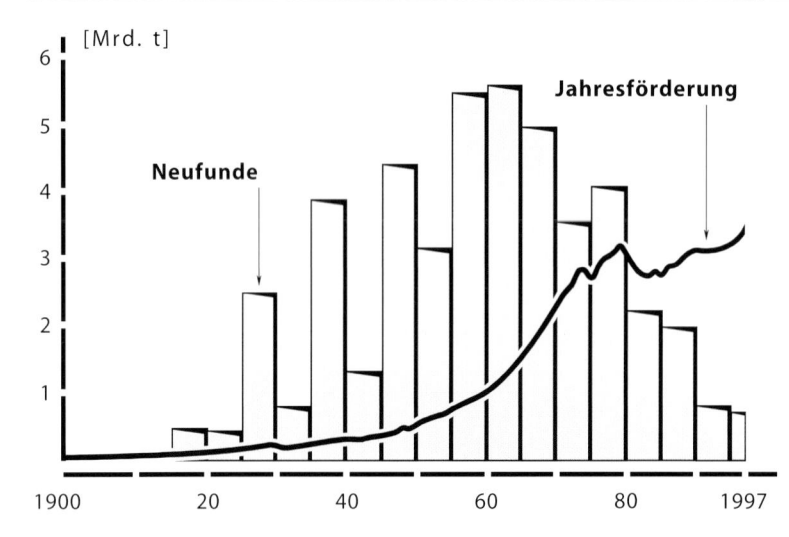

Abb. 6.9.
Erdölneufunde (im Fünfjahresmittel) und Jahresförderung (ergänzt nach Masters *et al.* 1994 und Miller 1997)

2. Es wird davon ausgegangen, daß die großen Erdölfelder in den jeweiligen Sedimentbecken in der Regel im frühen Stadium der Exploration gefunden wurden.

Demgegenüber erfolgen die Entdeckungen der metallischen und vergleichbaren Lagerstätten ganz anders. Oft werden erst kleine Lagerstätten entdeckt, dann eine große, dann wieder kleinere. Beim Erdöl ist es aus den Anfangsentdeckungen großer Erdölfelder in den Sedimentbecken recht gut gelungen, mit Hilfe einer sogenannten fraktalen Verteilung das Gesamtpotential eines Beckens abzuschätzen. Dagegen ist die Gesamtabschätzung von metallischen Lagerstätten auch nur eines Lagerstättendistriktes, geschweige denn des gesamten Potentials einer tektonischen Großeinheit, nicht möglich.

Ein Grund für die Schwierigkeit, die weltweit möglichen Vorräte von mineralischen Rohstoffen anzugeben, liegt vor allem in der Genese als Anreicherungslagerstätten (vgl. Tabelle 6.1). Je nach spezifischen Bildungsbedingungen – dem jeweiligen geochemischen Angebot und den physikalischen Bedingungen (Druck, Temperatur) – sowie den Bedingungen der Platznahme – sedimentär, magmatisch, vulkanisch oder tektonisch angereichert – entsteht ein Lagerstättenunikat. Zur Vereinfachung werden einzelne Lagerstättentypen klassifiziert, deren Charakterisierung häufig auf die erste entdeckte Lagerstätte dieses Typs hinweist.

Die Faustregel von Prospektoren, nach großen Lagerstätten in der Umgebung von bekannten großen Lagerstätten zu suchen, gilt oft nur für eine gewisse Zeit. Immer wieder kann beobachtet werden, daß es in einem prinzipiell höffigen Gebiet (absolute Höffigkeit) zu einer Sättigungsexploration kommt. Dies ist meist dann der Fall, wenn die zur Verfügung stehenden Methoden ausgeschöpft sind, so daß für längere Zeit keine weiteren Lagerstätten mehr entdeckt werden. Dann gibt es eine neue zündende Idee für ein neues Explorationskonzept oder einen methodischen Durchbruch, und plötzlich werden wieder neue Lagerstätten entdeckt (vgl. Kasten 6.5). So können mit neuen Konzepten und Methoden für die Exploration tiefliegende blinde Erzkörper aufgespürt werden. Hinzu kommen Zufallsfunde, wie sie in Tabelle 6.5 aufgeführt sind.

Eine Methode, die häufiger zur Anwendung kommt, ist das aus den Sozialwissenschaften stammende Gesetz von Zipf. Demnach ist die größte Lagerstätte doppelt so groß wie die zweitgrößte, dreimal so groß wie die drittgrößte usw. Es gibt zwar Hinweise, daß man die Größenverteilung der bekannten Lagerstätten in einigen Lagerstättendistrikten recht gut mit dieser Methode annähern kann, aber bisher keinerlei Beweis, daß die Lagerstättengrößen eines Distriktes wirklich diesem Gesetz folgen müssen. Außerdem weiß man nie, ob wirklich schon die größte Lagerstätte gefunden wurde, die immer der Ausgangspunkt für eine Größenableitung nach Zipf ist.

Die Massenrohstoffe

Mögliche zukünftige Verfügbarkeitsprobleme der Massenrohstoffe, die geologisch praktisch unbegrenzt vorhanden sind, entstehen durch deren Nutzung durch die Menschen selbst. Vorrangig werden Versorgungsengpässe durch konkurrierende Nutzungsansprüche (Grund-

Behandlung von Nutzungskonflikten am Beispiel von Kalkstein (Kasten 6.8)

Im Rahmen der Landesaufnahme Rohstoffe der Staatlichen Geologischen Landesdienste werden rohstoffhöffige Gebiete untersucht. Bei einem positiven Lagerstättennachweis werden die Einzelflächen in Fachkarten dargestellt und in den Abwägungsprozeß bei der Raumordnung und Landesplanung eingebracht.

Am Beispiel einer Fläche mit Kalkstein können die verschiedenen konkurrierenden Nutzungsansprüche skizziert werden (Abb. 6.10). Neue Bohrergebnisse führten dazu, daß die Fläche von der Kategorie „Rohstoffsicherungsgebiet 3. Ordnung" zum „Rohstoffsicherungsgebiet 1. Ordnung" hochgestuft und wesentlich erweitert worden war. Daraus ergeben sich bei einem geplanten Abbau mehrere Probleme:

- Im Landes-Raumordnungsprogramm (LROP 1994) ist diese Fläche nicht als Vorrang- oder Vorsorgegebiet für Rohstoffgewinnung ausgewiesen.
- Im LROP 1994 liegt die Fläche in einem Vorsorgegebiet Natur und Landschaft und in drei verschiedenen Landschaftsschutzgebieten.
- Sie grenzt direkt an ein Naturschutzgebiet und teilweise an Trinkwasserschutzgebiete.
- Es sind zwei Landkreise betroffen, die sich abstimmen müssen.
- Die Erschließung gestaltet sich schwierig; Transporte durch die Wohnbebauung einer Ortschaft wären sehr problematisch, was vermutlich eine Ortsumgehung notwendig macht.

Aufgabe der Raum- und Landesplanung ist es nun, die verschiedenen Nutzungsansprüche abzuwägen und eine Entscheidung zu treffen, ob die Fläche für den Kalksteinabbau freigegeben werden kann oder nicht. Eine solche Entscheidung kann aufgehoben werden, um den Entscheidungsfindungsprozeß erneut aufzurollen. Mitspracherecht von Anwohnern ist in den Kommunen zu berücksichtigen.

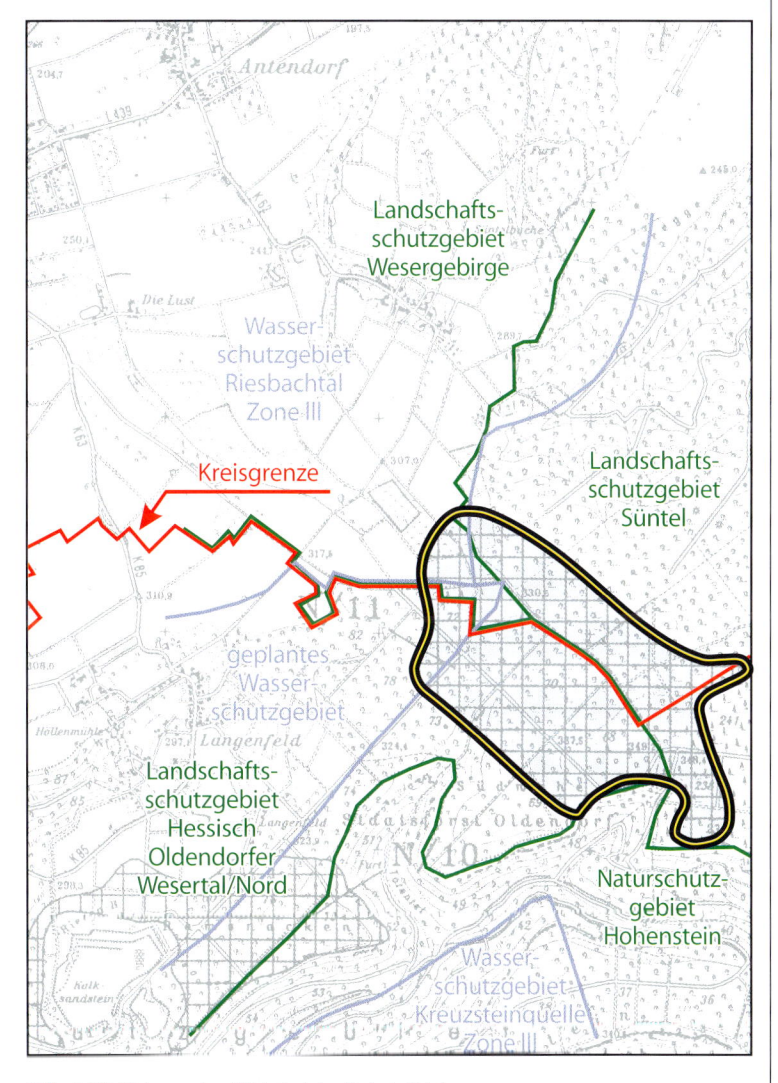

Abb. 6.10. Nutzungskonflikte bei der Rohstoffsicherung

wassergewinnung, Naturschutz, Überbauung) ausgelöst (Kasten 6.8). Hierbei haben die Geologischen Dienste die wichtige Aufgabe, die Rohstoffaspekte in Raumplanungsverfahren zu vertreten.

Massenrohstoffe werden – wie der Name schon sagt – in großen Mengen verbraucht. Umgerechnet verbraucht ein Mensch beispielsweise in 70 Jahren 460 t Sand und Kies (vgl. Tabelle 6.3). Sie finden vielfältige Verwendung in der Bauindustrie, zur Herstellung von Keramik- und Glaserzeugnissen und in der Hüttenindustrie (z. B. als Zuschlagstoffe bei der Stahlerzeugung). Im täglichen Leben sind sie als mineralische Düngemittel und bei Umweltschutzmaßnahmen, z. B. bei der Wasserbehandlung, Rauchgasentschwefelung oder als Bodenverbesserer, wichtig. Ohne sie gäbe es also keinen Haus- und Verkehrswegebau, keine Ziegel oder Glasbehälter und viele andere Produkte, ohne die unser Leben heute nicht mehr vorstellbar wäre.

Auch für die Entwicklungsländer ist die Erschließung von Massenrohstoffen zum Auf- und Ausbau von Infrastruktur und grundlegenden Industrien von herausragender Bedeutung. Die meisten Rohstoffe lassen sich mit technisch einfachen und kostengünstigen Methoden finden, erschließen, abbauen und zu Produkten verarbeiten. Die Umsetzung in den Markt erfolgt schnell und führt

- zur Selbstversorgung der heimischen Märkte,
- zur Regional- bzw. Landesentwicklung, z. B. auch durch Entwicklung der Infrastruktur,
- zur Grundbedürfnisbefriedigung (z. B. Arbeitsplätze, Nahrung, Wohnung, Gesundheit),
- zu Wirtschaftswachstum durch Steigerung der inländischen Wertschöpfung,
- zur Substitution von Importen (= Deviseneinsparungen),
- zur Steigerung der Exporte (= Deviseneinnahmen).

Mengenmäßig stehen die Massenrohstoffe an erster Stelle der weltweit gewonnenen Rohstoffe, wertmäßig an 4. Stelle (vgl. Abb. 6.2). Von den Lockergesteinen (Sand, Kies, Ton, Lehm) werden weltweit jährlich schätzungsweise 8,5 Mrd. t im Wert von 68 Mrd. DM gefördert. In Deutschland sind es jährlich 400–450 Mio. t, ca. 50 % aller in Deutschland geförderten mineralischen Rohstoffe (zur Unterscheidung vgl. Kästen 6.1 und 6.2).

Bei den Festgesteinen werden weltweit jährlich etwa 3,3 Mrd. t Hart- und Werksteine in einem Wert von 32 Mrd. DM sowie ca. 2,5 Mrd. t Kalk- und Dolomitsteine im Wert von etwa 36 Mrd. DM produziert. Davon entfallen etwa 300 Mio. t auf Deutschland, die überwiegend in die Bauindustrie fließen. Anders als bei Lockergesteinen findet der Handel mit Naturwerksteinen in großen Mengen über Landes- und Kontinentgrenzen hinweg statt.

Zur Versorgung mit diesen unersetzlichen und in großen Mengen benötigten Gütern muß eine langfristig planende Wirtschafts- und Rohstoffpolitik der einheimischen Rohstoffe so sichern und nutzen, daß auf lange Zeit eine möglichst gleichmäßige und kostengünstige Versorgung der Verbraucher gewährleistet ist.

Auch bei den Massenrohstoffen gilt – wie für alle anderen mineralischen Rohstoffe – die Voraussetzung, daß nur diejenigen Teile von Vorkommen als Lagerstätte genutzt werden können, die die qualitativen Voraussetzungen dafür erfüllen, falls nicht andere einschränkende Bedingungen ihre Nutzung verhindern. Im Gegensatz zu den Metallen und zum Erdöl sind sie darüber hinaus sehr transportkostenempfindlich. Transporte per LKW über mehr als 50 km sind in Mitteleuropa selten. Gewinnung, Aufbereitung und Verarbeitung müssen im allgemeinen nahe am Abnehmermarkt erfolgen. Nur in Küstennähe ist auch eine Versorgung per Schiff aus weiter entfernten Steinbrüchen möglich (z. B. sogenannten Superquarries in der Küstennähe Schottlands oder Norwegens). Bei der Planung und Sicherung der Rohstoffversorgung muß ein vorausschauendes Ressourcenmanagement diesen Aspekt der Transportkostenempfindlichkeit berücksichtigen.

Zur Erfüllung der qualitativen Anforderungen und zur Einstufung als sicherungswürdiges Gut müssen Lage, Ausdehnung und Mächtigkeit der Massenrohstofflagerstätten bekannt sein. Die Suche nach Rohstoffen und die Bewertung ihrer Verwendbarkeit und Bauwürdigkeit ist normalerweise Sache der Industrie-Geologen. Im Vorfeld der industriellen Tätigkeit ist für die Raumplanung des Staates bereits eine Vorbewertung nötig, um die Belange einer gesicherten Rohstoffversorgung der Wirtschaft zu gewährleisten. Diese Aufgabe wird von den Geologischen Diensten der Länder wahrgenommen. Sie erstellen eine objektive Beurteilung der rohstofflichen Situation und des Rohstoffangebots. Sie sammeln die notwendigen Daten, z. T. auch vertrauliche Firmendaten, und betreiben deren systematische Auswertung. Diese systematischen Auswertungen einer laufend größer werdenden Datenmenge werden durch planmäßige Forschungsarbeiten ergänzt, wie methodische Untersuchungen zur Genese, Klassifizierung und Nutzbarmachung von mineralischen Rohstoffen.

Rohstoffe und die Ernährung des Menschen (Kasten 6.9)

Täglich verbrauchen die Menschen auf der Welt ca. 2,4 Mio. t Getreide, je 1 Million t Obst und Gemüse sowie 0,5 Mio. t Fleisch.

Zur Deckung dieses enormen Bedarfs müssen nicht nur die erforderlichen Anbauflächen vorhanden sein, sondern auch die Voraussetzungen für das Wachstum der Pflanzen zur menschlichen und tierischen Ernährung. Dazu reichen die natürlichen Bestandteile im Boden nicht aus.

Neben Naturdüngemitteln müssen zusätzlich mineralische Düngemittel zugeführt werden. Diese werden u. a. aus Kalisalzen und Phosphaten hergestellt; zwei Rohstoffe, die unsere Erde anbietet.

Bereits heute können 2 Mrd. Menschen auf der Welt nur durch den zusätzlichen Düngemitteleinsatz ernährt werden. Mit der zunehmenden Weltbevölkerung wird die Steigerung der Anbaufläche nicht Schritt halten können. Einer zunehmenden Intensivierung der Landwirtschaft durch wachsenden Düngemitteleinsatz sind jedoch Grenzen gesetzt, da erkennbar ist, daß es zu Belastungen u. a. der Gewässer kommt, die das tolerierbare Maß überschreiten würden.

Als Entscheidungsgrundlage für die auf Bundes- und Länderebene politisch Verantwortlichen für die Planung von Raumordnung und Landesentwicklung erarbeiten die Geologischen Dienste die Karte der oberflächennahen Rohstoffe der Bundesrepublik Deutschland im Maßstab 1:200 000, die das mineralische Rohstoffpotential darstellt. Dazu werden von den Geologischen Diensten der einzelnen Bundesländer detailliertere Karten erstellt. Dieser Service, nach möglichst einheitlichen Kriterien das Rohstoffpotential zu bewerten und darzustellen, wird kompetent, kontinuierlich und objektiv nur von den Staatlichen Geologischen Diensten geleistet.

Die Ernährungsrohstoffe Kali und Phosphat

Wie die Energierohstoffe sind die Düngemittelrohstoffe Kali und Phosphat nicht erneuerbare Rohstoffe, d. h. sie werden nicht nur *ge*-, sondern *ver*braucht. Außerdem können sie – anders als Energierohstoffe – nicht durch andere Stoffe ersetzt werden, d. h. die Flexibilität hinsichtlich der Versorgung mit ihnen ist äußerst gering. So sind sie eher mit dem wichtigsten Rohstoff überhaupt – dem Wasser – vergleichbar (Kasten 6.9). Aus diesen Gründen ist es unbedingt notwendig, Strategien für eine nachhaltige Nutzung dieser Rohstoffe zu entwickeln.

Kali

Kalisalzlagerstätten sind weltweit verbreitet (vgl. Kasten 6.10). Deutschland verfügt über große Lagerstätten dieses Rohstoffs, die seit Mitte des 19. Jahrhunderts abgebaut werden. Bis 1970 war Deutschland weltweit führender Kaliproduzent und rangiert heute mit einem Anteil von ca. 14 % nach Kanada an zweiter Stelle.

Die meisten Kalisalzlagerstätten werden im Tiefbau gewonnen, wo sie als flachliegende mächtige Flöze (wie in Kanada oder den nördlichen USA) oder in sogenannten Salzstöcken (wie in Deutschland) abgebaut werden. Zunehmende Bedeutung hat neuerdings die alternative Kaligewinnung aus Salzseen.

So liefert z. B. das Tote Meer heute fast einen Anteil von 10 % an der Weltgewinnung von Kali. Hier spielen aber noch andere Faktoren eine Rolle: Neben Kali kann aus diesen Lösungen – analog zur Nutzung der magnesiumhaltigen Abgänge aus der bergmännischen Kaligewinnung über das Kali-Magnesium-Salz Carnallit – auch Magnesium gewonnen werden (Abb. 6.11). Im Sinne einer nachhaltigen Nutzung der Ressourcen und Schonung der Umwelt stellt das Meerwasser daher eine unerschöpfliche Ressource nicht nur für Kali und Magnesium dar, sondern auch für eine Reihe anderer Rohstoffe. Durch die Nutzung von Meerwasserentsalzungs-

---

Kalisalz-Lagerstätten und nachhaltige Entwicklung (Kasten 6.10)

Die wichtigsten Kali-Minerale sind das Kaliumchlorid Sylvin mit einem K_2O-Inhalt von ca. 63 %, das Kalium-Magnesium-Chlorid Carnallit mit ca. 17 % K_2O und Kainit, eine Mischung aus Kaliumchlorid und Magnesiumsulfat mit ca. 19 % K_2O.

Sylvin stellt das wertvollste Kalisalz dar, da es keine weiteren Nebenbestandteile enthält. Da die Salze oft nicht rein auftreten, müssen unerwünschte Bestandteile abgetrennt werden. Dabei entstehen Magnesiumlaugen, die entsorgt werden müssen. Nur ein geringer Teil kann zur Erzeugung von reinem Magnesium bzw. dessen Verbindungen genutzt werden (Abb. 6.11).

Die weltweiten geologischen Vorräte werden auf etwa 210 Mrd. t K_2O-Gehalt geschätzt; davon gewinnbar sind nach derzeitigen Maßstäben 8,4 Mrd. t K_2O. Im Jahre 1996 wurden weltweit Kalisalze mit einem Gehalt an ca. 23 Mio. t K_2O gefördert, in Deutschland waren es 3,3 Mio. t (Rang 2 nach Kanada mit 8,2 Mio. t K_2O).

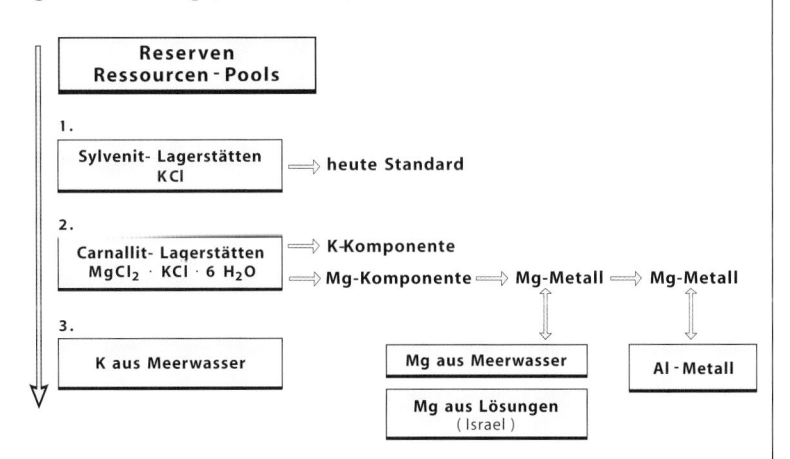

Abb. 6.11. Szenario für eine langfristige Kali-Versorgung unter dem Aspekt nachhaltiger Entwicklung. Durch Einbeziehung der Kali-Gewinnung aus Meerwasser können neben Kalium und Magnesium 20 weitere Elemente gewonnen werden, die einen Wert von ca. 1,5 US$ pro m³ Meerwasser haben. Kalium hätte daran einen Anteil von ca. 0,02 US$ und Magnesium von ca. 1 US$. Selbst bei reichlich vorhandenen Rohstoffen können in Zukunft also Regelkreise funktionieren, die das Bild der Rohstoffgewinnung nachhaltig beeinflussen

anlagen könnte ein zusätzliches Potential erschlossen werden, das zukünftig Versorgungsengpässe schließen würde.

Phosphat

Phosphat-Lagerstätten bestehen überwiegend aus Anreicherungen in ehemals warmen Flachmeeren. Die Grundsubstanz sind phosphathaltige Skeletteile und Ausscheidungsprodukte (Guano). Die Bedeutung magmatischer Bildungen und Tiefseeanreicherungen ist gering, sie haben aber möglicherweise gewisse Zukunftspotentiale.

Phosphat kommt in marin-sedimentären Lagerstätten (ca. 90 % der Vorräte) und in magmatischen Gesteinen (ca. 10 %) vor. Die marin-sedimentären Vorkommen sind überwiegend auf den nordafrikanischen Raum (Marokko, Tunesien), im Vorderen Orient (Israel, Jordanien), in Südafrika und im südlichen Teil der USA konzentriert. Die magmatischen Vorkommen liegen hauptsächlich in Rußland und Brasilien.

Die Landwirtschaft in Deutschland verbrauchte 1995 zur Erzeugung *pflanzlicher Produkte* ca. 446 000 t Phosphor in phosphathaltigen Düngemitteln. Davon stammt knapp die Hälfte aus mineralischen Düngemitteln. Für die Erzeugung *tierischer Produkte* wurden annähernd 400 000 t Phosphor benötigt, wovon fast 70 % des Phosphors aus pflanzlichen Futtermitteln bezogen wurden. In die Endverwertung durch den Verzehr pflanzlicher und tierischer Produkte gelangen ca. 134 000 t Phosphor. Rund 187 000 t gehen als Eintrag in den Boden und in die Gewässer. Allerdings bleibt die Hauptmenge im Boden gebunden und wird nur zu geringen Mengen in das Grundwasser abgegeben.

Die auf dem Land vorhandenen, derzeitig bekannten Vorratsmengen lassen für die nahe Zukunft keine Verknappung an Phosphat erwarten. Eine Zunahme des Verbrauchs dürfte sich aber aus dem wachsenden Bedarf für die Sicherstellung der Ernährungsgrundlage aufgrund des zunehmenden Bevölkerungswachstums ergeben. Daher müssen weitere Methoden für die sparsame Verwendung von Phosphat entwickelt werden. Der Einsatz von Phosphaten in der Waschmittelindustrie wird zunehmend durch den Einsatz eines anderen mineralischen Rohstoffes, den Zeolithen, substituiert.

Ein anderes Beispiel ist das sogenannte *precision farming*, bei dem nur noch so viel Phosphat auf die Felder gebracht wird, wie die Pflanze wirklich benötigt. Mittelfristig mag in Zukunft auch die Wiederaufbereitung von Klärschlämmen auf Wertstoffe einschließlich Phosphat möglich werden. Geschlossene Kreisläufe im Sinne der nachhaltigen Entwicklung erscheinen somit beim Phosphat in mittlerer bis ferner Zukunft durchaus möglich. Bei einer sich stabilisierenden Weltbevölkerung bliebe die einzige Senke, die nicht genutzt werden kann, das Phosphat, das der Mensch in seinen Zähnen und im Knochengerüst mit ins Grab nimmt.

Lösungsmöglichkeiten für eine zukünftige Rohstoffbedarfsdeckung

Viele heute bekannte Rohstofflagerstätten werden in näherer oder fernerer Zukunft erschöpft sein. Trotzdem wird es auch zukünftig nicht zu dramatischen Verknappungen kommen. Für viele Rohstoffe wird der künftige Bedarf aber aus neuen Quellen gedeckt werden, deren Mengen in die derzeitigen Berechnungen noch nicht einfließen konnten, weil man sie nicht genau kennt.

Bei der Suche nach neuen Rohstoffquellen nehmen die Geowissenschaften eine Schlüsselposition ein. Sie können aufgrund der umfassenden Kenntnisse der Prozesse, die zur Bildung von Lagerstätten führen, neue Gebiete auswählen und mit modernen Verfahren erkunden. Hierbei kommt es hinsichtlich einer nachhaltigen Entwicklung entscheidend auf die Verknüpfung von menschlicher Kreativität und technischer Entwicklung an.

Neue Höffigkeitsgebiete und Potentiale

Neue Höffigkeitsgebiete für Kohlenwasserstoffe

Zu den großen, bisher noch relativ wenig genutzten Höffigkeitsgebieten zählen die Kontinentalränder. Durch den Zerfall des ehemaligen Superkontinents „Pangäa" entstanden während der letzten 200 Mio. Jahre die Kontinente in ihrer heutigen Anordnung. Die Kontinentalränder umfassen den flachen Kontinentalschelf mit Wassertiefen von <200 m, den Kontinentalabhang (200 bis ca. 3 000 m) und den Kontinentalfuß (>3 000 m Wassertiefe) (vgl. Kasten 6.11 und Abb. 6.12). Sie bedecken mit etwa 75 Mio. km^2 eine größere Fläche als alle Sedimentbecken auf dem Festland zusammen.

Obschon das Zeitalter der marinen Ölförderung erst vor fünf Jahrzehnten begonnen hat, stammen schon heute mehr als 25 % der Welt-Erdölförderung von Offshore-Lagerstätten aus dem Bereich der Kontinentalschelfe. Die Bundesregierung hat seit den frühen 70er Jahren marin-geophysikalische Übersichtsuntersuchungen an Kontinentalrändern finanziert, um

- die geologische Architektur unterschiedlicher Kontinentalrandtypen zu erfassen,
- die dynamische Formung verschiedenartiger Kontinentalrandtypen in Raum und Zeit abzuleiten und
- Kriterien zu entwickeln, die in den Tiefwasserarealen erste Rückschlüsse auf die Bewertung ihres Kohlenwasserstoff-Potentials ermöglichen.

Einige Ergebnisse dieser Untersuchungen werden im Kasten 6.11 vorgestellt.

Neue Höffigkeitsgebiete für Metall-Lagerstätten – das Beispiel der Platinmetalle

Platin und die Elemente der Platingruppe (PGE, Ruthenium, Rhodium, Palladium, Osmium, Iridium) werden vor allem für die Herstellung von Autoabgaskatalysatoren (Platin, Palladium, Rhodium), in der Elektronik (vor allem Palladium) und für Schmuck (Platin) verwendet. Mit derzeit bekannten Weltvorräten von ca. 56 000 t und einer jährlichen Förderung um 300 t gehören sie nicht zu den knappen Rohstoffen. Trotzdem zählt man sie zu den „strategischen" Metallen, denn etwa 98 % der Weltförderung konzentrieren sich auf nur vier Lagerstätten (Tabelle 6.7).

Durchschnittlich sind die PGE mit etwa 0,001 bis 0,005 g/t in der Erdkruste enthalten. Um bauwürdige Gehalte von 1 bis 5 g/t zu erreichen, sind daher Anreicherungsprozesse mit dem Faktor 200 bis 5 000 erforderlich (vgl. Tabelle 6.1).

Die Lagerstätten, aus denen 99 % der Weltproduktion stammen, befinden sich in erdgeschichtlich sehr alten basischen bis ultrabasischen magmatischen Gesteinen. Gesteine dieses Typs entstehen entweder im frühen Stadium auseinanderdriftender Platten, bei deren Zusammenschub oder während der Gebirgsbildung (vgl. Kasten 6.11). Die bekannten Vorrats- und Förderzahlen belegen, daß diese Lagerstätten künftig beherrschend sein werden. Die früher und z. Z. noch in Kolumbien abgebauten Seifenlagerstätten spielen mit einem Anteil von 1 % weltweit nur eine untergeordnete Rolle.

Tabelle 6.7. Verteilung der Förderung von Platin und Platingruppenelementen 1997

Lagerstättenprovinz	Anteil [%]
Bushveld-Komplex, Südafrika	66
Norilsk-Talnakh-Komplex, Nordsibirien	24
Sudbury, Kanada	5
Stillwater-Gebiet, USA	3
Kolumbien	<1
Great Dyke, Simbabwe (Produktion erst 1996 aufgenommen)	ca. 2

Die Lagerstättenforschung beschäftigt sich mit der Frage, ob künftig auch andere Wirtsgesteine als potentielle Quellen für PGE eine Rolle spielen können. Sie konzentriert sich auf Intrusionen des Alaska-Typs, verschiedene Ophiolith-Komplexe (basische Gesteine der ozeanischen Kruste), porphyrische Kupferlagerstätten (Inselbogen-Typ), hydrothermale Ganglagerstätten, Schwarzschiefer (z. B. Kupferschiefer), Konglomerate, Laterite und Seifen. Der Nachweis von PGE in nicht gewöhnlichen Wirtsgesteinen zeigt, daß sie auch durch Mobilisations-, Migrations- und Ausfällungsprozesse angereichert werden können. Das geochemische Verhalten und die physiko-chemischen Vorgänge für diese Prozesse sind noch wenig bekannt. Die Untersuchungen konzentrieren sich daher auf die endogenen und exogenen Stoffkreisläufe in der Erdkruste.

Obwohl in naher Zukunft keine nennenswerte Produktion aus solchen unkonventionellen Lagerstätten zu erwarten ist, könnten PGE zukünftig z. B. als Beiprodukt bei der Gewinnung porphyrischer Kupferlagerstätten und aus Kupferschiefer von wirtschaftlichem Interesse sein. Gleiches gilt für die Anreicherung in sogenannten Seifenlagerstätten. Damit könnte die Konzentrierung auf nur wenige Lagerstätten eines Typs vermindert werden. Für die fernere Zukunft wären u. U. auch die Platingehalte der Kobaltkrusten in der Tiefsee mit bis zu 1 g Pt/t von Interesse.

Erkundung verdeckter Metall-Lagerstätten auf dem Lande

Im Laufe der Menschheitsgeschichte wurden vor allem die großen, an der Oberfläche zu erkennenden und daher leicht zu erkundenden Erzvorkommen gefunden. Daher kann insbesondere in den bisher bekannten Gebieten auf den Kontinenten nur noch selten mit neuen

Die Kontinentalränder als potentielle Rohstofflagerstätten (Kasten 6.11)

Die Kontinentalränder der Erde können im wesentlichen in passive und aktive Kontinentalränder gegliedert werden (Abb. 6.12).

- Die *passiven* Kontinentalränder bilden die Ränder von kontinentalen Lithosphärenplatten, die bei der Anlage ozeanischer Becken z. B. des Atlantiks und des Indiks entstanden sind, wie z. B. die Nordsee oder die Karibische See. Sie sind seismologisch und vulkanisch weitgehend inaktiv, enthalten aber z. T. ausgedehnte Kohlenwasserstoffpotentiale.
- Die *aktiven* Kontinentalränder umfassen die Bereiche der Erde, in denen ozeanische und kontinentale Lithosphärenplatten mit einhergehender Verschluckung ozeanischer Lithosphäre kollidieren. Bei der Verschluckung ozeanischer Lithosphäre treten die stärksten und gefährlichsten Erd- und Seebeben auf. Darüber hinaus gibt es in diesen Zonen aktiven Magmatismus und explosiven Vulkanismus. Aktive Kontinentalränder sind Zonen, in denen Orogene entstehen. Sie haben vor allem das Potential für Metallrohstofflagerstätten.

Studien zur Geologie und der Möglichkeit von Kohlenwasserstofflagerstätten wurden neben den passiven Kontinentalrändern des Atlantischen und Indischen Ozeans auch an verschiedenen aktiven Kontinentalrändern des Ostpazifiks und in den südostasiatischen Seegebieten durchgeführt. Die Ergebnisse dieser Übersichtsuntersuchungen, die auch durch Bohrungen im Rahmen des DSDP/ODP (Deep Sea Drilling Project/Ocean Drilling Program) bestätigt worden sind, haben zwei grundverschiedene passive Kontinentalrandtypen nachgewiesen:

- einen *blocktektonischen Typ* mit verkippten Horsten und dazwischenliegenden sedimentären Riftbecken und einer seewärts allmählich ausdünnenden kontinentalen Kruste sowie
- einen *vulkanischen Typ*, der durch eine 5–10 km mächtige und ca. 100 km breite begrabene vulkanische Struktur mit einem seewärts einfallenden Schichtungsmuster ausgezeichnet ist. Diese gewaltigen Strukturen sind während relativ kurzer Episoden mit exzessivem Vulkanismus in der frühen Bildungsphase neuer Ozeane angelegt worden.

Weit mehr als 60 % der passiven Kontinentalränder des Atlantiks gehören zum Typ „vulkanischer Kontinentalrand". Solche Kontinentalränder sind bisher praktisch nicht exploriert. Ihr Kohlenwasserstoffpotential ist noch ungeklärt. Das meist sehr mächtige (2000–5000 m) sedimentäre Stockwerk, das die gewaltigen vulkanischen Strukturen überlagert, enthält nach den bisher vorliegenden Beprobungen lakustrine und C_{org}-reiche Sequenzen (z. B.

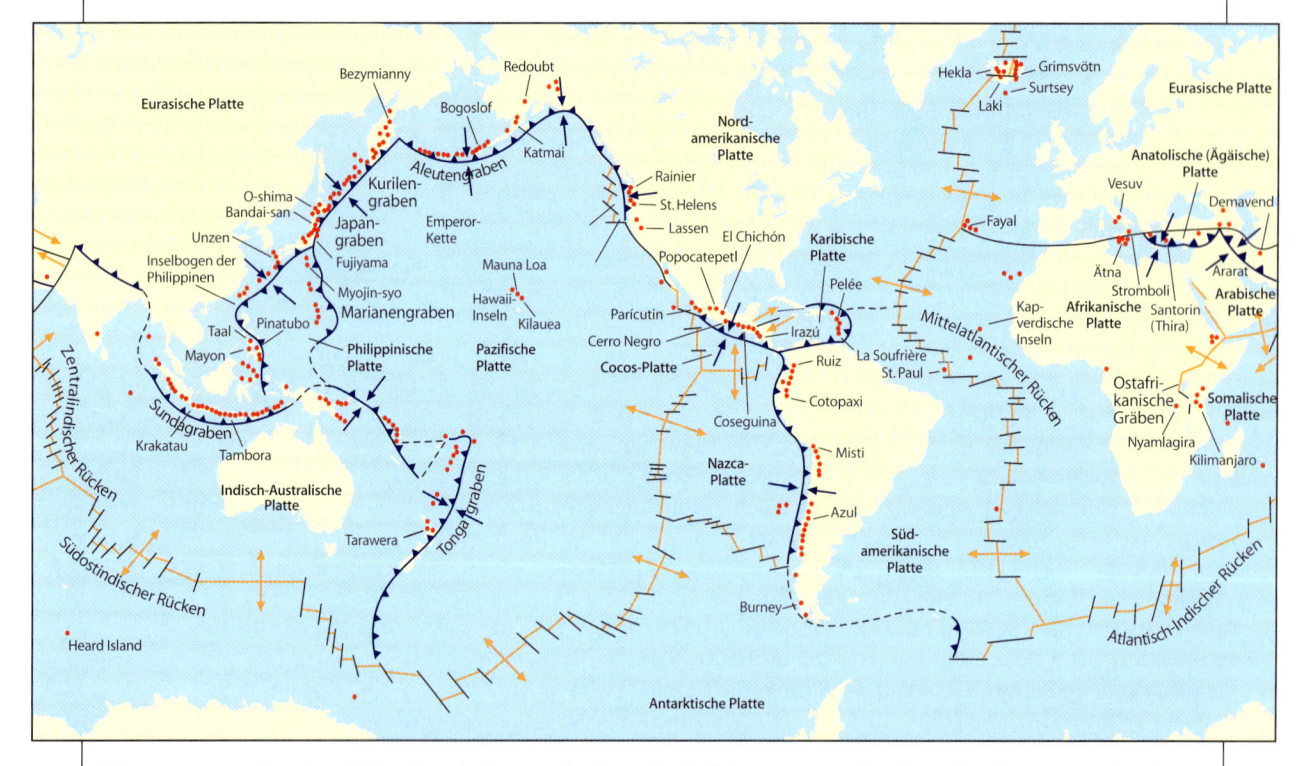

Abb. 6.12. Konvergierende und divergierende Plattenränder der Erde. Die aktiven Kontinentalränder sind mit konvergierenden Plattenrändern (blau) assoziiert. Divergierende Plattenränder (orange) sind die aktiven mittelozeanischen Spreizungszonen. Die schwarzen Linien sind Transformstörungen. Aktive Vulkane sind durch rote Punkte gekennzeichnet

Schwarzschiefer) in den liegenden Bereichen, während die darüberliegenden Driftsedimente häufig reich an Sanden sind. Die Schwarzschiefer verfügen über ein Muttergesteinspotential, während die sandigen Sequenzen potentielle Reservoirsituationen darstellen. Diese aufzufinden, ist eine Herausforderung an die seismischen Meß- und Verarbeitungstechniken.

Unter den vulkanischen Effusiva, speziell unter deren landwärtigen Randbereichen, könnten außerdem sedimentäre Riftbecken mit guten Muttergesteinseigenschaften existieren. Derzeit noch ungeklärt sind Fragen zu Reservoirmöglichkeiten der Effusivgesteine oder ob sie gute Fangstrukturen (*seal*) für die in den darunterliegenden Prä- und Synrift-Becken generierten Kohlenwasserstoffe bilden.

Ein anderes Beispiel für unkonventionelle Explorationsstrategien der Zukunft sind aktive Kontinentalränder, die in seismischen Profilen Strukturen aufweisen, die als „Krustensplitter" gedeutet werden. Dieser aktive Kontinentalrandtyp mit einem keil- oder splitterförmigen, kristallinen Gesteinskomplex innerhalb sedimentärer Schichten ist aus südostasiatischen Randmeeren, vom pazifischen Kontinentalrand Zentral und Südamerikas sowie vom Rand des Ochotskischen Meeres (Kurilen) bekannt geworden.

Ein voluminöser Krustengesteinssplitter wirkt als Widerlager für die von der abtauchenden Platte herangeführten Sedimente. Diese Sedimente werden dabei auch unter dem Widerlager akkretiert (*underplating*). Solche Krustensplitter können Fangsituationen für die aus den untergeschobenen Sedimenten generierten Kohlenwasserstoffe bilden.

Zu den Höffigkeitsgebieten der Zukunft gehören weiterhin die zeitweilig eisführenden Riftzonen der arktischen Schelfgebiete, die bisher überhaupt nicht oder nur ungenügend exploriert worden sind. Geowissenschaftliche Übersichtsuntersuchungen der BGR in Zusammenarbeit mit russischen Instituten in der Laptev-See und in der Ostsibirischen See haben nachgewiesen, daß die seit dem frühen Tertiär anhaltende Öffnung des Eurasischen Beckens durch Meeresbodenspreizung (*seafloor spreading*) mit der Anlage eines komplexen Systems von Horsten und Gräben auf dem riesigen Schelf der Laptev-See westlich und nördlich der Neusibirischen Inseln einhergeht.

Das dominante Riftbecken auf dem Schelf der Laptev-See ist das Ust' Lena-Rift mit einer Breite von etwa 300 km, das sich über den gesamten Schelf erstreckt. Die tertiären Sedimente erreichen im Ust' Lena-Riftbecken Mächtigkeiten bis zu 7 000 m. Es gibt vielfältige Fangsituationen innerhalb des Beckens. Nach ersten groben Maturitätsabschätzungen darf davon ausgegangen werden, daß in den mehr als 3 000 m tief liegenden Beckensedimenten mit Kohlenwasserstoffvorkommen gerechnet werden kann, wenn Muttergesteine in ausreichender Qualität und Menge vorhanden sind. Potentielle Muttergesteine in Form von tertiären kohleführenden, terrigenen Sedimenten sind in großer Verbreitung von den Inseln Faddeya und Navaya Sibir' bekannt.

Auch für die anderen bisher entdeckten arktischen Riftbecken (Ani-sin-Becken, Neusibirisches Becken, Bel'kov Svyatoi Nos-Riftbecken) werden die Bedingungen für eine Kohlenwasserstoffbildung als günstig beurteilt.

Lagerstättenfunden gerechnet werden. Die Erkundung wird sich daher künftig auf bisher nicht oder wenig untersuchte Gebiete auf den Kontinenten und auf mögliche Vorkommen in größeren Tiefen konzentrieren müssen. Das erfordert vor allem die Verbesserung von solchen Methoden, die Hinweise auf Lagerstätten auch in größeren Tiefen geben. Aber auch das verbesserte Verständnis der Bildungsbedingungen von Rohstofflagerstätten u. a. durch das Konzept der Plattentektonik ist ein unverzichtbares Werkzeug heutiger Explorationstätigkeit.

Die Suche nach Lagerstätten in größeren Tiefen ist mit einem höheren Aufwand an Know-how und Technik sowie damit einhergehenden höheren Kosten verbunden. Es müssen Verfahren entwickelt werden, die es gestatten, „blinde" oder „verdeckte" Vorkommen mit großer Wahrscheinlichkeit zu lokalisieren, um anschließende Aufschlußverfahren (Bohrungen) optimal und kostensparend ansetzen zu können. Beim Vordringen in größere Tiefen kommt es gleichzeitig zu ansteigenden Kosten. Neben diesen Kosten spielt das mit der Tiefe sinkende Auflösungsvermögen vieler geophysikalischer und geochemischer Methoden eine erschwerende Rolle. Mit Ausnahme der seismischen Erkundungsmethoden, die quasi tiefenunabhängig arbeiten, zeigen die für die Erzprospektion typischen magnetischen, elektromagnetischen, elektrischen und gravimetrischen Verfahren mit zunehmender Eindringtiefe deutliche Intensitäts- und Auflösungsverminderungen.

Auch die geochemischen Methoden setzen voraus, daß die verdeckten Lagerstätten zumindest durch Oberflächenindikationen als primäre und sekundäre „Höfe" oder „Halos" angezeigt werden (Abb. 6.13). Ähnliches gilt für die sogenannten Pfadfinderelemente, -minerale und -gesteine, die als Indikatoren die Nähe von Vorkommen anzeigen können. Die Distanzabhängigkeit der Aufsuchungsmethoden gilt auch für die Erkundung aus der Luft und bei untertägigen Einsätzen in Bohrungen, Stollen und Bergwerken.

Eine Einschränkung bei der Suche nach verdeckten Lagerstätten ist auch die Erkenntnis, daß eine Verdoppelung der Eindringtiefe nicht gleichzeitig eine Verdoppelung der Auffindungschancen mit sich bringt. Modellrechnungen für steilstehende Erzkörper haben gezeigt, daß bei einer Lagerstätte, deren oberster Teil in einer Tiefe von 300 m liegt, eine Verdoppelung der Eindringtiefe von 100 m auf 200 m lediglich zu einer Erhöhung der Entdeckungswahrscheinlichkeit von 17 % führt. Bei einer Lagerstättentiefe von 400 m bzw. 500 m verschlechtert sich der Wert auf 13 % bzw. 10 %.

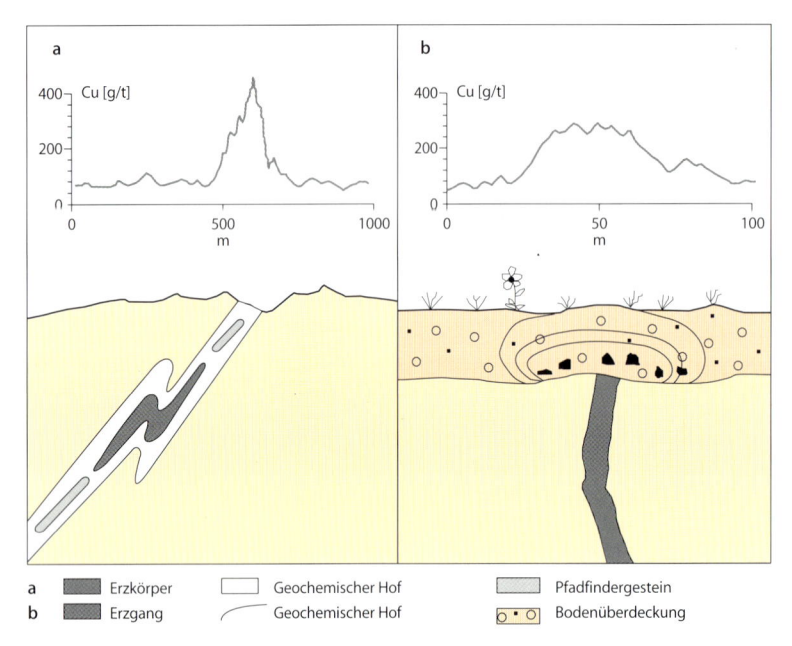

Abb. 6.13.
a Primärer geochemischer Hof und Pfadfindergesteine um bzw. in der Nähe eines Erzkörpers; b Sekundärer geochemischer Hof im Verwitterungsboden über einem Erzgang

a ▬ Erzkörper   □ Geochemischer Hof   ▬ Pfadfindergestein
b ▬ Erzgang   ／ Geochemischer Hof   ▫ Bodenüberdeckung

Die genannten Schwierigkeiten haben zur Entwicklung einer Anzahl neuer oder zur Verbesserung existierender Methoden geführt, die helfen, das Explorationsrisiko zu verringern und die Auswahl von Bohrzielen zu verbessern. Durch technische Verbesserungen – z. B. den Einsatz von Multi-Komponenten-Systemen in der Geophysik, die simultan eine Vielzahl von Kennwerten aufzeichnen, oder durch das Herausfiltern von schwachen Signalen aus dem Hintergrundrauschen – gelingt es, auch noch kleinere Anomalien zu erkennen. Das satellitengestützte Global Positioning System (GPS) hilft bei der genauen Lokalisierung von Geländedaten im 10-m-Bereich und darunter. Die elektronische Datenverarbeitung bietet mit sich rasch weiterentwickelnden geowissenschaftlichen Datenbanken, Geographischen Informationssystemen (GIS), geostatistischen Auswerteverfahren und digitalen Kartendarstellungen vielfältige Möglichkeiten, den ständig größer werdenden Datenbestand systematischer auszuwerten und die Ergebnisse wesentlich effektiver zu nutzen. In der Geochemie haben die Weiterentwicklungen der Instrumente zur Multielement-Analytik und sinkende Nachweisgrenzen neue Möglichkeiten der Bestimmung von Gehalten bei der Prospektion und auch zum Nachweis von störenden bzw. Schadstoffkomponenten eröffnet.

Moderne Meßverfahren wie die Röntgenfluoreszenzspektroskopie, die Atomemissionsspektroskopie und die Massenspektrometrie mit induktiv gekoppeltem Plasma sind Methoden, die geeignet sind, Pfadfinderelemente in Böden, Gesteinen, Wässern, Bodengasen und Pflanzen im Spuren- bis Ultraspurenbereich (1 bis 0,001 g eines Elementes in 1 t) nachzuweisen.

Ein weiterer entscheidender Faktor für Explorationserfolge liegt im besseren Verständnis der lagerstättenbildenden Prozesse. In der Vergangenheit war man in Ermangelung genügend genauer Analyseverfahren weitgehend auf Beobachtung und Beschreibung angewiesen. Bei der Aufsuchung neuer Vorkommen wurde versucht, diese durch Analogieschlüsse aus bekannten Bereichen auf neue geologische Verhältnisse zu übertragen. Heutige metallogenetische Modelle erlauben es, die Beobachtungen mit Analysenergebnissen zu verknüpfen und so Hinweise über Herkunft, Mobilisation, Transport und Anreicherung von Elementen besser zu verstehen und ihre Bedeutung für lagerstättenbildende Prozesse zu interpretieren. Zukünftige Ziele sind die quantitative Erfassung und Datierung dieser Vorgänge und ihre Einbindung in die geodynamische Entwicklung der Litho-, Hydro- und Atmosphäre. Moderne Explorationsmodelle bestehen daher aus einem Netzwerk metallogenetischer, geologischer, tektonischer und geographischer Daten, die in Verbindung mit den Zielvorstellungen über die Dimensionen, Zusammensetzung und Lage eines potentiellen Lagerstättenkörpers für die Entwicklung von Explorationsstrategien genutzt und zur Entscheidungsfindung herangezogen werden.

Neue Quellen

Es gibt bereits Beispiele für völlig neue Möglichkeiten, Beiträge zur künftigen Rohstoffversorgung zu liefern. Die Entwicklung unkonventioneller Wege – z. B. bei der Suche nach Kohlenwasserstoffen, und hier insbesondere nach Erdgas – geht vor allem auf den Einsatz menschlicher Kreativität, verbunden mit neuen Technologien, zurück. Diese werden nachfolgend, auch an Beispielen für einige Metalle und Phosphate, aus dem Bereich der Meeresgeologie vorgestellt.

Unkonventionelle Erdgaslagerstätten

Auch künftig wird bei der Energieversorgung eine sehr starke Abhängigkeit von den Kohlenwasserstoffen bestehen. Ihre dominierende Rolle hat sich ab Mitte dieses Jahrhunderts entwickelt und die bis dahin beherrschende Rolle der Kohle abgelöst. Bis zur zweiten Ölkrise im Jahr 1979 lag der Anteil des Erdöls am weltweiten Primärenergieverbrauch bei 50 %. Danach setzte sich der Trend zur Verschiebung der Anteile der Energieträger zugunsten des Erdgases fort. 1996 war der Anteil der Kohle bei ca. 27 % angelangt, Erdöl hatte 39 % und Erdgas war als jüngster Energieträger auf ca. 23 % angewachsen. Zur Deckung des künftig steigenden Energiebedarfs der wachsenden Erdbevölkerung und angesichts der verbreiteten Sorgen um die Belastungen der Atmosphäre durch die weitere Nutzung fossiler Energie kann neben der Substitution durch regenerierbare Energierohstoffe auch die verstärkte Nutzung von Erdgas als relativ schadstoffarmem Energieträger eine Alternative sein. Da das im Verhältnis zu Kohle und Erdöl im Erdgas günstigste Wasserstoff/Kohlenstoff-Verhältnis vorliegt, wird dem Erdgas große Bedeutung zugemessen.

Dabei erhebt sich die Frage nach ausreichenden Erdgasvorräten. Die derzeit bekannten Mengen von 149 Billionen m^3 geben keinen unmittelbaren Anlaß zur Sorge. Sie würden bei konstanter Vorratsmenge und gleichbleibender Förderung für mehr als 60 Jahre reichen. Angesichts des vermuteten schnell wachsenden Bedarfs müssen jedoch rechtzeitig neue konventionelle Quellen gefunden und das Potential bisher noch nicht genau bekannter neuer Ressourcen ermittelt werden. Für die Suche nach weiteren Ressourcen bietet die geowissenschaftliche Forschung mehrere Ansatzpunkte (vgl. Kasten 6.12).

Mineralische Rohstoffe der Tiefsee

Die Bernsteingewinnung im Kurischen Haff (Ostsee) im 19. Jahrhundert gilt als früheste Form des industriellen Meeresbergbaus (Beiersdorf 1972). Die Prognosen des Club of Rome zur Rohstoffversorgung, die Ölkrise von 1973 und strategische Überlegungen haben das Augenmerk verstärkt auf den Meeresbereich gelenkt. In allen Industrieländern wurden Abschätzungen des Rohstoffpotentials der Meeresböden vorgenommen. Seit 1969 und in den 70er Jahren beschäftigten sich in Deutschland Industriefirmen, die Bundesanstalt für Geowissenschaften und Rohstoffe und universitäre Arbeitsgruppen mit der Erkundung mariner Vorkommen von Erdöl, Erdgas und mineralischen Rohstoffen. Sie haben zu einem relativ guten Kenntnisstand über Rohstoffvorkommen im Meeresboden geführt (vgl. Kasten 6.13).

Versuchsweise wurden 1978 erstmalig Erze aus mehreren Tausend Metern Wassertiefe gefördert. Andere Abbauversuche in den 70er Jahren haben gezeigt, daß die Gewinnung der Erzschlämme im Roten Meer und Manganknollenvorkommen im Indischen und Pazifischen Ozean relativ schnell begonnen werden könnten. Die Manganknollen stellen wohl das größte mineralische Rohstoffpotential am Meeresboden dar.

Die Veränderungen der politischen Gegebenheiten Ende der 80er Jahre sowie verändertes Verbraucherverhalten und Wiederverwertungsstrategien, aber auch langsamer wachsende Märkte, haben dazu geführt, daß es mit Ausnahme von Erdöl und Erdgas, Sand und Kies sowie Zinnstein und Diamanten zu keinen Förderungen aus dem Offshore-Bereich kam. Allerdings müssen auch bei jedem Abbau von Rohstoffen vom Meeresboden die Auswirkungen auf die marine Umwelt berücksichtigt werden. Das Ökosystem der Tiefsee ist besonders empfindlich gegen Störungen, da wegen der niedrigen Temperatur und der Nährstoffarmut die Lebensentwicklung der Tiere sehr langsam abläuft. Erst bei genauer Kenntnis der ökologischen Zusammenhänge können auch umweltschonende Abbauverfahren entwickelt werden.

Rationeller Umgang mit Rohstoffen

Neben der Erschließung neuer Rohstoffquellen stellt der rationelle Umgang mit den uns verfügbaren Rohstoffen und die Rückgewinnung aus verbrauchtem Material eine Quelle dar, die nicht vernachlässigt werden darf. Auch

Neue Typen von Erdgaslagerstätten (Kasten 6.12)

Tiefengas

Die heutige Exploration konventioneller Erdgase beschränkt sich aus geologischen und wirtschaftlichen Gründen (Risikoabwägung) auf bestimmte geologische Formationen und Maximalbohrtiefen. Die Aufgaben der Geologischen Dienste bestehen bei einer langfristig zu erwartenden höheren Nachfrage vor allem in einer Prüfung für die industrielle Explorationstätigkeit, wo neue Potentiale zu erwarten sind.

Als Beispiel kann die derzeitige Exploration auf Erdgas in Norddeutschland angesehen werden. Sie beschränkt sich auf Gesteinsformationen oberhalb der im Ruhrgebiet untertägig abgebauten Kohlen. Diese bilden im Untergrund Norddeutschlands das Muttergestein für unsere Erdgasfelder, die in absehbarer Zeit erschöpft sein werden. Um neue Erdgasvorkommen zu erkunden, aber auch zur Sicherung heimischer Arbeitsplätze, hat die BGR – gefördert von Industrie und Forschungsministerium – für das gesamte Norddeutschland das Erdgaspotential *unterhalb* der Kohlen untersucht. Zur Neubewertung des vorhandenen Materials, ergänzt durch ein aufwendiges geochemisches Untersuchungsprogramm, wurden

- mit Pyrolyseversuchen das Genesepotential gasförmiger Kohlenwasserstoffe aus kohligen Muttergesteinen bei höheren Temperaturen als vorher bekannt erforscht,
- die Verbreitung und Potentiale älterer Muttergesteine kartiert,
- das Auftreten daraus entstandener Gase in einigen bereits produzierenden Erdgasfeldern nachgewiesen und
- daraus neue Höffigkeitsgebiete für eine spätere Exploration erarbeitet.

Diese Ergebnisse strahlen inzwischen auf unsere Nachbarländer aus und stimulieren z. B. in den Niederlanden und in der südlichen Nordsee die Exploration im tieferen Untergrund. Die neuen Erkenntnisse einer Erdgasbildung bei höheren Temperaturen als bisher angenommen haben grundsätzliche Bedeutung und können daher die Exploration weltweit hin zu größeren Tiefen ausrichten.

Aquifere

Der Porenraum der Gesteine, in denen sich heute Erdgaslagerstätten befinden, war ursprünglich mit Wasser gefüllt (Aquifer). Das Porenwasser wurde sukzessive von dem Gas verdrängt: Zuerst wird es gasgesättigt, bis es zu einer Phasentrennung in der eigentlichen Fangstruktur kommt, d. h. das Wasser unterhalb eines Gas-Wasser-Kontakts ist mit dem Gas der Lagerstätte gesättigt. Erst bei Reduzierung der Temperatur, des Drucks oder durch Aussüßung des Wassers löst sich das Gas aus dem Wasser. Ein alltägliches Beispiel hierfür ist das Öffnen einer Mineralwasserflasche.

Dieser Mechanismus scheint für die Bildung des weltgrößten Erdgasfeldes Urengoy in Westsibirien verantwortlich zu sein. Infolge von Hebungsvorgängen nach der letzten Eiszeit haben sich durch Druckveränderungen aus 1 l Grundwasser ca. 2,7 l Methan freigesetzt.

Eine Nutzung der Aquifere, die außer Gasen auch die Extraktion von Spurenelementen und die Gewinnung thermischer Energie einschließt, erscheint zukunftsträchtig, da das Potential weltweit auf ca. 10^{16} m³ geschätzt wird (BGR 1995). Derzeit werden davon nur geringe Mengen genutzt.

Geringpermeable Gasspeicher

Geringdurchlässige Erdgasspeicher (Durchlässigkeiten <0,1 mD) treten weltweit in nahezu allen Kohlenwasserstoffprovinzen auf. Sie können das in ihnen vorhandene Erdgas nicht an umgebende Gesteine abgeben.

Die Erschließung derartiger Lagerstätten kann nur durch eine intensive geologische Bearbeitung der primären Ablagerungsbedingungen erfolgen, da sie bisher nur eingeschränkt durch geophysikalische Meßmethoden erschlossen werden können. Darüber hinaus ist die Ausbeutung wegen der geringen Durchlässigkeiten und damit marginalen Zuflußraten unattraktiv. Dieses Problem kann durch die künstliche Erzeugung verbesserter Durchlässigkeiten, üblicherweise durch hydraulisches Zerbrechen des erdgasführenden Gesteins, reduziert werden.

Obwohl enorme Mengen an Erdgas gespeichert sind – z. B. in den USA mehr als $140 \cdot 10^{12}$ m³, von denen ca. $5-15 \cdot 10^{12}$ m³ gewinnbar sind – und die technischen Werkzeuge zur Verfügung stehen, ist ihre Erschließung und Ausbeutung mit heutiger Technologie schwierig. Die bisherige kommerzielle Förderung in Höhe von etwa $5 \cdot 10^{10}$ m³ konzentriert sich auf die USA, China und Europa. Die weltweit gewinnbaren Mengen werden spekulativ mit ca. $17\,000 \cdot 10^{10}$ m³ angegeben (BGR 1995).

Gashydrate

Unter geeigneten Temperatur- und Druckbedingungen können Gase mit Wasser sogenannte Gashydrate oder Clathrate bilden, wobei in „Käfigen" aus Wassermolekülen Gasmoleküle eingeschlossen sind. Ein m³ Gashydrat (0,8 m³ Wasser) kann 164 m³ Methan enthalten. Andere Hydratstrukturen sind sogar in der Lage, Moleküle bis hin zum Pentan einzuschließen.

Bei einer Temperatur von 0 °C sind Gashydrate bei einem Druck von 25 bar stabil, d. h. bei einer Überdeckung von 250 m Wasser oder Sediment. Diese Voraussetzungen bestehen u. a. in polaren Gewässern und in Permafrostgebieten, wie ihr Auftreten in Alaska und Sibirien zeigt. Seit den 70er Jahren sind sie in ozeanischen Sedimenten an vielen Kontinentalrändern bekannt. Auch in Binnenmeeren (Mittelmeer, Schwarzes und Kaspisches Meer) wurden sie entdeckt.

Gashydrate sind als potentielle Energiequelle interessant. Sie können enorme Methanmengen speichern und sind relativ weit verbreitet. Ihre Energiedichte (Volumen Methan pro Hydratvolumen) ist signifikant höher als die der anderen unkonventionellen Gasreservoire.

Schätzungen über die gebundenen Methanmengen sind spekulativ, ihr Potential wird mit $9{,}4 \cdot 10^{13}$ m³ angenommen, davon $3{,}6 \cdot 10^{13}$ m³ in Offshore-Regionen und $5{,}7 \cdot 10^{13}$ m³ onshore in Permafrostgebieten. Nur ca. $1{,}0 \cdot 10^{13}$ m³ werden z. Z. als gewinnbar angenommen.

Aufgrund der noch nicht entwickelten Fördertechniken sind sie bisher kaum in die Erschließung einbezogen. Auch Lücken im Kenntnisstand über die laterale Verteilung, Menge und Zusammensetzung der Gase, Gaspermeabilitäten in Hydratschichten und die Zersetzungskinetik der Hydrate sind noch zu klären.

Flözgas

Bei zunehmender geologischer Absenkung werden Kohleflöze steigenden Drücken und Temperaturen ausgesetzt. Hierbei wird aus der Kohle Erdgas freigesetzt. Dieses Gas verläßt die Kohle und reichert sich in konventionellen Lagerstätten an. Die Kohle selbst speichert auch einen großen Teil dieses Flözgases auf ihrer sehr großen inneren Oberfläche, mitunter sogar größere Mengen als vergleichbare Porenspeicher (Abb. 6.14). Dadurch bekommt das Muttergestein Kohle gleichzeitig den Charakter eines Speichergesteins für Erdgas.

Flözgashaltige Hartkohlevorkommen treten in erster Linie in der Nordhemisphäre auf. Ihr weltweites Potential an Erdgas beträgt bis zu $367 \cdot 10^{12}$ m³ (BGR 1995). Davon sind nach heutigem Kenntnisstand etwa $130 \cdot 10^{12}$ m³ gewinnbar. Die US-amerikanische Produktion daraus deckt bereits 5 % der heimischen Versorgung.

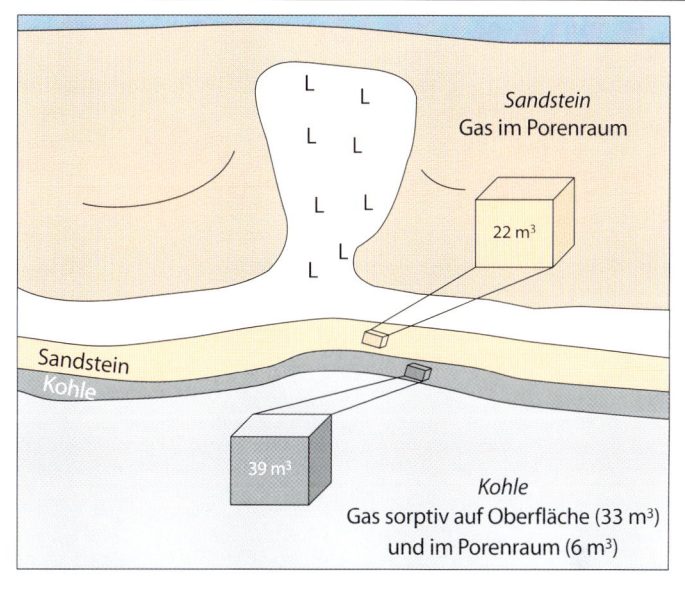

Abb. 6.14. Gasspeicher-Kapazitäten von Kohle und Sandstein

der Ersatz von Rohstoffen (Substitution) ist eine Form zur Schonung der Ressourcen, die zunehmende Bedeutung gewonnen hat. Bei ihrem Einsatz müssen die Vorteile und die Grenzen sinnvoll abgewogen werden.

Sparpotentiale

Über ihre Beiträge zur Erschließung neuer Rohstoffquellen hinaus können die Geologischen Dienste auch dabei mitwirken, Probleme möglicher Rohstoffengpässe zu lösen. Durch das Einbringen ihrer Kenntnisse in die anwendungsorientierte Rohstofforschung können vorhandene Sparpotentiale besser ausgenutzt oder durch Substitution andere Quellen eröffnet werden.

Technologischer Fortschritt ist dabei eine Möglichkeit für Rohstoffeinsparungen. So würde die Errichtung des Eiffelturms durch neue Konstruktionsmethoden und Fertigungstechniken sowie verbesserte Stahlqualitäten heute nicht mehr 7 000 t Stahl erfordern wie bei seinem Bau 1885–1889, sondern nur noch noch 2 000 t.

Durch die künstliche Herstellung mineralischer Stoffe können das Substitutionspotential vergrößert und natürliche Rohstoffe eingespart bzw. geschont und die Verfügbarkeit von Mineralstoffen mit bestimmten Eigenschaften vergrößert werden. Synthetisch hergestellte Stoffe sollten energetisch und/oder kostenmäßig günstiger, zumindest aber vergleichbar, produziert werden können und keine nachteiligen Eigenschaften aufweisen.

Hier gibt es für die Zukunft Betätigungsfelder, die dem kreativen, anwendungsnah forschenden Geologen und Mineralogen Möglichkeiten eröffnen. Bei genauerer Untersuchung von Mineralen und Gesteinen, die für eine bekannte Verwendungsart bisher als nicht geeignet erscheinen, könnten sich bei kreativer Betrachtung interessante Ansätze für wirtschaftlich-technische Nutzungsmöglichkeiten ergeben (vgl. Kasten 6.14). Die Geologischen Dienste verfügen über umfassendes Datenmaterial, ausreichende Laborkapazitäten und kompetentes Personal, um hier tätig zu werden. Sie haben im allgemeinen auch Kontakte zur einschlägigen Industrie, um im Bedarfsfall zusammen mit ihr spezifische Probleme anzugehen und zu lösen.

Rohstoffveredelung

Die Veredelung von Rohstoffen benötigt Energie, führt aber zu einem höherwertigen Produkt, das für einen bestimmten Zweck besser geeignet ist. Durch die Veredelung minderwertiger Rohstoffe können aber auch andere Rohstoffe geschont werden.

Das Potential des Tiefseebodens für mineralische Rohstoffe (Kasten 6.13)

Da auf dem Meeresboden keine herkömmlichen Abbaumethoden einsetzbar sind, müßten für einen Tiefseebergbau spezielle Methoden mit hohen Investitionskosten entwickelt werden. Die heutige Marktsituation für die zu gewinnenden Wertstoffe (Tabelle 6.8) macht den Tiefseebergbau derzeit unwirtschaftlich. Aus heutiger Sicht kann mit dem Beginn eines Tiefseebergbaus frühestens ab 2010 gerechnet werden. Wegen der langfristigen Perspektive werden daher die *Potentiale* für mineralische Rohstoffe der Tiefseeböden dargestellt.

Tabelle 6.8. Die wichtigsten mineralischen Rohstoffe der Tiefsee sowie ihre wichtigsten Elemente und Verbindungen

Rohstoffe	Nutzbare Elemente und Verbindungen
Manganknollen	Ni 1,3 %, Cu 1,4 %, Co 0,2 %, Mn 27 %
Kobaltkrusten	Co 2,0 %, Ni 0,3–0,5 %, Mn 15–25 %
Erzschlämme	Zn 0,2–10 %, Cu 0,2–2 %, Ag 50–100 ppm
Massivschlämme	Zn 0,2–30 %, Cu 0,2–15 %, Ag 100 ppm, Au 30 ppm
Phosphorite	P_2O_5 15–25 %

Manganknollen

Manganknollen bedecken als schwarze, kartoffelgroße Anreicherungen von Metalloxiden und -oxihydraten weite Teile der Ozeanböden. Sie liegen an der Oberfläche des Meeresbodens, seltener im Sediment vergraben. Sie sind vor allem wegen ihrer Cu-, Ni- und Co-Gehalte wirtschaftlich interessant (Tabelle 6.8).

Über ihre Entstehung ist viel spekuliert worden, weil die Knollen älter sind als der Meeresboden, auf dem sie liegen. Die Oxide und Oxihydrate werden aus dem Meerwasser abgeschieden und lagern sich nach und nach in einer Vielzahl mikroskopisch dünner Schalen um einen Kern, der aus Gestein, Mineralpartikeln, Schalen oder Skelettresten mariner Mikrolebewesen bestehen kann. Heute weiß man, daß sie im wesentlichen durch die Aktivität von Bodentieren häufig über Mio. Jahre dort gehalten und nicht im Sediment eingebettet wurden. Dies macht sie – bezogen auf wirtschaftspolitische Zeiträume – zu nicht erneuerbaren Rohstoffen.

Manganknollenfelder von wirtschaftlichem Interesse finden sich nur im Indischen Ozean (Zentrales Indisches Becken) und Pazifischen Ozean (östlicher Äquatorial-Pazifik und Peru-Becken). Hier waren die geologischen, ozeanographischen und biologischen Bedingungen für das Knollenwachstum am günstigsten.

Das Hauptinteresse der Rohstoffindustrie gilt dem östlichen Äquatorial-Pazifik, wo mehrere Firmen und Staaten bei den Vereinten Nationen Abbaukonzessionen beantragt haben. In diesem „Knollengürtel" wird mit einer Manganknollenmenge von ca. 10 Mrd. t gerechnet. Ihre Kupfermenge entspricht dem 27-fachen des Weltverbrauchs von 1996 (15,7 Mio. t/a). Allerdings sind die Vorratszahlen mit Unsicherheiten behaftet.

Als wirtschaftlich interessant gelten Manganknollenfelder mit einem Mindestgehalt von 1,75 % Cu + Ni + Co und einer Mindestkonzentration von 5 kg/m³. Diese Voraussetzungen sind entgegen früherer Erwartungen nur für weniger als 50 % des Meeresbodens im Knollengürtel gegeben.

Versuchsweise hat das Konsortium Ocean Management Inc. (OMI), dem auch die deutsche Arbeitsgemeinschaft meerestechnisch gewinnbare Rohstoffe (AMR) angehört, 1978 mit dem Bohrschiff SEDCO 445 im „Knollengürtel" ca. 1 000 t Manganknollen gefördert. Die Förderung erfolgte hydraulisch und hat gezeigt, daß die Knollengewinnung technisch lösbar ist. Aufbereitung und Extraktion der Metalle stellen keine Probleme dar.

Kobaltkrusten

In einer frühen Phase befindet sich die Erkundung kobaltreicher Mangankrusten (Kobaltkrusten). Sie sind von ihrer Entstehung her mit den Manganknollen verwandt. Die oben erwähnten Metalloxid- und -oxihydratlagen bilden mehrere cm dicke Krusten auf Festgestein. Krusten mit ca. 1 % Co treten häufig in den Gipfelregionen von untermeerischen Kuppen und Plateaus mit Wassertiefen von weniger als 2 600 m auf.

Pro Quadratmeter wurden bis zu 65 kg Erzkrustensubstanz beobachtet. Über die flächige Verbreitung ist noch wenig bekannt. Für manche untermeerischen Kuppen wurden in Wassertiefen zwischen 1 100 und 2 600 m bis zu 5 Mio. t Erz ermittelt. Interessant sind auch Platingehalte von bis zu 1 g/t.

Abbauversuche hat es bei den Kobaltkrusten noch nicht gegeben. Ein Abbau dürfte sich als schwierig erweisen, weil die Krusten von ihrem Untergrund (Vulkangestein oder Kalkstein) abgelöst und für die hydraulische Förderung zerkleinert werden müssen. Von Vorteil für einen eventuellen Abbau ist die relativ geringe Wassertiefe.

Erzschlämme

Das Auseinanderdriften von Afrika und der Arabischen Halbinsel geht mit einer Öffnung des Roten Meeres einher. In seinem tiefsten Bereich treten Gesteinsschmelzen am Meeresboden aus, die zu Basalt erstarren. Rißbildung begünstigt das Eindringen von migrierendem Meerwasser, das mit dem heißen Gestein chemisch reagiert. Über kühlere Rißzonen steigt das chemisch veränderte und erwärmte Meerwasser wieder zum Meeresboden auf. Im Basalt und in überlagernden Sedimenten können sich Sulfide, Sulfate oder Karbonate abscheiden. Erreichen die heißen Lösungen den Meeresboden, dann scheiden sich Metallsulfide, -oxide oder -oxihydrate ab. In Sedimenten vermischen sich die Metallverbindungen zu sog. Erzschlamm. Salzhaltige Lösungen überschichten den Schlamm als Thermallauge.

In mehreren beckenartigen Vertiefungen am Boden des Roten Meeres kommen als Folge der hydrothermalen Zirkulation in Wassertiefen von ca. 2 000 m metallhaltige Lösungen vor, deren Temperaturen und Salzgehalte sich vom normalen Meerwasser unterscheiden. Normalerweise besitzt das Wasser des Roten Meeres in diesen Tiefen eine Temperatur von 22 °C und einen Salzgehalt von 40,5 ‰. In den Becken kann die Temperatur jedoch auf 60 °C und der Salzgehalt auf 326,5 ‰ steigen. Unter den heißen Laugen sind die Becken mit Erzschlämmen gefüllt. Kupfer, Zink und Silber sind die wirtschaftlich interessantesten Komponenten. Die Zusammensetzung der Schlämme und ihre mineralogische Beschaffenheit ist heterogen (Oxide, Hydroxide, Karbonate, Silikate, Sulfide).

Das wohl bekannteste Becken mit Erzschlämmen ist das Atlantis-II-Tief, wo die Preussag AG 1979 Förderversuche durchgeführt hat. Mit ca. 2,4 Mio. t Zink, 500 Tsd. t Kupfer und 8 000 t Silber stellt sie eine vergleichsweise große Lagerstätte dar.

Massivsulfide

Magmenaufstieg, Rißbildung und hydrothermale Zirkulation, wie bei der Erzschlammbildung im Roten Meer, findet auch in der Kammregion des fast 60 000 km langen, erdumspannenden Systems mittelozeanischer Rücken in 2–3 km Wassertiefe statt. Beckensituationen wie im Roten Meer sind dort sehr selten. Zu den wenigen Ausnahmen, bei denen Sedimente vererzt werden, gehören Becken im Golf von Kalifornien und Gebiete am Juan de Fuca-Rücken vor der Pazifikküste Nordamerikas.

Sporadisch und lokal begrenzt (wenige 100 m^2 bis 1 km^2) ist das Auftreten von Massivsulfiden (Kupferkies, Zinkblende, Pyrit u. a.) in Form Schwarzer Raucher und massiger Akkumulationen am Meeresboden. Eine Durchschnittsanalyse vieler Erzproben vom Ostpazifischen Rücken bei 13°N ergab 17 % Zink und 1 % Kupfer. Auch Gold (30 ppm) wurde in Massivsulfiden gefunden. Der Austritt hydrothermaler Lösungen macht sich in der Wassersäule durch erhöhte Methangehalte bemerkbar.

Bohrungen am Mittelatlantischen und am Juan de Fuca-Rücken durch das internationale Tiefseebohrprojekt ODP haben meterdicke Sulfidlagen oder Sulfidhügel durchteuft.

Bisher wurden noch keine Abbauversuche für die Massivsulfide unternommen. Jedoch hat eine australische Bergwerksgesellschaft Abbaurechte im Seegebiet des Bismarck-Archipels erworben.

Phosphorite

Jährlich werden ca. 100 Mio. t Phosphorit abgebaut und zu Dünger mit 8–21 % Phosphor verarbeitet. Die Versorgung durch große festländische Lagerstätten ist weltweit für lange Zeit gesichert. Marine Vorkommen könnten dort lokale Bedeutung erlangen, wo lange Transportwege auftreten.

Auf dem in 400 m Wassertiefe liegenden Chatham-Rücken wurden von der BGR in Kooperation mit neuseeländischen Instituten und der Preussag 25 Mio. t Phosphoritknollen mit einer Konzentration von 66 kg/m^2 nachgewiesen. Sie könnten für Neuseeland Bedeutung bekommen, das sich von zwei Koralleninseln (Weihnachtsinsel, Nauru) versorgt, deren Lagerstätten in wenigen Jahren erschöpft sein werden.

Für die Westküste der USA könnten Phosphorit-Vorkommen im San-Diego-Trog vor der kalifornischen Küste von Interesse sein. Vor der Küste von Südafrika sind auf dem Agulhas-Plateau ebenfalls Phosphorite gefunden worden, die jedoch noch wenig untersucht sind.

In vielen Entwicklungsländern wird ein großer Teil des Energiebedarfs in Haushalten und in der Kleinindustrie durch Braunkohle und Holzkohle gedeckt. Die Folgen sind verringerte Waldbestände, Brennholzmangel und Bodenerosion. In einigen dieser Länder gibt es Braunkohlen, die bei der Verbrennung unangenehm riechende und teilweise gesundheitsgefährdende Gase freisetzen und deshalb bisher nicht genutzt werden konnten.

Die BGR hat Braunkohlen aus Malaysia, Brasilien, Tansania, Somalia und von den Philippinen daraufhin untersucht, ob sich aus ihnen mit einem speziellen Verfahren ein rauch- und geruchsarmer Brennstoff (smokeless fuel) herstellen läßt. Die Entwicklungsarbeiten, in Zusammenarbeit mit Hochschulen und der Industrie, münden in der Konzeption der Kelter-Retorte (Abb. 6.15). Das darin aus Braunkohlen veredelte Produkt – ein Karbonisat – ist umweltverträglich und eignet sich dazu, Brennholz und Holzkohle zu ersetzen. Die Herstellung des Karbonisats verläuft so, daß die entstehenden Gase im Prozeß mitverbrannt werden. Erfahrungen liegen nur aus dem Betrieb einer Pilotanlage in Malaysia vor. Daher lassen sich momentan die Kosten für das Karbonisat nicht abschätzen. Denkbar ist, daß Kommunen sowie klein- und mittelständische Unternehmen die Anlagen betreiben, wenn örtlich die entsprechende Braunkohle zur Verfügung steht.

Recycling/Substitution/Downcycling

Im engeren Sinn verstanden bedeutet Recycling eigentlich Kreislaufrückführung. Bei der Verarbeitung von Metall zu Produkten (beispielsweise Blechdosen) und im Produktionsprozeß anfallende Reste werden durch Einschmelzen in den Kreislauf zurückgeführt. Der Begriff Recycling wird im allgemeinen Sprachgebrauch aber für verschiedene Formen der Verwertung benutzt:

- *Wiederverwendung:* Pflastersteine sind ein Beispiel für die fast unbegrenzte Wiederverwendung eines Rohstoffes. Glasflaschen – und damit die darin enthaltenen mineralischen Rohstoffe – werden als Produkt mehrfach wiederverwendet (Pfandflaschen).
- *Weiterverwendung:* Nach einer gewissen Zeit der Wiederverwendung von Pfandflaschen werden diese eingeschmolzen, und daraus unter Rohstoffzusatz erneut Glasflaschen hergestellt. Im allgemeinen nimmt die Glasqualität bei jedem Einschmelzvorgang wei-

> **Menschliche Kreativität und Substitution von Rohstoffen (Kasten 6.14)**
>
> Beispiele für den Einsatz menschlicher Kreativität bei der Suche nach unkonventionellem Einsatz von Rohstoffen, die zu einer besseren Ausnutzung (Effizienz) oder zur Einsparung an Material, Energie oder Schadstoffen führen können:
>
> **Zeolithe statt Ziegel**
>
> In einem südamerikanischen Land scheiterte die Produktion von Ziegeln an den ungeeigneten tonig-lehmigen Rohstoffen. Untersuchungen der BGR ergaben, daß das Material aus reaktiven Al- und Si-reichen Mineralphasen besteht, welches sich zur künstlichen Herstellung industriell begehrter Zeolithe verwenden läßt. Umfangreiche Laborversuche führten zur Herstellung eines hochwertigen, auf dem Markt gesuchten Zeoliths, der viel kostengünstiger als bisher zu produzieren sein dürfte.
>
> **Einsatz energieärmerer Produktionsprozesse**
>
> Hierzu gehören alle Möglichkeiten, Produkte, die bei hohen Prozeßtemperaturen hergestellt werden, durch andere, die niedrigere Prozeßwärme erfordern, zu ersetzen, z. B. der Ersatz von zementgebundenen Betonsteinen durch Kalksandsteine; Förderung der Verwendung von Adobe bzw. Stampflehm in Entwicklungsländern und deren Begleitung durch technische sowie qualitative Maßnahmen.
>
> **Schadstoffreduzierung bei der Herstellung**
>
> Bei der Herstellung von Zement aus Puzzolan (kieselsäurereichen feinkörnigen Sedimenten) ergibt sich gegenüber der konventionellen Zementherstellung aus Kalksteinen eine bis zu 30%ige Schadstoffreduzierung (vor allem von CO_2) und die Schonung von Kalkvorräten.
>
> **Produkte mit geringerem Energieinhalt**
>
> Hierzu gehört die gezielte Suche nach Möglichkeiten, um durch Zugabe bestimmter Minerale/Gesteine zum Produktionsprozeß Energie einzusparen. Das kann z. B. durch Reaktionsbeschleuniger oder durch Flußmittel geschehen, die die Prozeßtemperaturen senken. So wird das Gestein Nephelinsyenit als Ersatz für Feldspat bzw. für den wegen seiner Emissionen gemiedenen Fluorit eingesetzt. Das Nutzungspotential anderer alkalireicher Gesteine sollte auf ähnliche Verwendungsmöglichkeiten geprüft werden.
>
> **Reduzierung unnötig hoher Qualitätsansprüche**
>
> Hierzu gehört z. B. der Ersatz von weißem Behälterglas durch billigeres Grünglas, dessen Herstellung weniger hochwertige Quarzsande verlangt. Dadurch wird eine Streckung der Vorkommen, eine rationellere Rohstoffgewinnung und Reduzierung des Flächenverbrauchs erreicht.
>
> **Maßvolle Normen und Standards**
>
> Dies betrifft z. B. die Zulassung der Verwendung von feinerkörnigem Material als Betonzuschlag, wodurch hochwertigere, seltenere Zuschlagstoffe eingespart, Abfallmengen vermindert und der Flächenverbrauch reduziert werden können.
>
> **Integration von Natur- und Umweltschutz**
>
> Dies betrifft vor allem eine realistische und maßvolle Ausgestaltung von Richtlinien und Vorschriften zum Schutz von Natur und Umwelt unter verstärkter Einbeziehung geowissenschaftlichen Wissens.
>
> **Nutzung einheimischer Rohstoffe**
>
> Durch die Verbesserung des Kenntnisstandes über Dargebot und Nachfrage nach einheimischen mineralischen Rohstoffen ist eine gezielte Planung wirtschaftlicher Entwicklung möglich. Dies betrifft insbesondere die Entwicklungsländer.
>
> **Rezyklierfähigkeiten besser nutzen**
>
> Eine Steigerung der Rezyklierfähigkeit durch Reduzierung des Einsatzes von Verbundwerkstoffen erhöht den Wiederverwendungswert von Produkten und eingesetzten Stoffen. Je reiner bzw. homogener ein Reststoff anfällt, desto leichter und kostengünstiger läßt er sich in den Wirtschaftskreislauf zurückführen. Bereits vor der Nutzung eines mineralischen Rohstoffs sollte auf seine Rezyklierfreundlichkeit geachtet werden.
> Bei der Verarbeitung von Massenrohstoffen handelt es sich vielfach um die irreversible Neubildung von Mineralphasen. Mit ihrem fundierten Fachwissen und den Erfahrungen aus Forschung und Praxis sind die Mineralogen und Geologen der Geologischen Dienste kompetente Gesprächspartner.
>
> **Suche nach „neuen" Rohstoffen**
>
> Damit sind Rohstoffe gemeint, für die ein neues Verwendungspotential aufgezeigt werden kann. Hierzu sind die bei den Geologischen Diensten vorhandenen Datenbasen unentbehrlich.

ter ab, wenn dem nicht durch Beigabe unverbrauchter hochwertiger Rohstoffe entgegengesteuert wird.
- *Weiterverwertung:* Mauerreste aus Hausabbruch können unter bestimmten Umständen in anderen Einsatzbereichen, z. B. im Straßen- und Wegebau, weiterverwertet werden.

Nicht immer ist eine strenge Trennung möglich. Häufig gibt es Mischtypen (siehe das o. g. Beispiel der Pfandflasche), und es ist nicht immer eindeutig anzugeben, welcher der drei Formen eine bestimmte Verwertungsart zugeordnet werden soll.

Eine echte Kreislaufrückführung ist oft nicht möglich, weil sich viele mineralische Rohstoffe, aus denen Produkte hergestellt werden, im Herstellungsprozeß irreversibel verändern. Sie gehen dauerhaft neue chemische Verbindungen ein, bilden neue Minerale und Mineralgemenge, die ganz andere Eigenschaften als der Ursprungsrohstoff haben. Das schränkt ihre Rezyklierfähigkeit ein bzw. macht sie unmöglich.

Ein gutes Beispiel ist Ton, aus dem Ziegel gebrannt werden. Der Ziegel hat mit dem ursprünglichen Ton nichts mehr gemein und aus ihm ist auch niemals wieder Ton herzustellen. Weitere Beispiele sind Kalkstein,

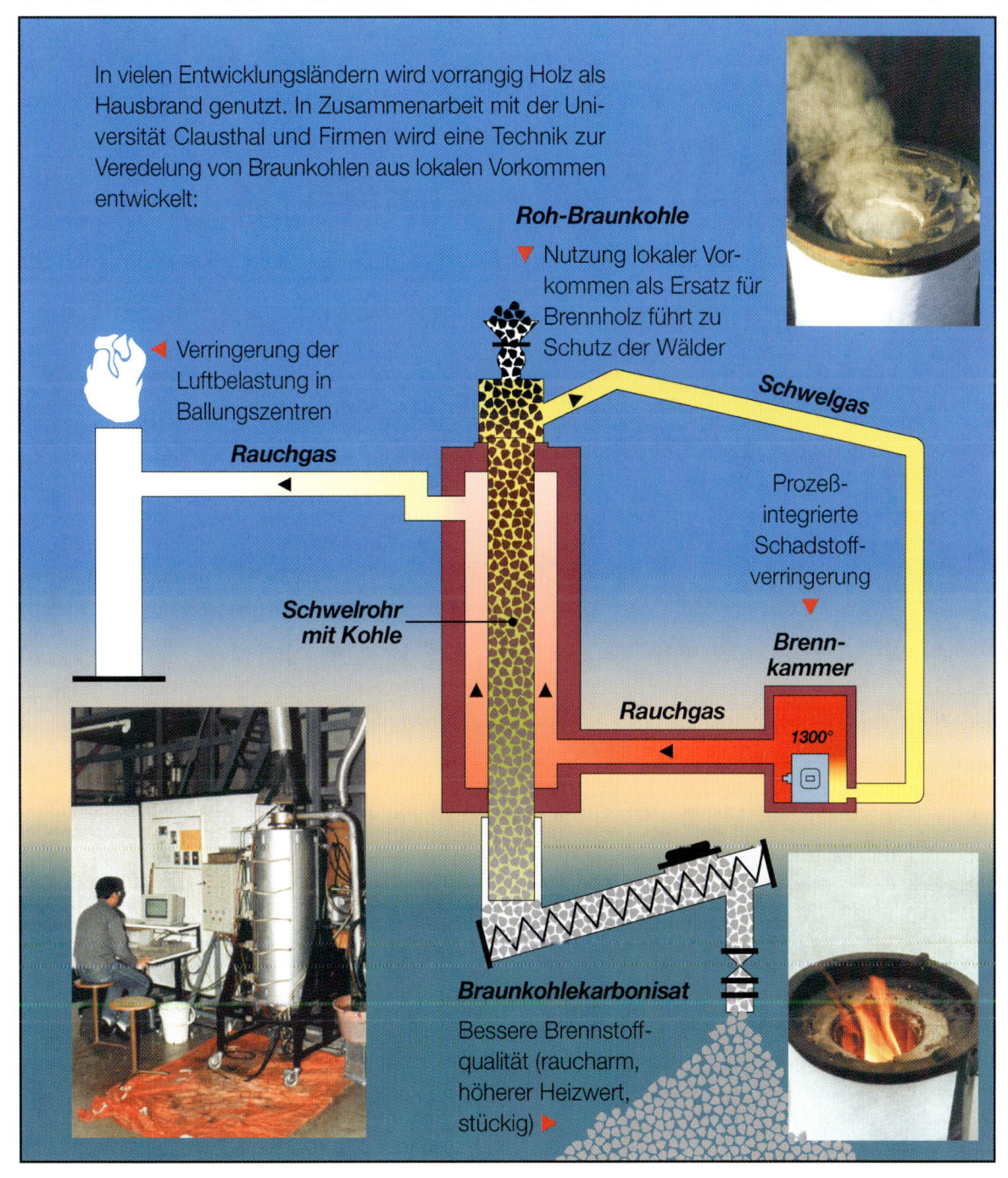

Abb. 6.15. Herstellung umweltverträglicher Brennmaterialien (Karbonisat) aus Braunkohle. Diese Rohstoffveredelung führt zu mehreren positiven Wirkungen: 1. Die Nutzung lokaler Vorkommen minderwertiger Braunkohle als Ersatz für Brennholz führt zu einem Schutz der Baumbestände. 2. Durch eine prozeßintegrierte Schadstoffverringerung wird die Luftbelastung in Ballungsgebieten verringert. 3. Das gewonnene Braunkohlekarbonisat hat eine bessere Brennstoffqualität, ist raucharm und hat einen höheren Heizwert. 4. Durch die bessere und saubere Handhabung ist eine sparsame Verwendung möglich

Tabelle 6.9. Anteil des Sekundärmaterials am Gesamtverbrauch in der Bundesrepublik Deutschland [%]

	0–5	5–10	10–30	30–50	>50
Aluminium				x	
Kupfer				x	
Blei					x
Zink			x		
Zinn		x			
Antimon			x		
Stahl				x	
Chrom			x		
Titan	x				
Kobalt		x			
Mangan			x		
Molybdän			x		
Nickel			x		
Niob	x				
Tantal		x			
Vanadium		x			
Wolfram				x	
Zirkon			x		
Gold				x	
Silber				x	
Platin					x
Palladium				x	

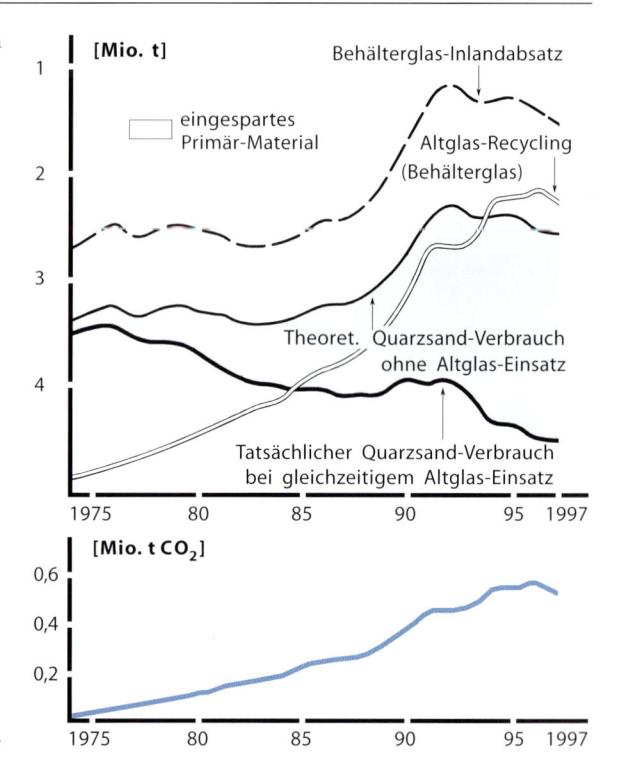

Abb. 6.16. Rohstoffeinsparung und Reduzierung der CO_2-Emissionen durch Hohlglasrecycling in Deutschland (CO_2-Reduzierung nur bezogen auf karbonatische Rohstoffe) (nach Bosse 1995)

der zu Zement oder Branntkalk verarbeitet wird, oder Magnesit, Dolomit und Bauxit, die zu Feuerfestprodukten verarbeitet worden sind.

Es gibt also eine ganze Reihe mineralischer Rohstoffe, die im o. g. Sinn nicht rezyklierfähig sind. Häufig lassen sich jedoch die aus ihnen hergestellten *Produkte* im weiteren Sinne rezyklieren, z. B. Straßenaufbruch, Bauschutt, Glas, Ausbau- und Fräsasphalt. Insbesondere bei Nichteisenmetallen und Stahl sind seit langem hohe Recyclingraten üblich. Dennoch wird auch künftig der überwiegende Teil des Metallbedarfs durch neu geförderte Rohstoffe gedeckt werden müssen.

In Deutschland hat – bei einem Gesamtverbrauch von nahezu 5 Mio. t – die jährliche Rückgewinnung von Aluminium, Kupfer, Blei, Zink, Zinn und Nickel aus Schrott ein Volumen von annähernd 2 Mio. t erreicht. Schon seit Jahrzehnten stammen bei Stahl, Blei und Kupfer zwischen 45 und 50 % des deutschen Gesamtverbrauchs aus Schrott, bei Aluminium und Zink ist es rund ein Drittel, bei Zinn schätzungsweise 10–15 % (vgl. Tabelle 6.9).

Ein Anreiz zur Rückgewinnung von Metallen ist der im Vergleich zu ihrer Erzeugung aus Erzen bedeutend geringere Energieeinsatz. Die Einsparung der natürlichen Ressourcen bedeutet nicht nur Schonung der Metallvorräte in den Lagerstätten, sondern auch Schonung von Energierohstoffen sowie Schonung der Umwelt durch geringere Emissionen. Zur Erzeugung einer Tonne Kupfer aus Erzen sind beispielsweise 92 bis 127 GJ/t erforderlich. Bei der Gewinnung der gleichen Menge Kupfer aus Recyclingmaterial beträgt die Energie*einsparung* zwischen 80 und 90 %.

Das Behälterglasrecycling in der Bundesrepublik ist ein fast schon klassisches Beispiel dafür, wie nicht nur durch den Antrieb der Kostenersparnis, sondern auch durch ein gesteigertes Umweltbewußtsein die Recyclingquoten gesteigert und damit Primärrohstoffe gespart werden können (vgl. Abb. 6.16). Die Quote stieg von 6,5 % (Einsatz von Altglas am Gesamtverbrauch) im Jahre 1974 auf 78,8 % im Jahre 1996. Da Altglas als amorphe Substanz bei niedrigeren Temperaturen schmilzt als kristalliner Quarz, wird Energie gespart und damit der CO_2-Ausstoß verringert. Der CO_2-Ausstoß reduziert sich weiterhin dadurch, daß bei Altglas auch die anderen Primärrohstoffe Kalk, Dolomit und Natriumkarbonat nicht neu zugesetzt werden müssen.

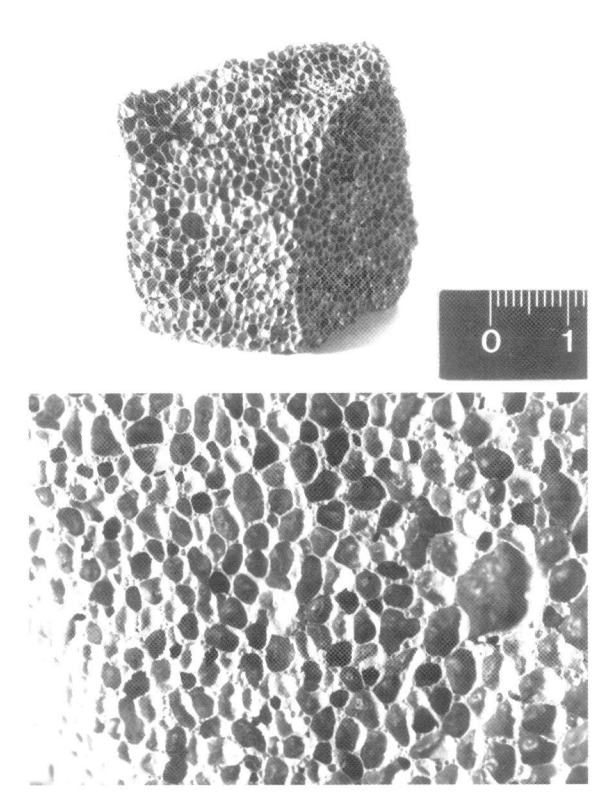

Abb. 6.17. Schaumglas als Dämmstoff

Beim Recycling von Produkten ist zu beachten, daß dies – vor allem bei den Produkten, die aus nichtmetallischen Rohstoffen hergestellt wurden – nicht endlos möglich ist. Häufig ist schon nach wenigen Zyklen die Rezyklierfähigkeit erschöpft. Jeder Zyklus geht mit „Downcycling" einher, d. h. mit einer Qualitätsminderung, die so weit geht, daß das Produkt nach einer gewissen Anzahl von Rezyklierungsschritten wegen mangelhafter Qualität nicht mehr eingesetzt werden kann. Die Zyklen sind bei unterschiedlichen Produkten unterschiedlich lang. Beispielsweise steht am Ende des Recyclingprozesses für Glas minderer Qualitäten die Herstellung von Schaumglas (Abb. 6.17). Dieses derzeit noch wenig bekannte Produkt kann wegen seines unattraktiven trüben Aussehens und seiner veränderten technologischen Eigenschaften zwar nicht mehr für Behälterglas oder ähnliches verwendet werden; es kann aber hervorragend als Dämmstoff in der Bauindustrie eingesetzt werden.

Die Grenzen des Recycling im Sinne der Weiterverwendung sind darüber hinaus insbesondere dann schnell erreicht, wenn das anfallende Produkt, z. B. Bauschutt, sehr verschiedenartig zusammengesetzt ist und sich die einzelnen Komponenten nur schwer voneinander trennen lassen (Verbundwerkstoffe).

Eng mit dem Begriff Recycling ist der Begriff Substitution verbunden. Unter Substitution versteht man den Ersatz bzw. die Verdrängung eines Rohstoffs oder Werkstoffs durch einen anderen. So kann der bei der Rauchgasentschwefelung anfallende Gips (sogenannter REA-Gips) in vielen Fällen natürlichen Rohgips ersetzen. In Deutschland werden bereits mehr als 90 % des REA-Gipses von der Industrie aufgenommen und zu anderen Produkten weiterverarbeitet.

An dieser Stelle wird eine der Grenzen der umfassenden „Kreislaufwirtschaft" deutlich. Einem derzeitigen Angebot von 4,4 Mio. t REA-Gips (aus Steinkohlen- und Braunkohlenfeuerungsanlagen) steht ein jährlicher Bedarf von 9 Mio. t gegenüber. Trotz praktisch totaler Rückführung des entstandenen Gipses muß also weiterhin natürlicher Gips abgebaut werden, weil anderweitig verwendeter Gips nicht mehr rezykliert werden kann.

Bauschutt, Straßenaufbruch, bei Verbrennungsvorgängen entstehende Flugaschen, Grobaschen und Granulat werden ebenso wie die bei der Steinkohlenwäsche anfallenden feinkörnigen, nichtkohligen Mineralstoffe (Waschberge) als Substitute für Baurohstoffe genutzt. Seit langem bekannte und genutzte Reststoffe sind die in metallurgischen Prozessen entstehenden Schlacken, die Natursteine und Natursteinprodukte ersetzen können. Materialien, die in der beschriebenen Form natürliche mineralische Rohstoffe (nicht die Produkte!) ersetzen können, werden Sekundärrohstoffe genannt.

Industriell erzeugte synthetische Substitute werden häufig so beeinflußt, daß sie vom Markt auch angenommen werden. Beim Recycling anfallende Produkte (beispielsweise Betonaufbruch) sind in vielen Fällen Substitute für natürliche mineralische Rohstoffe (z. B. Kies und Sand als Zuschlagstoff).

Bei Metallen begrenzen Material- bzw. Qualitätseigenschaften und Preisunterschiede die Substitutionsmöglichkeiten untereinander. Geänderte Anforderungen an Material und Qualität, vor allem aber auch Veränderungen im Preisgefüge, können die Möglichkeiten der Substitution drastisch verändern.

Eine wichtige Voraussetzung für jedes Substitut ist, daß es im wesentlichen dieselben Funktionen erfüllt wie der Originalstoff, und zwar zu demselben oder gar zu einem niedrigeren Preis. Damit ist klar, daß die technischen Eigenschaften von Substitut und originalem mineralischen Rohstoff praktisch gleich sein müssen. Ausnahmen von dieser Regel können gemacht werden, sofern das Substitut billiger ist (und somit auf Kosten der Qualität einen Marktvorteil genießt), oder wenn andere konkurrierende Produkte auf dem Markt nicht verfügbar sind.

Trotz aller Aktualität, die Recycling und Substitution genießen, wird in absehbarer Zeit durch sie keine wesentliche Reduzierung des Verbrauchs an Massenrohstoffen zu erwarten sein. Derzeit gehen die Schätzungen davon aus, daß bei vollem Ausnutzen des Recycling- und Substitutionspotentials kaum mehr als 10–15 % der natürlichen Massenrohstoffe ersetzt werden können.

Durch die Kreislaufwirtschaft, d. h. die Verpflichtung, Reststoffe in einem höchst erreichbaren Maß der Nutzung zuzuführen, entstehen für Geowissenschaftler neue Aufgabenfelder, die an einigen Beispielen erläutert werden sollen.

In Deutschland fallen bei der Gewinnung von ca. 700 Mio. t Massenrohstoffen jährlich etwa 300 Mio. t mineralische Reststoffe an. Daraus können durch Recycling oder Verwertung (im Sinne der Kreislaufwirtschaft) günstigstenfalls ca. 100 Mio. t als Substitut für natürliche Rohstoffe genutzt werden. Voraussetzung für eine höhere Recyclingquote ist eine bessere Akzeptanz für den Einsatz von Reststoffen. Verordnungen und Grenzwerte müssen auf ein notwendiges und plausibles Maß reduziert werden, um die Entwicklung neuer Technologien im Verwertungsbereich kontinuierlich weiterbetreiben zu können.

Der von der Europäischen Union gewählte Begriff „useable waste" wird im deutschen mit „Abfall zur Verwertung" übersetzt, was aber eine Verzerrung bewirkt. Der Umgang, Erwerb und Handel mit früher marktgängigen Reststoffen (z. B. Altmetallen, Rückständen aus der Rauchgasreinigung) wurde nun – mit negativen Auswirkungen – in das Abfallrecht überführt. Für Geowissenschaftler sind die Richt- und Grenzwerte für Schadstoffe auf der Basis von chemischen Absolutgehalten als problematisch anzusehen, da diese nichts über ihre Freisetzbarkeit unter natürlichen Bedingungen aussagen. Ein Element, daß im Reststoff in einer kristallinen Matrix (ähnlich wie im Gestein) gebunden ist, z. B. in Schlacken, kann selbst unter Säureeinwirkung nicht nennenswert gelöst werden. Im Gegensatz dazu können sich Reststoffe, die aus wasserlöslichen Salzen bestehen, rasch ausbreiten und Wirkung zeigen. Der entsprechend ausgebildete Fachmann kann dieses beurteilen und Vorsorgemaßnahmen treffen.

Solange an der Limitierung der Verwertung von mineralischen Reststoffen nur auf der Basis der chemischen Absolutgehalte festgehalten wird, muß darauf geachtet werden, daß die gesetzlich vorgeschriebenen Grenzwerte die natürlichen Gehalte in Gesteinen und Böden (Hintergrundwerte), die häufig eine größere Schwankungsbreite aufweisen und regional durchaus verschieden sind, nicht unterschreiten.

Da es derzeit keine für alle Zwecke der Verwertung mineralischer Reststoffe geeignete Freisetzungstests gibt, sollten auf diesem Sektor Entwicklungsarbeiten vorrangig betrieben werden. Die Problematik kann am Beispiel verschiedener Tone und der „Grenzwerte" für Böden verdeutlicht werden (vgl. Tabelle 6.10). Die Abgrenzungswerte sind aus in Deutschland gebräuchlichen Regelwerken entnommen. Werden sie überschritten, ist das betroffene Material von jeder weiteren Verwendung auszuschließen und entsprechend der Technischen Anweisung Siedlungsabfall (TASi) als Abfall zu deponieren.

In der TASi ist festgelegt, daß Abfälle mit einer mineralischen Untergrunddichtungs- und Oberflächenabdeckungsschicht zu umgeben sind, nämlich mit Ton. Natürliche Tone, die üblicherweise in Deutschland zur Deponieabdichtung verwendet werden (die zwei Unter-

Tabelle 6.10. Vergleich von Abgrenzungswerten für Boden im Sinne von Erdaushub mit entsprechenden Eluat-Analysen (DEV S4) von natürlichen Tonen (angegeben sind jeweils die Mittelwerte der einzelnen Ton-Gruppen)

	Abgrenzungswerte[a]	Ton-Gruppen gesamt	Quartär-Ton smektitisch-illitisch	Unterkreide-Ton smektitisch-illitisch	Unterkreide-Ton kaolinitisch-illitisch	Jura-Ton kaolinitisch-illitisch
pH	5,5–12,0	7,8	9,2	7,7	8,0
Lf [µS/cm]	<1 500	26	1 244	845	442
Cl [mg/l]	<30	0,4	202	46	4,9
SO_4 [mg/l]	<150	7,4	322	385	199
As [mg/l]	<60	20	27	40	30

[a] *Lf:* elektrische Leitfähigkeit, *Cl:* Chloridgehalt, *SO_4:* Sulfatgehalt, *As:* Arsengehalt.

kreide- und die Jura-Tongruppen in Tabelle 6.10), müßten daher nach deutschen Regelwerken an sich bereits als Abfall behandelt werden.

Ein weiterer kritischer Parameter ist der geforderte Sulfatgehalt. In der Verbindung mit Calcium-Ionen ist Sulfat (als $CaSO_4$) unschädlich. Bei der Analyse der Tongesteine, die zur Deponieabdichtung verwendet werden sollen, ist ein Sulfatgehalt von maximal 150 mg/l gefordert. Damit müßte der Ton wesentlich „sauberer" sein als Trinkwasser, für das ein zulässiger Sulfatgehalt von 240 mg/l vorgeschrieben ist. Die im Entwurf vorliegende Richtlinie der Europäischen Union über den „Gebrauch von Wasser für den menschlichen Genuß" (EG-Trinkwasserverordnung) legt überhaupt keinen einzuhaltenden Grenzwert für Sulfat mehr fest; dieser Parameter wurde in die allgemeinen „Indikatorparameter" für die Qualität von Wässern eingeordnet.

Bei der Festlegung solcher Abgrenzungswerte werden häufig die natürlichen Gegebenheiten (die Hintergrundwerte) nicht mitbetrachtet. Hierin besteht eine Aufgabe für die Geowissenschaften, bei bestehenden und zukünftigen Limitierungen auf eine entsprechende Berücksichtigung zu achten.

Alternative Ressourcen

Die geothermische Energie

Unter den erneuerbaren Energiequellen hat bei der Stromerzeugung die geothermische Energie weltweit mit 38 Mrd. kWh den größten Anteil (Abb. 6.18). Windenergie (4,9 Mrd. kWh), Sonnenenergie (0,9 Mrd. kWh) und Gezeiten (0,6 Mrd. kWh) folgen mit großem Abstand. Die geothermische Energie ist die einzige erneuerbare Energie, bei der geowissenschaftlicher Sachverstand in großem Maße gefordert wird (zur Begriffserläuterung vgl. Kasten 6.15).

Angesichts der enormen Mengen des terrestrischen Energiepotentials scheint es, als seien damit die Energieprobleme der Zukunft lösbar. Das ist jedoch nicht der Fall, da nur ein kleiner Teil nutzbar ist, und ca. 85 % der geothermischen Energie bis zu 3 km Tiefe nur Speichertemperaturen von <100 °C aufweisen. Allerdings liegen ca. 40 % des weltweiten Energieverbrauches ebenfalls in einem Temperaturbereich <100 °C.

Die geothermische Energie steht im Wettbewerb mit den etablierten fossilen Energieträgern und alternativen Formen der Energiegewinnung. Sie hat den Vorteil, nicht zur Erwärmung der Erdatmosphäre beizutragen und keine Sicherheitsrisiken (schädliche Emissionen, katastrophale Unfälle) zu bergen. Ihre Quelle ist die Erde selbst, deren Wärmemenge, die aufgrund des terrestrischen Wärmestroms durch die Erdoberfläche abgegeben wird, bei 10^{21} J/a liegt. In Tabelle 6.11 ist die terrestrische Wärmeproduktion anderen Energien und dem jährlichen Weltenergieverbrauch gegenübergestellt.

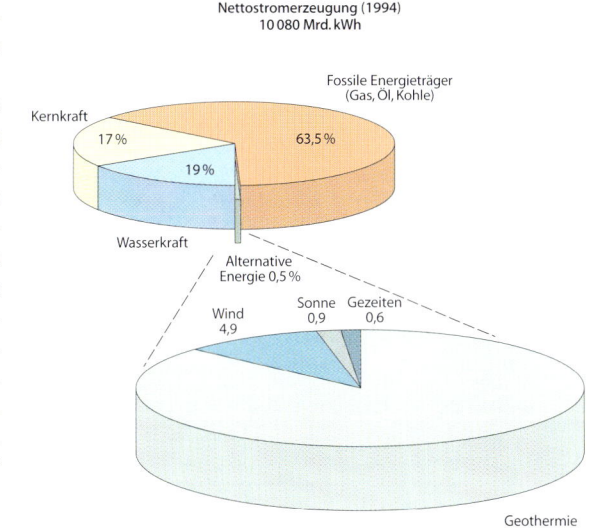

Abb. 6.18. Der Anteil geothermischer Energie im Vergleich zu Windenergie, Sonnenenergie und Gezeiten (großes Schaubild) sowie im Vergleich zum gesamten Energieverbrauch (kleines Schaubild) (Gleick 1993 und NLfB/GGA)

Geothermische Systeme

Zur Nutzung der unter der Erdoberfläche gespeicherten Energie ist ein Transportmedium, i. a. eine Flüssigkeit oder Fluid, erforderlich. Dieses kann im Nutzungshorizont der „Lagerstätte" vorhanden sein oder künstlich injiziert werden. Man unterscheidet die

- Nutzung der im Gestein gespeicherten Energie, z. B. in einem Magmakörper oder Hot-Dry-Rock (petrophysikalische Systeme),
- Dampfsysteme, Heißwassersysteme (hydrothermale Systeme) mit hohem Wärmeinhalt,
- Aquifere mit unterschiedlichen Temperaturen (>20 °C bis >100 °C) – sogenannte hydrogeothermische Systeme mit niedrigem Wärmeinhalt – und
- oberflächennahe Systeme (bis 25 °C).

Geothermische Energie – Begriffe (Kasten 6.15)

Zum besseren Verständnis werden einige Begriffe erläutert, die teilweise synonym gebraucht werden.

- *Geothermische Energie* ist die in Form von Wärme gespeicherte Energie unterhalb der Oberfläche der festen Erde.
- Unter *Geothermie* versteht man die Wärmelehre des Erdkörpers; als *Geothermik* die Methode der Bestimmung der Temperatur im Erdinnern. In den obersten Erdschichten nimmt die Temperatur im Mittel um 3 °C/100 m zu (*geothermischer Gradient*). Die Temperatur im Erdkern liegt bei 6000 ± 1000 °C, im oberen Erdmantel bei ca. 1300 °C.
- Zwischen den Temperaturen im Erdkern und an der Erdoberfläche besteht ein *Wärmestrom*.
- Dieser Wärmestrom wird in der Erdkruste wesentlich erhöht durch den natürlichen radioaktiven Zerfall von Uran, Thorium und Kalium. Allerdings ist der Anteil der drei genannten radioaktiven Elemente in den Gesteinen sehr klein, die *Wärmeproduktionsraten* betragen höchstens 6 µW/m^3.
- Die mittlere *Wärmestromdichte* für Mitteleuropa konnte in Bohrungen mit ca. 70–80 mW/m^2 gemessen werden.
- Bei der Nutzung der geothermischen Energie spielt nicht nur der ständig nachfließende Wärmestrom, sondern auch das viel höhere Potential der *gespeicherten Erdwärme* eine Rolle.
- Von dem gesamten als nutzbar bezeichneten Energievorrat können aber nur ca. 1‰ gefördert werden (*Reserven*). Die technisch zugänglichen und möglicherweise später nutzbar zu machenden Anteile werden als *Ressourcen* bezeichnet. Für Europa gibt es ein Kartenwerk mit den geothermischen Ressourcen (Hänel und Staroste 1988).

	„Erzeugung"[a]	„Verbrauch"[a]
Sonnenstrahlung	5,4 · 10^{24}	
Absorption	3,5 · 10^{24}	
Direkte Reflexion		1,9 · 10^{24}
Erzeugung von Biomasse	~ 10^{22}	
Erzeugung von fossiler Energie	~ 10^{18}	
Terrestrische Wärmeproduktion	~ 10^{21}	
Konduktiver terrestrischer Wärmefluß		~ 10^{21}
Konvektiver terrestrischer Wärmefluß		~ 10^{19}
Gravitationspotential	~ 10^{20}	
Gezeiten		8,0 · 10^{19}
Zum Vergleich: Weltenergieverbrauch (1995)		3,3 · 10^{20}

[a] *Zur Beachtung:* Die Begriffe „Erzeugung" und „Verbrauch" sind nicht rein physikalisch zu verstehen: Energie wird nicht „verbraucht", sondern in eine andere Form umgewandelt.

Tabelle 6.11.
Energiebilanz der Erde [Joule pro Jahr]

In Abhängigkeit von den Temperaturen können diese Energieträger zur Erzeugung elektrischen Stroms (Magmenkörper, Hot-Dry-Rock), zur direkten Nutzung (Heißwassersysteme) oder unter Einsatz von Wärmepumpen (z. B. Aquifere) genutzt werden. Aquifere sind auch zur Speicherung von solar erzeugter Energie geeignet.

Zur Elektrizitätserzeugung sind geothermische Anlagen weltweit mit einer Gesamtleistung von ca. 6800 MW installiert. Das entspricht 6 bis 7 großen Kernkraftwerken. Der Betrieb erfolgt bevorzugt durch oberflächennahe Dampflagerstätten, deren Auftreten an die geologischen Voraussetzungen gebunden ist. Wie Tabelle 6.12 zeigt, verfügen die USA über die höchste Leistung (ca. 2800 MW), gefolgt von den Philippinen (ca. 1200 MW) und Italien (ca. 630 MW). Kennzeichnend ist in den letzten 10 Jahren die weltweite Zunahme um 75 %. Beonders in den USA, Mexiko und Neuseeland waren in den 80er Jahren hohe Zuwachsraten zu verzeichnen; in den Philippinen und Japan lagen sie in den letzten Jahren zwischen 40 und 90 %. Das größte geothermische Feld (The Geysers) mit etwa 2000 MW befindet sich in der Nähe von San Francisco. Eine große Bedeutung hat der geothermisch erzeugte Strom bei der nationalen Elektrizitätsversorgung in Mittelamerika und in Südostasien, z. B. in El Salvador (17 %) und auf den Philippinen (23 %).

Direkte Nutzung

Die direkte Nutzung wird z. Z. auf eine installierte Leistung von 15 000–20 000 MW$_{th}$ geschätzt; in China und den USA liegt sie mit je 1900 MW$_{th}$ und in Island mit 1200 MW$_{th}$ am höchsten. Weltweit verteilt sich die Nutzung zu ca. je einem Drittel auf Heizzwecke, Landwirtschaft (Gewächshäuser) sowie Balneologie und Wärmepumpen.

In Frankreich werden mit 66 Anlagen ca. 200 000 Wohneinheiten mit Wärme versorgt, davon ca. 80 % im Pariser Becken, wo stark mineralisierte Wässer aus jurazeitlichen Gesteinen (Dogger) gefördert werden. Bei die-

Tabelle 6.12. Geothermische Energie: Installierte Leistung [MW] (nach Huttrer 1995)

Land	1985	1990	1995
USA	1 444	2 775	2 817
Philippinen	894	891	1 227
Mexiko	425	700	753
Italien	459	545	632
Japan	215	215	414
Indonesien	32	145	310
Neuseeland	167	283	286
El Salvador	95	95	105
übrige Länder [a]	156	184	255
Welt	3 887	5 833	6 799

[a] Argentinien, Australien, China, Costa Rica, Frankreich, Island, Kenia, Nicaragua, Portugal, Rußland, Thailand, Türkei.

sen „Dubletten"-Anlagen wird Warmwasser aus dem Aquifer gepumpt, die Wärme über Austauscher weitergegeben und das abgekühlte Wasser reinjiziert. Die Verpressung dient der Aufrechterhaltung des hydraulischen Druckes. Zur Verhinderung von Salzausfällungen und Korrosion muß die Anlage unter Sauerstoffabschluß im geschlossenen Kreislauf gefahren werden.

Für Deutschland und Europa sind geothermische Ressourcen und Reserven relativ gut nachgewiesen (Hänel und Staroste 1988, Schulz et al. 1992). Bis 3 000 m Tiefe wird für Deutschland ein Potential von $120 \cdot 10^{21}$ J angenommen, davon ca. 85 % mit Temperaturen <100 °C. Aber nur 1 ‰ kann davon tatsächlich gefördert werden, wovon ca. 25 % optimistisch als Reserven in Betracht kommen. Damit könnten in den nächsten 100 Jahren ca. 7 % des Wärmeendverbrauchs in Deutschland – jedoch mit einer Vielzahl von Anlagen von max. 35 MW – gedeckt werden.

Geothermische Energie der Zukunft: die Hot-Dry-Rock-Technologie

Dieses Verfahren beruht auf der Nutzung der in trockenen heißen Gesteinen (Hot-Dry-Rock – HDR) gespeicherten Energie (vgl. Abb. 6.19). Durch das Niederbringen einer Bohrung in „heiße" Zonen wird das Feld angebohrt. Das Gestein wird durch hydraulisches Brechen (*frac*) aufgeschlossen, um Fließwege zu erzeugen. Kaltes Oberflächenwasser wird in die gefracte Zone eingepreßt und dort erwärmt. Über eine zweite Bohrung wird das Heißwasser zur Oberfläche gefördert.

Das geologisch-technische Problem besteht in der Schaffung ausreichender hydraulischer Verbindungen

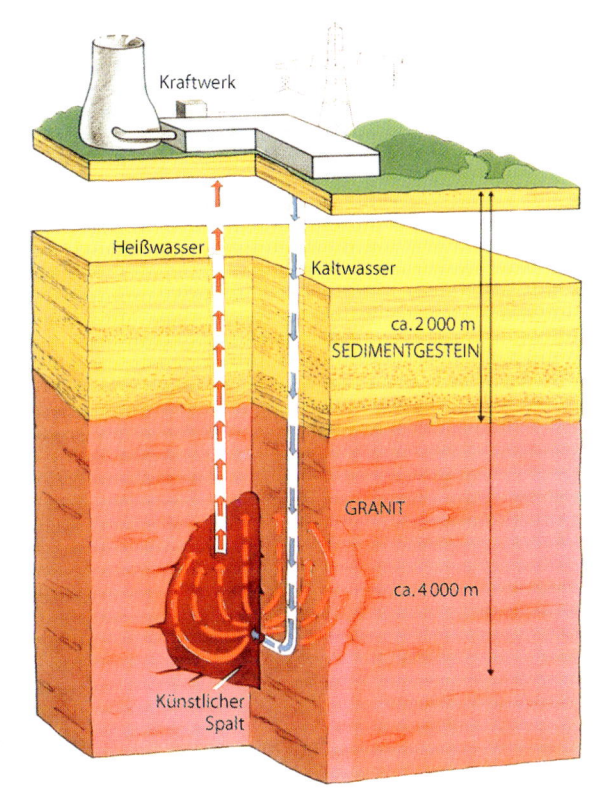

Abb. 6.19. Prinzipskizze der Heißwassergewinnung mittels Hot-Dry-Rock

bei genügend großen Wärmeaustauschflächen. Das Verfahren wird derzeit in einem europäischen Gemeinschaftsvorhaben im Rheintalgraben bei Soultz-sous-Forêts nördlich von Straßburg erprobt, wo sich die größte Temperaturanomalie Mitteleuropas befindet. Im hydraulisch stimulierten Bereich zwischen 3 200 und 3 500 m konnte die Wirkungsweise erfolgreich getestet und ca. 8 MW thermisch hergestellt werden. Durch Vertiefung auf 4 300 m soll in 200 °C heißem Gestein in den nächsten Jahren eine Demonstrationsanlage mit 50 MW thermischer Leistung installiert werden.

Nach neuesten Untersuchungen rechnet man damit, daß das HDR-Verfahren ab dem Jahr 2015 zur praktischen Anwendung kommt.

Ausblick

Die Weiterentwicklung der geothermischen Energienutzung wird vor dem Hintergrund des weltweit wachsenden Energiebedarfes (besonders in den Entwicklungsländern) bei gleichzeitig gewünschter Schadstoffreduzierung sicherlich sehr unterschiedlich verlaufen und ist aufgrund der wirtschaftlichen Randbedingungen schwer voraussagbar. Dennoch lassen sich einige Entwicklungstendenzen aufzeigen.

Die Nutzung geothermischer Energie wird weltweit weiter steigen. Indonesien und die Philippinen haben die ehrgeizigsten Pläne und wollen bis zum Jahr 2000 die installierten Leistungen ihrer geothermischen Kraftwerke auf rund 1000 bzw. 2000 MW steigern. In Mittelamerika werden weitere Staaten geothermische Energie nutzen; der Anteil an der Gesamtenergie soll dort wesentlich erhöht werden. Japan investiert z. Z. rund 50 Mio. US$ pro Jahr zur Erkundung neuer und tieferer Geothermie-Lagerstätten, einschließlich HDR. In Mitteleuropa gilt es, das geologische Fündigkeitsrisiko abzudecken, um den Betreibern von Anlagen zur direkten Nutzung geothermischer Energie eine sichere Kalkulationsbasis zu geben. In Osteuropa können neue geothermische Anlagen meist nur mit westlichem Know-how (und Geld) installiert werden. Die Hot-Dry-Rock-Technologie bedarf weiterer Forschungsaktivitäten, um in einer Pilotanlage die Wirtschaftlichkeit nachzuweisen; damit könnte in fast allen Gebieten der Welt Strom aus geothermischer Energie erzeugt werden.

Hier liegt eine große Herausforderung für die Geowissenschaften, geeignete Stellen in vorher definierten Gebieten für die Erschließung geothermischer Quellen auszuweisen.

Rohstoffberatung

Eine der Aufgaben der Geologischen Dienste besteht darin, die Ministerien bei der Formulierung der Rohstoffpolitik zu beraten. Basis hierfür sind nicht nur die geologischen Kenntnisse über Rohstoffvorkommen und ihre Gesetzmäßigkeiten des Auftretens, sondern auch die kontinuierliche Beobachtung der Weltrohstoffwirtschaft, um neue Entwicklungen zu erkennen. Hierauf bauen sich auch Zukunftsaussagen auf.

Da die Energieversorgung eine wichtige Voraussetzung für unsere Wirtschaft ist, gehören Prognosen zur zukünftigen Verfügbarkeit von Erdöl und Erdgas zu den hauptsächlichen Aktivitäten. Aber auch die Entwicklungen in der Weltbergbauindustrie, die signifikant auf die deutsche Rohstoffversorgung rückwirken, müssen beobachtet werden.

Die zukünftige Erdölversorgung

Nach der Beschreibung der Erdölsituation und der Vorstellung möglicher alternativer Quellen für Erdgas ist für die Rohstoffberatung die langfristige Entwicklung der Versorgung mit Erdöl von Interesse. Wie schon bei der Behandlung der genannten Situationen deutlich wurde, stützen sich die Prognosen auf Hochrechnungen aktueller Zahlen (vgl. z. B. Kästen 6.7 und 6.8). Je nachdem, welche Grundannahmen vorausgesetzt werden, können sich sehr unterschiedliche Versorgungssituationen ergeben (vgl. Kasten 6.16).

Entwicklung des Bedarfs

Die Vorhersage für die langfristige Erdölversorgung schließt auch die Gewinnung von nicht-konventionellem Erdöl – vor allem aus Teersanden, Bitumen und Schweröl, nur lokal von Öl aus Ölschiefern – mit ein. Im Gegensatz zum konventionellen Erdöl, dessen Vorräte stark im arabischen Raum und anderen OPEC-Ländern konzentriert sind, sind die nicht-konventionellen Ölvorkommen gleichmäßiger über die Erde verteilt. Schweröl und Ölsande treten vor allem in Venezuela und Kanada auf, große Ölschiefervorkommen liegen in Australien, Brasilien, China, Estland, der GUS und in den USA.

Der Bedarf an Erdöl wird zunächst weiterhin ganz wesentlich durch den Förderverlauf des konventionellen Erdöls gedeckt, deshalb liegt die Bedarfsspitze im ersten Drittel des nächsten Jahrhunderts, also zeitlich nur wenig nach der maximalen Förderung des konventionellen Erdöls (Abb. 6.20). Die Prognosen weichen allerdings z. T. erheblich voneinander ab. Der Spitzenbedarf für Erdöl wird generell um die Mitte des nächsten Jahrhunderts gesehen, allerdings mit unterschiedlich hohen Anteilen von nicht-konventionellem Erdöl (Abb. 6.21).

Deckung des Bedarfs

Dem abseh- und unvermeidbaren Förderrückgang an konventionellem Erdöl stehen Prognosen über den langfristigen Bedarf an Erdöl gegenüber. Wachsender Bedarf einerseits und Rückgang der konventionellen Erdölförderung andererseits führen um 2020 – oder früher – zu einer sich weitenden Deckungslücke, falls es nicht gelingt, nicht-konventionelles Erdöl in größerem Ausmaß zu gewinnen.

Aus heutiger Sicht können nicht-konventionelle Erdölvorkommen, insbesondere Ölsande und Ölschiefer, nur mit einer vergleichsweise niedrigen maximalen Förderleistung und einem sehr langsamen Förderanstieg und -abfall (also einer sehr flachen, aber langanhaltenden Hubbert-Kurve; vgl. Kasten 6.7) abgebaut werden. Dies gilt vor allem dann, wenn ein umwälzender Technologiedurchbruch (der nicht in Sicht ist) ausbleibt und die Umweltauflagen weiterhin hoch sind.

Verschiedene Szenarien, die die Schließung von abgeleiteten Bedarfslücken auch mit Hilfe nicht-konventioneller Erdölvorkommen annehmen, kommen – bis auf eins – zu ähnlichen Ergebnissen (Abb. 6.21). Nur das Modell von Odell (1997) weicht erheblich von den anderen ab. Dies liegt möglicherweise daran, daß er Erdöl ab der zweiten Hälfte des nächsten Jahrhunderts ohnehin als überflüssigen und unerwünschten Energieträger einschätzt.

Erdölpreis

Aus heutiger Sicht muß eine Nutzung der nicht-konventionellen Erdölvorkommen (wie kanadische Ölsande, Schwer- und Schwerstöl in Venezuela) in größerem Ausmaß spätestens ab ca. 2015/2020 einsetzen, um die Bedarfslücke so weit wie möglich zu schließen. Eine großangelegte Nutzung derartiger Vorkommen dürfte erst ab einem Schwellenpreis von ca. 30 US$/Faß möglich sein. Das würde bedeuten, daß möglicherweise ab ca. 2020 der Beginn der Verknappung an konventionellem Erdöl, eine drastische Erhöhung des Erdölpreises und wachsende, sehr starke Dominanz des OPEC-Öls zusammenfallen. Dies alles gilt unter der Annahme langanhaltender, stabiler politischer Verhältnisse, insbesondere im Mittleren Osten. Mit einem weiteren großen Preissprung bis 50–60 US$/Faß könnten auch Ölschiefer aus heutiger Sicht im größeren Umfang wirtschaftlich genutzt werden.

Konzentrationen im Weltbergbau

Die Rohstoffkonzentration ausgewählter Metalle auf einzelne Länder sowie die Übernahmen und Unternehmenszusammenschlüsse bei Bergbauunternehmen und Rohstoffirmen wirken sich auch auf die Versorgung des nationalen Marktes aus. Im Auftrag des Bundesministeriums für Wirtschaft (BMWi) untersuchen daher das Deutsche Institut für Wirtschaftsforschung (DIW) und die BGR regelmäßig mögliche Folgen für die Wirtschaft.

Bis zum Ende dieses Jahrhunderts haben sich die Voraussagen des „Club of Rome" aus den 70er und 80er Jahren über einen Rohstoffmangel als unzutreffend herausgestellt. Da sich die Weltrohstoffmärkte als funktionsfähig erwiesen haben, verläßt sich die deutsche Industrie auf ihren reibungslosen Verlauf. Mit Ausnahme von Kohle, Kali, Industriemineralen sowie Steine und Erden ist der inländische Bergbau auf mineralische Rohstoffe schon seit Jahren wegen Erschöpfung der Lagerstätten bzw. wegen zu geringer Gehalte im Weltmaßstab vollständig eingestellt. Aber auch das Aufsuchen von eigenen Lagerstätten im Ausland oder die Beteiligung an produzierenden ausländischen Bergbauunternehmen wurde wegen des reichlichen Angebots zugunsten längerfristiger Handelsbeziehungen weitgehend aufgegeben. Auch in anderen europäischen Staaten, die alle wesentliche Verbraucherländer sind, ziehen sich – mit Ausnahme von Frankreich, Großbritannien, Finnland und Schweden – die Unternehmen mehr und mehr aus dem aktiven Bergbau zurück. Umgekehrt ist eine Konzentrierung der Rohstoffaktivitäten weltweit bei Firmen der klassischen westlichen Bergbauländer Australien, Kanada, USA und Südafrika festzustellen.

Übernahmen, Zusammenschlüsse und Privatisierungen im Weltbergbau

Für das Funktionieren der Rohstoffmärkte ist für den Käufer (i. a. die verarbeitende Industrie) eine weitestgehende Diversifizierung der Bezugsquellen erstrebenswert. In den letzten Jahren konnte beobachtet werden, daß sich die Zahl der Anbieter verringert hat. Neben der Konzentrierung des internationalen Bergbaueigentums bei den großen Bergbaugesellschaften der klassischen westlichen Bergbauländer gibt es auch von der Lagerstättenseite her Trends zur Konzentrierung.

Bisher überwog in der Rohstoffwelt die generelle Vorstellung, daß sich die Weltbergbauproduktion durch „Newcomer", im wesentlichen Entwicklungsländer, immer weiter diversifiziert. In den letzten Jahren konnten jedoch weltweit zwei Entwicklungen beobachtet werden, die der Diversifizierung entgegenlaufen:

- Die Qualitätsanforderungen an die Erze und Konzentrate werden immer höher. Das betrifft nicht nur die

Ableitung von Prognosen über Förderung und Bedarf von Erdöl (Kasten 6.16)

Prognosen über den zukünftigen Verlauf von Förderung und Bedarf an konventionellem und nicht-konventionellem Erdöl stützen sich auf verschiedene Annahmen, die sowohl die geologischen Bedingungen der Lagerstätten als auch wirtschaftliche und politische Parameter berücksichtigen müssen.

Zusammenhang „statische Reichweite" – „Förderquote" – „depletion mid-point"

Bei konstant bleibender Förderung würden die derzeit nachgewiesenen und wirtschaftlich förderbaren Erdölvorräte für weitere 43 Jahre reichen (vgl. Abb. 6.20). Die Aussagekraft dieser „statischen Reichweite" oder Lebensdauer ist jedoch irreführend. Wie Untersuchungen gezeigt haben, wird die höchste Förderquote, lagerstättenbedingt, im Zeitraum von 2010 und 2020 erwartet. Der Zeitpunkt fällt etwa zeitgleich mit der 50%igen Erschöpfung des Gesamtpotentials, dem „depletion midpoint" (dmp) zusammen. Danach tritt ein kontinuierlicher Förderabfall ein. Das Erdöl wird also viel länger als 43 Jahre reichen, aber mit jährlich sinkender Menge verfügbar sein. Auf dieser Basis wird versucht, den Verlauf der zukünftigen Förderung, den Bedarf und die Verfügbarkeit von konventionellem und nicht-konventionellem Erdöl abzuleiten und die künftigen Preise abzuschätzen.

Szenarien für Förderung und Bedarf

Nach Schätzungen der International Energy Agency (1995/1996) und der Weltbank (1995) wird für 2010 ein Gewinnungs-/Bedarfs-Szenario von 4,4 bis 4,7 t vorausgesagt, das sind 90 bis 95 Mio. Faß pro Tag.

Für die Förderentwicklung von konventionellem Erdöl im Zeitraum bis 2050 bzw. 2100 werden vier ausgewählte Szenarien vorgestellt (Abb. 6.20). Sie beruhen auf einer Bandbreite von 250 bis 410 Mrd. t Gesamtpotential (estimated ultimate recovery – EUR).

Die Schätzungen von Campbell (1997) und Odell (1997) nehmen Extrempositionen ein. Das vergleichsweise geringe EUR von Campbell beruht auf einer Diskontierung der in den 80er Jahren stark angestiegenen OPEC-Vorräte, die zum großen Teil als politisch manipuliert angesehen werden, sowie auf einem geringeren Zukunftspotential.

Die maximale Förderung und der depletion mid-point sind im Zeitraum 2010 bis 2020 am wahrscheinlichsten. Abgesehen von der Campbell-Version fällt auf, daß die depletion mid-points (zwischen 2013 und 2017) 4 bis 11 Jahre vor den maximalen Förderquoten liegen. Dies bedeutet, daß die Förderung über der maximalen Effizienz liegen dürfte und – wie bei der „Odell-Version" sehr deutlich zu erkennen – einen besonders starken Förderabfall nach sich zieht.

Die fünf Szenarien zur Prognose des Bedarfs zeigen bis auf die Schätzung von Odell (1997) ein recht einheitliches Bild (Abb. 6.20). Die relativ dichte Scharung von vier Prognosen mit Bedarfsspitzen zwischen 4,0 bis 5,2 Mrd. t/a steht einem Szenario mit sehr hohem Bedarf (in 2050 über 9 Mrd. t/a) und einem extrem hohen Anteil (bis 8 Mrd. t um 2060) an nicht-konventionellem Erdöl gegenüber.

Die Version von Edwards (1997; sehr langsamer und stetiger Förderanstieg bis 2100 von 1,2 Mrd. t/a) erscheint am wahrscheinlichsten. Aus heutiger Sicht ist es wenig wahrscheinlich, daß die Bedarfsversionen von Tedeschi (1991) und Hiller (1997; ab dem Jahr 2025) voll gedeckt werden können, d. h. hier könnten Deckungslücken entstehen.

Das Modell von Tedeschi (1991) beruht zum einen auf einer ab 2000 sehr stark zunehmenden Verbesserung der Ausbeuteverfahren (wohl vor allem aus Schweröl), die um 2015 mit fast 2 Mrd. t/J kulminiert, und zum anderen auf einer sehr umfassenden Erdölgewinnung aus Teersanden und Schwerstölvorkommen, die ab 2010 einsetzt und ihr Maximum mit fast 3 Mrd. t/J um 2075 erreicht.

Die von Odell (1997) angenommenen jährlichen Förderquoten an nicht-konventionellem Erdöl von bis zu 8 Mrd. t um 2060 müssen derzeit als unrealistisch bewertet werden.

Prognosesicherheit

Die Aussagekraft der „statischen Reichweite" wird mit Annäherung an den depletion mid-point bzw. an die Maximalförderung für die jeweiligen Förderkurven – basierend auf unterschiedlichen EUR – immer geringer. Wie Abb. 6.20 veranschaulicht, gilt dies insbesondere auch für die extreme Campbell-Version. Daraus kann abgeleitet werden, daß die derzeitige weltweite statische Reichweite für EUR von 250 bis 410 Mrd. t mit 38 bis 83 Jahren und insbesondere bei ansteigender Förderung den erwarteten Zeitbereich für maximale Förderung und depletion mid-point um Jahrzehnte überschreitet.

Eine Voraussetzung dafür, daß für die Dauer der statischen Reichweiten rund 3,5 Mrd. t/a gefördert werden können, wäre der Nachweis weiterer Vorräte, die den Förderrückgang der zwischenzeitlich sich erschöpfenden Felder ausgleichen („replenishment"). In Anbetracht der angesetzten EUR und der nahenden depletion midpoint-Situation ist dies aber keinesfalls zu erwarten.

Tabelle 6.13. Verwendete Zahlen zu den Szenarien in den Abb. 6.20 und 6.21

	Abb. 6.20: Prognose Förderung				Abb. 6.21: Prognose Bedarf/Gewinnung	
	EUR	max. Förderung		dmp	max. Bedarf/Gewinnung	
		Jahr	Menge		Jahr	Menge
Campbell (1997)	250 Gt	2008	3,3 Gt	2000		
Edwards (1997)	385 Gt	2020	4,8 Gt	2015	2023	5,2 Gt
Hiller (1997)	350 Gt	2017	4,4 Gt	2013	2033	4,8 Gt
Odell (1997)	410 Gt	2025	6,5 Gt	2016	2050	9,2 Gt
Shell (1996)					2027	4,9 Gt
Tedeschi (1991)					2050	4,0 Gt

Insofern wird bzw. ist bereits die statische Reichweite ein – zunehmend – irreführendes Maß für die Verfügbarkeit von Erdöl. Konventionelles Erdöl wird zwar viel länger zur Verfügung stehen als die statische Reichweite aussagt, aber nach ca. 2010 bis 2020 in immer geringer werdenden Mengen; ab diesem Zeitraum bis ca. Mitte des 21. Jahrhunderts wird das OPEC-Öl zum Marktbeherrscher werden (vgl. MacKenzie 1996). Erdöl wird also weiterhin ein – in jeder Hinsicht – strategischer Rohstoff bleiben.

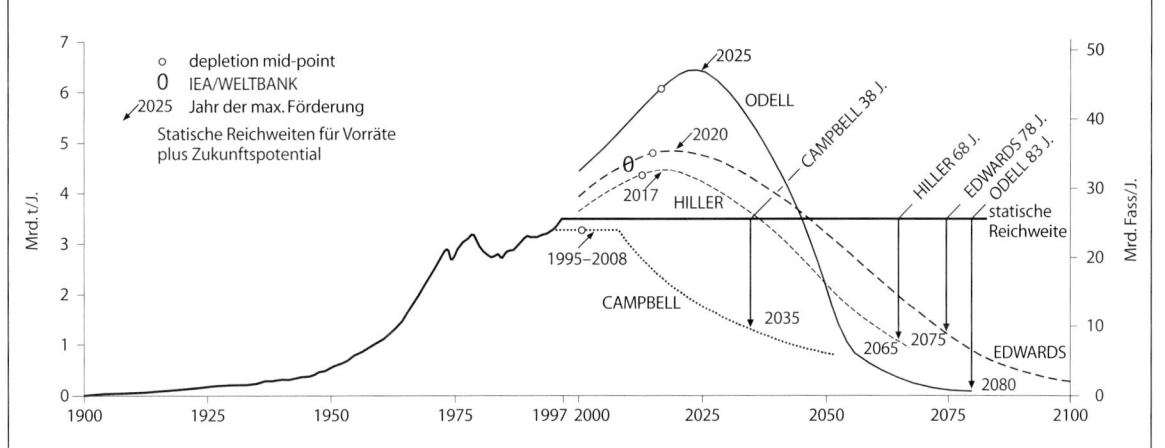

Abb. 6.20. Förderung (1900–1997) und Prognosen (2000–2050/2100) für konventionelles Erdöl (verwendete Szenarien: Campbell 1997, Edwards 1997, Hiller 1997, IEA 1995/96, Odell 1997, World Bank 1995)

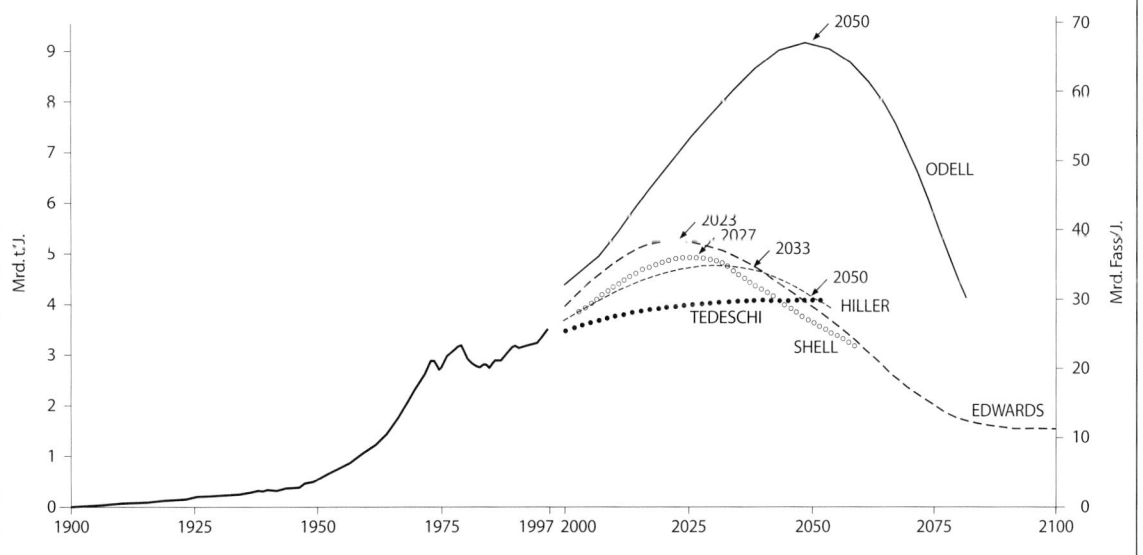

Abb. 6.21. Förderung (1900–1997) und Prognosen des Bedarfs bzw. der Gewinnung (2000–2050/2100) an Erdöl (verwendete Szenarien: Edwards 1997, Hiller 1997, Odell 1997, Shell 1996, Tedeschi 1991)

Gehalte des Wertstoffs an sich, sondern auch die noch tolerierten Werte für nichtverkäufliche Nebenmengenteile wie Strontium, Cadmium, Quecksilber. Dies führt ab einem gewissen Schwellenwert zwangsläufig zur Stillegung von Gruben, deren Erzkonzentrate nicht mehr zu verkaufen sind bzw. deren Abschläge für diese Nebengemenganteile so angestiegen sind, daß die Gruben unwirtschaftlich werden.

- Um sich vor dem Einfluß von Rohstoffpreisschwankungen zu schützen, investieren heute große Firmen in der Regel nur in Neuprojekte, wenn sie im weltweiten Vergleich im unteren Kostenviertel liegen. Lagerstätten mit einer derartigen Bonität kommen nur in wenigen Ländern vor.
- Hinzu kommt das sehr aggressive Marketing (einschließlich Dumping) einiger Länder, insbesondere von China, z. B. bei Wolfram, Flußspat oder Schwerspat.

Um diesen teilweise geologisch-mineralogisch bedingten Rahmenbedingungen auszuweichen und um durch regionale Diversifizierung und das Erreichen einer entsprechenden Unternehmensgröße auf den Markt und die Globalisierung besser reagieren zu können, kam und kommt es zu immer größeren und spektakuläreren Übernahmen und Zusammenschlüssen. Diese haben auch in der Reihenfolge der wichtigsten Bergbaufirmen der westlichen Welt ihre Spuren hinterlassen. Noch 1980 gehörten 9 europäische Bergbaufimen zu den Top 20 der westlichen Welt, darunter die Metallgesellschaft (7.), die Preussag (8.), die Degussa (9.) und die Saarbergwerke (17.). Nach der letzten zur Verfügung stehenden Erhebung für 1995 ist es nur noch eine, nämlich die britische Firma Rio Tinto (vgl. Tabelle 6.14). In Europa existieren damit im wesentlichen noch folgende Bergbaukonzerne:

- die Rio Tinto in Großbritannien,
- die staatliche Outokumpo-Gruppe in Finnland,
- die schwedische Trelleborg-Gruppe, der 49 % der Bergbaufirma Boliden gehören,
- die britische Hanson-Gruppe mit ihren Gold- und Schwermineral-Anteilen,
- die britische Lonrho mit ihren Gold-, Platin- und Kohle-Anteilen in Afrika.

Tabelle 6.14. Die 20 größten Bergbaufirmen der westlichen Welt 1995 (*Quelle:* Raw Materials Group: Who Owns Who in Mining. Roskill Information Services Ltd., London 1997)

Rang, Bergbauunternehmen, Staat/Land	Wertmäßiger Anteil an der Weltproduktion [%]	Kumulativer Anteil an der Weltprodution [%]
1 Anglo American Corp. of South Africa Ltd, Südafrika	7,78	7,78
2 Rio Tinto Corporation PLC (+ CRA 1996), VK	5,70	13,47
3 Broken Hill Pty Co Ltd, Australien	3,43	16,91
4 Brasilianischer Staat, Brasilien (überwiegend CVRD, seit 1997 privatisiert)	3,18	20,09
5 Chilenischer Staat (Codelco und Enami), Chile	2,90	22,99
6 Gencor Ltd, Südafrika	1,92	24,91
7 Phelps Dodge Corp, USA	1,72	26,63
8 Asarco Inc., USA	1,64	28,27
9 Freeport McMoran Copper & Gold Inc., USA	1,48	29,75
10 Inco Ltd., Kanada	1,47	31,22
11 Noranda Inc., Kanada	1,42	32,64
12 Malaiischer Staat (überw. Malaysia Mining), Malaysia	1,36	33,99
13 Cyprus Amax Minerals Co., USA	1,32	35,31
14 WMC Ltd., Australien	1,30	36,61
15 Barrick Gold Corp., Kanada	1,27	37,88
16 Placer Dome Inc., Kanada	1,14	39,02
17 Teck Corporation, Kanada	0,99	40,01
18 Caemi Mineracao e Metalurgia SA, Brasilien	0,82	40,83
19 Marokkanischer Staat (OCP und BRPM), Marokko	0,80	41,36
20 Indischer Staat (verschiedene), Indien	0,80	42,43

Privatisierungen

Ein weiterer hervorzuhebender Tatbestand der letzten Jahre sind die Privatisierungen, die auch den Weltbergbau einschließen. Die wesentlichen Privatisierungen zwischen 1995 und 1997 im Weltbergbau haben einen Gesamtwert von rund 10 Mrd. US$.

Am spektakulärsten sind die Privatisierungen von Antamina (Peru) und CVRD (Brasilien); andere, wie die von Codelco und Enami in Chile, ZCCM in Sambia, Gécamines in Zaire, Centromin in Peru, stehen bevor bzw. werden angestrebt. Besondere Schwierigkeiten bereiten vor allem die Umweltfolgelasten, die geringe Kapitalisierung und die politischen Rahmenbedingungen. Die beiden letztgenannten Einschränkungen treffen für Chile allerdings nicht zu. Auffällig ist, daß es sich bei vielen dieser Firmen um die Kupfer-Lagerstätten handelt, die Ende der 60er Jahre enteignet wurden und für die heute teilweise händeringend neue Partner gesucht werden.

Auch in der GUS und in Osteuropa, den ehemaligen Staatshandelsländern, wird privatisiert, jedoch mit gemäßigtem Tempo. Oft sind die angebotenen Projekte zu wenig erfolgversprechend. Auch stimmen Infrastruktur, Investitions- und Rechtssicherheit immer noch nicht. Hier wird momentan vor allem nach der Devise „Goldbergbau ist Geldbergbau" investiert. Eine Trendwende ist nicht in Sicht. So belaufen sich in der GUS und Osteuropa die Privatisierungen und Beteiligungen zwischen 1995 bis Anfang 1997 auf 18 Projekte mit einem Wert von 940 Mio. US$, bei denen es sich bis auf zwei Beteiligungen ausschließlich um Gold handelt.

Nach den Umschwüngen im Ost-West-Konflikt sowie in Südafrika wird heute wieder in Afrika und Südostasien, weiterhin in Nordamerika, vor allem aber in Südamerika investiert. Allein dort werden im Zeitraum von 1997 bis 2001 in 17 Projekten, Beteiligungen und Übernahmen 11 Mrd. US$ investiert. Das entspricht 35 % aller Investitionen bei Übernahmen und Zusammenschlüssen, gefolgt von Nordamerika und Afrika mit 25 %, während es in Südostasien und Australien noch jeweils ca. 15 % sind.

Konzentrierung der Bergbauförderung auf wenige Länder

Durch steigende Qualitätsanforderungen an die Rohstoffe müssen Lagerstätten geschlossen werden, die diese Bedingungen nicht erfüllen. Außerdem findet über den Kostendruck eine Selektion der besten Lagerstätten statt. 1996 untersuchte die BGR, welche Konzentrationen in der Bergbauproduktion bei wichtigen mineralischen Rohstoffen stattgefunden haben (Wellmer et al. 1996). Als Maß für die Konzentrierung wurde der Anteil der drei wichtigsten Förderländer des jeweiligen Rohstoffs gewählt und in Zeitreihen von 1950 bis 1996 aufgestellt.

Im wesentlichen können drei Typen der Konzentrierung unterschieden werden (vgl. Tabellen 6.15, 6.16 und 6.17). Der erste Typ wird durch eine *zunehmende Konzentrierung* gekennzeichnet. Eine wesentliche Rolle spielt hierbei die kostengünstige Gewinnung von großen und reichen Lagerstätten. Ausnahmen sind Wolfram, Flußspat und Schwerspat, bei denen China dominiert und mit seiner aggressiven Marktpolitik eine besondere Rolle spielt. Neben dem Minimum der Konzentration sind der Stand 1996 und die drei wichtigsten Länder dargestellt (vgl. Tabelle 6.15).

Typ 2 ist durch einen *abnehmenden Konzentrierungsgrad* charakterisiert. Hierzu gehören auch die Energierohstoffe Erdöl, Erdgas und Braunkohle (vgl. Tabelle 6.16). Betrachtet man beim Erdöl die OPEC als Block, so ist auch hier eine zunehmende Konzentrierung zu beobachten.

Im dritten Typ, dargestellt am Beispiel von Blei, Zink und Steinkohle, ist keine nennenswerte Veränderung festzustellen. Zu diesem Typ zählen außerdem noch Mangan, Uran, Vanadium und Seltene Erden (vgl. Tabelle 6.17).

Vorlaufzeiten bis zum Gewinnungsbeginn

Außer der Frage der geologischen Verfügbarkeit spielt bei der Beurteilung einer Lagerstätte die technische Verfügbarkeit eine wichtige Rolle. Lagerstätten werden erst dann gewinnbringend, wenn sie bergmännisch erschlossen sind. Dabei sind die Zeiten vom Beginn eines Vorhabens bis zur Produktionsaufnahme zu betrachten. Die internationale Gruppe International Studies on Mineral Issues (ISMI), in der die Geologischen Dienste von Australien, Deutschland, Großbritannien, Kanada, Südafrika und den USA zusammenarbeiten, hat eine Studie zu dieser Frage erstellt. Von vier verschiedenen Varianten hat sich die am aussagefähigsten erwiesen, bei der man den Zeitraum von der Aufnahme aus dem Stadium der momentanen Unwirtschaftlichkeit (*shelving stadium*) über die positive Wirtschaftlichkeitsstudie bis zur Produktionsaufnahme betrachtet hat. Untersucht wur-

Tabelle 6.15. Bergbauländer mit zunehmender Konzentrierung (Typ 1). Differenzen in den Summen beruhen auf Rundungseffekten

Rohstoff	Minimierung der Konzentrierung [%] (Jahr)	Konzentrierung [%] (1996)	Die 3 größten Bergbauländer [%] (1996)
Bauxit	41,9 (1968)	59,4	Australien 34,9, Guinea 14,9, Jamaika 9,6
Chromit	52,7 (1958)	67,9	Rep. Südafrika 42,2, Türkei 14,2, Indien 11,6
Kupfer	41,1 (1983)	52,0	Chile 28,3, USA 17,4, Kanada 6,3
Eisenerz	46,8 (1969)	51,9[a]	Brasilien 21,3, Australien 16,9, China 13,7
Wolfram	44,4 (1976)	88,4	China 74,9, Rußland 9,4, Portugal 4,2
Baryt	35,7 (1976)	52,5	China 29,6, USA 13,0, Indien 9,9
Flußspat	38,4 (1977)	70,7	China 52,6, Mexiko 13,2, Südafrika 4,9
Kali	52,1 (1968)	61,3	Kanada 34,0, Deutschland 13,9, Weißrußland 13,4
Graphit	44,0 (1977)	51,5	China 37,5, Indien 18,0, Nordkorea 6,0
Molybdän	62,7 (1983)	76,2	USA 43,0, China 19,6, Kanada 13,6
Ilmenit	55,2 (1979)	66,3	Australien 27,1, Rep. Südafrika 20,0, Kanada 19,2

[a] max. 56,4 % im Jahre 1986.

Tabelle 6.16. Bergbauländer mit abnehmender Konzentrierung (Typ 2)

Rohstoff	Produktionsanteil [%] 1960	1970	1980	Produktionsanteil [%] 1996	Bergbauländer [%] 1996
Nickel	89,5	79,4	55,9	52,3	Rußland 22,0, Kanada 18,4, Neukaledonien 11,9
Erdöl	61,0	44,6	50,9	32,7	Saudi Arabien 11,9, USA 111,9, Rußland 8,9
Erdgas	89,7	82,1	71,6	56,7	Rußland 26,1, USA 23,5, Kanada 7,1
Lignit	70,9	64,8	54,8	41,2	Deutschland 21,2, Rußland 10,96, USA 9,1

Rohstoff	Produktionsanteil [%] 1996 (bzw. Trendzone)	Bergbauländer [%] 1996
Blei	48,4 (37–50)	Australien 18,4, USA 15,4, China 14,6
Zink	46,4 (35–47)	Kanada 17,2, Australien 15,0 China 14,2
Steinkohle	65,3 (58–68)	China 33,2, USA 23,8, Indien 6,8

Tabelle 6.17. Bergbauländer vom Typ 3

den 435 Projekte von Gold-, Buntmetall-, Nickel- und porphyrischen Kupferlagerstätten aus Industrie- und Entwicklungsländern. Entgegen vielfach geäußerten Voraussagen konnte dabei in den letzten 15 Jahren keine Verlängerung der Vorlaufzeiten beobachtet werden. Rund 50 % der Projekte wurden in einem Zeitraum von 5 bis 9 Jahren verwirklicht, bei Gold waren es nur 2 bis 5 Jahre. Eine Reihe von Projekten wurde bereits in 4 bis 6 Jahren zur Produktion gebracht. In der Regel sind die Vorlaufzeiten in den Entwicklungsländern nur wenig länger als in den Industrieländern. Eine Ausnahme bilden Goldprojekte, bei denen die Zeiten in Entwicklungsländern 60 bis 100 % länger sind. Für Tagebauvorhaben sind in vielen Ländern längere Vorlaufzeiten als für Tiefbauvorhaben typisch. Eine Korrelation mit den Kapazitäten konnte nicht gefunden werden.

Rohstoffsicherung

Die Versorgung der Volkswirtschaft mit Rohstoffen ist in unserem marktwirtschaftlich orientierten System Aufgabe der Wirtschaft, nicht des Staates. Der Staat unterstützt die Wirtschaft durch flankierende Maßnahmen, bei denen direkt oder indirekt die Geologischen Dienste als Berater oder Gutachter eingeschaltet sind. Über relativ direkte flankierende Maßnahmen wird im Folgenden berichtet.

Staatliche Vorsorgemaßnahmen zur Rohstoffversorgung

Die Versorgung Deutschlands mit mineralischen Rohstoffen ist durch eine hohe Importabhängigkeit gekennzeichnet. Sie erreicht mit Ausnahme von Kohle und Nichtmetallrohstoffen teilweise 100 %. Für die Importe mußten in letzter Zeit zwischen 65 und 75 Mrd. DM pro Jahr ausgegeben werden. Mit jährlich 40–50 Mrd. DM hatten die Energieimporte den überwiegenden Anteil.

Früher sah man in der Importabhängigkeit starke Risiken. Strategische Rohstoffe, Sicherung des Zugriffs und Ausfallrisiken waren häufig benutzte Schlagworte. Da die Versorgung mit Rohstoffen primär die Aufgabe der Wirtschaft ist, sind staatliche Maßnahmen flankierend ergriffen worden, um die Versorgung zu sichern. Einige wichtige Maßnahmen der 70er Jahre haben sich – rückblickend gesehen – bewährt. Derzeit sieht man die Versorgung mit mineralischen Rohstoffen jedoch entspannt. Die Globalisierung der Wirtschaft, der Wegfall des Blockdenkens sowie die Einrichtung wirtschaftlicher Zusammenschlüsse und Freihandelszonen in allen Erdteilen (EU mit geplanter Osterweiterung, NAFTA, MERCOSUR, ASEAN) haben auch zu einer Liberalisierung des Rohstoffhandels geführt.

Flankierende Maßnahmen des Staates erstreckten sich in Deutschland seit den 70er Jahren auf zwei Förderprogramme, die fachlich von der Bundesanstalt für Geowissenschaften und Rohstoffe begleitet wurden. Im DEMINEX-Förderprogramm (1969–1989) wurden für die Versorgung Deutschlands mit Erdöl ca. 2,3 Mrd. DM als Darlehen und Zuschüsse an Explorationsfirmen ausgezahlt. Durch diese Förderung erhielten deutsche Erdölfirmen Zugang zu ausländischen Quellen, die zwischen 15 und 20 % des deutschen Bedarfs decken können. Erfolge erzielten die Firmen in der Nordsee, in Ägypten, Syrien und Argentinien. Aus der erfolgreichen Tätigkeit wurden inzwischen knapp 50 % der erhaltenen Bundesmittel zurückgezahlt.

Das Förderprogramm für mineralische Rohstoffe (1971–1990) war als Starthilfe für die deutsche Bergbauindustrie gedacht, die nach zwei Kriegen ihren ausländischen Bergbaubesitz verloren hatte. Insgesamt wurden dafür ca. 500 Mio. DM an Zuschüssen durch den Bund ausgezahlt, die im Erfolgsfall zurückzuzahlen waren. Rückblickend hat sich auch dieses Programm bewährt. Bei mehreren Metallen und Industriemineralen sind erhebliche Versorgungsmengen aus ausländischen Beteiligungen möglich. Allerdings haben mehrere deutsche Bergbaugesellschaften ihre Bergwerksanteile inzwischen wieder veräußert und die gewährten Zuwendungen zurückgezahlt. Besonders erfolgreich war die Beteiligung an Uranlagerstätten. Hier können deutsche Unternehmen auf Produktionsanteile zurückgreifen, die den deutschen Bedarf zu 100 % abdecken würden, wenn man sich allein aus diesen Quellen versorgen wollte. Gegenwärtig ist die globale Versorgungssituation für alle wichtigen Rohstoffe so unproblematisch wie wohl nie zuvor.

Neben den o. g. Maßnahmen der Vorsorge hat sich der Staat in Zeiten vermeintlicher Verknappungen auch anderer Instrumentarien bedient. Die BGR wurde in den 70er Jahren vom Bundesministerium für Wirtschaft beauftragt, eine Risikoanalyse für 31 Rohstoffe zu erstellen. Damals stufte man das Risiko für die Versorgung mit Chrom, Kobalt, Mangan, Vanadium und Platin als besonders hoch ein, da diese überwiegend aus Südafrika und der ehemaligen Sowjetunion stammten. Mit dem politischen Wandel in diesen Regionen hat sich die Situation allerdings völlig entspannt.

Da die Rohstoffversorgung primär die Aufgabe der Wirtschaft ist, will sich der Staat nur durch begleitende handelspolitische Maßnahmen beteiligen, z. B. durch Garantien für ausländische Kapitalanlagen und bilaterale Investitionsschutzabkommen. Ergänzt werden diese durch Analysen der weltweiten Konzentration der Bergbauproduktion bei Metallen auf wenige Konzerne und deren mögliche Auswirkung auf die deutsche Versorgung. Hierfür erstellt die BGR in Zusammenarbeit mit Wirtschaftsforschungsinstituten spezielle Analysen.

Vorratshaltung in Kavernen und Porenspeichern

Ein Beitrag des Staates zur Sicherung der nationalen Rohstoffversorgung kann in der Schaffung von Krisenvorräten bestehen, denn die kontinuierliche Versorgung mit mineralischen Rohstoffen und Energie ist eine unabdingbare Voraussetzung für unser Gemeinwesen und unsere Volkswirtschaft.

Zur Vermeidung von Versorgungsengpässen bietet sich eine Vorratshaltung an, die auch im Falle von Angebotsspitzen oder Zeiten erhöhter Nachfrage marktwirtschaftliche Spielräume ausnutzen kann. Wegen der damit verbundenen Kosten kommt eine Vorratshaltung nur bei solchen Rohstoffen in Betracht, bei denen eine besondere Abhängigkeit besteht. Dieses ist bei Erdöl und Erdgas der Fall, wo Deutschland zu 98 % bzw. 80 % von Importen abhängig ist.

Kavernen und Porenspeicher – Geowissenschaftliche Grundlagenarbeiten (Kasten 6.17)

Speicher können im Falle günstiger natürlicher Voraussetzungen in porösen Wirtsgesteinen angelegt werden. Genutzt werden beispielsweise ehemalige Gaslagerstätten in Sandsteinhorizonten (Abb. 6.22 links). Deren Porenvolumen kann nach Abschluß der Förderung für die erneute Lagerung durch Reinjizierung (Verpressung) von Gas verfügbar gehalten werden. Außerdem bieten Aquifere Speichermöglichkeiten. Daneben werden unterirdische Hohlräume intensiv genutzt, die durch Aussolung von Kavernen in Salzstöcken geschaffen worden sind (Abb. 6.22 rechts). Eine Einzelkaverne hat typischerweise ein Speichervolumen von ca. 300 000 bis ca. 500 000 m³.

Derzeit existieren in Deutschland für Rohöl 23 Porenspeicher (Aquifere, ehemalige Erdöl- und Erdgaslagerstätten) mit einem Arbeitsvolumen von 10 Mrd. m³ und 15 Kavernenbetriebe (110 Kavernen) mit einem Volumen von 5 Mrd. m³ für Erdgas. Erdöl und Erdölprodukte werden in 12 Kavernenbetrieben (110 Einzelspeicher) gelagert (Abb. 6.23).

Um die Nutzung einer unterirdischen Speicherung zu untersuchen, wurde 1974 die BGR vom Bundesministerium für Wirtschaft beauftragt, einen Salznutzungsplan aufzustellen. Dafür wurden alle verfügbaren geologischen und geophysikalischen Daten aus der einschlägigen Rohstoffindustrie (u. a. Erdöl, Erdgas, Salz) über die vorhandenen Salzstrukturen in NW-Deutschland ausgewertet. Als Ergebnis wurde eine Darstellung der Morphologie und Volumina der Salzstrukturen erstellt und das Kavernenpotential berechnet, wobei auch Ausschlußkriterien, z. B. konkurrierende Nutzung, berücksichtigt wurden. Die Untersuchung mündete in der Feststellung, daß bei Einsatz entsprechender Techniken ein nahezu unlimitiertes Speicherpotential im Salz zur Verfügung steht.

Eine Nutzung ist jedoch nur unter Einhaltung von geotechnischen Kriterien möglich, die mit Hilfe ingenieurgeologischer Untersuchungen festzulegen sind. Bei den durch Aussolung angelegten Kavernen ist ihr vom Salzstockcharakter abhängiges optimales Volumen zu berücksichtigen. Besonders Umlagerungen und der Ausgleich von mechanischen Spannungen in der Umgebung des Hohlraumes sind kritische Punkte. Hinzu kommen die unter Druck unterschiedlich reagierenden technischen Einbauten. Die Optimierung des Volumens muß die im Salzgestein

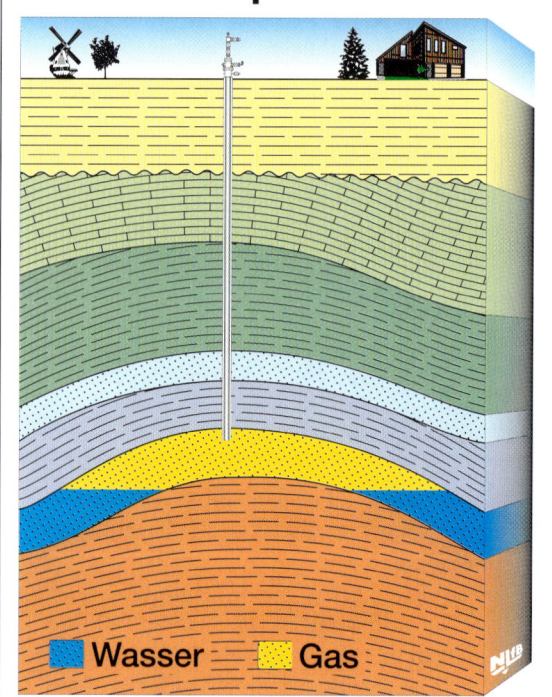

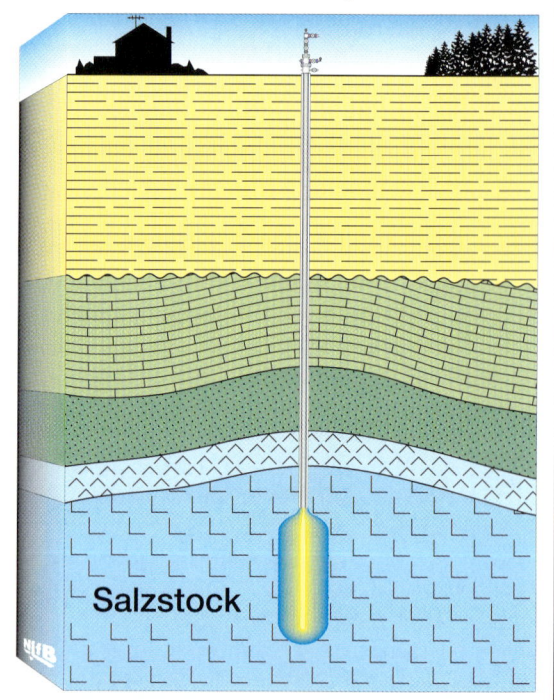

Abb. 6.22. Speicherung von Erdgas (links) und Bevorratung von Rohöl und Flüssiggas sowie Speicherung von Erdgas (rechts) im Untergrund

durch Spannungen induzierten Verformungen ebenso berücksichtigen, wie die Vermeidung von Absenkungen an der Erdoberfläche. Die Nichtbeachtung der ortsspezifischen geologischen Situation würde die Anlage, die Standsicherheit und die Verfügbarkeit des gelagerten Rohstoffes in Frage stellen. Daraus wird deutlich, daß die Geowissenschaften in verschiedener Hinsicht ihren Sachverstand einbringen müssen. Zu untersuchen und zu bewerten sind u. a.

- Ausbildung der Salzstruktur, deren Internstruktur sowie Beschaffenheit von Nebengestein und Deckgebirge,
- Spannungszustände und daraus resultierendes elastisches und plastisches Verhalten,
- Modellrechnungen zur Verformung, Standfestigkeit und Dichtheit.

Diese Untersuchungen werden bei der Planung von Speicherkavernen herangezogen. Bei der optimalen Auslegung von Kavernen mit flüssigem Inhalt ist zu berücksichtigen, daß durch die Plastizität des Salzes eine Hohlraumverringerung (Konvergenz) eintritt, die den Innendruck einer abgedichteten Kaverne erhöht. Dies hätte bei einem Innendruck, der den petrostatischen Druck am Kavernendach übertrifft, ein Aufreißen des Gebirges an dieser Stelle zur Folge.

Berechnungen haben ergeben, daß der Grenzzustand im Falle einer hermetisch dichten Kaverne mit beispielsweise 750 m Dachtiefe und 500 m Kavernenhöhe in 1000 Jahren erreicht wird. Nach Ausweis der Berechnungen ruft der steigende Innendruck jedoch eine abklingende Konvergenz hervor, wodurch fortschreitende Rißbildung verhindert wird. Das gleiche gilt analog für gasgefüllte Kavernen, bei denen der Betriebsdruck den Gesteinsdruck am Kavernendach nicht übersteigen darf.

Anhand von Laborversuchen (z. B. bei der BGR) werden Vorgaben für den maximal wie auch minimal zulässigen Betriebsdruck festgelegt. Ein minimal zulässiger Gasdruck wird gefordert, um eine Stützwirkung gegen den petrostatischen Druck des Gesteines zu erhalten. Bei Unterschreiten des minimal zulässigen Innendruckes muß mit Konturbruch und Hohlraumverlust gerechnet werden.

Unter dem Eindruck der Ölkrisen der 70er Jahre wurde daher für diese Energieträger eine gesetzlich geregelte Vorratshaltung vorgeschrieben, die den Bedarf an Erdöl und Erdgas von ca. 90 Tagen decken soll (Kasten 6.17). Für Erdgas besteht keine gesetzliche Bevorratungspflicht. Für andere Rohstoffe, z. B. viele Metalle, die in Deutschland nicht mehr in Lagerstätten zur Verfügung stehen, wurde ebenfalls eine Vorratshaltung erwogen, diese aber u. a. aus Kostengründen verworfen. An ihrer Stelle erleichterte der Staat durch Gewährung von rückzahlbaren Zuwendungen der Bergbauindustrie den Zugang zu ausländischen Lagerstätten, die zur Versorgung mit Rohstoffen beitragen sollen.

Für die Lagerung von Erdöl und Erdgas bieten sich verschiedenartige Speicher an. Zur Erfüllung der vorgeschriebenen Vorratshaltung sollen diese für Erdöl ein Speichervolumen von ca. 40 Mio. m^3 aufweisen. Mittlerweile wird Vorratshaltung auch aus marktwirtschaftlichen Gründen betrieben. Dabei wird die Nutzung unterirdischer Speicher bevorzugt. Derartige Speicher sind einfach zu erreichen, da die gelagerten Rohstoffe über Leitungssysteme leicht transportiert werden können. Unterirdische Speicher bieten gegenüber Tanklagern und Gasometern außerdem Sicherheitsvorteile.

Zur sicheren und wirtschaftlichen Rohstoffvorratshaltung in unterirdischen Hohlräumen gehört viel Erfahrung, und es muß eine große Basis zuverlässiger ingenieurgeologischer Kenntnisse und Bewertungswerkzeuge vorliegen. Aus der langjährigen Arbeit der BGR sind wesentliche Beiträge hervorgegangen, welche die geowissenschaftliche Grundlage zur Genehmigungsfähigkeit derartiger Speicheranlagen geschaffen haben.

Derzeit ist im Hinblick auf sichere und wirtschaftlich optimale Nutzung von unterirdischen Hohlräumen die Ermittlung des Belastungsregimes, das Mikrorißbildung, Rißwachstum oder Auflockerung des Wirtsgesteines zur Folge haben wird, Forschungsgegenstand. Diese Untersuchungen sollen zur Formulierung von Stoffgesetzen führen, mit denen die räumliche und zeitliche Entwicklung der Auflockerung und Gesteinsdurchlässigkeit noch besser als bisher beschreibbar und mit Prognoserechnungen vorhersagbar wird. Die Erkenntnisse sind nicht nur für die Speicherung von Rohstoffen von Bedeutung, sondern auch für die Entwicklung von Bewertungsgrundlagen beim Integritätsnachweis eines Endlagers, das chemisch-toxische oder radioaktive Abfallstoffe aufnehmen soll. Auf diese Weise besteht zwischen beiden Arbeitsfeldern ein wechselseitiger Nutzen.

158   Rohstoffe

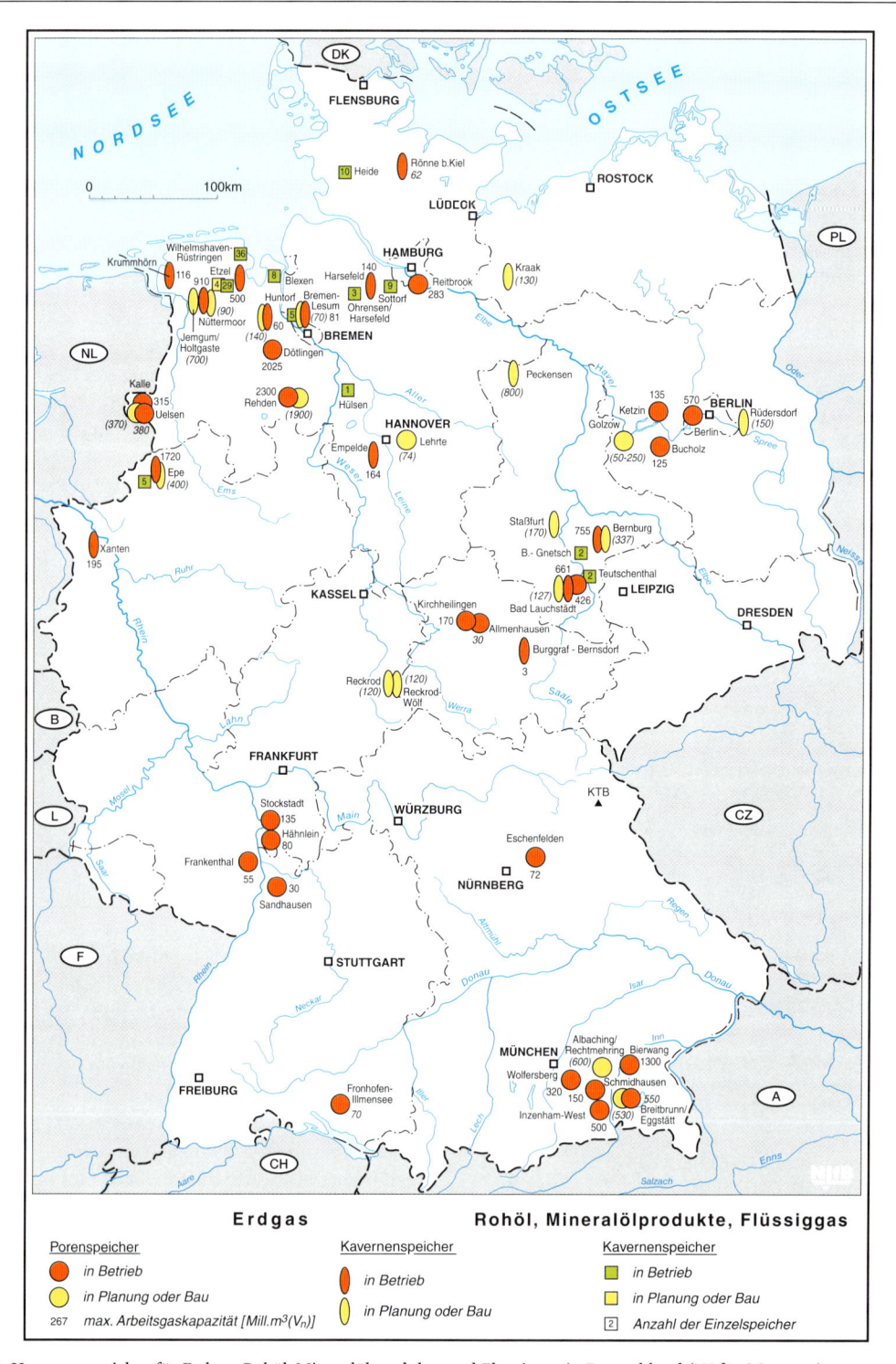

Abb. 6.23. Untertagespeicher für Erdgas, Rohöl, Mineralölprodukte und Flüssiggas in Deutschland (NLfB-GGA 1995)

Aufgaben Geologischer Dienste für eine nachhaltige Rohstoffsicherung

Die Geologischen Dienste unterstützen die Entscheidungsträger in Politik und Wirtschaft bei der Aufgabe, die Versorgung der Volkswirtschaft mit Rohstoffen sicherzustellen. Realitätsnahe Beratung und Begutachtung sowie objektive Empfehlungen für die Nutzung von Rohstoffen stehen dabei im Vordergrund. Dazu gehören vor allem

- Einbringung von Fachwissen zur Konzeption von Vorschriften und Richtlinien für die Gewinnung von Rohstoffen;
- Bereitstellung von breit gefächertem Fachwissen, das im Vorfeld industrieller Tätigkeit, zu geologischen und lagerstättenkundlichen Aufgaben und in der dazu notwendigen Forschung, vielfach in Zusammenarbeit mit Universitäten und Forschungseinrichtungen, die dazu ebenfalls aktiv sind, gewonnen wurde;
- Bereitstellung von sachdienlichen Informationen zur Ermittlung der für die Menschheit notwendigen Mengen an mineralischen Rohstoffen und Energierohstoffen;
- Mitwirkung bei der Aufgabe, die Sicherung der Rohstoffgewinnung mit planungsrechtlichen Maßnahmen in Einklang zu bringen;
- Unterstützung der geologisch-lagerstättenkundlichen Forschung bei der Lösung von auftretenden Rohstoffengpässen durch die Erkundung alternativer Rohstoffe oder Substitutionsmöglichkeiten.

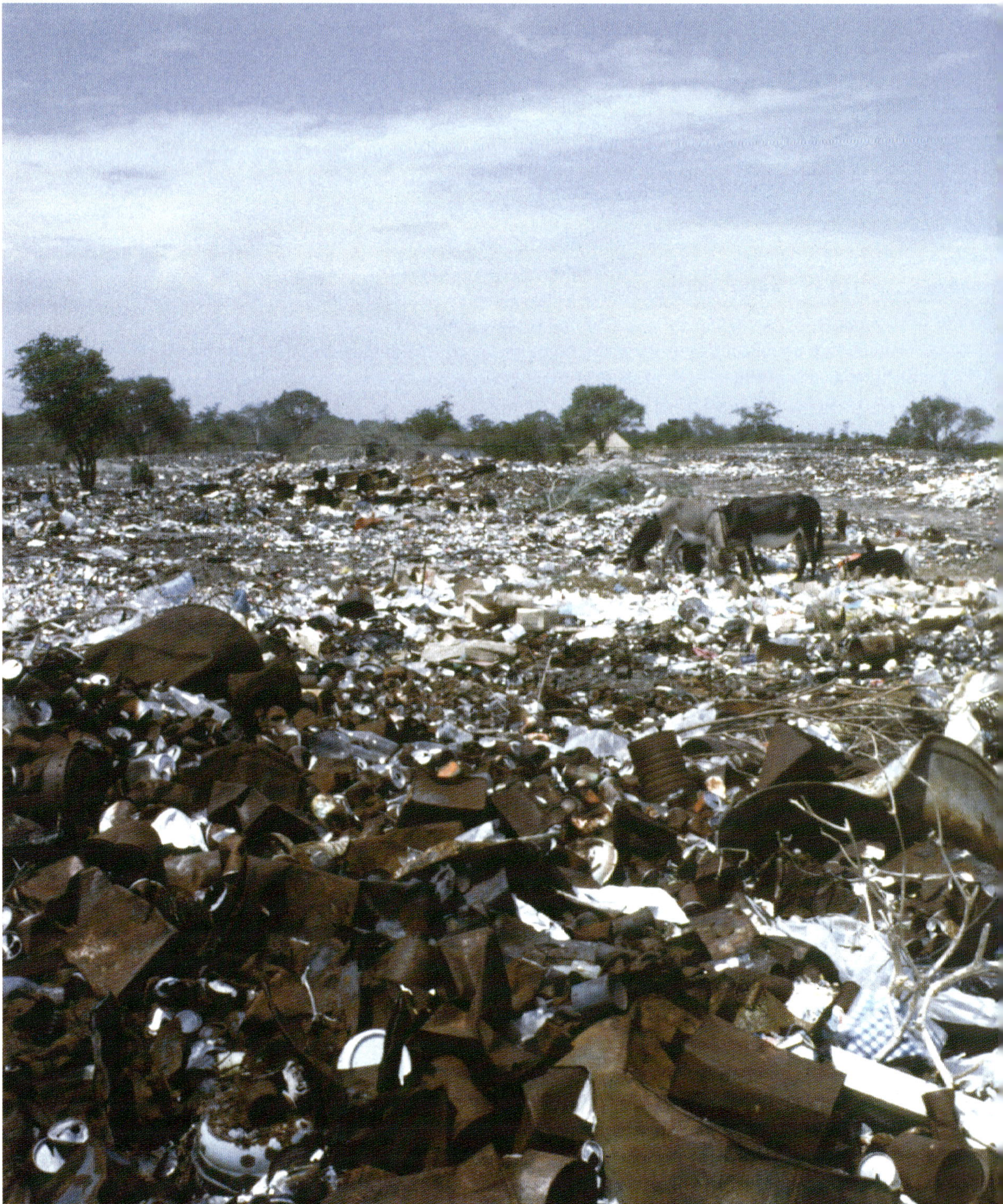

7 Lagerung von Abfällen

heute und in Zukunft

Archäologen verwenden bei der Rekonstruktion der Lebensweise unserer Vorfahren auch die bei Ausgrabungen gefundenen Abfälle und Gebrauchsgegenstände. Die Scherben von Töpferwaren hatten, auch wenn sie sich über Jahrtausende nicht zersetzt haben, für die Nachwelt keinen dauernden Schaden angerichtet.

Die technische Entwicklung – insbesondere in den letzten 50 bis 100 Jahren – hat zu völlig neuartigen Abfallprodukten geführt, die u. U. langfristig auf ihre Umgebung einwirken. In allen Stadien des Herstellungsprozesses und nach dem Gebrauch der Produkte fallen immer mehr Abfälle an, die eine Sonderbehandlung erfordern, damit Menschen und andere lebende Organismen keine dauerhaften Schäden erleiden.

Während die Behandlung von Abfällen jahrhundertelang gesellschaftlich keine relevante Bedeutung hatte, wird sie heute – aufgrund der Mengen und der Zusammensetzungen – durch gesetzliche Regelungen stark kontrolliert. Eine dauerhaft sichere Deponierung muß das Ziel für alle gefährlichen Abfälle sein.

◀ **Abb. 7.1.**
Deponie im ariden, ländlich geprägten Westen von Botswana (Maun); die organischen Abfälle werden von Tieren verwertet oder trocknen schnell aus

Von der Abfallbeseitigung zur Abfallwirtschaft

Abfall und technische Entwicklung

Über Jahrhunderte und Jahrtausende war die Abfallbeseitigung gesellschaftlich ohne Bedeutung. Vorwiegend organische Abfälle zersetzten sich rasch, Produkte waren langlebig und die wenigen produktionsspezifischen Abfälle der vor- bzw. frühindustriellen Herstellungsweisen fielen gesamtgesellschaftlich kaum ins Gewicht. Allerdings haben die Bergehalden des Erzbergbaus seit dem Mittelalter im Harz und im Erzgebirge durchaus ihre bis heute wirkenden Folgen hinterlassen.

Die großen Probleme mit der Entsorgung von Abfällen begannen mit der Industrialisierung – zunächst vor allem Westeuropas und Nordamerikas – etwa ab der Jahrhundertwende. Heute sind diese Probleme in allen Ländern zu beobachten, in denen sich rasante industrielle Entwicklungen vollziehen. Oftmals findet man ein unmittelbares Nebeneinander von stark ländlich geprägten und industriellen Räumen.

Zusätzlich zu der industriellen Abfallbeseitigung stellen die Abfälle der Rüstungsindustrie, die die Armeen der beiden Weltkriege versorgte, in den dicht besiedelten Industrielandschaften ein großes Problem dar. Und auf den militärisch genutzten Standorten ist sehr lange sehr sorglos mit toxischen Stoffen umgegangen worden. Die Aufarbeitung dieses Problemkomplexes hat erst in jüngster Zeit begonnen. Erst Anfang der 90er Jahre hat Niedersachsen als erstes deutsches Bundesland mit der systematischen Erfassung und Bewertung der Rüstungsaltlasten begonnen; in den USA sind die großen Militärkomplexe im Superfund Project dominant vertreten.

Die Brisanz dieser militärischen Abfälle liegt in ihrer besonders hohen Toxizität. In den Kriegen wurde die Industrie ja gezielt auf die Entwicklung hochwirksamer Tötungsmaterialien ausgerichtet, die vorwiegend durch die chemische Industrie verfügbar gemacht wurden. Produktions- und Lagerungsplätze von Giftgasen, Kontaktgiften und Munition stellen die Hinterlassenschaften dieser Produktion dar.

Die zivile Abfallentsorgung hat sich noch weit in die industrielle Neuzeit hinein ihre „Unschuld" bewahren können. Bis weit nach dem Zweiten Weltkrieg sind in Deutschland und anderswo die auf Müllkippen entsorgten Abfälle überwiegend organischer und mineralischer Natur gewesen. In industriell rückständigeren Regionen, z. B. Osteuropa und anderen Entwicklungsregionen der Welt, sind diese Abfallcharakteristika bis in die jüngste Zeit hinein zutreffend.

Nach dem letzten Weltkrieg hat der massive Industrialisierungsschub der Aufbauphase als wesentliche neue Abfallkomponenten die Kunststoffe (z. B. PVC) und die bei der großindustriellen Fertigung synthetischer Stoffe für Industrie (z. B. Lösungsmittel) und Landwirtschaft (z. B. Pestizide) entstehenden Abfälle gebracht.

Von Müllkippen zu Deponien

In Deutschland ist man sich der Problematik der am Rand fast aller Ortschaften entstandenen „wilden Müllkippen" erst Anfang der 70er Jahre bewußt geworden. Die Erstfassung des Abfallgesetzes im Jahre 1972 ist eine direkte Folge dieses „Bewußtseinsschubs" und führte im wesentlichen zu einer Konzentrierung der Abfallagerung auf wenige zentrale Einheiten pro Gebietskörperschaft. Erst die systematische Erfassung der Altablagerungen in den Altlastenprogrammen der einzelnen Bundesländer in den 90er Jahren hat das Ausmaß der unkontrollierten Abfallentsorgung vor 1972 deutlich gemacht. Von den etwa 8 500 in Niedersachsen erfaßten Altablagerungen sind die meisten vor 1972 angelegt worden.

Bei der systematischen Bearbeitung der Altlastverdachtskörper in den folgenden Dekaden hat sich herausgestellt, daß oftmals ein deutlicher Zusammenhang zwischen der Verfügbarkeit von Hohlräumen und der Verfüllung mit Abfällen bestand. Viele Hohlräume in der Landschaft sind durch die Entnahme von mineralischen oder metallischen Rohstoffen entstanden. So sind insbesondere im Nahraum der großen Städte für die Bedürfnisse der Bauindustrie große Mengen an Steinen und Erden abgebaut worden (vgl. Kasten 7.1).

Die Erfassung und Erstbewertung der Altablagerungen hat ein weiteres wichtiges Ergebnis erbracht. Die Konzentrierung auf sogenannte geordnete Deponien ab 1972 hat nicht zu einer erkennbaren Verbesserung der Umweltgefährdungssituation geführt. Im Gegenteil, die brisantesten Altablagerungen sind nach 1972 entstanden und erscheinen heute gerade deshalb als problematisch, weil auf ihnen eine massive Konzentration von Abfällen vorgenommen wurde (Abb. 7.2). Die Auswertung nach Größe der Altablagerungen in Niedersachsen belegt, daß die großen Anlagen nach 1972 entstanden sind. Je größer die Abfallberge wurden, umso weniger waren und sind sie beherrschbar.

Die Riesendeponien im Nahbereich der großen Städte sind zu Lasten geworden, mit deren Problemen noch viele Folgegenerationen zu tun haben werden. Objekte von mehreren Millionen bis Zehnermillionen Tonnen vermischter Abfälle, wie sie beispielsweise in Georgswerder, Schönberg (Abb. 7.3), Altwarmbüchen, Großlappen oder Schöneweide angelegt wurden, sind bereits heute kaum zu beherrschen. Unsere Generation plagt sich mit den Hinterlassenschaften der letzten Jahrzehnte, ohne befriedigende Antworten zu finden.

Die Probleme mit den riesigen Deponien wurden spätestens Anfang der 80er Jahre evident. Das aus wissenschaftlicher Sicht nicht zu vertretende „Co-disposal" (d. h. die gemeinsame Ablagerung) von industriellen Sonder- und Siedlungsabfällen sowie der Glaube an „Selbstheilungskräfte der Natur" und „Deponiereaktoren", die harmlose mineralische Reststoffe erzeugen sollten, führten in eine Sackgasse, in der wir uns nach wie vor befinden. Denn auch heute noch wird in einigen Ländern das gemeinsame Ablagern von (z. T. sogar flüssigen) toxischen Stoffen mit weniger problematischen Siedlungsabfällen als vertretbare Praxis angesehen. Dabei hofft man darauf, daß in dem entstandenen Gemisch Stoffminderungsprozesse ablaufen, die die toxischen Komponenten „entgiften" (Abb. 7.5).

Die wesentlichen Probleme der Megadeponien wurden bald erkennbar: Hohe Sickerwasserneubildungsraten führen in unseren humiden Klimabereichen zu einem dauernden Massenfluß von Schadstoffen in die Gewässer der Deponieumgebung, Grundwasservorkommen und oberirdische Gewässer. Da die meisten Depo-

Abb. 7.2. Ungeordnete Ablagerung von Sonderabfällen (Ende der 70er Jahre) in den alten Poldern einer Sonderabfalldeponie

Abb. 7.3.
Ablagerung von Sonderabfällen und Siedlungsabfällen auf Europas größter Deponie bei Schönberg, Mecklenburg-Vorpommern, die zu DDR-Zeiten zur Devisenbeschaffung aus Müllimporten aus dem Westen eingerichtet wurde

Zusammenhang von Altablagerungen und Abbaustellen mineralischer Rohstoffe (Kasten 7.1)

Stellt die Müllablagerung im Tagebau eine natürliche Folgenutzung des Rohstoffabbaus dar? Wer sich als Student der Geologie in den 70er Jahren auf Exkursionen in geologische Aufschlüsse – Steinbrüche, Kies-, Sand- und Tongruben – begab, konnte einen Zusammenhang zwischen Rohstoffabbau für mineralische Rohstoffe und der Ablagerung von Müll unmittelbar feststellen: An vielen Stellen waren die Aufschlüsse plötzlich überhaupt nicht mehr erreichbar, weil sie mit Müll verfüllt worden waren, manche Aufschlußwand konnte nur über Müll erreicht werden.

Die Notwendigkeit, Rohstoffabbau zu betreiben, ist, wie das Verbringen von Abfällen, für die Industriegesellschaft unverzichtbar; die enge Beziehung zwischen beiden Aktivitäten hat jedoch in der Vergangenheit zu erheblichen Problemen geführt, wie am Beispiel der niedersächsischen Großregion Hannover aufgezeigt werden kann (vgl. Abb. 7.4).

In Ballungsräumen – wie beispielsweise der Großregion Hannover – besteht für die Bauindustrie ein hoher Bedarf an Massenrohstoffen, wie Kies, Sand oder Festgesteinen, die aus Kostengründen nicht über beliebige Entfernungen transportiert werden können. Aber auch für die Entsorgung der Abfallstoffe gelten ähnliche Kriterien; die Entsorgung in verfügbare Hohlräume war naheliegend.

Eine gezielte Regelung der Genehmigungspraxis zum Rohstoffabbau erfolgte in Niedersachsen 1972 mit dem „Gesetz zum Schutz der Landschaft beim Abbau von Steinen und Erden" (Bodenabbaugesetz). Zuvor wurde die Rohstoffgewinnung durch bestehendes Bau-, Landschafts- und Gewerberecht geregelt. Die Belange des Grundwasserschutzes wurden hierbei häufig nur unzureichend berücksichtigt. Mangelnde Sensibilität und geringe Kenntnisse über Wechselwirkungen von Abfällen mit dem Grundwasser führten häufig zu einer Aufeinanderfolge von Rohstoffgewinnung und Lagerung von Abfällen.

Dieser Umstand ist auch durch eine enge Auslegung des allgemeinen Naturschutzgedankens begünstigt worden, der möglichst keine Landschaftsveränderung akzeptieren wollte. Daher forderten Naturschutzbehörden oft, „Verkraterungen" bzw. „Narben in der Landschaft", wie die Rohstoffabbaustellen vielfach bezeichnet wurden, wieder zu beseitigen. Hinzu kam vor 1972, dem Inkrafttreten des Bundesabfallgesetzes, das Fehlen geordneter Deponien und damit der Möglichkeit der geregelten Nutzung vorhandener Hohlformen.

Die Abbaustellen der in der Großregion Hannover überwiegend vorhandenen Rohstoffe Sand, Kies, Mergelstein, Ton und Tonstein sind entsprechend der Lage der Ausstrichbereiche der genutzten geologischen Formationen unregelmäßig verbreitet (vgl. Abb. 7.4). Ein Schwerpunkt der Abbautätigkeit auf Kies und Sand liegt im Großraum Hannover bis in die heutige Zeit im Bereich der Leine-Niederterrasse südlich von Hannover; glazi-fluviatile, z. T. kieshaltige Sande der Drenthe-Zeit liegen vorwiegend nördlich von Hannover. In großer Zahl erfolgte hier Rohstoffabbau für den Hoch- und Tiefbau. Die Sandgewinnung wurde zuerst in vielen kleinen Gruben im Trockenabbau bis zum Grundwasserbereich vorgenommen. In den letzten Jahrzehnten kam zunehmend das Naßverfahren hinzu.

Seit Ende des letzten Jahrhunderts wurden zahlreiche Tongruben im Ballungsraum Hannover, die mesozoische Ton- und Tonsteine sowie holozäne Auelehme für die Ziegelherstellung abbauten, stillgelegt. Die Rohstoffgewinnung beschränkt sich z. Z. auf nur noch drei Gruben, die zum großen Teil Dichtungsmaterial für Deponien gewinnen.

Der Abbau von Kalkmergelsteinen als Rohstoffbasis für die Zementherstellung beschränkt sich auf den Raum südöstlich von Hannover. Er wurde bereits 1897 begonnen und hinterließ sehr große und tiefe Hohlräume. Die Gewinnung von Kalk- und Sandsteinen, überwiegend für die Naturwerksteinherstellung, findet im Raum Hannover schon seit über 50 Jahren nicht mehr statt. Sie erfolgte fast ausschließlich in zwar zahlreichen, aber sehr kleinen Gruben, die nahezu alle wieder verfüllt sind.

Der betrachtete Raum Hannover enthält 437 Altablagerungen, denen 332 Abbaustellen auf Rohstoffe gegenüberstehen. In den wesentlichen Abbauräumen finden sich überwiegend auch die Altablagerungen. So sind in den Talauen der Leine auch die meisten Altablagerungen zu finden, allerdings nicht in der hohen Konzentration wie z. B. die stillgelegten Abbaustellen südlich Hannover. Hierunter verbergen sich zum großen Teil die nicht verfüllten Kiesgruben, die im Naßabbau ausgebeutet wurden und heute Bestandteil einer Teich- und Seenkette sind. Im Sandgewinnungsgebiet nördlich von Hannover ist die Übereinstimmung größer, allerdings sind dort deutlich mehr Abbaustellen als Grubenverfüllungen bekannt.

Bezüglich Folgenutzung gelten die meisten Altablagerungen als vollständig rekultiviert, d. h. es wurde eine Abdeckung in gewisser Mächtigkeit aufgebracht. Auffällig ist die hohe Anzahl der landwirtschaftlich genutzten Flächen. Überwiegend im Stadtgebiet Hannover kommt Bebauung – vereinzelt auch die sensitive Nutzung Freizeit – als dominante Nutzung hinzu.

Einen Ansatz zur Einschätzung der Grundwassergefährdung durch Altablagerungen haben Howard et al. (1996) für die Großregion Toronto erarbeitet. Dort wurde der Versuch unternommen, über eine quantitative und qualitative Abschätzung der Abfallmengen und der auslaugungsfähigen Schadstoffe zu einer Kalkulation des „contaminant impact potentials" zu gelangen. Interessant ist die Tatsache, daß sich die dort errechneten bzw. gemessenen Daten in der Größenordnung der für Hannover vorliegenden befinden (Tabelle 7.1).

Ablagerungsmengen auf bestehenden Deponien wurden dabei nicht mitgerechnet. Im Falle Toronto und wohl auch in der Großregion Hannover betragen diese etwa ein Drittel auf jeweils einer bzw. drei Groß-

Tabelle 7.1. Vergleich von Altablagerungsdaten in den Großregionen Toronto (Howard et al. 1996) und Hannover (Dörhöfer et al. 1996)

	Großregion Toronto	Großregion Hannover
betrachtete Fläche [km]	700	1 685
Altablagerungen	81	832
Abfallmenge [t] [a]	32 200 000	35 000 000
Abfallverfüllung pro Fläche [t/km]	46 000	20 700
Auslaugungsfähige Chloridmasse [t] 2,9 %	32 200 bzw. 64 400 [b]	35 000 bzw. 70 000
Auslaugungsfähiger Abfallanteil [t]	995 000	1 000 000
Abfallvolumen [m^3]	54 000 000	7 000 000

[a] Umrechnung aus Volumenabschätzungen, Annahme 600 kg/m^3;
[b] Annahme 0,1 bzw. 0,2 % nach Lysimeterergebnissen.

deponien. Die Schlüsse, die von Howard et al. (1996) aus den o. a. Daten gezogen werden, können angesichts der großen Übereinstimmung in der Datenlage auch auf unser Gebiet übertragen werden.

Ohne Berücksichtigung von Degradationsprozessen sind die hohen Anteile auslaugungsfähiger Bestandteile des Mülls imstande, große Grundwassermengen zu kontaminieren. Im Falle der Großregion Toronto wird davon ausgegangen, daß allein 17 von 39 Standardkontaminantien im Siedlungsabfall individuell in der Lage sind, $2 \cdot 10^{12}$ l Grundwasser von Trinkwasserqualität nachhaltig zu kontaminieren. Diese Zahlen bestätigen den Eindruck, daß durch die flächenhafte Belastung der Großregion Hannover durch Altablagerungen (mit der gegenüber Toronto zehnfachen Anzahl von Anlagen) eine erhebliche Gefahr für das Grundwasser gegeben ist, der nur durch starke Anstrengungen in Richtung Überwachung und Sanierung begegnet werden kann.

Die vorliegende Studie belegt, daß der größte Teil dieser Probleme durch die unkontrollierte Verfüllung von ehemaligen Abbauhohlräumen mit Abfällen entstanden ist. Daraus ergibt sich eine besondere Verantwortung der Rohstoffindustrie für die von ihnen geschaffenen bzw. geduldeten Probleme, andererseits aber auch eine Verantwortung für die Zukunft, derartige Nutzungen zu verhindern. Hierzu muß sicherlich auch das rechtliche Instrumentarium geschärft werden.

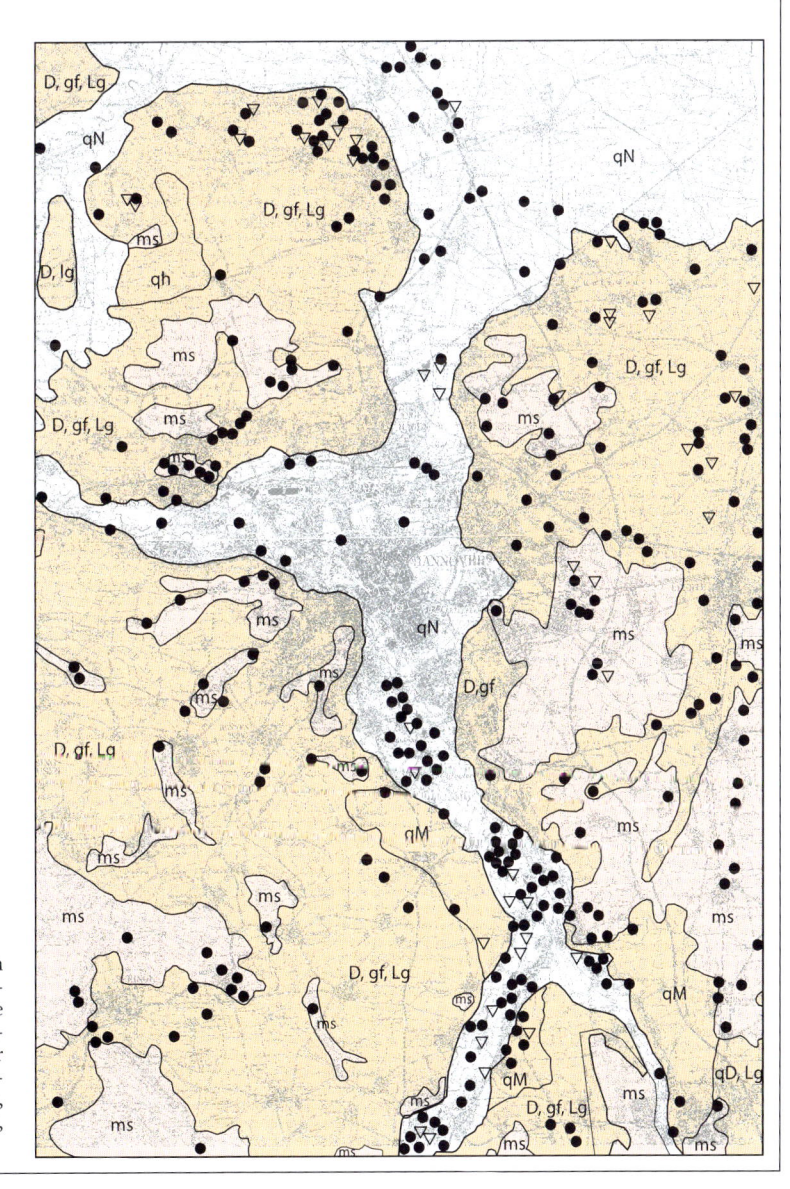

Abb. 7.4.
Verteilung der in Betrieb befindlichen (Dreiecke) und stillgelegten (Kreise) Abbaustellen in der Großregion Hannover. Sie markieren Bereiche, in denen die relevanten geologischen Schichteinheiten an der Erdoberfläche vorkommen. Signaturen entsprechend Geologischer Karte 1 : 200 000, Mesozoikum zusammengefaßt als ms, n = 332, Stand 1995

Abb. 7.5.
„Co-disposal" von flüssigen und festen Sonderabfällen zusammen mit Siedlungsabfall auf der Deponie Holfontein, Republik Südafrika

nien ohne Berücksichtigung des Naturraumpotentials, d. h. des natürlichen Schutzpotentials des Untergrundes, nach rein wirtschaftlichen und pragmatischen Gesichtspunkten angelegt worden sind, konnten sich deponiebürtige Stoffe ohne wirksame Hemmung in die Umgebung hinein ausbreiten.

Als weitere Folge aus der Abfallgesetzgebung Anfang der 70er Jahre sind die großen Sonderabfalldeponien anzusehen, die als wohlgemeinter Schritt zur Trennung von Industrie- und Zivilisationsabfällen entstanden. Bei der Anlage einiger dieser Deponien ist erkennbar, daß man sich bereits damals die Rückhalteigenschaften der natürlichen Barrieregesteine im Sinne dichter Systeme nutzbar machen wollte. So sind die beiden niedersächsischen Sonderabfalldeponien „Hoheneggelsen" und „Münchehagen" Anfang der 70er Jahre in Tongruben angelegt worden. Wenn auch manche Vorstellung über die Dichtigkeit der Tongesteine zum Teil revidiert werden mußte, so haben in beiden Fällen die tonigen Barrieregesteine bis heute ihre Rückhaltefunktion erfüllt. In „Münchehagen" ist die Kontamination auf den Nahbereich weniger Zehnermeter, in „Hoheneggelsen" auf den weniger Meter beschränkt geblieben. Allerdings sind derartige, relativ günstige Bedingungen nicht überall anzutreffen.

Große Sonderabfalldeponien, die über einem grundwasserleitenden Untergrund angelegt wurden, toxische und auslaugbare Stoffe in großer Menge enthalten und nicht gedichtet sind, sind heute die problematischsten Anlagen. Die Kombination dieser ungünstigen Faktoren führt bei Grundwasserneubildungsraten von 50 bis über 350 mm zu einem steten Eintrag von Schadstoffen in das Grundwasser. Dieses ist jedoch die herausragende Quelle unserer Trinkwasserversorgung. In Deutschland werden über 80 % des Trinkwassers dem Grundwasser entnommen; Schadstoffeinträge in das Grundwasser sollten daher unter allen Umständen vermieden werden. Zwei Eigenschaften der Grundwasserleiter prägen das weitere „Schicksal" der eingetragenen Schadstoffe: die *Schadstoffrückhaltung* in den durchflossenen Grundwasserleitern bzw. -geringleitern und die *langsame Bewegung* des Grundwassers, die um mehrere Zehnerpotenzen langsamer ist als die der oberirdischen Gewässer.

Von einer Abfallwirtschaft kann eigentlich erst dann gesprochen werden, wenn die wirtschaftlichen Aspekte der Handhabung von Abfällen konkret in den Vordergrund treten. Der Terminus wird zwar schon seit Beginn der 70er Jahre benutzt, hat sich aber in bezug auf die wirtschaftlichen Aspekte auf den geregelten Betrieb von Deponien und den mehr oder weniger erfolgreichen Versuch der Vermarktung von heraussortierten Reststoffen konzentriert. In den meisten Ländern und auch in Deutschland steht noch immer die *Beseitigung* von Abfällen im Vordergrund.

Moderne Abfallentsorgung

Grundsätzliche Änderungen im gesellschaftlichen Bewußtsein haben sich in Deutschland in den gesetzlichen

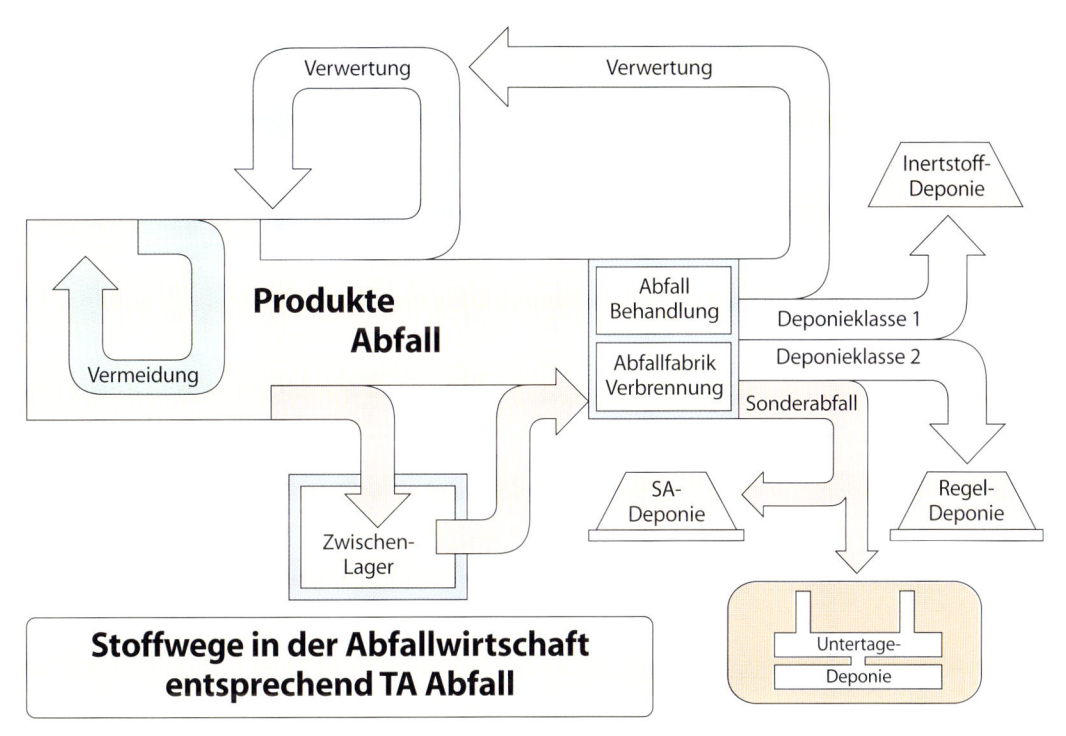

Abb. 7.6. Der Abfallmengenfluß in der Industriegesellschaft am Beispiel Deutschlands. Deponien sind als „end-of-pipe"-Technik weiterhin erforderlich, werden aber in klar geregelte Kategorien eingeteilt

Regelungen der 80er und 90er Jahre niedergeschlagen, deren sichtbarstes Ergebnis die Technischen Anleitungen für Sonderabfall und Siedlungsabfälle und die Neufassung der Abfallgesetze durch den Bund und die Länder war. Die Entsorgung von Abfällen ist in Deutschland Sache der Länder, deren Anspruch es ist, die für ihr Land besten Regelungen zu treffen. Dabei hatte sich mit der Zeit eine zum Teil sehr unterschiedliche Behandlung gleichartiger Probleme entwickelt, die bei zunehmendem Problemdruck länderübergreifende Regelungen erforderlich machten. Als ein Ausdruck dieses Trends zur Vereinheitlichung ist die Herausgabe der Technischen Anleitungen durch den Bund zu sehen. Auf der anderen Seite bemühen sich die Länder erkennbar um bessere Abstimmung über ihre Länderarbeitsgemeinschaften. Die Länderarbeitsgemeinschaft Abfall (LAGA) sucht dabei die Kooperation mit den Länderarbeitsgemeinschaften Wasser (LAWA) bzw. Boden (LABO).

Die LAGA hat 1994 Anforderungen an die stoffliche Verwertung von mineralischen Reststoffen und Abfällen in technischen Regeln niedergelegt. Sie sollen eine gleichartige Behandlung der Verwertungspraxis gewährleisten, erschweren aber durch viele Ungereimtheiten und fehlende Anleitungen zur Anwendung die Umsetzung des Verwertungsgebotes erheblich.

Durch die stoffliche Verwertung von Reststoffen/Abfällen sollen die Abfallmengen reduziert (und damit die Deponien entlastet) und Primärrohstoffe und Energie eingespart (und damit Natur und Landschaft vor weiterem Abbau geschont) werden. Aus Gründen der Vorsorge soll die diffuse Verteilung von Schadstoffen in die Umwelt hinein verhindert werden, damit es nicht zu einer Erhöhung der Hintergrundwerte kommt. Aber auch bei der Verwertung selbst sollen ökologische Aspekte in den Vordergrund gestellt werden. Ein Vorhaben gilt nur dann als ökologisch sinnvoll, wenn die Summe aller Umweltbelastungen nicht größer ist als beim primären Produktionsprozeß bzw. bei der geordneten Abfallbeseitigung. Die Verwertung ist nur dann sinnvoll, wenn sich für die entstandenen Produkte dauerhaft auch ein Markt entwickeln kann.

Als Konsequenz aus diesen Forderungen setzte sich in den 90er Jahren der Kreislaufwirtschaftsgedanke durch. Das Kreislaufwirtschaftsgesetz, das 1996 in Kraft

168 Lagerung von Abfällen

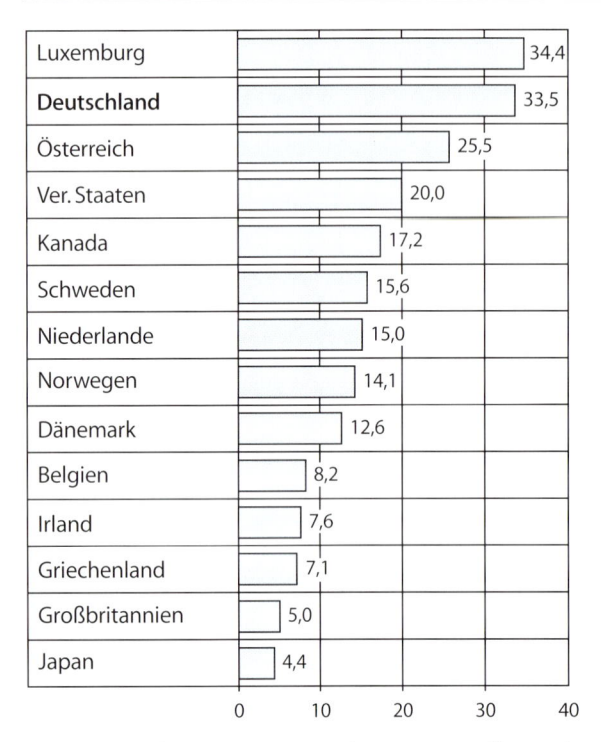

Land	Recyclingquote (%)
Luxemburg	34,4
Deutschland	33,5
Österreich	25,5
Ver. Staaten	20,0
Kanada	17,2
Schweden	15,6
Niederlande	15,0
Norwegen	14,1
Dänemark	12,6
Belgien	8,2
Irland	7,6
Griechenland	7,1
Großbritannien	5,0
Japan	4,4

Abb. 7.7. Recyclingquoten in Prozent der gesamten Müllmenge in ausgewählten Industrieländern (1996) (*Quelle:* OECD, Institut der deutschen Wirtschaft, Köln; FAZ vom 3.2.1998)

trat, legt das Hauptgewicht auf die Vermeidung und Verwertung von „Abfall". Nur der nicht weiter verwertbare Anteil endet – u. U. nach vorheriger Behandlung – auf einer Deponie (vgl. Abb. 7.6). Von dem in Deutschland anfallenden Abfall wird heute etwa ein Drittel rezykliert, so viel wie in keinem anderen größeren Industrieland der Erde (Abb. 7.7).

Trotz aller Bemühungen um Regelungen im Vorfeld (Recycling, Zwischenlagerung etc.) stellt die Beseitigung von Abfällen in Deponien als „end-of-pipe" nach wie vor den Stand der Technik dar. Allerdings haben sich für die geowissenschaftliche Beurteilungsfähigkeit des Stoffgemisches „Abfall" deutliche Verbesserungen dadurch ergeben, daß ein durch Verbrennung oder andere Techniken vorbehandelter Abfall in seinem Umweltverhalten sehr viel besser prognostizierbar geworden ist.

Das Problem der radioaktiven Abfälle

Radioaktive Abfälle fallen in der Industrie, in der Forschung und in der Medizin an. Der größte Teil stammt jedoch aus Kernkraftwerken und anderen kerntechnischen Anlagen. Dabei gibt es im Abfallmaterial viele unterschiedliche radioaktive Strahlungsquellen. Man unterscheidet im wesentlichen zwischen drei Strahlungsformen:

- *Alpha-Strahlen* sind Atomkerne des Elements Helium (zwei Neutronen und zwei Protonen), die beim radioaktiven Zerfall anderer Atomkerne mit einer Geschwindigkeit von rund 15 000 km/s ausgesandt werden. Sie werden bereits durch wenige Zentimeter Luft absorbiert und sind für Lebewesen nur dann gefährlich, wenn die Alpha-Strahlen aussendende Substanz eingeatmet oder mit der Nahrung aufgenommen wird oder in Wunden gelangt.
- *Beta-Strahlen* sind negativ geladene Elektronen, die fast mit Lichtgeschwindigkeit aus zerfallenden Atomkernen austreten. Beta-Strahlen werden bereits durch geringe Schichtdicken (z. B. Kunststoff oder einen Zentimeter Aluminium) absorbiert.
- *Gamma-Strahlen* sind hochenergetische, kurze elektromagnetische Wellen, die mit Lichtgeschwindigkeit von einem Atomkern ausgesendet werden. Sie besitzen ein sehr hohes Durchdringungsvermögen und lassen sich nur durch zentimeterdicke Bleiwände oder meterdicke Betonwände schwächen.

Die aufgrund der unterschiedlichen Strahlung verschiedenen Abfalltypen können – abhängig von der Konzentration des radioaktiven Materials und der Zeit, in der sie Radioaktivität ausstrahlen – in unterschiedlichen Kategorien zusammengefaßt werden. Die Sicherheitsbehörden der einzelnen Staaten setzen zusammen mit den für die Abfallentsorgung verantwortlichen Institutionen Kriterien zur Charakterisierung der unterschiedlichen Kategorien fest. Wichtige Parameter dafür sind neben der Höhe der radioaktiven Strahlung und dem Anteil der Radionuklide auch die Wärmeentwicklung, chemische und physikalische Stabilität, Gehalt an brennbaren und toxischen Substanzen sowie die Herkunft der Abfallstoffe. Bei allen Unterschieden in der Klassifizierung sind jedoch die Endlagerungskriterien in erster Linie auf die Strahlenschutzvorgaben ausgerichtet, die maßgeblich für die Abschirmung des Abfalls vor der Biosphäre sind.

Die Einteilung des radioaktiven Abfalls in unterschiedliche Kategorien hat natürlich bezüglich der Behandlung, der Art und Weise der Endlagerung sowie des Standorts und des Endlagertyps erhebliche Konsequen-

Einteilung der radioaktiven Abfälle nach Klassen (Kasten 7.2)

Vereinfacht lassen sich die radioaktiven Abfälle bezüglich ihrer Herkunft und ihrer Eigenschaften folgendermaßen klassifizieren:

- **Schwachradioaktiver Abfall**
  (nicht wärmeentwickelnd)
  Abfall mit geringer Konzentration radioaktiven Materials. Da er nur geringe Strahlung aussendet, benötigt er keine spezielle Abschirmung und kann unter einfachen Schutzvorkehrungen, wie z. B. Gummihandschuhe, behandelt werden. Typische Bestandteile solchen Abfalls sind Papierhandtücher, Handschuhe, gebrauchte Spritzen und Luftfilter.
- **Mittelradioaktiver Abfall**
  (wärmeentwickelnd bis vernachlässigbar wärmeentwickelnd)
  Abfall mit höheren Konzentrationen radioaktiven Materials als schwachradioaktiver Abfall. Er benötigt eine Abschirmung, wie Metall- oder Betonbehälter, und weitergehende Vorkehrungen zum Schutz vor radioaktiver Strahlung. Er besteht aus Metallstücken, Schlämmen, Harzen und gebrauchten Strahlungsquellen aus technischen und medizinischen Geräten (z. B. Geigerzählern).
- **Alphahaltiger Abfall**
  (vernachlässigbar wärmeentwickelnd)
  Schwach- oder mittelaktiver Abfall mit langlebigen Alpha-Strahlungsquellen. Als langlebige Radionuklide werden Elemente bezeichnet, deren Halbwertzeit mehr als 30 Jahre beträgt. Er wird in der Regel wie schwach- oder mittelradioaktiver Abfall behandelt, muß aber durch besondere Vorsichtsmaßnahmen von Personen ferngehalten werden. Er stammt größtenteils von Kernforschungslaboratorien, Fabriken zur Herstellung von Kernbrennstäben sowie von Wiederaufarbeitungsanlagen und kann Plutonium enthalten.
- **Hochradioaktiver Abfall**
  (stark wärmeentwickelnd)
  Abfall mit hoher Konzentration an radioaktivem Material. Er erhitzt sich stark und behält diesen Zustand über lange Zeit bei. Er benötigt ständige Kühlung, starke Abschirmung und besondere Behandlungsverfahren. Zu dieser Abfallkategorie gehören ausgediente Kernbrennstäbe und Abfälle aus Wiederaufarbeitungsanlagen, die nach ursprünglich flüssigem Zustand verglast werden.

Generell wird die Klassifizierung des Abfalls vorgenommen, bevor die Abfallgebinde das Endlager erreichen. Diese Praxis erfordert entsprechende Qualitätssicherungs- und Qualitätskontrollprogramme, die sicherstellen müssen, daß die radioaktiven Abfälle auch den für sie geeigneten Endlagern zugeführt werden können.

---

zen. Die Internationale Atomenergie-Agentur (IAEA) hat aus diesem Grund allgemeine Charakteristiken zur Kategorisierung aufgestellt, die international die Behandlung des radioaktiven Abfalls vereinheitlichen sollen (Kasten 7.2).

Radioaktive Abfälle stellen für die Bevölkerung über einen langen Zeitraum ein schwer zu kalkulierendes Gefährdungspotential dar. Dieser Zeitraum kann Hunderte und Tausende, bei hochaktiven Abfällen sogar bis zu Millionen Jahre betragen. Sind Tausende von Jahren noch rational durch geschichtlichen Vergleich vorstellbar (wenn auch vielleicht subjektiv nicht faßbar), muß man für Mio. Jahre schon geologische Maßstäbe ansetzen.

Wie kann man mit solchen langen Zeiträumen praktisch umgehen, wenn hierfür unser Zeitgefühl versagt? Wie ist es möglich, den anhaltenden, dauerhaften Schutz der Menschen und aller lebenden Organismen heute und in Zukunft vor möglichen Gefahren durch die strahlenden radioaktiven Abfälle sicherzustellen?

Dieses schwierige Problem muß in einer akzeptablen und rationalen Weise von Wissenschaft und Technik gegenüber der Gesellschaft gelöst werden, unabhängig davon, ob und wie in Zukunft Kernenergie von den einzelnen Staaten genutzt werden wird. Es muß sichergestellt sein, daß unsere Kinder und deren Nachkommen nicht den Gefahren ausgesetzt werden, die von den Abfällen ausgehen, die wir in unserer Generation erzeugen. Es ist daher zwingend notwendig, diese Abfälle dauerhaft zu entsorgen.

Im Gegensatz zu vielen chemischen Substanzen ist die Toxizität radioaktiver Stoffe gut bekannt. Der radioaktive Atommüll entsteht überwiegend als Nebenprodukt der Energieerzeugung durch Kernspaltung. Seine Toxizität läßt sich durch Recycling oder Verfahrensverbesserung nicht viel weiter reduzieren, denn sie richtet sich nach der spezifischen Halbwertzeit der Radionuklide.

Gibt es eine sichere und dauerhafte Entsorgung radioaktiver Abfälle?

Für Abfälle aus langlebigen radioaktiven Stoffen, die nicht dem Recycling zugeführt oder durch alternative Technologien beseitigt werden können, gibt es ebenso wie für andere die Umwelt gefährdende Stoffe im wesentlichen drei Möglichkeiten zur Entsorgung:

- Auflösen und Dispersion,
- Lagerung und Überwachung sowie
- Einkapselung und abgeschirmte Endlagerung.

Der Vorschlag, die toxischen Atome durch Kernumwandlung zu zerstören, wird mit Sicherheit bei vielen Abfällen in absehbarer Zukunft nicht realisierbar sein. Der Kernumwandlungsprozeß wäre jedenfalls nicht wirksam genug, um sämtliche langlebigen radioaktiven

Abfälle zu beseitigen und eine langfristige Abschirmungsstrategie überflüssig zu machen. Weitere Alternativen wie Ablagerung in Tiefseesedimenten der Subduktionszonen, in den Eismassen der Polargegenden oder die Entsorgung im Weltraum mit Hilfe von Raketen wurden in der Vergangenheit diskutiert, wegen der damit verbundenen Risiken aber verworfen.

Weltweit besteht Einigkeit darüber, daß das Ziel der Entsorgung sein muß, die Abfälle über extrem lange Zeiträume hinweg gegenüber der Biosphäre zu isolieren. Es muß sichergestellt werden, daß in die Biosphäre gelangende radioaktive Reststoffe in Konzentrationen auftreten, die z. B. gemessen an der natürlichen Radioaktivität unerheblich sind. Darüber hinaus ist eine angemessene Gewähr dafür zu bieten, daß nur ein sehr geringes Risiko eines ungewollten Eindringens von Menschen besteht. Die unbefristete Endlagerung in geologischen Formationen ist das zur Erreichung dieses Ziels vorgeschlagene Verfahren (vgl. Kasten 7.3 sowie Abb. 7.8 und 7.9).

Für die Strategie einer unbefristeten Lagerung mit gleichzeitiger Überwachung spricht in der Tat eine ganze Reihe technischer und ethischer Argumente. Dies setzt voraus, daß sie durch geeignete Schritte ergänzt wird, die eine kontinuierliche Weiterentwicklung oder

---

Die Entsorgung radioaktiver Abfälle in Deutschland (Kasten 7.3)

Auch in Deutschland wird das Konzept der Ablagerung langfristig radioaktiver Abfälle in tiefen und beständigen geologischen Formationen („Endlagerung") verfolgt. Sie ist hier eine *staatliche* Aufgabe; die Verantwortung hierfür hat der Gesetzgeber dem Bundesamt für Strahlenschutz (BfS) übertragen (vgl. Abb. 7.8).

Ein wichtiger staatlicher Partner des BfS insbesondere bei der Planung, Errichtung und Stillegung von Endlagern ist die Bundesanstalt für Gewissenschaften und Rohstoffe (BGR). Die BGR bearbeitet dabei die geowissenschaftlichen und geotechnischen Fragen.

Dem Entsorgungskonzept der Bundesregierung entsprechend, werden die Abfälle aus Kernkraftwerken und Anlagen des Brennstoffkreislaufs bis zu ihrer Endlagerung in sogenannten Zwischenlagern sicher aufbewahrt. Die Abfälle aus Medizin, Industrie und Forschung werden in der Regel so lange in den Landessammelstellen der Bundesländer zwischengelagert, bis sie in ein Endlager gebracht werden können.

Die bestehenden Zwischenlagerkapazitäten reichen für die gegenwärtig anfallenden Abfallmengen aus (vgl. Abb. 7.9). Ein Entsorgungsengpaß besteht derzeit nicht. Die Bundesregierung beabsichtigt, möglichst bald die Schachtanlage Konrad, eine ehemalige Eisenerzgrube in Salzgitter (Niedersachsen), als Endlager für radioaktive Abfälle mit vernachlässigbarer Wärmeentwicklung in Betrieb zu nehmen. Diese Abfallart stellt 95 % der Menge aller radioaktiven Abfälle dar. Außerdem existiert das Endlager in Morsleben, Kreis Haldensleben (Sachsen-Anhalt), in dem von 1979–1991 die radioaktiven Abfälle aus der ehemaligen DDR eingelagert wurden. Das Endlager Morsleben besitzt eine gültige Betriebserlaubnis, die durch das Urteil des Bundesverwaltungsgerichts bis zum 30.6.2000 bestätigt wurde. Damit können kurzlebige radioaktive Abfälle mit vernachlässigbarer Wärmeentwicklung eingelagert werden.

Zur Endlagerung radioaktiver Abfälle in der Bundesrepublik Deutschland wird ein weiteres Projekt verfolgt. Der Salzstock Gorleben wird auf seine Eignung als Endlager insbesondere für hochradioaktive Abfälle geprüft. Auf Vorschlag der niedersächsischen Landesregierung wurde 1977 „die Prüfung der Errichtung von Entsorgungseinrichtungen am Standort Gorleben" eingeleitet. Bis heute ist sie nicht abgeschlossen.

Seit dem Jahr 1967 wurden im ehemaligen Salzbergwerk Asse bei Wolfenbüttel Forschungs- und Entwicklungsarbeiten zum Wirtsgestein Steinsalz durchgeführt und verschiedene Einlagerungstechniken erprobt. Die gewonnenen Ergebnisse und Erfahrungen stehen für Planung und Bau von Endlagern im Salz zur Verfügung.

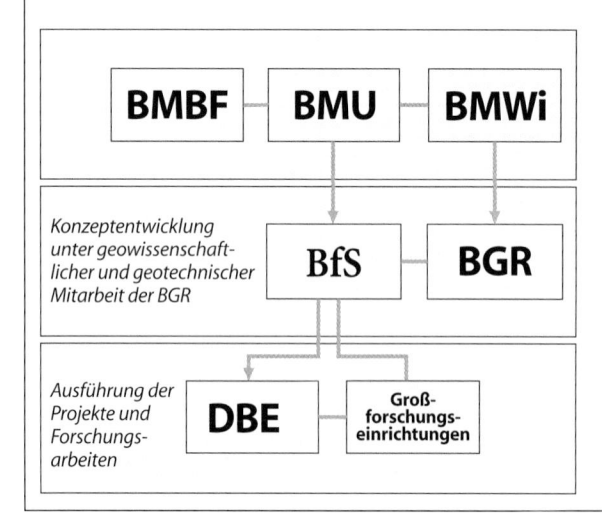

Abb. 7.8.
Zuständigkeiten im Rahmen der Entsorgung radioaktiver Abfälle in Deutschland. *BMBF* Bundesministerium für Bildung, Wissenschaft, Forschung und Technologie; *BMU* Bundesministerium für Umwelt, Naturschutz und Reaktorsicherheit; *BMWi* Bundesministerium für Wirtschaft; *BfS* Bundesamt für Strahlenschutz; *BGR* Bundesanstalt für Geowissenschaften und Rohstoffe; *DBE* Deutsche Gesellschaft zum Bau und Betrieb von Endlagern für Abfallstoffe GmbH; die Großforschungseinrichtungen liefern Ergebnisse aus grundlegenden Forschungsarbeiten

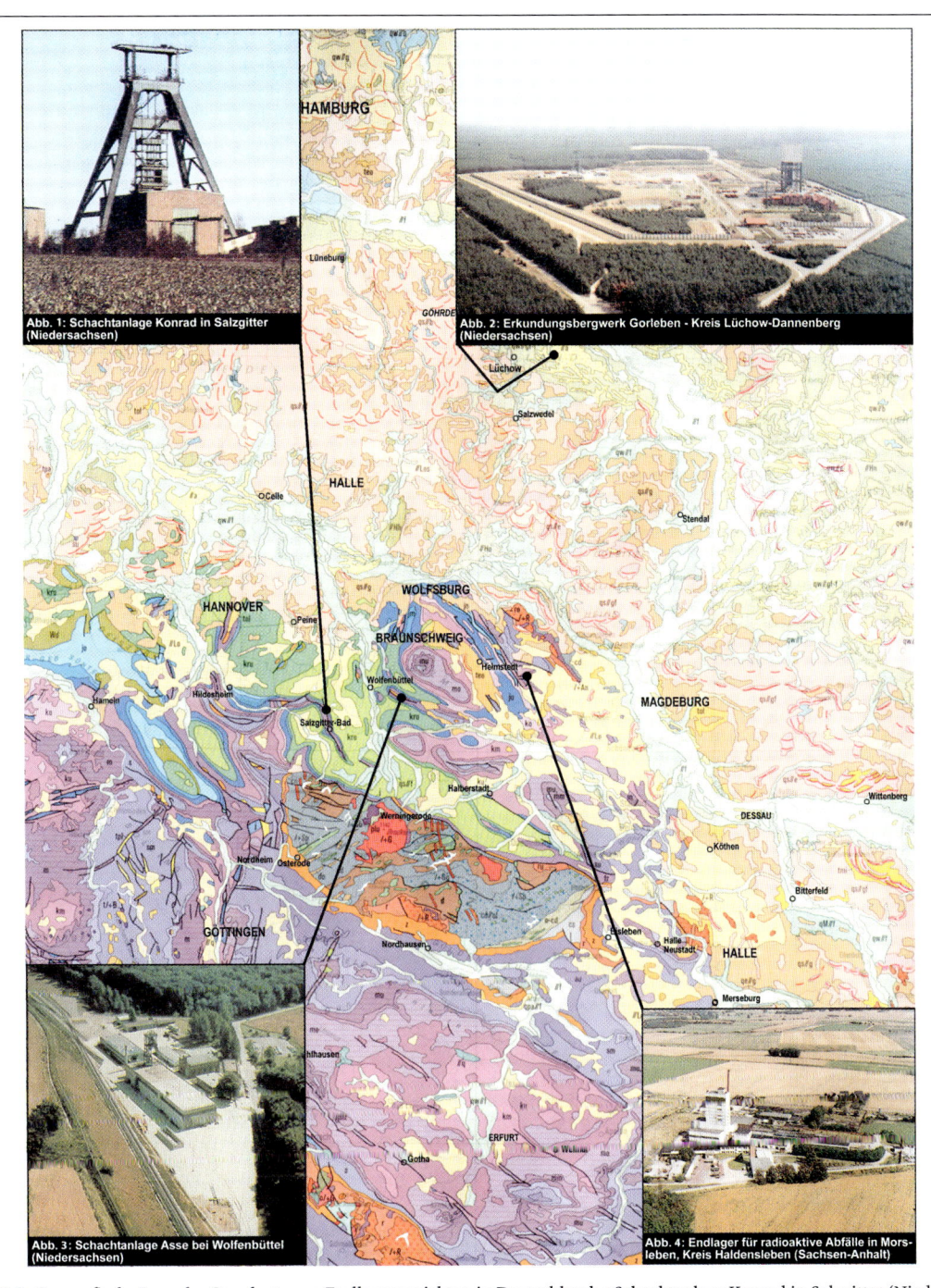

Von der Abfallbeseitigung zur Abfallwirtschaft 171

Abb. 7.9. Geografische Lage der Standorte von Endlagerprojekten in Deutschland: *1* Schachtanlage Konrad in Salzgitter (Niedersachsen), *2* Erkundungsbergwerk Gorleben, Kreis Lüchow-Dannenberg (Niedersachsen), *3* Schachtanlage Asse bei Wolfenbüttel (Niedersachsen), *4* Endlager für radioaktive Abfälle in Morsleben, Kreis Haldensleben (Sachsen-Anhalt); *Hintergrund:* Geologische Übersichtskarte der Bundesrepublik Deutschland 1:1 000 000 (BGR 1993)

Verbesserung der endgültigen Lösungsalternativen sicherstellen und gewährleisten, daß die finanziellen Mittel künftig bei Bedarf verfügbar sind. Einem solchen Ansatz entspricht auch das „Konzept der Nachhaltigkeit", demzufolge jede Generation der nachfolgenden eine Welt mit „gleichen Chancen" hinterläßt, in der Optionen offen bleiben und die Aufstellung von problematischen Prognosen für eine ferne Zukunft entfällt. Nach dieser Vorstellung von einer „vorwärtsgleitenden Gegenwart" ist die heute verantwortliche Generation verpflichtet, dafür zu sorgen, daß die nächstfolgenden Generationen über die Qualifikationen, Ressourcen und Möglichkeiten verfügen, die sie zur Lösung der Probleme brauchen, welche ihnen als Erblast zufallen. Wird heute z. B. der Bau einer Endlagerungseinrichtung zurückgestellt, um technische Fortschritte abzuwarten oder weil eine Zwischenlagerung billiger ist, so darf nicht erwartet werden, daß künftige Generationen dann anders handeln. Ein solches Verhalten würde bedeuten, daß die Verantwortung für konkrete Maßnahmen stets auf spätere Generationen abgewälzt wird, was als ethisch unvertretbar beurteilt werden muß.

Die Rolle der Deponien bei der Entsorgung

Allgemeine Rahmenbedingungen

Die Deponierung von Abfällen erfolgt im allgemeinen in der Geosphäre, d. h. im Bereich des Bodens bis in den tieferen Untergrund (bis mehrere hundert Meter). Ziel der Abfallwirtschaft ist es, Mensch und Umwelt zu schützen, mit den Ressourcen (Rohstoffe, Energie, Deponievolumen) schonend umzugehen und entstehende Abfälle nachsorgefrei zu deponieren. Dabei spielen viele Einflußfaktoren eine Rolle, die darüber entscheiden, ob die Ablagerung auf Dauer sicher vorgenommen werden kann. Hierzu zählen insbesondere

- die klimatischen Einwirkungen auf die Grundwassererneuerung,
- die Durchlässigkeit der Gesteine,
- das Vorhandensein von Grundwasservorkommen im Untergrund sowie
- die Nähe der Abfalleinlagerung zur Biosphäre.

Das Klima, das auf die Deponie und ihre Umgebung einwirkt, beeinflußt das Risiko bei der Abfalldeponierung erheblich. Es hängt vor allem vom Vorhandensein von Grundwasservorkommen im Untergrund und der Durchlässigkeit der Gesteine sowie der Grundwasserneubildungsrate ab. Während in ariden Klimazonen die trockene Ablagerung als relativ unproblematisch angesehen werden kann, wirken sich die hohen Niederschlagsüberschüsse in den humiden Klimazonen wesentlich negativer aus.

Grundsätzlich ist die übertägige Deponierung von der untertägigen zu unterscheiden (Abb. 7.10). Das Konzept der Deponierung in der Nähe der Erdoberfläche muß aus mehreren Gründen anders beurteilt werden als das Ablagern in tieferen Schichten der Erdkruste. Vor allem liegt dieser Gesteinsabschnitt im Einflußbereich der Atmosphäre und damit in unmittelbarer Nähe zur potentiell betroffenen Biosphäre. In diesem Bereich – im oder auf dem Boden bzw. den Gewässern – vollziehen sich alle wesentlichen biotischen Prozesse.

Die relevante Betrachtungstiefe reicht bis zur Basis der nutzbaren Grundwasservorkommen (als Teil der Hydrosphäre). Der nutzbare Teil der oberflächennahen Grundwasservorkommen ist in den meisten Regionen der obere, mit Süßwasser erfüllte Grundwasserraum, der durch einsickernde Niederschlagsanteile eine ständige Erneuerung erfährt. Die Möglichkeit der Einsickerung ist neben den genannten klimatischen Bedingungen wesentlich von den Durchlässigkeitseigenschaften der Gesteine abhängig. Die bindigen und kristallinen Gesteine haben nur geringe Hohlraumanteile und können daher nur eingeschränkt infiltriert werden; daher kommt es in diesen Grundwassergeringleitern nur zur Ausprägung geringmächtiger Süßwasserkörper über den weitgehend stagnanten tieferen hochmineralisierten Grundwasserkörpern. Für die Ablagerung im grundwassererfüllten Raum gilt grundsätzlich, daß die Sicherheit mit zunehmendem Abstand von der Biosphäre wächst, weil der Austausch nur noch sehr gering sein kann bzw. völlig unterbunden ist.

Die Rahmenanforderungen des Bundes an die Deponierung von Abfällen sind in den Technischen Anleitungen TA Abfall (für Sonderabfälle) und TA Siedlungsabfall (für Haushaltsabfälle) definiert und festgelegt (BMU 1990, 1993a, b). Die Technischen Anleitungen „Abfall" regeln als Verwaltungsvorschriften die Anforderungen, die an die Entsorgung von Abfällen gestellt werden müssen, um Beeinträchtigungen des Wohls der Allgemeinheit zu vermeiden (§ 2 Abs. 1 Abfallgesetz). Ihre Bestimmungen dienen also dem Schutz der Allgemeinheit vor schädlichen Umwelteinwirkungen bei der Entsorgung von Abfällen sowie der Vorsorge zur Begrenzung von Belastungen.

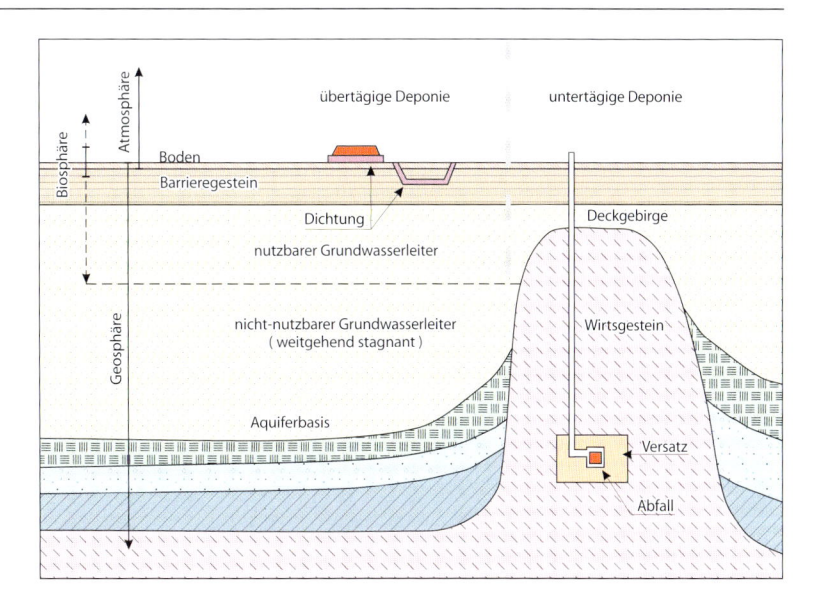

Abb. 7.10.
Übertage-/Untertagedeponierung

Es ist jedoch kritisch anzumerken, daß es sich bei den Regelungen der Technischen Anleitungen überwiegend um detaillierte technische Vorgaben handelt, die wenig Freiraum für andere Lösungen lassen und damit den Fortschritt in diesem Bereich zum Teil behindern. Die rigiden Festlegungen werden meist auch nur pauschal wissenschaftlich begründet. Bei den erforderlichen Fortschreibungen der Regelungen, die auch durch die Anpassung an europäische Vorgaben zu erwarten sind, sollte dringend darauf geachtet werden, daß das Ergebnis einer Maßnahme im Vordergrund steht und nicht deren spezifische technische Ausprägung (Schaffung von performance standards).

Übertägige Deponien

Die übertägige Deponierung von Abfällen bleibt für den größten Teil der Abfallmengen bis auf weiteres die bevorzugte Entsorgungsoption. Sie erlaubt relativ kurze Wege und verursacht die geringsten Kosten.

Zur Abschirmung der Abfallkörper gegenüber der Biosphäre ist in der Regel eine technische Dichtung vorzusehen, die für absehbar lange Zeit die Abfälle isoliert bzw. den Schadstoffaustrag minimiert. Mit der Technischen Anleitung Siedlungsabfall (TASi) hat die Bundesregierung den technischen Rahmen für die Deponierung erheblich eingeschränkt, weil bald nur noch solche Abfälle abgelagert werden dürfen, die bestimmten Vorkonditionierungskriterien genügen. Dieser Schritt ist aus geologisch-hydrogeologischer Sicht zu begrüßen, denn er befreit die Geowissenschaftler aus einem Beurteilungsdilemma. Bis zur Einführung der TASi standen die mit Deponien befaßten Geowissenschaftler vor einem Problem. Von ihnen wurde erwartet, Auswirkungen auf das „System Untergrund" zu beurteilen, ohne daß sie klare Informationen über die Stoffe erhielten, die in den Deponieuntergrund gelangten. Das hat sich in den letzten Jahren deutlich verändert. Heute ist klar, daß eine verantwortungsbewußte wissenschaftlich begründete Beurteilung der Stoffausbreitungs- und -umsetzungsvorgänge im Untergrund nur möglich ist, wenn klare Vorgaben über das gesamte System von der Müllproduktion bis zur Deponierung vorliegen.

Das Verhalten von problematischen Stoffen, die aus einer Deponie ausgetragen werden, muß entlang ihrem Ausbreitungspfad bis hin zu einem tatsächlich oder potentiell betroffenen Nutzer des jeweils zu betrachtenden Mediums in Raum und Zeit verfolgt werden. Dabei steht meist das Grundwasser im Vordergrund. In diesen multidisziplinären Prozeß, der letztlich zu einer Risikobeurteilung für betroffene Menschen und andere Organismen führen muß, müssen die Geowissenschaftler eingebunden werden. Nur sie können die Passage der Stoffe im Boden und Grundwasser verfolgen und plausibel beurteilen, wobei ihnen die anschließenden Schritte der toxikologischen Beurteilung vertraut sein müssen.

Tabelle 7.2. Potentielle Emissionskonzentrationen typischer Deponie-Inhaltsstoffe

Stoff	TA Abfall 1991 Anhang D Zuordnungswert [mg/l]	Sonderabfalldeponie Altanlage Emissionskonzentration (Sickerwasser)		Betrieb nach 1991		„Hausmülldeponie" Dep.-Kl. 2, TA Si		TA Si 1993 Anhang B Zuordnungswert Dep.-Kl. 2 [mg/l]
		Min. [mg/l]	Max. [mg/l]	Min. [mg/l]	Max. [mg/l]	Min. [mg/l]	Max. [mg/l]	
Chlorid	<10 000	20	54 400			10	12 400	
Sulfat	<500	65	11 300	4,2	12	0,3	6 000	
Hydrogencarbonat		<5	11 500			300	4 700	
Nitrat (N)		0,034	244			0,1	200	
Nitrit (N)	<30	0,017	68,4	<0,1	0,1	0,02	25	
Fluorid	<50	2,1	95,5					<25
Bor						2,8	65	
Ammonium (N)	<1 000	0,7	2 185	28	1*100	0,04	3 000	<200
Natrium		42	32 700			1	6 800	
Kalium		23	14 700			10	2 500	
Calcium		1	5 700			8	3 700	
Magnesium		0,2	980			8	1 150	
Mangan		<0,01	3,5			0,01	65	
Arsen	<1	0,001	5,8			0,005	1,5	<0,5
Cadmium	<0,5	<0,0001	2,9			<0,0001	0,22	<0,1
Quecksilber	<0,1	<0,001	0,2	<0,005	<0,005	0,00003	0,05	<0,02
Nickel	<2	<0,1	10	<0,01	<0,01	<0,001	2,1	<1
Chrom	<0,5	<0,1	38			0,01	3,1	<0,1
Blei	<2	<0,1	39			<0,0005	2,1	<1
Kupfer	<10	<0,04	4,2	0,0023	0,0078	<0,004	1,4	<5
Zink	<10	<0,02	1 800	<0,03	<0,03	<0,0003	1 400	<5
Phenol	<100	0,25	310	<0,0003	<0,0003	0,0003	350	<50
Summe LHKW		0,001	62,7			0,001	8	
Summe BTEX		<0,001	27,8			0,0003	6	
Summe PAK		0,0002	0,0088					

Das Abfallinventar der heute betriebenen Deponien ist durch die Abfallwirtschaftler relativ gut erforscht und in seinen Auswirkungen (Sickerwassereigenschaften) charakterisiert worden (Tabelle 7.2). Für die Beurteilung des Verhaltens von Schadstoffen, die aus einer Deponie heraus den Untergrund befrachten können, spielen viele Einflußfaktoren eine Rolle. Dabei sind insbesondere die auf die Gesundheit von Mensch und Tier wirkenden Eigenschaften von Interesse (vgl. Abb. 7.11).

Untertägige Deponien

Aus dem Katalog der besonders überwachungsbedürftigen Abfälle sieht die deutsche Umweltgesetzgebung für über sechzig Abfallarten eine Priorität der untertägigen gegenüber der übertägigen Ablagerung vor. Für bestimmte Abfallarten, die in Anbetracht ihres Schadstoffgehaltes aus dem Stoffluß ausgegliedert und nachsorgefrei deponiert werden müssen, ist die untertägige Ablagerung sogar das unersetzbare Endglied in der Entsorgungskette. Denn trotz aller Bemühungen um Vermeiden, Vermindern und Verwerten von Rückständen fallen Abfälle an. In Anbetracht ihres Schadstoffgehalts müssen solche Abfälle aus ökonomischen und thermodynamischen Gründen aus dem Stoffluß der umweltverträglichen Kreislaufwirtschaft durch Ablagerung ausgegliedert werden.

Geeignete Hohlräume für eine Untertagedeponierung entstehen im allgemeinen durch untertägigen Bergbau, z. B. auf Salz, Ton oder andere mineralische Rohstoffe und Energieträger wie Steinkohle oder Erdgas. Es liegt daher nahe, die Bergwerksunternehmen neben ihrer Rolle als Versorger auch als Abfall-Entsorger einzu-

- akute Toxizität
- Persistenz
- Radioaktivität
- Entzündbarkeit
- Reaktivität
- Korrosivität
- Infektiösität

- Menge
- Schadstoffkonzentrationen
- Löslichkeit
- Behandelbarkeit

- Abbaubarkeit
- Flüchtigkeit
- Dichte
- Verteilung
- Kompanilität zu anderen Stoffen

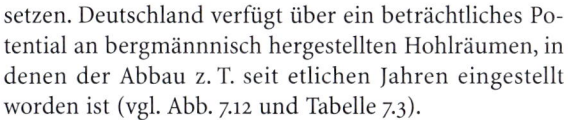

Abb. 7.11.
Typische Abfalleigenschaften, die bei der Deponierung eine Rolle spielen

setzen. Deutschland verfügt über ein beträchtliches Potential an bergmännisch hergestellten Hohlräumen, in denen der Abbau z. T. seit etlichen Jahren eingestellt worden ist (vgl. Abb. 7.12 und Tabelle 7.3).

Untertägige Ablagerung im Sinne der TA Abfall ist jede Form der Abfalleinlagerung in unterirdische Hohlräume mit dem Ziel, in Abhängigkeit von den Abfalleigenschaften die Abfälle dauerhaft von der Biosphäre fernzuhalten (Prinzip des vollständigen Einschlusses, Isolation) bzw. die Abfälle so abzulagern, daß keine schädliche Verunreinigung oder nachteilige Veränderung des Grundwassers gegenüber der geogenen Beschaffenheit (Prinzip der immissionsneutralen Ablagerung) zu befürchten ist. Diese Definition der Schutzziele führt zur Unterscheidung in zwei Typen von Untertagedeponien (UTD):

- untertägige Hohlräume im Salzgestein (Kavernen, Bergwerke) sowie
- untertägige Hohlräume in anderen Gesteinen.

Darüber hinaus hat die untertägige Ablagerung einschließlich der Abschlußmaßnahmen so zu erfolgen, daß keine Nachsorge erforderlich ist.

Für eine Untertagedeponie im Salzgestein (Bergwerk, UTD-Typ 1) nennt die TA Abfall folgende Merkmale:

- Abfälle können der Untertagedeponie zugeordnet werden, wenn sie keine Erreger übertragbarer Krankheiten enthalten oder hervorbringen können und wenn sie in Abhängigkeit vom Anlagentyp und den spezifischen Ablagerungsbedingungen über ausreichende Festigkeiten zur Ablagerung verfügen bzw. diese im Endzustand erreichen.
- Der Untertagedeponie dürfen nicht zugeordnet werden:
  - Abfälle, die unter Ablagerungsbedingungen (Temperatur, Feuchtigkeit) selbstentzündlich oder selbständig brennbar sind sowie Abfälle, die explosibel sind.
  - Abfälle, die unter Ablagerungsbedingungen durch Reaktionen untereinander oder mit dem Salzgestein zu
    - Volumenvergrößerungen,
    - Bildung selbstentzündlicher, toxischer oder explosibler Stoffe oder Gase oder
    - anderen gefährlichen Reaktionen

    führen, soweit die Betriebssicherheit und die Integrität der Barrieren dadurch in Frage gestellt werden.

Weitere Untertagedeponietypen der TA Abfall sind Kavernen im Salzgestein (UTD-Typ 2), Bergwerke im Grundwassernichtleiter (UTD-Typ 3), Bergwerke innerhalb des Grundwasserleiters (UTD-Typ 4) sowie Bergwerke oberhalb des Grundwasserleiters (UTD-Typ 5).

Tiefenversenkung

Die Tiefenversenkung ist eine Form der Entsorgung, die auf den ersten Blick als eine geeignete Alternative zur obertägigen Entsorgung flüssiger Abfälle erscheint. Deshalb ist sie immer wieder in das Blickfeld der Industrie

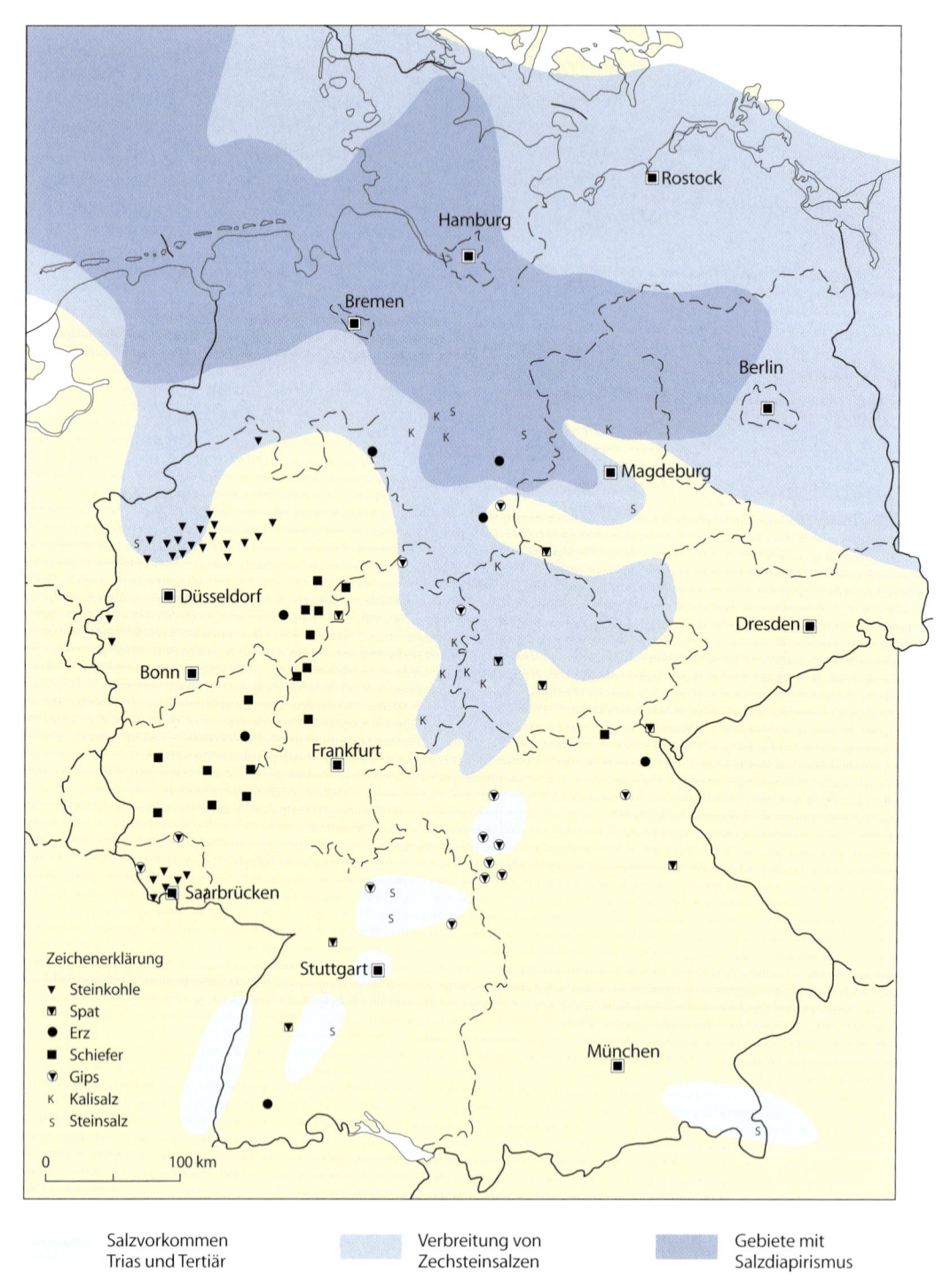

Abb. 7.12. Vorhandene Bergwerke in Gesteinsformationen, die grundsätzlich zur Untertageverbringung von Rest- und Abfallstoffen geeignet sind

Bergwerktyp	Hohlraumvolumina [Mio. m³]			
	Bereich	Mittel	nutzbar	Anteil
Salzbergwerke	202–307	255	102	75 %
Steinsalzbergwerke	70– 90	80	30	
Kalisalzbergwerke	132–217	175	72	
Kohlebergwerke	4	4	0	0 %
Steinkohlenbergwerke	4	4	0	
Braunkohlenbergwerke	0	0	0	
Erzbergwerke	21	21	21	15 %
Eisenerzbergwerke	6	6	6	
NE-Erzbergwerke	15	15	15	
Gipsbergwerke	7– 10	8,5	3	2 %
Kalkbergwerke	15– 20	17,5	11	8 %
Granitbergwerke	0	0	0	0 %
gesamt	248–362	306	137	100 %

Tabelle 7.3.
Offene untertägige Hohlräume in Deutschland sowie die davon für Verbringungszwecke nutzbaren Volumina

geraten, bei der große Mengen derartiger Flüssigkeiten anfallen.

Die Technologie zur Tiefenversenkung über spezielle Bohrlöcher ist in den 30er Jahren in der Erdölindustrie der USA und der Kali-Industrie in Deutschland entwickelt worden. Die ökonomischen Vorteile der Entsorgung großer Mengen an Flüssigkeiten in tiefliegende Speichergesteine liegen auf der Hand; eine teure Vorbehandlung ist in aller Regel nicht erforderlich bzw. vorgesehen. So wurden in Deutschland z. B. hoch versalzene Kali-Abwässer in den tiefen Untergrund verpreßt, Formationswässer aus der Erdöl- und Erdgasgewinnung reinjiziert oder Flüssigabfälle aus der Automobilindustrie in ein ausgebeutetes Salzbergwerk versenkt.

Bezüglich der Sicherheit und der ökologischen Risiken bestehen in vielen Fällen erhebliche Zweifel, da jeder Einpreßvorgang in den tieferen Untergrund mit Verdrängungsprozessen nach oben einhergeht. Die Sicherheit ist dauerhaft nur dann gewährleistet, wenn die Möglichkeiten der Ausbreitung in oberflächennahe, potentiell nutzbare oder genutzte Grundwasserhorizonte ausgeschlossen werden können. Die Tiefenversenkung von flüssigen Sonderabfällen ist daher – ähnlich wie die Endlagerung radioaktiver Abfälle in Salzgesteinen – in sehr hohem Maße von den geologischen und hydrogeologischen Rahmenbedingungen abhängig. Bei der Beurteilung der technischen, ökonomischen und ökologischen Machbarkeit spielen Lithologie, Durchlässigkeit, Speichervermögen und strukturelle Gegebenheiten des Speichergesteins eine dominante Rolle. Um ökologische Risiken zu minimieren und Sicherheit zu garantieren muß die Mächtigkeit, die geringe Durchlässigkeit und die Kohärenz der Schichten im Detail erkundet und nachgewiesen werden, die den Speicherkörper nach oben hin abschirmen und den Aufstieg verhindern.

Auch sollte das Speichergestein physikalisch und chemisch geeignet sein, die verpreßte Flüssigkeit über lange Zeiträume sicher zu lagern, und wenn möglich über Reaktions- und Abbauprozesse die Toxizität der Abfälle mindern. Bei den Speichergesteinen sind als wichtigste Faktoren die effektive Porosität, die Durchlässigkeit, das Speichervermögen, die Isotropie, Homogenität und die Erstreckung zu beachten.

Leider ist es bei einigen Verpreßprojekten zum unkontrollierten Aufstieg gekommen, weil die genannten Kriterien zum Zeitpunkt der Verpressung nicht beachtet wurden. Dadurch ist die Technik generell etwas in Verruf geraten, obwohl aus heutiger Sicht die tiefe Endlagerung weit entfernt von der Biosphäre erhebliche Vorteile gegenüber jeder obertägigen Entsorgung bietet.

Die wesentlichen Probleme bei der Positionierung, der Konstruktion, der Operation und der Überwachung von Verpreßbohrungen bestehen in unausgereiften Vorgaben (LaMoreaux und Vrba 1990):

- Viele Kriterien wurden nur sehr generell dargelegt und sind nicht spezifisch genug, um den Genehmigungsbehörden die erforderliche Sicherheit zu geben (unzureichende Erkundung).
- Die Genehmigung zum Betrieb einer Anlage und ihrer Überwachung wurden auf unzureichender Grundlage erteilt.
- Versagen bei der Erhebung und Beurteilung von Überwachungsergebnissen.
- Fehlen adäquater Methoden und Ausrüstungen zur Überwachung.

Probleme beim Betrieb von Verpreßbohrungen und -feldern ergeben sich aus

- Fehlern bei der Konstruktion des Verpreßbrunnens, insbesondere bei Verrohrung, Sitz der Abdichtung, Zementierung, Bohrkopfsicherung und Packersitz;
- Übersehen von natürlichen oder künstlichen Pfaden zur Fluidmigration, insbesondere über Störungen oder unzureichend gesicherte Bohrungen, die die abdichtende Deckschicht durchsetzen, oder über nicht erkannte bzw. nicht bekannte Fazieswechsel;
- Fehlern bei der Berechnung der Kompatibilitätsfaktoren bzw. der operativen Faktoren (Druckverhältnisse, Massenstrom etc.);
- natürlichen Ereignissen, die die Integrität der Barriere verletzen (Erdbeben).

Die Prinzipien bei der Überwachung von tiefliegenden Verpreßhorizonten zeigt Abb. 7.13. Es wird deutlich, daß die Sicherheit ausschließlich auf der Gewährleistung der strukturellen Integrität des überlagernden Barrieregesteins beruht. Daher muß bereits bei der Auswahl des Projektgebietes darauf geachtet werden, daß die genetischen Voraussetzungen bei der Bildung der Barriereschicht und der späteren tektonischen Beanspruchung des Gebietes peinlich genau beachtet werden. Weder geringfügige Einschaltungen höher durchlässiger Gesteine noch die genauen Lagepositionen dominanter Störungen sind mit vertretbarem Aufwand zweifelsfrei detektierbar. Die Überwachung muß im wesentlichen im basalen Bereich des überlagernden Aquifers ansetzen, sofern ein solcher vorhanden ist.

Gibt es einen geologisch optimalen Standort?

Die Rolle der Geowissenschaften

Bei einer Vielzahl gesellschaftlich bedeutsamer Fragestellungen, insbesondere bei der Beurteilung der Umweltrelevanz von Deponie- und Industriestandorten, stehen der Boden und der tiefere Untergrund im Mittelpunkt der Diskussion oder auch kontroverser Auseinandersetzungen. In diesem Spannungsfeld zwischen den ökologischen Notwendigkeiten und den ökonomischen Möglichkeiten haben die Geowissenschaften die Aufgabe, Lösungsvorschläge zu erarbeiten, die dem Anspruch angemessenen Handelns gerecht werden und eine nachhaltige Entwicklung im positiven Sinne gewährleisten. Hierfür ist eine Optimierung des jeweiligen Vorhabens auf der Basis wissenschaftlicher Kenntnisse und eine Kalkulation des duldbaren Restrisikos erforderlich.

Die Leistungen der Geologischen Dienste des Bundes und der Länder umfassen die Bereitstellung von Informationen zur Verbreitung und Beurteilung der Barriereeigenschaften örtlicher Gesteine in Form von Karten und Zahlen sowie individueller Beratung in komplexen Einzelfällen. Zudem werden Empfehlungen und Richtlinien herausgegeben, um eine landes- bzw. bundeseinheitliche Vorgehensweise zu gewährleisten. Auf diese Weise werden landes- und bundesweit gesammelte Daten und Erfahrungen in aufgearbeiteter und praktisch nutzbarer Form an die im Einzelfall tätigen Institutionen weitergegeben. Die Staatlichen Geologischen Dienste tragen dabei eine übergeordnete Verantwortung im Interesse der Allgemeinheit. Zu welchen Aspekten im Detail Informationsbedarf besteht, wird durch den Blick auf die in diesem Zusammenhang bestehenden Umweltgesetze deutlich.

„Altlasten" und „Neulasten"

Mit der zunehmenden Konzentrierung der Abfallbeseitigung auf wenige Deponien und den wachsenden Problemen mit den alten geschlossenen Deponien wuchs in den zurückliegenden zwei Dekaden die Besorgnis über die Auswirkungen der alten Deponien. Spektakuläre Giftfunde auf Deponien (Beispiel Dioxinfunde auf den Deponien Hamburg-Georgswerder, Münchehagen in Niedersachsen, Malsch in Baden-Württemberg) ließen die aus der Vergangenheit übernommenen Abfallkörper zunehmend als Last für die Gesellschaft erscheinen. Der Begriff „Altlast" wurde geprägt, der außer einer unbestimmten Angst vor Risiken aus alten Anlagen eigentlich keine inhaltlichen Aussagen macht. In der angelsächsischen Literatur gibt es diesen Begriff nicht. Gleichwohl hat man sich auch dort mit dem anstehenden Problem der großen Anzahl von kontaminierten und kontaminationsverdächtigen Grundstücken (KV-Flächen) ebenso wie in Deutschland auseinandergesetzt.

Bald wurde deutlich, daß die alten Deponien (Altablagerungen) mit ihren oft technisch unzureichenden und ungeeigneten Standorten nicht die einzigen KV-Flächen sind. Auch die militärischen Nutzungsflächen und die industriellen Produktions- und Umschlagstandorte haben sich oftmals als hochgradig kontaminiert er-

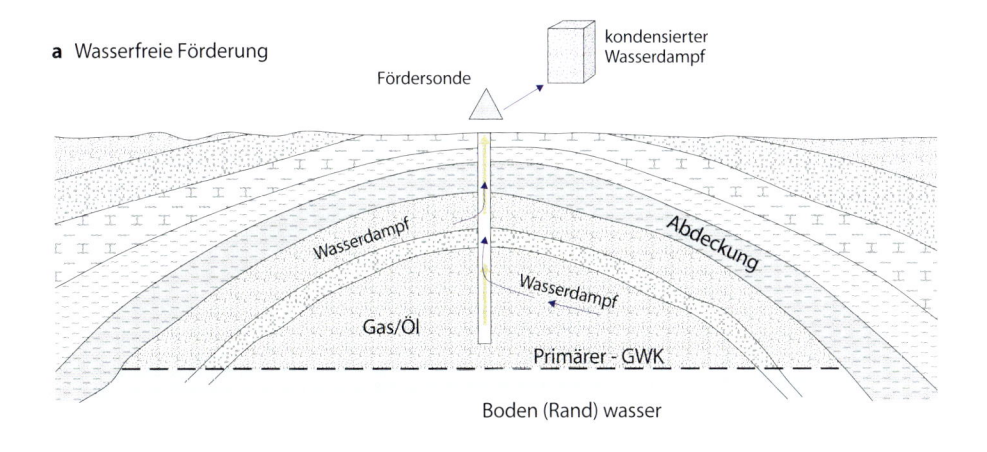

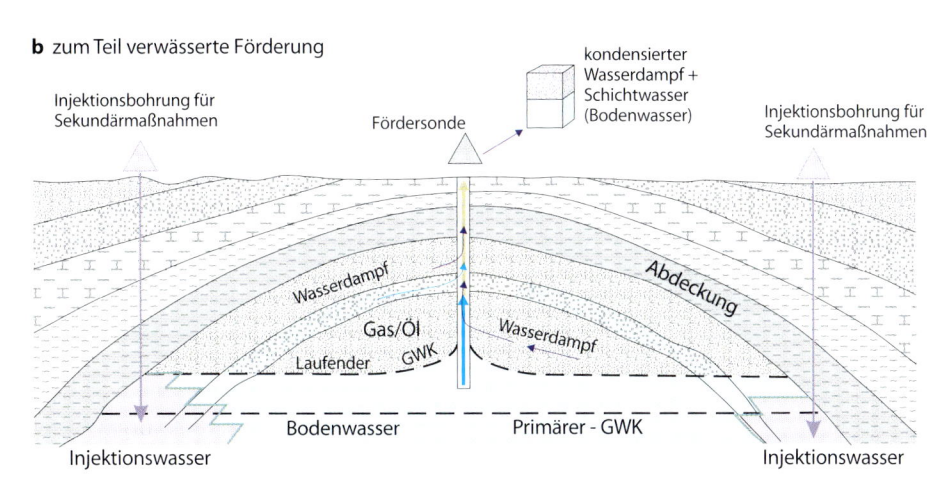

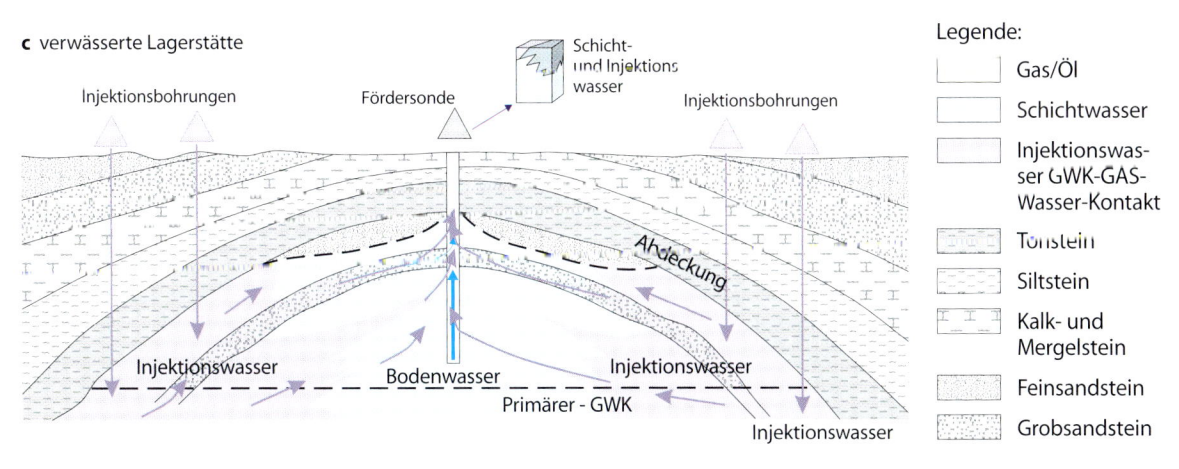

Gibt es einen geologisch optimalen Standort? 179

Abb. 7.13. Ausbreitung der wäßrigen Phasen und ihr Verbleib per Re-Injektion in den unterschiedlichen Abbauetappen einer Lagerstätte am Beispiel der Kohlenwasserstoffausbeutung

wiesen. Unter den Begriffen „Militärische Altlasten" und „Altstandorte" wurden in Sonderprogrammen des Bundes und der Länder wiederum überwiegend die Hinterlassenschaften früherer Generationen angegangen.

Über zwei Jahrzehnte lang blieb die Bearbeitung der verschiedenen Altlastenkomplexe den Bundesländern überlassen, was zu einem erheblichen Wildwuchs an Regelungen und Doppelarbeit führte. Erst kürzlich hat sich der Bund zu seiner Verantwortung bekannt, indem er Altlastenregelungen in das neue „Gesetz zum Schutz vor schädlichen Bodenverunreinigungen und zur Sanierung von Altlasten" (Bundes-Bodenschutzgesetz, BBodSchG) eingegliedert hat.

Durch das Umweltbundesamt werden die Erfassungszahlen der Länder kompiliert und aktuell gehalten. Bereits 1995 wurden mehr als 170 000 altlastverdächtige Flächen gezählt (Umweltbundesamt 1998). Die Erfassung insbesondere der Altstandorte wird derzeit noch betrieben. Es ist ein weiteres Anwachsen der Zahlen zu erwarten, wobei die Schätzungen bis zu 240 000 Flächen erreichen. Obwohl nur ein Teil dieser Verdachtsflächen nach der Standortuntersuchung den Status einer Altlast erhält, ergeben sich in der Bundesrepublik erhebliche Kosten für Untersuchungs-, Überwachungs- und Sanierungsmaßnahmen, die in ihrer Gesamtheit nicht abgeschätzt werden können. Besonders brisante Einzelfälle können u. U. deutlich oberhalb von 50 Mio. DM liegen.

Neben einer Betrachtung der sogenannten Altlasten sind Vorsorgemaßnahmen zur Vermeidung von „Neulasten" zu treffen. Vor allem Standorte für neue Deponien müssen geowissenschaftliche Mindestbedingungen erfüllen. Bei Industriestandorten, auf denen ein Umgang mit wassergefährdenden Stoffen in größerem Umfang stattfindet, stehen zumeist technische Vorsorgemaßnahmen im Vordergrund, wobei die Auswahl eines Standorts mit geologischen Barriereeigenschaften den besten Schutz vor (teuren) Grundwasserschadensfällen bietet. Die Auswahl verfügbarer Standorte ist jedoch eng begrenzt. Dies beruht nicht nur auf geologischen Gegebenheiten, sondern vor allem auf Nutzungskonflikten, die sich durch eine vergleichsweise dichte Besiedlung der Bundesrepublik Deutschland ergeben.

Das Konzept der Geologischen Barriere

Bei der Einrichtung von Anlagen zur Deponierung von Abfällen wird heute das sogenannte Multibarrierenkonzept zugrunde gelegt (Abb. 7.14). Dies bedeutet, daß mehrere physische Barrieren die Möglichkeit des Stoffaustrags unterbinden sollen. Vorsorglich wird von einer zeitlich befristeten Wirksamkeit der technischen Abdichtungen ausgegangen, so daß den potentiellen Rückhaltemechanismen des Untergrundes – der geologischen Barriere – eine besondere Bedeutung zukommt. Daher wird beispielsweise in der dritten allgemeinen Verwaltungsvorschrift zum Abfallgesetz (TA Siedlungsabfall, kurz TASi) für die Planung, die Errichtung und den Betrieb von Deponien gefordert, „daß a) durch geologisch und hydrogeologisch geeignete Standorte, b) durch geeignete Deponieabdichtungssysteme, c) durch geeignete Einbautechnik für die Abfälle, d) durch Einhaltung der Zuordnungswerte (nach Anhang B) mehrere weitgehend voneinander unabhängige Barrieren geschaffen und die Freisetzung und Ausbreitung von Schadstoffen nach dem Stand der Technik verhindert werden" (BMU 1993). Hier wird auch der Begriff „Geologische Barriere" definiert: „Als geologische Barriere wird der bis zum Deponieplanum unter und im weiteren Umfeld einer Deponie anstehende natürliche Untergrund bezeichnet, der aufgrund seiner Eigenschaften und Abmessungen die Schadstoffausbreitung maßgeblich behindert." (BMU 1993).

Zur weiteren Konkretisierung und für die Umsetzung in der Praxis haben die Geologischen Dienste die gemeinsame Publikation „Geowissenschaftliche Rahmenkriterien zur Standorterkundung von Deponien" (Staatliche Geologische Dienste der Bundesrepublik Deutschland 1997) herausgegeben. Darin werden die grundsätzlichen geologisch-hydrogeologischen Barriereeigenschaften und die Verbreitung potentieller Barrieregesteine in den einzelnen Bundesländern sowie Erkundungsmethoden dargestellt.

Prozesse im Untergrund

Die Wirksamkeit einer geologischen Barriere ist einerseits von der Beschaffenheit des Untergrundes, andererseits von den physiko-chemischen Eigenschaften der eingetragenen Stoffe abhängig. Folgende geologische Untergrundeigenschaften sind grundsätzlich als günstig zu beurteilen:

- geringe Durchlässigkeit,
- hoher Anteil bindiger Bestandteile (Ton- und Schluffanteile),

- ausreichende Mächtigkeit,
- geringe Überdeckung mit anderen (Nicht-Barriere-) Schichten,
- ausreichende flächige (laterale) Verbreitung,
- hohes Schadstoffrückhaltevermögen,
- hohe Lagerungsdichte.

Zur Beurteilung werden darüber hinaus insbesondere die hydrogeologischen Gegebenheiten herangezogen, die Aussagen zum Stofftransport beziehungsweise zur Stoffrückhaltung erlauben. Grundsätzlich positiv zu beurteilen sind folgende Verhältnisse:

- wenig ergiebiges Grundwasservorkommen,
- großer Grundwasserflurabstand,
- geringes Grundwassergefälle und dementsprechend langsame Grundwasserbewegung.

Stoffausträge müssen grundsätzlich unter den Aspekten „Transport" und „Rückhaltung" betrachtet werden (Abb. 7.15). Transportierende Mechanismen finden ohne Beteiligung von Wasser, beispielsweise durch die Schwerkraft, und vor allem in Verbindung mit Wasserbewegungen, insbesondere des Grundwassers (Advektion, Dispersion), statt. Aber auch hydrochemische Prozesse bedingen eine Stoffverlagerung (Diffusion). Eine Stoffrückhaltung ist schon durch die mechanische Filterwirkung des Untergrundes gegeben. Bei im Wasser gelösten Substanzen ist jedoch die „Haftwirkung" des Gesteins (Sorption) bedeutsamer, wobei der Vorgang der

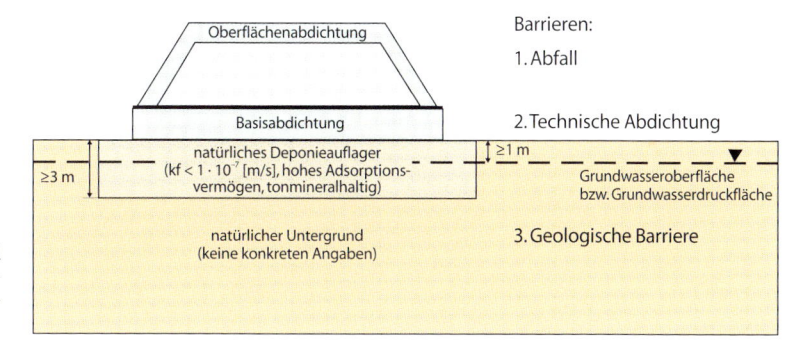

Abb. 7.14.
Prinzip des Multibarrierenkonzepts; Beispiel der Vorgaben für eine obertägige Sonderabfalldeponie nach Technischer Anleitung Abfall (BMU 1991)

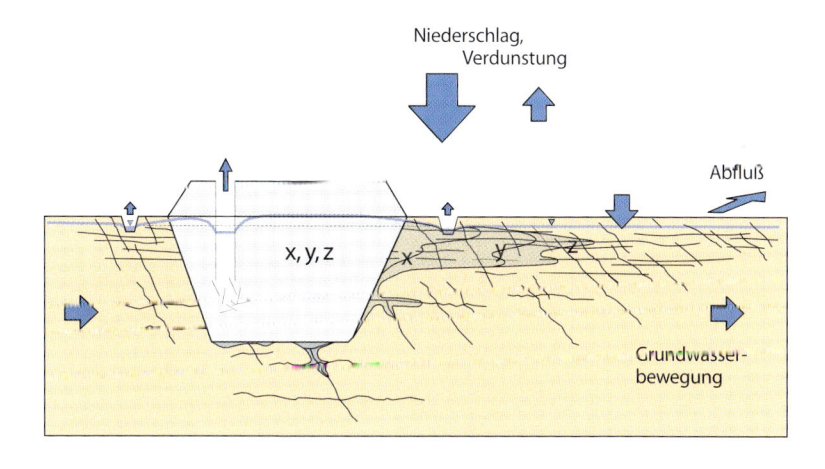

Abb. 7.15.
Prinzipskizze zum Stofftransport und zur Stoffrückhaltung; Beispiel des Austrags der Stoffe „x", „y" und „z" in einem Kluftgrundwasserleiter

Stofftransport:
– Advektion
– Dispersion
– Diffusion

Stoffrückhaltung:
– Filterung
– Sorption
– Matrixdiffusion + Sorption
– biologischer Abbau

Diffusion von Stoffen aus Trennfugen (Klüften) in die Gesteinsmatrix eine wichtige Rolle spielt. Ein weiterer Faktor der Stoffrückhaltung ist durch biologische Abbauprozesse gegeben. Zudem ist die Barrierefunktion generell vom Migrations-, Sorptions- und Abbauverhalten des jeweiligen Stoffes oder der jeweiligen Verbindung abhängig.

Erst die gemeinsame Wirkung der beispielhaft aufgeführten Eigenschaften qualifiziert den Untergrund als geologische Barriere. Ihre Fähigkeit zur Stoffrückhaltung ist um so größer, je geringer die Wasserbewegung und je länger die Verweildauer in der geologischen Barriere ist.

Beurteilung der geologischen Barriere für die Endlagerung

Schutzziele und Sicherheitskonzept

Die Endlagerung radioaktiver Abfälle wird durch das Atomgesetz, die Ablagerung nichtradioaktiver toxischer Abfälle durch das Abfallgesetz geregelt. In beiden Fällen ist per Gesetz ein Planfeststellungsverfahren und eine Umweltverträglichkeitsprüfung vorgesehen.

Als technische Basis für die Durchführung des Planfeststellungsverfahrens nach Atomgesetz gelten die Empfehlungen der Reaktorsicherheitskommission vom 17.12.1982 zu den „Sicherheitskriterien für die Endlagerung radioaktiver Abfälle in einem Bergwerk". Kernstück dieser Empfehlung ist die Forderung nach einer standortspezifischen Sicherheitsanalyse, die das Gesamtsystem „geologische Verhältnisse, Endlagerbergwerk und Abfallprodukte/-gebinde" mit allen relevanten Einzelkomponenten und deren Wechselbeziehungen berücksichtigen muß. Ziel dieser Sicherheitsanalyse ist der Nachweis, daß die Schutzziele (insbesondere der Schutz von Mensch und Umwelt vor Schädigung durch ionisierende Strahlung der Abfälle) im Einzelfall erreicht werden. Ingenieurkonzepte für das Endlagerbergwerk und Anforderungen an die Einlagerungsprodukte sind allerdings entscheidend von der nicht normierbaren geologischen Gesamtsituation des Standorts geprägt. Ein standortspezifischer Sicherheitsnachweis kann also nicht von vornherein standortunabhängig festgelegt werden.

Auch die Neufassung der TA Abfall (BMU 1991) vom 28.12.1990 geht im Abschnitt „Untertagedeponien" davon aus, daß die Ablagerung in Bergwerken oder Kavernen Endlagercharakter hat. Das heißt, es wird das Konzept einer wartungsfreien, zeitlich unbefristeten sicheren Verwahrung von toxischen Abfällen verfolgt. Konsequenterweise wird deshalb in Kap. 10.3 der TA Abfall als Basis für eine Genehmigung eine standortbezogene Sicherheitsbeurteilung gefordert. Der Nachweis der Eignung des Gebirges für die Anlage einer Untertagedeponie muß auch hier das Gesamtsystem „Abfall – Untertagebauwerk – Gebirgskörper" berücksichtigen. Dabei sind folgende Einzelnachweise zu führen:

- Geotechnischer Standsicherheitsnachweis;
- Sicherheitsnachweis für die Betriebsphase;
- Langzeitsicherheitsnachweis.

Die Art und Weise, wie der Langzeitsicherheitsnachweis zu führen ist, ist nicht unumstritten. Genaue Festlegungen fehlen. Gerade bezüglich der Endlagerung von Abfallstoffen ist wegen der Langlebigkeit der Toxizität der Zeitrahmen von Bedeutung. Wenn man einen langandauernden Nachweltschutz bejaht (Jahrhunderte und Jahrtausende), wäre eine Möglichkeit der Begrenzung der Zeitraum, über den nach dem Stand von Wissenschaft und Technik verläßlich Prognosen angestellt werden können. Bezüglich solcher Langzeitprognosen stehen die Geowissenschaftler in einer besonderen Verantwortung.

Alle Überlegungen zur Sicherheit von Untertagedeponien, z. B. Endlagerbergwerken und Deponiekavernen, haben sich auf die Schutzziele der Endlagerung auszurichten. Insbesondere muß eine Störung der Langzeitstabilität des Ökosystems in der Nachbetriebsphase ausgeschlossen werden, d. h. der Transport unzulässig hoher Mengen von Schadstoffen in die Biosphäre muß verhindert werden. Um Gesundheit und Sicherheit der Menschen zu gewährleisten, werden mehrere unabhängige technische und natürliche Barrieren im gekoppelten und vernetzten System „Abfall/Endlagerbergwerk/geologisches Medium" zur Behinderung der Freisetzung von Schadstoffen herangezogen (*multiple barrier system*). Es sind dies

- technische Barrieren (Abfallform, -verpackung);
- gebirgsmechanische Barrieren (Bohrlochverfüllung, -verschluß, Versatzmaterial, Dämme, Wirtsgestein);
- geologische Barrieren (geologisches Umfeld als geohydraulische Barriere).

Nachweis der Barrierenwirksamkeit

Die natürliche (geologische) Barriere besteht aus der Wirtsgesteinsformation im Nahfeld und dem geologi-

> **Salz und Kristallingesteine als Barrieren (Kasten 7.4)**
>
> Ein wesentliches Kennzeichen von kompaktem *Steinsalz* als Wirtsgestein ist die Fähigkeit, Gase und Fluide über sehr lange Zeiträume sicher einzuschließen. Salz kann durch das plastische und „rißheilende" Verhalten als „dichtes" Medium eingeschätzt werden, das im Barrierensystem die wesentliche Rolle einnimmt. Weitere Vorteile des intakten Salzgesteins bestehen in der Standsicherheit von großen Hohlräumen über längere Zeiträume und in der relativ großen Wärmeleitfähigkeit, die eine rasche Ableitung der vom Abfall produzierten Wärme gewährleistet.
>
> Im Gegensatz zum dichten Medium Steinsalz sind *kristalline Gesteine* in der Regel geklüftet, d. h. sie weisen natürlich gebildete Risse und Spalten auf, die für Fluide und Gase wegsam sind. Sie können als Einzelbarriere den endgelagerten Abfall nicht über längere Zeit gegen Wasser abschirmen. In Kristallinkomplexen existieren jedoch meist größere zusammenhängende Gesteinseinheiten mit ausreichend geringer Wasserdurchlässigkeit, die zusammen mit dem zu errichtenden Multibarrieresystem hinreichende Sicherheit gewährleisten können. Die technischen und geotechnischen Barrieren – der Endlagerbehälter und das Puffermaterial – müssen einen wesentlich größeren Beitrag zur Gesamtsicherheit erbringen als beim Wirtsgestein Salz. Sie schaffen einen Ausgleich für die Defizite an natürlicher Barrierenwirksamkeit von kristallinem Gestein.
>
> Günstig für die Endlagerung in granitischen Gesteinen ist, daß diese eine hohe Stabilität und sehr geringe Löslichkeit besitzen. Die Wärmeleitfähigkeit ist nicht so hoch wie die von Steinsalz, dafür aber relativ unabhängig von der Temperatur. Der Wärmeausdehnungskoeffizient von kristallinen Gesteinen ist geringer als der von Salzgesteinen und damit günstiger in bezug auf thermisch induzierte Spannungen.

schen Umfeld im Fernfeld. Das Wirtsgestein muß sicherstellen, daß der Zufluß von wäßrigen Lösungen und der Austritt von kontaminierten Fluiden in die Biosphäre entweder unmöglich ist oder unter Berücksichtigung der geohydraulischen und geochemischen Verhältnisse in akzeptablen Grenzen gehalten wird. Man muß berücksichtigen, daß die Barrierewirkung des Wirtsgesteins nur bis zu einem bestimmten Ausmaß verbessert werden kann. Dies bedeutet, daß bei sehr unterschiedlichen Wirtsgesteinsformationen, wie z. B. Salz und Granit, auch verschiedenartige Barrierensysteme entwickelt werden müssen (Kasten 7.4).

Kernstück der standortspezifischen Sicherheitsanalyse ist der Nachweis der Langzeitsicherheit. Wesentliche Komponenten dafür sind die Bewertung der technischen, geotechnischen und geologischen Barrieren, die Identifizierung und Beurteilung von Szenarien, die diese Barrieren beeinträchtigen, sowie die Modellierung der relevanten Zustände und Prozesse in einer Konsequenzanalyse.

Die geologische Barriere „Wirtsgestein" bietet den (geo)technischen Barrieren einerseits eine stabile und schützende Umgebung (Integrität) und gewährt damit deren Langlebigkeit, andererseits bewirkt sie eine Rückhaltefähigkeit für Radionuklide (Isolationspotential). Die Wirksamkeit dieser Barriere ist unter Szenarien zu bewerten, die eine Reduktion (z. B. durch Subrosion) der Barriere bewirken bzw. die Wegsamkeiten (z. B. Risse durch thermomechanische Vorgänge) erzeugen (vgl. Kasten 7.5 und 7.6). Auch die Barriere „Deckgebirge" kann reduzierend wirken oder Werte der Individualdosis nach dem Verdünnungsprinzip begrenzen. Bei wärmeentwickelnden Abfällen sind thermomechanische Vorgänge, die zu verschiedenen Zeiten unterschiedliche Wirkungen auf die Barrieren haben, entscheidende Faktoren. Bei der vergleichenden Beurteilung verschiedener Endlagerkonzepte und Einlagerungstechniken bzw. Einlagerungsgeometrien stellen sie selektive und empfindliche Kriterien dar.

Szenarien bilden eine wichtige Basis für die Sicherheitsanalyse. Bei der Entwicklung von Szenarien werden die vorhandenen Informationen über die Charakteristik der Abfälle, der (geo)technischen Barrieren sowie die geologischen Gegebenheiten (auch in ihren zukünftigen Veränderungen) und Ereignisse, die potentiell die Freisetzung und den Transport der Radionuklide beeinflussen können, auf ihre Bedeutung geprüft. In der Konsequenzanalyse werden die radiologischen bzw. umweltspezifischen Folgen untersucht. Für die Barriere Salzgebirge sind mächtigkeitsreduzierende sowie rißinduzierende Ereignisse und Prozesse besonders relevant.

Wesentliche Grundlage der Szenarienanalyse bzw. der damit verbundenen Barrierebewertungen ist das Simulieren der Gegebenheiten und Prozesse durch möglichst realistische Modelle und die Bewertung der damit verbundenen Unsicherheiten. Ein für ein bestimmtes Endlagerkonzept (bezogen auf die Art der Abfälle) geeigneter Standort ist danach ein solcher, dessen Sicherheit mit Hilfe einer standortspezifischen Sicherheitsanalyse nachgewiesen wurde und der zugleich wirtschaftlich akzeptabel ist. Solange ein Standort noch untersucht wird, eine abschließende nachgeprüfte Sicherheitsanalyse also noch nicht vorliegen kann, kann ein Standort nur als „eignungshöffig" gelten. Der Begriff „Eignungshöffigkeit" für ein Endlager ist nicht streng definiert. Man kann in Anlehnung an die Lagerstätten-

Geologische Veränderungen an Salzstöcken (Kasten 7.5)

Halokinese

Im Rahmen der Szenarienanalyse wird das geologische System „Endlager" durch die Prognose zukünftiger geochemischer, hydrogeologischer und tektonischer Vorgänge analysiert („prognostische Geologie"). Durch Vergleich mit tektonischen Strukturen als natürliche Analoga (z. B. Salzstockbildung, halokinetische Langzeitdeformationsvorgänge) kann der Vertrauensbereich in der dafür notwendigen Datenbasis wesentlich vergrößert werden.

Als *Halokinese* werden Vorgänge des Salzaufstiegs bezeichnet, die auf Dichteunterschieden zwischen Evaporiten einerseits sowie dem Deckgebirge und Nebengestein andererseits beruhen. Die instabile Lagerung der dichteren Sedimente über dem weniger dichten Salz strebt im Gravitationsfeld der Erde einen Zustand geringerer potentieller Energie an. Dessen Minimum ist erreicht, wenn die Schicht sich umkehrt (Rayleigh-Taylor-Instabilität). Dieser Prozeß kommt insbesondere deswegen in Gang, weil sich das Salzgestein auch unter geringen Differenzspannungen fließend bzw. kriechend verformen kann.

Geologische Untersuchungen zeigen, daß die Halokinese bei der Absenkung salinarer Sedimente in Tiefen von über 1 000 m, bei einer Mindestmächtigkeit der Evaporite von 300 m und einer Neigung der Unterlage von mehr als 1° wirksam wird. Die Halokinese führte in Norddeutschland zu sogenannten halokinetischen Salzstrukturen (z. B. als relativ flache kuppelförmige Salzaufwölbungen; solche Salzkissen stellen das erste Stadium des Salzaufstiegs dar). Aus den Salzkissen entwickeln sich bei stärkerer Verformung die Salzdiapire (Salzdome, Salzstöcke).

Für den durchschnittlichen Salzaufstieg im Bereich der Oberfläche des Salzstocks Gorleben wurden Zahlenwerte ermittelt, deren Maximum im Diapirstadium – je nach verwendeter Zeitskala – 0,07 bzw. 0,08 mm/a beträgt. Das ist weniger als bei anderen nordwestdeutschen Salzstöcken, für die Werte zwischen 0,1 und 0,5 mm/a angegeben werden. Diese Berechnungen liegen aber nahe der Grenze der z. Z. möglichen Aussagegenauigkeit. Bei einem Vergleich der nach zwei verschiedenen Zeitskalen berechneten Aufstiegsraten wird deutlich, daß besonders bei den relativ kleinen geologischen Zeitspannen im Tertiär die Werte entscheidend durch die in den Zeitskalen enthaltenen Abweichungen beeinflußt werden. Für die gegenwärtige Aufstiegsrate ergeben beide Kurven übereinstimmend Werte um 0,01 mm/a.

Infolge der weitgehenden Konstanz der dynamischen Verhältnisse, von denen der Salznachschub aus der Tiefe abhängt, ist damit zu rechnen, daß der künftige Salzaufstieg im Salzstock Gorleben über mindestens ein Million Jahre ohne wesentliche Veränderung ablaufen wird. Zukünftig ist also mit einer durchschnittlichen Aufstiegsrate von ca. 0,01 mm/a zu rechnen, was für die nächsten 10 000 Jahre zu einer Hebung von ca. 10 cm und für die nächsten 1 Mio. Jahre von ca. 10 m führen dürfte.

Subrosion

Der geologische Prozeß der Subrosion (die unterirdische Auslaugung von Salzlagern) greift die wichtigste Barriere – das Salzgestein – unmittelbar an und beseitigt sie im Laufe der Zeit. Von allen Prozessen wurde daher der Subrosionsprozeß mit den sich daraus ergebenden Veränderungen für den Zustand der Hauptbarriere Salzgestein am häufigsten und kontrovers diskutiert.

Subrosionswerte von 0,1 bis 0,2 mm/a, die für einen relativ kurzen erdgeschichtlichen Abschnitt bestimmt worden waren, wurden als Maßstab für die zukünftige Entwicklung des Salzstocks vorgebracht. Andererseits zeigt die Entwicklung der Salzstöcke in Nordwestdeutschland, über lange geologische Zeiträume betrachtet, eher geringere Ablaugungsraten.

Unter Zugrundelegung des langfristigen Mittels der aus der geologischen Vergangenheit des Salzstocks Gorleben ermittelten Subrosionsrate von 0,01 mm/a haben Berechnungen ergeben, daß das Salzgestein zwischen Salzspiegel und dem Endlagerbergwerk nach 50 Mio. Jahren abgelaugt sein dürfte. Andere Berechnungen kommen für 26 Salzstöcke zu mittleren Ablaugungsraten von 0,05 mm/a. Aufgrund dieser Berechnungsgrundlage würde das Salzgestein bereits nach 10 Mio. Jahren über dem Endlagerbergwerk nicht mehr existieren.

Geht man für die Zukunft von einer (unrealistisch) hohen Hebungsrate von 0,1 mm/a aus, würde es etwa 6 Mio. Jahre dauern, bis der vorgesehene Sicherheitsabstand von 650 m Salz zwischen dem Einlagerungsbereich und den wasserführenden Schichten über dem Salzstock abgelaugt wäre. Innerhalb dieser Zeit würde der radioaktive Zerfall bewirken, daß selbst bei einer unterstellten Freisetzung nach wesentlich kürzeren Zeiträumen eine Gefährdung der Biosphäre nicht gegeben wäre.

---

kunde darunter die berechtigte Hoffnung verstehen, daß der Standort für die Aufnahme eines Endlagers geeignet sein wird, d. h., daß seine voraussichtliche Eignung nachgewiesen werden kann. Der Begriff ist aus der Lagerstättenkunde abgeleitet, wo er zur Bewertung der Wahrscheinlichkeit verwendet wird, Rohstofflagerstätten in abbauwürdigen Mengen aufzufinden. Die in der Lagerstättenkunde übliche sehr konkrete Bewertung einer Lagerstätte, das wären in unserem Falle „die für die Endlagerung geeigneten zusammenhängenden Bereiche von Steinsalz", setzt deren umfassende Kenntnis voraus, wie sie durch die ober- und untertägige Erkundung unter Einsatz aller geowissenschaftlichen Methoden erfolgt. Neben der geologischen Kartierung und Bohrungen gehören hierzu auch die zerstörungsfreien geophysikalischen Methoden der Geoelektrik, Geomagnetik und Seismik.

Auf der Suche nach geeigneten Gesteinen

Für eine sichere Aussage über die Barriereeigenschaften des jeweiligen Untergrundes ist es grundsätzlich notwendig, eine detaillierte Standorterkundung vorzunehmen. Der hiermit verbundene Untersuchungsaufwand im Gelände und im Labor kann u. U. erheblich sein. Daher erfolgt seit wenigen Jahren bei der Standortsuche für Abfalldeponien zunächst eine Vorauswahl potentiell

Rißbildung und Migration (Kasten 7.6)

Einige der wichtigsten Fragen, die immer wieder zur Eignung von Salzstöcken zur Endlagerung von radioaktivem Material gestellt werden, beziehen sich auf die Rißbildung und die Migration von Fluiden und Gasen im Salzgestein:

- Werden bei der Einlagerung wärmeentwickelnder radioaktiver Abfälle in einem Salzstock durch die Aufheizung und Ausdehnung des Salzes nicht zu große Spannungen und schließlich Risse erzeugt, über die Wasser in das Endlager eindringen kann?
- Ist Salzgestein als Wirtsgestein für Endlager geeignet, obwohl es leicht löslich und mechanisch instabil ist?
- Gefährdet die von den eingelagerten radioaktiven Abfällen ausgehende ionisierende Strahlung die Stabilität des Wirtsgesteins?

Zur Freisetzung von Kristallwässern und Migration von Laugeneinschlüssen

Die Migration von Laugeneinschlüssen in einem Temperaturfeld ist seit langem bekannt. Es hat sich danach als besonders wichtig erwiesen, folgende Phänomene zu betrachten:

- Lösung von Radiolyseprodukten des Steinsalzes in Lauge und Freisetzung der in Radiolyseprodukten gespeicherten Strahlungsenergie, wobei freier Wasserstoff entsteht.
- Radiolyse von Lauge (Wasser), wobei freier Wasserstoff entsteht.
- Korrosion von Stahl, wobei freier Wasserstoff entsteht.
- Bakterielle Zersetzung organischer Abfälle, wobei Methan, CO_2 etc. entstehen.
- Auslaugung der Abfallbehälter und Kontamination der Lauge.
- Druckaufbau in der Gasphase, wobei Festigkeitsgrenzen des Wirtsgesteins überschritten werden können.
- Auspressen kontaminierter Lauge aus Hohlräumen.
- Freisetzung von Kristallwässern (Carnallit).

Alle diese Phänomene können die Funktionstüchtigkeit des Multi-Barrierensystems für ein Endlager mit radioaktivem Abfall beeinträchtigen und sind daher Gegenstand intensiver Forschungsarbeiten.

Die Freisetzung von Kristallwässern des Carnallits infolge einer Aufheizung durch den wärmeentwickelnden Abfall sollte vermieden werden, um mögliche Laugenmigration zu minimieren. Zur Bestimmung dieses wichtigen Sicherheitsindikators erhalten Experimente und Untersuchungen zur thermischen Stabilität des Carnallits besondere Bedeutung. In der Literatur vorliegende Werte zur thermischen Kristallwasserfreisetzung im Carnallit von 80–110 °C wurden im Vakuum oder im offenen System unter Atmosphärenbedingungen gewonnen. Unter Lagerstättenbedingungen (verhinderter bzw. nur teilweiser Abtransport der Zersetzungsatmosphäre) konnte nachgewiesen werden, daß bei einem Lagerstättendruck von 40 bar Kristallwasser aus dem Carnallit erst bei 139 °C, bei 100 bar bei 145 °C freigesetzt wird.

Lösungseinschlüsse und Lösungsvorgänge

Das Vorkommen von Lösungen in einem Salzstock wird vor allem durch Metamorphosevorgänge erklärt. Sie entstehen durch Fluide, die in einem nicht bekannten Zeitraum in der geologischen Vergangenheit in den Evaporitkörper eingedrungen sind. Sie haben sich dort über Lösungsvorgänge (hauptsächlich mit Halit- und Carnallitgesteinen) zu hochkonzentrierten Salzlösungen angesammelt. Schließlich wurden sie in den Salzgesteinen gespeichert, mit denen sie unter den natürlichen Druck- und Temperaturbedingungen nicht mehr reagieren konnten.

Die Lösungen aus den Erkundungsbohrungen Gorleben werden nach neueren Erkenntnissen allerdings nicht mehr als Ergebnisse einer Lösungsmetamorphose gedeutet. Sie sind eindeutig Reste konzentrierter Meerwasserlösungen, aus denen sich vor 220 Mio. Jahren die Salzgesteine gebildet haben und in denen sie seit dieser Zeit eingeschlossen sind. Trotz langanhaltender und weitreichender Verformungsprozesse während der Halokinese sind also keine Formationswässer aus dem Nebengestein und Deckgebirge in die Steinsalzschichten eingedrungen. Daraus kann auf eine große geomechanische und geochemische Stabilität und auf ein langzeitliches Isolationspotential des Salzstocks Gorleben geschlossen werden.

---

geeigneter Standorte, für die vor allem existierende geologische Karten verwendet werden. Zu diesem Zweck wurde beispielsweise die „Karte der potentiellen Barrieregesteine für die Anlage von Siedlungsabfalldeponien in Niedersachsen im Maßstab 1:200 000" erstellt. Sie basiert auf der Geologischen Übersichtskarte i. M. 1:200 000 (GÜK200), aus der die potentiell geeigneten Gesteinseinheiten entsprechend der folgenden Klassifizierung herausgearbeitet wurden:

- Klasse I – Flächen mit potentiell gut geeigneten Barrieregesteinen: Schichten mit sehr hohem Anteil an tonig/schluffigen Gesteinskomponenten, voraussichtlich homogen und gering durchlässig.
- Klasse II – Flächen mit potentiell geeigneten Barrieregesteinen: Schichten mit hohem Anteil an tonig/schluffigen Gesteinskomponenten; voraussichtlich mäßige Homogenität und Durchlässigkeit.
- Klasse III – Flächen mit potentiell bedingt geeigneten Barriereeigenschaften: Schichten mit überwiegendem Anteil an tonig/schluffigen Gesteinskomponenten in Wechsellagerung mit z. T. höher durchlässigen Schichten (z. B. Sandstein-, Kalksteinlagerungen; Fazieswechsel).

Des weiteren wurde die „Karte der potentiellen Barrieregesteine in Niedersachsen i. M. 1:50 000 (PBK50)" entwickelt (Abb. 7.16). Auch diese Karte geht nicht aus einer unmittelbaren Geländeaufnahme hervor, sondern wurde durch die Auswahl und Weiterverarbeitung geeigneter Informationen aus bereits vorhandenen Daten, insbesondere aus geowissenschaftlichen Karten, abge-

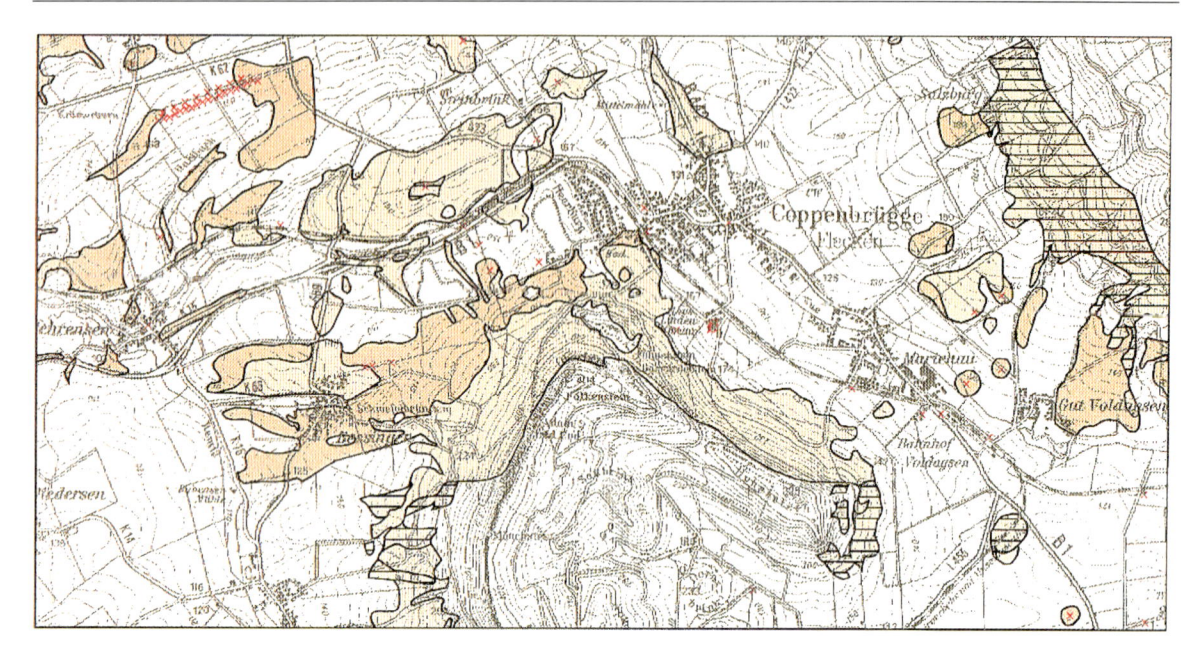

Abb. 7.16. Beispielausschnitt aus der Karte potentieller Barrieregesteine in Niedersachsen 1 : 50 000 (PBK50); die gelborange dargestellten Flächen stellen potentielle Barrieregesteine unterschiedlicher Wirksamkeit dar

leitet. Hierzu wird ein Geographisches Informationssystem eingesetzt. Für die kartographische Darstellung wurde der Maßstab 1 : 50 000 gewählt, der leicht in die Regionalen Raumordnungsprogramme (RROP) der Landkreise und kreisfreien Städte übertragen werden kann. Im wesentlichen basiert die PBK50 auf der Geologischen Karte 1 : 25 000 (GK25). Flächendeckend wird die geologische Barriere bis zu einer Tiefe von 2 m klassifiziert. Durch die Implementierung von Informationen aus der Bohrdatenbank Niedersachsen sind aber auch Aussagen über größere Tiefen möglich.

Grundsätzlich wird eine Fläche als potentielles Barrieregestein eingestuft, wenn sie in den verwendeten Karten als „bindiges" (d. h. geringporöses) Gestein dargestellt wurde. Damit geht die hydraulische Durchlässigkeit als Hauptkriterium ein. Die standortspezifische Information über die geochemischen Möglichkeiten der (Schad-)Stoffrückhaltung wird als überschlägige Abschätzung aus den petrographischen und genetischen Schichtbeschreibungen abgeleitet und in die Karte aufgenommen.

Die PBK50 wurde in erster Linie für die Nutzung in der Abfallwirtschaft konzipiert. Sie kann aber auch im Rahmen der Erstbewertung kontaminationsverdächtiger Industriestandorte verwendet werden. Darüber hinaus sind vielfältige Nutzungen der PBK50, beispielsweise bei der Durchführung von Umweltverträglichkeitsprüfungen oder bei lokalen Vorhaben, wie der Ausweisung von Industriegebieten, denkbar.

Zeitgemäße Deponiestandortsuche

Umweltverträglichkeitsprüfungen für neue Deponien

Mit dem Gesetz über die Umweltverträglichkeitsprüfung (UVPG) vom 12. Februar 1990 (Bundesministerium der Justiz 1990) sind auf möglichen Deponiestandorten detaillierte Untersuchungen zwingend vorgeschrieben. Das UVPG fordert, daß die Auswirkungen auf die Umwelt frühzeitig und umfassend ermittelt, beschrieben und bewertet werden (§ 1), insbesondere in bezug auf die Schutzgüter Menschen, Tiere und Pflanzen, Boden, Wasser, Luft, Klima und Landschaft, einschließlich der jeweiligen Wechselwirkungen (§ 2). Um mögliche Auswirkungen einer Deponie auf die Umwelt zu vermeiden (i. w. Verschmutzung von Boden und Grundwasser durch austretende Sickerwässer), kommt vor allem den geologischen Untersuchungen zur Beschreibung und

Kriterien zur Beschreibung der Wirksamkeit der geologischen Barriere		Arbeitsgrundlagen									
		Vorhandene Unterlagen					Feldarbeiten, Bohrungen				Labor
		geologische Karten i.w.S.	hydrogeol. Karten u. Daten	Bohrdaten	geoelektrische Daten	bohrlochgeophy. Daten	Profilaufnahmen	Mess. u. Durchlässigk.-Tests	Geoelektrik	Bohrlochgeophysik	(Mikro-) Paläontologie	Geochemie
Geologie (UVPL-Schutzgut "Boden")												
Barriere	Petrographie	X		X			X					
	Stratigraphie	X									X	
	Mächtigkeit			X	X	X		X				
	Verbreitung	X		X			X	X				
	Schadstoffrückhaltepotential											X
Überlagerung	Petrographie	X		X			X					
	Stratigraphie											
	Mächtigkeit	X		X	X		X		X	X		
Hydrogeologie (UVPL-Schutzgut "Wasser")												
	Grundwasserstände		X					X				
	Grundwasserstockwerke		X									
	Grundwasserfließrichtung		X					X				
	Gebirgdurchlässigkeit der geol. Barriere							X				
	Hydrographie (Vorfluter)		X									

Tabelle 7.4.
Prüftabelle Deponien, Gegenüberstellung von Kriterien zur Beurteilung der Wirksamkeit einer geologischen Barriere und der für die Bearbeitung heranzuziehenden Arbeitsgrundlagen (mit beispielhafter Punktsetzung)

Bewertung des Ist-Zustandes an einem potentiellen Standort eine besondere Bedeutung zu.

Ein Arbeitskreis der Staatlichen Geologischen Dienste hat als Orientierungshilfe für die Festlegung der Untersuchungen im Rahmen einer UVP eine Prüftabelle „Geowissenschaftliche Grundlagen im Rahmen der Umweltverträglichkeitsprüfung" erarbeitet. Diese Prüftabelle Deponien (Tabelle 7.4) definiert die UVP-Schutzgüter Boden und Wasser als wesentliche geologische und hydrogeologische Kriterien bzw. Barriereeigenschaften zur Beschreibung der Wirksamkeit einer geologischen Barriere. Bestätigen die geologischen Untersuchungen diese zuvor für ein Vorhaben Deponie charakterisierten Eigenschaften, kann von relativ geringen Auswirkungen des Vorhabens auf die Umwelt ausgegangen werden. Darüber hinaus wurden allgemeine Kriterien, die einer Standortauswahl zugrundegelegt werden, entwickelt (Kasten 7.7).

Darstellung der Erkundungsergebnisse mit GIS

Für die erforderliche Abwägung einer Vielzahl bei der Standortauswahl zu beachtender Faktoren ist heute der Einsatz von Geographischen Informationssystemen (GIS) unverzichtbar. Die digitalen Flächendaten potentieller Eignungsflächen können mit relativ geringem Aufwand dargestellt, hinsichtlich Petrographie und vermuteter Gebirgsdurchlässigkeit attributiert und in bezug auf ihre voraussichtliche Eignung klassifiziert werden. In gleicher Weise lassen sich die gesetzlichen Ausschlußflächen sowie Abwägungsflächen darstellen und bearbeiten. Durch die Möglichkeit, Flächen digital miteinander verschneiden und auf diese Weise die weiterhin zur Disposition stehenden Flächen auf sogenannten Überlagerungs- und Verschneidungskarten darstellen zu können, ergibt sich eine wesentliche Arbeitserleichterung. Die abschließende Ergebniskarte stellt die Grund-

Allgemeine Kriterien für die Deponiestandortauswahl (Kasten 7.7)

Geographie

Die geographischen Verhältnisse in einem anthropogen nicht beeinflußten Gebiet spiegeln das Ergebnis vorangegangener und im besonderen Maße der rezenten geologischen Vorgänge sichtbar wider. Deren Studium kann daher Prognosen für zukünftige geologische Prozesse erleichtern. Bei der Anlage eines Endlagers muß in diesem Zusammenhang darauf geachtet werden, daß sich die morphologischen Verhältnisse wie z. B. Hangneigungen und Zerschneidungsgrad des Reliefs nicht geodynamisch oder bergtechnisch ungünstig auf das Endlagerbergwerk auswirken können. Die gewählte Standortregion muß aus diesen Gründen eine ausreichende Flexibilität bei der Wahl der Einlagerungstiefe gewährleisten.

Weiterhin sind die hydrographischen Verhältnisse (Wasserscheiden, Vorfluter, Quellen usw.) zu berücksichtigen, da sie Aufschluß über Wassertransportwege geben. Die Besiedlungsdichte in der Endlagerregion ist bei der Standortplanung ebenfalls zu beachten.

Regionalgeologische Verhältnisse

Aus regionalgeologischer Sicht sollte das Endlager in einem annähernd homogenen und wenig gestörten Gesteinskomplex liegen. Das Wirtsgestein muß eine ausreichende Mächtigkeit und lateral eine hinreichende Erstreckung aufweisen, um die Lokation und Konfiguration des Endlagers auch im Hinblick auf die Langzeitsicherheit flexibel zu gestalten. Die Mindesteinlagerungstiefe muß dabei so gewählt werden, daß die Wirkung der geologischen Barriere nicht durch Erosionsvorgänge beeinträchtigt werden kann.

Untersuchungen der regionalgeologischen Verhältnisse umfassen daher Aussagen zur Beschaffenheit des Deckgebirges als ein die geologische Barriere unter Umständen positiv beeinflussender Faktor sowie die Beurteilung des Wirtsgesteinskomplexes selbst und seiner Nebengesteine im Rahmen seiner paläogeographischen Entwicklung. Aus diesen Faktoren können Rückschlüsse auf die geologischen Strukturen und das Langzeitverhalten des betrachteten Komplexes gezogen werden.

Bei der Festlegung der Einlagerungstiefe sollte zusätzlich berücksichtigt werden, daß Deckgebirgsformationen von einer Mächtigkeit bis 200 m von anthropogenen Einflüssen betroffen sein können.

Tektonik

Der Endlagerstandort sollte in einer geologisch stabilen Region außerhalb einer potentiell aktiven Störungszone liegen. Dies setzt bei der Auswahl eine Betrachtung der regionalen tektonischen Aktivitäten während der paläogeographischen Entwicklung voraus und umfaßt sowohl die Bewertung von Faltungen, Tiefenbrüchen, Hebungen, Senkungen usw. als auch die Untersuchung des strukturellen Inventars wie z. B. Klüftung, Schieferung und Schichtung.

Die Geometrie eines Endlagers in kristallinen Gesteinen wird im wesentlichen durch den Verlauf von signifikanten, auslegungsbestimmenden Diskontinuitäten (Störungen, Kluftzonen, geschieferte Zonen etc.) vorgegeben. Prinzipiell sollten dabei die Einlagerungsstrecken im Wirtsgestein frei von Störungs- und größeren Kluftzonen sein, da diese Bereiche eine erhöhte Wasserwegsamkeit darstellen. Vor dem Auffahren der untertägigen Hohlräume ist es daher erforderlich, das Wirtsgestein im geplanten Streckenbereich sowohl mit Hilfe zerstörungsfreier geophysikalischer Methoden als auch durch gezielt angesetzte Bohrungen auf größere Heterogenitäten und Einzelklüfte zu untersuchen. Dabei ist jedoch sicherzustellen, daß die Wirksamkeit der geologischen Barriere durch diese Untersuchungen nicht unzulässig beeinträchtigt wird.

Hydrogeologie

Die hydrogeologischen Betrachtungen haben in erster Linie die Ermittlung und Bewertung der Oberflächen- und Grundwasserverhältnisse in der Endlagerregion und in deren Umfeld zum Ziel. Sie können nur nach umfangreichen und detaillierten Standortuntersuchungen an Ort und Stelle hinreichend genau eingeschätzt werden.

Generell sollte das Wirtsgestein des Endlagers allseitig niedrige Gradienten des regionalen hydraulischen Drucks aufweisen. Die Durchlässigkeit des Wirtsgesteins sollte gering sein, so daß von günstigen Rückhalteeigenschaften in bezug auf migrierende Radionuklide ausgegangen werden kann. Auch die das Wirtsgestein umgebenden Nebengesteine sollten nur geringe Fließgeschwindigkeiten des Grundwassers aufweisen. Die für die Erstellung eines Grundwasserfließmodells erforderlichen Messungen sollten weit über die Endlagerregion hinausgehende Zu- und Abflußgebiete erfassen.

Stratigraphische und strukturgeologische Besonderheiten wie z. B. Gänge, Störungen, Falten u. ä., die sich ungünstig auf die Rückhalteeigenschaften der Gesteine und des Gebirges auswirken können, sind bei der Modellierung und Bewertung des Grundwasserfließsystems zu berücksichtigen. Auch dürfen mögliche Rutschungen, Senkungen etc. nicht zu einer wesentlichen Veränderung des Grundwasserfließsystems führen.

Zwischen dem Endlager und der zu schützenden Umgebung dürfen keine Trinkwasserentnahmestellen liegen. Bei der Einrichtung des Endlagerstandortes sind die vom Gesetzgeber geforderten Entfernungen von Einzugsgebieten von Wasserfassungen und Quellen zu beachten.

Speziell bei kristallinen Wirtsgesteinen sind die hydrogeochemischen Eigenschaften der Tiefenwässer ein wesentlicher Faktor. Ihre Bedeutung, besonders in bezug auf die Materialwahl für die Endlagerbehälter und die zu berücksichtigenden physikochemischen Eigenschaften des Versatzmaterials, kann nur durch detaillierte In-situ-Messungen im Rahmen von Standortuntersuchungen abgeschätzt werden.

Wirtsgesteinseigenschaften

Die mechanischen, physikalischen und – bei der Endlagerung hochradioaktiver Abfälle – insbesondere die thermomechanischen Eigenschaften des Wirtsgesteins bestimmen in großem Maße dessen Eignung als Endlagermedium. Das Wirtsgestein muß möglichst homogen ausgebildet sein und Felseigenschaften aufweisen, die für den Bau, Betrieb und Verschluß eines untertägigen Endlagers geeignet sind, d. h. durch die Erstellung der unterirdischen Strecken darf die Wirkung der geologischen Barriere nicht wesentlich verschlechtert werden. Die gebirgs- und felsmechanischen Eigenschaften müssen außerdem ein kontinuierliches Beschicken und Verfüllen der Hohlräume erlauben.

Die thermische Leitfähigkeit des Wirtsgesteins soll die schadlose Ableitung der Nachzerfallswärme der radioaktiven Abfälle ermöglichen. Die maximal zulässige Gebirgstemperatur im geplanten Endlagerniveau sollte vor Einlagerung auf etwa 55 °C begrenzt bleiben, da andernfalls der Aufwand für die Lüftungstechnik unverhältnismäßig hoch werden würde. Das bedeutet, daß der vom Abfall produzierte und zur lokalen Gebirgstemperatur hinzukommende Wärmeeintrag selbst bei einem ungünstigen Zusammenwirken geomechanischer, hydrogeologischer und thermischer

Eigenschaften des Wirtsgesteins dessen Isolationsfähigkeit nicht herabsetzen darf. Thermisch induzierte Klüfte, Mineralumwandlungen oder physikalische Vorgänge, die zum Austritt von Radionukliden aus dem Endlagerbereich führen können, sollten ausgeschlossen sein.

Die geomechanischen Eigenschaften des Wirtsgesteins haben besonders bei der Einschätzung der Langzeitsicherheit eines Endlagers einen Einfluß. So wird das Rückhaltevermögen des Wirtsgesteins bezüglich freigesetzter Radionuklide nach der Einlagerung wesentlich von dessen geochemischem Verhalten beeinflußt. Eine Änderung der geochemischen Eigenschaften darf weder zur Verschlechterung der Gesteinseigenschaften führen noch die eingebrachten künstlichen Barrieren beeinträchtigen.

Seismizität

Das Endlager sollte in Regionen mit möglichst geringer seismischer Aktivität angelegt werden. Die Auswirkungen des größtmöglichen Erdbebens in dem betroffenen Areal sollten auf der Basis historischer Erhebungen und unter Einbeziehung der Untersuchung des tektonischen Umfeldes abgeschätzt werden. Dies betrifft besonders die möglichen Änderungen der Durchlässigkeiten im geklüfteten Gebirge nach seismischen Ereignissen.

Rohstoffvorkommen, Bergbau und Infrastruktur

Die anthropogene Veränderung und Belastung eines Gebirges ist bei der Wahl eines geeigneten Endlagerstandortes von großer Bedeutung. Dazu gehören in erster Linie untertägiger Altbergbau, Stauhaltungen und infrastrukturelle Merkmale wie Bevölkerungsdichte, Straßen- und Eisenbahnnetz sowie Gebiete mit Rohstoffvorkommen und Vorkommen von Tiefbohrungen für andere Zwecke als für die Endlagerstandorterkundung.

Um eine spätere Beeinflussung des Endlagers durch Explorationsarbeiten zu verhindern, muß sichergestellt sein, daß keine außergewöhnlichen Bodenschätze sowie Rohstoffvorkommen, die von nationalem Interesse sein könnten und deren Ausbeutung in absehbarer Zukunft möglich erscheint, in der Standortregion vorhanden sind. Dies trifft besonders auf Vorkommen von Rohstoffen zu, deren Wert den Durchschnittswert anderer, gleich großer Gebiete in ähnlich strukturierten Formationen übersteigt und gilt dabei gleichermaßen für regionale Grundwasservorräte.

lage für das weitere Vorgehen durch einen Landkreis bei der Suche nach einem geeigneten Deponiestandort dar.

Unterstützung durch die Geologischen Dienste

Für die Vorgehensweise bei einer zeitgemäßen Deponiestandortsuche geben die Geologischen Dienste Arbeitsmaterialien heraus. Beispielsweise hat das Niedersächsische Landesamt für Bodenforschung (NLfB) gemeinsam mit dem Niedersächsischen Landesamt für Ökologie (NLÖ) das „Altlastenhandbuch Niedersachsen" für die Anwendung in der Praxis erarbeitet. Es enthält in kurzer, aber annähernd vollständiger Form Beschreibungen aller relevanten Erkundungs- und Untersuchungsverfahren sowie ihrer Einsatzmöglichkeiten in den verschiedenen Erkundungsphasen und setzt sich aus zwei Teilen zusammen.

Teil I enthält Landesvorgaben zur schrittweisen systematischen Erkundung und Bewertung der Altablagerungen in Niedersachsen. Teil II behandelt wissenschaftlich-technische Grundlagen der Erkundung (NLÖ/NLfB 1997) und enthält die Materialienbände zu Berechnungsverfahren und Modellen (NLÖ/NLfB 1996b), zu geologischen Erkundungsmethoden (NLÖ/NLfB 1996a) und zu klimatologischen, hydrologischen und hydraulischen Erkundungsmethoden (in Vorbereitung), die der Beantwortung von Detailfragen dienen.

Gleichzeitig hat die Bundesanstalt für Geowissenschaften und Rohstoffe (BGR) das „Handbuch zur Erkundung des Untergrundes von Deponien und Altlasten" publiziert, das auf den Ergebnissen eines Forschungsvorhabens basiert. Bisher sind die Bände Geofernerkundung (Kühn und Hörig 1995), Strömungs- und Transportmodelle (Lege et al. 1996), Geophysik (Knödel et al. 1997), Geotechnik, Hydrogeologie (Schreiner und Kreysing 1998) und Tonmineralogie und Bodenphysik (Hiltmann und Stribrny 1998) erschienen.

Beide Handbücher wurden fachlich aufeinander abgestimmt. Die Autorenkollektive setzen sich aus Angehörigen der Ingenieurbüros, Fachämter und Universitäten zusammen, so daß die Inhalte dem landes- und bundesweiten Erfahrungs- und Kenntnisstand entsprechen.

Des weiteren werden von den Geologischen Diensten zum Themenkomplex „Altlasten und Neulasten" zahlreiche Veröffentlichungen in Form von Faltblättern, Arbeitsheften, Zeitschriften und wissenschaftlichen Publikationen herausgegeben.

Bei komplexeren Projekten fördern die Geologischen Dienste den Technologietransfer auch in Form persönlicher Beratung. Einzelne Sachverständige oder auch Arbeitsgruppen betreuen das jeweilige Vorhaben, indem sie Daten unterschiedlicher Art bereitstellen und die damit verbundene spezifische Sachkenntnis vermitteln. Insbesondere geben sie Entscheidungshilfen auf behördlicher Ebene. Beispielsweise wurde im Rahmen einer beratenden Tätigkeit bei der Gefährdungsabschätzung betriebseigener Deponien in Niedersachsen eine Empfehlung zur methodischen Vorgehensweise eingebracht, wodurch eine gleichartige Bearbeitung und Beurteilung der Einzelfälle gewährleistet wurde.

Standortfindung untertägiger Deponien (Endlagerbergwerke)

Zur Feststellung der Eignung eines Endlagerstandorts müssen Erkundungsarbeiten sowohl von über als auch von unter Tage durchgeführt werden. Unter Berücksichtigung geowissenschaftlicher Aspekte sind dabei folgende Hauptziele zu nennen:

- Entwicklung eines geologischen Modells für das „Wirtsgestein" und das umgebende Gebirge mit Dokumentation und Beschreibung aller relevanten Merkmale;
- Ermittlung aller relevanten Daten, um eine Sicherheitsanalyse durchführen zu können;
- Identifizierung von Szenarien, die die Barrierefunktion beeinflussen.

Grundvoraussetzung für die Erbringung des Sicherheitsnachweises ist also die Auswahl eines geeigneten Endlagerstandorts. Die Bundesanstalt für Geowissenschaften und Rohstoffe (BGR) hat in einer Studie die im folgenden aufgeführten wesentlichen Aspekte, die bei der Standortauswahl zu berücksichtigen sind, zusammengestellt (vgl. Kasten 7.7; BGR 1995). Sie sind ihrem Wesen nach allgemeine Standortkriterien, die zum größten Teil sowohl auf Salz als auch auf Kristallingestein anwendbar sind.

Als ausschließende Parameter werden Kriterien herangezogen, die als unvereinbar mit der Anlage eines Endlagerstandortes gelten. Für die Standortsuche in Deutschland werden dafür folgende Gruppen unterschieden:

- Ökologische Faktoren, wie z. B.
  - Schutzgebiete,
  - nahegelegene industrielle und stark besiedelte Ballungszentren,
  - zahlreiche, großflächige Stauhaltungen,
  - ungünstige hydrogeologische Verhältnisse;
- geologische Faktoren, wie z. B.
  - tektonisch und seismisch aktive Zonen,
  - hohe Trennflächendichte,
  - starke und diskontinuierliche Vertikal- und Horizontalbewegungen,
  - intensiver rezenter oder potentieller Magmatismus;
- geotechnische Faktoren, wie z. B.:
  - nicht ausreichende Größe,
  - intensiver Bergbau, Vorbehaltsgebiete für die Gewinnung von Rohstoffen,
  - signifikanter Wechsel der Wirtsgesteinseigenschaften.

Entwicklung sicherheitstechnischer Nachweismethoden am Beispiel eines Salzstocks

Ingenieurgeologischer Erfahrungshintergrund

Ein Endlager bzw. eine Untertagedeponie im geologischen Medium ist ein erst seit wenigen Jahren durchgeführtes Ingenieurprojekt, das erstmalig in dieser Art ist. Dennoch sind viele seiner Errichtungselemente ähnlich denen von bekannten Untertagebauwerken, die bereits erfolgreich, d. h. sicher und wirtschaftlich, errichtet und betrieben werden. So kann z. B. auf die Erfahrung vom Untertagespeicherbau (Öl- und Gaskavernen in Salzstöcken) und bei Salzbergwerken zurückgegriffen werden.

Gerade für die Bearbeitung gebirgsmechanischer Aufgaben bei der Endlagerplanung (Bergwerksentwurf, Hohlraumdimensionierung, Standsicherheitsnachweis) liegt ein umfangreicher Bestand an ingenieurmäßigen und technischen Informationen, z. B. auf dem Gebiet der Salzmechanik, vor. Insoweit ist auch das Steuerungsinstrument für die Planung von Erkundungsmaßnahmen im Salzstock vorhanden. Der Entwurfsprozeß für Felshohlräume ist in den Empfehlungen des Arbeitskreises 18 der Deutschen Gesellschaft für Geotechnik (DGGT) für den Felsbau unter Tage beschrieben. Für die Anlage von Hohlräumen im Salzgebirge, insbesondere für die Errichtung von Deponien für Sonderabfälle, wurden entsprechende Empfehlungen erarbeitet, die das besondere Materialverhalten des Salzgesteins (Kriechen, Plastizität, Kriechbruch) berücksichtigen.

Kernstück eines rechnerischen Sicherheitsnachweises ist die Erarbeitung eines Gebirgsmodells, das möglichst wirklichkeitsnah die tatsächlichen Gegebenheiten des Gebirges (Geologie, Spannungszustand, Stoffgesetz) und der Bauzustände der Kaverne widerspiegelt (Kasten 7.8). Ein gutes Modell zeichnet sich dadurch aus, die wesentlichen (das heißt für die Sicherheit entscheidenden) Parameter zu erfassen, nämlich durch richtiges Vernachlässigen von unbedeutenden Phänomenen, durch zielgerechtes Idealisieren von Nebeneffekten und durch genaues Untersuchen der entscheidenden Faktoren. Ähnlich wie im Bergbau müssen durch Erfahrungen diejenigen Einflüsse abgedeckt werden, die im Modell nicht direkt erfaßt sind.

Bei der Beurteilung aller Einflüsse (z. B. Primärspannungszustand des Gebirges, Gebirgseigenschaften, Bauvorgänge, Güte der meßtechnischen Überwachung) muß die Summe der sicheren Anteile so sehr überwiegen, daß ein Versagen oder Schadensfall für die Bauzustände im Laufe der Gebrauchszeit unwahrscheinlich ist.

Diese Kriterien eines Standsicherheitsnachweises sind durch verschiedene natürliche und technische Faktoren beeinflußt. Deshalb kann ein solcher Nachweis im konkreten Fall nur durch eine Kombination von ingenieurgeologischen Erkundungen, geotechnischen Untersuchungen, felsmechanischen Messungen und Berechnungen, meßtechnischen Überwachungen und bergbaulicher Betriebserfahrung erfolgen. Umfang und Genauigkeit der Erkundungen und Messungen sowie die Sicherheitszuschläge bei den gebirgsmechanischen Berechnungen für die jeweiligen Einzelnachweise richten sich nach der Schwere der möglichen Schadensfolgen. Erkundungen, Messungen und theoretische Berechnungen dürfen dabei nicht isoliert betrachtet werden, sie gehören funktional zusammen und stützen sich gegenseitig (z. B. mechanisches Modell des Gebirges und Parameteranalysen und Kontrolle statischer Berechnungen). Die fortlaufende, den einzelnen Planungs-, Bau- und Betriebsphasen angepaßte Vervollständigung und Überprüfung des Kenntnisstandes zur Standsicherheit ist wesentlicher Bestandteil dieses beschriebenen geotechnischen Standsicherheitskonzeptes.

Aus den Kriterien eines Standsicherheitsnachweises als Grundlage für die Dimensionierung des Bergwerkes ergibt sich unmittelbar die integrierte Stellung der untertägigen Erkundung, insbesondere bei der Betrachtung der natürlichen Einflußfaktoren. Diese Einflußfaktoren sind durch die geologischen Verhältnisse (z. B. inhomogener Schichtenaufbau, Faltungstektonik des Salzstockes, petrographische Zusammensetzung der Gesteine), durch den *In-situ*-Spannungszustand, durch mögliche Gas- und Laugenvorkommen, durch temperatur- und zeitabhängige Bruch- und Verformungseigenschaften der Salzgesteine vorgegeben. Sie müssen mit so großer Genauigkeit ermittelt werden, daß das gebirgsmechanische Rechnungsmodell die realen Bedingungen trotz einführender Idealisierung systemgerecht wiedergeben kann. Parameterstudien sind dabei sehr hilfreich und unterstützen die Bewertung und Bedeutung einzelner Erkundungsdaten bzw. die Einschätzung der Notwendigkeit, Erkenntnisse durch weitere Erkundungsmaßnahmen zu vertiefen.

Integrität der Barriere

Die Analyse der Barrierenwirksamkeit und die Konsequenzen aus den Szenarien beruhen auf Berechnungen mit geologischen, geomechanischen, hydrogeologischen und (geo)chemischen Modellen, deren Ergebnisse anhand von natürlichen Analoga überprüft und anhand von Sicherheitsindikatoren bewertet werden. Die IAEA hat dazu festgestellt, daß berechnete Langzeitkonsequenzen aus radiologischer Belastung eines Endlagers – ausgedrückt in Individualdosen und -risiken – nur als „Indikatoren" für die Sicherheit betrachtet werden können und durch andere Typen von Sicherheitsindikatoren, die weniger von Annahmen zukünftiger Entwicklungen am Standort abhängig sind, ergänzt werden sollen (IAEA 1994).

Sicherheitsindikatoren können unterschiedliche Charakteristiken haben. Dabei eignen sich besonders Indikatoren, die

- verläßlich,
- direkt,
- relevant,
- verständlich,
- einfach,
- praktisch

sind, Vertrauen in Barrierenbewertung und Szenarienanalyse (Langzeitsicherheit) zu schaffen.

Am verläßlichsten in diesem Sinne sind solche Sicherheitsindikatoren, die mit Daten aus der Untersuchung natürlicher Analoga verglichen werden können. Ein solcher Sicherheitsindikator ist z. B. der Stofftransport durch Barrieren (Isolationspotential). Für die Be-

Zur Verläßlichkeit von Sicherheitsaussagen durch Modellrechnungen (Kasten 7.8)

Für Untertagedeponien und Endlager in geologischen Medien lassen sich die Nachweise für Standsicherheit und Langzeitsicherheit nicht als in sich geschlossene Lösungen angeben. Zur Analyse der relevanten geologischen Prozesse und Szenarien sind numerische (geologische, hydrogeologische, geochemische, geomechanische) Modelle erforderlich. Die mit Hilfe dieser Modelle durchgeführten Berechnungen müssen diejenigen Werte oder Zustandsgrößen liefern, die aufgrund des gewählten Sicherheitskonzepts die Kriterien oder Indikatoren darstellen, auf die sich die Sicherheitsaussagen stützen (bei den geomechanischen Modellen z. B. Verformungen, Spannungen, Verformungsraten) (vgl. Abb. 7.17).

Die Aussagekraft der rechnerischen Nachweise wird durch die in die Berechnungsmodelle eingehenden Ansätze entscheidend beeinflußt. Daher ist es für die Beurteilung von Sicherheitsfragen notwendig, diese Einflüsse zu kennen. Dazu sind u. a.

- die Quellen von Ungenauigkeiten darzulegen, z. B. geometrisch unzureichende Abbildungen der Strukturen, mechanisch nicht voll zutreffende Stoffgesetze, mathematische Probleme der numerischen Berechnung (Konvergenzverhalten iterativer Lösungen, Zeitschrittverfahren);
- die Berechnungsmodelle zu überprüfen, z. B. durch Vergleiche mit dokumentierten Erfahrungen, Plausibilitätskontrollen an überschaubaren Beispielen, Gegenrechnung mit anderen Programmen;
- die getroffenen Ansätze daraufhin zu prüfen, inwieweit sie für den Sicherheitsnachweis in der Summe auf der sicheren Seite liegen;

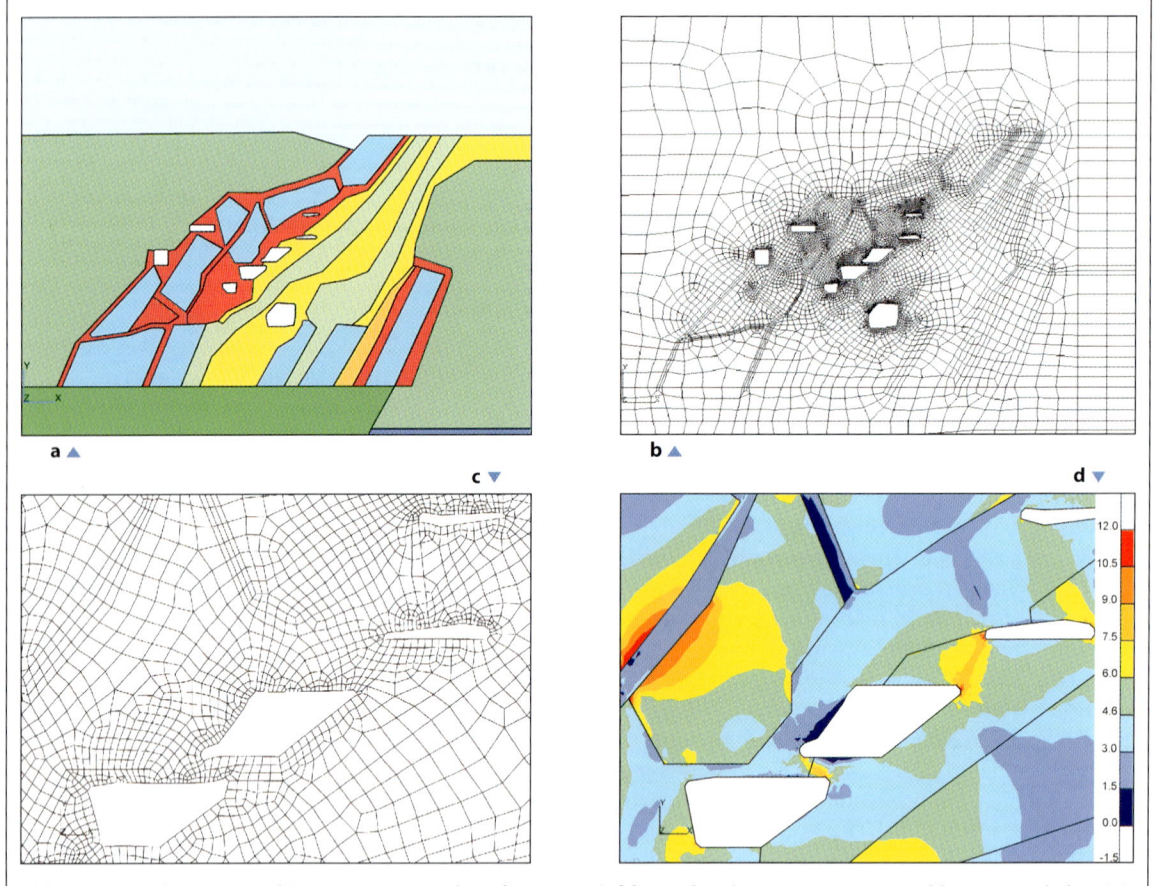

Abb. 7.17. Berechnung von Gebirgsspannungen und -verformungen infolge Ausbruchs von untertägigen Hohlräumen nach der Finite-Elemente(FE)-Methode: **a** geologisches Profil (Berechnungsmodell), **b** Finite-Elemente-Modell, **c** verformte Struktur, **d** Effektivspannungen (Ausschnitt). Der Berechnungsausschnitt (a) wird in ein Finite-Elemente-Netz (b) zerlegt. Die Geometrie dieses Netzes, die Materialeigenschaften in den einzelnen Elementen und die Belastungen sowie Randbedingungen des Berechnungsausschnitts sind Eingangsgrößen für die numerische Berechnung. Die FE-Methode basiert auf einem Verschiebungsansatz im Element und dem Gleichgewicht zwischen Spannungen im Element und den in den Elementknotenpunkten angreifenden Kräften. Daraus wird ein lineares Gleichungssystem für die unbekannten Knotenpunktverschiebungen aufgebaut. Ergebnisse der Berechnung sind als verformte Struktur des Netzes (c) oder aus den aus Knotenpunktverschiebungen errechenbaren Spannungen (z. B. Effektivspannungen, (d)) darstellbar

- die Sensitivitäten der Ergebnisse gegen Änderungen der Eingangsparameter durch Berechnungen mit Parametervarianten aufzuzeigen.

Geowissenschaftliche und geotechnische Methoden, den Vertrauensbereich bei Sicherheitsaussagen aufgrund numerischer Berechnungen abzugrenzen und nachprüfbar zu machen, stehen zur Verfügung. Charakteristische Züge dieser Methode sind die naturwissenschaftlich untermauerte modellhafte Erfassung geomechanischer, hydrogeologischer und geochemischer Prozesse und deren Kopplung, die Validierung dieser Modelle sowie die Überprüfung der Aussagen durch gezielte Kontrollmessungen am Standort.

Dabei ist die Bewertung von Unsicherheiten ein wesentlicher Teil des Vertrauensgebäudes. Die Parameterunsicherheit (Geometrie, Materialverhalten, Anfangsbedingungen, Belastungszustände) kann durch probabilistische Methoden und durch Parameterstudien eingegrenzt werden. Die Modellvalidierung muß zeigen, daß das Modell mechanische Reaktionen des Systems bzw. die Ausbreitungsvorgänge toxischer Partikel genügend genau und konservativ wiedergibt und vorhersagen kann. Eine Modellvalidierung in diesem Sinne umfaßt

- die eingehende Analyse der Diskrepanzen zwischen gemessenen und berechneten Ergebnissen der Modellversuche,
- Sensitivitätsuntersuchungen und Parallelberechnungen mit vorgegebenen Parametern,
- die problemorientierte und standortspezifische Bestätigung.

Das gegenwärtige Verständnis einer sicheren Untertagedeponie kann wie folgt zusammengefaßt werden:

- Die Sicherheit muß durch quantitative Berechnungen mit Hilfe validierter Modelle nachgewiesen werden.
- Der Grad der Validierung ist nicht absolut vorgegeben, sondern muß problemspezifisch bestimmt werden.
- Die Modellvalidierung ist ein kontinuierlicher Prozeß.
- Vom geotechnischen Standpunkt kann ein geomechanisches Modell als validiert gelten, wenn die Einschränkungen, die sich aus der Vereinfachung geologisch bedingter Strukturen oder Prozesse bzw. die Vernächlässigung bestimmter Einflußparameter im Modell ergeben, als konservativ auf der sicheren Seite liegend genau genug eingeschätzt werden können.

wertung verschiedener Endlagerkonzepte aus sicherheitstechnischer Sicht sind insbesondere geomechanische Sicherheitsindikatoren geeignet.

Rißbildung

Ein wichtiger geomechanischer Sicherheitsindikator ist das Verhalten des Wirtsgesteins, inwieweit es infolge von Wärme- und Druckbelastung zur Rißbildung neigt, denn Risse können zu Wasserleitern werden und damit zu einem „undichten" Endlager führen (vgl. Kasten 7.6).

In den letzten 15 Jahren sind insbesondere über das geomechanische Verhalten von Steinsalz neue Erkenntnisse gewonnen worden. Diese umfassen folgende Bereiche: Kriechen, Auflockerung (Dilatanz), Kriechbruch, spontaner Bruch, Permeabilität, Rißverheilung. Der zweifellos wichtigste Bereich ist das Kriech- und Kriechbruchverhalten, das in zahlreichen Untersuchungen behandelt wird.

Es reicht jedoch nicht aus, sich ausschließlich auf Experimente zu stützen, denn eine zufriedenstellende Beschreibung der mechanischen Eigenschaften und ihre zuverlässige Extrapolation auf lange Zeiten sowie auf Belastungsbereiche, die der Messung im Labor nicht zugänglich sind, ist nur dann möglich, wenn die physikalisch wirksamen mikroskopischen Verformungsmechanismen bekannt sind und in die Stoffgesetze integriert werden können. Hierbei bilden die vielen Ergebnisse aus den Werkstoffwissenschaften eine wichtige Grundlage.

Historisch gesehen wurden zunächst empirische Funktionen für das Kriechen von Steinsalz entwickelt, da die Experimentatoren interessiert waren, mathematische Formeln zu haben, die ihre Kriechdaten repräsentieren. Die begrenzten Versuchsdaten, die damals zur Verfügung standen, konnten bequem – wenn auch mit unterschiedlichen mathematischen Ansätzen – angepaßt werden. Selbst heute haben Stoffgesetze, unabhängig vom Rigorismus ihres theoretischen Ursprungs, in gewissem Umfang empirische Anteile, vor allem wegen der Schwierigkeit, die notwendigen Stoffparameter aus fundamentalen Größen (wie thermodynamische Grundregeln, Gefügedaten, Kristallgitterdefekte etc.) abzuleiten.

Auf dieser Grundlage lassen sich wichtige, von der Öffentlichkeit immer wieder gestellte Fragen zur Eignung von Salzstöcken beantworten (vgl. Kasten 7.6).

Szenarienanalyse

Das Verhalten des Wirtsgesteins im Nah- und im Fernfeld des Endlagers spielt auch in der Szenarienanalyse eine wesentliche Rolle. In der Szenarienanalyse werden, ausgehend von der Beschreibung des heutigen Zustands des Systems „Endlager", Ereignisse und Prozesse betrachtet, die für sich und in ihrer Kombination untereinander das Multibarrierensystem beeinflussen können.

Die Zusammenhänge bei der Durchführung einer Szenarienermittlung und -analyse für einen Salzstock sind äußerst komplex. Eine Multi-Barriere für das System „Endlager" besteht aus den Teilbereichen

- Geotechnik/Geomechanik (Abfallfixierung, Behälter, Bohrloch, Versatz, Bergwerk, Schacht),
- Wirtsgestein (z. B. Salzstock) und
- Deckgebirge (Sedimentgestein, Lockergestein).

Dabei sind die Barrieren „Salzstock" und „Deckgebirge" von der Natur vorgegeben. Die Barriere „Geotechnik/Geomechanik" wird vom Menschen künstlich geschaffen.

Auf den heutigen, ursprünglichen Zustand der natürlichen Barrieren (Salzstock, Deckgebirge) wirken aufgrund geologischer Abläufe (exogene und endogene Dynamik) und der technischen Maßnahmen während der Erkundungs-, Errichtungs-, Betriebs- und Einlagerungsphase (anthropogene Dynamik) Ereignisse und Prozesse verändernd ein. Die sich nach der Einlagerungsphase ergebenden Zustandsänderungen der Multibarriere sind Ausdruck des Zusammenspiels verschiedenster Ereignisse und Prozesse, die zeitabhängig und damit fließend sind.

Die bisher erkennbaren Zustandsveränderungen lassen sich in fünf Szenariengruppen gliedern, die in ihrer zeitlichen Bedeutung unterschiedlich eingeordnet werden können:

- in geotechnische Szenarien,
- in hydrogeologische Szenarien,
- in klimatologische Szenarien,
- in geologische Szenarien,
- in extraterrestrische Szenarien.

Diese qualitative Vorgehensweise deckt sich mit der klassischen Arbeitsweise der Geologie. Beobachtungen an verschiedenen Lokalitäten und Situationen, wie sie heute vorliegen, werden miteinander verglichen. Darauf basierend werden Rückschlüsse auf die geologische Vergangenheit gezogen. In diesem Sinne gilt für die prognostische Geologie die Vergangenheit als der Schlüssel für die Zukunft. Unverzichtbar sind dabei verläßliche chronologische Daten und die Einordnung des Ablaufs von geologischen Prozessen in diesen Zeitablauf, ohne die ein reiner phänomenologischer Vergleich nicht aussagekräftig wäre.

Durch die Szenarienanalyse kann auch die Frage nach einer Gefährdung der Sicherheit eines Endlagers im Salzstock Gorleben durch zukünftige klimatische Entwicklungen der Erde beantwortet werden. Zwei gegensätzliche Entwicklungen sind denkbar.

Geologen schließen nicht aus, daß es innerhalb der kommenden 10 000 Jahre zu einer weiteren Eiszeit kommt. Dabei würde sich allmählich ein Dauerfrostboden ausbilden, der u. U. bis einige hundert Meter tief in den Untergrund reicht. Hierdurch würden die Grundwasserbewegungen auch in der Tiefe eingeschränkt und das bodenmechanische Verhalten der Lockersedimente geändert. Solch drastische klimatische Veränderungen hätten also eine den Grundwasseraustausch stark hemmende und damit für die Sicherheit des Endlagers günstige Wirkung. Eine weitere Erscheinung einer Inlandvereisung sind wasserführende Rinnensysteme unterhalb der Eismassen, die zu einer Auswaschung des Deckgebirges führen. Die Sedimentauflage über dem Salzstock Gorleben schließt eine solche Gefährdung nach heutigem Kenntnisstand aus.

Andererseits könnte es durch eine Erwärmung der Erdatmosphäre, z. B. durch den zusätzlichen anthropogenen Treibhauseffekt und ein dadurch verursachtes Abtauen der vereisten Polkappen, zu einem Anstieg des Meeresspiegels kommen, was zu einer Überflutung des Endlagerstandorts führen könnte. Dabei würde jedoch das als Antriebskraft der Grundwasserbewegung wirkende hydraulische Potential geringer werden, im Extremfall sogar völlig entfallen. Dies würde zu einer Verlangsamung oder Aussetzung der Ausbreitung von Stoffen mit dem Grundwasser führen.

Überwachung von Deponien und Altablagerungen

Der Grundwasserschutz erfordert, daß im Umfeld von Deponien und Altablagerungen die Grundwasserbeschaffenheit untersucht und gegebenfalls ihre Veränderung über die Zeit und den Raum beobachtet werden.

Die Grundwasserüberwachung gewährleistet die Sicherstellung von Daten zur Hydraulik und Hydrochemie des Grundwasserkörpers, die gegebenenfalls für die Beurteilung von Sanierungserfordernissen und Festlegung konkreter Maßnahmen herangezogen werden müssen. In Niedersachsen wird für Deponien gemäß Deponieüberwachungsplan WASSER (Dörhöfer *et al.* 1991) und für Altablagerungen gemäß Altlastenhandbuch (NLÖ und NLfB 1997) die Durchführung einer zonaren Grundwasserüberwachung empfohlen. Hierdurch soll die raumzeitliche Entwicklung einer Grundwasserkontamination handlungsauslösend sichtbar gemacht werden, wenn ausgewählte Indikatorsubstanzen bestimmte Grenzlinien überschreiten. Zu dieser Systematik gehören Überwachungsbrunnen mit zonenspezifischer Bedeutung.

Aus den (Grundwasser-)Anstrombrunnen (A-Brunnen in Abb. 7.18) der Altablagerung ist unbeeinflußtes Grundwasser zu fördern. Seine hydrochemische Charakterisierung dient der Erfassung von Grundkonzentrationen, die zur Beurteilung von kontaminierten Grundwasserproben im Deponieunterstrom subtrahiert werden müssen.

Die innere Überwachungszone (Zone 1) befindet sich im Grundwasserabstrom in unmittelbarer Deponienähe. Bei einem Grundwasserschadensfall sind per Beobachtungsbrunnen (B-Brunnen) in diesem Bereich die höchsten Kontaminationen zu erwarten. Diese Zone wird durch die sogenannte 200-Tage-Linie begrenzt. Sie repräsentiert die maximale horizontale Komponente der räumlich zu betrachtenden Bewegung eines von der An-

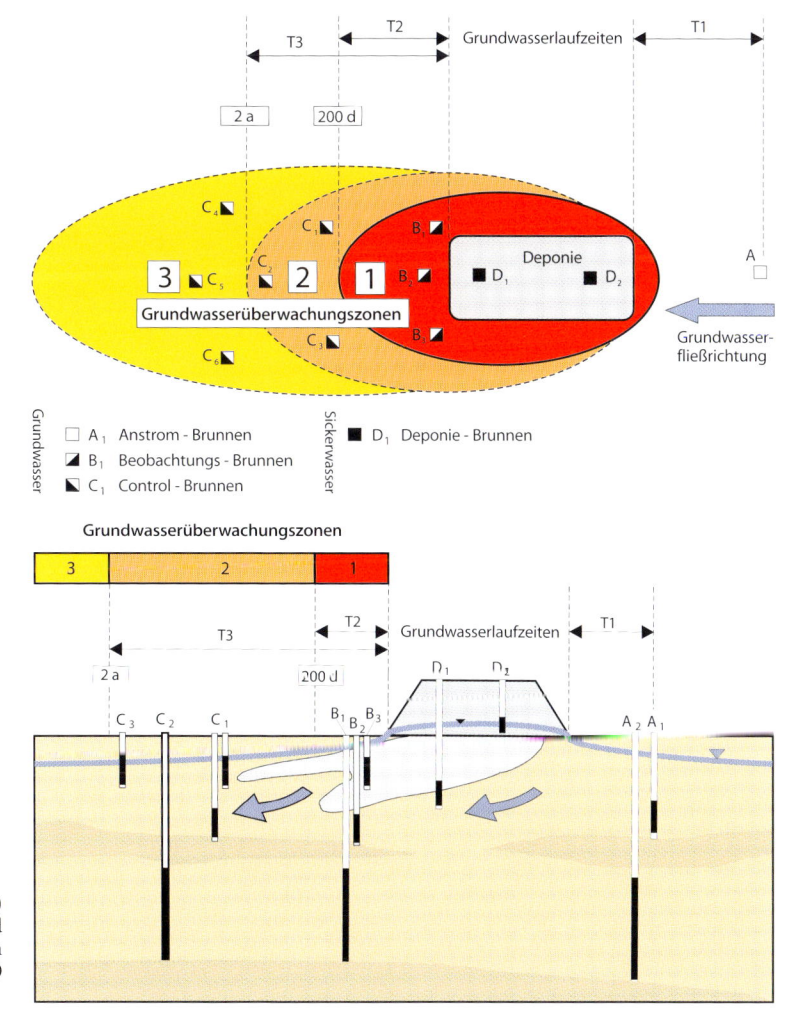

Abb. 7.18.
Prinzipskizze (*oben:* Aufsicht, *unten:* Schnitt) zur Festlegung von Überwachungszonen und -brunnen zur Grundwasserüberwachung an Deponien und Altablagerungen (nach NLÖ und NLfB 1997)

lage ausgehenden idealen Tracers, also eines definierten Stoffes der dem Grundwasser zugesetzt wird, nach 200 Tagen. Grundsätzlich unterliegen alle ausgetragenen Stoffe in spezifischem Umfang der Rückhaltung im Untergrund, so daß sich die Konzentrationsfronten gegenüber dem Grundwasser langsamer bewegen oder sogar stagnieren. Die nur hydraulisch festgelegte 200-Tage-Linie erlaubt jedoch, daß bei einer zweimalig pro Jahr erfolgenden Grundwasserbeprobung ein Austrag in Zone 2 erfaßt wird, der er sich trotz der vorsorgenden Annahme idealer Transportbedingungen dennoch nicht weit über die Grenzlinie hinausbewegt haben kann. Die innere Überwachungszone sollte in der Regel im Bereich des umzäunten Deponiegeländes und im Verfügungsbereich der verantwortlichen Institution liegen.

Durch die Kontrollbrunnen (C-Brunnen) sollen bereits erkannte Grundwasserkontaminationen in ihrem Ausmaß und ihrer Entwicklung erfaßt und kontrolliert werden. Sie befinden sich in der äußeren Überwachungszone (Zone II), die von der 2-Jahres-Linie umgrenzt wird.

Aufgaben Geologischer Dienste bei der Entwicklung einer nachhaltigen Entsorgung von Abfällen

Die Entwicklung eines tatsächlich nachhaltigen Entsorgungskonzeptes für Abfälle unterschiedlicher Art ist unter den gegebenen humiden klimatischen Bedingungen Mitteleuropas nur mit Einschränkungen möglich. Bei der Lagerung von Abfällen in bzw. auf den Gesteinen der Erdkruste muß die Kompatibilität des Systems Abfall-Gestein besonders beachtet werden. Grundsätzlich sind Ablagerungen in tiefen Schichten, d. h. fern der Biosphäre und außerhalb der Grundwasserleiter, gegenüber oberflächennahen zu bevorzugen. Wesentliche Beiträge der Geologischen Dienste zu den Problemen und Sachfragen, die sich bei der Deponierung von Abfällen ergeben, sind:

- Verfügbarmachung relevanter geowissenschaftlicher Flächen-, Raum- und Punktdaten zu den hydro- und ingenieurgeologischen Eigenschaften von Wirtsgesteinen;
- Einbindung von geowissenschaftlichen Daten in Standortfindungsprozesse;
- Beteiligung an Umweltverträglichkeitsprüfungen;
- Entwicklung von modernen Untersuchungsmethoden, die speziell auf die kleinräumigen Anforderungen des Umfeldes von Deponien zugeschnitten sind; hierzu gehören z. B. geophysikalische Methoden zur genauen Ortung von Störungen;
- Beurteilung des Verhaltens deponiebürtiger Stoffe im Untergrund, u. a. Quantifizierung und Prognose der natürlichen Stoffminderungsprozesse;
- Für die Beurteilung der Medien „Grundwasser" und „Boden" Bereitstellung von landesweit erhobenen Hintergrundwerten;
- Mitarbeit bei der Entwicklung von Systemen zur Beurteilung der Auswirkungen von Stoffen aus Abfallkörpern auf die belebte Umwelt und das Grundwasser;
- Beratung bei geotechnischen Aspekten im Zusammenhang mit Neuanlage, Erweiterung, Rekultivierung und Sanierung von Deponien;
- Integration von geowissenschaftlichem Know-how in Abfallmanagementsysteme;
- Mitarbeit bei der Erstellung von Regelwerken, Vorschriften und Gesetzen.

Forderungen der Geowissenschaftler an die Regelungsbehörden beinhalten:

- wesentliche Verstärkung der Bemühungen um Abfallvermeidung und Wiederverwertung, da geeignete Verbringungsräume immer knapper werden;
- weitgehenden Verzicht auf die obertägige Ablagerung auslaugungsfähiger Abfälle;
- Verzicht auf die Lagerung toxischer Stoffe im Bereich der Biosphäre;
- Deponierung ausschließlich langzeitig stabiler und inerter Abfälle einheitlicher und damit prognosefähiger Beschaffenheit;
- strikte Beachtung der Anforderungen an die Barriereeigenschaften von Gesteinen bei der Standortauswahl.

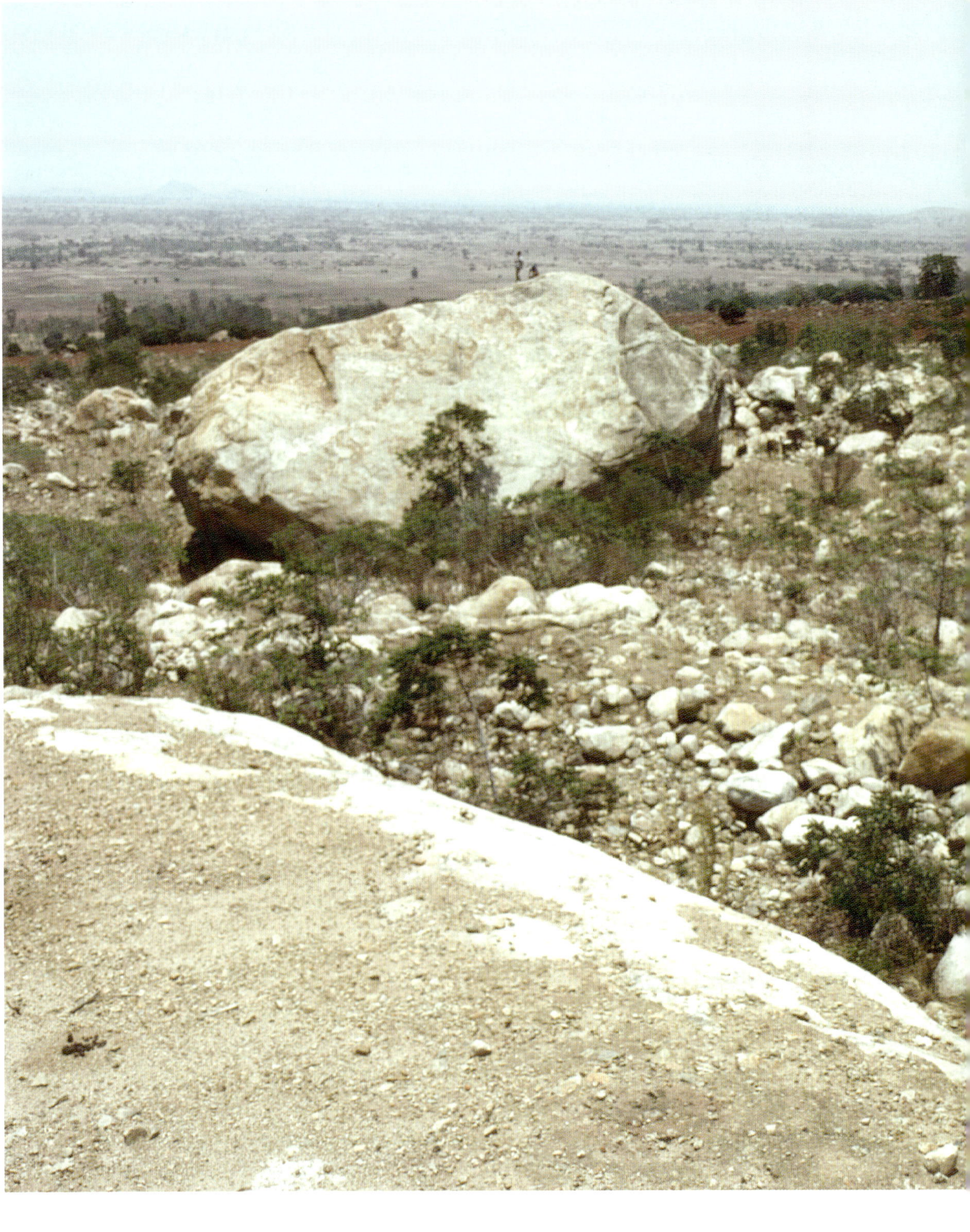

8 Georisiken

Kleine und große Unsicherheiten

Selbst in Deutschland – einem relativ kleinen und geologisch gesehen recht ruhigen Teil der Welt – ist die Bevölkerung durch Naturgefahren bedroht. Zwar spielen hier Erdbeben eher eine untergeordnete und Vulkanausbrüche in geschichtlicher Zeit gar keine Rolle, aber in den vergangenen Jahren haben viele Menschen an Rhein und Oder die katastrophalen Auswirkungen von Hochwasser erlebt. Schwere Stürme können Sturmfluten erzeugen, Dächer abdecken, Bäume entwurzeln und so zu einer Gefahr für Menschen, Hab und Gut werden. Bei ungenügender Kenntnis des Untergrundes können Hangrutschungen und Bergstürze Tunnelein- und -ausgänge oder Straßen unpassierbar machen, aber auch Bauwerke in Wohngebieten gefährden.

Mit solchen natürlichen Gefahren mußten die Menschen schon immer leben. Die zunehmende Bevölkerungsdichte und die damit verbundene dichtere Bebauung auch geologisch instabiler Regionen führen aber dazu, daß der Anteil der von diesen Naturgewalten Betroffenen zunimmt. Naturkatastrophen können nicht verhindert werden. Durch vorbeugende Maßnahmen können aber ihre Auswirkungen auf die Menschen in den jeweiligen Regionen zukünftig weiter vermindert werden.

◀ **Abb. 8.1.**
Hinterlassenschaft einer Großmure, die in Malawi (Südost-Afrika) nach tagelangen Regenfällen ein Dorf überrannte und Blöcke von bis zu Doppelhausgröße mit sich führte (zwei Hirtenjungen auf dem Block als Größenvergleich)

Das Gefährdungspotential natürlicher Vorgänge

Gefahrenquellen

Das Verhältnis des Menschen zu Umwelt und Natur ist heutzutage im wesentlichen durch zwei Sachverhalte geprägt. In den vergangenen Jahren haben die Menschen erkennen müssen, daß Umwelt und Natur weltweit zu schützende Güter sind. Als Folge einer in wenigen Jahrzehnten enorm gesteigerten technischen, ökonomischen und damit ressourcenverzehrenden und abfallproduzierenden Entwicklung wird die Bevölkerung mit verseuchten Böden, verschmutztem Wasser und einem ausgedünnten Schutzschild gegen zuviel Sonnenstrahlung konfrontiert. Demgegenüber werden die Menschen in bestimmten Regionen der Erde immer wieder durch natürliche Vorgänge gefährdet, deren latente Energie durch Technik nicht beherrscht werden kann. Menschen erleiden Schaden, werden verletzt oder sogar getötet. Wertvolle Güter und Einrichtungen werden vernichtet, oder es werden durch Ausfälle der Infrastruktur die wirtschaftlichen und sozialen Funktionen beeinträchtigt. Je nach Art und Umfang der Katastrophe ist der Schaden entsprechend groß und kann lokal direkte, aber auch global indirekte Auswirkungen haben.

Weltweit waren in den vergangenen fünf Jahren ca. 15 % der Erdbevölkerung von Naturkatastrophen betroffen. Der weitaus größere Anteil waren dabei Hochwasserkatastrophen und Hangrutschungen (Tabelle 8.1). Dies trifft durchaus auch für Deutschland zu. An dieser Stelle sei an das erst kurz zurückliegende Oder-Hochwasser erinnert, das 1997 in Polen, Tschechien und Deutschland zu großen Schäden geführt hat. Durch extreme Hilfseinsätze und eine Portion Glück konnte in der betroffenen deutschen Region gerade noch Schlimmeres verhütet werden. Bei Hochwassergefahr ist speziell die Existenz und Stabilität von Schutzdeichen von ausschlaggebender Bedeutung. Neben anderen Faktoren kommt es hier auf die Festigkeit des Untergrundes an, auf dem sie errichtet sind.

Ein anderes Ereignis, das etwas länger zurückliegt, führte uns in Mitteleuropa unsere Verletzlichkeit auch hinsichtlich des Erdbebenrisikos vor Augen. Das Erdbeben von Roermond am 13. April 1992 mit einer Stärke von $M_s = 5{,}2$ (Oberflächenwellenmagnitude) hatte seine Quelle in einer Tiefe von ca. 20 km. Mindestens 50 Personen wurden verletzt. Die Sachschäden im Bereich der dicht besiedelten und hochindustrialisierten Niederrheinischen Bucht wurden auf ca. 180 Mio. DM geschätzt. Dabei handelte es sich in erster Linie um Gebäudeschäden. Industrieanlagen mußten nur in Einzelfällen vorübergehend abgeschaltet werden. Dies ist natürlich nicht so spektakulär wie das Erdbeben von Kobe (Japan) am 17. Januar 1995 mit einer Magnitude von $M_s = 6{,}9$. Es veranschaulicht uns aber das Risiko und die

Tabelle 8.1. Anzahl der von Naturkatastrophen betroffenen Personen für 1993–1997, nach Regionen aufgeteilt (Daten entstammen der WMO)

Region	Hochwasser und Hangrutschung	Starkwinde und Wirbelstürme	Erdbeben und Tsunamis	Vulkane
Sub-Sahara	1 503 427	6 320	50 000	1 300
Nordafrika	170 661	12 950		
AFRIKA	*1 674 088*	*6 320*	*62 950*	*1 300*
Zentralamerika	394 822	261 953	208 287	375 700
Karibik	891 597	1 796 898	7 000	6 000
Lateinamerika	1 056 758	641 500	87 972	67 340
Nordamerika	64 190	644 000		
AMERIKA	*2 407 367*	*3 344 351*	*303 259*	*449 040*
Ostasien	482 274 090	49 225 464	1 484 800	64 630
Südasien	274 531 636	1 070 000	203 880	
Südostasien	18 421 049	22 232 810	365 947	829 271
Westasien	18 000	50 000	7 000	
ASIEN	*775 244 775*	*72 578 274*	*2 061 627*	*893 901*
EU	380 100	2 000	15 000	7 000
anderes Europa	2 404 349	962	535 000	
EUROPA	*2 784 449*	*2 962*	*550 000*	*7 000*
OZEANIEN	*119 248*	*2 872 000*	*15 000*	*106 070*
WELT	*782 229 927*	*78 803 907*	*2 992 836*	*1 457 311*

möglichen Auswirkungen auch in Deutschland und den Nachbargebieten, selbst wenn hier Eintrittswahrscheinlichkeit und Stärke in der Regel nicht so hoch sind. Die Verteilung von historischen Erdbeben (800–1993) in Deutschland ist in Abb. 8.2 dargestellt. Deutlich treten die Konzentrationen längs des Rheingrabens und des Alpenrandes sowie im Bereich der Schwäbischen Alb und des Vogtlandes hervor.

Zu den Georisiken im engeren Sinne gehören weiterhin Baugrundinstabilitäten, Erdfälle, Hangrutschungen, Muren, Schlammströme und der Vulkanismus. Letzterer stellt in Deutschland heutzutage nur bedingt ein Risiko dar, da unser Landesgebiet nicht den daueraktiven Zonen zuzurechnen ist. Allerdings durchzieht die Bundesrepublik knapp nördlich des Mains etwa in Ost-West-Richtung vom Eger-Graben östlich von Bayreuth in Tschechien bis in die Vulkaneifel westlich von Koblenz ein Gürtel, in dem zu unterschiedlichen Perioden seit etwa 60 Mio. Jahren bis in die vorgeschichtliche Zeit vulkanische Aktivität herrschte. Die jüngsten vulkanischen Gesteine des Laacher-See-Gebietes wurden in mehreren Schüben erst vor ca. 11 000 Jahren ausgeworfen. Geologisch gesehen ist das ein sehr junges Alter, und es ist bekannt, daß Vulkanismus auch nach langen Zeiten der Inaktivität wieder aktiv werden kann.

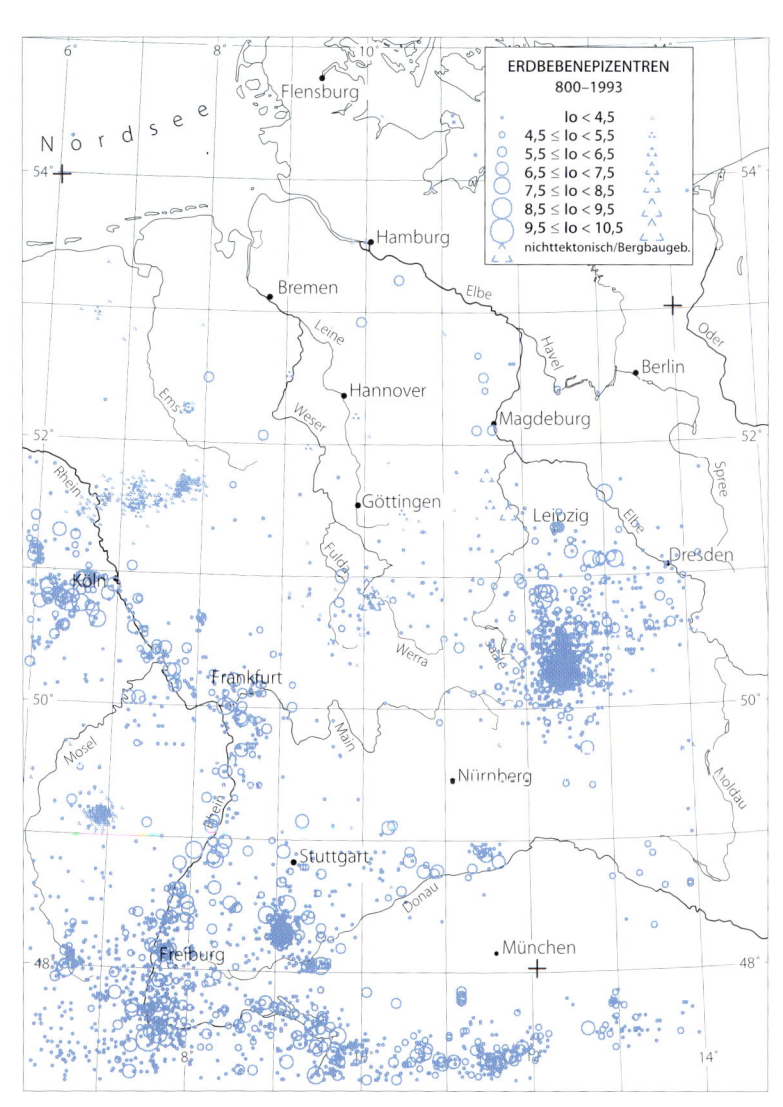

Abb. 8.2.
Karte der Erdbebenepizentren in der Bundesrepublik Deutschland mit Randgebieten für die Jahre 800 bis 1993. Io = (makroseismische) Epizentralintensität; z. B. bedeutet Io < 4,5 von „nicht verspürt" bis „Intensität IV" (Leydecker 1998)

In Deutschland drohen Gefahren vor allem durch Hangrutschungen, Erdfälle und Baugrundinstabilitäten (vgl. Abb. 8.1). Sie werden durch die geologischen Verhältnisse im flacheren Untergrund verursacht, die sich durch entsprechende Untersuchungen recht genau erfassen lassen. Sie stehen meist direkt mit menschlichen Aktivitäten im Zusammenhang, so daß man sich im Gegensatz zu den anderen Risiken gegen diese Phänomene gut wappnen kann. Mit Gefährdungskarten können diese Zonen ausgewiesen und für eine Bebauung gesperrt oder mit entsprechenden Sicherheitsauflagen versehen werden. Ohne systematisches und konsequentes Vorgehen sind allerdings große Schäden nicht auszuschließen.

Vorhersagemöglichkeiten und Schutzmaßnahmen

Prinzipiell hat man es mit einem Vorhersageproblem zu tun, bei dem Ort, Zeit, Mechanismus und Intensität des Schaden erzeugenden Ereignisses zu ermitteln sind. Je nach Phänomen sind diese Größen mit recht unterschiedlichen Unsicherheiten bestimmbar. Bei den Erdbeben ist das Vorhersageproblem besonders schwierig. Hier sind sich die Experten einig, daß eine Vorhersage im klassischen Sinne nicht möglich ist, da unmöglich alle relevanten Bestimmungsgrößen selbst bei noch so sorgfältigem und hochauflösendem Arbeiten in Erfahrung gebracht werden können (vgl. hierzu Kap. 9). Dennoch ist auch hier die Situation nicht aussichtslos, wenn man sich auf das Machbare einstellt.

Beim Vulkanismus sind die potentiellen Eruptionskanäle lagemäßig sehr gut bekannt. Auch die sogenannten Vorläuferphänomene, deren Rolle bei den Erdbeben sehr zweideutig oder zu kurzfristig ist, sind besser nutzbar. Fehlinterpretationen sind aber bisher auch hier nicht völlig ausgeschlossen. Letztendlich spielen sehr viele Faktoren eine Rolle, deren zufällige negative Verknüpfung verheerende Folgen haben kann. Beim Oderhochwasser trafen zwei aufeinanderfolgende Tiefdruckgebiete, die in kritischen Einzugsgebieten der Oder abregneten, mit Effekten der Flußbegradigung zusammen.

Welche Vorhersagemöglichkeiten gibt es? Das Georisiko setzt sich aus zwei Hauptfaktoren zusammen: der Eintrittswahrscheinlichkeit eines Ereignisses, mit einer bestimmten Intensität an einem bestimmten Ort stattzufinden, und der Anfälligkeit der Menschen, Gebäude und Einrichtungen, an ihrem jeweiligen Ort von diesem Ereignis schädigend betroffen zu werden (nach UNESCO-Definition *georisk = geo hazard × vulnerability*). Die Eintrittswahrscheinlichkeiten (geo hazard) können regional durch die Untersuchung historischer Ereignisse und der besonderen geologischen, strukturellen und tektonischen Bedingungen mit einem gewissen Sicherheitsspielraum bestimmt werden. Die „Vulnerabilität" oder Verletzlichkeit einer Region läßt sich z. B. durch die Bevölkerungsdichte und die vorhandenen Einrichtungen, deren physikalische und bautechnische Eigenschaften oder in manchen Fällen einfach durch ihren kostenmäßigen Wert erfassen. Auf diese Weise läßt sich prinzipiell für jede Region das zugehörige Georisiko, bezogen auf die jeweilige Ereignisart, ausweisen. So können dann gefährdete Bereiche gemieden oder die Bauten – und damit die durch sie gefährdeten Menschen – durch geeignete Maßnahmen abgesichert werden.

Die Beurteilung des Georisikos beruht jedoch auf Wahrscheinlichkeiten und Statistik. Das tatsächlich eintreffende Ereignis kann ganz anders aussehen. Erdbebensichere Bauweise gilt beispielsweise immer nur bis zum jeweils verwirklichten Grad. Ein Erdbeben, das mehr Energie freisetzt als vorausberechnet, läßt sie wirkungslos werden. Immerhin liefert die Statistik für die betroffenen Regionen recht brauchbare Anhaltspunkte. Zumindest in solchen bewohnten Gebieten, in denen Katastrophen mit größerer Intensität häufiger auftreten, ist jedoch ein weiteres Instrument erforderlich, um vor allem Menschenleben zu schützen. Geeignete Monitoring- und Warnsysteme können, wenn von der Infrastruktur alles vorbereitet und vorhanden ist, die Schäden bevorstehender Katastrophen erheblich mindern.

Nach Angaben der Münchner Rückversicherung haben sich seit den 60er Jahren die volkswirtschaftlichen Schäden durch Georisiken, denen die unterschiedlichsten Ursachen zugrunde liegen, weltweit etwa verachtfacht. Allen Georisiken ist gemeinsam, daß sie den Menschen selbst an Leben oder körperlicher Unversehrtheit bedrohen und/oder finanziellen Schaden bedeuten. Dies gilt für den Einzelnen ebenso wie für die Gemeinschaft, je nach Größe des eingetretenen Falles. Georisiken dürfen daher nicht unter wirtschaftlichen Gesichtspunkten betrachtet werden. Ihre Beobachtung und Untersuchung sowie die Entscheidung für notwendige Gegenmaßnahmen – die zudem unter den Vor- und Fürsorgeauftrag des Staates fallen – erfordern vielmehr eine langfristige Kontinuität. Zur Vorbeugung, Vermeidung oder Milderung der hier behandelten möglichen Katastrophenfälle sind sowohl auf der Planungs- und Entscheidungsebene als auch bei Handlungsbedarf im aktuellen Fall vor allem geowissenschaftliche Kenntnisse und Erfahrungen erforderlich. Aus diesen Gründen sind die entsprechenden Aufgaben und Arbeiten bei den jeweiligen staatlichen Institutionen und Geologischen Diensten angesiedelt.

Um die Verfahren zur Vorbeugung von Schäden durch Georisiken effektiv verwirklichen zu können, ist intensive Grundlagenforschung notwendig. Viele Mechanismen und Prozesse für die natürlichen Auslöser von Georisiken sind noch nicht vollständig verstanden. Deren Kenntnis ist nötig, um daraus die richtigen Schlußfolgerungen ziehen und Vorkehrungen treffen zu können. Umgekehrt erwachsen aus der Praxis teilweise Fragestellungen, die eine entsprechende methodische Untersuchung initiieren.

Angesichts des globalen Bevölkerungswachstums und der weltweit zunehmenden Anzahl von Schadensfällen wurde 1989 von den Vereinten Nationen die Internationale Dekade zur Reduzierung natürlicher Gefahrenpotentiale (IDNDR, International Decade for Natural Disaster Reduction) ausgerufen.

Fernwirkungen von Georisiken

Es gibt gute Gründe, sich bei den Arbeiten zu Georisiken nicht nur auf Deutschland zu beschränken. Globalisierung ist nicht nur ein Schlagwort. Geologische und tektonische Prozesse machen nicht an Landesgrenzen halt. Dies hat in den Geowissenschaften zu einer langen Tradition internationaler Kooperation und gemeinsamen Projekten geführt, die sich letztlich mit dem enormen Wissensanstieg seit etwa den 60er Jahren ausgezahlt haben.

Erdbeben und Vulkanismus werden von den sogenannten endogenen Kräften angetrieben. Global werden dadurch die ozeanischen und kontinentalen Platten der Erdkruste in Bewegung gesetzt. An ihren mobilen Verbindungsstellen wird seismische Energie freigesetzt, und in bestimmten Bereichen tritt Vulkanismus auf (Kasten 8.1). Von unseren europäischen Nachbarn sind in erster Linie die Mittelmeerländer von Erdbeben und Vulkanismus bedroht. In Tabelle 8.2 sind die stärksten Erdbeben in geschichtlicher Zeit sowie in Tabelle 8.3 zerstörerische Erdbeben der letzten 10 Jahre mit der geschätzten Anzahl der Todesopfer aufgelistet. Süditalien taucht hier allein viermal auf.

Auswirkungen großer Vulkanausbrüche und starker Erdbeben sind oftmals nicht auf die Region beschränkt, in der diese Naturereignisse geschehen. Erdbeben mit einem Herd unter dem Meer oder in Küstennähe können große Flutwellen (Tsunamis) hervorrufen. An den Küsten, auf die sie treffen, können diese ihrerseits große

Tabelle 8.2. Die nach der Höhe der Todesopfer zerstörerischsten Erdbeben der Menschheitsgeschichte (nach USGS National Earthquake Information Center, Stand 1997)

Ort	Jahr	Magnitude	Todesopfer	Bemerkungen
China, Shansi	1556		830 000	
Indien, Kalkutta	1737		300 000	
China, Tangshan	1876	8,0	255 000	Offiziell angegebener Schaden, geschätzte Todesopfer mindestens 655 000
Syrien, Aleppo	1138		230 000	
China, nahe Xining	1927	8,3	200 000	Große Bruchspalten
Iran, Damghan	856		200 000	
China, Gansu	1920		200 000	Große Bruchspalten
Iran, Ardabil	893		150 000	
Japan, Kwanto	1923	8,3	143 000	Großes Tokyo-Feuer
Italien, Messina	1908	7,5	70 000–100 000 (geschätzt)	Todesfälle sowohl durch das Erdbeben als auch durch Tsunami
China, Chihli	1290		100 000	
Kaukasus, Shemakha	1667		80 000	
Iran, Täbris	1727		77 000	
Portugal, Lissabon	1755	8,7	70 000	Große Tsunami
China, Gansu	1932	7,6	70 000	
Peru	1970	7,8	66 000	530 000 US $ Schaden, große Gesteinsrutschungen, Flutwellen
Kleinasien, Silicia	1268		60 000	
Italien, Sizilien	1693	7,5	60 000	
Pakistan, Quetta	1935		30 000– 60 000	Quetta fast vollständig zerstört
Italien, Kalabrien	1783		50 000	
Iran	1990	7,7	50 000	Hangrutschungen

Tabelle 8.3. Zerstörerische Erdbeben der letzten Jahre

Ort	Jahr	Magnitude	Todesopfer	Verletzte	Geschätzter Schaden [Mio. ECU]
Armenien, Spitak	1989	6,8	25 000	18 000	12 000
Kalifornien, San Andreas	1989	7,1	62	3 000	20 000
Iran	1990	7,7	36 000	–	–
Kalifornien, Northridge	1994	6,7	61	3 000	15 000
Japan, Kobe	1995	7,2	6 300	40 000	100 000
Rußland, Sachalin	1995	7,5	2 500	–	20

Verwüstungen anrichten und Menschenleben kosten, wie Mitte 1998 an der Nordküste von Papua Neuguinea geschehen.

Werden durch eine große Vulkaneruption viele Aschepartikel (Aerosole) in die Atmosphäre geschleudert, verursachen sie signifikante Temperaturveränderungen. Steigen die Aerosole in die Stratosphäre auf, können sie eine starke Abkühlung der Polargebiete und dadurch eine Verstärkung des stratosphärischen Polarwirbels verursachen. Solche verstärkten Polarwirbel führen auf der Nordhemisphäre zu verspäteten Frühjahrserwärmungen. In die Zeit der sogenannten „Kleinen Eiszeit" vom 17. bis 19. Jahrhundert, in der es immer wieder zu schlechten Ernten und schwierigen wirtschaftlichen Situationen kam, fallen einige große Vulkaneruptionen (Vesuv 1631, Raung 1638, Merapi 1672, Papandajan 1772, Laki 1783, Tambora 1815, Galunggung 1822, Krakatau 1883). Große Vulkanausbrüche wie die des Krakatau, des El Chicón 1982 und des Pinatubo 1991 bescheren uns aber auch die farbigen, roten bis violetten Dämmerungserscheinungen.

Es sind jedoch nicht allein die weitreichenden geologischen Ursachen, die Methodenforschung mit internationalen Aktivitäten erforderlich machen. Die Arbeiten Deutschlands im Vorfeld und die Milderung der Katastrophenfälle weltweit zahlen sich mehr oder weniger direkt aus: Erstens, weil die Anforderungen an die internationale Hilfsgemeinschaft um so höher sind, je schlimmer sich eine Katastrophe auswirkt, und zweitens, weil sich mit den weltweit enger werdenden Geschäftsbeziehungen in den meisten Fällen auch negative Rückwirkungen auf die deutsche und europäische Wirtschaft ergeben. Das schlimmste Szenario dieser Art wurde mit einem Erdbeben im Bereich Tokyos hypothetisch durchgespielt, das unter den gegenwärtigen Gegebenheiten ein Desaster für die Weltwirtschaft nach sich ziehen würde.

Erdbeben – das schwer abwägbare Risiko

Erdbeben gehören zweifellos zu den Naturkatastrophen, die dem Menschen seit jeher als etwas äußerst Bedrohliches erscheinen, dem er sich hilflos ausgeliefert fühlt. Im Gegensatz zu anderen häufiger erlebten großen Naturkatastrophen, wie Überschwemmungen, Feuerstürme, Hagel und Dürre, die zumeist witterungsbedingt erklärbar sind und gegen die man in gewissem Umfang Vorkehrungen treffen kann, überraschen Erdbeben wegen ihrer Plötzlichkeit und ihrer, trotz kurzer Dauer, alles erfassenden Erschütterungs- bzw. Zerstörungsfähigkeit. Ein weiterer Grund für die Sonderstellung, die Erdbeben zumindest in unseren Regionen einnehmen, ist die Seltenheit ihres Auftretens mit oft weniger als einem starken Ereignis je Generation (z. B. Abb. 8.3). So verblassen mit der Zeit die Erinnerung an Angst und Schrecken, und die Notwendigkeit von Schutzmaßnahmen gerät in Vergessenheit.

Von einer verläßlichen Erdbebenvorhersage im klassischen Sinn – Angabe von Ort, Zeitpunkt und Stärke mit genügend kleinen Schwankungsbreiten – ist die Seismologie noch weit entfernt, falls dieses Ziel aufgrund der prinzipiellen Unsicherheiten in der Vielzahl der Einflußgrößen überhaupt erreicht werden kann (vgl. Kap. 9). Deshalb konzentrieren sich die gegenwärtigen Bemühungen darauf, das Auftreten von Erdbeben in Raum und Zeit zu erfassen und auf statistischer Basis Wahrscheinlichkeiten des Eintretens von Beben bestimmter Stärke an einem vorgegebenen Ort in engen Grenzen angeben zu können. Mit Hilfe von Modellen, die das zeitliche Auftreten von Erdbeben in einer Region nachbilden, werden Wiederkehrperiode und Stärke berechnet. Basierend auf diesen Erkenntnissen können dann durch konstruktive Bauvorschriften die Schadenswirkungen von Erdbeben verhindert bzw. abgemildert werden.

Abb. 8.3. Beim oberschwäbischen Beben am 27. Juni 1935 (Epizentralintensität VII–VIII) wurde das Giebelfeld aus dem Turm der Kirche in Kappel bei Buchau herausgebrochen (*links*). Die herabstürzenden Bauteile durchschlugen Dach und Zwischendecke des Kirchenschiffs und verwüsteten den Innenraum (*rechts*). Glücklicherweise entstand nur Sachschaden, da sich zur Zeit des Erdbebens keine Menschen in der Kirche aufhielten (*Fotos:* R. Löscher, Buchau; Prof. G. Schneider, Institut für Geophysik der Universität Stuttgart, überließ freundlicherweise die beiden Fotos)

Historische Erdbebenkataloge

Voraussetzung für statistische Abschätzungen der Erdbebengefährdung sind – neben Kenntnissen der geologischen Entwicklung und der tektonischen Verhältnisse – Erdbebenkataloge, die das seismische Geschehen eines weiträumigen Gebietes möglichst vollständig über große Zeiträume erfassen. Der durch Beobachtungen mit modernen Seismometern abgedeckte Zeitraum ist für die Erforschung der Erdbebentätigkeit jedoch zu kurz. Hier setzt die historische Erdbebenforschung an. Schriftliche Zeugnisse in Chroniken, Zeitungen, wissenschaftlichen Zusammenstellungen von Naturereignissen usw. über die Wirkung von Erdbeben werden gezielt gesammelt.

Zur quantitativen Bewertung der wörtlichen Schilderungen benutzt man die zwölfteilige makroseismische Intensitätsskala (Tabelle 8.4). Sie beschreibt die Wirkung von Erdbeben auf Menschen, Bauwerke und Landschaft. Damit ist es möglich, sowohl Beben aus vorinstrumenteller Zeit als auch neuzeitliche Beben einheitlich in ihrer Wirkung zu charakterisieren und so den Beobachtungszeitraum der Erdbebentätigkeit quantitativ weit in die Vergangenheit auszudehnen. Der Intensitätsgrad verleiht einer qualitativen Beschreibung eine Quantität. Zur Hervorhebung der besonderen Natur dieser Intensitätszahlen schreibt man sie häufig in römischen Ziffern und läßt eine höchstens halbgradige Abstufung zu.

Tabelle 8.4. Kurzform der zwölfteiligen makroseismischen Intensitätsskala MSK-1964

Intensität	Beobachtungen
I	Nur von Erdbebeninstrumenten registriert
II	Nur ganz vereinzelt von ruhenden Personen wahrgenommen
III	Nur von wenigen verspürt
IV	Von vielen wahrgenommen. Geschirr und Fenster klirren
V	Hängende Gegenstände pendeln. Viele Schlafende erwachen
VI	Leichte Schäden an Gebäuden, feine Risse im Verputz
VII	Risse im Verputz, Spalten in den Wänden und Schornsteinen
VIII	Große Spalten im Mauerwerk, Giebelteile und Dachgesimse stürzen ein
IX	An einigen Bauten stürzen Wände und Dächer ein. Erdrutsche
X	Einstürze von vielen Bauten. Spalten im Boden bis 1m Breite
XI	Viele Spalten im Boden, Bergstürze
XII	Starke Veränderungen an der Erdoberfläche

Tabelle 8.5. Historische Erdbebenkataloge für Deutschland und angrenzende Gebiete (Leydecker 1986, 1998; Grünthal (1988); van Gils und Leydecker 1991; Shebalin und Leydecker 1997; Shebalin et al. im Druck)

Gebiete	Zeitraum
Bundesrepublik Deutschland mit Randgebieten (wird ständig aktualisiert); für Schadenbeben	800–1993 800–1997
EU-Europa (Stand 1990) mit Schweiz und Österreich	500 v. Chr.–1981
Zentral- und Südost-Europa	342 v. Chr.–1990
Gebiet der früheren Sowjetunion	500 v. Chr.–1988

Die Magnitude eines Bebens wird aus den mit hochempfindlichen Instrumenten erfaßten wahren Bodenbewegungen bestimmt (vgl. Kasten 9.6). Sie ist eine objektive Größe für die im Erdbebenherd abgestrahlte seismische Energie. Zwischen Magnitude und Energie besteht ein logarithmischer Zusammenhang. Deshalb bedeutet die Erhöhung der Magnitude um 1 eine 30fach größere Energie. Aus den Registrierungen von Seismometern lassen sich u. a. Herdzeit, Hypozentrum – geographische Koordinaten, Herdtiefe – und Magnitude berechnen; sie stellen ebenso wie die aus makroseismischen Beobachtungen gewonnenen Größen Epizentralintensität, Isoseistenradien und Schütterradius wichtige, das Erdbeben charakterisierende Parameter dar.

Die Charakterisierung historischer und neuzeitlicher Beben und die Zusammenstellung aller Erdbebenparameter in standardisierter Form führen zu nationalen Erdbebenkatalogen in computerlesbarem Format. So wurde in den vergangenen 20 Jahren der Erdbebenkatalog für das Gebiet der Bundesrepublik Deutschland mit Randgebieten ab dem Jahre 800 bis heute entwickelt. Darüber hinaus wurden in internationaler Zusammenarbeit verschiedene Kataloge historischer und neuzeitlicher Erdbeben erstellt (Tabelle 8.5), mit denen eine Datenbasis zur Verfügung steht, die sowohl einen schnellen Überblick über die langzeitliche Seismizität großräumiger Regionen ermöglicht als auch mit den Daten der letzten 30 Jahre detailliert Auskunft über das seismische Geschehen eng begrenzter Gebiete gibt.

Die beiden Epizentrenkarten Deutschlands (Abb. 8.2 und 8.4) zeigen deutlich die regional sehr unterschiedliche Erdbebentätigkeit in unserem Land. Die Karte in Abb. 8.2 enthält alle Beben des Katalogs für den Zeitraum 800–1993, die Karte in Abb. 8.4 nur die Schadenbeben aus den Jahren 800–1997 ab Intensität VI–VII (vgl. auch Tabelle 8.6). In Abb. 8.4 sind die Gebiete erhöhter Seismizität besonders gut erkennbar: Alpennordrand, Bodenseegebiet, Oberrheingraben, Schwäbische Alb, Mittelrheingebiet und Niederrheinische Bucht, Vogtland mit seinen Bebenschwärmen, Region um Gera und Leipziger Bucht. Die nichttektonischen Schadenbeben sind durch Bergbau verursachte Gebirgsschläge. Durch die jüngst durchgeführte Einteilung der Bundesrepublik Deutschland in erdbebengeographische Einheiten können die Erdbeben automatisch einer dieser Regionen zugeordnet werden.

Ein historischer Erdbebenkatalog ist kein abgeschlossenes Werk. In seinem neuzeitlichen Teil muß er ständig aktualisiert werden, in seinen historischen Teil sind die jeweils neuesten Forschungsergebnisse und Erkenntnisse aufzunehmen. Alle diese Veränderungen sind zu dokumentierten. Für den deutschen historischen Erdbebenkatalog hat die BGR diese Aufgabe in enger Zusammenarbeit mit Universitäten und Forschungseinrichtungen, die in der Erdbebenforschung tätig sind, übernommen.

Abschätzung der seismischen Gefährdung

Bisher ist in keinem einzigen Fall eine Erdbebenvorhersage gezielt erreicht worden. Viele Seismologen sind sogar der Meinung, daß eine Erdbebenvorhersage mit genauer Angabe von Zeit, Ort und Erdbebenstärke aus prinzipiellen Gründen unmöglich sei. Zur Gefahrenabwehr durch Erdbebenerschütterungen müssen deshalb andere, erfolgversprechendere Strategien eingesetzt werden. Eine bewährte Methode ist es, Bauwerke mög-

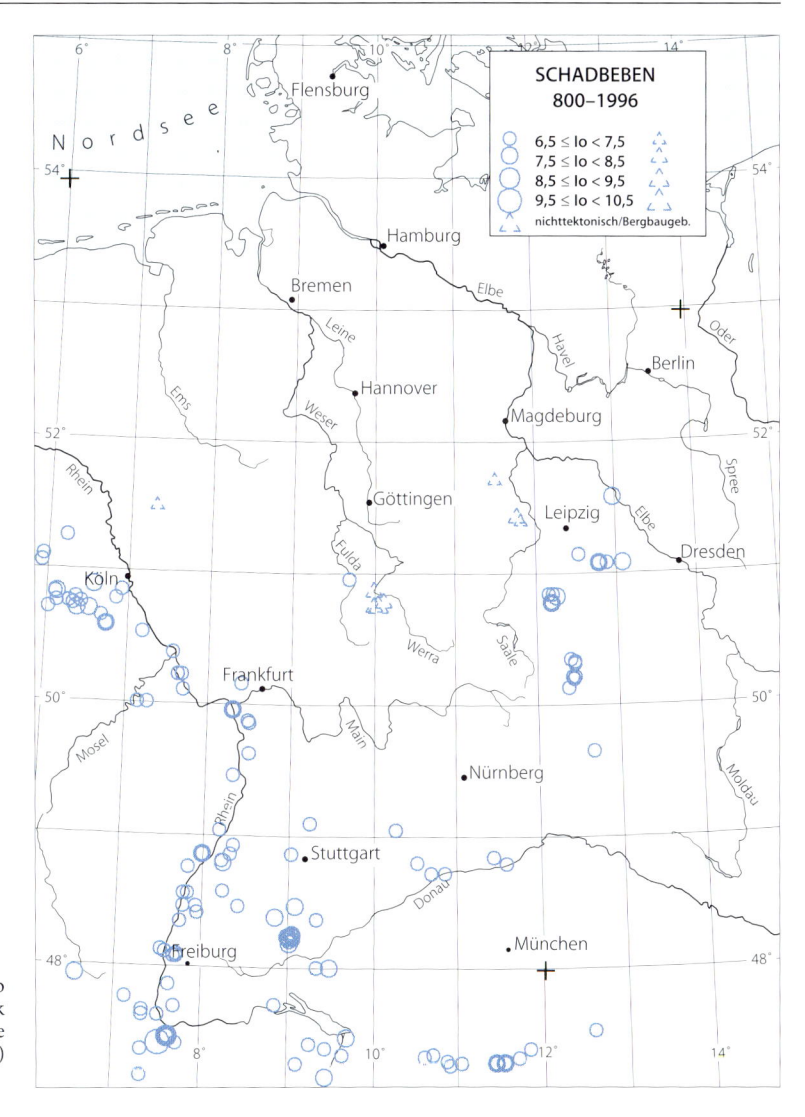

Abb. 8.4.
Karte der Epizentren der Schadenbeben (ab Intensität VI–VII) in der Bundesrepublik Deutschland mit Randgebieten für die Jahre 800 bis 1997. Io = (makroseismische) Epizentralintensität (Leydecker 1998)

lichst erdbebensicher zu konstruieren und entsprechend zu bauen. Technisch optimales und volkswirtschaftlich verantwortungsbewußtes Vorgehen verlangt vorab die Abschätzung der möglichen seismischen Gefährdung für einen Standort durch Angabe der Überschreitenswahrscheinlichkeiten für Beben bestimmter Stärke und deren Kraftwirkung auf die Gebäude. Je nach Sicherheitsbedürfnis bzw. Gefahrenpotential müssen dann die Bauwerke konstruktiv so ausgelegt werden, daß sie einem prognostizierten Erdbeben bestimmter Erschütterungswirkung standhalten.

Zur Abschätzung der seismischen Gefährdung für einzelne Standorte sind unter intensiver Nutzung der historischen Erdbebenkataloge folgende Schritte notwendig:

- Einteilung einer weiten Umgebung (mehr als 200 km) um einen Standort in seismotektonische Einheiten. In einer seismotektonischen Einheit herrscht Gleichartigkeit hinsichtlich der geologischen Entwicklung und der tektonischen und seismischen Verhältnisse.
- Für jede seismotektonische Region werden bestimmt bzw. abgeschätzt:
  – Häufigkeitsverteilung der Erdbeben und Wiederkehrperioden,
  – mittlere Herdtiefe (seismogener Bereich),

Tabelle 8.6. Auszug aus dem Erdbebenkatalog für die Bundesrepublik Deutschland mit Randgebieten für die Jahre 800–1997: Schadenbeben ab Intensität VII–VIII (MSK-1964) bzw. ab Magnitude ML = 5,5

Datum			Uhrzeit	Koordinaten[a]				H[b]	Stärke		Rs[c]	Lokation
Jahr	Monat	Tag	Std:Min	Länge E/Breite N				km	ML	Intensität (MSK-1964)	km	Bemerkungen
				Gr.	Min.	Gr.	Min					
827				51	6.	12	48.			VII–VIII		Nord-Sachsen
858	01	01		50		8	18.			VII–VIII	130	Mainz/Rheingraben
1021	05	12	10	47	30.	7	36.			VIII–IX	600	Basel/Schweiz
1088	05	12		51	6.	13	6.	5		VII–VIII		Nord-Sachsen
1112				48	25.	8	50.			VIII		Balingen/Schwäb. Alb
1346				50	48.	12	12.			VIII		Gera; Erdspalten, -rutsch
1346	11	24	24	47	30.	7	36.			VIII		Basel/Schweiz
1356	10	18	22	47	27.	7	30.	15		IX	400	Basel/Schweiz; 300 Tote
1366	05	24		50	48.	12	12.			VII–VIII		Gera
1531	01	26		47	30.	7	36.			VIII		Basel/Schweiz
1572	01	04	19:45	47	18.	11	24.			VIII	380	Innsbruck/Österreich
1610	11	29		47	30.	7	36.			VII–VIII		Basel/Schweiz
1640	04	04	03:15	50	45.	6	30.			VII–VIII	150	Düren/Niederrhein. Bucht
1655	03	29		48	30.	9	4.			VII–VIII	100	Tübingen
1682	05	12	02:30	47	58.	6	31.	20		VIII	470	Remiremont/Frankreich/ südl. Vogesen; Tote
1689	12	22	02	47	18.	11	24.			VIII		Innsbruck/Österreich
1720	12	20	05:30	47	30.	9	40.			VIII	80	Lindau/Bodensee
1728	08	03	16:30	48	50.	8	13.	16		VII–VIII	250	Rastatt/Rheingraben
1756	02	18	08:00	50	45.	6	21.	14		VIII	324	Düren/Niederrhein. Bucht; Tote
1872	03	06	15:55	50	51.6	12	16.8	9		VII–VIII	290	Posterstein/Thüringen; Tote
1877	06	24	08:53	50	52.	6	6.			VIII	120	Herzogenrath/Niederrhein. Bucht
1878	08	26	09:00	50	56.	6	33.	9		VIII	330	Tollhausen/Niederrhein. Bucht; Tote
1911	11	16	21:26	48	13.	9	0.	10		VIII	500	Ebingen/Schwäb. Alb; Erdrutsch
1935	06	27	17:19	48	2.5	9	28.	10		VII–VIII	400	Saulgau/Oberschwaben
1940	05	24	19:09	51	28.8	11	47.5	1	4,3	VII–VIII	25	Krügershall/Halle; Gebirgsschlag, Tote
1943	05	28	01:24	48	16.	08	59.	9		VIII	485	Onstmettingen/ Schwäb. Alb
1951	03	14	09:47	50	38.	06	43.	9	5,7	VII–VIII	260	Euskirchen/Niederrhein. Bucht
1952	10	08	05:17	48	54.	7	58.	7		VII–VIII	180	Seltz/Frankreich/Rheingraben
1953	02	22	20:16	50	55.	10	00.	1	5,0	VIII	35	Heringen/Werratal; Gebirgsschlag
1958	07	08	05:02	50	50.	10	07.	1	4,8	VII–VIII	19	Merkers/Werratal; Gebirgsschlag
1975	06	23	13:18	50	48.	10	00.	1	5,2	VIII	75	Sünna/Werratal; Gebirgsschlag
1978	09	03	05:09	48	17.	09	02.	6	5,7	VII–VIII	330	Albstadt/Schwäb. Alb
1989	03	13	13:02	50	48.	10	03.	1	5,6	VIII–IX	140	Völkershausen/Werratal; Gebirgsschlag
1992	04	13	01:20	51	9.0	5	55.8	17	5,9	VII	440	Roermond/Niederlande/ Niederrhein. Bucht

[a] geographische Koordinaten in Grad und Minuten;
[b] H = Herdtiefe in km;
[c] Rs = Radius der Verspürbarkeit in km.

- Absorptionsverhalten der Erdkruste für seismische Wellen,
- maximal mögliches Beben,
- detaillierte Kenntnisse über Geologie, Tektonik und zeitliche Entwicklung von geologischen Störungssystemen als potentielle Erdbebenherde.

Unter der Annahme eines bestimmten statistischen Verhaltens für das Auftreten von Erdbeben werden mit diesen Daten „Modelle der Wirklichkeit" entwickelt, die zur Berechnung von Überschreitenswahrscheinlichkeiten für Beben bestimmter Stärke an einem vorgegebenen Standort genutzt werden.

Es muß allerdings bedacht werden, daß nicht jedes Rechenergebnis auch sinnvoll ist. Aus dem deutschen historischen Erdbebenkatalog, der im Jahre 800 beginnt, liegen lediglich aus 1 200 Jahren Beobachtungen unterschiedlicher Genauigkeit und Vollständigkeit vor. Darauf allein kann keine vernünftige Prognose mit Überschreitenswahrscheinlichkeiten kleiner 10^{-4} pro Jahr (d. h. 1 : 10 000) gegründet werden, denn bereits dieser Wert beinhaltet eine gewisse zu große Unsicherheit. Hier können nur detaillierte Kenntnisse über die zeitliche Entwicklung von geologischen Störungssystemen als potentielle Erdbebenherde helfen, noch kleinere Wahrscheinlichkeiten abzusichern. Das Ergebnis einer solchen Berechnung für einen Standort in Norddeutschland für verschiedene mögliche Seismizitätsmodelle und unter Nutzung der guten Kenntnisse über benachbarte geologische Störungen ist in Abb. 8.5 skizziert. Die Höhe des noch hinnehmbaren Risikos ist eine gesellschaftliche Entscheidung

Führt man derartige Berechnungen für viele Standorte durch, so lassen sich probabilistische Karten der Erdbebengefährdung erstellen. Man muß sich allerdings immer im klaren darüber sein, daß auch bei Anwendung identischer Rechenprogramme allein bei der Bestimmung der Eingabeparameter für einen solchen Rechenlauf bereits Unschärfen und persönliche Wichtungen vorkommen. Eine probabilistische Karte der Erdbebengefährdung ist deshalb immer nur *eine* von vielen möglichen!

Karten der Erdbebengefährdung, seien sie deterministisch (Beben können am gleichen Ort mehrmals auftreten) oder probabilistisch erstellt, sind Bestandteil von Bauvorschriften wie z. B. DIN 4149 (Bauten in deutschen Erdbebengebieten) oder neuerdings EUROCODE 8. Sie geben allgemein für jeden Standort Lastannahmen zur erdbebensicheren Dimensionierung von Bauwerken vor. Standortgerechte Konstruktionen werden erst durch die Berücksichtigung des Bauwerksuntergrundes mit der sich daraus ergebenden standortspezifischen Bodenverstärkung und der Boden-Bauwerk-Wechselwirkung erreicht.

Weitere Vorbeugemaßnahmen

Der Gefährdung durch Erdbeben kann nur begegnet werden, wenn einerseits unsere Kenntnisse des seismi-

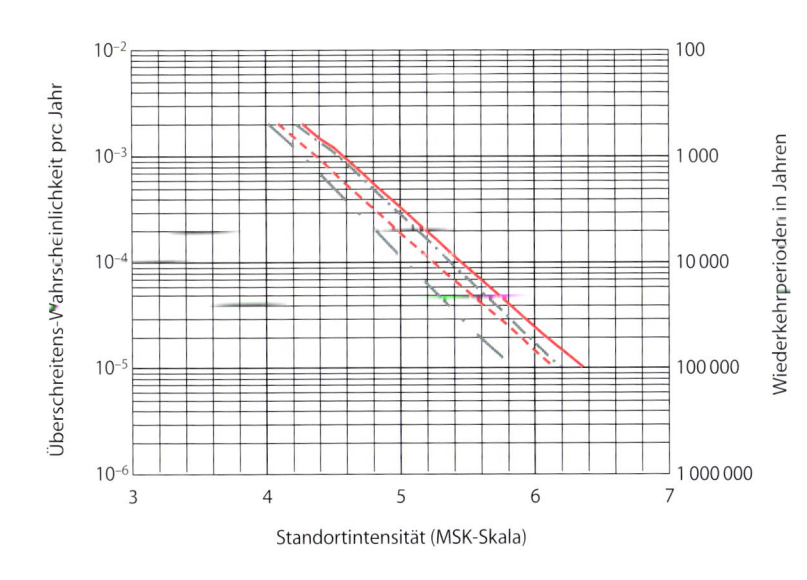

Abb. 8.5.
Abschätzung der Erdbebengefährdung für einen Standort ca. 50 km südöstlich von Hannover im erdbebenarmen Norddeutschland. Die vier Kurven basieren auf unterschiedlichen Seismizitätsmodellen, die jeweils alle tektonischen Erdbeben in ca. 200 km Umkreis um den Standort berücksichtigen. Aus den Kurven läßt sich ablesen, mit welcher Wahrscheinlichkeit pro Jahr ein Beben mit einer bestimmten Mindeststärke (Intensität) auftreten kann. Erdbebenrisiken kleiner als 10^{-4} (Wiederkehrperiode größer als 10 000 Jahre) können aufgrund der lediglich ca. 1 000 Jahre umfassenden Erdbebenbeobachtung nur unter Einbeziehung guter Kenntnisse der geologischen Entwicklung und der tektonischen Verhältnisse abgeschätzt werden

schen Geschehens allgemein und interessierender Regionen im besonderen ständig erweitert werden. Andererseits müssen die zur Gefahrenabwehr nötigen Vorkehrungen getroffen werden, sei es durch konstruktive Vorgaben bei der Erstellung von Bauwerken oder gar durch das Verweigern von Baugenehmigungen an bestimmten Orten. Zur seismischen Überwachung allgemein und für besondere Gebiete werden in der Bundesrepublik Deutschland von der BGR, den Geologischen Landesämtern und Universitäten hochempfindliche Meßsysteme eingesetzt (s. Kap. 9). Die darauf gründenden Ergebnisse können zusammen mit der langzeitlichen Entwicklung, wie sie sich in historischen Erdbebenkatalogen darstellt, ein deutliches Bild derzeit ablaufender tektonischer Vorgänge geben.

Während sich in seismisch aktiven Regionen aus kürzeren Beobachtungszeiten bereits eine recht gute Vorstellung des seismischen Geschehens ableiten läßt, sind in seismisch unauffälligen Gebieten längerfristige Messungen mit hochempfindlichen Seismometern erforderlich, um noch sehr kleine Bewegungen auflösen zu können. Durch die längerfristige ständige Überwachung können Gefährdungsabschätzungen auf eine immer breitere und genauere Datenbasis bezogen werden.

Durch die Installation von besonderen Starkbebeninstrumenten in Gebieten hoher Seismizität, also insbesondere außerhalb Deutschlands, lassen sich in kürzeren Beobachtungszeiten die Wirkungen von Starkbeben an der Erdoberfläche erfassen und zur eigentlichen Erdbebenstärke und zu den Untergrundverhältnissen am Registrierort in Bezug setzen. Die dabei gewonnenen Erkenntnisse können in örtlichen Bauvorschriften berücksichtigt werden und ermöglichen so erdbebensicheres Bauen bei gleichzeitiger Optimierung der Konstruktion hinsichtlich Ökonomie und Sicherheit.

Mit Vulkanen leben

Vulkane sind Individualisten

Die Überwachung aktiver Vulkane sowie die Vorhersage von Vulkaneruptionen stellt wegen des hohen Schadensrisikos eine immer wichtiger werdende Aufgabe der Geologischen Dienste dar.

Die geographische Verteilung der Vulkane, für die mindestens eine Eruption in den vergangenen zehntausend Jahren dokumentiert ist, fällt überwiegend mit der Verteilung der Erdbeben zusammen (Abb. 8.6). Dies liegt an der Plattentektonik, die die gemeinsame Ursache für beide Phänomene ist. Sie bilden Muster ab, die mit den Grenzen der Lithosphärenplatten zusammenhängen. Die Plattentektonik erklärt aber nicht nur die geographische Verteilung der Vulkane, sondern auch den Charakter ihrer Aktivität, d. h. den vorwiegenden Aggregatzustand, die chemische Zusammensetzung sowie die thermische und mechanische Energie der Förderprodukte (vgl. Kasten 8.1).

Der Lebenslauf eines Vulkans besteht in der Regel aus kurzen Aktivitätsphasen und langen Ruhepausen, die für jeden Vulkan anders sind. Es kommen Zeitintervalle von unter einer Stunde (z. B. beim Stromboli) bis zu einigen hundert oder tausend Jahren (z. B. beim Pinatubo) vor. Daher werden in der Vulkanologie alle Vulkane als aktiv klassifiziert, die in den letzten zehntausend Jahren mindestens eine Eruption hatten. Die Zahl dieser Vulkane beträgt nach der momentanen Statistik etwa 1500. In diesem Jahrhundert wurden für etwa 380 dieser Vulkane eruptive Aktivitätsphasen an der Erdoberfläche beobachtet. Sie sind durch die Förderung magmatischer Produkte in verschiedenen Aggregatzuständen gekennzeichnet:

- durch das Ausströmen vulkanischer Gase (hauptsächlich Kohlendioxyd, Schwefeldioxyd und Wasserdampf),
- durch den explosiven Auswurf fester oder schmelzflüssiger Magmaanteile (z. B. Bomben oder Asche) sowie
- durch die effusive Förderung glutflüssiger, zusammenhängender Magmamassen als Lavaströme an der Erdoberfläche oder in oberflächennahen Förderkanälen.

Im Durchschnitt sind pro Jahr 50 bis 60 Vulkane mit einer Förderung magmatischer Produkte an der Erdoberfläche aktiv.

Als Beispiel für die bei der Eruption eines explosiven Vulkans freigesetzten Massen und Energien können einige Zahlen für die Eruption des Pinatubo auf den Phillippinen am 15. Juni 1991 genannt werden (vgl. Kasten 8.2). Bei dieser Eruption, die zu den stärksten des Jahrhunderts zählt, wurden in einer 15-stündigen Eruption Förderprodukte mit einem Volumen von über 10 Kubikkilometern und einem Massenfluß von einer Milliarde Kilogramm pro Sekunde mit so hohen mechanischen und thermischen Energien ausgeschleudert, daß die Aschenwolke eine Höhe von 40 km erreichte. Die thermische Leistung der Eruption wird auf 100 Mrd. Kilowatt geschätzt. Die Vorhersage, Beobachtung und physikalische

Vulkanismus und Plattentektonik (Kasten 8.1)

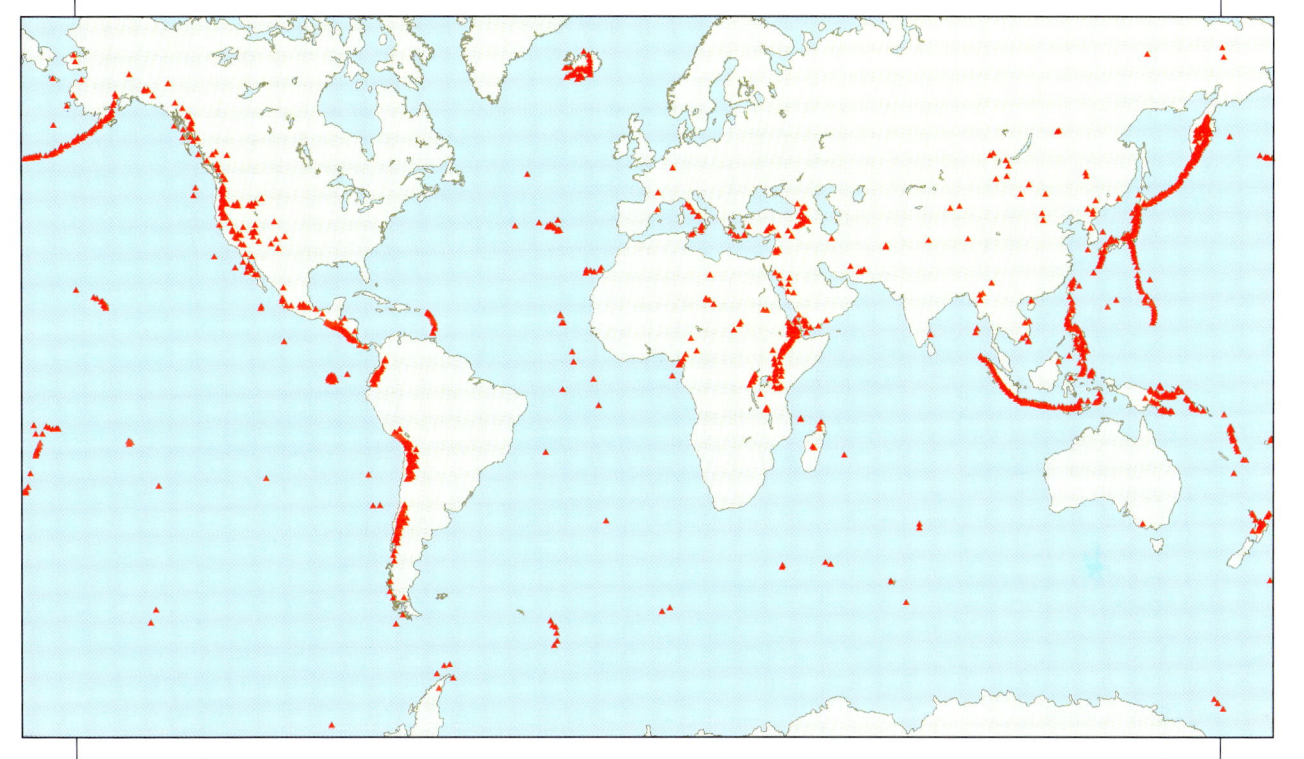

Abb. 8.6. Vulkanismus: Karte der 1500 Vulkane, die in den vergangenen zehntausend Jahren aktiv waren. Die Mehrzahl der Vulkane (rot) liegt – wie die Erdbeben – nahe den Rändern der Lithosphärenplatten. Die explosiven Vulkane mit hohem Georisiko sind entlang der Subduktionszonen rund um den Pazifischen Ozean konzentriert

Die Vulkane entlang der mittelozeanischen Rücken (z. B. Island) oder im Innern der Platten (z. B. Hawaii; vgl. Abb. 8.6) zeichnen sich durch basaltische, dünnflüssige Lava aus und zeigen wegen der leichten Entweichbarkeit der im Magma gelösten Gase eine vorwiegend effusive Aktivität. Diese Vulkane haben offene Förderschlote, aus denen die Lava in relativ gleichmäßigem Fluß, unterbrochen von Episoden schwacher Explosivität, ausströmt. Solche Basaltvulkane können daher als ungefährlich, aber unter Umständen als sehr schadenswirksam eingestuft werden. Als Beispiel sei der Vulkan Puu Oo auf der Insel Hawaii erwähnt, aus dem sich seit Anfang 1983 ein nahezu ununterbrochener Lavastrom in den Pazifischen Ozean ergießt, der in 15 Jahren eine Fläche von über 100 km² überdeckt und die Insel Hawaii um 250 ha Neuland vergrößert hat.

Dagegen zeichnen sich die Vulkane der Subduktionszonen, in denen die ozeanische unter die kontinentale Lithosphäre abtaucht, durch eine hohe Explosivität aus. Hierbei handelt es sich um zähflüssige Magmen mit einem höheren Anteil an Siliziumdioxyd. Die in dem zähen Magma gelösten Gase können nur langsam entweichen. Zusätzlich neigt das Magma wegen seiner hohen Viskosität zum Verstopfen der Vulkanschlote, so daß es durch den akkumulierenden Gasdruck in Innern des Vulkans beim Öffnen des Schlotes zu Eruptionen hoher Explosivität kommen kann. Die Mehrzahl dieser Subduktionsvulkane bilden den sogenannten (in Abb. 8.6 deutlich erkennbaren) Feuerring rund um den Pazifischen Ozean. Diese Vulkane sind wegen ihrer hohen Explosivität als extrem gefährlich einzustufen und stehen daher für die Vulkanüberwachung sowie für die Vorsorgemaßnahmen zur Schadensbegrenzung im Mittelpunkt des Interesses.

Erklärung solcher gigantischen Vulkaneruptionen stellt wegen ihrer in Laborversuchen nicht zu simulierenden Größenordnungen eine extreme Herausforderung an die Meßtechnik und an die theoretische Physik dar.

Im Rahmen des von den Vereinten Nationen deklarierten IDNDR-Programms (International Decade for Natural Disaster Reduction) wurden von der IAVCEI (International Association of Volcanology and Chemistry of the Earth) 16 Vulkane als sogenannte Dekaden-Vulkane mit dem Ziel ausgewählt, an diesen Vulkanen neue Techniken und Methoden der Aktivitätsüberwachung und Eruptionsprognose sowie von Vorsorgemaßnahmen ge-

Die Explosivität von Vulkanen (Kasten 8.2)

Die Explosivität von Eruptionen wird über den Vulkanischen Explosivitäts-Index VEI gemessen. Er steht für die bei einer Eruption freigesetzte mechanische und thermische Energie und ist mit der Richter-Magnitude für Erdbeben zu vergleichen.

Der VEI wird aus den Werten für das Volumen der Förderprodukte (Tephra), die Höhe der Eruptionssäule sowie weiteren Daten des Schadenspotentials ermittelt und auf einer Skala von 0 bis 8 klassifiziert. Nichtexplosiven Eruptionen wird der VEI-Wert Null zugeordnet.

Tabelle 8.7 faßt VEI-Werte für eine Reihe von Vulkaneruptionen zusammen. Aus ihr kann auch abgelesen werden, daß – wie bei Erdbeben – die Häufigkeit von Eruptionen zunimmt, je niedriger der VEI-Wert ist, und zwar etwa um den Faktor 10 bei einer Abnahme um eine Einheit. So sind z. B. Eruptionen mit einem VEI von 5 (vergleichbar mit der Stärke des Ausbruchs des Mt. St. Helens im Jahr 1980) ca. einmal in 20 Jahren zu erwarten. Dagegen werden Ausbrüche wie der des Krakatau 1883 oder des Tambora 1815 im Durchschnitt nur alle 500 bzw. 2000 Jahre beobachtet.

VEI	Höhe der Eruptionssäule [km]	Tephra-Volumen [m³]	Beispiel
0	>0,1		Kilauea
1	0,1–1	10 000	Stromboli
2	1–5	1 000 000	Galeras (1992)
3	3–15	0,01	Ruiz (1985)
4	10–25	0,1	Galunggung (1982)
5	>25	1	St. Helens (1980)
6	>25	10	Krakatau (1883), Pinatubo (1991)
7	>25	100	Tambora (1815)
8	>25	1000	Yellowstone (vor 2 Mio. Jahren)

Tabelle 8.7.
Beispiele für die Explosivität von Vulkaneruptionen (VEI)

gen vulkaninduzierte Schäden zu entwickeln und zu erproben. Zu den IDNDR-Dekadenvulkanen gehören die folgenden Vulkane:

- Avachinsky-Koriaksky, Kamtschatka, Rußland,
- Colima, Mexiko,
- Ätna, Sizilien, Italien,
- Galeras, Kolumbien,
- Mauna Loa, Hawaii, USA,
- Merapi, Java, Indonesien,
- Nyiragongo, Kongo,
- Mt. Rainier, USA,
- Sakurajima, Japan,
- Santa Maria/Santiaguito, Guatemala,
- Santorin, Griechenland,
- Taal, Philippinen,
- Teide, Teneriffa, Spanien,
- Ulawun, Papua-Neuguinea,
- Unzen, Japan,
- Vesuv, Italien.

Obwohl Vulkane bestimmten Typen zugeordnet werden können, muß jeder Vulkan als Individuum betrachtet und mit entsprechenden Methoden in seinem Aktivitätsverhalten überwacht werden. Am Galeras-Vulkan wird beispielhaft das Konzept der Simultanbeobachtung und Echtzeit-Analyse verschiedener geophysikalischer und gaschemischer Meßgrößen zum Zwecke der Aktivitätsüberwachung entwickelt (Abb. 8.7 und Kasten 8.3).

Aktivitätsüberwachung von Eruptionen

Die Probleme bei der Überwachung aktiver Vulkane und der Vorhersage von Eruptionen lassen sich in vielen Aspekten mit den entsprechenden Aufgaben der Meteorologie vergleichen. In beiden Fällen sollen komplexe Strömungsvorgänge beobachtet und in die Zukunft extrapoliert werden. Ein charakteristisches Merkmal vulkanischer und atmosphärischer Strömungsprozesse ist, daß sie aus stationären, ruhigen Zuständen in gewissen Zeitintervallen und zum Teil explosionsartig in Zustände hoher Turbulenz, verbunden mit extremen Energie- und Massentransporten, übergehen können.

Die Beobachtung und Vorhersage solcher nicht stationären dynamischen Prozesse ist auch im Zeitalter einer hochentwickelten Meß- und Computertechnik eine technische und physikalische Herausforderung.

Die in der Meteorologie entwickelten Techniken und Methoden können nur bedingt auf die Überwachung von Vulkanen und auf die Vorhersage von Eruptionen übertragen werden. Die an der Oberfläche eines Vulkans

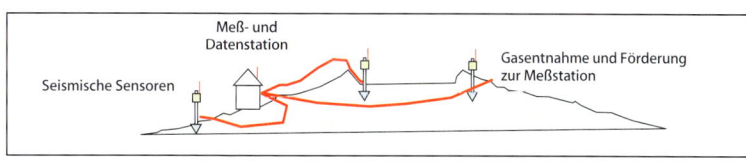

Abb. 8.7.
Multiparameter-Station im Galeras-Projekt
Oben: Calderarand und Kraterregion des Galeras mit seismischen (S, C, R), gaschemischen (F-G) und elektromagnetischen (E) Meßpunkten bzw. Meßlinien der Multiparameter-Station. *Unten:* Schema einer Multiparameter-Station mit seismischen und gaschemischen Sensoren bzw. Meßreihen. Die Streifen markieren Zeitintervalle mit Korrelationen von Meßwerten

zu beobachtenden effusiven oder explosiven Prozesse werden durch Strömungen des Magma-Gas-Gemisches im Innern des Vulkans gesteuert (vgl. Kasten 8.4).

Eine direkte Messung der Strömungsparameter wie Pegelstand, Geschwindigkeit, Temperatur oder chemische Zusammensetzung des Magmas ist aus technischen Gründen nicht möglich, da dabei Tiefenbereiche von einigen Kilometern unter der Oberfläche erfaßt werden müßten. Unbekannt und der direkten Beobachtung nicht zugänglich sind weiterhin die Formen und Dimensionen der Kammern und Förderkanäle im Vulkaninnern sowie die das Strömungsverhalten bestimmenden Materialeigenschaften (Kompressibilität, Viskosität, Dichte) des Magmas.

Aus Labormessungen ist bekannt, daß diese Materialparameter in sehr starkem Maß von Druck und Temperatur sowie von der chemischen Zusammensetzung – vor allem dem Gehalt freier Gase (in Blasenform) im Magma – abhängen. Außerdem ist das Strömungsverhalten von dem durch den geologischen Lebenslauf des Vulkans bestimmten Aufbau des Kanal- und Kammersystems sowie von den Materialparametern des Magmas abhängig. Diese Abhängigkeiten sind die Ursachen für die große Mannigfaltigkeit des aktiven Vulkanismus und

Multi-Parameter Aktivitätsüberwachung: Das Galeras-Projekt (Kasten 8.3)

Das Galeras-Projekt ist ein Forschungs- und Entwicklungsprojekt am IDNDR-Vulkan Galeras in Kolumbien mit den Schwerpunkten Aktivitätsüberwachung, Eruptionsprognose und Vulkanphysik. Das Projekt ist als eine langfristige Kooperation der Bundesanstalt für Geowissenschaften und Rohstoffe (BGR) mit dem „Instituto de Investigaciones en Geociencias, Mineria y Quimica (INGEOMINAS)" konzipiert.

Die Schwerpunkte des Projektes sind die Entwicklung und der Betrieb einer Multiparameter(MP)-Station, mit der verschiedene geophysikalische, geochemische und geodätische Signale des Vulkans simultan und kontinuierlich registriert und in Echtzeit mit der Krateraktivität korreliert werden können. Die MP-Station ist also eine vulkanische „Wetterstation" für eine synoptische Aktivitätsüberwachung.

Die Station besteht aus einem Netz von Sensoren mit digitalen Datenerfassern in der Caldera- und Kraterregion sowie auf den Flanken des Galeras, einer digitalen Mehrkanal-Telemetrieanlage und einem Daten- und Auswertezentrum im INGEOMINAS-Vulkanobservatorium in der Stadt Pasto am Fuß des Galeras. Die Entfernung vom Stadtzentrum zur Kraterregion beträgt 8 km.

Eine vulkanische „Wetterstation" besteht aus zwei zentralen Komponenten: der simultanen Registrierung mehrerer Sensoren sowie der gemeinsamen und gleichzeitigen Auswertung aller Meßreihen. Das Ziel ist die Suche nach parallel ablaufenden Veränderungen in den verschiedenen Signalgrößen, aus denen Aussagen über die Vulkanaktivität abgeleitet werden können. Denn solche simultanen Signale – z. B. seismische und gaschemische – deuten auf eine gemeinsame Ursache hin.

Installation und Betrieb der empfindlichen Meßgeräte und Datenerfasser unter den extremen Umweltbedingungen auf einem 4 300 m hohen aktiven Vulkan (korrodierende Gase, hohe Temperaturvariationen, Winde bis Orkanstärke) bietet naturgemäß große logistische und technische Probleme. Der Aufbau einer solchen MP-Station ist in Abb. 8.7. dargestellt. Der obere Teil der Abbildung zeigt den Calderarand und den aktiven Kraterbereich des Galeras. Am Meßpunkt S ist eine seismische Station installiert, die aus einem Breitband- und einem Strong-Motion-Seismometer sowie einem digitalen Datenerfassungssystem und einem Telemetriesender besteht. Zur Trennung von vulkanischen und externen seismischen Quellen befinden sich zwei entsprechende Stationen in größerer Entfernung auf den Flanken des Galeras. Die seismischen Stationen sind seit Mitte 1997 kontinuierlich in Betrieb.

Der Galeras weist typische Signale – sogenannte Tornillo-Signale (Abb. 8.8) – auf, deren Anzahl, Frequenz und Form wichtige Vorboten für Phasen zunehmender Aktivität sind. Für eine Korrelation von Vorboten mit Änderungen der Aktivität genügt häufig schon eine Betrachtung von charakteristischen Mustern, so wie in der Wetterkunde allein aus dem Muster von Wolken Anzeichen für eine Wetteränderung gewonnen werden können. So kann das Muster des Tornillo-Signals durch vier Parameter seines Spektrogramms, das als eine Art Frequenz-Fingerabdruck betrachtet werden kann, hinreichend genau charakterisiert werden: Die maximale Amplitude, die Dauer, die Frequenz und die Breite der roten Spektrallinie. Die Extraktion solcher charakteristischen Parameter von Vorboten ist eine wichtige Form der Datenkomprimierung, um die großen Datenmengen einer Multiparameter-Station für eine Aktivitätsüberwachung in Echtzeit auswerten zu können.

Im Gegensatz zu seismischen Stationen an Vulkanen, für die umfangreiche Erfahrungen vorliegen, ist der Betrieb einer kontinuierlich registrierenden Gas-Meßstation in einer aktiven Fumarole technisches und wissenschaftliches Neuland. Daher wurde eine digitale Station entwickelt, mit der die chemischen und physikalischen Parameter von Fumarolengasen mit einer Abtastrate gemessen werden können, wie sie bei einer seismischen Station üblich ist.

Das Meßsystem G (vgl. Abb. 8.7) besteht aus einem Gaschromatographen, einem Massenspektrometer und einem Radon-Sensor. Die Ankopplung des Systems an die Fumarole F erfolgt über ein korrosionsfestes Metallrohr, durch das die Gase

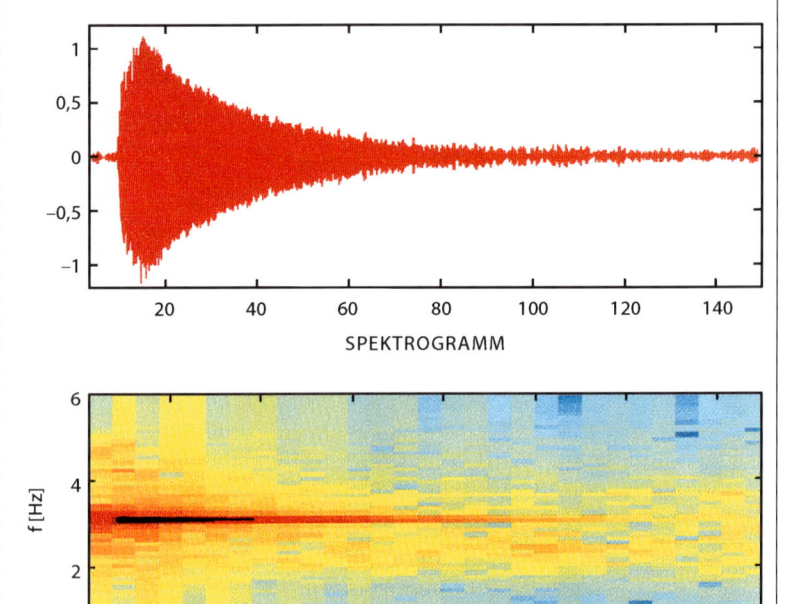

Abb. 8.8. Tornillo-Signal als typischer Aktivitäts-Indikator für den Galeras. Das Seismogramm (*oben*) zeigt ein für den Galeras typisches schraubenförmiges, sogenanntes Tornillo-Signal mit seinem „Ton-Muster" (*unten*), entsprechend einem Ultraschall-Pfeifton der Frequenz 3.1 Hertz mit abnehmender Tonstärke. Tornillo-Signale werden durch Gas-Schwingungen erzeugt. Ihre Form, Frequenz und Anzahl sind wichtige Indikatoren für den Aktivitätszustand des Galeras

luftfrei über eine Schlauchleitung zum Monitorsystem G gepumpt werden. Das System ist an Fumarolen der Vulkane La Fossa (Insel Vulcano, Italien) sowie am Galeras erfolgreich erprobt worden. In einer zweiten Entwicklungsstufe soll der Verbindungsschlauch zwischen Fumarole und Monitorsystem durch eine Datenübertragung per Funk zu einer Basisstation auf dem Calderarand ersetzt werden.

Neben seismischen und gaschemischen Vorboten sollen als dritte Gruppe elektromagnetische Signale untersucht werden, die von dem Magmasystem im Vulkaninnern, das wie eine variable überdimensionale Batterie wirkt, abgestrahlt werden können (vgl. Kasten 8.5). Dazu werden entlang der Meßlinie E innerhalb der Caldera mit Hilfe von elektromagnetischen Sensoren an jeder Station das elektrische Feld in zwei zueinander senkrechten Richtungen sowie der Gradient der vertikalen Komponente des magnetischen Feldes mittels einer auf der Erdoberfläche ausgelegten Rechteckspule gemessen. Die gaschemischen und elektromagnetischen Monitorsysteme werden Ende 1998 an die MP-Station angeschlossen werden.

Die kontinuierlichen Registrierungen der MP-Station werden durch regelmäßige seismische Messungen entlang von Meßprofilen auf dem Calderarand (C) und auf den Flanken des Galeras (R) sowie durch eine Messung der Temperaturstrahlung verschiedener Zonen der Kraterregion vom Calderarand bzw. per Hubschrauberbefliegung ergänzt werden. Für die seismischen Messungen stehen portable digitale Stationen zur Verfügung (Abb. 8.9), mit denen eine engmaschige Vermessung des Tremor zur Lokalisierung der Tremorquellen ermöglicht wird. Ein bisher nur am Galeras eingesetztes Meßsystem ist ein seismisches Spektrometer, mit dem z. B. Spektrogramme wie in Abb. 8.8 (*unten*) bestimmt und mit der momentanen Aktivität in Echtzeit korreliert werden werden können.

Eine weitere Überwachungsmethode ist die Infrarot-Thermographie per Hubschrauberbefliegung. Sie gibt Muster der Oberflächentemperatur in der aktiven Kraterregion des Galeras wieder (Abb. 8.10). Durch regelmäßige Messungen soll untersucht werden, ob die beobachteten Temperaturmuster zeitliche Variationen aufweisen, die als Vorboten von langfristigen Aktivitätsänderungen gedeutet werden können.

Abb. 8.9. Moderne, digital registrierende portable seismische Station, wie sie im Galeras-Projekt für die Registrierung vulkanischer Beben und vulkanischer Tremor-Signale eingesetzt wird (von rechts: Breitband-Seismometer, Datenerfasser, Analyse-Laptop)

Abb. 8.10. Aufnahme der Infrarot-Temperaturstrahlung im Rahmen des Galeras-Projekts. Die bei einer Hubschrauberbefliegung im Juli 1997 gemessene Temperaturstrahlung in der aktiven Zone des Kraters (*rechts*) zeigt starke räumliche Variationen mit maximalen Temperaturen bis 140° C (*weiße Flecken*), die nur zum Teil mit sichtbaren aktiven Fumarolen übereinstimmen. Zeitliche Änderungen oder räumliche Verschiebungen des Temperaturmusters sind ein Abbild von Schwankungen des oberflächennahen Magmapegels oder des Gas-Strömungsfeldes und daher ein Indikator für den Aktivitätszustand

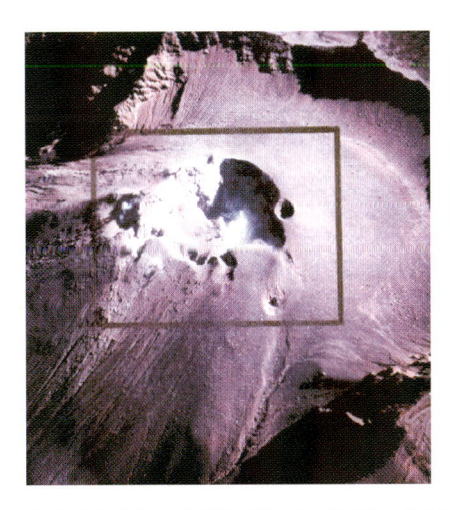

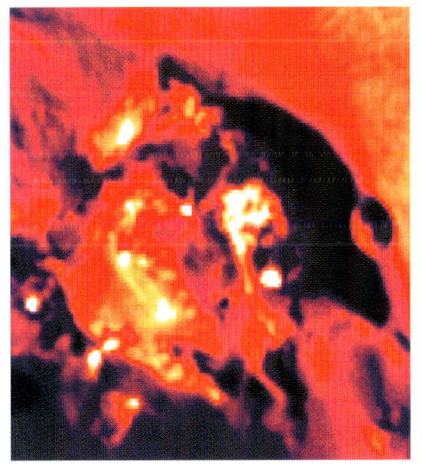

> **Das vulkanische Georisiko (Kasten 8.4)**
>
> Das vulkanische Georisiko für einen bestimmten Vulkan und Standort setzt sich aus zwei Faktoren zusammen, die von der UNESCO als *geo hazard* und *vulnerability* bezeichnet werden.
>
> Der Faktor „geo hazard" wird durch den Vulkan definiert und umfaßt die Wahrscheinlichkeit einer Eruption einschließlich chemischer und physikalischer Parameter der Förderprodukte, d. h. deren Zusammensetzung aus festen, flüssigen und gasförmigen Bestandteilen mit verschiedenen Temperaturen, Dichten und Fördergeschwindigkeiten, sowie die Dauer der Eruption. Für die räumliche Ausbreitung der Förderprodukte spielen neben diesen Eruptionsparametern die Wetter- und Geländebedingungen sowie die Wechselwirkungen mit Wassermassen eine wichtige Rolle.
>
> In dem Faktor „vulnerability" sind alle Schadenswirkungen auf die Infrastruktur (Besiedlungsdichte, Industrialisierung, Forst- und Landwirtschaft) zusammengefaßt. Ein hochexplosiver Vulkan in einer unbesiedelten Region besitzt daher zwar einen hohen *geo hazard*, aber ein geringes Georisiko. Ein Beispiel für einen Vulkan mit hohem Georisiko ist der Vesuv, für den sowohl der *geo hazard* (vier Großeruptionen wie der berühmte explosive Ausbruch 79 n. Chr. in den letzten zehntausend Jahren und zahlreiche schwächere Eruptionen) als auch die *vulnerability* wegen der großen Besiedlungsdichte und Industrialisierung in den Gefährdungszonen hohe Werte aufweisen.

> **Vulkanische Vorbotenphänomene (Kasten 8.5)**
>
> - *Seismische Vorboten* können als vulkanische Beben oder als vulkanischer Tremor auftreten. Die vulkanischen Beben sind Scherbrüche oder Dehnungsbrüche in der festen Umgebung der magmaführenden Bereiche, die durch den vom Magma-Gas-System auf die Wände der Kanäle und Kammern ausgeübten Druck oder Zug verursacht werden. Der Tremor kann als regelloses Strömungsrauschen, verursacht durch turbulente Druckvariationen der Gasphase, oder als harmonischer Tremor mit einem zyklischen Muster auftreten, der durch Resonanzschwingungen von fluiden geschlossenen Volumina verursacht wird. Die Beben und der Tremor zeigen eine große Mannigfaltigkeit von Signalformen, deren Korrelation mit verschiedenen Aktivitätszuständen zur Zeit die wichtigsten Indikatoren für bevorstehende Änderungen des Vulkanverhaltens darstellen.
> - *Gaschemische Vorboten* können über eine nicht-stationäre Entgasung mit turbulenten Druckvariationen der Magmaströmung verknüpft sein. Die Konzentration der freien Gase kann sich durch verschiedene Einflüsse wie z. B. Änderung des Eintrages von meteorischen (Regenwasser, Sickerwasser) oder marinen Wässern, seismische Ereignisse auch in der weiteren Umgebung eines Vulkanes, Veränderung der Gasdurchlässigkeit von Migrationsbahnen im Bereich von Fumarolen oder auch aus anderen Gründen verändern.
> - *Geodätische Vorboten* können als „atmungsaktive" Variationen in Form von Höhenänderungen des Vulkans gemessen werden. So kann z. B. das Füllen bzw. Entleeren von Magmakammern mit einer Aufsteilung bzw. Abflachung der Flanken des Vulkans verknüpft sein, die mit Neigungspendeln sehr genau vermessen werden kann.
> - *Gravimetrische, geoelektrische, geomagnetische, geothermische und akustische Vorboten* sind weitere mögliche Indikatoren für den Aktivitätszustand, die an einzelnen Vulkanen beobachtet worden sind, deren physikalische Interpretation als Abbilder von Variationen des Magmaströmungsfeldes wegen der Vielfalt möglicher interner und externer Quellen aber bisher noch nicht befriedigend gelungen ist.

für den stark individuell geprägten Eruptionscharakter einzelner Vulkane. Je nach den gegebenen Materialparametern des Magmas und vor allem der Formen und Abmessungen der Fördersysteme ergeben sich für verschiedene Vulkane erhebliche Unterschiede.

In diesem Punkt besteht ein wesentlicher Unterschied zwischen Vulkaneruptionen und Erdbeben. Erdbeben sind Scherbrüche an flächenhaften Verwerfungszonen. Ihr Verhalten ist daher wegen der Ähnlichkeit der Bruchzonen und Scherfestigkeiten der festen Erdkruste für verschiedene Regionen weltweit besser vergleichbar.

Grenzen der Vorhersagbarkeit

Eine numerische Simulation des Strömungsfeldes im Innern von Vulkanen bildet ein faszinierendes Forschungsthema für die theoretische Physik und die Strömungsmechanik. Für die praktischen Aufgaben der Aktivitätsüberwachung und der Eruptionsprognose ist die numerische Methode bei dem derzeitigen Kenntnisstand aber noch nicht ausreichend entwickelt. Dagegen scheint die empirische Methode, an der Oberfläche beobachtbare Vorbotenphänomene mit der Aktivität zu korrelieren und in eine kurzfristige Eruptionsprognose umzusetzen, nach den Erfahrungen an verschiedenen Vulkanen wie dem Ätna, Kilauea, St. Helens und Pinatubo eine entwicklungsfähige und praktikable Methode zu sein (vgl. Kasten 8.4 und 8.5).

Das Hauptproblem der empirischen Methode sind die charakteristischen Zeitspannen vulkanischer Prozesse für Ruhe- bzw. Aktivitätsphasen. Zur statistischen Absicherung einer signifikanten Korrelation zwischen Vorbotenphänomenen und nachfolgenden Aktivitätsphasen müssen daher Beobachtungsintervalle über mehrere Ruhe-/Aktivitätszyklen beobachtet werden, die je nach Vulkan einige hundert bis 1000 Jahre betragen können.

Diese Bedingung kann allerdings erheblich gemildert werden, wenn es gelingt, durch eine Kombination von verschiedenen geophysikalischen und geochemischen Vorbotendaten physikalische Modelle der verursachenden Vorgänge im Vulkan abzuleiten und auf diese Weise die statistischen Beobachtungen mit physikalischen Daten zu kombinieren. Eine notwendige Voraussetzung für die empirische Methode der Aktivitätsüberwachung und Eruptionsprognose ist es daher, verschiedene geophysikalische, geochemische und geodätische Parameter an einem aktiven Vulkan gleichzeitig und kontinuierlich über einen längeren Zeitraum zu registrieren und mit der visuell zu beobachtenden Aktivität zu korrelieren, wie dies in dem vorgestellten Galeras-Projekt angestrebt ist.

Hangrutschungen und Untergrundstabilität

Hangrutschungen

Als Hangrutschung wird nach einer UNESCO-Konvention jede Art von Massenbewegung von Fels oder Boden bezeichnet, die durch den Einfluß der Schwerkraft talwärts gerichtet ist. Durch diese weit gefaßte Definition fallen nicht nur die klassischen Rutschbewegungen von Böschungen in diese Kategorie, sondern auch Steinschlag, Felsstürze und Muren.

Rutschungen richten jährlich Schäden im Wert von Milliarden DM an; einzelne Ereignisse können Tausende von Menschenleben kosten. Von 1970 bis 1987 wurden allein für Europa über 10 000 Tote gezählt. Der Blutzoll in Entwicklungsländern ist – speziell in Gebirgsgegenden mit hohen Niederschlagsraten – um ein Vielfaches höher.

Durch das Bevölkerungswachstum und die Konzentration der Menschen in Stadtgebieten werden in zunehmendem Maße Regionen besiedelt, die früher als unsicher erkannt und gemieden worden waren. Dies ist einer der Hauptgründe für die stark gestiegene Anfälligkeit (Vulnerabilität) menschlicher Siedlungen und Installationen für Rutschungsgefahren und die damit verbundene weltweit zu beobachtende Zunahme der Schäden.

Böschungsinstabilitäten

Böschungsinstabilitäten werden in erster Linie durch den Aufbau des Untergrunds verursacht. Neben dem Reliefunterschied führt bei natürlichen Böschungen, die durch mächtige Bodenbildungen aufgebaut werden, vor allem ein überhöhter Wassergehalt zu einer Unterschreitung der Standfestigkeit (Abb. 8.11). Bei Felsböschungen spielen Schichtungsneigung, Verwitterungsgrad, Auflockerung und Wasserführung des Gesteins die wichtigste Rolle.

Diese kurze Aufstellung verdeutlicht, daß oft erst mehrere Faktoren zusammen einen Hang destabilisieren. Fast immer ist Wasser der auslösende Faktor. Am deutlichsten wird dieser Zusammenhang bei der Gegenüberstellung von Niederschlagsmengen und aufgetretenen Rutschungen. In Rheinland-Pfalz entstanden im Januar 1982 nach heftigen Regenfällen innerhalb von drei Tagen ca. 200 Rutschungen, in der Zentralschweiz führten Unwetter im Jahre 1987 ebenfalls zu hunderten von Rutschungen und Muren, und im Himalaja sollen 1983 an einem einzigen Tag, nach extremem Monsunregen, über 12 000 Rutschungen registriert worden sein.

Hinzu kommen weitere Faktoren wie Hangunterschneidungen (Flußerosion, Straßenbau), Erschütterungen (Erdbeben, Sprengungen) oder physikalische und chemische Veränderungen der Fels- und Bodenmassen (Entspannung von Talflanken, Auftauen von Permafrost, Entwaldung, Überweidung). Ein Hang wird oft erst durch Überlagerung natürlicher und anthropogener Einflüsse instabil (vgl. Abb. 8.12).

Muren

Gesteinslawinen, Schlamm- und Schuttströme – sogenannte Muren – stellen die verheerendsten Massenbewegungen auf der Erde dar. Sie entstehen vor allem dann, wenn nach lang anhaltenden, ergiebigen Regenfällen der Lockergesteinsverband zu fließen beginnt. Muren können mit ungeheurer Geschwindigkeit abgehen und reißen dabei u. U. tonnenschweres Material zu Tal. Als extreme Beispiele seien die gewaltigen Murgänge in Peru und Kolumbien genannt, die 1970 und 1985 ganze Städte und Dörfer eindeckten. Hier waren Erdbeben und Vulkanausbrüche die Auslöser.

In den letzten Jahrzehnten haben Schuttströme aller Art weltweit erheblich an Häufigkeit und Ausmaß zugenommen. Dies liegt einerseits an der zunehmenden Nutzung und Übernutzung auch steiler Hänge (vor allem

Abb. 8.11.
Schematisches Blockbild einer Hangrutschung in Böden (aus Klengel und Pasek 1974)

Abb. 8.12. Felsrutschung in der Nähe von Göttingen, ausgelöst durch einen tiefen Aushub für die Bundesbahn-Neubaustrecke Hannover – Würzburg. Die Sanierung erfolgte durch weitreichende Abflachung entlang der Schicht-(Rutsch-)Flächen

durch unkontrollierte Abholzung) durch den Bevölkerungsdruck. Es wird andererseits aber auch ein Ansteigen der Frostgrenze beobachtet, wodurch bisherige Permafrostbereiche zumindest im Sommer auftauen. Meist sind Extremniederschläge die Auslöser, die das Speichervermögen der Böden überfordern. Es entstehen Rutschungen, aus denen sich fließfähige Massen entwickeln können.

Eine besondere Gefahr stellen dabei schnell fließende und wasserreiche Großmuren dar, die große Verwüstungen in Gebirgstälern und deren Vorland anrichten können. Sie haben ihren Ursprung entweder in temporären Talverdämmungen, die durch Rutschungen und Felsstürze entstanden sind, oder in glazialen Hochgebirgsseen, die sich beim Rückzug der Gletscher hinter Endmoränen bilden können. Wird solch ein See durch einen Murgang zerstört, werden in kurzer Zeit viele Mio. Kubikmeter Wasser freigesetzt. Die anfängliche Hochwasserflut nimmt rasch große Mengen an Schlamm, Geröll und Blöcken auf und verwandelt sich in eine hochturbulente Mure.

Das Fließverhalten des Stroms verändert sich dabei grundlegend: War zuvor die „Schleppkraft" des fließenden Wassers der Motor für umfangreichen Transport von Schwebstoffen und Geschieben, so bildet die Sedimentfracht zusammen mit dem Wasser eine Suspension hoher Dichte, die – der Schwerkraft folgend – zu Tale drängt. Es entsteht dabei also eine neue Art Flüssigkeit, die ein hohes spezifisches Gewicht und eine entsprechend hohe kinetische Energie aufweist. Die Reichweite solcher Murgänge kann daher 100 km erreichen. Besonders prekär sind diese Gefahren im Himalaja oder in den Anden, wo die Täler oft dicht besiedelt oder wichtige Infrastrukturen, wie Kraftwerke oder Verbindungsstraßen, gefährdet sind.

Muren sind in der Lage, riesige Blöcke zu transportieren (Abb. 8.1). Neben der zerstörerischen Wucht der Ströme, durch die schon ganze Städte buchstäblich wegrasiert wurden, stellen die hinterlassenen großen Mengen groben Schutts das Hauptproblem für die Rekultivierung der Täler dar.

Präventiv- und Stabilisierungsmaßnahmen

Wegen der vielfältigen Faktoren, die die Stabilität einer Böschung bestimmen, gibt es bis heute keine absolut sicheren Verfahren zur Vorhersage von Rutschungen. Es kann nur versucht werden, mit immer besseren Methoden die Wahrscheinlichkeit eines Schadens vorauszusagen. Ein wichtiges Instrument ist dabei die Erstellung von Gefährdungskarten, die sich empirisch an bereits aufgetretenen Rutschungen und einschlägigen Erfahrungen orientieren. Grundlage hierfür sind in zunehmendem Maße Rutschungskataster, die bereits in vielen Ländern eingerichtet wurden und laufend aktualisiert werden. In als gefährlich ausgewiesenen Zonen kann und darf entweder gar nicht oder nur mit hohen technischen Auflagen gebaut werden. Erst recht gilt dies für Bereiche, die als murganggefährdet ausgewiesen sind. Der Wert betroffener Grundstücke kann durch solche Gefährdungskarten entscheidend gemindert werden.

Ist der Schaden einer Rutschung eingetreten, gibt es für dessen Sanierung eine Vielzahl von Verfahren. Sie reichen von einfachen Stützmauern, Steinvorschüttungen, Bodenaustausch bis zu gezielten Drainagen, tiefgreifenden Ankerungen oder Vernagelungen des Hanges. Die Auswahl des richtigen Verfahrens kann natürlich erst nach einer gründlichen Untersuchung der Schadensursachen erfolgen. Hierbei ist in erster Linie die Tiefe und Form der Gleitbahn zu klären. Mit Hilfe dieser (nicht immer leicht zu ermittelnden) Größen sind einschlägige Berechnungsverfahren möglich, die vor allem den Sicherheitsfaktor der Böschung vor, während und nach der Rutschung ermitteln können. Auf dieser Basis ist die Wirksamkeit der gewählten Stütz- und Sicherungsmaßnahme berechenbar.

Bei der Feststellung der Ursachen sowie bei der Abwägung von Interessenkonflikten können die Geologischen Dienste durch neutralen Sachverstand mitwirken, da die Einschätzungen hierzu – interessensbedingt – meist weit auseinandergehen.

Frühwarnsysteme

Bei bekannt instabilen Hangen mit immer wiederkehrenden Rutschungen, die eine Gefahr für die Öffentlichkeit darstellen, aber mit wirtschaftlich vertretbaren Mitteln nicht sanierbar sind, besteht die Möglichkeit der Sicherung durch Frühwarnsysteme. Hierbei werden an kritischen Stellen der Böschung Meßinstrumente eingebaut, die die latenten Bewegungsraten erfassen und an ein Frühwarnzentrum weitergeben. Zum Einsatz kommen dabei vor allem Extensometer und Inklinometer. Wird (z. B. nach heftigen Regenfällen) eine deutliche Beschleunigung einer Rutschbewegung registriert, wird

Alarm ausgelöst und der gefährdete Bereich kann gesperrt oder evakuiert werden.

Bei schnell ablaufenden Vorgängen, wie Felsstürzen oder Muren, sind nur Systeme sinnvoll, die ohne Einschaltung menschlicher Entscheidungsebenen automatisch Alarm auslösen. Solche Systeme müssen über Jahre oder Jahrzehnte unter z. T. sehr widrigen Umständen einsatzbereit bleiben. Dies birgt selbstverständlich immer die Gefahr von Fehlalarmen.

Auslaugung im Untergrund (Verkarstungen)

Einbrüche der Erdoberfläche, sogenannte Erdfälle, sorgen immer wieder für spektakuläre Pressemeldungen und Ängste bei den betroffenen Menschen. Ihre natürliche Ursache ist das Vorkommen wasserlöslicher Gesteine im Untergrund. Dazu zählen vor allem Steinsalz, Gipsstein und Kalkstein. Unter natürlichen Verhältnissen erreicht die Löslichkeit von Steinsalz Höchstwerte bis 356 g/l, von Gipsstein 2,4 g/l und von Kalkstein 0,2 g/l.

Wegen seiner großen Löslichkeit tritt Steinsalz im humiden Klima Mitteleuropas nirgends direkt an der Erdoberfläche zutage. Für Gase und Flüssigkeiten ist ein Salzkörper im allgemeinen undurchlässig. Laugung und Lösung können nur an seiner Außenseite angreifen. Als Folge der Auslaugung bilden sich über dem Steinsalz daher meist mehr oder weniger steile Senken aus. Wenn Steinsalz in geringer Tiefe vorkommt, können erhebliche Schäden an Bauwerken verursacht werden. In Lüneburg befindet sich die Oberfläche eines Salzkörpers in nur 40 m Tiefe. Zwischen 1945 und 1980 erlitten dort rd. 200 Wohnhäuser so schwere Schäden, daß sie abgerissen werden mußten. Allerdings ist hier die natürliche Auslaugung durch zusätzliche Soleförderung noch erheblich verstärkt worden.

Gips- und Kalkstein enthalten Klüfte und Spalten, in denen Wasser zirkulieren kann. In diesen Gesteinen findet Auslaugung bevorzugt von innen heraus statt. Überwiegend im Bereich der Grundwasserspiegelschwankungen bilden sich so z. T. ausgedehnte Höhlensysteme. Wird mit zunehmender Größe eines Hohlraumes die Standfestigkeit des Gebirges überschritten, bricht die zunächst ebene Decke des Hohlraumes ein, der allmählich nach oben wandert und bei Erreichen der Erdoberfläche einen zunächst trichter- oder zylinderförmigen Erdfall bildet (Abb. 8.13). Wegen größerer Löslichkeit und geringerer Festigkeit ist das Schadensrisiko über Gipsstein größer als über Kalkstein (Abb. 8.14).

Das Schadenspotential von Erdfällen

Bauwerke können durch Erdfälle erhebliche Schäden erleiden (vgl. Abb. 8.15). In Deutschland sind die Länder Niedersachsen, Sachsen-Anhalt, Thüringen, Baden-Württemberg, Hessen und Nordrhein-Westfalen am stärksten betroffen.

In dicht besiedelten Ländern wie der Bundesrepublik Deutschland kann häufig nicht auf die Bebauung erdfall- und senkungsgefährdeter Gebiete verzichtet werden. Soweit das Risiko bekannt ist, wird versucht, Vorsorge gegen Schadensfälle zu treffen.

Im wesentlichen können vier verschiedene Arten der Sicherung unterschieden werden:

- Erkundung und Verbesserung des Untergrundes,
- Begrenzung der Baufläche und Bauwerksgröße,
- statisch-konstruktive Sicherung des Bauwerks,
- Frühwarnsysteme.

Da die flächenhafte Verkarstung oft bis zu 100 m tief reicht, ist eine Erkundung des Untergrundes mit Bohrungen und geophysikalischer Vermessung sowie eventuell zusätzlichen Kosten für Injektionen so teuer, daß sie nur bei Großprojekten in Frage kommt. Die Limitierung bebauter Flächen und der Größe von Bauwerken kommt nur für dünn besiedelte Länder in Frage und wird z. B. in Rußland erfolgreich angewendet.

Das für Niedersachsen entwickelte Verfahren einer nach Risiko abgestuften Sicherung durch statisch-konstruktive Maßnahmen (Aussteifung) ist als besonders effizient und kostengünstig zu bewerten. Dadurch wird im Schadensfall ein rasches Zusammenbrechen von Bauwerken verhindert und eine Reparatur erleichtert. Diese Art der Sicherung ist in erster Linie auf den Schutz der menschlichen Unversehrtheit ausgerichtet. Bei der Wahl einfacher Grundrisse liegen die Mehrkosten für Wohnhäuser je nach Gefährdungsgrad zwischen 1 und 5 % der Rohbausumme.

Eine Überwachung durch Frühwarneinrichtungen, die kurzfristige Sicherungsmaßnahmen ermöglichen, wird meist angewendet, wenn andere Sicherungen nicht möglich sind oder zu teuer wären. Solche Maßnahmen müssen dem jeweiligen Bauwerk und seinem Zweck angepaßt werden. Es werden z. B. Staudämme oder Verkehrsbauwerke durch spezielle Pegel oder durch Laserstrahl überwacht, so daß im Schadensfall eingegriffen werden kann, ehe die Sicherheit von Menschen gefährdet ist.

Sicherungsmaßnahmen

Voraussetzung für alle Sicherungsmaßnahmen ist die flächendeckende Erfassung aller wasserlöslichen Gesteine im Untergrund. Für eine genauere Abschätzung des Gefährdungsgrades müssen zusätzlich alle Erdfälle erfaßt werden (vgl. Kasten 8.6 und Abb. 8.16)

Auf modernen, großmaßstäblichen Geologischen Karten wird die Verbreitung wasserlöslicher Gesteine mit ausreichender Genauigkeit wiedergegeben. Es fehlt jedoch meist eine differenzierte Erfassung aller Schadensfälle und eine daraus abgeleitete Gefährdungsanalyse. Bei einem in Niedersachsen durchgeführten Pilotprojekt konnte etwa die Hälfte der landesweit rd. 20 000 Erdfälle erfaßt werden. Die Kosten dafür betrugen rund 100 000 DM. Daraus läßt sich ableiten, daß für eine Erfassung der besonders gefährdeten Bereiche in der Bundesrepublik Deutschland ein Etat von 500 000 DM ausreichen dürfte. Für eine vollständige Erfassung müßte nur eine relativ kleine Summe – verglichen mit den Kosten möglicher Schäden – aufgewendet werden.

Wie sicher ist der Baugrund?

Erfahrungen mit Baugrund hat die Menschheit schon seit Urzeiten gesammelt und fortentwickelt, denn der Baugrund bildet den Untergrund für Behausungen. Schon die Bibel kennt unterschiedliche Baugrundqualitäten. Fels gilt dabei als ein geeigneter Standort, während den auf Sand oder Ton erbauten Gebäuden keine Beständigkeit zugeschrieben wird (vgl. Kasten 8.7 und Abb. 8.17). Das wohl bekannteste Beispiel für nicht beherrschte Probleme mit dem Untergrund ist der schiefe Turm von Pisa. Dieses Monumentalbauwerk hatte sich bereits in der Bauphase schiefgestellt, wurde aber trotzdem weitergebaut und etwa im Jahre 1174 fertiggestellt (Abb. 8.18).

In Deutschland zeigen gut erhaltene mittelalterliche Stadtviertel im Bereich von sumpfigen Flußauen, daß

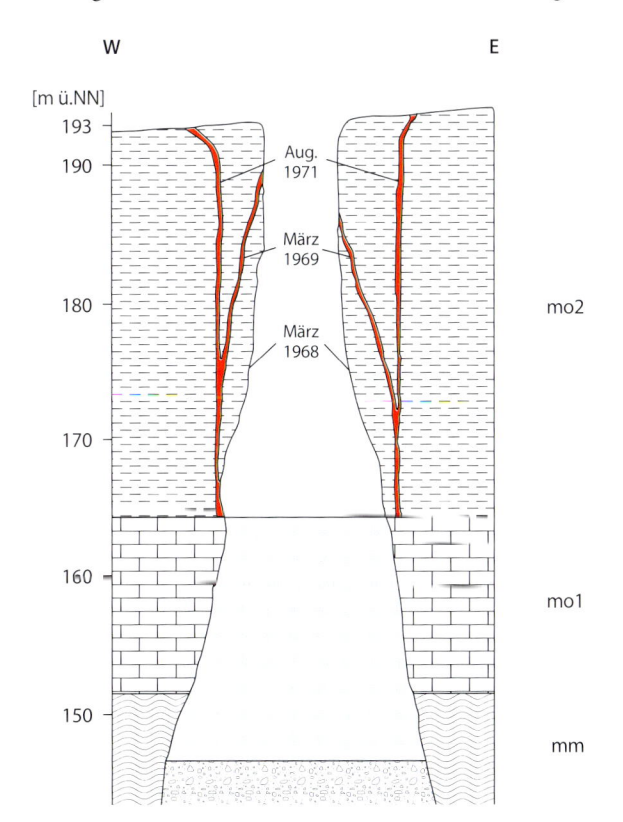

Abb. 8.13. Entwicklung eines Erdfalls im Muschelkalk südlich von Göttingen (Diemarden) (nach Priesnitz 1974)

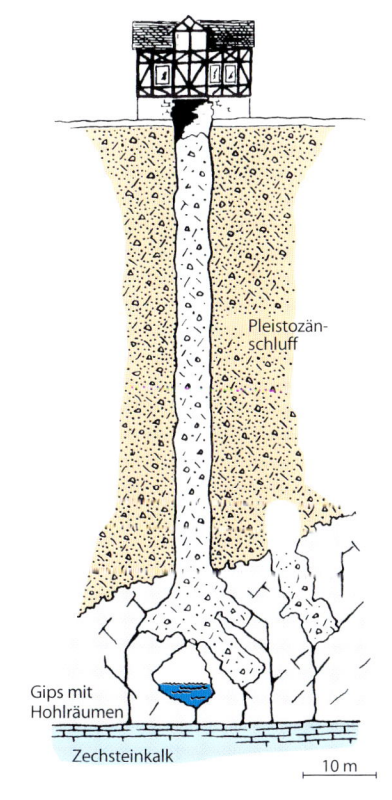

Abb. 8.14. Gebäudeschaden durch einen Erdfall über ausgelöstem Gips im Untergrund bei Altmorschen (Prinz et al. 1973)

Abb. 8.15.
Beispiele für Erdfälle: Gebäudeschäden durch einen Erdfall in Hannover (*a*) (aus Heckner *et al.* 1996) und bei Gernrode (*b*); Erdfall unter Eisenbahngleisen bei Seesen (*c*); Straßenabsenkung südlich von Hannover (*d*)

Erfassung von Erdfällen (Kasten 8.6)

Die meisten Erdfälle haben Anfangsdurchmesser unter 5 m. Im Gelände werden häufig erheblich größere Erdfallformen bis 50 m, teilweise sogar bis 100 m Durchmesser angetroffen. Sie verdanken ihre Entstehung meist zahlreichen, wesentlich kleineren Nachbrüchen. Erdfälle mit wesentlich größeren Anfangsdurchmessern sind sehr selten. Weil die weit überwiegende Mehrzahl der auftretenden Erdfälle im Bereich bis 5 m liegt, können in den meisten Fällen Sicherungsmaßnahmen erfolgreich durchgeführt werden.

Zur Festlegung von Sicherungsmaßnahmen an Konstruktionen muß bekannt sein, wie groß der Anfangsdurchmesser von Erdfällen im allgemeinen ist. Untersuchungen in einigen besonders stark von Schäden betroffenen Gebieten hatten folgendes Ergebnis:

Anfangsdurchmesser [m]	Häufigkeit [%]
<2,0	50
2,1 – 4,0	30
4,1 – 6,0	12
6,1 – 8,0	6
8,1 – 10,0	1,5
>10	0,5

Wenn ein Statiker seinen Berechnungen einen Bemessungserdfall von 5 m Durchmesser zugrunde legt, hat er damit über 80 % der zu erwartenden Schadensfälle abgedeckt.

Die kontinuierliche Erfassung aller dieser Daten gehört zu den speziellen Aufgaben der geologischen Landesaufnahme und kann effektiv allein vom Staatlichen Geologischen Dienst wahrgenommen werden. Abb. 8.16 zeigt ein Beispiel für die ingenieurgeologische Aufnahme unterschiedlich gefährdeter Areale im südlichen Niedersachsen, in dem vor allem Gips im Untergrund vorkommt.

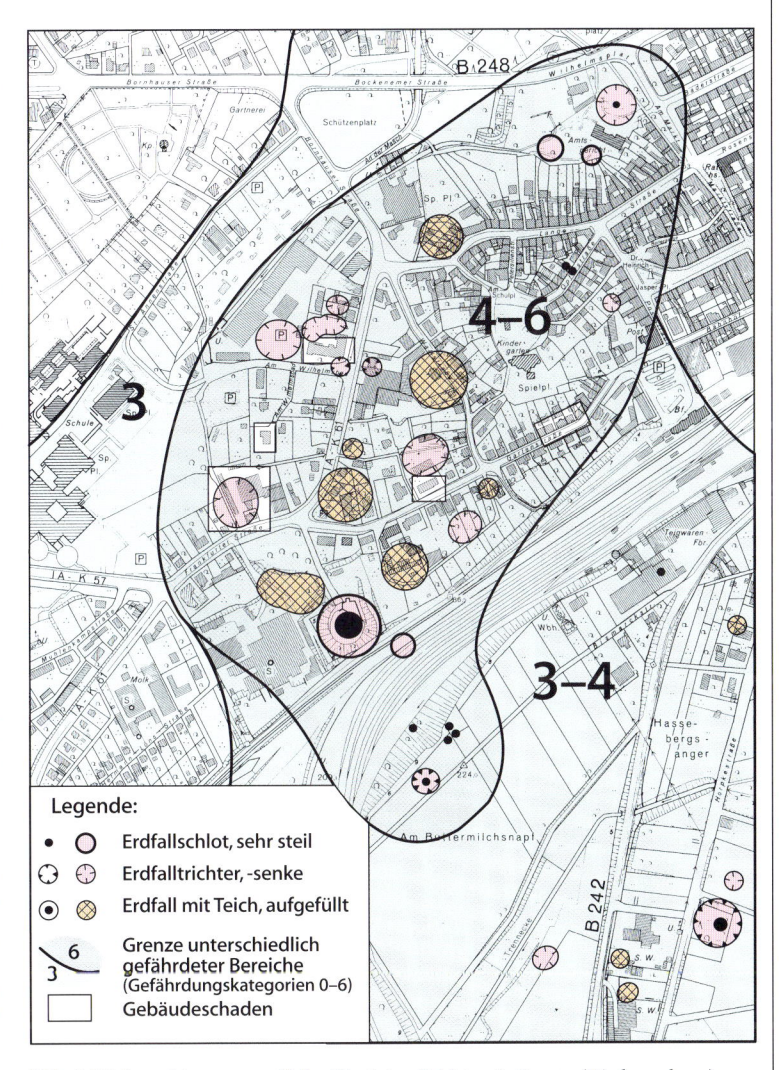

Abb. 8.16. Lageskizze von erdfallgefährdeten Gebieten in Seesen (Niedersachsen)

auch auf vergleichsweise schlechtem Terrain errichtete Bauten die Jahrhunderte überdauern können. Die ungünstige Untergrundsituation wurde beim Bau berücksichtigt und der Baugrund nach dem damaligen Stand der Technik verbessert. Heute immer wieder notwendig werdende aufwendige Reparaturen und Nachgründungen an solch alter Bausubstanz lassen sich in der Regel auf sekundäre Ursachen zurückführen. Diese bestehen vor allem in einer Absenkung des Grundwasserniveaus, die ein Verrotten von hölzernen Pfahlgründungen bewirkt. Aber auch spätere Umbauten bzw. Nutzungsänderungen, die die ursprüngliche Gründung nicht berücksichtigten, können höhere Bauwerkslasten und Risse erzeugende Lastenumlagerungen zur Folge haben.

Ein Profilschnitt durch den Untergrund des Celler Stadtschlosses zeigt die Baugrundsituation vor und nach der Sanierung der Fundamente in den 80er Jahren (Abb. 8.19). Die setzungsempfindliche obere Baugrund-

Baugrundeigenschaften und Setzungsschäden (Kasten 8.7)

Im Regelfall wird beim Bau eines Gebäudes eine Baugrube hergestellt, d. h. die oberen lockeren Baugrundschichten werden abgetragen, und zwar entweder bis zur Kellersohle oder zumindest bis unter die Frosteindringtiefe von etwa 0,8 m unter Gelände. Bereits hier können Fehler gemacht werden, weil z. B. die Gründungssohle aufgelockert wird, ein anstehender bindiger Boden durch Wasserzutritt aufweicht oder ein schwingungsfähiger Untergrund durch Einsatz eines ungeeigneten Aushubgeräts seine Festigkeit verliert.

Auf dem Planum werden nun Einzel-, Streifen- oder Plattenfundamente angeordnet, die so bemessen werden, daß der Untergrund die Bauwerkslasten aufnehmen kann. Die Aufgabe für den Ingenieur(geologen) besteht in der kostenoptimierten Anpassung der Fundamente an die Gegebenheiten des Untergrundes. Ein überdimensioniertes Fundament bedeutet Geldverschwendung, unterdimensionierte Gründungselemente können hingegen zu ernsthaften Schäden am Bauwerk führen.

Das Korngefüge eines Lockergestein-Baugrundes verformt sich entsprechend seiner Zusammendrückbarkeit und Scherfestigkeit unter dem Gewicht des Bauwerks. Die Verformungen des Baugrundes übertragen sich auf das darauf errichtete Gebäude. Dieser Zusammenhang wird auch als Baugrund-Bauwerks-Wechselwirkung bezeichnet.

Bauwerksverformungen infolge Zusammendrückung des Baugrundes werden bewußt hingenommen, denn die Ausführung einer biegesteifen Konstruktion wäre in hohem Maße unwirtschaftlich.

Man spricht von *Setzungen*, wenn sich bei lotrecht belasteten Fundamenten und moderatem Druck der Boden vorwiegend in vertikaler Richtung verdichtet. Bei den nichtbindigen Böden sind die Setzungen meist schon während der Bauphase abgeschlossen. In wassergesättigten Tonböden wird sich der Konsolidierungsprozeß dagegen über einige Jahre hinziehen. Er kann infolge von Grundwasserabsenkungen auch nach vielen Jahren wieder in Gang gesetzt werden.

Gleichmäßige Setzungen sind als relativ ungefährlich einzustufen und in gewissen Grenzen hinnehmbar. Schädlich sind vor allem *ungleiche Setzungen*. Als Erfahrungswert für Schadensfreiheit an tragenden oder ausfachenden Wänden im Hochbau, der allerdings leichte Rißbildungen als Schönheitsfehler einschließt, wird eine Höhendifferenz von 1 cm auf 3 m Länge gerade noch als ungefährlich angesehen.

In Gebieten mit untertägigem Bergbau können die durch den Abbau der Lagerstätte entstandenen Hohlräume einbrechen und die Absenkungen sich bis an die Erdoberfläche fortsetzen. Diese Depressionen bezeichnet man als *Bergsenkungen*. Die über dem Abbaugebiet liegenden Gebäude werden nicht nur durch Vertikalbewegungen, sondern in Randlage auch durch Zerrungen und Pressungen beansprucht, weil die Absenkungen über die eigentliche Abbauzone unter Tage hinausgehen. Über extrem hohe Bergsenkungen wird aus einigen Kohleregionen des Ruhrgebietes berichtet. In Recklinghausen erreichen sie Beträge bis zu maximal 20 m.

Die an den Fassaden von alter und neuer Bausubstanz sichtbaren Rißbildungen werden gern pauschal als „Setzungsrisse" bezeichnet und auf Verformungen des Baugrundes zurückgeführt. In der Tat läßt sich an der Steigungsrichtung der für Setzungen typischen Diagonalrisse ablesen, wo der Baugrund nachgegeben hat und die Materialfestigkeit der überbeanspruchten Wände überschritten wurde (vgl. Abb. 8.17). Um die Schadensursache zweifelsfrei festzustellen, sind allerdings in der Regel umfangreiche Baugrund- und Bauwerksanalysen erforderlich, weil sich die Rißbilder trotz unterschiedlicher Ursachen ähneln können.

Abb. 8.17. Gebäudeschaden durch Absacken des Untergrundes. Die Senkrechte auf dem Diagonalriß weist in die Richtung der Absenkung

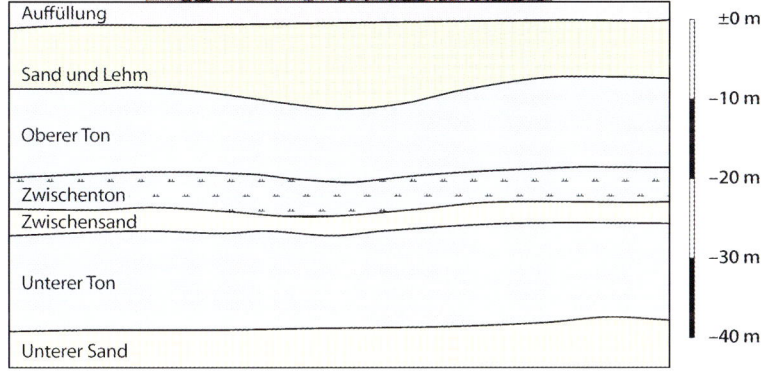

Abb. 8.18.
Der schiefe Turm zu Pisa. Heutige Ansicht des Turms (*oben*) und Schnitt durch den Baugrund (*unten*)

schicht wurde beim Bau im 13. Jahrhundert mit Hilfe von Findlingen und flächenhaft darüber ausgeführtem Ziegelmauerwerk stabilisiert. Grundwasserspiegelschwankungen und Umbaumaßnahmen haben dann später ungleiche Setzungen hervorgerufen, die insbesondere an den Mauerwerksverbindungen mit den schwereren Ecktürmen zu Rißschäden führten. Im Zuge der notwendigen Sanierung wurden die alten Fundamente mit Stahlbetonbalken unterfangen und die Auflasten über Pfähle in den tieferen und tragfähigen Untergrund abgeleitet.

Ein anderes, sehr aktuelles Beispiel steht im Zusammenhang mit der Hochwasserkatastrophe in den Oderniederungen im Jahre 1997. Die Flußniederungen im unteren Odertal waren vor der Eindeichung (ab 1536, im Oderbruch zwischen 1732 und 1753) eine Auenlandschaft mit sich ständig ändernden, mäandrierenden Flußläufen und Altarmen. Die verschiedenen natürlichen Flußlaufverlegungen im Verlaufe der Auenentwicklung in den letzten 5000 Jahren führten zu einem Neben- und Übereinander von sehr verschiedenen Sedimentablagerungen im geologischen Untergrund der heutigen Siedlungsfläche und der Oderdeiche:

- Sande/Kiese der Uferwälle alter Flußläufe,
- Sande durch Dünenbildung,
- Auelehmdecken nach Hochflutereignissen,
- Torfe und Mudden als Relikte von Mooren und kleinen Seen in der Oderaue.

Die in den vergangenen Jahrhunderten durch den Menschen vorgenommenen Umgestaltungen der Auelandschaften in den Flußniederungen überdeckte die verschiedenen geologischen Einheiten. Dadurch wurden der neu gegrabene Oderlauf und der Deich im Oderbruch im 18. Jahrhundert quer über verschiedene geologische Einheiten gelegt. Der Baugrund unter den Deichen, Bauten und Verkehrswegen ist damit durch die sich z. T. überlagernden sedimentären Schichten inhomogen. Bei Hochwasserbelastungen reagiert er uneinheitlich. Die zwei Deichbrüche im Hauptdeich der Ziltendorfer Niederung geschahen an Stellen mit instabi-

Abb. 8.19.
Schnitt durch den Untergrund des Celler Stadtschlosses mit Darstellung der Baugrundverhältnisse, der ursprünglichen Gründung und der modernen Sanierungstechnik

lem geologischen Untergrund – nämlich einmal in Torfen und einmal in Mudden (vgl. Abb. 8.20).

Die Erkundung des geologischen Untergrundes und des früheren Verlaufes der wechselnden Flußbetten liefert einen Beitrag zur Risikopotentialabschätzung, speziell zur Identifizierung ungünstigen Baugrundes. Zur Erkundung werden Methoden der Fernerkundung, kombiniert mit historischen Aufnahmen und Aufnahmen aus der Zeit der Katastrophe, sowie per Hubschrauberbefliegung durchgeführte geophysikalische Verfahren zur berührungsfreien Bestandsaufnahme des geologischen Untergrunds eingesetzt.

Baugrunderkundung und Haftungsfragen

Die Beurteilung der Baugrundqualität setzt voraus, daß Art, Beschaffenheit, Ausdehnung, Lagerung und Mächtigkeit der Bodenschichten hinreichend erkundet wurden. In Deutschland wird die Baugrunderkundung und die Ermittlung der an repräsentativen Bodenproben zu bestimmenden bodenphysikalischen Kennziffern durch einschlägige Normen und Richtlinien bis ins Detail reglementiert.

Bohrungen, Sondierungen und Schürfe vermitteln Erkenntnisse über die Baugrund- und Grundwasserverhältnisse. Örtliche Erfahrungen über das Setzungsverhalten bereits ausgeführter Bauwerke in der Nachbarschaft können den Umfang der Baugrunderkundungsmaßnahmen reduzieren helfen (vgl. Kasten 8.7).

Zulässige Bodenpressungen, die der Begrenzung von Bauwerkssetzungen dienen, dürfen für den Regelfall mit Hilfe von Tabellenwerten der DIN 1054 festgelegt werden. In schwierigen Fällen sind Sachverständige einzuschalten. Bodenmechanische Analysen an Bodenproben erlauben eine quantitative Beurteilung der bautechnischen Eigenschaften der untersuchten Schicht. Für einige Kennwertbestimmungen sind sogenannte Sonderproben erforderlich. Die Kunst des Baugrundsachverständigen besteht darin, für die Beurteilung der Baugrundqualität repräsentative Kennwerte auszuwählen.

Heute werden in Deutschland Baugrunduntersuchungen in erster Linie von Ingenieur- und Baugrundberatungsbüros oder auch Hochschulinstituten ausgeführt. Die Geologischen Dienste, die sich in der Vergangenheit teilweise sehr intensiv in der Erkundung der Trassen für den überregionalen Verkehrswegebau (Autobahnen, Schnellstrecken der Bundesbahn), aber auch in der Ausweisung von Deponiestandorten und im allgemeinen Hochbau engagiert hatten, haben diese nichthoheitlichen Aufgaben weitgehend abgegeben. Zur Bestimmung bodenmechanischer Kennziffern für Forschungszwecke und Kontrolluntersuchungen werden dort jedoch noch eigene Baugrundlaboratorien betrieben. Außerdem erfolgt bei ihnen eine Dokumentation von Baugrunduntersuchungen (Kasten 8.8).

Als „Träger öffentlicher Belange" bleibt es weiterhin Aufgabe der Geologischen Dienste, sachverständige Stellungnahmen zu Fragen der Baugrunduntersuchung und -bewertung abzugeben und ggf. auch eigenständige Arbeiten durchzuführen. Aus der Kooperation der in den Ämtern versammelten Fachbereiche ergeben sich Synergieeffekte, die von privaten Ingenieurbüros nicht geleistet werden können.

In Ballungsräumen oder bevorzugten Wohngebieten sind Bauplätze bekanntermaßen knapp und teuer, die Frage nach der Baugrundqualität ist meist nachgeordnet. Die Annahme, daß ein teures Baugrundstück implizit auch einen guten Baugrund bildet, kann sich im Nachhinein als kostspieliger Fehlschluß erweisen.

Den Bauherrn mit eigenem Baugrundstück, der in Eigenleistung oder durch Auftragsvergabe das Eigenheim errichtet, interessieren in erster Linie die Baukosten. Tatsache ist jedoch, daß der Grundstückseigentümer haftungsmäßig das volle Baugrundrisiko trägt und nicht die Bauaufsichtsbehörde.

Zur Absicherung gegen Baugrundrisiken sind deshalb Bodenbegutachtungen unverzichtbar, zumindest bei größeren und kostspieligen Bauvorhaben. Firmen, die solche Untersuchungen durchführen, verfügen in der Regel über eine Haftpflichtversicherung, die auch das Baugrundrisiko abdeckt.

Abb. 8.20. Ausschnitt des Landsat TM-Satellitenbildes vom 22. Juli 1997, einen Tag vor dem Deichbruch. Aufnahmehöhe: ca. 700 km. Oder (*rot*) mit sehr hohem Wasserstand umfließt die Ziltendorfer Niederung. Die diffusen roten Flächen beiderseits des Deiches und in der Niederung markieren Stellen, an denen das Wasser bereits unter dem Deich durchgedrückt wurde (*Quelle:* Kühn und Brose 1998)

Dokumentation von Baugrunduntersuchungen (Kasten 8.8)

Eine wesentliche und gesetzlich vorgeschriebene Aufgabe der Geologischen Dienste auf dem Baugrundsektor war und ist die Dokumentation von Baugrunduntersuchungen. Dazu gehören insbesondere die systematische Sammlung und nach Meßtischblättern geordnete Archivierung von Bohrungen, Sondierungen und anderen Bodenaufschlüssen, aber auch die Auflistungen bergbaubezogener, geologischer, bautechnischer und hydrologischer Parameter.

Einen Überblick über die allgemeine Baugrundsituation kann man den Erläuterungen der Geologischen Karten entnehmen, die seit Ende der 50er Jahre auch ein Kapitel über den Baugrund, seine bautechnischen Eigenschaften und eine Zusammenstellung von als repräsentativ anzusehenden Kennziffern enthalten. Neuere Ausgaben der Geologischen Karte 1 : 25 000 sind darüber hinaus mit Baugrundkarten im Maßstab 1 : 50 000 ausgestattet. Die geologische Karte darf und soll kein Baugrundgutachten ersetzen. Sie kann aber hilfreich sein, um Risiken und den jeweils notwendigen Aufwand einzuschätzen.

Die Flut geologischer Daten wird heutzutage mit EDV für unterschiedliche Fragestellungen aufbereitet und verfügbar gemacht. In zunehmendem Maße werden Geographische Informationssysteme (GIS) eingesetzt und so den vorhandenen Daten zusätzlich die geographischen Koordinaten zugeordnet. Ziel dieser Entwicklung ist es, die archivierten Daten nach Sachthemen und Standorten geordnet für die verschiedensten Zwecke rasch verfügbar zu machen. Die Einrichtung, Pflege und Fortführung dieser geologischen Datenbanken im weiteren Sinne ist eine wichtige Zukunftsaufgabe der Geologischen Dienste.

Die bei den Geologischen Diensten vorgehaltenen Leistungen und die Möglichkeit ihrer Nutzung für individuelle Zwecke sind leider nicht oder zu wenig bekannt. Dazu gehören die Risikominimierung beim Hausbau durch Auswertung von geologischen Karten, Baugrundkarten, bei Behörden vorliegenden Baugrundgutachten etc. Informationsdefizite in dieser Hinsicht gibt es teilweise sogar bei mit der Bauaufsicht befaßten amtlichen Stellen.

Zukünftige Aufgaben

Der Schutz der Bevölkerung vor Gefahren durch Naturkatastrophen gehört zur Fürsorgepflicht des Staates (Grundgesetz, Art. 20a). Öffentliche Einrichtungen wie die Geologischen Dienste haben in diesem Rahmen hoheitliche Aufgaben zu erfüllen, wie sie auf den vorherigen Seiten beschrieben wurden. Aber auch die Organisation der Vereinten Nationen (VN) befaßt sich – auf globaler Ebene – mit Maßnahmen zur Minderung von Katastrophen und Risiken, denen die Menschheit durch natürliche Extremereignisse ausgesetzt ist. In Zusammenarbeit mit den zuständigen nationalen Einrichtungen hat sie sich die weltweite Erfassung von Georisiken zur Aufgabe gemacht. Die VN-Vollversammlung hat am 22.12.1989 einstimmig die 90er Jahre zur „Internationalen Dekade zur Reduzierung natürlicher Gefahrenpotentiale" (IDNDR: International Decade for Natural Disaster Reduction) ausgerufen.

Die Einrichtung von IDNDR unterstreicht die Bedeutung, die den Georisiken für die menschliche Existenz in den betroffenen Gebieten beigemessen wird. Wegen der Pflicht zur humanitären Hilfe und letztlich auch wegen enger wirtschaftlicher Verflechtungen sind ebenfalls alle nicht direkt betroffenen Länder zum Handeln aufgefordert. Weiterhin machen die Größe der Herausforderung und die nicht an nationale Grenzen gebundenen Ursachen von Katastrophen internationale Anstrengungen in Forschung und Abwehr erforderlich. Die Dekade soll mit ihrem Abschluß nicht einen Endpunkt darstellen, sondern Anstoß für verstärkte weitere Aktivitäten sein.

Während der Dekade wollen die einzelnen Nationen nach ihren Möglichkeiten folgende Ziele erreichen: *„Bis zum Jahr 2000 sollen alle Länder, allein oder im Rahmen von regionalen Absprachen, auf dem Weg zu einem dauerhaften Entwicklungsstand folgende Unterlagen und Einrichtungen geschaffen haben:*

- *Landesweite Abschätzung der Gefährdung durch die verschiedenen Arten natürlicher Extremereignisse (Erdbeben, Vulkanausbrüche, Hangrutschungen, tropische Wirbelstürme, Hochwasser, Sturmfluten, Tsunamis, Dürren, Buschfeuer, Heuschreckenplagen).*
- *Landesweite und lokale Pläne zur Katastrophenvorbeugung und zum Katastrophenschutz.*
- *Globale, regionale, nationale und lokale Warnsysteme."* (DFG 1993, S. 3) sowie
- Intensivierung von Forschung und Informationstransfer (Resolution der Vereinten Nationen 44/236 Annex).

Hauptträger und Koordinatoren bei der Durchführung dieser Arbeiten, die keinen direkten kommerziellen Gewinn abwerfen, sind die öffentlichen Einrichtungen, und darunter Forschungsinstitutionen, Behörden und natürlich die Geologischen Dienste. Privatwirtschaftliche Einrichtungen oder die Industrie werden gegebenenfalls mit fest umrissenen Aufgaben beauftragt.

Auf den vorstehenden Seiten wurden die wichtigsten Georisiken sowie die Methoden zu ihrer Erfassung und Minderung drohender Katastrophen dargestellt. Auf die mit dem Erdbebenrisiko und mit der „Erdbebenvorhersage" verbundenen Probleme und Aufgaben der Dauerüberwachung wird im nachfolgenden Kapitel eingegangen. Aus allen bisherigen Kenntnissen und Erfahrungen kristallisieren sich Schwerpunkte für weitere Aktivitäten heraus, die in Zukunft schrittweise und kontinuierlich verwirklicht werden müssen. Dazu gehören in nahezu allen genannten Bereichen:

- Die weiterzuführende und detailliertere Erfassung des Risikopotentials.
  Voraussetzung hierfür ist die kontinuierliche Aufnahme der entsprechenden Daten, die Aufarbeitung historischer und vorinstrumenteller Ereignisse, die Führung der zugehörigen Kataloge und die Umsetzung in informative Darstellungen (Karten, Textberichte etc.), die den entsprechenden Einrichtungen und den Planern übersichtliches und zuverlässiges Material an die Hand geben, um Katastrophen vermeiden oder zumindest die zerstörerischen Auswirkungen mindern zu können.
- Grundlagen- und Ursachenforschung sowie Entwicklung geeigneter Methoden und Geräte.

Auf vielen Gebieten sind die beeinflussenden Prozesse nur ungenügend verstanden. Hier besteht erheblicher Forschungsbedarf. Auf der technischen Seite sind es die Geräte, die entsprechend neu- oder weiterentwickelt werden müssen, um die erhöhten Anforderungen an Genauigkeit, Übertragungsschnelligkeit etc. zu erfüllen. Dies gilt besonders für (Früh-)Warnsysteme, die für jeden einzelnen Zweck speziell entwickelt und auf die vorhandene Infrastruktur abgestimmt werden müssen.

Das Problem der „Vorhersage" ist bei jedem Risiko unterschiedlich zu bewerten. Auf nahezu allen Gebieten wird nach möglichen Verknüpfungen verschiedener Beobachtungsgrößen geforscht, deren Zusammentreffen wenigstens die Eintrittswahrscheinlichkeit eines Katastrophenereignisses weiter eingrenzen und eine

Vorhersage zuverlässiger machen soll. Die Aufgaben liegen insbesondere in drei Bereichen:

- *Dauerüberwachung (Monitoring)*
  Sie ist eine Grundvoraussetzung für eine möglichst umfassende Bestandsaufnahme, für die Grundlagenforschung und für die Einrichtung von (Früh-)Warnsystemen. Im Bereich der Erdbebenforschung werden jetzt mit internationaler Anstrengung die ersten Schritte unternommen, um das weltweite Beobachtungsnetz um wesentliche Areale zu erweitern. Aus technischen und logistischen Gründen waren Anlage und Betrieb von Erdbebenobservatorien immer auf Festland und Inseln beschränkt. Dieses Areal macht aber nur etwa ein Drittel der Erdoberfläche aus. Für das Verständnis der ablaufenden Prozesse und die Bestimmung notwendiger physikalischer Größen ist jedoch – ähnlich wie bei der Meteorologie und Wettervorhersage – eine möglichst lückenlose weltumspannende Beobachtung erforderlich. Im Ozean-Tiefbohrprogramm (ODP: Ocean Drilling Program) werden deshalb die ersten Schritte unternommen, um Seismometerstationen in Bohrlöchern im Meeresboden unter den Ozeanen zu betreiben.
- *Einrichtung und Betrieb von (Früh-)Warnsystemen, Abstimmung mit vorhandener und ggf. Schaffung neuer geeigneter Infrastruktur*
  Sie hängen von der jeweiligen Risikoart und den bisher ausgewiesenen Eintrittswahrscheinlichkeiten ab. Beispiele sind bestehende Systeme für Hangrutschungen und das Erdbebensicherungssystem in Japan, das automatisch beim Auftreten von Erdbeben ab einer bestimmten Intensität innerhalb von Sekunden für die Abschaltung und Unterbrechung technischer sensitiver Einrichtungen sorgt, um gefährliche Situationen zu verhüten. Hierzu ist eine entsprechende Infrastruktur erforderlich: Erstens im Sinne der Definition des Georisikos (Gefährdungsgrad mal Verletzlichkeit) und zweitens, um im Katastrophenfall den Alarm gezielt weiterzuleiten und rechtzeitig die geeigneten und wirksamen Maßnahmen zu ergreifen. Bestehende Risiken sind bei der Regionalplanung, der Erstellung von Regularien und Industrienormen verstärkt zu berücksichtigen.
- *Stärkung der internationalen Zusammenarbeit*
  Sie muß über die bestehenden oder ggf. neu zu schaffenden Organisationen geschehen, um die Aufgaben bei Forschung, technischen Entwicklungen und Katastrophenabwehr zu bewältigen. Die Bundesrepublik Deutschland gehört zu den technologisch führenden Ländern der Erde. Sie hat zur Lösung der aufgeführten Probleme und Aufgaben bereits einen umfassenden Beitrag geleistet und wird dies auch weiterhin tun. Die Geologischen Dienste haben daran einen wesentlichen Anteil.

Aufgaben Geologischer Dienste zur Vorsorge und Minderung von Georisiken

- Grundlagenforschung zum besseren Verständnis der maßgeblichen Zusammenhänge in enger Zusammenarbeit und Abstimmung mit Universitäten und Forschungseinrichtungen, die hierzu ebenfalls aktiv sind;
- Modernisierung/Ausbau/Erweiterung vorhandener Monitorsysteme;
- Entwicklung neuer Methoden und Geräte;
- Einrichtung von (Früh-)Warnsystemen;
- Erstellung von Gefährdungskarten;
- Anpassung der Infrastruktur in Risikogebieten;
- Schaffung eines Krisenmanagements zur Bewältigung von Katastrophenfällen;
- Stärkung der internationalen Zusammenarbeit.

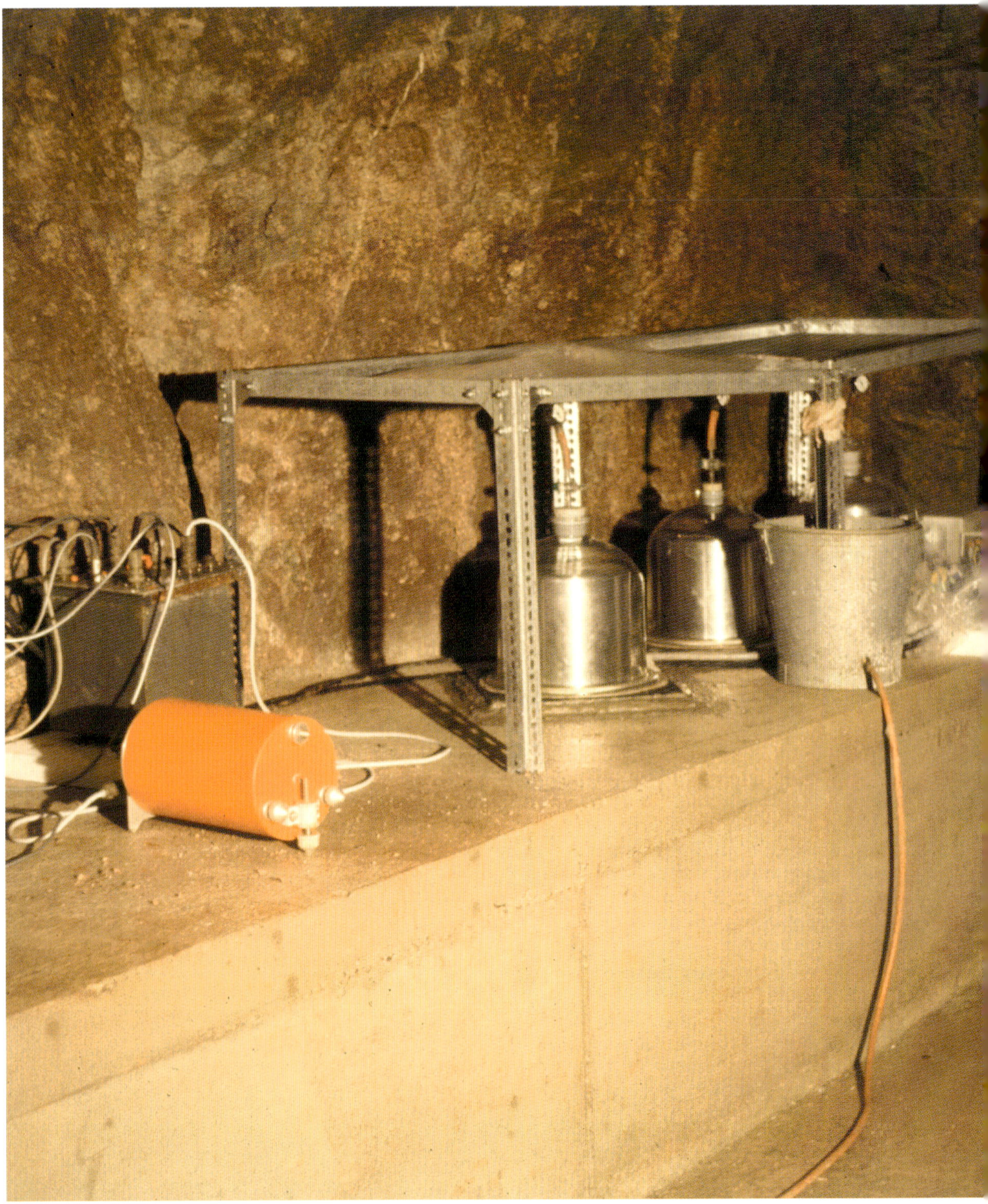

9 Seismische Überwachung

natürlicher und künstlicher Erdbeben

Erdbebenwellen durchlaufen den Erdkörper auf charakteristische Weise. Werden die Wellen mit empfindlichen Meßgeräten aufgenommen, können aus den Aufzeichnungen Informationen über ihren Weg und den auslösenden Prozeß errechnet werden. Je enger das globale Netz zur Aufzeichnung von Erdbeben ist, um so genauer können Beben lokalisiert werden. Aus einer Erdbebenregistrierung kann auch der Mechanismus des seismischen Ereignisses abgeleitet werden: Tektonische Beben können von Beben unterschieden werden, die auf den Einsturz von Untergrundkavernen oder auf unterirdische Atombombenexplosionen zurückgehen.

Eines der wesentlichen Ziele der kontinuierlichen weltweiten Erdbebenbeobachtung ist die Verbesserung ihrer Vorhersage. Dies bezieht sich auf die unmittelbar betroffenen Regionen, aber auch – bei Beben, die unter dem Meer stattfinden, – auf die angrenzenden Küstengebiete. Seit dem 1963 verabschiedeten Partiellen Kernwaffenteststoppabkommen, das überirdische Tests untersagte, werden die Erdbebenmeßstationen auch zur Überwachung der Einhaltung dieses Abkommens genutzt.

◀ **Abb. 9.1.**
Die Registriereinheit einer modernen Seismometerstation in Schiltach (Schwarzwald), die Teil des weltumspannenden Erdbebenüberwachungsnetzes ist

Der lange Weg zur Erdbebenvorhersage und zur Sicherung des Kernwaffenteststoppvertrags

Auf den ersten Blick scheint kein direkter Zusammenhang zwischen Erdbebenvorhersage und dem Kernwaffenteststoppabkommen zu bestehen. Dennoch sind beide Bereiche mit den Aufgaben Geologischer Dienste eng verknüpft.

Die Verbindung zu den Erdbeben ergibt sich naturgemäß, da diese Ereignisse das Resultat von langsam ablaufenden geodynamischen Prozessen des Erdinnern sind und ihre Beobachtung und Erforschung daher fachlich Geologischen Diensten zuzuordnen ist. Um dem Naturphänomen Erdbeben mit seinen teilweise katastrophalen Folgen für die Bevölkerung auf die Spur zu kommen, müssen – ähnlich wie in der Kriminalistik – genaue und lückenlose Beobachtungsdaten gewonnen werden. Nur auf diese Weise besteht die Hoffnung, das Rätsel der Erdbeben und ihrer Mechanismen zu lösen und dem ultimativen Ziel der Vorhersage vor allem von starken Beben näherzukommen. Folglich zählt die kontinuierliche Beobachtung, Auswertung, Erfassung und Zusammenstellung von Erdbebendaten in Form seismologischer Bulletins oder Datenkataloge zu den originären Aufgaben jedes Geologischen Dienstes.

Von einer seismischen Überwachung im eigentlichen Sinne konnte in den Gründerjahren dieser Institutionen nicht gesprochen werden. Den Wissenschaftlern dieser Zeit (überwiegend Physiker oder Geologen), die sich der Seismologie verschrieben hatten, standen damals noch keine Instrumente zur Aufzeichnung von Erdbeben zur Verfügung. Sie mußten sich auf eine möglichst detaillierte Beschreibung der Auswirkungen verspürter Erdbeben oder – in den überwiegenden Fällen – von Schadenbeben beschränken. Diese Informationen waren oft lückenhaft und ungenau und lieferten demzufolge nur ein bruchstückhaftes Bild der seismischen Aktivität in Deutschland und Europa. Dennoch wurde versucht, den Ort des Erdbebenherds zu bestimmen sowie die Stärke des Bebens zu klassifizieren. Aus der Zeit dieser beschreibenden Seismologie stammt auch die erste Intensitätsskala, die von de Rossi und Forel im Jahre 1881 erstellt wurde und insgesamt 10 Stufen umfaßt. Auch heute verwendet man noch solche „geschlossenen" Skalen, um die Auswirkungen eines Erdbebens in Zahlenwerte zu fassen. In Deutschland und im europäischen Raum ist die von Medvedjev, Sieberg und Karnik erstellte 12-teilige MSK-Intensitätsskala am gebräuchlichsten (vgl. Kap. Georisiken, Tabelle 8.4).

Das Bild der seismischen Aktivität unserer Erde gewann erst Ende des 19. Jahrhunderts mit der Entwicklung der ersten Seismographen langsam an Kontur. Erstmals gelang Rebeuer-Paschwitz im Jahre 1889 an den seismologischen Observatorien in Potsdam und Wilhelmshaven die Aufzeichnung eines starken Erdbebens aus Japan (vgl. Kasten 9.1 und Abb. 9.2). Damit war der

---

Das Prinzip seismischer Registrierungen (Kasten 9.1)

Zur Aufzeichnung der durch seismische Wellen erzeugten Bodenbewegungen werden Seismographen verwendet, deren Funktionsprinzip sich seit der Entwicklung vor gut 100 Jahren nicht wesentlich geändert hat (vgl. Abb. 9.2). Man macht sich die Trägheit einer schweren, an einer Feder bzw. an einem Pendel aufgehängten Masse zunutze und zeichnet die Relativbewegung zwischen der trägen Masse und den Bewegungen des Bodens als Funktion der Zeit auf. Als Ergebnis erhält man ein Seismogramm der vertikalen bzw. horizontalen Bodenbewegung (Abb. 9.2 *rechts*). Durch Aufzeichnung dieser Bewegungen in drei zueinander senkrecht stehenden Richtungen (vertikal, Nord-Süd, Ost-West) läßt sich die räumliche Bewegung des Bodens vollständig rekonstruieren.

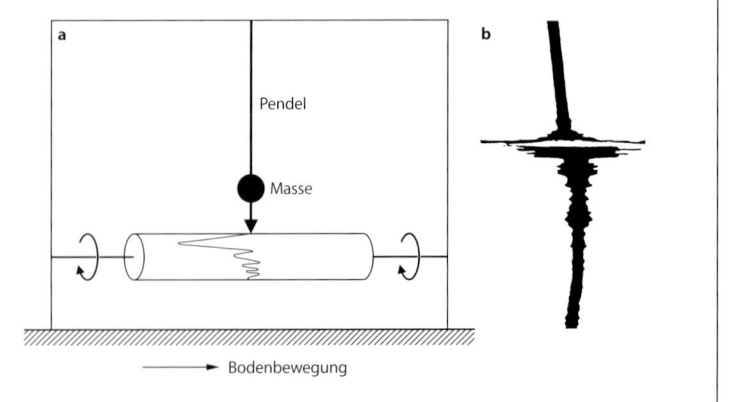

Abb. 9.2. Prinzip eines Seismometer; **a** Gegen die träge Masse eines Fadenpendels wird die relative Horizontalbewegung des Erdbodens aufgezeichnet. **b** Die erste Registrierung eines Fernbebens aus Japan in Potsdam im Jahre 1889 (Harjes o. J.)

Abb. 9.3.
Registriersystem des Wiechert-Horizontalseismographen, der von 1902 bis 1934 in der Leipziger Erdbebenwarte aufgestellt war und seitdem im Geophysikalischen Observatorium Collm arbeitet. Unten links, neben den beiden Registrierstreifen, ist ein Teil der 1100-kg-Masse zu erkennen (Abdruck mit freundlicher Genehmigung durch das Geophysikalische Observatorium der Universität Leipzig, Dr. Bernd Tittel)

Grundstein für die instrumentelle seismische Überwachung gelegt (Abb. 9.3). Dennoch sollte es noch bis Mitte der 60er Jahre dauern, bis in der BGR, dem Geologischen Dienst der Bundesrepublik, die systematische, ständige seismische Beobachtung deutscher und weltweiter Erdbeben begann. Bis dahin hatten vorwiegend Universitätsinstitute mit mehr oder weniger Intensität diese Aufgabe wahrgenommen. Allerdings konzentrierte sich deren Interesse oft auf Erdbeben in ausgewählten Regionen, um spezifischen seismologischen Fragestellungen nachzugehen, und weniger auf das Ziel einer umfassenden, breit angelegten und ausgewogenen Beobachtung und Erfassung sämtlicher von den seismischen Stationen aufgezeichneten Erdbeben. Nachdem jedoch die Notwendigkeit erkannt worden war, auf breiter Basis die seismische Überwachung langfristig und systematisch sicherzustellen, übernahm die BGR diese Aufgabe.

Zusätzliche Bedeutung gewann die seismische Überwachung durch die politische Entwicklung im Zusammenhang mit den Verhandlungen zur Erreichung eines Kernwaffenteststoppabkommens. Bekanntermaßen erzeugen unterirdisch gezündete Kernexplosionen ebenso wie Erdbeben seismische Wellen, die mit Seismographen aufgezeichnet werden können. Nach Abschluß des Partiellen Teststoppvertrags (PTBT Partial Test Ban Treaty) im Jahre 1963, der die Durchführung oberirdischer Kernexplosionen untersagte, verlegten die Atommächte USA und die frühere Sowjetunion, später auch Frankreich und China, ihre Versuche unter die Erde. Damit waren die Explosionen der unmittelbaren Betrachtung entzogen. Seismologische Verfahren bieten jedoch die Möglichkeit, durch Aufzeichnung und Analyse der abgestrahlten seismischen Wellen Testaktivitäten weiterhin zu überwachen. So errichteten und betrieben vor allem die USA in verschiedenen befreundeten Staaten rund um den Globus seismische Stationen.

Eine dieser weltweiten seismischen Meßstellen wurde 1963 im Fränkischen Jura nordöstlich von Erlangen, in der Nähe der Kleinstadt Gräfenberg, installiert. Im Jahre 1970 wurde diese Einrichtung mit der Stationskennung GRF der BGR übereignet, nachdem zwischenzeitlich die Universität Karlsruhe und das Forschungskollegium für die Physik des Erdkörpers Eigentümer waren. Damit verfügte der Geologische Dienst der Bundesrepublik Deutschland erstmalig über die technischen Mittel, um sich an der Überwachung der Einhaltung eines Kernwaffenteststoppabkommens zu beteiligen. Dadurch wurde gleichzeitig die politische Forderung der Bundesregierung nach der Einstellung aller Kernwaffenversuche glaubhaft untermauert. Die Verhandlungen über ein derartiges Abkommen sollten jedoch noch bis 1996 dauern, bis sie schließlich zum Erfolg führten.

Diese Zeitspanne wurde genutzt, um die seismischen Meßstellen zur Erreichung der politischen und wissenschaftlichen Ziele weiterzuentwickeln und auf den neuesten Stand zu bringen. Heute verfügt Deutschland über ein relativ großes und modernes „Arsenal" seismischer Stationen. In seiner Gesamtheit ist dieses Netz in der Lage, sämtliche seismischen Ereignisse in Deutschland oberhalb der Stärke $ML = 2,0$ praktisch vollständig zu

234 Seismische Überwachung

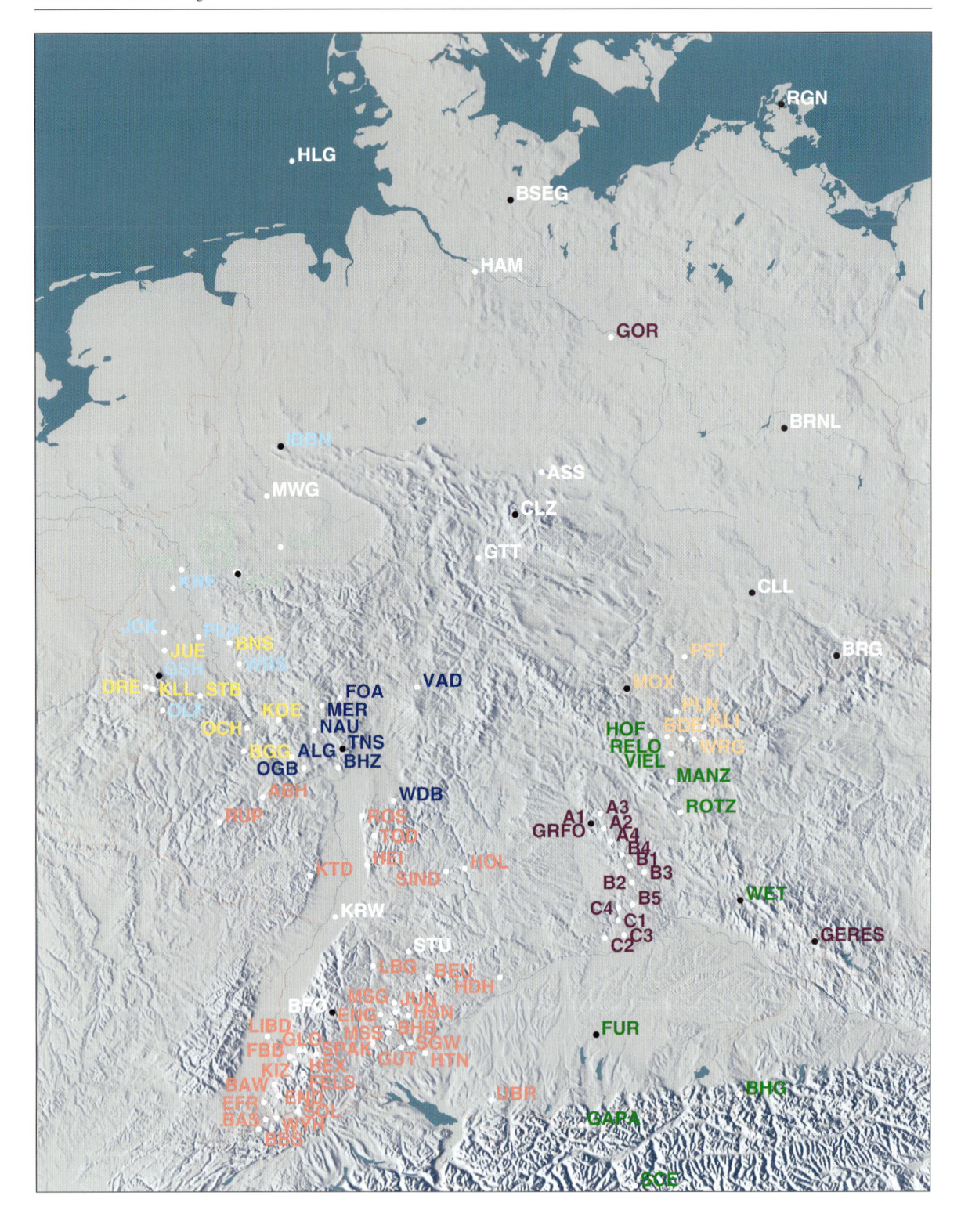

erfassen. In Gebieten mit einer Vielzahl seismischer Stationen, wie in Baden-Württemberg, in Teilen Nordrhein-Westfalens oder im Vogtland, wird dieser Magnitudenwert noch unterschritten.

Die Stationen und die für deren Betrieb zuständigen Institutionen sind in Abb. 9.4 zusammengestellt. Die von der BGR in Zusammenarbeit mit den Hochschulinstituten betriebenen Stationen werden zwar vorwiegend für wissenschaftliche Untersuchungen benutzt, dienen gleichzeitig jedoch zur Überwachung europäischer und weltweiter Erdbeben. Diese Stationen, allen voran das Gräfenberg(GRF)-Array, haben dazu beigetragen, ein weitgehend vollständiges Bild der seismisch aktiven Erde in ihrer gegenwärtigen Form zu erhalten (Abb. 9.5).

Speziell für die Beteiligung an dem internationalen Überwachungssystem zur Verifikation des Kernwaffenteststoppabkommens dient eine im Bayerischen Wald aus 25 seismischen Meßstellen bestehende Anlage, deren Konfiguration in Abb. 9.6 dargestellt ist. Diese als seismisches „Array" bezeichnete Anordnung von Stationen ging 1991 unter dem Namen GERESS (GERman Experimental Seismic System) in Betrieb. GERESS wurde von den USA finanziert und als gemeinsames Projekt der Ruhr-Universität Bochum und der Southern Methodist University, Dallas, aufgebaut. Als empfindlichste seismische Meßeinrichtung in Mitteleuropa war das Array ursprünglich dafür konzipiert worden, im Gebiet der früheren Sowjetunion schwache seismische Signale von kleinen unterirdischen Kernsprengungen zu entdecken. Nach Ende des kalten Krieges und dem Abschluß des Kernwaffenteststoppvertrages im September 1996 wurde GERESS der BGR übereignet, nachdem zwischenzeitlich die Ruhr-Universität Bochum als Eigentümer die Anlage mit Mitteln des Auswärtigen Amtes betrieben hatte. Aufgrund seiner hervorragenden seismischen Empfangseigenschaften wurde das Array zusammen mit 50 weiteren, weltweit verteilten seismischen Meßanlagen von einer Expertengruppe der Genfer Abrüstungskonferenz für die Überwachung der Einhaltung dieses Abkommens ausgewählt.

Damit ist das gemeinsame Element beschrieben, ohne das weder die Erdbebenvorhersage noch das Kernwaffenteststoppabkommen vorstellbar ist – die kontinuierliche seismische Überwachung mit der dazugehörigen Bestimmung wichtiger Kenngrößen, wie Zeit, Ort und Stärke aller aufgezeichneten seismischen Ereignisse.

Seismische Registriereinrichtungen

Wie in anderen Bereichen der Technik entwickelten sich auch in der Seismologie die Meßinstrumente sehr rasch, ohne daß sich am Meßprinzip der seismischen Sensoren etwas änderte. Nach wie vor basiert die Meßtechnik auf dem Prinzip des „trägen Pendels", das aufgrund seiner Masse gegenüber den Bewegungen und Erschütterungen des Bodens zunächst in Ruhe bleibt und erlaubt, die Relativbewegung zwischen diesen beiden Systemen zu messen (vgl. Kasten 9.1). Während für die ersten, um die Jahrhundertwende gebauten mechanischen Seismographen Gewichte von bis zu 17 Tonnen verwendet wurden, um mit einer spitzen Feder ein Seismogramm auf einer mit Ruß beschichteten Trommel einzuritzen, liegt das Gesamtgewicht moderner Instrumente im Kilogrammbereich. Neben geringerer Größe und geringerem Gewicht sind die Seismometer zudem weitaus empfindlicher als die mechanischen Seismographen, mit denen die Bodenbewegung etwa um den Faktor 1000 verstärkt werden konnte. Heute lassen sich durch die Kombination mit digitalen Registriersystemen Bewegungen von einem Nanometer (10^{-9} m) erfassen, was im Bereich der Größe von Atomen liegt (vgl. Kasten 9.2).

Das Leistungsvermögen von modernen Breitbandseismographen, die in Deutschland seit 1976 zum Einsatz kommen (vgl. Abb. 9.1), ist in Abb. 9.7 eindrucksvoll dargestellt. Auf der langperiodischen, durch die Erdgezeiten verursachten Schwingung sind die von Erdbeben ausgelösten Signale zu erkennen, von denen zwei Seismogramme von Beben der Stärke 5,2 und 5,3 aus dem Gebiet der Vanuatu-Inseln im Pazifik bzw. aus Mexiko in vergrößerter Form wiedergegeben sind.

◄ **Abb. 9.4.**
Geographische Verteilung der in Deutschland zur seismischen Überwachung von Geologischen Diensten, Geophysikalischen Hochschulinstituten und Forschungseinrichtungen betriebenen Seismometerstationen und Netzen. *Dunkelbraun* – BGR, *rot* – Geologisches Landesamt Baden-Württemberg, hellblau – Geologisches Landesamt Nordrhein-Westfalen, gelb – Geologisches Institut der Universität zu Köln, *dunkelgrün* – Geophysikalisches Institut der Universität München, *orange* – Institut für Geowissenschaften der Universität Jena, *dunkelblau* – Institut für Meteorologie und Geophysik der Universität Frankfurt, *hellgrün* – Institut für Geophysik der Universität Bochum, *schwarze Punkte* – Stationen des deutschen regionalen Breitbandnetzes GRSN, *weiße Punkte mit weißer Schrift* – Einzelstationen von Geophysikalischen Hochschulinstituten bzw. GeoForschungsZentrum Potsdam

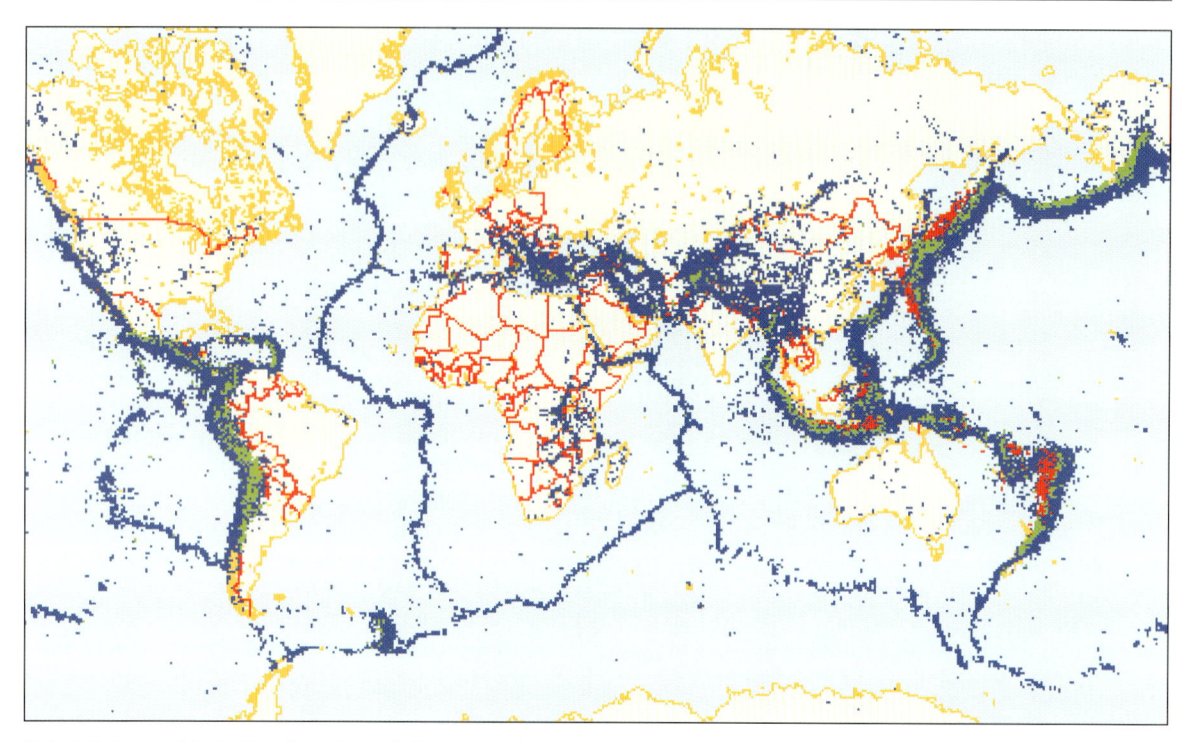

Abb. 9.5. Geographische Verteilung der Erdbeben der Stärke Mb 4,0. Die Daten wurden vom ISC (International Seismological Center, Newbury, England) für die Jahre 1964–1994 aus den Meldungen weltweiter Seismometerstationen und Erdbebenobservatorien zusammengestellt (*blau: Herdtiefe 0–70 km, grün: >70–300 km, rot: >300 km*); vgl. auch Abb. 8.5

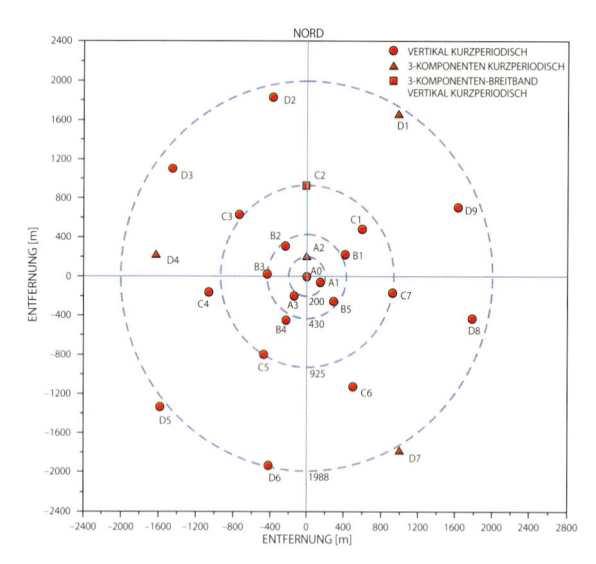

Abb. 9.6. Konfiguration des aus 25 Seismometerstationen im Bayerischen Wald bei Freyung betriebenen GERESS-Arrays (vgl. Abb. 9.4)

Die BGR hatte die Vorteile dieser modernen seismischen Meßinstrumente frühzeitig erkannt und übernahm eine Vorreiterrolle auf dem Gebiet der digitalen Breitbandseismologie. Die erste Seismometerstation dieses Typs wurde bereits 1976 an der Referenzstation (GRA1) des ehemaligen US-Arrays im Fränkischen Jura in Betrieb genommen (vgl. Abb. 9.4). Damit war der Grundstein für die Breitbandseismologie in Deutschland gelegt, die aufgrund der bis dahin nicht gekannten Qualität aufgezeichneter seismischer Signale in Kombination mit Methoden der computergestützten Verfahren der digitalen Signalverarbeitung der seismologischen Forschung neue Möglichkeiten erschloß und zu neuen Erkenntnissen über Aufbau und Struktur der Erde führte (vgl. Kästen 9.3 und 9.4).

Die Nutzung digitaler Breitbandseismometer für die Forschung wurde in Deutschland konsequent fortgesetzt. Sie führte schließlich zum Aufbau des Arrays GRF in seiner heutigen Form – dem ersten Breitbandarray der Welt mit insgesamt 13 Meßstellen (vgl. Abb. 9.4 und 9.1). Gegenüber einzelnen Seismometerstationen, an de-

Eine moderne seismische Meßstation (Kasten 9.2)

Der typische Aufbau einer modernen seismischen Station kann an der Station BFO (Black Forest Observatory) nahe Schiltach (Schwarzwald) gezeigt werden, die in einem verlassenen Silberbergwerk untergebracht ist (Abb. 9.1). Diese Station ist Teil eines aus insgesamt 15 Stationen gleichen Typs aufgebauten Seismographennetzes, das über Deutschland verteilt ist.

Um eine gute Ankopplung an den Untergrund zu erreichen, steht der Seismograph auf einem Betonsockel. Das Breitbandinstrument vom Typ STS-2 erfaßt die Bodenbewegung in drei Richtungen (vertikal, Nord-Süd, Ost-West; vgl. Kasten 9.3). Pro Sekunde werden von jeder einzelnen Komponente 80 Meßwerte gewonnen. Die Daten werden aus dem Stollen über Glasfaserkabel zum Observatorium außerhalb des Bergwerks übertragen. Von dort erfolgt auf Abruf die Weiterleitung der Daten an das Datenzentrum der BGR in Hannover.

Neben einer hohen Empfindlichkeit verfügen Seismographen dieses Typs über die Fähigkeit, den gesamten Informationsgehalt seismischer Wellen aufzuzeichnen, d. h. das gesamte Frequenzspektrum, angefangen von den tiefen Frequenzen der Erdgezeiten (12 h ≈ 0,000023 Hz) bis zu den hohen Frequenzen der Erdbebenwellen von 10 Hz und höher. Der Bereich konstanter Empfindlichkeit bei Breitbandseismometern, wie sie bei dieser und anderen Stationen des deutschen regionalen Breitbandnetzes eingesetzt werden (vgl. Abb. 9.4), reicht von 120 s (0,008 Hz) bis 50 Hz. Der Dynamikumfang, der das Verhältnis zwischen kleinster erfaßbarer und größter aufnehmbarer Bodenbewegung bestimmt, beträgt 140 Dezibel. Diese nüchterne Zahl entspricht einem kaum vorstellbaren Größenverhältnis von 1 : 16 Mio.

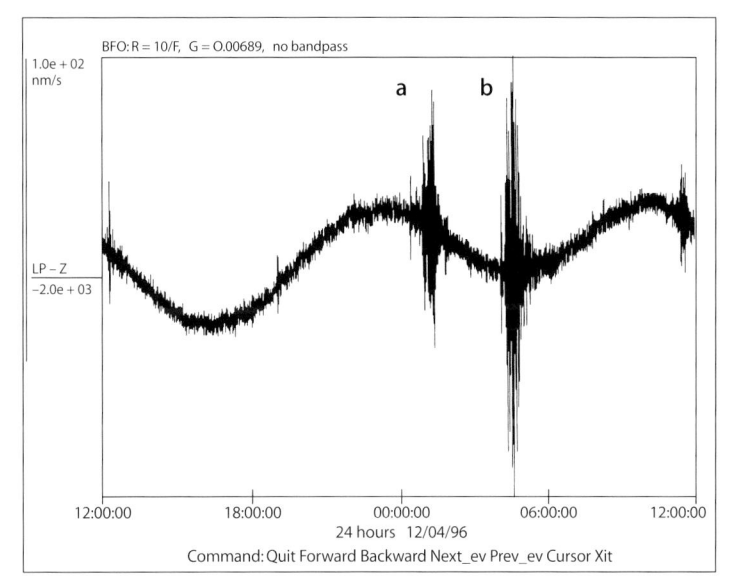

24-Stunden-Registrierung mit einem STS-2 Breitbandseismometer an der GRSN-Station BFO

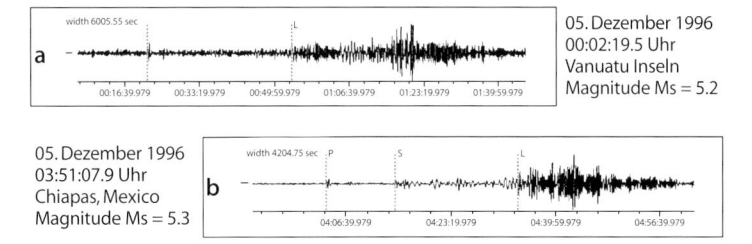

05. Dezember 1996
00:02:19.5 Uhr
Vanuatu Inseln
Magnitude Ms = 5.2

05. Dezember 1996
03:51:07.9 Uhr
Chiapas, Mexico
Magnitude Ms = 5.3

Abb. 9.7. Leistungsvermögen eines modernen Breitbandseismographen des Typs STRECKEISEN STS-2. Die Aufzeichnung zeigt die Registrierung der Bodengeschwindigkeit in vertikaler Richtung über einen Zeitraum von 24 Stunden. Neben der langwelligen, durch die Gezeiten erzeugten Schwingung mit einer Periode von 12 Stunden erfaßt das Instrument auch seismische Wellen mit höheren Frequenzen, die durch Erdbeben erzeugt wurden. In einem vergrößerten Zeitmaßstab sind im unteren Teil der Abbildung die registrierten Wellen von zwei Erdbeben dargestellt

nen die Bodenbewegungen nur in vertikaler oder – im Fall von sogenannten 3-Komponentenstationen – horizontal in Ost-West- und Nord-Süd-Richtung aufgezeichnet werden, wird bei einem Array durch Bündelung der Einzelstationen das seismische Wellenfeld flächenhaft erfaßt. In Kombination mit rechnergestützten Bearbeitungsverfahren wird eine „seismische Antenne" realisiert. Sie kann zur Peilung und Verstärkung von schwachen seismischen Signalen eingesetzt werden, die auf der Registrierung eines einzelnen Instruments oft nicht mehr erkennbar sind (vgl. Kästen 9.3, 9.4 und 9.5).

Die Entwicklung und der Aufbau moderner seismischer Stationen und Arrays in Deutschland fand 1993 mit der vollen Inbetriebnahme des deutschen Regionalnetzes GRSN (German Regional Seismic Network) einen vorläufigen Abschluß, das insgesamt 15 mit Breitbandinstrumenten bestückte Stationen umfaßt und eine Erweiterung des GRF-Arrays darstellt. Die Daten aller di-

Seismische Wellen (Kasten 9.3)

Aufgrund des Schwingungsverhaltens seismischer Wellen, das sich aus Seismogrammen rekonstruieren läßt, werden vier Wellentypen unterschieden (Abb. 9.8). P- und S-Wellen sind sogenannte Raumwellen, die mit unterschiedlicher Geschwindigkeit durch die Erde laufen. Die schnelleren Kompressionswellen, die als P- oder Primärwellen bezeichnet werden, pflanzen sich in ähnlicher Weise wie Schallwellen in Luft oder Wasser fort. S-Wellen sind dagegen Transversal- bzw. Scherwellen, deren Bewegung senkrecht zur Fortpflanzungsrichtung verläuft. Sie entsprechen dem klassischen Bild einer Wellenbewegung, wie sie z. B. bei einer schwingenden Saite beobachtet werden kann. Scherwellen können sich im Gegensatz zu Kompressionswellen nicht in Flüssigkeiten oder Luft ausbreiten.

Auch bei den Oberflächenwellen, die sich gegenüber Raumwellen im allgemeinen durch längere Perioden und durch exponentiell mit der Tiefe abnehmende Amplituden auszeichnen, gibt es zwei Typen, die nach ihren Entdeckern Rayleigh und Love benannt wurden. Rayleigh-Wellen sind durch ihre elliptische Partikelbewegung in der Vertikalebene gekennzeichnet, während bei Love-Wellen noch eine Scherbewegung parallel zur Erdoberfläche auftritt.

Neben Primär- und Sekundärwellen wurde in der Seismologie der Begriff Tertiär-Welle eingeführt. Unter diesen Begriff fallen seismische Wellen, die mittelbar durch Kompressionswellen entstehen, die sich, hervorgerufen durch Seebeben oder Unterwasserexplosionen, im Wasser ausbreiten (Wasserschall) und an verschiedenen Stellen auf eine Insel oder einen Kontinentalrand treffen, wo sie wiederum in Raum- und Oberflächenwellen gewandelt werden. Wegen der geringen Geschwindigkeit des Wasserschalls treffen T-Wellen erst nach den P- und S-Wellen ein. In den Seismogrammen erscheinen sie als tertiäre Einsätze. Bei der Überwachung des französischen Kernwaffentestgebietes im Südpazifik spielten die von der neuseeländischen Station Rarotonga aufgezeichneten T-Phasen eine wichtige Rolle.

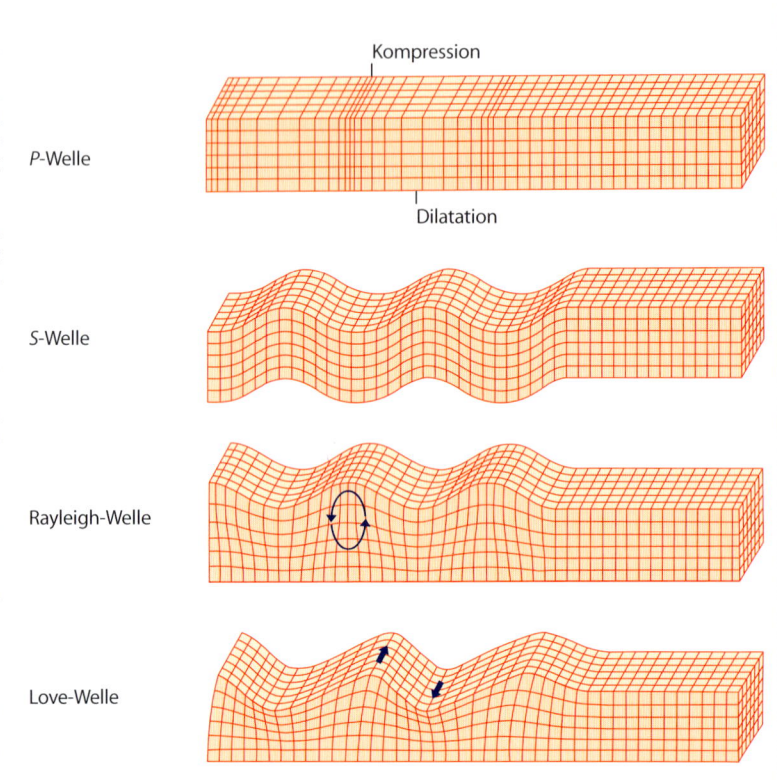

Abb. 9.8. Seismische Wellentypen (Henger 1997)

gitalen Breitbandstationen sowie das Detektionsarray GERESS stehen heute der BGR für die kontinuierliche seismische Beobachtung lokaler, regionaler und weltweiter seismischer Ereignisse zur Verfügung. Sie bilden die Grundlage für die der BGR gestellten wissenschaftlichen und politisch motivierten Aufgaben.

Überwachung weltweiter Erdbeben

Unabhängig davon, ob mit der seismischen Überwachung wissenschaftliche oder politische Ziele verfolgt werden, läßt sich diese Aufgabe im wesentlichen auf folgende vier Grundelemente zurückführen: Entdeckung, Ortung, Stärkebestimmung und Identifizierung seismischer Ereignisse. Allerdings kommt – je nach Interessenlage – den einzelnen Elementen unterschiedliche Bedeutung zu. Die Öffentlichkeit hat vor allem an starken und zerstörerischen Beben großes Interesse, um bei Erdbebenkatastrophen rasch zu reagieren und Hilfe leisten zu können. So sind nationale wie internationale seismologische Datenzentren beauftragt, möglichst schnelle und genaue Angaben über Zeitpunkt, Ort und Stärke von schweren Erdbeben zu liefern, um Regierungsstellen, Rettungsdienste und die Bevölkerung informieren zu können.

Auch für die Erforschung der bei Erdbeben ablaufenden Prozesse und für Untersuchungen der Strukturen

Ausbreitung seismischer Wellen (Kasten 9.4)

Ausgehend vom Hypozentrum, der Quelle der seismischen Wellen, pflanzen sich die Raum- und Oberflächenwellen durch das Erdinnere und entlang der Erdoberfläche fort (Abb. 9.9). *P*- und *S*-Wellen laufen dabei auf direktem Weg zu einer seismischen Station. Wellen mit Bezeichnung wie *PP*, *PS* oder *SP* entstehen durch Reflexion von *P*- bzw. *S*-Wellen an der Erdoberfläche. Der erste Buchstabe bestimmt jeweils den ursprünglichen, an der Quelle abgestrahlten Wellentyp. Hinzu kommen Wellen, die an Grenzflächen im Erdinnern (Kern-Mantel-Grenze, Grenze zwischen innerem und äußerem Erdkern) gebrochen, gebeugt oder umgewandelt werden und auf verschiedensten Wegen eine Seismometerstation erreichen und das Seismogramm als komplexes Gemisch verschiedenster Wellenzüge erscheinen lassen.

Der Abstand zwischen Epizentrum und Registrierstation wird in drei Entfernungsbereiche unterteilt: lokal (0–1 000 km), regional (1 000–3 000 km) und teleseismisch (3 000–10 000 km). Generell werden die Amplituden der seismischen Wellen mit zunehmender Herdentfernung kleiner, da sich ihre Energie auf eine zunehmend größere Fläche verteilt. Andere Faktoren wie Absorption und Streuung beeinflussen die Wellenamplituden und den Frequenzgehalt. Diese Effekte sind eine Folge der Inhomogenitäten der Erde, die sich entlang des Laufwegs auf die Wellen auswirken. Geologische Störungen im Untergrund, am Standort des Seismometers oder nahe der Quelle können dazu führen, daß sich das Erscheinungsbild der Seismogramme über kurze Entfernungen gravierend verändert. Effekte dieser Art sind um so stärker, je hochfrequenter die erzeugten seismischen Wellen sind.

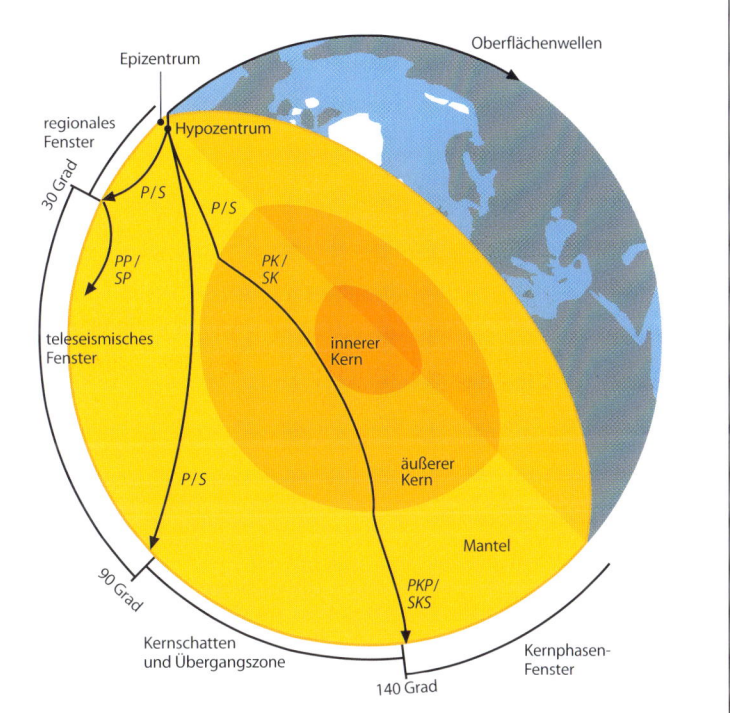

Abb. 9.9. Ausbreitung seismischer Wellen (Henger 1997)

des Erdinnern spielen vorzugsweise starke Erdbeben eine Rolle, deren Signale von möglichst vielen seismischen Stationen aufgezeichnet werden. Ähnliche Überlegungen gelten auch bei der seismischen Risikoanalyse und bei der Bestimmung der Gefährdung einzelner Standorte durch Erdbeben. In diesen Fällen sind jedoch zusätzliche Kenntnisse über Häufigkeit und Verteilung aller in einem Gebiet vorkommenden Beben vorteilhaft, um die Risikoberechnungen abzusichern. Insbesondere sind der gesamte zur Verfügung stehende Beobachtungszeitraum (einschließlich weit zurückliegender historischer Ereignisse) und die Vollständigkeit der Aufzeichnungen wichtige Parameter, um verläßliche Angaben über die Häufigkeit und die Wiederkehrrate von starken Erdbeben machen zu können (vgl. Kap. 8). In Anbetracht der langen Zeiträume – die Zeitzyklen von starken Erdbeben können einen Bogen von hundert bis tausend Jahren umspannen – hat die instrumentelle seismische Überwachung kaum begonnen. Insofern befindet sich auch die Erdbebenvorhersage in einer schwierigen Situation, da *sämtliche* Informationen über Erdbeben eines Gebietes von Bedeutung sind, um Schlußfolgerungen über zukünftig auftretende Beben ableiten zu können.

Letztlich können die unterschiedlichen Interessen an Beobachtungsdaten nur dadurch abgedeckt werden, wenn über lange Zeiträume hinweg eine vollständige und kontinuierliche, qualitativ hochwertige Datenbasis weltweiter Erdbeben geschaffen wird, in der ohne Ausnahme die Daten kleiner und großer Erdbeben erfaßt sind.

Was Qualität und Vollständigkeit der seismischen Überwachung betrifft, wurde dieses Ziel in den Industriestaaten praktisch schon erreicht, wie ein Blick auf Abb. 9.11 zeigt, in der die globale Verteilung der heute betriebenen modernen digitalen Breitband-Seismome-

Quellen seismischer Signale (Kasten 9.5)

Der bei einem Erdbeben oder einer Sprengung ablaufende „Herdprozeß" hat entscheidenden Einfluß auf die dabei abgestrahlten seismischen Wellen.

Bei einem Erdbeben bricht das Gestein infolge tektonischer Spannung im Untergrund, die von dem Gestein nicht mehr aufgenommen werden kann. Beim Bruch wird die Scherfestigkeit überschritten und die Gesteinsblöcke verschieben sich ruckartig entlang einer Fläche, deren Längsausdehnung bei kleinen Beben nur einige Dezimeter beträgt, bei starken Beben jedoch mehrere Kilometer erreichen kann. Nach der Abstrahlcharakteristik für dieses einfache Modell einer Horizontalverschiebung erfolgt die erste Bewegung der *P*-Welle in bestimmten Richtungen vom Herd weg (Kompression), in anderen Richtungen jedoch zum Herd hin (Dilatation). Das an der Oberfläche dargestellte Muster läßt die Richtung der abgestrahlten Rayleigh- und Love-Wellen erkennen. Bei diesem Scherbruch werden darüber hinaus *S*-Wellen erzeugt.

Im Gegensatz zu einem flächenhaften Bruchprozeß stellt eine Explosion eine Punktquelle dar, von der in alle Richtungen Kompressionswellen abgestrahlt werden. Die erste Bewegung der *P*-Wellen erfolgt in alle Richtungen vom Herd weg (Kompression).

Die Unterschiede der beim Herdvorgang abgestrahlten seismischen Wellen spiegeln sich auch in den Seismogrammen wider (Abb. 9.10). Durch Bestimmung charakteristischer Parameter besteht die Möglichkeit, zwischen Erdbeben und Explosionen zu unterscheiden. Dabei nimmt die Schwierigkeit dieser Aufgabe mit abnehmender Stärke seismischer Ereignisse zu.

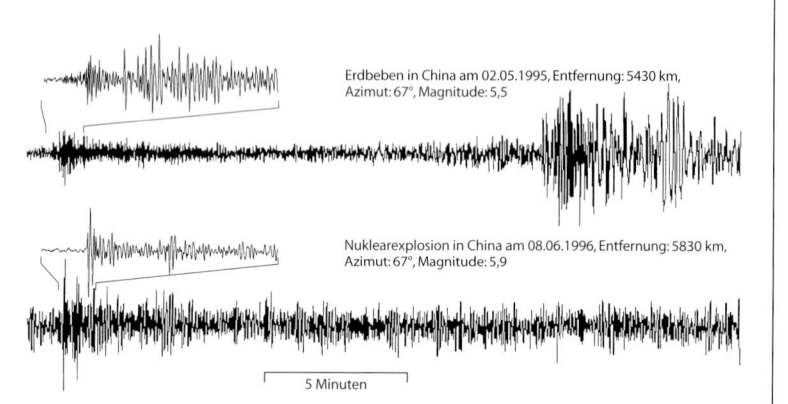

Abb. 9.10. Beispiele der Wellenausbreitung eines Erdbebens und einer Kernsprengung

Erdbeben in China am 02.05.1995, Entfernung: 5430 km, Azimut: 67°, Magnitude: 5,5

Nuklearexplosion in China am 08.06.1996, Entfernung: 5830 km, Azimut: 67°, Magnitude: 5,9

5 Minuten

---

terstationen dargestellt ist. Auch Deutschland gehört zu diesen Staaten mit einem dichten Beobachtungsnetz seismischer Stationen dieses Typs (vgl. Abb. 9.4). Zusammen mit den konventionellen Stationen können damit praktisch alle Beben der Stärke 2,0 und höher entdeckt und lokalisiert werden (vgl. Kasten 9.6).

Bei Ereignissen im Bereich der unteren Magnitudengrenze werden zunehmend Signale von Sprengungen in Steinbrüchen und Bergwerken registriert, die, sofern sie nicht als solche identifiziert werden, das Bild der natürlichen Seismizität erheblich verfälschen können. Bei der Überwachung schwacher seismischer Ereignisse gewinnt die Identifizierung zunehmend an Bedeutung. In den letzten Jahren sind insbesonders im Rahmen der Forschungsprogramme zur Verifikation des Kernwaffenteststoppabkommens eine Vielzahl von Identifikationsverfahren entwickelt worden, doch hat sich in der praktischen Anwendung gezeigt, daß diese Methoden nach wie vor erfahrene Seismologen nicht ersetzen können.

Im weltweiten Maßstab ist das Identifikationsproblem bei der Überwachung von Erdbeben weniger dringlich, da die Magnitudenschwelle lokalisierter seismischer Ereignisse im Vergleich zu Deutschland im allgemeinen um etwa 2–2,5 Einheiten höher liegt und, nach Abschluß des Kernwaffenteststoppvertrages, chemische

Bestimmung der Magnitude eines Bebens (Kasten 9.6)

Als Maß für die Stärke eines seismischen Ereignisses wird in der Seismologie der Begriff Magnitude verwendet. Dabei handelt es sich um eine logarithmische Skala, wobei die Zunahme um eine Einheit einer Vergrößerung der Energie um das 30-fache entspricht.

Prinzipiell läßt sich die Magnitude für jede Wellenart über den Logarithmus der stärksten Amplitude berechnen. Im allgemeinen wird für Ereignisse aus dem teleseismischen Bereich (s. Kasten 9.4) die *Mb*-Magnitude der *P*-Welle (b steht für body wave) bei einer Frequenz von 1 Hz sowie die *Ms*-Magnitude der Rayleigh-Welle (s steht für surface wave) bestimmt. Aufgrund der unterschiedlichen Wellenabstrahlung von Erdbeben und Kernexplosionen eignet sich das *Ms/Mb*-Verhältnis in vielen Fällen als Identifikationsparameter.

Sprengungen dieser Größenordnung praktisch nicht oder nur vereinzelt beobachtet werden. Es ist davon auszugehen, daß in Zukunft die Zahl der weltweit installierten und betriebenen Seismometerstationen weiter zunimmt und immer mehr Beben geringerer Magnitude erfaßt und ausgewertet werden. Dementsprechend wird sich die Genauigkeit der Epizentrumsbestimmung weiter erhöhen, ebenso wie der Bedarf zur Identifizierung dieser Ereignisse. Das Ziel einer weltweit vollständigen, qualitativ hochwertigen seismischen Überwachung und

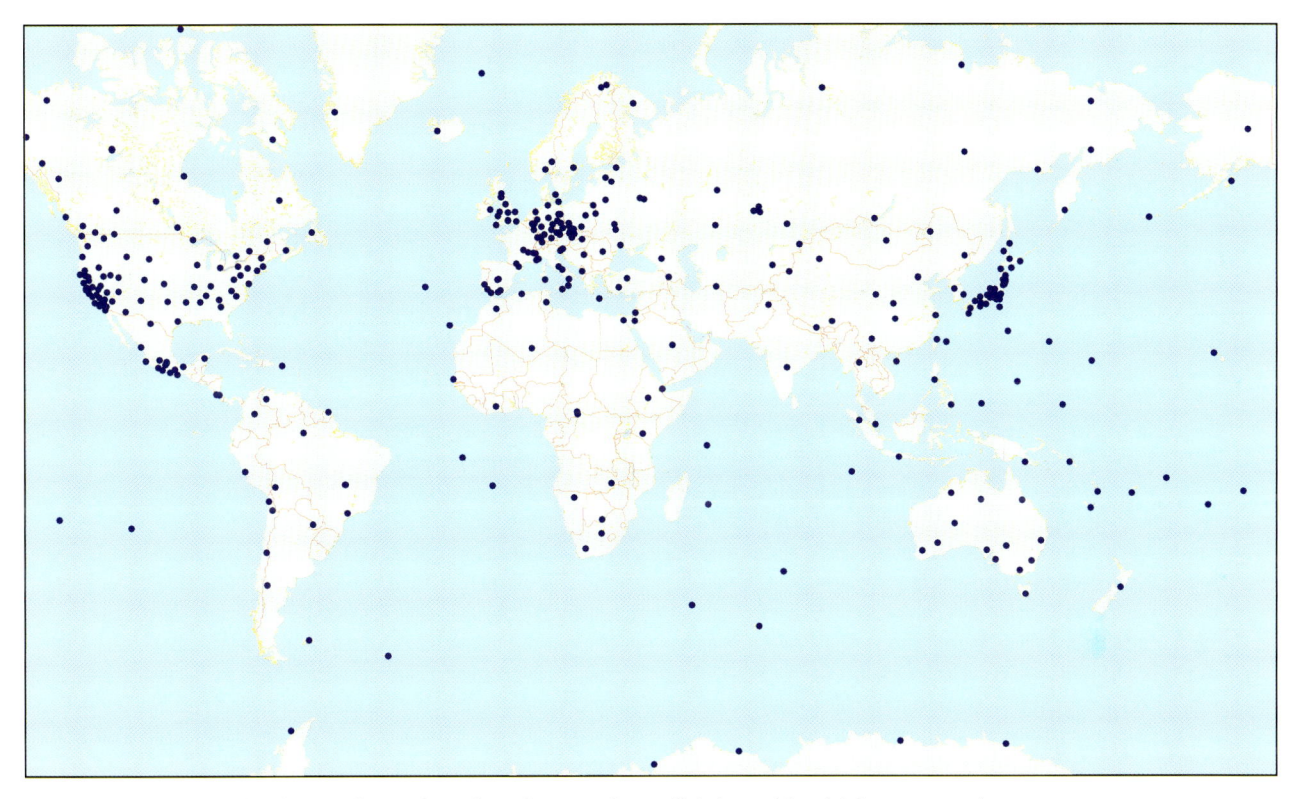

Abb. 9.11. Geographische Verteilung weltweit betriebener moderner digitaler Breitband-Seismometerstationen

Erfassung der Beben unserer Erde liegt noch in weiter Ferne. Dennoch sind die bisher gewonnenen Beobachtungsdaten von unschätzbarem Wert für die seismologische Forschung und für die Bewertung der durch Erdbeben bedingten Gefährdung der seismisch aktiven Regionen unserer Erde.

Erdbebenvorhersage – das ultimative Ziel

Vor allem nach einer schweren Erdbebenkatastrophe tauchen in den Medien immer wieder Berichte auf, in denen behauptet wird, dieses Erdbeben hätte vorhergesagt werden können. Die objektiven und wissenschaftlich nachprüfbaren Kriterien, auf denen diese „erfolgreiche" Vorhersage beruht, bleiben jedoch meistens im dunkeln.

Die seismologische Forschung hat in der Vergangenheit wiederholt versucht, Zeit, Ort und Stärke eines Bebens vor seinem Eintritt hinreichend genau zu bestimmen. Besondere Schwierigkeiten bei der erfolgreichen Vorhersage bereitet der Faktor Zeit. Die Warnung vor einem zerstörerischen Erdbeben muß frühzeitig genug erfolgen, damit die Betroffenen in der Lage sind, angemessene Vorkehrungen für die bevorstehende Katastrophe zu treffen und den Verlust an Menschenleben und Sachvermögen so gering wie möglich zu halten. Zwar liegen heute für viele Regionen der Erde seismische Gefährdungskarten vor, in denen die Überschreitenswahrscheinlichkeit eines Wertes der Bodenbeschleunigung infolge von Erdbeben angegeben ist. Das Vorhersageintervall umfaßt jedoch häufig Jahre bis Jahrzehnte und ist somit für eine konkrete Vorhersage unbrauchbar.

Den bisher größten, allerdings umstrittenen Erfolg verbuchte die Erdbebenvorhersage bei dem starken Erdbeben in Haicheng im Nordosten Chinas, das für den 4. Februar 1975 vorhergesagt wurde. Die Menschen in dieser Region verließen, durch intensive Vorbeben gewarnt, bereits frühzeitig ihre Häuser, so daß das starke Hauptbeben „nur" die bereits verlassene Stadt zerstörte. Wenig später, am 27. Juli 1976 tötete das Tangshan-Beben über 250 000 Menschen, da es ohne jegliche Vorwarnung erfolgte.

Meldungen über Erdbebenkatastrophen, auch aus hochtechnisierten Industrieländern wie Kalifornien (Northridge bei Los Angeles, 1994) oder Japan (Kobe, 1995), belegen den prekären Zustand der Vorhersageforschung. Heute können zwar, basierend auf der kontinuierlichen Überwachung mit seismischen Stationsnetzen, Gebiete mit erhöhtem Erdbebenrisiko sicher nachgewiesen werden. Eine verläßliche Vorhersage mit nachvollziehbaren Kriterien ist jedoch gegenwärtig nicht möglich. Bislang ist keine geeignete, mit physikalischen Verfahren nachweisbare Meßgröße bekannt, die Hinweise auf ein bevorstehendes Erdbeben gibt. Einige der bisher bekannten Vorläuferphänomene, wie z. B. die im späteren Herdgebiet eines Starkbebens auftretenden Mikroerdbeben (Vorbeben), lassen sich physikalisch sinnvoll erklären, sie finden aber nicht vor jedem Großbeben und in jedem Herdgebiet statt. Aus diesem Grund scheiden Vorbeben als zuverlässiger Hinweis für ein nachfolgendes starkes Hauptbeben im Sinne einer physikalisch fundierten Gesetzmäßigkeit aus.

Um vor diesem Hintergrund neue Lösungsansätze zu finden, ist eine intensive Grundlagenforschung unumgänglich. Parallel dazu sind die langfristigen Aspekte der Vorhersage zu verbessern. Hierzu gehören die Erstellung von Karten mit der Zonierung der Erdbebenrisiken anhand historischer und instrumenteller seismologischer Aufzeichnungen, die Untersuchung weltweiter und regionaler Bruchsysteme, inklusive Messungen der Verschiebungen, der Spannungsverteilung und anderer geophysikalischer Parameter, wie z. B. seismologischer Strukturparameter. Deren Kenntnis ist Voraussetzung, um die Veränderungen der bei einem Erdbeben vom Herd ausgehenden Signale auf ihrem Weg zu den seismischen Sensoren bestimmen zu können (vgl. Kasten 9.4). Nur so lassen sich durch Rückverfolgung über Inversionsrechnungen wiederum im Detail Informationen über die im Erdbebenherd ablaufenden Vorgänge erhalten. Für diese Untersuchungen werden engmaschige, kontinuierlich und automatisch arbeitende Netze seismologischer Stationen benötigt, die auch Änderungen anderer physikalischer Gesteinsparameter aufzeichnen können. Ergänzend sind Veränderungen in der Morphologie geodätisch, Schwereänderungen gravimetrisch und Grundwasserschwankungen direkt oder mit geochemischen Verfahren zu messen. Spannungszustände und deren Änderungen können in (möglichst tiefen) Bohrlöchern aufgezeichnet werden.

Der für ein Untersuchungsprogramm dieser Art erforderliche Aufwand ist sehr groß und wurde bisher nur selten erbracht. Zudem trafen trotz aller Anstrengungen kurzfristige Vorhersagen nicht ein, wie das Beispiel des Erdbebenvorhersage-Experiments nahe der Ortschaft Parkfield nördlich von Los Angeles, Kalifornien, zeigt. Dort sollten im Vorfeld möglichst viele geophysikalische Parameter eines bereits für 1988 vorhergesagten Bebens gemessen werden. Da das erwartete Beben bis heute nicht eingetroffen ist, wurden mittlerweile viele wissenschaftliche Experimente wieder aufgegeben. So wird eine vielversprechende Gelegenheit vergeben, das Entstehen und eventuelle Vorläufer eines immer noch möglichen Erdbebens umfassend zu untersuchen.

Bereits Mitte der 60er und zu Beginn der 70er Jahre, als erstmals eine neue Theorie über den Ursprung von Erdbebenvorläufern (Dilatanz-Diffusionshypothese) bekannt wurde, waren viele Geowissenschaftler von einem schnellen Durchbruch bei der Erdbebenvorhersage überzeugt. Ähnlich wie in der bemannten Weltraumfahrt glaubte man, die Ziele im Rahmen von ehrgeizigen Zehnjahresprogrammen verwirklichen zu können. Bekanntermaßen haben sich diese Hoffnungen nicht erfüllt, obwohl die Forschung auf diesem Gebiet wertvolle Erkenntnisse über Erdbeben lieferte.

Auch heute noch geht die Öffentlichkeit von einem schnellen Erfolg der Erdbebenvorhersageforschung aus. Dies mag daran liegen, daß die Geowissenschaftler die Erwartungen nicht nachdrücklich genug gedämpft und auf die Schwierigkeiten der Erreichung dieses Ziels hingewiesen haben, das in der Meteorologie etwa dem Anspruch gleichkäme, bei einem Gewitter Zeitpunkt und Ort eines Blitzeinschlages vorhersagen zu wollen. Alle Beteiligten – Wissenschaftler, Politiker und die Öffentlichkeit – sollten sich jedoch darüber im Klaren sein, daß Erdbeben nach dem heutigen Kenntnisstand nicht vorhergesagt werden können. Bis dieser alte Menschheitstraum in Erfüllung geht, ist noch eine lange Wegstrecke zurückzulegen, und Enttäuschungen und Fehlschläge wie in Parkfield sind auch in Zukunft nicht auszuschließen. In jedem Fall bleibt die kontinuierliche seismische Überwachung mit der dazugehörigen genauen Bestimmung wichtiger Kenngrößen wie Zeit, Ort und Stärke aller aufgezeichneten seismischen Ereignisse ein unverzichtbarer Meilenstein auf dem Weg zu diesem Ziel.

Seismische Überwachung des Kernwaffenteststoppabkommens

Um die Einhaltung des umfassenden internationalen Kernwaffenteststoppabkommens zu gewährleisten, werden vier verschiedene Technologien eingesetzt: Seismologie, Infraschall, Hydroakustik und Radioaktivität. Damit soll sichergestellt werden, daß jede Kernsprengung unter der Erde, im Wasser und in der Luft mit hoher Wahrscheinlichkeit entdeckt und als solche identifiziert werden kann. Die seismische Überwachung spielt auch hierbei eine zentrale Rolle, da ein Staat, der plant, das Abkommen zu unterlaufen und heimlich Tests durchzuführen, dies eher auf seinem eigenen Territorium unter der Erde versuchen wird, als auf oder unter Wasser oder gar in der Atmosphäre.

Das Problem, weltweit jede unterirdische Kernexplosion zu entdecken, zu lokalisieren und zu identifizieren, stellt vor dem Hintergrund der natürlichen Seismizität der Erde und der unzähligen in übertägigen und untertägigen Bergwerken gezündeten chemischen Sprengungen eine Herausforderung für die Seismologie dar. Im übertragenen Sinne ist diese Aufgabe mit der Suche nach der Nadel im Heuhaufen zu vergleichen, die allerdings gar nicht existiert, solange der Vertrag eingehalten wird.

Um diese schwierige Aufgabe zu lösen, wurde von einer Expertengruppe der Genfer Abrüstungskonferenz, an der auch Mitarbeiter der BGR beteiligt waren, ein Konzept für ein seismisches Überwachungssystem ausgearbeitet, das sich aus drei Grundelementen zusammensetzt:

- einem globalen, aus 170 Stationen bestehenden Seismometernetz,
- einem internationalen Datenzentrum für die Datenerfassung, Auswertung und Datenarchivierung sowie
- dem zur Übermittlung der Meßdaten und zur Verbreitung der Auswerteergebnisse erforderlichen internationalen Kommunikationssystem.

Das seismische Netz beinhaltet zwei aufeinander abgestimmte weltweite Teilnetze. Das erste Netz besteht aus insgesamt 50 seismischen Meßsystemen, die primär zur Detektion der von seismischen Ereignissen erzeugten Signale eingesetzt werden. Vorzugsweise handelt es sich bei diesen sogenannten „Primärstationen" um seismische Arrays, mit denen kleinste, von schwachen Beben oder Sprengungen erzeugte seismische Wellen entdeckt und geortet werden können (vgl. Abb. 9.7). Mit dem Primärnetz soll sichergestellt werden, daß mit hoher Wahrscheinlichkeit jeder unterirdische Kernwaffentest festgestellt wird. Modellrechnungen ergaben, daß innerhalb der Kontinente mit einer Wahrscheinlichkeit von 90 % eine verdämmte unterirdische Explosion mit einer Sprengkraft von 1 Kilotonne TNT (Trinitrotoluol) entdeckt würde. Bei geringeren Sprengstärken wird auch die Entdeckungswahrscheinlichkeit geringer. Dennoch wird das Abschreckungspotential des Überwachungssystems als hoch genug erachtet, um die Einhaltung des Kernwaffenteststoppabkommens sicherzustellen.

Zur Verbesserung der Genauigkeit der Epizentrumsbestimmung dient das zweite Netz, das aus 120 zusätzlichen Sekundär- bzw. Hilfsstationen besteht. Falls ein Staat in Verdacht gerät, eine unterirdische Kernexplosion gezündet zu haben, soll dieses Sekundärnetz bei einer Inspektion vor Ort das Untersuchungsgebiet auf 1 000 km² eingrenzen. Diese Fläche entspricht einem Kreis mit einem Radius von knapp 18 km.

Wie Fallstudien zeigen, ist diese Genauigkeit zu erreichen, wenn das seismische Überwachungsnetz sorgfältig kalibriert wird. Dazu müssen anhand genau bekannter Epizentren seismischer Ereignisse Korrekturfaktoren für die Ortung weltweiter seismischer Ereignisse ermittelt werden. Für diesen arbeitsintensiven und zeitraubenden Prozeß eignen sich als Eingangsdaten Herdbestimmungen lokaler seismischer Netze, große chemische Explosionen an bekannten Sprengorten oder starke Erdbeben, deren Auswirkungen an der Erdoberfläche sichtbar sind, wie dies z. B. bei dem Einsturzbeben vom 11. September 1996 bei Halle der Fall war. Auch wenn es nicht möglich ist, für jeden Ort der Erde eine Kalibrierung durchzuführen, ist es durchaus möglich, daß eine heimlich gezündete unterirdische Kernexplosion mit dem seismischen Überwachungsnetz dennoch mit ausreichender Genauigkeit lokalisiert werden kann. Diese Unwägbarkeit wird als ausreichend erachtet, um die Einhaltung des Teststoppabkommens zu gewährleisten.

Im Vergleich zu den für wissenschaftliche Zwecke genutzten Seismometernetzen ist die Betriebssicherheit des internationalen Überwachungssystems von fundamentaler Bedeutung. Nicht zuletzt die Forderung, an jeder Station eine Betriebsdauer von mindestens 98 % einzuhalten, begründete den Aufbau eines dezidierten seismischen Netzes mit einer eigenen, unabhängigen Infrastruktur. Damit im Verdachtsfall unmittelbar reagiert werden kann und möglichst wenig Zeit bis zu einer Inspektion vor Ort vergeht, ist die laufende, unverzügliche Auswertung aller entdeckten seismischen Ereignisse erforderlich. Dieses Ziel wird durch direkte kontinuierliche Übertragung aller Meßdaten des Primärnetzes über ein Satellitenkommunikationsnetz zu einem internationalen Datenzentrum (IDC) erreicht. Dieses Datenzentrum, das gegenwärtig in Wien aufgebaut wird, bildet das Kernstück des gesamten internationalen Verifikationssystems. Neben der laufenden Auswertung der Daten aller Überwachungstechnologien fungiert das IDC als Datenarchiv und als Serviceeinrichtung für die Unterzeichnerstaaten. Diese sollen auf der Basis der am IDC gewonnenen Ergebnisse in die Lage versetzt werden, die Einhaltung des Kernwaffenteststoppabkommens zu kontrollieren, um bei Verdacht eine Inspektion vor Ort initiieren zu können.

Für die Ausübung dieser Kontrollfunktion ist neben der Detektion und Lokalisierung die sichere Identifizierung aller entdeckten Ereignisse unumgänglich, damit der Verdacht gegenüber einem Staat, eine Atombombe gezündet zu haben, entweder ausgeräumt oder aber erhärtet werden kann.

Die Identifikation bereitet bei starken Sprengungen keine Probleme, wird jedoch mit abnehmender Magnitude zunehmend schwieriger. Aufgrund der Lage des Epizentrums und der Herdtiefe scheiden allerdings viele Ereignisse von Beginn an als Explosionen aus. Entweder liegt das Epizentrum an einem Ort, der aus plausiblen Gründen als Kernwaffentestlokation nicht in Frage kommt oder aber die Herdtiefe ist größer als 10 km. Zusätzliche Indizien liefern verschiedene Methoden zur Diskrimination von Erdbeben und Sprengungen, die in einer Zeit entwickelt wurden, als die Atomwaffenstaaten noch Kernwaffen unterirdisch testeten. Bleiben nach Anwendung dieser teilweise sehr aufwendigen Verfahren dennoch Zweifel an der Natur eines Ereignisses, so helfen seismologische Verfahren nicht weiter und der Nachweis muß mit Radioaktivitätsmessungen geführt werden. Am Ende dieser Kette von Identifikationsmaßnahmen steht schließlich die Inspektion vor Ort, wo ebenfalls seismische Verfahren und Messungen der Radioaktivität zur Anwendung kommen.

In den letzten Jahren gab es im Vorfeld der Verhandlungen zu dem Teststoppabkommen sowie kurz nach Vertragsunterzeichnung bisher drei als verdächtig eingestufte Ereignisse in Rußland (2) und China (1), die jedoch alle mit seismischen Methoden eindeutig als Erdbeben klassifiziert werden konnten. Diese Beispiele haben bereits die Wirksamkeit seismischer Verfahren demonstriert, die einen Eckpfeiler des abgestuften Konzepts zur Verifikation des Kernwaffenteststoppvertrags darstellen.

Zur Diskussion, ob Atombombensprengungen natürliche Erdbeben auslösen können, siehe Kasten 9.7.

Neue Impulse für die seismologische Forschung

Infolge der politischen Fortschritte im Abrüstungsbereich wurde erstmals ein Ziel erreicht, das in der seismologischen Forschung bislang ein Wunschtraum blieb: die kontinuierliche seismische Überwachung mit einem weltweiten Netz, das auf hochentwickelten digitalen seismischen Stationen basiert, sich durch hohe Datenverfügbarkeit und Empfindlichkeit auszeichnet, und dessen Meßdaten nach objektiven Kriterien innerhalb kurzer Zeit ausgewertet werden können. Würden nach denselben Prinzipien alle übrigen digitalen Breitbandstationen (s. Abb. 9.1) auf der Erde betrieben, hätte dies einen erheblichen Qualitätssprung zur Folge, der nicht nur die Herdparameter von Erdbeben beträfe, sondern mit zunehmender Beobachtungsdauer auch in den Forschungsergebnissen seinen Niederschlag fände. Dieses Ziel liegt jedoch noch in weiter Ferne.

Selbst in Deutschland ist die Akquisition der Daten von allen verfügbaren Stationen ein zeitraubender Prozeß, der mehrere Monate dauern kann, wie erst kürzlich das Beispiel des Einsturzbebens bei Halle vom 11. September 1996 gezeigt hat. Die Gründe liegen in der Heterogenität der Aufzeichnungstechnik, der Verwendung unterschiedlicher Formate und Speichermedien oder sind durch inkompatible Kommunikationsverfahren bedingt.

Daher sollten zunächst im nationalen und nachfolgend im internationalen Rahmen Anstrengungen unternommen werden, um die Standardisierung der technischen Ausstattung seismischer Netze, der Kommunikationseinrichtungen und der Datenformate zu erreichen und darüber hinaus die Auswerteverfahren und Methoden des seismologischen Datenaustauschs zu koordinieren und zu vereinheitlichen. Zu diesen Zielen gehört auch die Überwindung der Abgrenzung zwischen den zur Lösung wissenschaftlicher und politischer Aufgabenstellungen betriebenen Seismometernetzen.

Besonders schwierig ist die Zusammenarbeit in solchen Fällen, bei denen zivile und militärische Einrich-

Unterirdische Atomwaffentests: Folgenlos für die Umwelt (Kasten 9.7)

Immer wieder wird die Vermutung geäußert, daß durch unterirdische Kernexplosionen natürliche Erdbeben ausgelöst werden könnten. Auch bei dem schweren Erdbeben vom 30. Mai 1998 in Afghanistan, das Schätzungen zufolge etwa 5 000 Menschenleben forderte, wurde diese Vermutung laut, da zwei Tage zuvor in Pakistan mehrere unterirdische Atomwaffentests durchgeführt worden waren.

Trotz des scheinbar geringen zeitlichen Abstands dieser beiden Ereignisse besteht nach wissenschaftlichen Erkenntnissen weder ein Zusammenhang zwischen der pakistanischen Kernsprengung und dem Afghanistanbeben noch zwischen der vielen in der Vergangenheit stattgefundenen Atomsprengungen und nachfolgenden schweren Erdbeben.

Die Vorgeschichte dieses Themas reicht bis in das Jahr 1957 zurück, als auf dem US-Kernwaffentestgelände in Nevada die erste unterirdische Kernexplosion mit einer Sprengkraft von 1,7 Kilotonnen TNT gezündet wurde. Neben der Schütterwirkung einer derartigen Explosion beschäftigte sich ein US-Sicherheitsausschuß mit der Frage, ob die Zündung einer Bombe zerstörerische Erdbeben auslösen könnte.

Im Rahmen ihres Kernwaffentestprogramms nach 1957 zündeten die USA immer stärkere Explosionen. Unmittelbar nach den Explosionen traten im Bereich des Testgebiets z. T. mehrere tausend natürliche Erdbeben auf und es entstanden Verwerfungen an der Oberfläche. Ein Höhepunkt der Versuchsreihen war im April 1968 die Sprengung einer 1,2-Megatonnen-Bombe, genannt BOX-CAR. Trotz vieler Bedenken wurde dieser Test durchgeführt. Die Explosion erzeugte an der Oberfläche mehrere Verwerfungen; die längste war rd. 8 km lang und hatte eine vertikale Sprunghöhe im Dezimeterbereich. Während der ersten 6 Wochen nach dieser gigantischen Explosion wurden tausende kleinerer Erdbeben mit Magnituden zwischen 3,0 und 4,0 registriert. Die Epizentren dieser Folgebeben lagen in einem Umkreis von 6 km bei einer Tiefe bis zu 12 km.

Im Dezember 1968 sollte eine weitere Explosion im Megatonnenbereich folgen. Es wurden Befürchtungen geäußert, daß die Zündung derartig gewaltiger Sprengladungen in Kalifornien starke Erdbeben auslösen könnte. Statistische Untersuchungen der Erdbebenaktivität in diesem Bundesstaat ergaben jedoch keine Hinweise auf einen Anstieg der Erdbeben nach der Explosion. Durch theoretische Arbeiten war abgeschätzt worden, daß der vom Explosionsherd ausgehende Spannungsimpuls nicht ausreicht, um den mit einem Erdbeben einhergehenden Bruchvorgang auszulösen, sofern der Abstand vom Schußpunkt größer als einige zehn Kilometer ist.

Dennoch verstummten die Diskussionen über die Auslösung von schweren Erdbeben durch Atombombenexplosionen nicht. So wurde das Peru-Erdbeben vom 31. Mai 1970 (es forderte über 50 000 Tote) mit einem oberirdischen französischen Kernwaffentest vom Vortag in Verbindung gebracht. Während dieser Zeit fanden jährlich etwa 50 Kernwaffentests statt, und pro Jahr wurden im Durchschnitt etwa 40 starke Erdbeben mit Magnitude 6,0 und größer registriert. Statistisch gesehen ist es daher äußerst unwahrscheinlich, wenn innerhalb einer Zeitspanne von einem Tag ein zufälliges Zusammentreffen ausbliebe.

Am heftigsten wurde über das Thema 1969 in den USA im Vorfeld des Tests einer 1,2-Megatonnen-Bombe im Bereich der Aleuten, auf der Insel Amchitka, diskutiert. Bekanntlich gehören die Aleuten zu den seismisch aktivsten Regionen der Erde. So ereignete sich in der Nachbarschaft, im Bereich der Rat Islands im Jahre 1965 eines der bis dahin stärksten Erdbeben, dessen Magnitude mit 8,25 bestimmt wurde. Insofern waren die Befürchtungen nicht unbegründet, daß eine Kernexplosion in diesem Gebiet eine Katastrophe auslösen könnte.

Am 2. Oktober 1969 setzte die Explosion MILROW diesen Spekulationen ein Ende. Wie schon bei den Tests in Nevada wurden nur im Umkreis von wenigen Kilometern Nachbeben beobachtet. Diese Serie endete, 37 Stunden nach der Detonation, mit dem Einsturz des bei der Sprengung erzeugten Hohlraums. Das bei diesem Einsturz erzeugte Beben mit einer Stärke von 4,3 war zugleich das stärkste Nachbeben. Ansonsten wurde im gesamten Bereich der Aleuten kein Anstieg der Erdbebenaktivität verzeichnet. Selbst bei dem am 6. November 1971 durchgeführten Kernwaffentest (CANNIKIN) – mit einer Ladungsstärke von 5 Megatonnen war es die bis heute stärkste unterirdisch gezündete Sprengladung – ließen sich keine Hinweise auf eine Auslösung von Erdbeben durch diese Explosion außerhalb des Nahbereichs von wenigen Kilometern finden.

An diese Ergebnisse sollte man sich erinnern, bevor man an einen Zusammenhang zwischen einer relativ schwachen pakistanischen Kernsprengung und einem etwa 1 000 km entfernt stattfindenden Erdbeben in Afghanistan denkt, ohne zu berücksichtigen, daß in der Zwischenzeit weltweit bereits weitere 28 Erdbeben mit ähnlicher Stärke (Magnitude 4,0 und höher) stattfanden.

---

tungen die Verantwortung für den Betrieb seismischer Stationen und Stationsnetze innerhalb und außerhalb eines Landes mit unterschiedlichen Zielsetzungen betreiben.

In Deutschland stehen der BGR die modernen Digitalstationen zur Abdeckung beider Aufgabenbereiche zur Verfügung. So laufen hier die Daten des deutschen regionalen Breitbandnetzes (s. Abb. 9.4) und der Primärstation GERESS zusammen. Die Auswertung und Speicherung erfolgt in identischer Weise und die Daten stehen sowohl für wissenschaftliche Untersuchungen als auch für die Überwachung des Kernwaffenteststoppvertrags zur Verfügung. Probleme bereitet dagegen aus den bereits genannten Gründen die Nutzung seismischer Meßdaten von lokalen Netzen, die von Landesämtern oder Hochschulinstituten betrieben werden.

Trotz aller Probleme, die es bis zur Erreichung einer homogenen und qualitativ hochwertigen seismischen Überwachung von Erdbeben in Deutschland und weltweit noch zu lösen gilt, ist der Trend insgesamt positiv. Ganz allmählich werden die Vorteile von Standards im instrumentellen und methodischen Bereich als vorteilhaft erkannt.

Entscheidenden Anteil an dieser Entwicklung haben moderne Kommunikationstechniken, die es ermöglichen, innerhalb weniger Sekunden seismische Meßdaten global verteilter Stationen an jeden Punkt der Erde zu übermitteln, Daten zwischen lokalen, regionalen und internationalen Datenzentren auszutauschen und die Herdparameter von Erdbeben zu bestimmen, noch während sich die seismischen Wellen über die Erde ausbreiten. In den von starken Erdbeben besonders bedrohten Ländern, wie beispielsweise Japan, sind bereits Frühwarnsysteme in Betrieb, die Züge zum Stillstand bringen oder großtechnische Anlagen abschalten, noch bevor sie den Erschütterungen zerstörerischer Beben ausgesetzt werden. Für Menschen sind diese Erdbeben-Vorwarnzeiten im allgemeinen zu kurz, um Schutzmaßnahmen ergreifen zu können.

Neue Impulse für die seismologische Forschung sind durch qualitative Verbesserungen der aus der seismischen Überwachung resultierenden Herdparameterbestimmungen zu erwarten. Darüber hinaus wird die Beobachtungszeit eine wichtige Rolle spielen. Mit zunehmender Dauer werden die genauen Herdbestimmungen und die vollständige Erfassung weltweiter Erdbeben mit dichten seismischen Netzen immer bessere Möglichkeiten eröffnen, mit Verfahren wie der Tomographie feine Strukturen der Erde zu erkennen und aufzulösen sowie den sehr langsam ablaufenden veränderlichen Prozessen im Erdinnern auf die Spur zu kommen. Ebenso sind neue Erkenntnisse über die Mantelkonvektion, Variationen der Kern-Mantelgrenze oder der Rotation des inneren Erdkerns denkbar. Auch die Zuverlässigkeit der seismischen Risikoanalyse und der statistischen Analyse von Erdbeben wird sich erhöhen. Durch diese und weitere Fortschritte in der seismologischen Forschung und anderen Bereichen der Geophysik ist ein Durchbruch auch bei der Erdbebenvorhersage vorstellbar, da mit der Zeit immer mehr Mosaiksteine zu dem Gesamtbild des Naturphänomens Erdbeben und der Möglichkeit seiner Vorhersage hinzugefügt werden. Die kontinuierliche seismische Überwachung ist dabei ein grundlegender und unverzichtbarer Faktor. Wann dieses Bild klare Konturen annehmen wird, läßt sich heute noch nicht prognostizieren.

Aufgaben Geologischer Dienste hinsichtlich der seismischen Überwachungen

Die Aufgaben des Geologischen Dienstes der Bundesrepublik Deutschland umfassen hinsichtlich der seismischen Überwachung ein Spektrum von Schwerpunkten. Sie alle haben zum Ziel, die genaue Bestimmung wichtiger Kenngrößen, wie z. B. Zeit, Ort und Stärke aller aufgezeichneten Ereignisse, sicherzustellen. Dies geschieht in Zusammenarbeit und Abstimmung mit den Universitäten und Forschungseinrichtungen, die auf diesem Gebiet ebenfalls aktiv sind. Dazu gehören vor allem

- die Wahrnehmung von Observatoriumsaufgaben, und hier insbesondere
  - der Betrieb und die Wartung seismischer Arrays und Stationen;
  - die laufende seismologische Auswertung der Registrierungen;
  - die Qualitätskontrolle und Archivierung der digitalen Seismogrammdaten;
  - die Erstellung seismischer Bulletins, Daten- und Seismogrammkataloge zur Unterstützung von Forschungsaufgaben und zur seismischen Risikoabschätzung;
- die Wahrnehmung der Aufgaben und Verpflichtungen eines nationalen Datenzentrums innerhalb des internationalen Überwachungssystems zur Verifikation des Kernwaffenteststoppabkommens, insbesondere
  - als Kommunikationsknoten zwischen der internationalen Atomteststoppüberwachungsbehörde (CTBTO, Comprehensive Test Ban Treaty Organisation) in Wien und den nationalen Einrichtungen;
  - als wissenschaftlich-technischer Ansprechpartner der CTBT-Organisation zu Fragen der Verifikation, insbesondere von Vor-Ort-(On Site)Inspektionen, und sogenannten vertrauensbildenden Maßnahmen;
  - durch den Betrieb und die Wartung der zum IMS (International Monitoring System) gehörenden seismischen und Infraschall-Stationen;
  - durch die Archivierung sämtlicher von Deutschland an das IMS gelieferten Datenbestände;
  - durch die Übernahme der Gateway-Funktion zur Bereitstellung von IMS-Daten für externe Benutzer (Universitäten, außeruniversitäre Forschungseinrichtungen);
- die Wahrnehmung seismologischer Aufgaben im Rahmen der Technischen Zusammenarbeit;
- die Information der Öffentlichkeit über Erdbeben;
- die Durchführung seismologischer Entwicklungs- und Forschungsarbeiten, vorzugsweise auf den Gebieten Detektion, Lokalisierung und Stärkebestimmung.

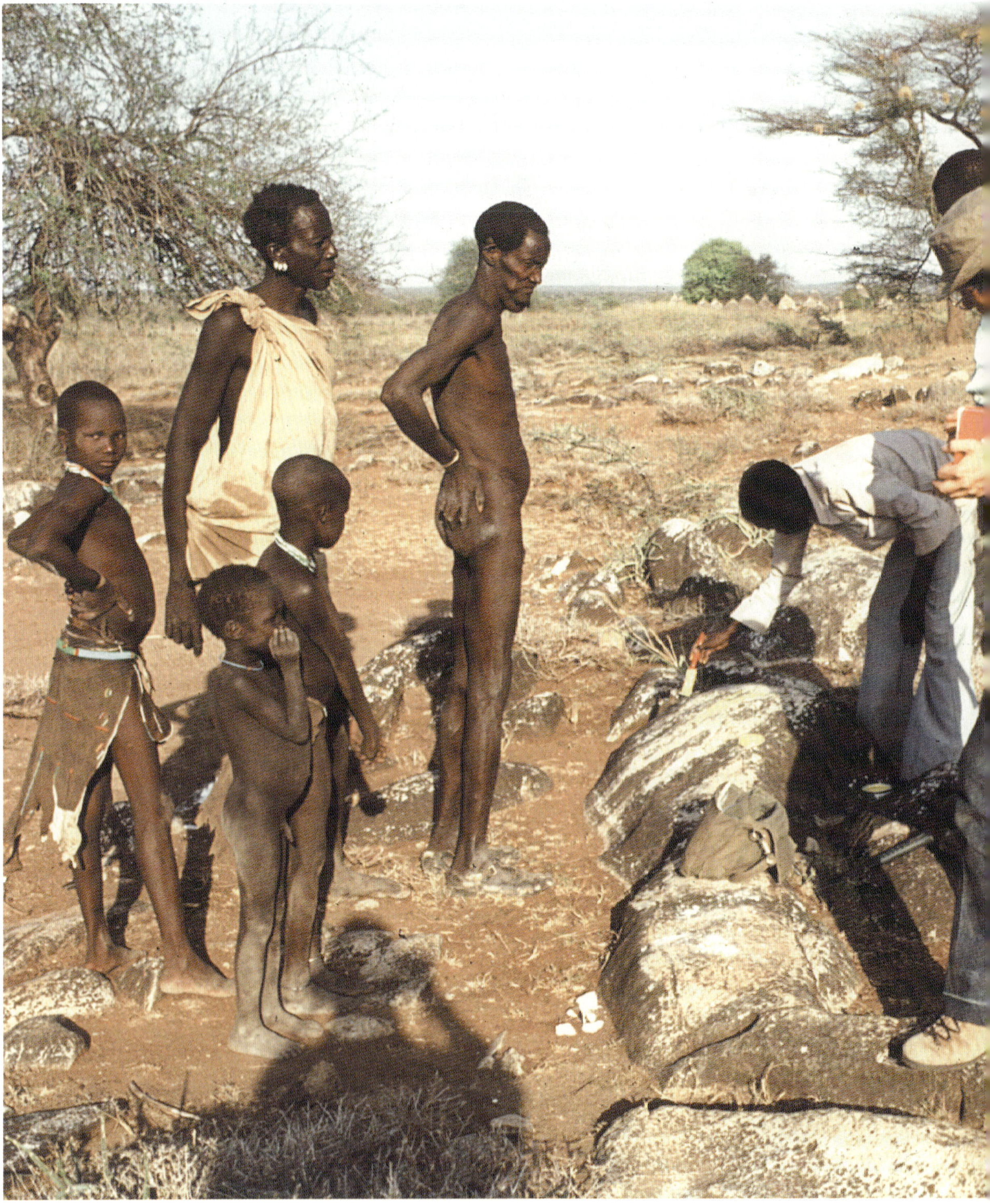

10 Eine Erde für alle

Zusammenarbeit mit Entwicklungsländern

An der Schwelle zum 21. Jahrhundert orientieren sich die internationalen Kontakte des Geologischen Dienstes der Bundesrepublik Deutschland mit den Ländern der Dritten Welt verstärkt am Prinzip der partnerschaftlichen Kooperation. Um die Existenzgrundlage der Menschheit auf unserer Erde zu erhalten, muß der Teufelskreis von Bevölkerungswachstum, Umweltzerstörung und Armut auf globaler Ebene aufgebrochen werden.

Die Hauptaufgabe der Technischen Zusammenarbeit mit Entwicklungsländern besteht darin, in den Partnerländern das Verständnis für die Zusammenhänge von Umwelt und Entwicklung zu verbessern. Die Geowissenschaften können – nicht nur in der Dritten Welt – gezielt dabei helfen, Kräfte zum eigenen Handeln heranzubilden, damit neben der wirtschaftlichen Entwicklung auch das Verantwortungsbewußtsein für den Erhalt unserer Lebensgrundlagen auf der Erde wächst. Auf die Nachhaltigkeit der Entwicklung in den Partnerländern wird dabei besonderer Wert gelegt.

◀ **Abb. 10.1.**
Probennahme an einem Kalksteinvorkommen bei Kapoeta, Süd-Sudan. Die Taposas, mit der westlichen Zivilisation noch kaum in Berührung gekommen, sehen deutschen und sudanesischen Geologen neugierig und zugleich skeptisch zu

Grundlagen der Entwicklungspolitik

„Was gehen uns die Entwicklungsländer an?"

Seit der Wiedervereinigung Deutschlands und den damit einhergehenden, von niemandem in dieser Dimension erwarteten wirtschaftlichen und Umweltproblemen ist dies eine auffallend häufig gestellte Frage. Die Probleme im eigenen Land sind inzwischen allseitig bekannt und werden auch angegangen, verlangen aber von allen viel Einsatz und Engagement. Doch sie dürfen nicht den Blick für das verschließen, was weltweit – und da insbesondere in der Dritten Welt – geschieht. Denn was in den Entwicklungsländern getan oder unterlassen wird, wirkt sich auch auf uns und die Zukunft der Folgegenerationen aus.

In den Industriestaaten, bzw. im Norden der Erde, lebt ein Fünftel der Menschheit in einem Wohlstand, der für die anderen vier Fünftel im Süden unvorstellbar ist. Nur durch Partnerschaft, beiderseitiges Engagement und gegenseitiges Vertrauen wird es möglich sein, den Gegensatz zwischen (armem) Süden und (reichem) Norden schrittweise abzubauen. Entwicklungsländer und Industrieländer sind zu einer partnerschaftlichen Zusammenarbeit verpflichtet, um die Lebensbedingungen auf der Erde zu sichern (vgl. Abb. 10.1).

Entwicklungszusammenarbeit soll dazu beitragen, die Lebensverhältnisse in den Entwicklungsländern zu verbessern. Das Grundprinzip lautet: Hilfe zur Selbsthilfe. Die Leistungen von außen sollen Anstöße und Starthilfen geben, aber nicht die Eigenanstrengungen der Partnerländer ersetzen. Hierzu bestehen von deutscher Seite verschiedene Zuständigkeiten und Finanzierungsmodalitäten (Kasten 10.1).

Die deutsche Entwicklungspolitik ist auf Nachhaltigkeit im Sinne einer langfristigen Wirksamkeit ausgerichtet. Das heißt, Projekte gelten entwicklungspolitisch nur dann als erfolgreich, wenn nach Beendigung der deutschen Unterstützung der jeweilige Partner Projekte in ähnlicher Form über eine angemessene Zeitdauer selbständig und erfolgreich weiterführen kann.

Die entscheidende Verantwortung, entwicklungsfördernde Rahmenbedingungen zu schaffen, liegt daher bei den Partnerländern selbst. Behutsames Eingehen auf die Gegebenheiten des jeweiligen Landes durch partnerschaftliches Handeln und die verantwortliche Einbindung der betroffenen Menschen in gesellschaftliche und wirtschaftliche Veränderungen sind Grundvoraussetzungen für eine erfolgreiche Entwicklungszusammenarbeit. Hilfe zur Selbsthilfe soll keine neuen Abhängigkeiten schaffen, sondern unter Beachtung der unterschiedlichen Mentalitäten und des sozio-kulturellen Umfeldes in den Partnerländern Kräfte zum eigenen Handeln freisetzen.

Schwerpunkte und Instrumente

Die Entwicklungspolitik der Bundesregierung geht von einem partnerschaftlichen Verhältnis zu den Entwick-

Abb. 10.2.
Die Gewinnung von Chinarinde erfolgt in gemeinschaftlicher Handarbeit. Durch das selbstverdiente Geld können die Frauen innerhalb der Gemeinschaft einen besseren Status erlangen (Kivu-See, Ruanda)

Zusammenarbeit mit Entwicklungsländern: Zuständigkeiten und Finanzierung (Kasten 10.1)

Zuständig für die Definition von Grundsätzen, für die Planung, Programme und Koordinierung der gesamten bi- und multilateralen Entwicklungspolitik ist das Bundesministerium für wirtschaftliche Zusammenarbeit und Entwicklung (BMZ).

Politisch und finanziell liegt das Hauptgewicht auf der bilateralen Zusammenarbeit von Staat zu Staat, wobei die Bundesregierung das Partnerland gezielt bei der Verbesserung der wirtschaftlichen und sozialen Lage der Menschen unterstützt. Die wichtigsten Formen der entwicklungspolitischen Zusammenarbeit sind:

- die *Finanzielle Zusammenarbeit*, auch Kapitalhilfe genannt, bei der Zuschüsse oder zinsgünstige Kredite für Projekte und Programme gewährt werden;
- die *Technische Zusammenarbeit*, die unentgeltlich gewährt wird und mit der Kenntnisse und Fähigkeiten vermittelt bzw. die Voraussetzungen für deren Anwendung verbessert werden. Sie erfolgt mit bestehenden oder neu zu gründenden Organisationen (Trägern) im Entwicklungsland, die gemeinschaftlich aufgebaut und entwickelt werden.

Instrumente der Entwicklungszusammenarbeit sind z. B. Stipendien und Ausbildungsprogramme, Einsätze von Entwicklungshelfern und integrierten Fachkräften, Senior-Experten-Service. Rund ein Drittel der deutschen Entwicklungsbeiträge fließt in die Zusammenarbeit mit internationalen Institutionen, wie z. B. die Europäische Union, die Vereinten Nationen, die Weltbankgruppe und Regionale Entwicklungsbanken. Die multilaterale Zusammenarbeit ist dann vorteilhaft, wenn es um die Lösung globaler Probleme geht, die die Möglichkeiten eines einzelnen Landes übersteigen.

Das Kernstück der entwicklungspolitischen Zusammenarbeit der Europäischen Union sind die Lomé-Abkommen, die in umfassender Form die Zusammenarbeit der Staaten der Europäischen Union mit 71 Staaten Afrikas, der Karibik und des Pazifiks (AKP) regeln.

---

lungsländern aus. Ihre Ziele und Grundsätze sind das Ergebnis der Neuorientierung der deutschen Entwicklungspolitik in den 80er Jahren und in den im März 1986 beschlossenen „Grundlinien der Entwicklungspolitik der Bundesregierung".

Armut, Bevölkerungswachstum und Umweltzerstörung bilden einen Teufelskreis, der möglichst an allen Stellen gleichzeitig aufgebrochen werden müßte, um die Existenzgrundlagen der Menschen auf der Erde auf Dauer zu erhalten. Die deutsche Entwicklungszusammenarbeit konzentriert sich daher auf die drei Schwerpunktbereiche

- Armutsbekämpfung,
- Umwelt- und Ressourcenschutz,
- Bildung und Ausbildung.

In diesem übergeordneten Zusammenhang stehen die – teilweise übergreifenden – Handlungsfelder deutscher Entwicklungszusammenarbeit: Förderung der Privatwirtschaft, Energieversorgung, ländliche Entwicklung und Ernährungssicherung, Gesundheits- und Bevölkerungspolitik, Förderung der Frauen sowie Maßnahmen der Krisenprävention und Nothilfe (vgl. Abb. 10.2 bis 10.9).

Abb. 10.3.
Auch in der landwirtschaftlichen Produktion sind Frauen die Hauptleistungsträger; sie spielen in der Entwicklungszusammenarbeit eine besondere Rolle. Maßnahmen zu ihrer Besserstellung sind ein Schwerpunkt der Entwicklungszusammenarbeit (Kathmandu-Tal, Nepal)

Der unterschiedliche Entwicklungsstand der Partnerländer, die zunehmende Differenzierung zwischen „klassischen" Entwicklungsländern, Ländern mit hohem Wirtschaftswachstum – den Schwellenländern –und den Transformationsländern des ehemaligen Ostblocks erfordern angepaßte Formen der Zusammenarbeit.

Die Grundlage hierfür bilden spezifische Regional- und Länderkonzepte, die eine Analyse der Rahmenbedingungen und Vorschläge für die sektorale, d. h. fachliche Konzentration der Entwicklungszusammenarbeit enthalten. Mit ihrer Hilfe kann ein den Erfordernissen angepaßtes entwicklungspolitisches Programm erarbeitet werden. Solche entwicklungspolitischen Programme bilden die Grundlage für die Verhandlungen mit den Regierungen der Partnerländer über die weitere entwicklungspolitische Zusammenarbeit.

Ergänzt werden die Regional- und Länderkonzepte durch übersektorale und sektorale Konzepte, die Entscheidungshilfen für die Suche, Prüfung, Planung, Steuerung und Durchführung von Vorhaben der Entwicklungszusammenarbeit in dem jeweiligen Fachbereich darstellen. Darüber hinaus dienen sie als entwicklungspolitische Vorgabe für alle Schritte in der entwicklungspolitischen Zusammenarbeit.

Geowissenschaften und Technische Zusammenarbeit

Die entwicklungspolitische Konzeption der Bundesregierung der 60er und 70er Jahre gab mit dem fachlichen

Abb. 10.4. und **Abb. 10.5.** Frauen bieten auf dem Markt eigene Produkte an: Gewürze und Erdnüsse (*oben:* Darfur, Sudan), Töpferwaren (*rechts:* Süd-Kordofan, Sudan)

Schwerpunkt „Nutzung von Bodenschätzen" einen klar definierten Auftrag für die Geowissenschaften vor. In den 90er Jahren haben sich die fachlichen Schwerpunkte deutlich verändert.

Auf den ersten Blick scheint es, als ob die Geowissenschaften hinsichtlich Armutsbekämpfung, Umwelt- und Ressourcenschutz, Bildung und Ausbildung innerhalb der deutschen Entwicklungszusammenarbeit ein sinnvolles Betätigungsfeld nur im Umwelt- und Ressourcenschutz finden könnten. Bei genauerem Hinsehen erschließt sich aus dieser Zielsetzung ein komplexes Aufgabenfeld.

Umweltschutz und Entwicklung

Die Ursachen von Armut, Bevölkerungsexplosion und Umweltzerstörung sind sehr komplex und können nicht unabhängig voneinander betrachtet werden. Maßnahmen zur Milderung und Behebung dieser Negativfaktoren müssen auf möglichst vielen Ebenen ansetzen, denn wer um die eigene Existenz kämpft, hat keinen Sinn für Umweltprobleme. Projekte zum Umweltschutz müssen daher vordringlich auf spezifische Problempunkte ausgerichtet sein, wenn sie erfolgreich sein sollen. Sie sollten sich aber auch durch Breitenwirkung auszeichnen, um auf diese Weise unmittelbar zur Bekämpfung von Armut beitragen zu können.

Langfristig wirksamer – und damit nachhaltiger – Umweltschutz berücksichtigt konsequenterweise die Er-

Abb. 10.6. und **Abb. 10.7.**
Bildung und Ausbildung sind wichtige Eckpfeiler der deutschen Entwicklungszusammenarbeit. Nur in Verbindung damit können die Ergebnisse von Kooperationsprojekten langfristig und nachhaltig gesichert werden: Omdurman, Sudan (*oben*); Chaco, Paraguay (*links*)

Ziele	Einbeziehung der Umweltgeologie in den Umweltschutz, Aufbau eines umweltverträglichen Ressourcen-Managements

Wirkungen	Armut und Wanderungsbewegungen	
	Einbuße an Lebensqualität – Vernichtung von Lebensraum	
	Belastung, Verknappung, Zerstörung der Schutzgüter Boden und Wasser (Existenzgrundlage des Menschen)	Verknappung, Verlust von Energierohstoffen und Mineralrohstoffen

Ursachen	Unkenntnis des Ressourcen-Potentials	Unzureichendes Ressourcen-Management	Naturkatastrophen

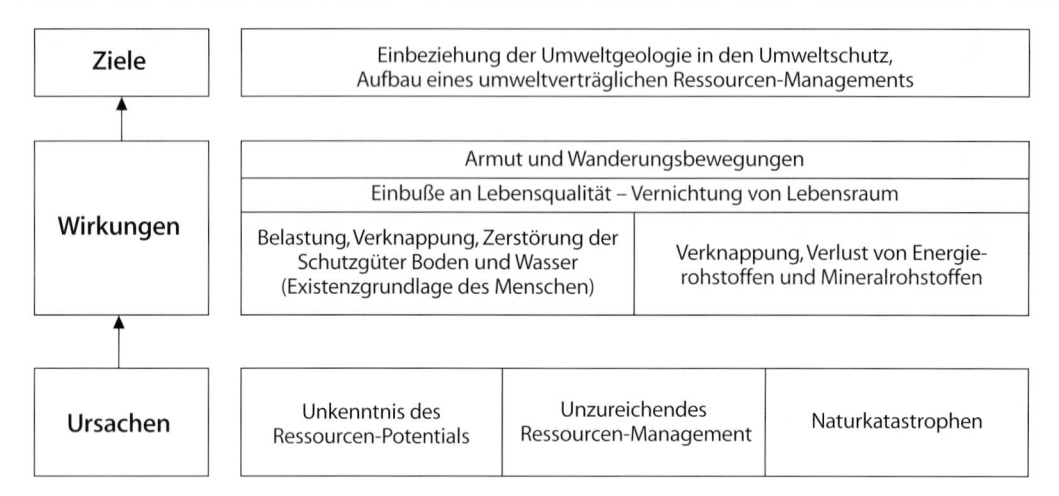

Abb. 10.8. Beziehungen zwischen Umweltgeologie, Schutz der Umwelt und Armutsbekämpfung

fassung und Bewertung der natürlichen Ressourcen und der auf die Umwelt einwirkenden Prozesse sowie die Umsetzung dieser Erkenntnisse in Umweltplanung, Ressourcenschutz und Ressourcenmanagement. Gerade das Fachwissen und die Methodenanwendungen der Geowissenschaften sind dabei unabdingbare Grundvoraussetzungen zum Verständnis, zur Bewertung und zur nachhaltigen Nutzung der natürlichen Ressourcen. Dies schließt den Umgang mit Wasser und Boden ebenso ein wie die Erschließung und Nutzbarmachung der verschiedenen Rohstoffe, aber auch den Umgang mit Abfallprodukten.

Entsprechend der Komplexität von Abläufen und Wechselwirkungen in der Natur bedienen sich die Geowissenschaften der Erkenntnisse und Arbeitsmethoden einer Vielzahl von Fachdisziplinen, die unter dem Begriff „Umweltgeologie" zusammengefaßt werden. Umweltgeologie erfaßt das Naturraumpotential einer Region und untersucht sowohl die Wechselwirkungen zwischen menschlichen Aktivitäten und der Erde als auch die Ursachen und Folgen von Naturkatastrophen, wie Erdbeben, Vulkanausbrüche, Bergrutsche und Überschwemmungen. Naturkatastrophen können zu erheblichen Belastungen und Zerstörungen der Umwelt führen (vgl. Kap. 8). Ihre verheerenden Auswirkungen auf die dortige Bevölkerung stehen häufig im Zusammenhang mit dem hohen Bevölkerungsdruck und der damit verbundenen Inanspruchnahme ungeeigneter Siedlungsflächen. Es sollte aber nicht vergessen werden, daß derartige Naturereignisse, die für den Menschen gemeinhin „Katastrophen" bedeuten, für Regenerationsprozesse der Natur wichtige Regularien darstellen.

Durch die Einbeziehung des Umweltschutzaspekts ist die Entwicklungszusammenarbeit inzwischen sehr viel umfassender geworden (Abb. 10.8). Bei den zunehmend multisektoral und interdisziplinär ausgerichteten Projekten und Programmen können und müssen die Geowissenschaften eine aktive und tragende Rolle übernehmen. Dabei kommt es vor allem darauf an, den politischen Entscheidungsebenen – sowohl in Deutschland als auch im Partnerland – diese komplexen Zusammenhänge in verständlicher Form zu unterbreiten, um das Verständnis zu vertiefen und die notwendige Akzeptanz zu erreichen.

Als ein erster Erfolg kann das neue Sektorkonzept „Geologie und Bergbau" des BMZ, das im Juni 1997 veröffentlicht wurde, angesehen werden (vgl. Kasten 10.2). Das Konzept umfaßt die Bereiche Geologische Landesaufnahme, Grund- und Oberflächenwasser, fossile Energierohstoffe, mineralische Rohstoffe und Bergbau. Es wurde ausdrücklich um die Aspekte des Umwelt- und Ressourcenschutzes unter dem Oberbegriff „Umweltgeologie" erweitert. Als Zielgruppe wird die Boden, Wasser und Rohstoffe verbrauchende Bevölkerung, die keinen oder keinen ausreichenden Zugang hierzu besitzt, definiert. Aufgabe der Geowissenschaften ist es nun, das Konzept mit Inhalt zu füllen, d. h. mit Partnern in Entwicklungsländern Projektansätze zu definieren und diese den politischen Entscheidungsebenen zuzuleiten.

Abb. 10.9.
Die Waren, durch deren Verkauf der bescheidene Lebensunterhalt bestritten wird, müssen in Entwicklungsländern oft kilometerweit zum nächsten Marktplatz transportiert werden, wie hier in Darfur, West-Sudan

Handlungsfelder für die Geowissenschaften in der Technischen Zusammenarbeit

Im Rahmen der deutschen Entwicklungszusammenarbeit können die Geowissenschaften an vielen Stellen Beiträge zur Lösung von Problemen im Umweltschutz beisteuern. Zu den wichtigsten Beiträgen aus der Sicht der Geowissenschaften gehören

- der Aufbau eines umweltverträglichen Ressourcenmanagements zur Verbesserung der Kenntnisse über das vorhandene mineralische und Energie-Rohstoffpotential;
- die Erarbeitung von geologischen Basisinformationen und thematischen Karten für die städtische und ländliche Raum- und Regionalplanung zur Darstellung der widerstreitenden Ansprüche für Siedlungsflächen, Vorbehaltsflächen für oberflächennahe Baurohstoffe, Landwirtschaftsflächen, Deponiestandorte, Grundwasserschutzgebiete;
- ein umweltgerechtes Grundwassermanagement zum Schutz der Grundwasserressourcen, vorrangig in ariden/semiariden Gebieten mit endlichen Grundwasserreserven (der Nahe Osten z. B. kann bei unzureichendem Grundwassermanagement demnächst zum größten Krisengebiet werden; vgl. Kap. 4). In zahlreichen Entwicklungsländern ist die Grundwasserneubildung wesentlich geringer als der steigende Grundwasserverbrauch;
- die verstärkte Einbeziehung der Bodenkunde bei der Erschließung bzw. Nutzbarmachung von neuen landwirtschaftlichen Flächen zur Vermeidung von Erosionsprozessen an Berghängen oder in semiariden Gebieten zur Vorbeugung gegen weiter um sich greifende Desertifikation;
- die Bewertung des Gefahrenpotentials von Naturkatastrophen, wie Erdbeben, Vulkanausbrüche, Überschwemmungen, Hangrutschungen und Erosionsprozesse an Küsten in Verbindung mit Sturmfluten;
- ein Küstenmanagement zur Beurteilung der Ursachen von Landsenkung und Meerwasserintrusion im Zusammenhang mit unkontrollierter Grundwasserentnahme im Küstenbereich; Untersuchung der Ursachen von Erosionsprozessen an Küsten in Verbindung mit umfangreichen Eingriffen des Menschen in die Küstenregion, z. B. durch den Bau von Häfen und Molen (rund 80 % der Weltbevölkerung werden demnächst an den Küsten leben, die Hälfte davon in Großstädten).

Derartige Projektmaßnahmen haben unter Berücksichtigung der eingangs erwähnten entwicklungspolitischen Nachhaltigkeit nur dann dauerhaften Erfolg, wenn sie mit dem Auf- und Ausbau der jeweiligen Partnerfachbehörden und der Qualifizierung von deren Fachkräften Hand in Hand gehen. Der dabei stattfindende Know-how-Transfer muß den Gegebenheiten des jeweiligen Partnerlandes angepaßt sein.

> **Finanzrahmen der deutschen Technischen Zusammenarbeit (Kasten 10.2)**
>
> Der Haushalt des Bundesministeriums für wirtschaftliche Zusammenarbeit und Entwicklung (BMZ) hat ein Jahresvolumen von über 7 Mrd. DM. Davon entfallen mehr als 5 Mrd. DM auf die bilaterale Zusammenarbeit, die zu etwa gleichen Teilen für Vorhaben der Finanziellen Zusammenarbeit (FZ) und der Technischen Zusammenarbeit (TZ) bereitgestellt werden (vgl. Kasten 10.1).
>
> Vorhaben der FZ werden von der Kreditanstalt für Wiederaufbau (KfW) in Frankfurt/Main durchgeführt, während Vorhaben der TZ zu über 90 % von der Deutschen Gesellschaft für Technische Zusammenarbeit (GTZ) in Eschborn abgewickelt werden.
>
> Eine Ausnahme bilden TZ-Projekte im Sektor Geologie und Bergbau. Für deren Durchführung zeichnet die Bundesanstalt für Geowissenschaften und Rohstoffe (BGR) in Hannover verantwortlich. Das BMZ hat die BGR direkt mit der Durchführung beauftragt. Grundlage hierfür sind eine Vereinbarung zwischen BMZ und dem Bundesministerium für Wirtschaft aus dem Jahre 1976 sowie eine Zusatzvereinbarung aus dem Jahre 1993, in denen die Aufgaben festgelegt sind, für die die BGR den Direktauftrag vom BMZ erhält.
>
> Derzeit ist die BGR mit über 40 TZ-Projekten in mehr als 30 Ländern der Dritten Welt präsent. Die vom BMZ hierfür jährlich bereitgestellten Mittel belaufen sich auf knapp 20 Mio. DM; das entspricht weniger als 1 % des Gesamtvolumens der bilateralen deutschen TZ.

Während Technische Zusammenarbeit bis zu Beginn der 80er Jahre Service-Leistungen (sogenannte Linienfunktion) für das Partnerland beinhaltete, tragen heute beide Seiten gleichberechtigt zur Erreichung des Projektziels bei. Dabei ergänzt die deutsche Seite die fachlichen Lücken in einem Projekt, die vom Partnerland bzw. der Partnerinstitution als defizitär definiert wurden (project ownership), und trainiert die dortigen Fachleute bis zur Eigenständigkeit.

Nur leistungsfähige Institutionen im Partnerland erreichen die notwendige gesellschaftliche Akzeptanz, damit sie die Planung, Steuerung und Überwachung von Maßnahmen in ihrem Land kompetent und in eigener Regie gewährleisten und durchsetzen können. Hier hilft die Technische Zusammenarbeit, Lücken im Fachwissen, zum Management oder auf technischer Ebene zu schließen.

Die gesicherte Kenntnis und die umweltverträgliche Nutzung von Ressourcen sowie die Verringerung der Belastung, Verknappung und Zerstörung der Schutzgüter Boden und Wasser kann der Vernichtung von Lebensraum oder der Einbuße an Lebensqualität vorbeugen, sie verringern und verlangsamen. Hierin besteht – nicht nur in den Entwicklungsländern – die Verantwortung der Geowissenschaften für unseren Planeten.

Stärkung der Geowissenschaften in der Technischen Zusammenarbeit

Zum Schutz des gesamten Planeten Erde ist es unabdingbar, die Präsenz der Geowissenschaften in der deutschen Entwicklungszusammenarbeit – wie sie hier beschrieben wurde – zukünftig wesentlich zu verstärken. Allerdings wird der finanzielle Rahmen für geowissenschaftliche Projekte in der Technischen Zusammenarbeit auf absehbare Zeit wohl kaum erheblich erhöht werden können.

Angesichts des zur Verfügung stehenden Finanzrahmens der Technischen Zusammenarbeit (Kasten 10.2) wird unter Berücksichtigung der in den vorigen Abschnitten aufgezeigten Notwendigkeit einer wesentlich stärkeren Einbindung der Geowissenschaften in die komplexen Handlungsfelder der deutschen Entwicklungszusammenarbeit deutlich, daß die Geowissenschaften – zumindest vom Finanzvolumen her gesehen – entschieden unterrepräsentiert sind.

Den politischen Entscheidungsträgern muß ständig die Notwendigkeit der Einbeziehung der Geowissenschaften bzw. von geowissenschaftlichen Aspekten in Maßnahmen der Entwicklungszusammenarbeit bewußt gehalten werden. Voraussetzung dafür ist, bei den diesbezüglichen Diskussionen eine Sprache zu wählen, die die politischen Entscheidungsträger verstehen, damit sie die geowissenschaftlichen Sachargumente auch nachvollziehen können. Es darf nicht wieder geschehen, daß bei entscheidenden Politikdialogen, wie z. B. über globale Klimaveränderungen (Global Change) oder Wüstenausbreitung, die Geowissenschaften so gut wie gar nicht gehört und bei der anschließenden finanziellen Ausstattung von Programmen nicht oder nur unzureichend einbezogen werden.

Nur der kontinuierliche Dialog zwischen Politik und Geowissenschaften stellt sicher, daß die Geowissenschaften künftig in notwendigem und angemessenem Umfang in der Entwicklungszusammenarbeit mitwirken können. Dies gilt insbesondere im Zusammenhang von Umweltschutz und nachhaltiger Entwicklung.

Aufgaben Geologischer Dienste bei der Zusammenarbeit mit Entwicklungsländern

Das Bundesministerium für wirtschaftliche Zusammenarbeit und Entwicklung hat die Bundesanstalt für Geowissenschaften und Rohstoffe (BGR) mit der Durchführung von TZ-Projekten im Sektor Geologie und Bergbau direkt beauftragt. Ebenso arbeiten die Staatlichen Geologischen Dienste im Auftrag der Regierungen der Länder in Projekten der Entwicklungszusammenarbeit mit. Zu den Aufgaben gehören – in Kooperation mit Partnerorganisationen:

- Beratung im Bereich der angewandten Geowissenschaften gegenüber ausländischen Regierungen, Geologischen Diensten und entsprechenden Einrichtungen, Gesellschaften sowie multinationalen Organisationen;
- Erhebung und Interpretation geologischer Grundlagen (Regionalgeologie) sowie deren Darstellung (z. B. in Geologischen Karten);
- Erarbeitung von geologischen Grundlagen und Empfehlungen für die Zwecke der Landnutzungsplanung (Umweltgeologie);
- Prospektion und Exploration von Grundwasservorkommen, Grundwasserneubildung, Grundwassererschließung, Festlegung von Nutzungsbedingungen (Hydrogeologie);
- Prospektion und Exploration von mineralischen Rohstoffen sowie von Erdöl, Erdgas, Kohle und Kernbrennstoffen (Lagerstättengeologie);
- Technisch-wirtschaftliche Bewertung von Lagerstätten;
- Planung und bergmännische Aufschlußarbeiten zum Aufbau und Betrieb von Anlagen (Tiefbau, Tagebau, Aufbereitung einschl. Weiterverarbeitung zu Vorstoffen, bergmännische Infrastruktur);
- Unterstützung bei der Entwicklung von Kleinbergbau;
- Beratung zur Optimierung von Rahmenbedingungen der Bergbaugesetzgebung im Partnerland;
- Beratung und Unterstützung beim bergbau-/aufbereitungsspezifischen Umweltschutz;
- Beratung zur Optimierung von Rahmenbedingungen zum Arbeitsschutz im Bergbau.

Autoren und Literatur

1 Nachhaltigkeit

Autoren

Dr. Jens Dieter Becker-Platen, Diplom-Geologe, Vizepräsident von BGR und NLfB; Rohstoffgeologie, Torfforschung

Dr. Erwin Lausch, Diplom-Biologe, Wissenschaftsjournalist

Dr. Ulrich Ranke, Diplom-Geologe, BGR, Leiter des Referats „Grundlagen der internationalen Zusammenarbeit"; Entwicklungszusammenarbeit, Qualitätssicherung

Dr. Wilhelm Struckmeier, Diplom-Geologe, BGR, stellv. Leiter der Abteilung „Zentrale Angelegenheiten"; Hydrogeologe, geowissenschaftliche Karten, Geoinformation

Prof. Dr. F.-W. Wellmer, Diplom-Geologe, Präsident von BGR und NLfB; Honorarprofessor an der TU Berlin für Rohstoffpolitik und Wirtschaftsgeologie

Literatur

Baseler Konvention (1993) Die Baseler Konvention und ihre rechtlichen Auswirkungen in der Bundesrepublik Deutschland

Brown L R, Kane H (1996) Full House. Reassessing the earth's population carrying capacity. The Worldwatch Environmental Alert Series, Worldwatch Inst., New York

Brundtland G H (1987) Our Common Future. Report of the World Commission for Environment and Development. Oxford

BUND und MISEREOR (Hrsg.) (1996) Zukunftsfähiges Deutschland. Ein Beitrag zu einer global nachhaltigen Entwicklung. Kurzfassung der Studie des Wuppertal Instituts, Bonn

Bundesministerium für Umwelt, Naturschutz und Reaktorsicherheit BMU (1996) Bericht über die Umsetzung des 5. EG-Umweltaktionsprogramms "Für eine dauerhafte und umweltgerechte Entwicklung" in Deutschland – Zwischenbilanz 1995. Umweltpolitik, Bonn

Bundesministerium für Wirtschaft BMWi Info 2000 – Deutschlands Weg in die Informationsgesellschaft. Bonn

Bundesministerium für wirtschaftliche Zusammenarbeit und Entwicklung BMZ (Hrsg.) (1998) Überlebensfrage Wasser – eine Ressource wird knapp. Materialie Nr. 94, Bonn

Bundesministerium für wirtschaftliche Zusammenarbeit und Entwicklung BMZ (1997) Energie in der deutschen Entwicklungszusammenarbeit. Materialie Nr. 96, Bonn

Bundesministerium für wirtschaftliche Zusammenarbeit und Entwicklung BMZ (1995) Mineralische Rohstoffe in der Entwicklungszusammenarbeit. Materialie Nr. 91, Bonn

Bundesumweltministerium BMU (1998) Nachhaltige Entwicklung in Deutschland. Entwurf eines umweltpolitischen Schwer-punktprogramms. Bonn

Der Bundesminister für Umwelt, Naturschutz und Reaktorsicherheit BMU (1992) Bericht der Bundesregierung über die Konferenz der Vereinten Nationen für Umwelt und Entwicklung im Juni 1992 in Rio de Janeiro. – Umweltpolitik, Bonn

Der Rat von Sachverständigen für Umweltfragen SRU (1998) Umweltgutachten 1998. Metzler-Poeschel, Stuttgart

Deutsche Gesellschaft für die Vereinten Nationen e. V. (1997) Bericht über die menschliche Entwicklung. UNO-Verlag, Bonn

Deutsche Stiftung Weltbevölkerung (Hrsg.) (1995) Weil es uns angeht. Das Wachstum der Weltbevölkerung und die Deutschen. Balance, Hannover

van Dieren W (1995) Mit der Natur rechnen. Der neue Club-of-Rome-Bericht: Vom Bruttosozialprodukt zum Ökosozialprodukt. Birkhäuser, Basel; Boston; Berlin

Engelman R, Leroy P (1995) Mensch, Land! Report über Weltbevölkerungsentwicklung und nachhaltige Nahrungsproduktion. Balance, Hannover

Engelman R, Leroy P (1995) Mensch, Wasser! Die Bevölkerungsentwicklung und die Zukunft der erneuerbaren Wasservorräte. Balance, Hannover

Enquete-Kommission "Schutz des Menschen und der Umwelt" des 12. Deutschen Bundestages (1993) Verantwortung für die Zukunft. Wege zum nachhaltigen Umgang mit Stoff- und Materialströmen. Economica, Bonn

Gleick P H (Ed.) (1993) Water in Crisis. A guide to the World's Fresh Water Resources. Oxford Univ. Press, New York/Oxford

Hohnholz J H (Hrsg.) (1998) Rohstoffe und nachhaltige Entwicklung – Chance oder Konfliktpotential? Inst. f. Wiss. Zusammenarb., Tübingen

Messner D, Nuscheler F (1996) Weltkonferenzen und Weltberichte. Ein Wegweiser durch die internationale Diskussion. Institut für Entwicklung und Frieden, Dietz, Bonn

Meyer R, Jörissen J, Socher M (1995) Technikfolgenabschätzung "Grundwasserschutz und Wasserversorgung". Erich-Schmidt-Verlag, Berlin

Postel S (1992) Last Oasis: Facing Water Scarcity. The Worldwatch Environmental Alert Series, Worldwatch Inst., New York

Umweltbundesamt (1997) Nachhaltiges Deutschland. Wege zu einer dauerhaft umweltgerechten Entwicklung. Berlin

United Nations Department of Technical Cooperation for Development, German Foundation for International Development (1992) Mining and the Environment. The Berlin Guidelines, Mining Journ. Books, London

von Weizsäcker E U (1990) Erdpolitik. Ökologische Realpolitik an der Schwelle zum Jahrhundert der Umwelt. Wissenschaftl. Buchgesellschaft, Darmstadt

Wissenschaftlicher Beirat der Bundesregierung Globale Umweltveränderungen (WBGU) (1993) Welt im Wandel: Grundstruktur globaler Mensch – Umwelt – Beziehungen. Jahresgutachten 1993. Gesch.St.WBGU, Bremerhaven

Wissenschaftlicher Beirat der Bundesregierung Globale Umweltveränderungen (WBGU) (1996): Welt im Wandel: Herausforderung für die deutsche Wissenschaft. Jahresgutachten 1996. Springer, Berlin-Heidelberg

Wissenschaftlicher Beirat der Bundesregierung Globale Umweltveränderungen

(WBGU) (1997) Welt im Wandel. Jahresgutachten 1997. Wege zu einem nachhaltigen Umgang mit Süßwasser. Springer, Berlin-Heidelberg
Weltbank (1992) Weltentwicklungsbericht „Entwicklung und Umwelt". Washington
World Resources Institute (1994) World Resources 1994-95. A report by the World Resources Institute, the United Nations Environment Programme and United Nations Development Programme, New York
Umweltbundesamt/Bundesanstalt für Geowissenschaften und Rohstoffe (1998) Tl. I: Stoffmengenflüsse und Energiebedarf bei der Gewinnung ausgewählter mineralischer Rohstoffe. Tl. II: Maßnahmeempfehlungen für eine umweltverträgliche und nachhaltige Entwicklung. Geol.Jahrbuch, Reihe H, BGR, Hannover

2 Geologische Dienste

Autoren

Dr. Jens Dieter Becker-Platen, Diplom-Geologe, Vizepräsident von BGR und NLfB; Rohstoffgeologie, Torfforschung
Dr. Erwin Lausch, Diplom-Biologe, Wissenschaftsjournalist
Prof. Dr. F.-W. Wellmer, Diplom-Geologe, Präsident von BGR und NLfB; Honorarprofessor an der TU Berlin für Rohstoffpolitik und Wirtschaftsgeologie

Literatur

Hauchecorne W (1881) Die Gründung und Organisation der Königlichen geologischen Landesanstalt für den Preussischen Staat. Jahrbuch Königl. Preuss.geol.L. A. und Bergakademie zu Berlin für das Jahr 1880, IX–CV, Berlin
Geologische Karten (1994) Sammelband der Ztschr.d.Dt.Geol.Ges., 145/1 zur 145. Jahrestagung der Ges. in Krefeld, Enke, Stuttgart
25 Jahre Bundesanstalt für Geowissenschaften und Rohstoffe und Niedersächsisches Landesamt für Bodenforschung (1984) Geol.Jahrb., A 73, Schweizerbart, Stuttgart
AG Boden (1994) Bodenkundliche Kartieranleitung. Schweizerbart, Stuttgart
Ad-hoc-Arbeitsgruppe Hydrogeologie (1997) Hydrogeologische Kartieranleitung. Geol.Jahrb., G 2, Schweizerbart, Stuttgart

3 Das Klimasystem der Erde

Autoren

Dr. Ulrich Berner, Diplom-Geologe, BGR, Referat „Gasgeochemie, Isotopengeochemie"; Kohlenwasserstoffforschung, Klimarekonstruktion
Dr. Angelika Kleinmann, Diplom-Geologin, NLfB, Referat „Flachland, Küste, Schelf"; Limnogeologie, Palynologie
Dr. Josef Merkt, Diplom-Geologe, NLfB, Abteilung „Landesaufnahme"; Quartärgeologie, Paläoklima-Untersuchungen, Seeablagerungen
Prof. Dr. Wolfgang Stahl, Diplom-Physiker, BGR, Direktor und Professor, Leiter der Abteilung „Geochemie, Mineralogie, Bodenkunde"; Isotopengeochemie, Kohlenwasserstoffforschung
Dr. Hansjörg Streif, Diplom-Geologe, NLfB, Leiter des Referats „Flachland, Küste, Schelf"; Quartärgeologie, Küstengeologie, Meeresspiegelschwankungen

Ausgewählte Literatur

Bengtsson L (1997) Modelling and prediction of the climate system. Mitteilungen der Alexander-von-Humbold-Stiftung, 69, 3–14
Enquete-Kommission „Schutz der Erdatmosphäre" des Deutschen Bundestages (1995) Mehr Zukunft für die Erde. Nachhaltige Energiepolitik für dauerhaften Klimaschutz. Economica-Verlag, Bonn
Friis-Christensen E, Lassen K (1991) Length of the Solar Cycle: An Indicator of Solar Activity Closely Associated with Climate. Science, 254, 698–700
IPCC – Intergovernmental Panel on Climate Change (1996) Climate Change 1995. The Science of Climate Change. In: Houghton JT, Meira Filho LG, Callander BA, Harris N, Kattenberg A, Maskell K (Eds) Second Assessment Report of the IPCC, University Press, Cambridge
Müller P, Schneider R, Wefer G (1994) Carbon Cycling in the Glacial Ocean: Constraints on the Ocean's Role in Climate Change. In: Zahn R (Ed.) NATO ASI Series, 117, 189–224, Springer-Verlag, Heidelberg
Raval A, Ramanathan V (1989) Observational determination of the greenhouse effect. Nature, 342, 758–761
Shackelton NJ, Opdyke ND (1973) Oxygen isotope and paleomagnetic stratigraphy of equatorial Pacific core V 28-238: oxygen isotope temperatures and ice volumes on a 100,000 years and 1,000,000 years scale. Quaternary Research, 3 (1), 39–55

4 Wasser

Autor

Dr. Hellmut Vierhuff, Diplom-Geologe, BGR, Leiter der Fachgruppe „Grundwasser", Leiter des Referats „Grundwasserressourcen", Lehrauftrag für Hydrogeologie an der TU Clausthal; Grundwasserschutz bei der Endlagerung radioaktiver Abfälle, Hydrogeologische Übersichtskarten der Bundesrepublik Deutschland, Grundwasserwirtschaft in Entwicklungsländern

Ausgewählte Literatur

Abernethy CL (1997) Water Management in the 21st Century. Problems and Challenges. D + C Development and Cooperation, 2, 9–13, DSE, Berlin
BGR (1997) Tätigkeitsbericht 1995/1996. Hannover
BGS/ODA (oJ) Groundwater, Geochemistry and Health; trace element deficiency and excess in drinking water; by Edmunds, W. M. and Smedley; Wallingford, GB
BML Bundesministerium für Ernährung, Landwirtschaft und Forsten (1997) Nahrung für alle. Das Zeitbild, (mit Daten aus dem Weltentwicklungsbericht 1994) Bonn
BMZ Bundesministerium für wirtschaftliche Zusammenarbeit und Entwicklung (1995) Wasser - eine Ressource wird knapp. Materialien zur Entwicklungspolitik 94, (verbesserte u. ergänzte Neuauflage, 1998), Bonn
BMZ Bundesministerium für wirtschaftliche Zusammenarbeit und Entwicklung (oJ) „Keine Hälfte der Welt kann ohne die andere Hälfte überleben", Daten nach Weltbank-Atlas 1994
DIE Deutsches Institut für Entwicklungspolitik (1995) Wasserkonflikte und Wassermanagement im Jordanbecken. Beiträge eines Kolloqiums, Berlin
Falkenmark M (1994) Wird Wasser knapp? In: GSF Spezial, Mensch und Umwelt 9, 73–80, Oberschleißheim
Foster SSD (1992) The Need for Changing Emphasis in Hydrogeological Cooperation with Developing Nations. Z.dt.geol. Ges. 134: 188–189; Hannover
Gleick PH (Ed) (1993) An Introduction to Global Fresh Water Issues. In: Water in Crisis. A Guide to the World's Fresh Water Resources. Pacific Institute for Studies in Development, Environment and Security, Stockholm Environment Institute, Oxford University Press, New York, Oxford
Hahn J (1991) Grundwasser in Niedersachsen. Nds. Akad.Geowiss. Veröfftl. 7, 13–27, Hannover

Hennessy J (1993) in Hisgen (Ed) A worldwide Family of Water Specialists. Land & Water International 77, 4–6, Den Haag/NL (NEDECO)

Lloyd JW (1992) Protective and Corrective Measurements with Respect to the Overexploitation of Groundwater. Hydrogeology, Selected Papers 3, 167–81, Hannover (Heise)

Margat J (1990) Les Eaux Souterraines dans le Monde. 42 p, BRGM, Orléans Cedex

Margat J (1996) Les Ressources en Eau. Manuels et Méthodes 28, BRGM/FAO, Orléans Cedex

OSS (1995) Aquifers of the Major Basins, Non-renewable Water Resource, Consequences and Impacts of their Exploitation on the Environment, Synthesis. Sahara and Sahel Observatory, Paris

SRU – Der Rat von Sachverständigen für Umweltfragen (1998) Flächendeckend wirksamer Grundwasserschutz. Ein Schritt zur dauerhaft umweltgerechten Entwicklung. Sondergutachten

Thorweihe U, Heinl M (1996) Groundwater Resources of the Nubian Aqifer System. Aquifers of the Major Basins, Sahara and Sahel Observatory, Doc. No. 1712, Paris

UN (1977) Report of the United Nations Water Conference in Mar del Plata, New York

UN (1991) Water Quality: Progress in Implementation the Mar del Plata Action Plan; A Strategy for the 1990s. New York

UNDP/WORLD BANK (1994) Water and Sanitation Program; Washington, D. C.

UNESCO/OSS (1995) Les ressources en eau des pays de l'OSS; évaluation, utilisation et gestion.– IHP/OSS, Paris

Veltrop JA (1996) Sustainable Use of Water in River Basins; Land & Water Int. 84, 4–6, Nedeco, Den Haag

Vierhuff H (1997) Grundwasserentnahme in Trockengebieten: Dauerhafte Nutzung oder Ausbeutung? Z.angew. Geol. 43,2, 75–80, Hannover

Vierhuff H (1991) Groundwater resources in Jordan: retrospective summary of the approach and results concerning groundwater in the National Water Master Plan of Jordan.Geology of Jordan, 39–42, Goethe Institute, Al Kutba Publ., Amman, Jordan

Ward RC (1975) Principles of Hydrology. McGraw Hill, Maidenhead, England

WBGU (1997) Wege zu einem nachhaltigen Umgang mit Süßwasser. Jahresgutachten des Wissenschaftlichen Beirates der Bundesregierung Globale Umweltveränderungen, Bremerhaven

Weltentwicklungsbericht (1994) zitiert in BML (1997)

Wendland F, Albert H, Bach M, Schmidt R (1994) Potential nitrate pollution of groundwater in Germany: A supraregional differentiated model. Environmental Geology 24: 1–6, New York

Wermelskirchen A (1997) Fast jeder vierte wird zu wenig Wasser haben. FAZ vom 29.12.1997

World Bank (1996) African Water Resources – Challenges and Opportunities for Sustainable Development (Sub-Saharan Africa). World Bank Technical Paper No. 331, African Technical Department Series, Washington

WRI-World Resources Institute (1990) World Resources 1990–91. New York/Oxford, (in: BMZ 1995/98)

5 Boden

Autoren

Dr. Wolf Eckelmann, BGR, Direktor und Professor, Leiter der Fachgruppe „Mineralogie, Bodenkunde", Aufbau des Fachinformationssystems Bodenkunde FisBo BGR für Deutschland; Mitglied European Soil Bureau

Dr. Hans J. Heineke, Direktor und Professor, NLfB, Leiter des Referats „Fachinformationssystem Boden", Aufbau und Betrieb des Niedersächsischen Bodeninformationssystems (NIBIS)

Dr. Volker Hennings, Diplom-Geograph, BGR, Wiss. Angestellter im Referat „Bodenwasser, Stoffhaushalt"; Bodenkarten, Methodenbank des Fachinformationssystems Bodenkunde

Dr. Jörg Kues, NLfB, Leiter des Bodentechnologischen Institutes Bremen, Entwicklung u. Betrieb von Systemen des Bodenmonitoring; Beratungsstrategien für grundwasserschonende Bodennutzung; Strategien zur nachhaltigen Bodennutzung

Dr. Udo Müller, NLfB, Leiter des Referats „Bodenkundliche Beratung", Bereitstellung bodenkundlicher Informationsgrundlagen für alle relevanten Fragestellungen und Planungen; Beratung in Sachen NIBIS

Dr. Karl-Heinz Oelkers, NLfB, Leiter der Abteilung „Bodenkundliche Landeserforschung", Organisation einer landesweiten bodenkundlichen Informationsbereitstellung für die wesentlichen Fragen zum Bodenschutz

Dr. Horst Vogel, BGR, Wiss. Angestellter, Projektleiter in der Technischen Zusammenarbeit Bodennutzung und Bodendegradation, konservierende Bodenbearbeitung, Umweltgeologie

Ausgewählte Literatur

Ad-hoc-Arbeitsgruppe Boden der Geologischen Landesämter und der Bundesanstalt für Geowissenschaften und Rohstoffe in der Bundesrepublik Deutschland (Hrsg) (1994) Bodenkundliche Kartieranleitung. 4. Aufl., Hannover

Ad-hoc-Arbeitsgruppe Boden der Geologischen Landesämter und der Bundesanstalt für Geowissenschaften und Rohstoffe in der Bundesrepublik Deutschland (Hrsg) (1996) Anleitung zur Entnahme von Bodenproben. Geol. Jb. G1, Hannover

Adler G, Eckelmann W, Hartwich R, Hennings V, Krone F, Stolz W, Utermann J (1998) The Soil Information System BGR (FISBo BGR) – State of the Art. In: Land-Information Systems. Developments for planning the sustainable use of land resources (EUR 17729 EN), S. 133-140, Ispra

Bund/Länder-Arbeitsgemeinschaft Bodenschutz LABO (1992-1994) Aufgaben und Funktionen von Kernsystemen des Bodeninformationssystems als Teil von Umweltinformationssystemen. In: Umweltministerium Baden-Württemberg (Hrsg) Bodenschutz, H.1, Bonn

Bund/Länder-Arbeitsgemeinschaft Boden LABO (1992-1994) Aufgaben und Funktionen von Methodenbanken des Bodeninformationssystems als Teil von Umweltinformationssystemen. In: Umweltministerium Baden-Württemberg (Hrsg) Bodenschutz, H.2, Bonn

Bund/Länder-Arbeitsgemeinschaft Bodenschutz LABO (oJ) Nutzung der Bodenschätzungsergebnisse zum Aufbau eines Bodeninformationssystems. In: Umweltministerium Baden-Württemberg (Hrsg) Bodenschutz, H.3, Bonn

Driessen PM, Dudal R (Hrsg) (1991) The major soils of the world. Lecture notes on their geography, formation, properties and use. Agricultural University Wageningen (NL) und Katholieke Universiteit Leuven (B)

Eckelmann W (1996) Geowissenschaftliche Grundlagen, Bodeninformationssysteme bei Bund und Ländern. In: Franzius V, Bachmann G (Hrsg) Sanierung kontaminierter Standorte und Bodenschutz 1996. Abfallwirtschaft 94:111-129, Berlin (UTECH'96)

Fachbereich Bodenkunde NLfB (1997) Böden in Niedersachsen. Teil 1: Verbreitung und Eigenschaften. 127 S., Hannover

Fieber R, Kues J, Oelkers KH (1993) Konzept zur Nutzung des Niedersächsischen Bodeninformationssystems NIBIS. Teil: Fachinformationssystem Bodenkunde. Geol. Jb. A 142:7-38, Hannover

Gehrt E, Sponagel H (1994) Neue Methoden der Bodenkartierung. Neues Archiv für Niedersachsen, H. 2:51-62, Göttingen

Hartwich R., Behrens J, Eckelmann W, Haase G, Richter A, Roeschmann G, Schmidt R (1995) Bodenübersichtskarte der Bun-

desrepublik Deutschland 1:1 000 000 (BÜK 1000). Hannover
Hennings V (Koordination) (1994) Methodendokumentation Bodenkunde. Geol. Jb. F 31, 242 S, Hannover
Heineke HJ, Eckelmann W (1998) Development of Soil Information Systems in the Federal Republic of Germany – an overview. In: Land-Information Systems. Developments for planning the sustainable use of land resources (EUR 17729 EN), S. 125-132, Ispra
Kleefisch B, Kues J (Hrsg) (1997) Das Bodendauerbeobachtungsprogramm von Niedersachsen. Methoden und Ergebnisse. Arbeitshefte Bodenkunde 2/97
Kümmerer K, Schneider M, Held M (Hrsg) (1997) Bodenlos. Zum nachhaltigen Umgang mit Böden. Politische Ökologie, Sonderheft 10, München
Müller U (1997) Niedersächsisches Bodeninformationssystem NIBIS. Dokumentation zur Methodenbank des Fachinformationssystems Bodenkunde (FIS Boden) 6. Aufl., Techn. Ber. NIBIS 3, Hannover
Oelkers KH, Voss HH (1997) Konzeption, Aufbau und Nutzung von Bodeninformationssystemen. In: Rosenkranz D, Einsele G, Harress HM (Hrsg) Bodenschutz, Berlin
Rio-Deklaration (1992) Konferenz der Vereinten Nationen für Umwelt und Entwicklung im Juni 1992 in Rio de Janeiro. Dokumente. Eine Information des Bundesumweltministeriums
Schroeder D (1984) Bodenkunde in Stichworten. Unterägeri
Utermann J, Adler GH, Düwel O, Hartwich R, Hindel R (1998) Pedoregional representativeness of site-specific data referring to small scale soil maps. In: Land-Information Systems. Developments for planning the sustainable use of land resources (EUR 17729 EN), S. 361-372, Ispra
Vogel H, Eckelmann W (1998) Bodendegradation. Vom Winde verweht und den Bach runter. In: Reichling J, Gersemann J (Hrsg) Umwelt: Landschaft, Klima – Der Themenband. S. 171-181, EXPO2000, Hannover
Vogel H, Utermann J, Eckelmann W, Krone F (1998) The Soil Information System „FISBo BGR" for Soil Protection in Technical Cooperation. In: Blume HP, Eger H, Fleischhauer E, Hebel A, Reij C, Steiner KG (Eds) Towards Sustainable Land Use. Advances in GeoEcology 31:169-174, Reiskirchen
Wambeke A van (1992) Soil of the Tropics. Properties and Appraisal.
WBGU Wissenschaftlicher Beirat „Globale Umweltveränderunge" (1994) Welt im Wandel: Die Gefährdung der Böden. Jahresgutachten 1994. Bonn
WBGU Wissenschaftlicher Beirat „Globale Umweltveränderungen" (1996) Welt im Wandel: Herausforderung für die Deutsche Wissenschaft. Jahresgutachten 1995. Berlin

6 Rohstoffe

Autoren

Dr. Fritz Barthel, Diplom-Mineraloge, BGR, Direktor und Professor, Fachgruppenleiter Mineralische Rohstoffe, Energierohstoffe
Prof. Dr. Helmut Beiersdorf, Diplom-Geologe, BGR, Direktor und Professor, Fachgruppenleiter Geologische Forschung
Dr. Manfred Dalheimer, Diplom-Mineraloge, BGR, Leiter des Referats „Metallrohstoffe, Kernenergierohstoffe"
Dr. Peter Gerling, Diplom-Geologe, BGR, Referat „Gasgeochemie, Isotopengeochemie"; Kohlenwasserstoffforschung
Dr. Karl Hiller, Diplom-Geologe, BGR, Leiter des Referats „Kohlenwasserstoffe, Energierohstoffe"
Dr. Karl Hinz, Diplom-Geologe, Direktor und Professor, BGR, Abteilungsleiter Geophysik, Meeres- und Polarforschung
Dr. Walter Lorenz, Diplom-Geologe, BGR, Leiter des Referats „Industrieminerale, Steine und Erden"
Dr. Joseph Mederer, Diplom-Geologe, NLfB, Leiter des Referats „Geotechnologie"
Dr. Rüdiger Schulz, Diplom-Mathematiker, NLfB-GGA, Direktor und Professor, Leiter der Unterabteilung Geophysik
Dr. Otto Schulze, Diplom-Physiker, BGR, Referat „Salzmechanik"
Robert Sedlacek, Diplom-Ingenieur, NLfB, Leiter des Referats „Produktionsgeologie"
Dr. Bernhard Stribrny, Diplom-Geologe, BGR, Direktor und Professor, Fachgruppenleiter Mineralogie

Ausgewählte Literatur

Beiersdorf H (1972) Mariner Bernsteinabbau im Kurischen Haff. Meerestechnik 3, 3: 100–101
Bosse H-R (1995) Rohstoffeinsparung durch Hohlglas-Recycling. Zeitschrift für angewandte Geologie 41, 45–47
BGR Bundesanstalt für Geowissenschaften und Rohstoffe (1995) Reserven, Ressourcen und Verfügbarkeit von Energierohstoffen 1995. E. Schweizerbart'sche Verlagsbuchhandlung (Nägele und Obermiller), Stuttgart
Campbell CJ (1997) The coming oil crisis. Multi Science Publ. Comp. and Petroconsultants, Brentwood
Carr JM, Reed AJ (1976) Afton: A supergene copper deposit. In: Sutherland-Brown A (Ed.) Porphyry Deposits of the Canadi-an Cordillera. CIM Spec. Vol. 15, 376–387
Edwards JD (1997) Crude Oil and Alternate Energy Production Forecasts for the Twenty-First Century: The End of the Hydrocarbon Era. AAPG Bull. 81, 8, p. 1292–1315
Enquete-Kommission des Deutschen Bundestages (Hrsg.) (1993) „Schutz des Menschen und der Umwelt". Verantwortung für die Zukunft – Wege zum nachhaltigen Umgang mit Stoff- und Materialströmen. Economica Bonn
Hänel R, Staroste E (Eds.) (1988) Atlas of Geothermal Resources in the European Community, Austria and Switzerland. Schäfer, Hannover
Hiller K (im Druck) Depletion mid-point and the consequences for oil supplies. 15th WPC, Beijing 1997
Huttrer GW (1995) The status of world geothermal power production 1990–1994. In: Barbier E (Eds.) Proceedings of the World Geothermal Congress, 1995; Vol. 1: 3–14; Rome (IGA)
IEA (1995/96) World Energy Outlook. International Energy Agency, Editions 1995 and 1996, Paris
Lasky SG (1950) How tonnage and grade relations help predict ore reserves. Eng. Min. J., 81–85
LROP – Landesraumordnungsprogramm (1994) Schriftenreihe der Landesplanung Niedersachsen, Hannover
MacKenzie JJ (1996) Oil as a Finite Resource: When is Global Production Likely to Peak? World Rs. Inst., Washington, D. C.
Masters CD, Attanasi ED, Root DH (1994) World Petroleum Assessment and Analysis, 14th World Petr. Congr. Chichester, Topic 15, 1–3
McKelvey VE (1972) Mineral resource estimates and public policy. American Scientist 60, 32–40
Meadows PH, Meadows PL, Randers J, Behrens WW (1974) The limits to growth: A report for the Club of Rome's Project in the Predicament of Mankind (2nd edition). New York (Universe Books)
Miller K (1997) World Wide Reserve Estimate and the Decline in Oil Field Development Times. Manscr. IEA, III, Nov. 1997, Paris
Niedersächsisches Landesamt für Bodenforschung (NLfB) (1996) Erdöl und Erdgas in der Bundesrepublik Deutschland. Hannover
NLfB-GGA (1995 Erdöl und Erdgas in der Bundesrepublik Deutschland 1994. NLfB, Hannover
Odell PR (1997) Mehr Öl als nötig. 50 Jahre Erdölinformationsdienst Jubiläumsschrift EID, S. 20–28, Hamburg

Rose, A W (1982) Mineral Adequacy, Exploration Success and Mineral Policy in the United States. J. Geochem. Explor. 16, 163–182

Schulz R, Werner R, Ruhland J, Bußmann W (Hrsg.) (1992) Geothermische Energie, Forschung und Anwendung in Deutschland. C. F.Müller, Karlsruhe

Shell (1996) Perspektiven für Erdöl und Erdgas im 21. Jahrhundert. Aktuelle Wirtschaftsanalysen, 10, Heft 27, Deutsche Shell AG, Hamburg

Tedeschi M (1991) Reserves and Production of Heavy Crude Oil and Natural Bitumen. Proc. 13th WPC, Buenos Aires

Wellmer F-W, Schmidt H, Berner U (1996) Untersuchungen über Konzentrierungstrends in der Rohstoffversorgung. BMWi-Dokumentation Nr. 402, Bonn

Wellmer F-W (im Druck) Lebensdauer und Verfügbarkeit mineralischer Rohstoffe

Wellmer F-W, Stein V (1998) Mögliche Ziele nachhaltiger Entwicklung bei mineralischen Rohstoffen. Erzmetall, 51, 1, 27–38

World Bank (1995) Review and Outlook for the World Oil Market (ed. by SS Streifel). World Bank Disc. Papers, The World Bank, Wash. D. C.

7 Lagerung von Abfällen

Autoren

Dr. Volkmar Bräuer, Diplom-Geologe, Abteilung „Ingenieurgeologie, Geotechnik"; Koordinator Endlagerprojekt Gorleben; Standortsuche, Standortcharakterisierung und -bewertung

Dr. Gunter Dörhöfer, Diplom-Geologe, NLfB, Leiter des Referats „Hydrogeologische Landesaufnahme, Grundlagen"; Fachinformationssystem Hydrogeologie, Abfallwirtschaft, Grundwasserschutz, Grundlagen der Hydrogeologie, Europäischer Herausgeber der Zeitschrift Environmental Geology

apl. Prof. Dr. Michael Langer, Direktor und Professor, BGR, Projektleiter Endlagerung, Leiter der Abteilung „Ingenieurgeologie, Geotechnik"; Ingenieurgeologie, geotechnische Sicherheitsanalysen, Untertagedaponien, Endlagerung

Klaus Peter Röttgen, Diplom-Geologe, NLfB, Leiter des Referats „Hydrogeologische Beratung"; Wassernutzung, kontaminierte Standorte/Altlasten

Dr.-Ing. Manfred Wallner, BGR, stellv. Leiter der Abteilung „Endlagerung radioaktiver Abfälle", Leiter des Referats „Felsmechanik, Baugeologie"; Felsmechanik, Modellrechnungen

Ausgewählte Literatur

Bräuer V, Reh M, Schulz P, Schuster P, Sprado K.-H. (BGR) (1995) Endlagerung stark wärmeentwickelnder radioaktiver Abfälle in tiefen geologischen Formationen Deutschlands – Untersuchung und Bewertung von Regionen in nichtsalinaren Formationen. Archiv-Nr. Hannover 112 642, Archiv-Nr. Berlin 2 025 039

Chapman N, Come B, Gera F, Langer M (1995) Thermal, mechanical & hydrogeological properties of host rocks for deep geological disposal of radioactive wastes. Report EC-FRW-CT94- 0 126,187

Der Bundesminister für Umwelt, Naturschutz und Reaktorsicherheit BMU (1991) Zweite allgemeine Verwaltungsvorschrift zum Abfallgesetz (TA Abfall). Teil 1: Technische Anleitung zur Lagerung, chemisch-physikalischen und biologischen Behandlung und Verbrennung von besonders überwachungsbedürftigen Abfällen. BGBl. I, 1410–1501, Bonn

Der Bundesminister für Umwelt, Naturschutz und Reaktorsicherheit BMU (1993) Dritte allgemeine Verwaltungsvorschrift zum Abfallgesetz (TA Siedlungsabfall): Technische Anleitung zur Verwertung, Behandlung und sonstigen Entsorgung von Siedlungsabfällen. Bundesanzeiger, Nr. 99, 4967 Beiblatt, Bonn/Köln

Der Bundesminister für Umwelt, Naturschutz und Reaktorsicherheit BMU (Hrsg.) (1993) Ergänzende Empfehlungen zur TA Siedlungsabfall. Bundesanzeiger, Nr. 99, 4968–4971, Bonn/Köln

Dörhöfer G, Lange B, Voigt H (1991) Deponieüberwachungsplan Wasser. Beweissicherung an Deponien in Niedersachsen. Richtlinienentwurf NMU 2.1, Hannover

Dörhöfer G, Irrlitz W, Meyer R (1996) Altablagerungen als Folgenutzung des Rohstoffabbaus. GeoCongress 2 Grundwasser und Rohstoffgewinnung, Vorträge FH-DGG-Tagung Freiberg: 61–66

Hiltmann W, Stribrny B (1998) Tonmineralogie und Bodenphysik. Handbuch zur Erkundung des Untergrundes von Deponien und Altlasten BGR. Band 5, Springer, Berlin

Howard KFW, Eyles N, Livingston S (1996) Municipal landfilling practice and its impact on groundwater resources in and around urban Toronto, Canada. Hydrogeology Journal 4.1:64–79

IAEA (1994) Safety indicators in different time frames for the safety assessment of underground radioactive waste repositories. TecDoc-767, Wien

Knödel K, Krummel H, Lange G (1997) Geophysik. Handbuch zur Erkundung des Untergrundes von Deponien und Altlasten BGR. Band 3, Springer, Berlin

Kühn F, Hörig B (1995) Geofernerkundung, Handbuch zur Erkundung des Untergrundes von Deponien und Altlasten BGR. Band 1, Springer, Berlin

Lamoreaux P, Vrba J (Hrsg) (1990) Hydrogeology and management of hazardous waste by deepwell disposal. IAH Intern. Contrib. Hydrogeology Vol.12

Langer M (1990) Geowissenschaftliche und geotechnische Aspekte der Langzeitsicherheit von Endlagern. A 3, 142–147, Düsseldorf

Langer M u. a. (1993) Empfehlungen des Arbeitskreises "Salzmechanik" der DGGT zur Geotechnik der Untertagedeponierung von besonders überwachungsbedürftigen Abfällen im Salzgebirge – Ablagerungen in Bergwerken – Bautechnik 70, H. 12, 734–744

Lege T, Kolditz O, Zielke W (1996) Strömungs- und Transportmodelle. Handbuch zur Erkundung des Untergrundes von Deponien und Altlasten BGR. Band 2, Springer, Berlin

NLÖ/NLfB – Niedersächsisches Landesamt für Ökologie, Niedersächsisches Landesamt für Bodenforschung (Hrsg) (1996a) Geologische Erkundungsmethoden. Materialienband zum Altlastenhandbuch Niedersachsen. Springer, Heidelberg 1996

NLÖ/NLfB – Niedersächsisches Landesamt für Ökologie, Niedersächsisches Landesamt für Bodenforschung (Hrsg) (1996b) Berechnungsverfahren und Modelle. Materialienband zum Altlastenhandbuch Niedersachsen. Springer, Heidelberg

NLÖ/NLfB – Niedersächsisches Landesamt für Ökologie, Niedersächsisches Landesamt für Bodenforschung (Hrsg) (1997) Wissenschaftlich-technische Grundlagen. Altlastenhandbuch Niedersachsen. Springer, Heidelberg

Schreiner M, Kreysing I (1998) Geotechnik, Hydrogeologie. Handbuch zur Erkundung des Untergrundes von Deponien und Altlasten BGR. Band 4, Springer, Berlin

8 Georisiken

Autoren

Dr. Gerd Böttcher, Diplom-Geologe, Abteilung „Ingenieurgeologie, Geotechnik"; Ingenieurgeologie, Baugrunduntersuchung, Bauschadenkunde

Dr. Karl-Heinz Büchner, Diplom-Geologe, NLfB, Leiter der Referats „Bodenmechanik, Felsmechanik"; Ingenieurgeologie, Baugrund, Erdfälle

Dr. Eckhard Faber, Diplom-Physiker, BGR, Leiter des Referats „Gasgeochemie, Isotopengeochemie"; Isotopengeochemie, gasförmige Kohlenwasserstoffe

Dr. Jörg Hanisch, Diplom-Geologe, BGR, Abteilung „Ingenieurgeologie, Geotechnik"; Hangrutschungen, Handstabilisierungen, ingenieurgeologische Bewertungen

Dr. Günter Leydecker, Diplom-Geophysiker, BGR, Abteilung „Ingenieurgeologie, Geotechnik"; Seismologie, historische Erdbebenkataloge, Erdbebengefährdung, Ingenieurseismologie

Dr. Helmut Raschka, Diplom-Geologe, Direktor und Professor, BGR, Leiter des Dienstbereichs Berlin; Geochemie

Dr. Christian Reichert, Diplom-Geophysiker, BGR, Koordinator des Forschungsquerschnitts 7 Geo-Risikoforschung, Leiter „Geophysikalische Forschung" der Fachgruppe Meeres- und Polarforschung; Tiefsee-Exploration

Dr. Dieter Seidl, Diplom-Physiker, BGR, Leiter des Referats „Seismologisches Zentralobservatorium"; Seismologie und Vulkanismus

Ausgewählte Literatur

Bolt AB (1993) Erdbeben. Spektrum Akademischer Verlag GmbH, Heidelberg

Büchner K-H (1996) Gefährdungsabschätzung für die Planung von Bauwerken in erdfallgefährdeten Gebieten Niedersachsens. Zeitschr. angew. Geol. 42(1): 14-19, Hannover

Decker R, Decker B (1992) Vulkane. Spektrum Akademischer Verlag GmbH, Heidelberg

Deutsche Forschungsgemeinschaft (1993) Naturkatastrophen und Katastrophenvorbeugung. Bericht zur IDNDR. VCH-Verlagsges., Weinheim

Grünthal G (1988) Erdbebenkatalog des Territoriums der Deutschen Demokratischen Republik und angrenzender Gebiete von 823 bis 1984. Zentralinstitut für Physik der Erde, Nr. 99, Potsdam

Heckner J, Herold U, Schönberg G, Strobel G (1996) Ingenieurgeologie und Subrosionserscheinungen. Geologisches Landesamt Sachsen-Anhalt. Tätigkeitsbericht 1993–1995, S. 49–54

Klengel K-J, Pasek J (1974) Zur Terminologie von Hangbewegungen. – Z.angew. Geol., 20: 128–132

Kühn F, Brose F (1998) Die Auswertung von Fernerkundungsdaten zur Deichzustandseinschätzung – in: Brandenburgische Geowissenschaftliche Mitteilungen, 5(1998) Heft 1, S. 59-63, Kleinmachnow (Landesamt für Geowissenschaften und Rohstoffe des Landes Brandenburg)

Leydecker G (1986) Erdbebenkatalog für die Bundesrepublik Deutschland mit Randgebieten für die Jahre 1000–1981. – Geol. Jb., E 36, 3–83, Hannover

Leydecker G (1998) Erdbebenkatalog für die Bundesrepublik Deutschland mit Randgebieten für die Jahre 800–1993. – Datenfile, BGR Hannover

Priesnitz K (1974) Beobachtungen an einem bemerkenswerten rezenten Erdfall bei Göttingen. N. Arch. f. Nds., 23(4), 387–397

Prinz H (1997) Abriß der Ingenieurgeologie. 3. Aufl., Enke, Stuttgart

Prinz H, Cramer K, Cramer P, Dillmann W, Emmert U, Herrmann F, Kalterherberg J, Niedermayer J, Reiff W, Resch M, Reum K, Rudolf W, Temmler H, Treibs W, Westrup J (1973) Verbreitung von Erdfällen in der Bundesrepublik Deutschland mit einer Übersichtskarte 1 : 1 000 000 (vorläufige Ausgabe), Hannover

Schick R (1997) Erdbeben und Vulkane. C. H. Beck'sche Verlagsbuchhandlung, München

Schmincke H-U (1986) Vulkanismus. Wissenschaftliche Buchgesellschaft, Darmstadt

Shebalin NV, Leydecker (1997) Earthquake Catalogue for the Former Soviet Union and Borders up to 1988. European Commission, Report No. EUR 17245 EN, Nuclear Science and Technology Series. Office for Official Publications of the European Communities, Luxembourg

Shebalin NV, Leydecker G, Mokrshina NG, Tatevossian RE, Erteleva OO, Vassiliev VY (im Druck) Earthquake Catalogue for Central and SouthEastern Europe 342 BC – 1990 AD. Final Report to EU Contract No. ETNU-CT93-0087. Brussels, Luxembourg

van Gils JM, Leydecker G (1991) Catalogue of European earthquakes with intensities higher than 4. Commission of the European Communities – nuclear science and technology, Brussels, Luxembourg

9 Seismische Überwachung

Autoren

Manfred Henger, Diplom-Geophysiker, BGR, Leiter des Referats „Seismologie"; Seismische Überwachung, Angewandte Seismologie, Mitarbeit im Deutschen Beitrag zum Kernwaffenteststopp

Dr. Jörg Schlittenhardt, Diplom-Geophysiker, BGR, Referat „Seismologie"; Seismische Verifikation von Atomteststoppvereinbarungen, Seismologische Forschung

Ausgewählte Literatur

Harjes H-P (oJ) Struktur und Dynamik der Erde. In: mannheimer forum 88/89. Ein Panorama der Naturwissenschaften, Boehringer Mannheim, S. 71–134

Henger M (1997) Atomteststopp-Verifikation II. Spektrum der Wissenschaft, August 1997, S. 94–96

10 Eine Erde für alle

Autor

Dr. Michael Schmidt-Thomé, Diplom-Geologe, Direktor und Professor, BGR, Leiter der Fachgruppe „Internationale Zusammenarbeit, Methodenentwicklung"; Technische Entwicklungszusammenarbeit, strukturell-organisatorische Beratung von Partnerorganisationen in der Dritten Welt, Umweltgeologie, georelevante Fragen bei der Raum- und Regionalplanung

Ausgewählte Literatur

Bundesministerium für wirtschaftliche Zusammenarbeit und Entwicklung BMZ (1986) Grundlinien der Entwicklungspolitik der Bundesregierung, Bonn

Bundesministerium für wirtschaftliche Zusammenarbeit und Entwicklung BMZ (1997) Grundlagen der deutschen Entwicklungszusammenarbeit. Materialien 97, Bonn

Bundesministerium für wirtschaftliche Zusammenarbeit und Entwicklung BMZ (1997) Sektorkonzept Geologie und Bergbau. BMZ aktuell, Bonn

Deutsche Gesellschaft für Technische Zusammenarbeit GTZ (1997) Technical Cooperation for Capacity Building. A selection from the Work of GTZ in Africa. Eschborn

Fritz P, Huber J, Levi HW (1995) Nachhaltigkeit in naturwissenschaftlicher und sozialwissenschaftlicher Perspektiv. Stuttgart

Schmidt-Thomé M (1995) BGR. Thirty Years of Technical Cooperation with Developing Countries. Z. angew. Geol., 41/2, 92–97, Hannover

Schmidt-Thomé M, von Hoyer M, Lietz J, Lorenz W (1993) Umweltgeologie in der Entwicklungszusammenarbeit. Environmental Geology and Cooperation with Developing Countries. Z. angew. Geol. 39, 1: 1–8; Hannover

Stockmann R (1995) Die Wirksamkeit der Entwicklungshilfe. Opladen

Glossar

Aerosol
Feinst verteilte Materie (Feststoffe oder Flüssigkeitströpfchen) in der Luft oder anderen Gasen. Größe der Schwebstoffteilchen zwischen 0,001 und 100 Mikrometer (= 1000stel Millimeter), Erscheinungsformen: z. B. Rauch, Staub, Dunst, Nebel

Alkenon
Organische Substanzen, die von bestimmten Algenarten in Abhängigkeit von der Wassertemperatur gebildet werden

Allmende
Der ganzen Gemeinschaft gehörendes Land, das gemeinsam bewirtschaftet und genutzt wird

Aquifer
Gesteinsschicht, die aufgrund eines gewissen Poren- oder Kluftraumes geeignet ist, Grundwasser zu speichern und weiterzuleiten

Array
Anordnung von seismischen Stationen, die als seismische Antenne betrieben werden (s. Abb. 9.6)

Baugrund, Baugrundbeurteilung
Bei der Baugrundbeurteilung wird grundsätzlich unterschieden zwischen Fels (Festgestein), gewachsenem Boden (Lockergestein) und geschüttetem Boden (Aufschüttung, Aufspülung). Die Baugrundeigenschaften eines Lockergesteins werden maßgeblich beeinflußt von Korngröße und mineralogischer Zusammensetzung der Bodenteilchen, von Schichtenmächtigkeit und -neigung, der Lage des Grundwasserspiegels und von ggf. vorhandenen Kornbindemitteln

bergtechnisch
Betriebliche Abläufe in einem Bergwerk betreffend

Bimstuff
Helles, schaumiges vulkanisches Gesteinsglas mit hohem Porenvolumen

BIP = Bruttoinlandsprodukt
Bruttoinlandsprodukt, die Summe aller in einem Zeitraum erzeugten Güter und Dienstleistungen

Braunkohle
Im Zusammenhang der Bildung von Kohle zwischen Torf und Steinkohle stehende Kohle mit höherem Heizwert als Torf, aber geringerem Heizwert als Steinkohle

Carnallit
Hygroskopisches (wasserziehendes) Kalium/Magnesium-Mineral mit der chemischen Formel $KMgCl_3 \cdot 6H_2O$

Deckgebirge
Gesteine, die eine Lagerstätte oder das Wirtsgestein einer Untertagedeponie überlagern

Desorption
Feste Bodensubstanzen können Gase und gelöste Stoffe (Kationen) aus der Bodenlösung anlagern (= Adsorption) und gegen äquivalente Kationenmengen (die wichtigsten Kationen in Ackerböden sind Ca^{2+}, Mg^{2+}, K^+ und Na^+) austauschen (– **Desorption**)

Dispersion
Vereinzelung von Tonmineralen im Zuge der Bestimmung der Korngrößenzusammensetzung (Textur) des Mineralbodens durch Schlämmanalyse

Dryas-Kaltzeit
Kaltzeit im Quartär, Tundrenzeit

Dynamik, exogen
Alle Vorgänge und Kräfte, die von außen, d. h. von oberhalb der Erdoberfläche Veränderungen an den Gesteinen hervorrufen

Dynamik, endogen
Alle Vorgänge und Kräfte, die aus dem Erdinneren heraus Veränderungen an den Gesteinen hervorrufen (Endogene Dynamik), z. B. Vulkanismus und Erdbeben

Edelmetall, gediegen vorkommend
Zu den Edelmetallen, die nur aus einem chemischen Element bestehen und in freiem, nicht gebundenem Zustand vorkommen können, gehören Gold, Silber, Platin, Palladium, Rhodium, Iridium und Osmium. Der Begriff wird meist für die Schmuckmetalle Gold, Silber und Platin verwendet

Epizentralintensität
Maximale → Intensität des Bebens im → Epizentrum

Epizentrum
Projektion des → Hypozentrums auf die Erdoberfläche

Evaporit
Produkt (hier Gestein und/oder Mineral), das durch Eindunstung aus wäßrigen Salzlösungen (hier Meerwasser) entsteht

Evaporitkörper
Km^3-große Ansammlung von Salzgesteinen, entweder schichtenförmig oder in Form von Salzstöcken bzw. als unregelmäßig begrenzte Salzkörper

Exploration, explorieren
Detaillierte Untersuchung eines Rohstoffvorkommens durch Bohrungen, Schürfe, Schächte etc. Häufig allgemein benutzt; Suche nach einem Rohstoffvorkommen (Aufsuchung)

Extensometer
Dehnungsmeßgerät

Fazieswechsel
Wechsel des Erscheinungsbildes eines begrenzten Gesteinsbereiches mit einheitlichen Merkmalen gegenüber einem unmittelbar benachbarten, ebenfalls begrenzten Gesteinsbereich

Fluide
Flüssige und gasförmige Bestandteile, z. B. in einer festen Salzgesteinsschicht

Gänge
Bandförmige Anreicherungen mineralischer Rohstoffe im Gestein, meist in steilem Winkel zum Nebengestein

geodynamisch
Die Bewegungen innerhalb der Erdkruste und deren Antriebsmechanismen betreffend

Geoelektrik
Geophysikalisches Meßverfahren zur Erkundung der elektrischen Leitfähigkeit des Untergrundes, mit deren Hilfe z. B. die Ausdehnung eines Grundwasserleiters erkundet werden kann

Geomagnetik
Geophysikalisches Meßverfahren zur Erkundung der Verteilung der magnetischen Eigenschaften des Untergrundes (z. B. zur Erkundung von Erzlagerstätten)

Grauwacke
Dunkelgraues, sandsteinartiges Sedimentgestein mit einem wesentlichen Anteil an Gesteinsbruchstücken

Grubber
Landwirtschaftliches Gerät zur oberflächlichen Auflockerung des Bodens

Grundwasser
Unterirdisches Wasser, das die Porenräume der Erdkruste zusammenhängend ausfüllt und sich unter dem Einfluß der Schwerkraft bewegt

Grundwasser, fossil
Gespeichertes Grundwasser, das in früheren Zeiten der Erdgeschichte gebildet wurde, als der Niederschlag in der Region noch hoch genug war, Grundwasser zu bilden

Halit
Das Salzmineral mit der chemischen Formel NaCl wird in der Umgangssprache als Steinsalz bezeichnet

Halokinese
Fließ- bzw. Verformungsvorgänge der Salzgesteine, die durch Dichteunterschiede zwischen den Salzgesteinen

und den sie umgebenden Gesteinen ausgelöst werden können. Durch die Halokinese entstehen aus ursprünglich flach abgelagerten Salzschichten km³-große Salzstöcke (Salzkörper)

Herdtiefe
Tiefe des Erdbebenherdes

Hintergrundwerte
Die **geogenen** Grundgehalte bestimmter Minerale bzw. Elemente in Böden ergeben sich aus dem **petrogenen** (= gesteinsbürtigen) Anteil und der durch **pedogene** (= bodenbürtige) Prozesse bewirkten Umverteilung. Zusammen mit **ubiquitären** (= allgegenwärtigen), diffusen Einträgen führen sie zu Hintergrundgehalten, die repräsentativ für Gebiete, Böden und Nutzungen sind. Diese werden auf der Basis statistischer Kennwerte (50., 90. Perzentile) als **Hintergrundwerte** angegeben; sie können zur Bewertung von Bodenbelastungen genutzt werden

Holozän
Jüngere Abteilung des Quartär einschließlich der Gegenwart. Das Quartär wird in Holozän und Pleistozän untergliedert

Hypozentrum
Ort des Erdbebenherdes, charakterisiert durch → Epizentrum und → Herdtiefe

Inklinometer
Neigungsmeßgerät

Inkohlung
Prozeß der Zunahme des Kohlenstoffgehaltes der Kohle. Der Inkohlungsprozeß geht vom Torf über Braunkohle bis zur Steinkohle und Anthrazit

In-situ-Messung
Messung und Ermittlung von Eigenschaften von Böden bzw. Fels vor Ort (im Gegensatz zu Laboruntersuchungen)

Intensität
Einwirkung eines Erdbebens auf Menschen, Bauwerke und Landschaft gemäß der 12-teiligen Intensitätsskala

Inventar, strukturell
Die Gesamtheit der vorhandenen geologischen Bauformen

Isoseiste
Gebiete gleicher → Intensität werden durch Isoseisten umschlossen

Isoseistenradius
Im Idealfall sind → Isoseisten konzentrische Kreise um das → Epizentrum

kapillar aufsteigendes Grundwasser
Grundwasser oberhalb der eigentlichen Grundwasseroberfläche, das in feinen Röhrchen (Kapillaren, lat. *capillus* = Haar) dank der in ihnen größeren Wirksamkeit der Wasserspannung aufsteigt (= Kapillarhub)

Klüftung
Sammelbezeichnung für das Vorhandensein von Trennflächen im Gebirge

kontaminiertes Wasser
Mit Schadstoffen befrachtetes Wasser

Laugenmigration
Wanderung von Salzlösungen in Salzgesteinen

Lysimeter
Anlage zur Erfassung des infiltrierenden Anteils des Niederschlags, der dem Grundwasser zusickert

Magnitude
Stärkemaß für die vom Erdbebenherd in Form von Erdbebenwellen abgestrahlte Energie

Metamorphosevorgänge
Die Veränderung der Mineralzusammensetzung fester Gesteine durch eine Zunahme von Druck und/oder Temperatur im Gestein, entweder durch überlagerndes Gestein oder z. B. durch aus der Tiefe aufsteigendes heißes Gestein (Pluton). Bei Salzgesteinen ist die häufigste Form der Umwandlung die Mineralumwandlung durch Einwirkung von Lösungen

Mudde
Sediment aus organischem Material, das unter weitgehendem Sauerstoffabschluß einen Fäulnisprozeß durchmacht. Es werden Kalk- und Torfmudden unterschieden

Mure
Schlamm- und Trümmerstrom, der infolge starker Durchnässung (nach kräftigen Regengüssen, Schneeschmelze

etc.) von erhöhten Geländeformen infolge von Hangneigung und Schwerkraft zu Tal geht. Muren können mit erheblicher Geschwindigkeit bedeutende Förderweiten erlangen und große Zerstörungen verursachen

Nebengestein
Das eine Lagerstätte oder das Wirtsgestein einer Untertagedeponie umgebende Gestein

OE = Öläquivalent
Definierter Energieinhalt zur Umrechnung unterschiedlicher Energieträger (1 t OE entspricht 1,5 t Steinkohleeinheiten (SKE) und 1 270 m³ Erdgas; Energiewert: $44 \cdot 10^9$ Joule)

Oberflächenwellenmagnitude
Vergleichsmaßstab für die Stärke von Oberflächenwellen bei Fernbeobachtung von Erdbeben. Ihr liegt ein logarithmisches Maß zugrunde. Die Erhöhung um einen Skalenwert entspricht einer Verdreißigfachung der Energie. Verschiedene Skalen sind in Gebrauch, die auf Körperwellen, Schäden, fühlbarer Intensität oder dem sog. seismischen Moment beruhen

ordovizisch
Aus dem Ordovizium (500 bis 435 Mio. Jahre v. h.) stammend

Paläogeographie
Geographisches Bild einzelner Zeitabschnitte der Erdgeschichte

Permafrost
Dauerfrostboden, Boden in ständig gefrorenem Zustand in Gebieten mit entsprechendem Klima. Je nach regionaler Lage ist jahreszeitlich partielles Auftauen der oberflächennahen Schichten möglich

Persistenz
Langsamer Abbau von Schadstoffen im Boden

Pestizide
Pflanzenschutzmittel

Pollenanalyse (Palynologie)
Untersuchung von Pollen und Sporen, die im Gestein eingelagert und erhalten sind; erlaubt Rückschlüsse auf das Alter der Schichten

Puzzolane
Natürliche kieselsäurehaltige Substanzen, z. B. vulkanische Aschen, Tuffe, Hornsteine, die mit Kalk und Wasser abbinden und einen harten, wasserunlöslichen „Zement" ergeben

PVC
Polyvinylchlorid, schwer verrottbarer Kunststoff

Radiolyse/Radiolyseprodukte
Trennung von Molekülen durch radioaktive Strahlung, z. B. Wasser wird aufgeteilt in Wasserstoff und Sauerstoff

Radionuklide
Instabile Teilchen, die spontan ohne äußere Einwirkungen unter Strahlenaussendung zerfallen

Reicherze
Anreicherung des Wertgehaltes eines Erzes über dem allgemeinen (häufigen) Durchschnitt, z. B. ist ein Erz mit 10 % Kupfer ein Reicherz

Salzmechanik
Wissenschaft von den geomechanischen Eigenschaften der Salzgesteine

Schichtbeschreibungen, petrographisch und genetisch
Beschreibung der Gesteinsschichten nach Mineralzusammensetzung und Entstehung

Schieferung
Durch tektonischen oder Auflagerungsdruck bei meist erhöhten Temperaturen dem Gestein nachträglich aufgeprägte Spaltbarkeit in mehr oder weniger ebene, senkrecht zur Druckrichtung orientierte Platten

Schüttergebiet
Fläche des Gebietes, in dem ein Erdbeben überhaupt verspürt wurde

Schütterradius
Mittlerer Radius der Fühlbarkeit des Erdbebens (vom → Epizentrum aus)

Schwer- und Edelmetalle
Alle Metalle mit hohem spezifischem Gewicht, z. B. Blei, Zink, Kupfer, Nickel, Chrom u. a.

Seismik
Geophysikalisches Meßverfahren zur Erkundung der Verteilung der Geschwindigkeiten elastischer Wellen im Untergrund (z. B. zur Erkundung der Lagerstätten von Erdgas, Erdöl oder Kohle)

Senken/Quellen
Begriffsduo, das im übertragenen Sinne gebraucht wird: Senken sind die aufnehmenden, Quellen die produktiven Bereiche (von Schadstoffen, Abfällen usw.); Boden kann z. B. sowohl als Senke als auch als Quelle für Schadstoffe betrachtet werden. *Senke*: Schadstoffe werden im Boden gebunden; *Quelle*: durch Lösungsvorgänge werden im Boden gebundene Schadstoffe mobilisiert und z. B. ins Grundwasser (Senke) verlagert

Sorption
Speicherung von Kationen durch die organischen (Humus) und mineralischen (Tonminerale) Bestandteile im Boden

statisch sehr lange Lebensdauer
Rohstoffe mit relativ hohen Vorräten im Verhältnis zur Förderung. Statische Lebensdauer ist das Verhältnis von Vorrat zur Förderung

Steinkohle
Kohle mit hohem Inkohlungsgrad

Steinkohleeinheiten (SKE)
Maßeinheit zur Umrechnung der Energiegehalte unterschiedlicher Energieträger (1 SKE entspricht ca. 30×10^{-9} Joule)

stratigraphisch
Zuordnung der Gesteine nach ihrer zeitlichen Bildungsfolge

strukturgeologisch
Die Bestandsaufnahme und Analyse der Gesteinsbeanspruchung die Ursachen betreffend

Subduktionszonen
Gebiete, in denen eine Erdplatte unter eine andere abtaucht (nach moderner Plattentektonik), z. B. an der Pazifikküste Südamerikas

Subrosion
Auflösung von Salzgesteinen unter der Erdoberfläche durch Grundwässer

Tektonik
Struktureller Aufbau (Bauform) des Gebirges

Tiefseechronologie
Zeitliche Einstufung der Schichten am Meeresboden

Tracer
Markierungsstoff, z. B. zur Feststellung von Strömungsverhältnissen im Boden bzw. Gestein

Tsunami
Besondere, schnelle und hohe Flutwellen des Meeres, die über den Strandbereich hinausschießen und große Verwüstungen verursachen können. Auslösung vornehmlich durch untermeerische Erdbeben (auch Seebeben genannt), aber auch durch Beben im Küstenbereich, untermeerische Hangrutschungen oder Vulkanexplosionen. Häufigstes Auftreten im Pazifik-Bereich. Jüngstes Beispiel: Papua-Neu Guinea, Juli 1998, ca. 3 000 Tote

Überschreitens-Wahrscheinlichkeit
Wahrscheinlichkeit bezogen auf ein Jahr, daß ein Erdbeben an einem vorgegebenen Ort eine bestimmte Stärke erreicht oder überschreitet; der reziproke Wert wird häufig als Wiederkehrperiode bezeichnet

Ultramafite
Dunkle Gesteine mit sehr hohen Gehalten an Magnesium und Eisen, häufig die Muttergesteine für Chromerze und Platin

Versatzmaterial
Material zum Verfüllen von Grubenräumen; in Salzbergwerken z. B. Salzgrus

Weichsel-Kaltzeit
Dritte und letzte Vereisungsphase des Pleistozän in Norddeutschland

wirtschaftlich bauwürdig
Zum jeweiligen Zeitpunkt wirtschaftlich, d. h. mit Gewinn, abzubauende Rohstoffmengen

Abkürzungsverzeichnis

AKP	Entwicklungsländer Afrikas, der Karibik und des Pazifik, die auf Grundlage der Lomé-Abkommen durch die EU gefördert werden	DBE	Deutsche Gesellschaft zum Bau und Betrieb von Endlagern für Abfallstoffe GmbH
AMR	Arbeitsgemeinschaft meerestechnisch gewinnbare Rohstoffe	DDR	Deutsche Demokratische Republik
		DEMINEX	Deutsche Mineralölexploration
		DFG	Deutsche Forschungsgemeinschaft
ASEAN	Vereinigung Südostasiatischer Länder (Association of Southeast Asian Nations)	DGG	Deutsche Geologische Gesellschaft
		DGGT	Deutsche Gesellschaft für Geotechnik
ATKIS/ALK	Amtliches topographisch-kartographisches Informationssystem/Automatisierte Liegenschaftskarte	DIE	Deutsches Institut für Entwicklungspolitik
		DIN	Deutsche Industrienorm
		DIW	Deutsches Institut für Wirtschaftsforschung
BBodSchG	Bundes-Bodenschutzgesetz		
BDF	Bodendauerbeobachtungsflächen	DLD	Department of Land Development
BFO	Black Forest Observatory	DLR	Deutsches Zentrum für Luft- und Raumfahrt e.V.
BfS	Bundesamt für Strahlenschutz		
BGBl.	Bundesgesetzblatt	DM	Deutsche Mark
BGR	Bundesanstalt für Geowissenschaften und Rohstoffe	DMR	Department of Mineral Resources
		DSDP	Deep Sea Drilling Project
BGS/ODA	British Geological Survey/Overseas Development Agency	DV	Datenverarbeitung
BIP	Bruttoinlandsprodukt	E	Einwohner
BIS	Bodeninformationssystem	EDV	Elektronische Datenverarbeitung
BMBF	Bundesministerium für Bildung, Wissenschaft, Forschung und Technologie	EEA	Europäische Umweltagentur
		EG	Europäische Gemeinschaft
BML	Bundesministerium für Ernährung, Landwirtschaft und Forsten	EID	Erdölinformationsdienst
		EK	Enquete-Kommission
BMU	Bundesministerium für Umwelt, Naturschutz und Reaktorsicherheit	ENSO	El Niño/Southern Ocean Oscillation
		EOR	Enhanced Oil Recovery
BMWi	Bundesministerium für Wirtschaft	ESCWA	Economic and Social Commission of Western Asia
BMZ	Bundesministerium für wirtschaftliche Zusammenarbeit und Entwicklung		
		EU	Europäische Union
BOX-CAR	1,2-Megatonnenbombe	EUR	Estimated Ultimate Recovery
BRGM	Bureau de Recherches Géologiques et Minières		
BÜK	Bodenübersichtskarte	FAO	Ernährungs- und Landwirtschaftsorganisation der Vereinten Nationen (Food and Agriculture Organisation of the United Nations)
CTBTO	Internationale Atomteststoppüberwachungsbehörde (Comprehensive Test Ban Treaty Organisation)		
		FAZ	Frankfurter Allgemeine Zeitung

FCKW	Fluorchlorkohlenwasserstoffe
FE	Finite-Element
FH-DGG	Fachsektion Hydrogeologie in der Deutschen Geologischen Gesellschaft
FIS	Fachinformationssystem
FZ	Finanzielle Zusammenarbeit
GAP	Güneydogu Anadolu Projesi
GERESS	GERman Experimental Seismic System
GGA	Geowissenschaftliche Gemeinschaftsaufgaben
GIS	Geographisches Informationssystem
GK	Geologische Karte
GPS	Global Positioning System
GRF	Gräfenberg (Station)
GRSN	Deutsches Regionalnetz (German Regional Seismic Network)
GTZ	Deutsche Gesellschaft für Technische Zusammenarbeit
GÜK	Geologische Übersichtskarte
GUS	Gemeinschaft unabhängiger Staaten
HDR	Hot-Dry-Rock
HYPRES	Hydraulic Properties of European Soils
IAEA	Internationale Atomenergie-Agentur
IAH	International Association of Hydrogeologists
IAVCEI	International Association of Volcanology and Chemistry
IDC	Internationales Datenzentrum
IDNDR	Internationale Dekade zur Reduzierung natürlicher Gefahrenpotentiale (International Decade for Natural Disaster Reduction)
IEA	International Energy Agency
IHP	Internationales Hydrologisches Programm
IMS	International Monitoring System
INGEOMINAS	Instituto de Investigaciones en Geociencias, Mineria y Quimica
IPCC	Intergovernmental Panel on Climate Change
ISC	International Seismological Center, Newbury, England
ISMI	International Studies on Mineral Issues
IWF	Internationaler Währungsfond
JRC	Joint Research Centre
KAK	Kationen-Austauschkapazität
KfW	Kreditanstalt für Wiederaufbau
KV-Flächen	kontaminationsverdächtige Flächen
LABO	Länderarbeitsgemeinschaft Boden
LAGA	Längerarbeitsgemeinschaft Abfall
LAWA	Länderarbeitsgemeinschaft Wasser
LKW	Lastkraftwagen
LROP	Landes-Raumordnungsprogramm
LUFA	Landwirtschaftliche Untersuchungs- und Forschungsanstalt
MERCOSUR	Mercado Común del Sur (Wirtschaftsgemeinschaft - Argentinien, Brasilien, Paraguay, Uruguay)
MI	Niedersächsisches Innenministerium
ML	Niedersächsisches Ministerium für Landwirtschaft und Forsten
MP	Multiparameter
MS	Niedersächsisches Sozialministerium
MSK	Makroseismische Intensitätsskala
MU	Niedersächsisches Umweltministerium
MW	Megawatt
MW	Niedersächsisches Ministerium für Wirtschaft, Technologie und Verkehr
N	Niederschlag
NAFTA	North American Free Trade Agreement
NATO	North Atlantic Treaty Organization
NIBIS	Niedersächsisches Bodeninformationssystem
NIMBY	not in my backyard
NLfB	Niedersächsisches Landesamt für Bodenforschung
NLÖ	Niedersächsisches Landesamt für Ökologie
NMU	Niedersächsisches Umweltministerium
NNatG	Niedersächsisches Naturschutzgesetz
NOAA	National Oceanic and Atmospheric Administration
NRO	Nichtsregierungsorganisation
ODP	Internationales Tiefseebohrprojekt (Ocean Drilling Program)
OE	Öläquivalent
OECD	Organisation für wirtschaftliche Zusammenarbeit und Entwicklung (Organisation for Economic Cooperation and Development)

OMI	Ocean Management Inc.	USA	Vereinigte Staaten von Amerika (United States of America)
OPEC	Organisation erdölexportierender Länder		
OSS	Sahara-Sahel-Observatorium (Sahara and Sahel Observatory)	USGS	Geologischer Dienst der Vereinigten Staaten von Amerika (United States Geological Survey)
PAI	Population Action International	UTD	Untertagedeponie
PANGAEA	Informationssystem für Klima- und Umweltdaten	UVP	Umweltverträglichkeitsprüfung
		UVPG	Umweltverträglichkeitsprüfungsgesetz
PBK	Karte der potentiellen Barrieregesteine in Niedersachsen	UVPL	Umweltverträglichkeitsprüfungsleitfaden
PGE	Platingruppe-Elemente	VAE	Vereinigte Arabische Emirate
PTBT	Partieller Teststoppvertrag (Partial Test Ban Treaty)	VEI	Vulkanischer Explosivitäts-Index
		VN	Vereinte Nationen
PVC	Polyvinylchlorid		
REA-Gips	Der bei Rauchgasentschwefelung anfallende Gips	WBGU	Wissenschaftlicher Beirat der Bundesregierung Globale Umweltveränderungen
RROP	Regionales Raumordnungsprogramm	WCED	Weltkommission für Umwelt und Entwicklung
SEPAN	Sediment and Paleoclimate Data Network	WHO	Weltgesundheitsorganisation (World Health Organization)
SKE	Steinkohleeinheiten		
SRU	Rat von Sachverständigen für Umweltfragen	WMO	Weltorganisation für Meteorologie (World Meteorologic Organization)
StAWA	Staatliches Amt für Wasser und Abfall	WRI	World Resources Institute
TA	Technische Anweisung		
TASi	Technische Anweisung Siedlungsabfall		
TM	Thematic Mapper		
TNT	Trinitrotoluol		
TU	Technische Universität		
TZ	Technische Zusammenarbeit		
UdSSR	Union der Sozialistischen Sowjetrepubliken		
UGR	Umweltökonomische Gesamtrechnung		
UN	United Nations		
UNCED	Umwelt- und Entwicklungskonferenz der Vereinten Nationen (United Nations Conference on Environment and Development)		
UNDP	Entwicklungsprogramm der Vereinten Nationen (United Nations Development Programme)		
UNESCO	Erziehungs-, Wissenschafts- und Kulturorganisation der Vereinten Nationen (United Nations Educational, Scientific and Cultural Organization)		
UNO	Organisation der Vereinten Nationen (United Nations Organisations)		

Springer und Umwelt

Als internationaler wissenschaftlicher Verlag sind wir uns unserer besonderen Verpflichtung der Umwelt gegenüber bewußt und beziehen umweltorientierte Grundsätze in Unternehmensentscheidungen mit ein. Von unseren Geschäftspartnern (Druckereien, Papierfabriken, Verpackungsherstellern usw.) verlangen wir, daß sie sowohl beim Herstellungsprozess selbst als auch beim Einsatz der zur Verwendung kommenden Materialien ökologische Gesichtspunkte berücksichtigen.
Das für dieses Buch verwendete Papier ist aus chlorfrei bzw. chlorarm hergestelltem Zellstoff gefertigt und im pH Wert neutral.

Springer

Druck: Mercedesdruck, Berlin
Verarbeitung: Buchbinderei Lüderitz & Bauer, Berlin